# 中国科学技术史稿（修订版）

杜石然　范楚玉　陈美东　
金秋鹏　周世德　曹婉如　编著

北京大学出版社
PEKING UNIVERSITY PRESS

## 内容简介

本书是国内外第一部以时代先后顺序综合论述中国科学技术通史的专著。结合历史上各个时期的社会背景，本书给出了我国科学技术发展的初始、体系形成、高潮的起落等合乎科技发展自身内在规律的分期阐述。对我国传统科学技术（农、医药、天文历法、数学、地理、地图、建筑、机械、制瓷、造纸、桥梁……）各个方面的杰出成就，从文献学、考古学、历史学、比较文化史学等各个方面进行了充分论说。对我国近代科技发展迟缓、滞后的原因也进行了相关的探讨。

**图书在版编目（CIP）数据**

中国科学技术史稿 / 杜石然等编著．—修订本．—北京：北京大学出版社，2012.2

ISBN 978-7-301-20001-8

Ⅰ. ①中… Ⅱ. ①杜… Ⅲ. ①科学技术—技术史—中国 Ⅳ. ①N092

中国版本图书馆 CIP 数据核字（2011）第 277759 号

| | |
|---|---|
| 书　　名： | 中国科学技术史稿（修订版） |
| 著作责任者： | 杜石然 等 编著 |
| 策 划 编 辑： | 陈斌惠 |
| 责 任 编 辑： | 陈斌惠 |
| 标 准 书 号： | ISBN 978-7-301-20001-8/N·0048 |
| 出 版 者： | 北京大学出版社 |
| 地　　址： | 北京市海淀区成府路 205 号　100871 |
| 网　　址： | http://www.pup.cn |
| 电　　话： | 邮购部 62752015　发行部 62750672　编辑部 62754934　出版部 62754962 |
| 电子信箱： | 编辑部 zyjy@pup.cn　总编室 zpup@pup.cn |
| 印 刷 者： | 河北博文科技印务有限公司 |
| 发 行 者： | 北京大学出版社 |
| 经 销 者： | 新华书店 |
| | 787 毫米×1092 毫米　16 开本　30.5 印张　720 千字 |
| | 2012 年 2 月第 1 版　2025 年 2 月第 9 次印刷 |
| 定　　价： | 59.00 元 |

未经许可，不得以任何方式复制或抄袭本书之部分或全部内容。

**版权所有，侵权必究**

举报电话：010-62752024　电子信箱：fd@pup.cn

# 作者简介

**杜石然**

吉林市人，1929年生，1951年东北师范大学数学系毕业后，先后供职于吉林、长春两地图书馆，业余时间开展中国数学史学习和研究，1954年开始有成果发表。1957年考入中国科学院科学史研究所攻读中国数学史硕士研究生，师从李俨、钱宝琮。毕业后留所工作，历任副研究员、研究员、博士生导师、通史研究室主任。还曾任中国科学技术史学会、中国数学会理事。1990年赴日，曾任日本东北大学客座教授（1990）、佛教大学教授（1991—2001），并任该校硕士、博士生指导教官。授业科目：中国古代科技史、中国古代思想史，等等。

研究领域为：中国数学史、中国科技史、科学思想史、比较文化史。

主要著作有：《中国古代数学简史》（与李俨合署，中华书局，1963；英译本，牛津大学 CLARENDON 出版社，1987）、《数学·历史·社会》（中国数学史论著选集，辽宁教育出版社，2003）、《中国科学技术史稿》（合作，科学出版社，1982；日译本，东京大学出版会，1997）、《中国科学技术史·通史卷》（主编，科学出版社，2003）等等。

多年以来还曾组织、参加编写了：《中国古代科学家》、《中国数学史》（署钱宝琮主编，有日译本）、《宋元数学史论文集》（署钱宝琮主编）《中国古代科技成就》（中、英文）、《中国古代科学家传记》（上下）等论著。还曾长年致力于多卷本《中国科学技术史》（卢嘉锡主编，科学出版社）的企划、立项、组织、编写等工作。

**范楚玉**

江苏靖江人，1932年10月15日生，1959年毕业于北京大学历史系。1963年—1967年科学院自然科学史研究所研究生，导师夏纬瑛先生，毕业后留所工作。历任助理研究员（1978年）、副研究员（1987年）、研究员（1990年）。还曾担任研究所科研处长，中国农史学会常务理事、中国科学史学会秘书长等职，为科学史研究工作的规划、运营、提高、干部培养等工作作出贡献。个人专业领域为中国农学史、中国生物学史、中国科学技术通史。主要论著有参加杜石然负责主编的《中国科学技术史稿》（获国家优秀科技图书二等奖）、《中国古代科学家传记》。在多卷本《中国科学技术史》（卢嘉锡主编）工作中，是整个丛书的编委会成员并担任了《农学卷》副主编。还曾参加河北教育出版社组织编写的《中华文明史》、任继愈主编的《中国科学技术史典籍通汇》（任农学卷主编）的编写工作。还与苟翠华、汪子春合作编写了《悠久的中国农业》、《农学与生物学志》（《中华文化通志》"科学技术典"）等。此外，发表的论文共有四十余篇。较重要的有《夏小正及其在农业史上的意义》、《西周农事诗中反映的粮食作物选种及其发展》、《我国古代农业生产中人们对地的认识》、《我国古代农业生产中的天时、地宜、人力观》、《春秋战国时期农业生产中的天时、地宜、人力观》、《陈旉的农学思想》等等。其他在科技文献整理、校释方面也做了一些工作。如与陈美东等四人合作编写的《简明中国科学技术史话》曾多次印刷，社会影响较广。

## 陈美东

1942年2月19日生于福建省连江县，2008年12月30日逝世于北京。1964年8月毕业于武汉测绘学院天文大地测量系，同年考取中国科学院自然科学史研究室天文学史研究生，师从叶企孙先生。1967年毕业后留所工作，历任该所副研究员、研究员、博士生导师、副所长、所长等职务。

陈美东从事科学技术史研究工作以来，致力于天文学史、中国科技通史和中国科学思想史研究，著述丰厚，发表学术论文150余篇，出版论著26种。曾获全国新长征优秀图书三等奖、全国优秀外文图书二等奖、全国科学技术史优秀图书一等奖、第三届全国优秀科普作品一等奖、全国科学技术史优秀图书一等奖、中国科学院自然科学奖二等奖、中国科学院自然科学奖三等奖和国家科学技术进步奖三等奖等多个奖项。

陈美东长期从事中国古代历法研究，堪称当代中国传统历法史研究第一人，其著作《古历新探》对各朝代历法的解析、计算和结论，获国际学术界高度评价。参与主持撰写的《中国天文学史大系》是百年来中国天文学史研究的集大成巨著。他的代表作中尚有《中国古星图》、《郭守敬评传》、《简明中国科学技术史话》、《中国科学技术史·天文学卷》、《中国天文学史大系·古代天文学思想卷》、《中华文化通志·科学技术典十志》、《自然科学发展大事记·天文学卷》、《中国古代科技史话》、《中国古代科学家传记》、《中国古代计时仪器史》和《历代律历志校订》等。

## 金秋鹏

(1943—2002)，福建泉州人，回族。1964年毕业于厦门大学物理系。同年分配到中国科学院哲学社会科学部《新建设》杂志社工作，1965年11月调入现中国科学院自然科学史研究所工作，1988年破格晋升为研究员。生前任中国科学技术史学会理事，中国海外交通史研究会副会长等职。从事中国科学技术通史的研究工作。在中国科学技术的发生和发展、中国科学和中国社会、中国古代科学家、中国古代的科学思想等方面有深入的研究，并致力于开拓中国科学技术史的综合研究新领域。先后与人合著《鲁迅与自然科学》、《中国古代科技成就》、《中国科学技术史稿》、《中国科技史话》、《简明中国科学技术史话》、《中国古代科学家传记》、《中国文化的基本文献·科技卷》（副主编）等书。其中多项获国家优秀图书奖，一项获国家科学技术进步奖三等奖。

对于中国古代造船与航海技术史有精深的研究，著有《中国古代造船与航海》一书，荣获"1987年第二届全国优秀科普作品"二等奖，该书填补了我国造船和航海史方面的空白。

1991年自然科学史研究所启动中国科学院重点科研项目《中国科学技术史》（30卷本），担任该项目办公室主任及该丛书常务编委，并主编其中的《人物卷》、《图录卷》及《通史卷》（副主编）。

金秋鹏十分重视科学史的普及工作，作为中国科普作家协会会员，他主编的《中国古代科学家的故事》、《100项中华发明》、《图说中国古代科技》均为向青少年普及科技史知识的佳作。

**周世德**

江苏扬州人，1921年生，1946年毕业于重庆大学。中国科学院古代工艺史四年制研究生毕业。从20世纪50年代开始，在中国科学院自然科学史研究所长期从事中国古代造船史和兵器史研究，在这两方面都有很高的造诣。在造船方面，开创我国古代三大船型之一——沙船的全面系统之研究，其《中国沙船考略》被日本学者松浦章誉为具划时代意义。对我国古代船舶设计、船舶属具的系统研究等也都有开创意义，还提出研究造船史的新方法。对我国宋元时期科学技术的高度发展也有深入的开拓性研究。曾任中国科学技术史学会理事、造船工程学会造船史研究会顾问、兵工学会兵器史研究会副主任委员、《中国大百科全书·机械工程卷》编委会委员兼《机械工程卷》主编。主要著作包括《雕虫集》等。

**曹婉如**

别名遂园，1922年7月30日出生于通县，祖籍福州。1996年2月2日逝世。1948年2月毕业于金陵女子大学地理系，获学士学位。1950年8月毕业于"国立南京大学"（原"国立中央大学"）地理系，获硕士学位。同年分配到中国科学院地理研究所（南京）工作，1956年8月调入中科院第一历史所自然科学史研究组（1978年升为研究所）工作，1986年晋升为研究员。曾任国际地图协会地图学史专业委员会常务委员、中国科学技术史学会常务理事和地学史专业委员会主任委员、《自然科学史研究》和《科学史译丛》编委。1989年获全国"老有所为精英奖"。

曹婉如早年从事经济地理研究工作，师从任美锷，50年代参与《中华地理志》（孙敬之主编）的撰写工作。50年代后期开始从事中国地图学史和地理学史的研究，先后发表论文数十篇，创立了地图学史研究的理论和方法。主持编纂的《中国古代地图集》（共三卷），全面、系统地搜集了我国现存的从战国到清末的地图近三百种并予以深入的考证、研究，第一卷出版后即获中国科学院自然科学二等奖。被人誉为继王庸之后中国地图学史研究的里程碑式人物。参加撰写的《中国科学技术史稿》荣获1982年全国优秀科技图书二等奖；参加撰写的《中国古代地理学史》，获得中国科学院自然科学二等奖、首届全国科技史优秀图书一等奖。

曹婉如精通英文，70年代翻译出版了英国李约瑟《中国科学技术史·地学卷》，90年代为此书的新中文版进行了译校。

# 序

中国是一个具有悠久编史传统的国度，有关历史的连续文字记录可以上溯到西周共和元年（公元前841年），厥后延绵不断，构成人类文明史上独一无二的胜景。真可谓楚杌晋乘鲁春秋，左丘司马班兰台，史学名篇烦不胜数，东观圣手代有人出。举凡书写体裁，就有纪传、编年、纪事本末、纲目、实录、典志、史钞、史评、谱系等花样繁多的名目；正史之外，又有杂、别、野、稗、私、通、专之分；专史之流，则学科史也。最新版《辞海》（2009）释"专"，在旧条目列举的若干学科史后，特意加上了"自然科学史"一项，体现了中国辞书工作者认识上的一个可贵进步。这种进步与历史学研究对象的流变有关，也与中国从事科学技术史研究的学者们近几十年来的努力密不可分。

太史公开榛辟莽，所创"八书"中《乐》、《律》、《历》、《天官》、《河渠》等，多涉及当时人们对自然现象的认识和某些技术操作，指其为科技史的胚芽不为过分。20世纪史学大家如邓之诚、吕思勉、郭沫若、范文澜、钱穆、翦伯赞、周谷城、尚钺、白寿彝等，皆以通贯古今名世，其传世作品中也不同程度地纳入了科技史的内容，有的大师甚至直接延聘科技史专家参与撰稿。

近代以降，科学与技术对社会进步的作用日益彰显，体现在编史观念上，那种以王朝兴废为主线和以帝王将相为中心的史学著作不再被奉为当然的"正史"，尽管学者们今日仍然沿用这一术语。反过来，推动历史前进的革命力量——科学与技术，以及创造历史的关键角色——科学家、发明家、工程师、工匠、医生们，逐渐成为史学研究的重要对象。大约从20世纪30年代开始，科技史就逐渐演变成一门独立的学科，它既脱胎于一般的历史学而与之有着千丝万缕的联系，又因研究对象的特殊而具有许多独特的学科特征，进而对从业者的知识背景与专业训练有着不同于一般史家的严苛要求。

早期的科技史著作多由在相应领域工作的专门家书写，无论中外都是一样。在我国，如朱文鑫、竺可桢之于天文气象学史，李俨、钱宝琮之于数学史，叶企孙、钱临照之于物理学史，张子高、袁翰青之于化学史，王庸、侯仁之之于地学史，伍连德、陈邦贤之于医学史，万国鼎、石声汉之于农学史，陈桢、夏纬瑛之于生物学史，梁思成、刘敦桢之于建筑学史，茅以升、刘仙洲之于技术史等等，他们本身就是各自专业领域中的翘楚，其著作文章可以说是"专中之专"。然而随着研究的深入与题材的拓展，特别是随着学者们对历史上科学、技术与社会互动关系之认识的深化，就需要一种能够跨越学科通贯古今的科技史读本了。

读者眼前的这本书，就是国内出版的第一部中国科学技术通史的最新修订本。

《中国科学技术史稿》（以下简称《史稿》）由科学出版社初版于1982年，首次印刷16300册，面世之后好评如潮，当年即荣获全国优秀科技图书二等奖。国内众多一流的科学家与文史大家均留下了赞语，诚如时任中国科学院副院长的钱三强先生所说，该书的出版"标志了我国科学技术史研究的新成就和新起点"。1984年，该书重印时略有订正；其后又经重印,至 1985 年第 3 次印刷时,累计印数达 59500 册。

这一次的新版以 1984 年重印本为底本,由作者加以补充和修订,更新了插图,又将原先的上、下两册合为一帙,制为 16 开本。全书除前言、结语外共分 10 章,远迄旧石器时代,近至 20 世纪初的"新文化运动",总计 65 万字。在举国上下大谈繁荣社会主义文化的时刻,北京大学出版社适时地推出这一修订版,使《史稿》成了一部真正的跨世纪著作,这是一件值得庆贺的事情。

《史稿》初版问世之际,恰值 20 世纪 80 年代那一波中国文化热兴起的前夜,之前则有滥觞于 70 年代末的"科学的春天",可以说是生逢其时。经过将近 30 年的时间,《史稿》仍然受到学术界与广大读者的欢迎,虽然一再印刷仍旧脱销。它还被许多高校和科研院所指定为教材及考研参考书,并被译为日文由东京大学出版会出版,台湾则有木铎出版社改名为《中国科学文明史》以繁体字印出。尽管后来国内又出现了数种类似题材的书籍,《史稿》至今仍是了解中国古代科技发展的至好选择,也是研治中国古代科技史的可靠向导。所有这一切,就不能简单地归因于时代之机缘了。

除了前面提到的"国内出版的第一部"之外,该书还有如下一些特点:

首先是专业性强。《史稿》的几位作者,本来都具有很强的专业背景,分别专攻数学史、农学史、天文学史、物理学史、技术史和地学史,其中几位堪称该学科领域顶尖的专家,他们又广泛征求并吸纳了研究所内外同行及相邻领域专家的意见,因此在科学原理、知识内容与技术细节的阐述上颇为精炼到位,这是后来的某些同类读物所不能比拟的。

第二是门类齐全。中国古代有关自然知识的探索,恢弘而成蔚然大观者,向有天、算、农、医四科之谓;其实四者之外,自成系统且与科学技术有着某种姻缘的也还不少,如炼丹、堪舆、金石、本草、星占、律历等即可入流。中国又被誉为"发明的国度",除了妇孺皆知的"四大发明"之外,瓷器、漆器、蚕桑、丝绸、针灸、水稻种植、赤道坐标系、与算法口诀紧密配合的算盘、青铜铸造中的某些关键技术(合范法、失蜡法等)等,都在人类文明史上拥有绝对的发明优先权。《史稿》涉及的知识,如果套用今日的学科划分,包括数学、天文、物理、化学、生物、农学、地理、采矿、气象、医药、冶金、陶瓷、食品、造纸、建筑、桥梁、航海、造船、水利、纺织、印刷、机械等等,这也构成了日后中国科技史工作者编撰出版大型《中国科学技术史》系列丛书的基础。

第三是体现了内史与外史两种研究进路的结合。除了对知识本身及发展线索的准确描述之外,《史稿》对影响中国古代科学技术的外部因素给予了相当的重视,对相关的政治环境、经济基础、文化时尚与思想潮流都有简明扼要的阐述。例如讲到战国时代的学术繁荣,就指出春秋以来的社会大动荡打破了"学在官府"的局面,而私学的兴起造就了大量的"士",后者不但在军事政治等方面为王侯出谋划策,许多人还从事文化与科学技术的研究。又如讲到宋代科学技术的繁荣,就联系到印刷术的发达加速了知识传播的进程;而交子、会子等纸币的流通不仅适应了商业的需要,反过来又刺激了农业与手工业的发展。

第四是对考古资料和传世文物的重视。中国不但拥有悠久的历史,还具有丰富的考古资源。存留至今的古代遗迹与不断出土的地下文物,为历史工作者提供了大量生动的研究素材。《史稿》的作者们很好地利用了这一条件,广泛援引考古发现的文物资料,或与相关的史料印证,或填补某些文字记录方面的空缺。举其要者,就有半坡先民的半穴屋遗迹，河姆渡稻作及木构建筑残存，钱三漾出土丝织物及木桨，各种青铜器、铁器及型范，曾侯乙墓出土的编钟及二十八宿漆箱盖，大冶铜绿山春秋时代的铜矿井遗址，汉画像石上反映的纺织、牛耕与冶铁场景，马王堆出土地图、医方、漆器及丝帛品，泉州出土宋代海船，南京出土明代大船舵等。这些实物的出场，为中国古代文明在科学技术上达到的高度提供了令人信服的证据。

第五是很好地反映了中国同域外文明的碰撞及相互影响。《史稿》用了相当多的篇幅来处理这一题材，如隋唐五代时期中国与朝鲜、日本、印度及中亚、西亚地区的科技交流，宋辽金元时期与伊斯兰世界的科技交流，以及明清时代的"西学东渐"、"洋务运动"以及西方科学技术知识的大规模传入等。此外，该书也用一定的篇幅介绍若干少数民族的科技成就，体现了中华民族大家庭内不同族群、不同地区在科学技术方面互相交流与融合的情况。

以上这些特点，也许可以解释《史稿》魅力经久不衰的原因。

《史稿》的作者是中国科学院自然科学史研究所的一个研究小组，成立于"文革"结束后的1977年，由杜石然先生领衔。今天，六位作者中的一半，曹婉如先生、金秋鹏先生、陈美东先生已先后作古，健在的几位也都步入耄耋之年。写到这里，自己觉得有义务对《史稿》的作者们及相关的背景作一点介绍。

我是1978年随着"科学的春天"的脚步迈入科学史门槛的，对《史稿》的写作经过有一些耳闻，也曾目睹前辈们工作的状况。当时研究所办公条件颇为艰苦，可谓居无定所。我因为要向导师杜石然先生汇报学习情况，去过几次作者们工作的海运仓总参招待所，只见房间里到处都是书籍和文稿，办公桌、床上、地上堆得满满的。卫生间则充作暗室，常常是最年轻的金秋鹏先生在里面赤膊鼓捣，只有在需要换气和进烟的时候才出来打个招呼。其他先生们也都是乐呵呵地忙着各自的事情，紧张有序但气氛极为和谐。

中国科学院自然科学史研究所是1957年元旦挂牌成立的（当时称研究室），早期的成员主要从事学科史研究，如李俨、钱宝琮就都是权威的中国数学史专家；还有一些著名的科学家担任该所兼职研究员和研究生导师，如叶企孙、张子高、侯仁之、刘先洲、王应伟、王振铎等。杜石然先生就是在当年考入研究所的，师从李、钱两位大师学习中国古代数学史。顺便说一句，他也是中国第一个科学史专业的研究生（当时没有硕士、博士之说）；《史稿》的另外两位健在的作者范楚玉先生和周世德先生，以及逝去的陈美东先生，也都是"文革"前的研究生。

早在1959年，还是研究生的杜石然先生就萌生过编撰一本中国科技通史的想法，但是未及动笔就被叫停。"文革"甫告结束，他与同事们再度提出开展综合性的中国科技通史研究的计划，其预期产品是由一部通史带头、外加若干专史和工具书组成的多卷本《中国科学技术史》。如果把这套大丛书比作集团军的话，《史稿》就是这一庞大军团的先遣队。

先遣队的胜利为大军团的组建和进军开辟了道路。1988年，就在这项计划顺利启动的时候，我曾在京城发行量颇大的媒体上撰文，内中提到："早在一九五六年，中科院就制定了编写中国科技史丛书的计划，后来政治气候变化，这一计划也就落空了。现在，自然科学史研究所再次把这一编写中国科技史丛书的计划提到议事日程上来。在最近召开的编委会扩大会议上,主编杜石然先生回顾了丛书三上三下的艰辛过程,摆出了目前具备的有利条件和困难,表示了要在七年内,完成这套丛书的决心。我们愿早日看到中国人撰写的大部头科技史著作问世。"(《北京晚报》1988年12月13日第三版)

日前这一堪与李约瑟博士的鸿篇巨制媲美的28卷本《中国科学技术史》即将全部出齐,而当年在首批书籍发行前决定对外公布有关人员名单时,主编换了人,开辟草莱的杜石然先生险些被"擢升"为顾问,最后还算名列常务编委。说到底,这套大书中的开篇通史卷,就是在《史稿》的基础上修订增补而成的。

千禧年前后,我在外地拜会一位从研究所调出去的前辈朋友,他不但是个出色的生物学史家,还以记忆力好和善于阅人见长,亦曾短时期担任过研究所的负责人。他说过的一句话我记得非常清楚,那是——"平心而论,老杜对研究所的贡献最大。"如今这位老朋友已归道山,但他说话时的那副神情和语态,似乎就在眼前。

人们真的都会"平心而论"吗?

杜石然先生思维敏捷、博学多才,看人论事一针见血。他自幼嗜读,大学毕业后又做过一段时间的图书管理员,是我所认识的杂书读得最多的一位学者。兴致来时,先生还会弄个诗词楹联什么的,我曾收罗了一些,日后或许可以辑出个新的"杜诗笺注"来。下面恭录两首,一是贺钱宝琮先生七十寿诞而填的"千秋岁":

风和日丽,正李桃齐济,坐花又面谆谆教,方道刘徽聪,更论冲之慧,谈笑间,畴人千古任评说。

笔落尽珠玑,纵谈皆欢醉,人未老,志千里,旭日沐东风,心比苍松翠,共举杯,学生试谱千秋岁。

时值钱老主编之《中国数学史》(科学出版社,1964年初版)杀青统改之际,地点在当时研究所所在之九爷府(即孚王府,位于北京朝内大街与南小街交口处)东北小院。当春夏之交,藤萝枝蔓,枣花飘香,在场人物除了杜先生和寿星钱老之外,尚有梅荣照、何绍庚等几位当年的"年轻人"。这首词如实地反映了两次浮世大混沌之间难得的一小片宁静时光中的师生之情。

二是咏尼亚加拉大瀑布的楹联,作于2007年夏:

崖断千尺,潮狂暴落,逝者如斯,但喜仁者寿,闲人方得大灵气;

涛惊万钧,气荡氤氲,前途舛惑,勿悲道将穷,朽儒尚能小文章。

咏的是自然之景,抒的是人世之情,"小文章"是谦辞,"大灵气"是我所景仰的。

杜先生常鼓励年轻人多读书,古今中外都要读,但不能死读书。记得是1980年春夏之际,先生建议我们几位理科出身的研究生以游学的方式去补文史课。一个多月下来,我们行经冀、晋、陕、豫、鲁五省,两渡黄河,三涉渭水,走访了中原地区的诸多图书馆、博物馆、文管所及历史遗址,体会到"读万卷书,行万里路"的乐趣。我曾写过一篇《一次难忘的游学经历》(《广西民族学院学报·自然科学版》2006年12卷3期)志其事。先生又具语言天才,模仿他人的口音及方言惟妙惟肖,日语自不必说,英语也比许多以"寄托"为奋斗目标的青年好得多。1990年退休后,先生应邀赴日,相继在东北大学、佛教大学执教达十年之久,讲授中国科学史和思想史,目前寓居加拿大。

杜先生曾戏言要写一本《新儒林外史》,其实先生的行迹是应归入当代儒林之列的。

有了先生这样的人物，科技史这门看起来枯燥的学问才有了趣味透出亮彩。昔者汉儒皓首而穷一经，有以两字经文成数万言疏者，今人几乎不可能做这样的功课了。新一代的科技史工作者，应有更开拓的学术视野和更广博的文化修养，否则"跨越创新"、"重点培育"都是空话。泥古非今者迂，喜新忘旧者陋；崇洋废本流于轻浮，自大排外失之偏狭。这不是什么名人语录，只是我胡诌出来的几句顺口溜，是从杜先生的治学经历和学术风格中品味出来的一点东西：年轻的科技史学者不但要学有所专，更应有通博的勇气和追求，古今中外都要拿过来瞧一瞧，至少主观上不能厚此薄彼。

《史稿》修订版杀青前夕，杜先生跨洋驰电命补序文一篇。吾小子何识何能，学业不精，更不能通达，只是胡乱翻过一些书而已。但师命难违，惶惶中草成此篇，还请吾师及众方家鞭正。

受业门生　刘钝[*]
辛卯岁末谨序于燕都之梦隐书房

---

[*] 曾任中国科学院自然科学史研究所所长、中国科技史学会理事长，现为国际科技史学会主席。

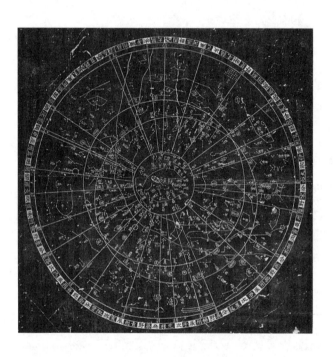

# 修订版前言

2011年春，北京大学出版社提议修订再版《中国科学技术史稿》，经过多方努力，新书即将和读者见面，这是令人十分高兴的事情。

此次再版，以1982年版《中国科学技术史稿》为底本，在主体保持原貌的基础上进行了多处修订。可以说，新书已不是简单的翻印，而是一个更好的修订版。今后想要阅读《中国科学技术史稿》的读者，这个修订版应该是理所当然的选择。

正如我们在《中国科学技术史稿》初版序言中所写的一样，在此，我们愿意再一次把《中国科学技术史稿（修订版）》推荐和奉献给广大读者。

《中国科学技术史稿》是第一部中国科学技术通史，1982年面世以来，一直受到国内外广大读者的欢迎。至今，它依然被许多高等院校选做教材以及硕、博士研究生入学考试的指定参考书，还被推荐列入各种读书目录。直至不久之前，在一些图书馆借阅图书排行榜上，它依然名列前茅。另外，《中国科学技术史稿》在国内曾获得1982年全国优秀科技图书二等奖。《中国科学技术史稿》有日文译本。（东京大学出版会，1977）日译本曾于1999年荣获日本泛太平洋出版会金奖。

当此《中国科学技术史稿（修订版）》即将问世之际，我们由衷地怀念已故当初的合作者，曹婉如、金秋鹏、陈美东三位先生。同样我们也由衷地怀念那些曾经引领、教导、鼓励过我们的大师们，特别是我们这些作者的直接导师：李俨、钱宝琮、叶企孙、钱临照、侯仁之、夏纬瑛、王振铎以及英国的李约瑟和日本的薮内清等各位先生。我们也由衷地感谢中国科学院自然科学史研究所全体同人以及国内外诸多同行友人长年给予的支持和帮助。我们也由衷地感谢曾经给过我们帮助的诸多图书馆、博物馆和档案馆。

我们还要感谢科学院自然科学史研究所副所长王扬宗和硕士生张学锋在插图等方面的大力协助，还要特别感谢北京大学出版社的陈斌惠先生，由于他的多方努力使修订版工作得以顺利进行。

当此修订版即将出版之际，不由得令人想起三十余年前《中国科学技术史稿》最初立意、策划、写作时的一些情况。我们已经把它写入修订版后记之中。

作为《中国科学技术史稿》的作者和修订人，我们对新的修订版当然也寄予了很大的期待。《论语》阳货篇中有："子曰：小子何莫夫学诗，诗可以兴，可以观，可以群，可以怨……"孔老夫子认为"不学《诗》无以言"（《论语》季氏篇）"兴"、"观"、"群"、"怨"。他把《诗经》的社会效能观察得很是全面。这些社会效能其实也应该成为对诗词歌赋、书表策论，包括科学史著作在内古往今来所有文章著述的共同要求。按照我们的理解，其中的"兴"就是励志、载道；"观"就是格物致知，即学术性和知识性；"群"就是合群、面向群众、群众性；"怨"就是要有所讽谏、警示、借鉴。如此的"兴、观、群、怨"，也一直都是《中国科学技术史稿》作者们的努力追求。

学习历史的目的，在于更好地创造历史。我们也愿以此来与广大读者共勉。

虽然修订版已经力求完善，但是不妥之处仍恐在所难免，敬希广大读者不吝赐教，是所至盼。

杜石然

2011 年 10 月

# 前　言

　　加速社会主义建设，尽快实现祖国四个现代化的责任，已经历史地落到我们这一代中国人的肩上。建国三十年来的社会实践，从正、反两个方面使人们逐渐认识到科学技术在社会主义建设中的重要作用。实际上，如果没有科学技术的现代化，要想实现工业、农业和国防的现代化都将是不可能的。可以毫不夸张地说，如何使我国的科学技术能够有一个较为迅速的发展，已经成为祖国实现四个现代化的关键。

　　科学技术的发展，和人类社会的其他事物一样，是有着一定的历史继承性的。今天的科学技术，正是由过去的科学技术发展而来的。研究和了解中国科学技术发展的历史，探讨它的发展规律，将可以起到借鉴历史、温故知新的作用。

　　这正是我们编写此书并向各位读者推荐此书的真正目的。

　　众所周知，在中国古代科学技术发展的历史上，曾出现过不少杰出的人物，出现了不少辉煌的成就。这些人物和成就，使得我们中华民族可以毫无愧色地并立于世界民族之林。我们的祖国曾以这些历史上的人物和成就，对整个人类文明的发展作出了自己应有的贡献。

　　对这些人物和成就，毫无疑问，我们是要酣墨重彩着力加以叙述的。但本书将不局限于这些方面，除叙述古代成就之外，还要叙述近代的落后；除罗列历史事实之外，还要试图探讨产生这些历史事实的原因。这些决定了本书的体例是把整个科学技术发展的历史，按时代先后，分成若干阶段的"断代体"。

　　在分期断代的具体处理上，我们采取的原则是：以科学技术本身发展的阶段性为主，划分为萌芽、积累、奠基、体系形成、提高、高峰、缓滞等若干阶段；同时适当考虑中国历史上惯用的王朝体系的，相互参照。我们没有采取按原始、奴隶、封建等社会形态划分的方法。例如春秋战国时期，一般多根据社会形态不同而把它们划分为两个阶段，我们则从科学技术发展的阶段性出发，考虑它们之间无何显著区别，因而把它们置于一章之内。再如明清时期，我们也没有按王朝时代把它们严格分开，而是按科学技术发展不同阶段的特点，把传统科学技术和西方科学技术传入这两个不同的内容，分别置于上、下两章。另外，在各章之中，为使不同学科内容的叙述相对集中，我们还采用了追叙和延叙的方法，打破了各章间严格的时间限制。关于1919年以后的中国现代科学技术史，因研究不够，一时很难就绪，故本书暂未包括这部分内容。我们希望有机会再版时，能够把它补上。

　　在对中国古代科学技术发展进程进行描述的过程中，我们采用了"中国古代科学技术体系"的提法。我们认为：这样的体系是存在的。不仅科学技术的各个分科，如中国古代天文学、数学、医学、农业、冶金、建筑、纺织等各学科都存在着自身的体系；而且从科学技术的整体来看，体系也是存在的。这里所谓的体系，不仅表示它具有可与世界其他古代文明中心明显区别的若干特点，而且还表示它具有着可以不断向前发展的内在的力量，即不断提出尚待解决的问题，并且能够找到解决这些问题的途径和方法，从而得到了长时期的持续不断的发展。

中国科学技术史，是整个人类文化史的一部分。在它发展的过程中，曾不断吸取了世界各民族、地区和国家的很多成果，同时也通过各种途径，把自己的许多成果贡献给全人类。对科学技术内容的文化交流进行叙述，也是本书的重要任务之一。

在本书编写过程中，曾得到中国科学院自然科学史研究所以及全国许多单位、许多同志的大力协助。关于本书编写的详细情况，谨记于全书"后记"之中，以志感谢。

在本书书稿即将付印的时候，参加本书编写的同志都不能不一再深刻地认识到：编写这样一部综合性的中国科学技术史，我们所做的还只能算是初步的尝试。对全书体例以及许多问题，如科学技术在中国历史上的作用，关于促进科学技术发展的社会原因的探讨，中国古代科学技术体系问题的提出，和我国近代科学技术落后原因的讨论等等，虽然我们提出了自己的一些看法（这些看法更集中地写入了全书的"结语"之中），但因水平所限，全书不妥之处一定很多。另外由于篇幅所限，挂一漏万之处也在所难免。所以我们决定把本书定名为《中国科学技术史稿》。在这里，我们热烈地期望同志们多多提出宝贵意见，以便在适当的时候进行修改，使它得到不断的完善。

编著者<br>
1980 年 10 月 1 日

# 目　录

| 第一章　原始技术和科学知识的萌芽 | 1 |
| --- | --- |
| 一　伟大的祖国，古老的文明 | 1 |
| 二　劳动工具的制造和火的使用 | 3 |
| 三　从采集狩猎到原始农牧业 | 6 |
| 四　原始工艺技术 | 10 |
| 五　自然科学知识的萌芽 | 14 |
| 六　原始自然观 | 18 |
| 本章小结 | 20 |

| 第二章　技术和科学知识的积累 | 22 |
| --- | --- |
| 一　奴隶制度的出现与科学技术 | 22 |
| 二　青铜时代和青铜冶铸技术 | 24 |
| 三　农业生产技术 | 29 |
| 四　手工业技术 | 33 |
| 五　初期的天文学和数学 | 39 |
| 六　物候和地学知识的积累 | 43 |
| 七　初期的医药学 | 46 |
| 八　天命观与阴阳五行说的起源 | 48 |
| 本章小结 | 50 |

| 第三章　古代科学技术体系的奠基 | 52 |
| --- | --- |
| 一　社会大变革与科学技术 | 52 |
| 二　铁器时代的到来与冶铁技术 | 54 |
| 三　精耕细作传统的开始形成与生物学知识 | 57 |
| 四　大型水利工程的开始兴建 | 61 |
| 五　《考工记》——手工业技术规范的总汇 | 65 |
| 六　《墨经》中的科学知识 | 70 |
| 七　天文学和数学的进步 | 75 |
| 八　地学著作的出现 | 80 |
| 九　医学理论的初步建立 | 82 |

十　诸子百家的自然观和学术争鸣 ⋯⋯⋯⋯⋯⋯⋯⋯⋯⋯⋯⋯⋯⋯⋯⋯ 86
　　本章小结 ⋯⋯⋯⋯⋯⋯⋯⋯⋯⋯⋯⋯⋯⋯⋯⋯⋯⋯⋯⋯⋯⋯⋯⋯⋯⋯⋯ 91

## 第四章　古代科学技术体系的形成 ⋯⋯⋯⋯⋯⋯⋯⋯⋯⋯⋯⋯⋯⋯⋯⋯ 92

　　一　封建制度的巩固与科学技术 ⋯⋯⋯⋯⋯⋯⋯⋯⋯⋯⋯⋯⋯⋯⋯⋯ 92
　　二　农业科学技术和水利工程 ⋯⋯⋯⋯⋯⋯⋯⋯⋯⋯⋯⋯⋯⋯⋯⋯⋯ 94
　　三　生产工具、兵器的铁器化和冶铁术的成熟 ⋯⋯⋯⋯⋯⋯⋯⋯⋯⋯ 101
　　四　天文学体系的形成和杰出的科学家张衡 ⋯⋯⋯⋯⋯⋯⋯⋯⋯⋯⋯ 105
　　五　数学体系的形成 ⋯⋯⋯⋯⋯⋯⋯⋯⋯⋯⋯⋯⋯⋯⋯⋯⋯⋯⋯⋯⋯ 110
　　六　地图测绘技术与疆域地理志 ⋯⋯⋯⋯⋯⋯⋯⋯⋯⋯⋯⋯⋯⋯⋯⋯ 113
　　七　医药学体系的充实与提高 ⋯⋯⋯⋯⋯⋯⋯⋯⋯⋯⋯⋯⋯⋯⋯⋯⋯ 119
　　八　造纸术与漆器工艺 ⋯⋯⋯⋯⋯⋯⋯⋯⋯⋯⋯⋯⋯⋯⋯⋯⋯⋯⋯⋯ 122
　　九　建筑、交通及纺织技术 ⋯⋯⋯⋯⋯⋯⋯⋯⋯⋯⋯⋯⋯⋯⋯⋯⋯⋯ 124
　　十　学术思想和王充《论衡》 ⋯⋯⋯⋯⋯⋯⋯⋯⋯⋯⋯⋯⋯⋯⋯⋯⋯ 133
　　十一　中外交通和科技文化交流 ⋯⋯⋯⋯⋯⋯⋯⋯⋯⋯⋯⋯⋯⋯⋯⋯ 137
　　本章小结 ⋯⋯⋯⋯⋯⋯⋯⋯⋯⋯⋯⋯⋯⋯⋯⋯⋯⋯⋯⋯⋯⋯⋯⋯⋯⋯⋯ 140

## 第五章　古代科技体系的充实和提高 ⋯⋯⋯⋯⋯⋯⋯⋯⋯⋯⋯⋯⋯⋯⋯ 141

　　一　三国、两晋南北朝时期的社会状况 ⋯⋯⋯⋯⋯⋯⋯⋯⋯⋯⋯⋯⋯ 141
　　二　贾思勰和农学名著《齐民要术》 ⋯⋯⋯⋯⋯⋯⋯⋯⋯⋯⋯⋯⋯⋯ 143
　　三　天文学的一系列新发现 ⋯⋯⋯⋯⋯⋯⋯⋯⋯⋯⋯⋯⋯⋯⋯⋯⋯⋯ 147
　　四　杰出的数学家刘徽和祖冲之 ⋯⋯⋯⋯⋯⋯⋯⋯⋯⋯⋯⋯⋯⋯⋯⋯ 150
　　五　地学的新进展 ⋯⋯⋯⋯⋯⋯⋯⋯⋯⋯⋯⋯⋯⋯⋯⋯⋯⋯⋯⋯⋯⋯ 155
　　六　医药学体系的完善和发展 ⋯⋯⋯⋯⋯⋯⋯⋯⋯⋯⋯⋯⋯⋯⋯⋯⋯ 158
　　七　炼丹术和化学 ⋯⋯⋯⋯⋯⋯⋯⋯⋯⋯⋯⋯⋯⋯⋯⋯⋯⋯⋯⋯⋯⋯ 162
　　八　制瓷、灌钢和建筑技术 ⋯⋯⋯⋯⋯⋯⋯⋯⋯⋯⋯⋯⋯⋯⋯⋯⋯⋯ 165
　　九　机械制造的新成就 ⋯⋯⋯⋯⋯⋯⋯⋯⋯⋯⋯⋯⋯⋯⋯⋯⋯⋯⋯⋯ 169
　　十　自然观和宇宙论方面的论争 ⋯⋯⋯⋯⋯⋯⋯⋯⋯⋯⋯⋯⋯⋯⋯⋯ 172
　　本章小结 ⋯⋯⋯⋯⋯⋯⋯⋯⋯⋯⋯⋯⋯⋯⋯⋯⋯⋯⋯⋯⋯⋯⋯⋯⋯⋯⋯ 176

## 第六章　古代科学技术体系的持续发展 ⋯⋯⋯⋯⋯⋯⋯⋯⋯⋯⋯⋯⋯⋯ 177

　　一　经济和科技文化繁荣的大帝国 ⋯⋯⋯⋯⋯⋯⋯⋯⋯⋯⋯⋯⋯⋯⋯ 177
　　二　农业生产技术的提高 ⋯⋯⋯⋯⋯⋯⋯⋯⋯⋯⋯⋯⋯⋯⋯⋯⋯⋯⋯ 179
　　三　冶金和纺织技术 ⋯⋯⋯⋯⋯⋯⋯⋯⋯⋯⋯⋯⋯⋯⋯⋯⋯⋯⋯⋯⋯ 184
　　四　都市建设和桥梁工程 ⋯⋯⋯⋯⋯⋯⋯⋯⋯⋯⋯⋯⋯⋯⋯⋯⋯⋯⋯ 188
　　五　地理学的成就和大运河的开凿 ⋯⋯⋯⋯⋯⋯⋯⋯⋯⋯⋯⋯⋯⋯⋯ 194

六　算经的注释和数学的发展 ·········································· 199
　　七　天文学和杰出的天文学家一行 ·································· 202
　　八　雕版印刷术的发明和造纸技术 ·································· 207
　　九　炼丹术和化学的发展 ··············································· 211
　　十　中医药学的进步 ······················································ 215
　　十一　中外交往和科学技术交流的发展 ···························· 220
　　十二　柳宗元、刘禹锡的自然观 ······································ 226
　　本章小结 ······································································ 228

## 第七章　古代科学技术发展的高峰 ········································ 230

　　一　科学技术高度发展的社会背景 ··································· 230
　　二　火药和兵器的进步 ··················································· 232
　　三　指南针的发明与航海造船技术 ··································· 235
　　四　雕版印刷的盛行与活字印刷术的发明 ························ 240
　　五　卓越的科学家沈括 ··················································· 244
　　六　农业生产和农学的高度发展 ······································ 248
　　七　数学的辉煌成就 ······················································ 252
　　八　天文学发展的高峰和著名的科学家郭守敬 ················· 256
　　九　地学与水利建设 ······················································ 262
　　十　医药学的全面发展 ··················································· 267
　　十一　瓷器和冶金的进展 ··············································· 273
　　十二　建筑与桥梁技术 ··················································· 278
　　十三　纺织技术 ···························································· 284
　　十四　中外科技交流 ······················································ 288
　　十五　张载和朱熹的自然观 ············································ 292
　　本章小结 ······································································ 294

## 第八章　传统科学技术的缓慢发展 ········································ 296

　　一　资本主义萌芽及其缓慢发展 ······································ 296
　　二　郑和下西洋和造船航海技术 ······································ 299
　　三　先进的冶金技术 ······················································ 303
　　四　黄河、大运河的治理和盐碱地的改造 ························ 309
　　五　"一岁数收"技术与新作物的引进 ······························ 312
　　六　建筑技术的普遍提高 ··············································· 315
　　七　商业数学与珠算 ······················································ 319
　　八　声学知识的新发展 ··················································· 322

九　传染病学和外科的成就 ········································· 325
　　十　地方志的科学价值 ············································· 328
　　十一　明末著名科学家及其著作 ····································· 331
　　十二　"理学"、"心学"的泛滥和启蒙思想的影响 ····················· 339
　　本章小结 ························································· 342

## 第九章　西方科学技术的开始传入 ········································· 344

　　一　没落中的封建社会 ············································· 344
　　二　耶稣会传教士来华及其影响 ····································· 346
　　三　对待西方科学技术知识传入的政策和态度 ························· 351
　　四　康熙帝和清初全国地图的测绘 ··································· 353
　　五　西方天文、数学知识传入后取得的成就 ··························· 357
　　六　其他科技成就 ················································· 361
　　七　乾嘉学派对科学技术发展的影响 ································· 366
　　本章小结 ························································· 369

## 第十章　近代的科学技术 ················································· 370

　　一　近代中国的社会 ··············································· 370
　　二　洋务运动和西方科学技术知识的大量传入 ························· 376
　　三　各种自然科学知识的传入 ······································· 382
　　四　各种技术知识的传入 ··········································· 396
　　五　西方医学知识的传入 ··········································· 403
　　六　20世纪初期的中国科学和技术 ··································· 405
　　本章小结 ························································· 414

## 结语 ································································· 416

　　一　科学技术是在历史上起推动作用的革命力量 ······················· 416
　　二　科学技术发展的社会条件 ······································· 419
　　三　关于中国古代科学技术体系问题 ································· 424
　　四　中国科学技术在近代落后的原因 ································· 428

## 人名索引 ····························································· 434

## 书名索引 ····························································· 448

## 后记 ································································· 461

## 修订版后记 ··························································· 462

# 第一章 原始技术和科学知识的萌芽

（距今约一百七十万年至四千多年前）

## 一 伟大的祖国，古老的文明

我们伟大的祖国位于北半球，在亚洲的东部，太平洋的西岸。她领土辽阔广大，面积和整个欧洲几乎相等。当帕米尔高原星光闪烁，夜色正浓之时，在乌苏里江畔已是霞光满天的清晨；当黑龙江上冰封雪飘，万物憩睡时，南海诸岛上却郁郁葱葱，生意盎然。她有绮丽多姿的自然风貌，地形复杂，气候多样，各种自然资源丰富。西部的巍峨山岳以及西南部号称"世界屋脊"的青藏高原，像是天然的屏障，渤海、黄海、东海和南海环抱着东部和东南部，蒙古高原雄踞于北部，在古代交通不方便的情况下，使我们的先民较少与外界交往，造成一定的闭塞状态。因而从这块土地上生长、发展起来的古代文明，能够在较长时期内保持着自己的鲜明色彩。在祖国广阔的土地上，黄河、长江和众多的江河川渎宛若生命的纽带，两岸的肥沃土壤，使生活在这里的先民们很早就发展起农牧业生产，这是我国得以进入世界文明古国行列的基本条件之一。高原、盆地、平原和丘陵错综分布在这块土地上，温带、亚热带和热带气候自北而南差异显著，各地蕴藏着丰富多样的自然资源。所有这些，使各地区的生产面貌大不相同，也使早期文明的发展显示出很不平衡的状态。

从远古时候起，我国各民族的先民就劳动、生息、繁衍在这块广大的土地上。他们手持简陋的工具与大自然进行着艰苦的斗争，在从事采集渔猎和原始农牧业等生产劳动过程中，不断地提高自己的劳动技能，改进生产工具，并逐步积累了关于自然界的种种知识。

人类的历史是从制造工具开始的。根据古人类学研究的最近资料，世界上制造工具的人的出现，最早大约距今三百多万年。我国也是古人类化石很多的国家之一。到目前为止，已发现的古人类化石，最早的有约一百七十万年前的云南元谋人，此后有约八十万年前的陕西蓝田人和约四五十万年前的北京人。相当于旧石器中期的有广东马坝人、湖北长阳人、山西丁村人等，相当于旧石器晚期的有广西柳江人、四川资阳人、北京山顶洞人、内蒙古河套人、山西峙峪人等。

元谋人使用的石器，其原料与打制方法和蓝田人、北京人很相似。元谋人已经知道选择质地坚硬的石料制造工具。北京人已能使用火和保存火种。火的使用对于人类和社会的发展意义非常重大，许多技术的产生和发展都和火的利用有关。距今约两万八千年前的峙峪人文化遗物中出现了石镞，表明这时已发明了弓箭，它的发明使狩猎生产得到迅速发展。旧石器时代经过二三百万年的缓慢发展，我们的先民大约于一万年前，开始进入了一个新的历史时期——新石器时代。

图 1-1　云南元谋人上颌前面的两个门齿

新石器时代文明的进步和旧石器时代相比，是一个飞跃。到目前为止，在全国共发现这一时期的文化遗存约有六七千处。由于我们的先民在不同的地区，不同的自然环境中长期生活和从事生产劳动，生产工具、住房、生活用品、技术等各方面都形成了各自的特点。考古工作者一般把最初发现这些文化遗存的地名作为文化遗存的名字。著名的有河姆渡文化①、仰韶文化②、屈家岭文化③、大汶口文化④、龙山文化⑤、齐家文化⑥，等等。这些繁花似锦的不同文化，在发展过程中，一方面各自保持着自己的特色，另一方面又不断地相互交流和融合。这一时期，技术上的新突破是出现了形制准确合用和有锋利刃口的磨光石器，开始烧制陶器，产生畜牧业和农业，在其后期还开始了金属的使用。社会生产力不断向前发展，社会财富开始有了剩余，贫富的差别产生了，原始公社制度日益走向崩溃，为阶级社会的到来准备了条件。

原始社会阶段，科学还存在于技术之中，或只能说仅仅是萌芽。如在选择石料，打制和使用石器中，就蕴含有力学和矿物学、地质学知识的萌芽；在采集狩猎和原始农牧业中，包含着动植物学的初始知识；在火的使用、制陶和原始冶铜技术中，则有一些化学知识的萌芽；而农牧业发展的需要则促成了物候、天文和数学知识的早期积累。

---

① 1973 年发现于浙江余姚河姆渡村附近，是迄今在长江下游发现的最早的新石器时代遗址。有两个测定年代：一为距今 6 725±140 年，一为距今 6 960±100 年。

② 因首次发现于河南渑池县仰韶村而得名，距今约 6 080 到 5 600 年。现已发现此种文化的大量遗址。

③ 因首次发现于湖北京山屈家岭而得名，年代晚于仰韶文化而早于龙山文化。

④ 因首次发现于山东泰安大汶口而得名，大汶口文化的分布主要是以泰山附近为中心，包括江苏北部及山东省大部分地区。

⑤ 因首次发现于山东章丘龙山镇城子崖而得名。山东、河南、河北、山西、陕西等省都发现具有此种文化基本特征的遗址，是一种年代较晚的新石器时代遗存。

⑥ 因首次发现于甘肃临洮齐家坪而得名，亦为一种年代较晚的新石器时代遗存。

科学从技术中开始分化出来，那是进入阶级社会以后的事。这种分化出现之后，对人类历史的影响是极其巨大的。在长期实践经验的积累中出现的科学萌芽，促进了各种生产技术的发展，从而也促进了社会生产力的发展。当然，总的说来，在人类历史的早期，科学技术的发展是很缓慢的，但越到后来其发展速度越快，社会的发展也随之加速。旧石器时代在人类历史上经历了将近三百万年才发展到新石器时代，而新石器时代只经过五六千年就发展到了阶级社会。

原始社会时期，我们的先民在和自然界作斗争时，是结成群体进行的。四五十万年前的北京人，工具落后，生产技术水平十分低下，组织能力也很薄弱，经常几十人结成一伙，靠采集和渔猎以维持生活。由于生活极端艰苦，当时大多数人都早年夭亡。有人曾就北京人洞穴内发掘所得的材料进行过统计：在可统计的 22 人中，死于 14 岁以下的就有 15 人，占 68.2%。到新石器时代就不一样了。生产工具较为进步，以血缘为纽带的氏族公社制度高度发展，使人们有了比较牢固的结合，集团之间也有了较密切的联系，这就能保证持续不断的生产活动和劳动经验的世代传承，为生活的改善和提高以及生产技术的发展创造了有利条件。

原始社会时期，是人类历史上十分遥远的过去。在写它的科学技术发展史时，只能凭借古人类学、考古学和民族学以及神话学、语言学提供的资料。这些资料比较零散，科学性有时也存在一些问题，只能作间接的旁证之用。更主要的是我们对原始社会的科学技术史研究得很不够。因此，这一章所述内容只能说是在这方面做的一个初步尝试而已。

## 二 劳动工具的制造和火的使用

### 石器的制造

人和动物都面对着与自然界进行斗争以求得生存的问题。动物只能靠自己机体和器官的缓慢改变来适应自然界的变化，当这种改变不能适应自然界的较大变化的时候，动物就会大批灭绝。人则不然，人能制造和使用工具，而工具正是人手和牙齿等器官的延长与增强。制造和使用工具是人所特有的活动。它意味着人对自然的改造，意味着生产。简言之，人类的文明史，首先就是制造和使用工具的历史。

据推测，人类形成的过程中，在长期使用天然木棒和石块来获取食物和防卫时，偶尔发现用砾石摔破后产生的锐缘来砍砸和切割东西较省力，从而受到启示，便开始打击石头，使之破碎，以制造出合用的工具。就世界范围来看，人类开始制造工具大约是在三百万年前。最早的工具大概没有什么标准的形式，一物可以有多种用途。坦桑尼亚奥杜韦峡谷发现的最早石制工具，大约距今二百万年，其典型的石器是用砾石打制的砍砸器。我国元谋人也已使用打制粗糙的石器，与其化石同地层出土的七件石器均为刮削器。

据对出土石器的考察，制作石器的工艺过程，在旧石器时代，最原始的办法，是把一块石头加以敲击或碰击使之形成刃口，即成石器。打制切割用的带有薄刃的石器，则有一定的方法和步骤：先从石块（石核）上打下所需要的石片，再把打下的石片加以修整而成石器。初期，石器是用石锤敲击修整的，边缘不太平齐。到了中期，使用木棒或骨棒修整，边缘比较平整了。及至后期，修整技术进一步提高，创造了压制法，压制的工具主要是骨、角或硬木。用压制法修整出来的石器已经比较精细。我国旧石器时代的石器主要是用石片加工而成，而且以单面加工为主。器形根据用途不同，有砍砸器，可砍树木，做木棒等工具；有刮削器和尖状器，是加工猎物和挖掘用的工具。此外，还有狩猎用的石球、石矛、石镞等。旧石器晚期山顶洞人的文化遗物中，有磨制精致的骨针和磨光的鹿角，还有钻孔的石珠、砾石、牙齿、海蚶壳、鱼骨等。磨制骨器技术的产生，为磨光石器的出现提供了技术前提。在骨针和砾石上钻孔，表明人们应用了新的加工技术；并说明人们不仅给自己准备了一套工具，还用工具来制造工具，如使用燧石锥子洞穿骨头和鹿角等。

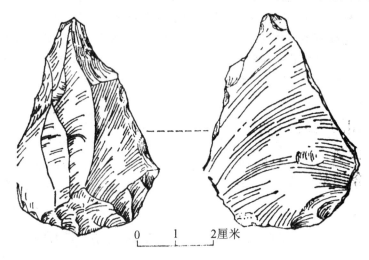

图 1-2　北京人使用的石器——尖状器

在人类早期的生产工具中，弓箭的发明具有重大意义。我国山西朔县峙峪两万八千多年前的旧石器晚期遗址中就已发现有石镞。镞的一端具有锋利的尖头，与尖端相对的底端两侧经过加工，稍窄一些，形成镞座，以便与箭杆捆在一起。只有当人们具有制造工具的丰富经验和较高技能时才可能发明弓箭。弓箭不是一般的工具，已具有马克思所分析的机器的三个要素①：动力，人做的功（拉弦）转化为势能（拉开了的弦），起了动力和发动机的作用；传动，拉开的弦收回，势能转化为动能，将箭弹出去，射到一定距离，起了传动的作用；工具，箭镞起了工具的作用，射到动物身上，等于人用石制工具打击动物。使用弓箭，人就可以从较远距离，安全有效地打击野兽，因而大大促进了狩猎的发达，从而扩大了人们的衣食之源。在火器发明以前，弓箭一直是人们使用的重要武器之一。正如恩格斯所说的"弓箭对于蒙昧时代，正如铁剑对于野蛮时代和火器对于文明时代一样，乃是决定性的武器"②。进入新石器时代，箭镞的制作更精细进步了，石镞、骨镞都是磨制的。形式也多种多样，有的尾部带铤（凸出可安杆的部分），有的具有双翼和倒钩。至今虽没

---

① 《资本论》第一卷，第十三章。
② 恩格斯．家庭、私有制和国家的起源//马克思，恩格斯．马克思恩格斯选集第4卷．人民出版社．1995：20

有发现新石器时代弓的实物遗存，但遗留下的许多箭镞可以说明这时的弓箭已有较远的射程和较大的杀伤力了。

新石器时代，因为农业和其他生产发展的需要，石器制造技术有很大的进步。首先，对石料的选择、切割、磨制、钻孔、雕刻等工序已有一定的要求。石料选定后，先打制成石器的雏形，然后把刃部或整个表面放在砺石上加水和沙子磨光。这就成了磨制石器。与打制的石器相比，磨制石器具备了上下左右部分的比例更加准确合理的形制，使用途趋向专一；增强了石器刃部的锋度；减少了使用时的阻力，使工具能发挥更大的作用。穿孔技术的发明是石器制作技术上的又一项重要成就，它基本上可分为钻穿、管穿和琢穿三种。钻穿是用一端削尖的坚硬木棒，或在木棒一端装上石制的钻头，在要穿孔的地方先加些潮湿的沙子，再用手掌或弓子的弦来转动木棒进行钻孔。管穿是用削尖了边缘的细竹管来穿孔，具体方法与钻穿相同。琢穿，即用敲琢器在大件石器上直接琢成大孔。穿孔的目的在于制成复合工具，使石制的工具能够比较牢固地捆缚在木柄上，便于使用和携带，以提高劳动效率。这时，石器的种类比旧石器时代大大增多，而且类型分明，用途专一。早期遗址中大量出现的农业、手工业和渔猎工具有斧、锛、铲、凿、镞、矛头、磨盘、磨棒、网坠、纺轮等。稍后又增加了犁、刀、锄、耘田器和镰。广东曲江石峡墓葬中出土了大小成套达七种型式的圆刃凹口锛和凿，刃口如同近现代木工用的圆口凿，可以凿出圆孔、圆槽。①

旧石器时代，人们一般是从河滩湖滨和河床里拾取砾石，或从地面上选取母岩风化后留下的坚硬脉岩和结核来制作石器；到新石器时代，人们逐渐掌握了从地层里开采石料的技术。山西怀仁鹅毛口的石器制作场遗址，说明新石器时代早期，人们已开始在这里从河谷谷坡上开采裸露的三叠纪凝灰岩、煌斑岩夹层来制作石器。② 广东南海西樵山也发现了这一时期的采石场和加工场。从洞穴内保存的大量灰烬、炭屑、脉岩鳞片、烧石以及洞壁上保存的火烧与剥离痕迹来看，人们是利用岩石热胀冷缩的特性，先用火烧，然后泼冷水使之骤冷，加剧岩石崩裂，再用工具沿裂缝一一撬下石块来的。③

原始社会时期生产工具的不断改进，提高了社会生产力，加强了人们向自然界作斗争的能力，社会生产和生活的天地变得日益广阔起来。但总的来说，原始工具的改进提高是缓慢的，因为当时人们所能支配的物质只不过是石、木、骨、角和利用天然纤维简单加工而成的绳索等，这就限制了工具的创造和发展。

## 火的使用

自然界产生火的原因很多，如长期干旱和雷电都可以使森林、草原起火；火山爆发可以烧着周围的草木；森林堆积的朽草枯叶，在一定条件下会发生自燃；石油及天然气等外露的矿苗，经干旱温度升高也可以起火。但只有人类社会发展到一定阶段，火才能被人们所利用和控制。元谋人和蓝田人已留下了用火的遗迹。如果说他们的用火遗迹还嫌不够明

---

① 《广东曲江石峡墓葬发掘简报》，《文物》1978年第7期。
② 《山西怀仁鹅毛口石器制造场遗址》，《考古学报》1973年第2期。
③ 《广东南海县西樵山遗址的复查》，《文物》1979年第4期。

确的话，那么，北京人使用火的遗迹，却是证据确凿，无可怀疑的了。它是现有人类明确用火最早的遗迹之一。在北京人居住过的洞穴里，发现了几层灰烬，其中一层，最厚的地方达六米，说明篝火在这里连续燃烧的时间很长。灰烬中有许多被火烧过的兽骨、石块和朴树子。最上一层的灰烬还分成两大堆。灰烬成堆，说明北京人不但懂得用火，而且已有保存火种和管理火的能力了。从民族学的资料来看，原始民族最古老的保存火种的方法，主要是用篝火方式，即不断地往燃着的火堆中投放木柴，使用时让火焰燃得高些；不用时用灰土盖上，使其阴燃；再用时扒开灰土，添草木引燃。

只有当人们从利用自然火并保持火种不灭到能够人工取火，这才算是第一次控制了这种变革物质的、强大的自然力。我们的先民到底是在什么时候发明人工取火的，现在还说不清楚。人工取火的发明可能与制造工具和武器时对木、石等的加工过程有联系。人们很早就会观察到当加工燧石时，有时会有火花溅出；也会注意到，当钻木、锯木、刮木时，木头会发热，甚至发生烟火。有了这些启示，又经过长期的经验积累，人们终于发明了人工取火的方法。中华人民共和国成立前，我国一些少数民族还保留着原始的人工取火方法，如苦聪人的锯竹法，黎族的钻木法，佤族的摩擦法和傣族的压击法等。"钻"和"摩"大概是传播比较广的取火方法。古书中有"燧人氏"教民"钻燧取火，以化腥臊"①的记载，还说"木与木相摩则燃"②。钻、摩、锯、压这类取火方法都需要有一定的技巧，否则是取不出火来的。

火的使用，是人类技术史上的一项伟大发明。有了火，人们始能从"茹毛饮血"的生食变为熟食，使食物范围扩大。这对人的大脑和体质的发展有着重要的意义。火给人以亮光和温暖，即可用来防止野兽的侵袭，又能用来围攻猎取野兽。火可以用来烧烤木料，烧裂石块以制作工具和武器。火还可以用来开垦土地，烧制陶器，冶炼金属……古代世界各民族都有关于火的神话和传说。"燧人氏"无疑是我们祖先心目中的英雄。在希腊神话中则有普罗米修斯背着天神宙斯，把火从天上偷了带给人间的故事。普罗米修斯因而成了牺牲自己给人类带来幸福和解放的英雄形象被人们所传颂。确实，没有火就不可能有文明世界的出现。恩格斯说："就世界性的解放作用而言，摩擦生火还是超过了蒸汽机。"③

## 三 从采集狩猎到原始农牧业

### 农业和畜牧业的起源

恩格斯在《家庭、私有制和国家的起源》一书中正确地指出："野蛮时代特有的标志，是动物的驯养、繁殖和植物的种植。"④ 所谓"野蛮时代"，相当于新石器时代，农业和畜牧业是人类社会发展到一定阶段的产物，它必须在人们的生产技术和经验发展到一定的水

---

① 《韩非子·五蠹》。
② 《庄子·外物》。
③ 恩格斯. 反杜林论//马克思，恩格斯. 马克思恩格斯选集第3卷. 人民出版社.1966：229
④ 恩格斯. 家庭、私有制和国家的起源. 马克思，恩格斯. 马克思恩格斯选集第4卷. 人民出版社. 1995：20

平才可能产生。植物的种植是采集经济发展的结果。人们经过长期的采集活动，掌握了一些野生植物的生长规律，进行了人工栽培的尝试；与此同时，还需创造出适于农业耕作的工具，才能使砍伐树木、开荒种地成为可能。据我国古书记载，传说在远古的时候，有"神农氏作，斫木为耜，揉木为耒，耒耜之利，以教天下"①。又有"神农尝百草水土甘苦"②之说，即把"神农氏"这位无可查考的神话人物视作我国最早发明农业和医药的英雄。其实农业的真正发明者，应是原始社会中分工主要从事采集活动的妇女们。动物的驯养，则是狩猎经济发展的结果。由于弓箭在狩猎中的使用，提高了狩猎效率；网罟、陷阱、栏栅等在狩猎中的应用，使人们能够捕捉到活的动物。随着捕获量增加与食用稍有盈余的情况出现，就逐渐产生了"拘兽以为畜"③的驯养方法。

考古发掘资料证明，远在七八千年前，我国黄河、长江流域就已有了一定水平的原始农业和畜牧业。估计开始发生的时期应更早些。一些属于新石器时代早期和中期的遗址中，除发现有大量的原始农业工具外，还有农作物种子和家畜骨骼。这说明我国农业和畜牧业可能差不多是同时发生的。到距今约四五千年前，我国原始农业和畜牧业已因各地自然条件和资源不同，黄河、长江以至珠江流域等地区的氏族部落形成了以农业为主，兼营畜牧和采集渔猎的综合经济；草原地区的氏族部落则形成了以畜牧业为主，兼营农业和渔猎采集的经济。有的靠近湖海或河流的氏族部落虽已有原始农业和畜牧业发生，但仍经营着以采集、渔猎为主的经济生活。

**原始耕作技术**

我国是世界上发明农业最早的国家之一，也是世界农作物起源中心地之一。新石器时代早期，人们即已根据各自所在地区不同的气候、土壤特点和植物资源，培植出不同的农作物，并沿着不同的道路发展农业生产。黄河流域的原始农业，以种植耐干旱的粟为主。距今七千九百多年的河南新郑裴李岗遗址出土了较多数量的农业生产工具，从土地开垦到农作物收割和谷物加工的工具都有。河北武安磁山和西安半坡遗址中都出土有储存粮食的窖穴，半坡遗址还出土了一个带盖的陶罐，其中有保存完好的粟粒，这些是六七千年前黄河流域栽种粟的实物例证。又在另一陶罐中发现有白菜或芥菜类的种子，说明我国蔬菜种植和谷物种植有同样悠久的历史。浙江余姚河姆渡遗址发现大量稻谷、稻壳、稻秆、稻叶，这是七千年前长江流域种植水稻的见证。河姆渡和半坡的稻与粟经鉴定，都已是经过相当长时期的人工栽培的品种。江苏、湖北、安徽、江西、云南、四川、湖南、广东等省一些地方新石器时代遗址中都有发现四五千年前的水稻遗迹。五千多年前的浙江吴兴钱山漾遗址中发现的稻谷已有粳稻与籼稻之分。看来，水稻是长江流域和华南各地的主要栽培农作物。又根据考古出土资料，在新石器时代晚期，大麻、苎麻、花生、芝麻、蚕豆、葫芦、菱角和一些豆类作物可能也开始种植了。

---

① 《易·系辞》。
② 《越绝书》。
③ 《淮南子·本经训》。

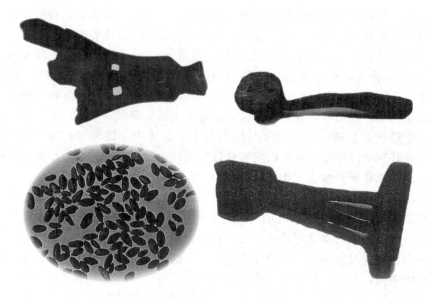

图 1-3 河姆渡出土的骨耜（上左）和木槌（上右）、
稻谷（下左）、木耜（下右）

我国原始农业的耕作技术，不论是北方还是南方，最初大都经过火耕的阶段。相传"烈山氏之子曰柱，为稷，自夏以上祀之"①。"烈山"就是放火烧荒，"柱"实际上是挖洞点种的尖头木棒——木耒。这正是原始火耕的两个相互连接的主要作业，不过被传说人格化了。所谓火耕，一般是用石斧、石磷等砍倒树木，待干后便放火焚烧。这样既开辟了土地，灰烬又是天然肥料。经过焚烧后的土壤比较疏松，人们就用木耒等工具掘洞点播。一块地种了几年后，肥力完了，就丢荒另开辟新耕地。

从河姆渡遗址出土的大片木构建筑遗迹、大量的骨耜、成堆的稻谷稻壳以及半坡、姜寨由几个氏族建立的五万多平方米面积的部落村庄遗址来看，人们已过着较长期的定居生活。据此分析，大约五六千年前，我国有些地区已脱离"原始生荒耕作制"阶段，而进入了所谓"锄耕"或"耜耕"的"熟荒耕作制"的阶段。人们在几块土地上，轮流倒换种植，不必经常流动到别处去新开荒。这就能导致较长期的定居生活，有利于农业的发展。这时期的遗址中还出土有大量不同类型的农业生产工具，其中石铲、石锛、石耜和骨耜都为翻土的工具，耕翻土地能疏松和改良土壤结构，延长使用年限，扩大耕地面积，对提高产量有重要意义。耜耕的方法，起源较早，使用较广泛。最初的耒耜是木质的。在木耒的一端加上木、石或骨的耜冠，就成了一种复合的翻土工具耒耜。耒耜的使用方法是手持木柄，脚踏柄下侧的横木，推耜入土，然后扳压耜柄，利用杠杆原理把土翻起来，和今天使用铁锹翻土的道理一样。石锄、蚌锄和有两翼的石耘田器用于中耕除草。石镰、蚌镰、骨镰、穿孔半月形石刀等收割工具，不但提高了收割效率，而且能连秆收割。这种收割方法为饲养家畜储备了必要的饲料。石磨棒和《易·系辞》中说的"断木为杵，掘地为臼"则是谷物脱壳的工具。

---

① 《左传·昭公二十九年》。

| 带齿石镰（河南密县） | 石盘磨和磨杖（河南密县） | 石铲（陕县庙底沟） |

图 1-4 新石器时代的农具

根据水稻的生长特点来推测，河姆渡人从事水稻生产，已经初步掌握了根据地势高低开沟引水和做田埂等排灌技术。黄河流域很早就流传着大禹"疏九河"①、"尽力乎沟洫"②和伯益发明凿井技术③的传说。在河北邯郸涧沟新石器时代晚期遗址中确曾发现两眼水井，深约七米，井口直径二米。④ 地下水的利用很重要，它扩大了人们经济活动的区域，即便在远离河流、湖泊的地方也可定居下来。

### 动物的驯养

由于狩猎的需要，最先驯养的动物可能是狗。七八千年前长江、黄河流域新石器时代遗址中已发现有猪骨和狗骨。长江流域的遗址中除猪骨外，还有水牛骨骼。到四五千年前，家畜饲养进一步发展，狗、猪、牛、羊的数量增加了。山东章丘龙山镇城子崖遗址出土有大批零整兽骨，其中有马骨。陕西陕县庙底沟和辽宁大连市羊头洼遗址都发现有鸡骨，说明马和鸡也在新石器时代晚期成了饲养的家畜、家禽。后世所称的"六畜"此时都已被人们驯养了。游牧氏族生活的地区，考古发现较多的是牛、羊、马的骨骼，猪骨比较少见。

我国是世界上最早饲养猪的国家之一。裴李岗遗址已出土有猪骨。河姆渡遗址出土的一只小陶猪，体态肥胖，腹部下垂，四肢较短，前后体躯的比例为1∶1，介于野猪（7∶3）和现代家猪（3∶7）之间，整个形态已和野猪相去甚远。这表明我国养猪的历史应早于七八千年前。考古发掘的许多新石器时代遗址还表明，凡是主要从事农业生产的氏族部落，都饲养以猪为主的家畜。几千年来，它一直成为我国农家普遍的副业，是我国人民食用肉类的主要来源。

在农业和畜牧业没有发明以前，由采集和渔猎活动而得到的野生动植物是人们食物和生活资料的主要来源，在很大程度上是仰赖于自然的恩赐。只有农业出现后，人们才改变了人与自然的关系。人们能够从一小块土地上获得的食物，和在较大土地上采集猎获到的一样多。人在农业生产实践中应用了有关生物繁殖的知识，才能依靠自己的活动来增殖天然产品。找到了较稳定可靠的衣食来源，从此人们在自然界就取得了一些主动。所以，农

---

① 《孟子·滕文公章句上》。
② 《论语·泰伯》。
③ 《世本·作篇》。
④ 《1957年邯郸发掘简报》，《考古》1959年第10期。

图1-5 河姆渡遗址出土的陶猪

业出现后很快就成为我国古代社会的基本生产部门。由于农业的逐步发展，人们可以生产出除满足生产者本身所需之外的剩余粮食。这是阶级分化，城市出现，农业和畜牧业、手工业分工，特别是脑力劳动得以从体力劳动中分化出来的物质基础。农业的出现实是具有划时代意义的大事。但是，农业的更进一步发展，则要在奴隶社会到来之后，在新的社会分工的前提下才有可能。

## 四 原始工艺技术

新石器时代除石器、木器、骨器制造技术有很大发展外，还出现了制陶、纺织等原始手工业。这些手工业是氏族集体经济的一部分，是与农业结合在一起的。

**制陶**

陶器的发明，在制造技术上是一个重大的突破，它既能改变物体的性质，又能比较容易地塑造便于使用的物体的形状；既具有新的技术意义，又具有新的经济意义。它使人们处理食物的方法除烧烤外，增添了煮蒸的方法；陶制储存器可以使谷物、水和液态食物便于存放；陶制纺轮、陶刀、陶锉之类的工具则在生产中发挥了重要的作用。因此，它一出现很快就成为人们生活和生产的必需品，特别是对于定居下来从事农业生产的人们更是须臾不可离的。"神农耕而作陶"[①]的传说，正是把制作陶器和农耕联系在一起的。

陶器是我国新石器时代遗址中最常见的遗物，也是这一时期工艺技术水平的代表性器物。仰韶文化的彩陶既是日常生活用品，也是很好的艺术品，其制陶工艺已达到相当成熟的阶段。山东龙山文化的精美黑陶器，器壁薄如蛋壳而坚硬，厚度仅1～3毫米，表面漆黑有光，工艺水平已较高。

世界上许多地方，陶器是由于在编制或木制的容器上涂上黏土想使之能够耐火而逐渐被

---

① 《周书》。

发明的。经过一段时间，人们发现成型的黏土不要内部容器也可以烧制成陶器。其烧制技术则经历了很长的发展过程。

制造陶器的第一道工序是准备陶土，最初的陶土不加淘洗，所以含杂质较多。后来，人们学会了淘洗，就出现了"泥质陶"、"细泥陶"，甚至还选用高岭土烧成了"白陶"。制造炊器，为了使它受热时不易裂开，人们特意掺进一定量的砂粒，这叫"夹砂陶"。第二道工序是制坯，早期是用手捏成坯，或用泥条盘筑而成，这统称为手制。后来逐步发明了"慢轮修整法"，就是把已成型的陶坯放在可以转动的圆盘——陶轮上，在转动中修整器坯的口沿等部分。以后又进一步发展到把陶泥坯料放在快速转动的陶轮上，制造圆形陶器。这种制陶方法叫做"轮制"。采用快轮制坯，生产效率和产品质量大为提高了。第三道工序是装饰，大体有以下几类：陶坯未干透时，用器物把坯表打磨光滑，烧成后器表发亮，这叫磨光陶；在陶坯上施一层薄薄的特殊泥浆后再烧制，这叫施加"陶衣"；在陶坯上画出黑色或彩色花纹后烧制成的叫做"彩陶"；在烧陶过程中，采用渗炭的方法，烧成的陶器成纯黑色，这叫"黑陶"；此外，还有"附加堆纹"、"刻画花纹"等。最后一道工序是烧制，早期是在露天烧制的，温度低，受热不均匀，陶器表面上呈现红褐、灰褐、黑褐等不同的颜色，胎壁断面可看出没有烧透的夹心。后来发明了陶窑，如西安半坡遗址中发现的陶窑有竖穴窑与横穴窑两种，都由火口、火膛、火道、窑室和箅组成。经陶窑烧制成的陶器，因火力较均匀，不易变形龟裂，颜色也较齐一。到新石器时代晚期，制陶业有很大发展，可能已由氏族的共同事业逐渐变为少数富有制陶经验的家族所掌握的生产部门。这时陶器制作技术又有提高，制坯已广泛采用快轮，陶窑结构比过去进一步完善，烧制温度可高达摄氏 1000 度左右；并掌握了在高温时密封窑顶，再从窑顶上渗水入窑，使窑内氧气不足，令陶器在还原焰中焙烧，其中的铁质多转化为氧化亚铁（FeO），从而得到呈灰或灰黑色陶器的方法。这个经验对后来掌握釉色有着重要的意义。高岭土的使用和利用烧成后期对窑温及窑内含氧量的控制来赋予陶器以某种颜色的技术，为我国以后瓷器的出现和它所具有的独特风格奠定了基础。

图 1-6　山东潍坊龙山文化遗址出土的双耳黑陶杯

**蚕丝的开始利用和原始纺织技术**

我国原始社会后期已出现原始纺织技术。分布在全国各地的新石器时代遗址，绝大部分都发现有纺坠，就是证明。

当时使用的纺织原料，多半是野生麻类和其他野生植物的纤维。更重要的是在新石器时代晚期，已开始利用蚕丝织作。在距今五千年左右的浙江吴兴钱山漾遗址中，除了发现苎布，还出土有一段丝带和一小块绢片。① 中国是世界上最早利用蚕丝的国家，并且在相当长的时间内，是唯一这样的国家。

原始的纺纱方法有两种。一是搓捻和续接，用双手把准备纺制的纤维搓合和连接在一起。另一办法是使用原始的纺纱工具——纺坠。这种工具已经具有能够完成加捻和合股的能力。纺坠，即是在一根横棒的中间或一个圆盘状物体的中间，插置一根植物杆，利用横棒或圆盘转动时产生的力偶，使纤维抱合和续接。

原始的织造方法，是在编席和结网的基础上发展起来的。古人有"编，织也"② 的说法，说明了这二者之间的密切关系。我国在旧石器时代就已经发明了结网的方法。山西大同许家窑旧石器遗址出土了许多石球，经考古学者研究，都是十万年前人们使用的"抛石索"的遗物。"抛石索"必须使用植物韧皮或动物皮条编制网兜。新石器时代出现了正式的织造技术。最初是编织，像编席一样完全用手编结。西安半坡遗址出土的陶片上，印有好像是用绞缠法制作的布痕，就属于这一类。随后，又出现原始的机织工艺，利用原始腰机和引纬的骨针织作。河姆渡遗址第四文化层，出土了管状骨针、木刀和小木棒，经鉴定，可能是供装置这类机械的部件和引纬的工具。

随着织作方法的发展，在新石器时代晚期，已经能够生产具有一定水平的织品。苏州草鞋山遗址曾经出土一块约六千多年前的葛纤维织物，经线由两股纱并合而成，系用简单纱罗组织制作，罗孔都比较规整匀称。钱山漾出土的绢片，经纬密度均为每厘米48根，丝缕相当均匀，比较坚密平整。

## 建筑

远古时候，我们祖先曾经在树上"构木为巢"③，或利用天然的洞穴作为居住的地方。到新石器时代，人们居住的方式就较多样了。少数地区如广西、云南、广东等石灰岩洞较多的地区，人们还有住在天然山洞里的，但多数地区已普遍建筑了住房。在黄土地带和地势高亢的地区，主要建造半地穴式房屋和原始地面建筑。在湿热的沼泽地带，则主要营造源于巢居，把居住面架设在桩柱上的干栏式房屋。

半坡遗址半地穴式房屋大部分是取土形成竖穴，上部用树木枝干等构筑顶盖。建筑面多呈方形或圆形，中部有一根或多至四根对称的中柱，住室中央或近门处有一圆形火塘，门前有缓冲空间和沟坡状门道。地穴是直壁，一般深50～100厘米，穴底和墙壁涂草筋泥。柱基用原土回填。顶部是自四周向中柱架椽，成方锥形或圆锥形屋顶，内外都涂草筋泥。门道雨篷用大"叉手"。中柱和椽木交接处用藤葛类或绳索扎结固定。顶部节点附近留有排烟通风口。这种木骨涂泥的构筑方式，后来发展成为我国古代建筑以土木混合结构

---

① 《吴兴钱山漾遗址第一、二次发掘报告》，《考古学报》1960年第2期。
② 《仓颉篇》（孙星衍辑本）。
③ 《韩非子·五蠹》。

为主的传统。如果把居住面上升到地面，其形式与近现代的砖瓦平房差不多；在外围结构上则出现了承重直立的构筑体，也就是墙壁。构架、墙体和斜坡的屋顶，成为后来我国建筑的基本体形。

河姆渡遗址保存的干栏式木构建筑遗迹，值得注意的是其中带有榫卯的木构件很多。其榫卯大致可分为：柱头和柱脚榫卯、平身柱与梁枋交接榫卯、转角柱榫卯、受拉杆件（联系梁）带梢钉孔的榫卯、栏杆榫卯、企口板等六种。这时的木构建筑还处在榫卯和扎结相结合的阶段，而且一般多是垂直相交的榫卯。远在六七千年前能有这样的木构技术，说明建筑技术已经历了一个相当长的发展过程。在当时使用石制工具的情况下，加工制作如此规整的榫卯构件，的确是一项了不起的成就。

图 1-7　河姆渡遗址出土的木建筑构件

## 交通工具

随着农业、畜牧业和手工业生产的发展，产品不断增多，交换也开始发生，产生了对运输工具的需求，导致了交通工具的发生和发展。

我们的先民在运输生产品以及木、石等建筑材料过程中，逐步创造出滚木、轮子、轮轴，最后出现了车这种陆上交通工具。最原始的车轮是没有轮辐的一块圆木，汉、唐时代著作中称它为"辁"。《左传》中说薛部落最善于造车，出身于薛的奚仲曾做过夏王朝的"车正"（车辆总管）。汉代陆贾的《新语》中还说奚仲"桡曲为轮，因直为辕"，创造了有辐的车轮。由辁发展到轮，使车辆的行走部件发生了一次大变革，为殷代的车奠定了基础。

船舶的发展同样经历了一个漫长的过程。人们从落叶和树干能在水中飘浮得到启发，用石斧将圆木的一面剡成凹形，从而相对地增加了稳定性，并且增加了运载量，这就导致了独木舟的产生。把许多树干捆绑编成一排，这样制成的木排也能获得同样的效果。因地制宜，产竹的地区就有了竹排。《易·系辞》有"伏羲氏刳木为舟，剡木为楫"的传说。河姆渡和杭州水田畈、钱山漾遗址中都发现有木桨，前者距今七千年左右，后二者则为五千年前左右之实物，形制与后世的木桨很相似。这是最早的船舶推进工具。船只的出现，不仅促进了水上交通和运输的发展，而且使人们的渔捞活动范围也得以扩大。

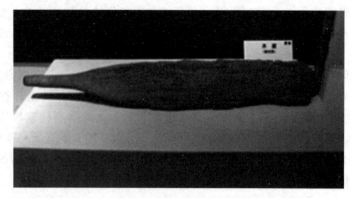

图1-8 钱山漾遗址出土的木桨

## 五　自然科学知识的萌芽

自然科学是人们关于自然现象和规律的知识。它主要来源于人类的生产实践,当生产实践的感性认识积累到一定的程度,经过飞跃上升到理性认识阶段才成为科学。这在原始社会是不可能实现的。在原始社会阶段,科学只是以萌芽状态存在于生产技术之中。工具的制造、火的使用、采集和渔猎、畜牧和农业以及生活日用品的制造等,无一不是科学知识萌发的土壤。同时,它们自身又在积累了科学知识的基础上得以进一步发展。由于原始社会时期的科学知识直接依人们生产活动的性质和生产经验为转移,只能知其然而不知其所以然,人们对自然的认识和原始宗教、神话又是交织在一起的,因此它虽然具有丰富的内容,但也有很大的局限性。

**天文学知识的萌芽**

我国是天文学发展最早的国家之一。我们的祖先在以采集和渔猎为生的旧石器时代,就已经对寒来暑往的变化、月亮的圆缺、动物活动的规律、植物生长和成熟的时间,逐渐有了一定的认识。新石器时代,社会经济逐渐进入以农牧生产为主的阶段,人们更加需要掌握季节,以便不误农时。我国古代的天文历法知识就是在生产实践的迫切需要中产生出来的。根据考古学和古文献资料,确切可知新石器时代中期,我们祖先已开始观测天象,并用以定方位、定时间、定季节了。

方位的确定,对于人们的生产、生活有着重要的意义,所以人们很早就使用了一定的方法。裴李岗、半坡及其他许多文化遗址中,房屋都有一定方向;在氏族墓地上,墓穴和人骨架的头部也都朝着一定的方向,或朝南,或向西北。江苏邳县大墩子墓地堆积有五层墓葬,晚期的重叠在早期的之上,但方向仍然大体一致。① 可见,当时人们已经有了一定的确定方位的方法。最早大概很简单地以日出处为东,日没处为西。进一步的观测使人们

---

① 《江苏邳县四户镇大墩子遗址探掘报告》,《考古学报》1964年第2期。

发现，一年内日出与日没处因时间而异，且有较大的变化，但每天日影最短时太阳的方位则是不变的，于是就把这时太阳的方位作为定南北方向的依据。其后则有观测一天内太阳的出没方向，先定出东西，再定出南北方向的方法的发明。

在农牧业发生的初期，人们是根据物候现象来掌握农牧的时节的。中华人民共和国成立前，我国若干处于原始社会状态的少数民族，就是根据物候来安排农活的，如云南省的拉祜族以蒿子花开作为翻地时间的标志。随着农业生产的发展，对农时的准确性提出了新的要求。人们发现天象的周期变化与物候之间存在着一定的联系，于是对天象的观测与研究渐为人们所重视，这就推进了天文学知识的发展。我们的祖先最早大约很重视对红色亮星"大火"（心宿二）的观测。传说早在颛顼时代就有了"火正"的官，专门负责观测"大火"并根据其出没来指导农业生产。后来曾有一段时间，由于氏族混战，观测中止，结果造成了很大的混乱。到帝尧时设立羲和之官，恢复了火正的职责，因而风调雨顺，国泰民安。① 据推算，约在公元前2400年，黄昏在东方地平线见到"大火"时，正是春分前后，即正是春播的时节，所以关于"火正"的传说当是可信的。像这样以观测天象来确定四时季节的方法叫"观象授时"。

古史还相传黄帝时代已有了历法。不过，近年有人认为，获得考古资料印证的，还是关于帝尧时已有历法的传说。《尚书·尧典》中说，帝尧曾组织了一批天文官到东、南、西、北四个地方去观测天象，以编制历法，向人们预报季节。其中的羲仲，被派到东方叫嵎夷旸谷的地方，观测仲春季节的星象，祭祀日出。1960年，在山东莒县陵阳河出土了四件形体较大的陶尊，每件尊的相同部位都刻了一个图案。两件刻的是斧和锄的象形字，另两件刻的是 和 两个图形。这两个图形描绘的应是太阳、云气和山冈。有人认为，这是一个复体的"旦"字。这些陶器可能是用来祭祀日出、祈保丰收的祭器。这些陶尊的年代距今约4 500年，和帝尧的时代相近。山东是古代东夷所居之地，也是和古代日出故事很有关系的地方。

## 数学知识的萌芽

远古时代，我们的先民和世界其他地区的人类一样，从文明发展的最初阶段起，就不断积累着关于事物的数量和形状等萌芽时期的数学知识。人们认识"数"是从"有"开始的。起初略知一、二，以后在社会生产和社会实践中不断积累，知道的数目才逐渐增多。调查材料表明，中华人民共和国成立前，我国有的文化发展比较缓慢的少数民族最多还只能数到"3"或"10"，3或10以上的数就数不清，而统称为"多"了。这大致反映了各民族文明发展初期大都必须经历的一般情况。据统计，在仰韶文化及年代稍晚的马家窑文化等遗址中出土的彩陶钵口沿上，发现有各种各样的刻画符号五十来种，可能为代表不同意义的记事符号。我国古代也有"结绳记事"和"契木为文"的传说。因此，这些刻划符号既可能是我国古代文字的起源，也可能是数字的起源。如"｜"、"‖"、"‖｜"、"‖‖"、"✕"、"十"等符号与甲骨文、金文中的数字写法很相似。陶文中还有符号" "，可能为一个较大的数字。

---

① 《史记·历书》。

人们对形的认识也很早。在制造出了背厚刃薄的石斧、尖的骨针、圆的石球、弯的弓等形状各不相同的工具时，我们的祖先对各种几何图形就已经有了一定的认识。新石器时代开始出现的竹篾编织物和丝麻织品，可能使人们对形和数之间的关系有了进一步的认识，因为织出的花纹和所包含的经纬线数目之间存在着一定的关系。陶器的器形和纹饰，也反映了新石器时期人们具有一定的几何图形概念，如有圆形、椭圆、方形、菱形、弧形、三角形、五边形、六边形和等边三角形等多种几何图形，并已注意到几何图形的对称、圆弧的等分等问题。湖北江陵毛家山和四川大溪新石器晚期遗址中出土的陶制空心球，球面上布满用三股一组的篾纹或刻画纹彼此相交构成的六个对称的"米"字纹。这种空心球体的制造和纹饰的绘制，都说明当时对几何图形的认识已经达到一定的水平。

图 1-9　西安半坡等遗址出土彩陶钵口沿上的刻画符号举例

原始社会晚期，人们不仅识别了各种不同的形，而且为了使制作器物达到方、圆、平、直的要求，可能还创造了画方、圆和直线的简单工具与方法。如半坡等遗址的圆形屋、环形装饰品和陶器上圆半径非常匀称的同心圆纹饰等，必须有一定的方法，并借助于简单的工具，可能就是最早的规矩，才能做得那样规整。

其他科学知识的萌芽

石器的制造和利用本身就是力学知识的运用，而制造和使用工具的实践，又使人们逐渐增加了对许多自然产物的物理和机械性能的知识。如人们把石斧、石铲、石磅、石凿磨制得背厚刃薄，这就符合尖劈越尖，机械效益越大，越省力的道理。打猎用的投掷武器石矛和流星索，必须使其在空间运动时暗合颇为复杂的动力学和空气力学的原理才能奏效。仰韶文化遗址中出土的一种小口尖底瓶，是专门用来提水的容器，由于巧妙地利用力的平衡原理，把器形制成为尖底，使空瓶盛水后重心不断变化，但仍能保持瓶口不断进水，从而解决了用平底罐提水时遇到的麻烦。

正如生产工具的出现要比理论上力学原理的诞生早得多一样，乐器的出现也要比声学理论早得多。在原始社会晚期的遗址中已出土有属打击乐器的土鼓、石磬、陶钟以及吹奏乐器，如芦苇编制的苇龠、陶制埙等。可能由弓弦震动发声而受到启示，弦乐器的起源也是很早的，《世本》说"舜作五弦之琴"。根据对几个出土陶埙的发音研究推断，原始社会后期人们可能已萌发了音阶的观念。

使用火是人们利用自然能源的开始。燃烧使燃料所具有的化学能以热能的形式释放出来为人们服务。有了火，烧制陶器，进行冶炼，酿酒，染色，鞣皮等技术才能相继出现。火的使用说明人们已掌握了一些物质变化的知识。从对半坡等遗址出土的陶器研究中得知，当时对制造陶器的原料性能已有一定认识。制陶器的黏土一般都经过选择，制造炊器时，甚至有意识地掺进一些沙粒，以便改变陶土的成型性能和成品的耐热急变性能，使烧成的器物不至于在冷热剧变时破裂。特别值得一提的是龙山文化中的黑陶，系利用窑中不完全燃烧而产生的炭黑掺入陶器制成的。这说明人们已从经验中掌握了在适当地控制窑温的情况下使碳还原这一过程。龙山文化遗址中出土的大量陶制酒器，说明那时已有了酒。酿酒过程中的关键是发酵。人们最初可能是从自然发酵现象而得到启发的。因酵母菌的作用，浆果等堆积一起在一定温度下可以变出一部分酒精来；但用粮食酿酒只有在农业生产有了一定发展后才可能实现。

人们生活在大地上，原始人类首先要熟悉自己活动的地区和周围的自然界，地理知识也就从此开始产生了。原始社会人们对自己本部落，甚至离本部落较远的地区的山水草木，每一地方的特点，和它们的方向、位置都是很熟悉的。从采集和开采石料，打制石器中，人们还认识了矿物和岩石。如蓝田人和北京人所使用石器的原料有脉石英、石英岩、石英砂岩和燧石等。这些矿物和岩石的化学成分都是二氧化硅（$SiO_2$），在物理性能上具有较大的硬度和容易出现贝壳状断口，既符合石器质料必须坚硬的要求，又易于打制。

原始社会较早时期，人们还在过着采集和狩猎生活时，动物和植物的生活史就已成了他们关心观察的对象。河姆渡、半坡等遗址出土的陶器与骨器上往往绘或刻有鸟、蛙、龟、鱼、蜥蜴、鹿等动物以及植物的图案，形态生动逼真。半山和马家窑式的彩陶上常绘有植物叶子、豆荚和种子的纹饰。山西万荣荆村出土的一件完整彩陶，上面绘有一株植物，根、茎、叶、花齐全，说明新石器时代人们已具有一定的动植物形态知识。人们还从宰割动物而获得解剖学知识。原始农业和畜牧业的出现，则是人们按照自己的需要，应用了对于生物界的生殖规律知识来控制生物界的一个成果。

图1-10　河姆渡新时器时代文化遗址出土的刻画有盆栽
植物图案的陶器碎片和刻画有猪形图案的圆钵

### 原始的医和药

我国医药知识起源很早。火的使用在人类保健史上具有重要意义。蓝田人和北京人已知道熟食，改善了摄食条件，使身体能得到较好的发育。火还可以防寒、防潮湿，为身体的健康提供了必要的条件。此外，人们在生活实践中已知道"筋骨瑟缩"不适，就"为舞以宣导之"①，这是最初的体育疗法。通过烤火取暖，人们又知道把烧热的石头或砂土用植物茎、叶或动物的毛皮等包裹后放在身体某些部位，能消除或减轻某些因受风寒而引起的腹痛和因冷湿而造成的关节痛，这就是最早的"热熨法"。经过反复实践和改进，懂得将干草点燃，进行局部固定的温热刺激，能医治更多的疾病。这就是灸法的开始。此后，人们又逐渐掌握了运用一些简单工具治病的经验。最早的医疗器具有砭石，"砭，以石刺病也"②，还有荆棘刺、骨针、竹针等，均可以挑破脓肿和刺激人体的某些部位，这种治疗方法，是针术的发端。古代有"庖牺制九针"③以治病的传说。所以，至今仍使用的针灸疗法，追其渊源是很早的。

我们祖先在采集野果、植物种子和根、茎的过程中，逐步辨认了某些植物吃了对人体有益，能治病；某些吃了则对人体有害，会引起吐泻、昏迷，甚至死亡。古代传说的所谓神农尝百草，"一日而遇七十毒"④。虽然把人们经过长期积累的知识归于神农一人是不符合实际的，但其中包含着合理的因素，即反映了人们在长期采集过程中积累了一些关于植物药的知识。通过渔猎、畜牧和制造工具等生产实践，人们还积累了不少动物药和矿物药的知识。

原始社会时期，医和巫是不分的。当时医药水平很低下，许多疾病不能医治，也无法理解病因。进行原始宗教活动的"巫"兼给人们治病。他们治病除用祈祷、祭祀等办法外，也兼用药物。这就给原始朴素的医疗活动披上了神秘的外衣。

## 六　原始自然观

原始社会时期，我们的先民不仅从生产实践和对自然界的长期观察中，逐渐认识到自然界中某些因果之间的简单联系，同时随着思维、语言和推理能力的发展，他们还努力根据自己的认识水平来对自然界加以说明和解释。原始自然观经常是和原始宗教思想一同发生，并相互交织在一起的。尽管如此，这在人类思维和科学发展的进程上却是必然和进步的表现。

根据考古发掘资料，旧石器时代晚期的山顶洞人已注意埋葬氏族里的死者，在尸体上撒赤铁矿粉，并随葬生产工具和装饰品。这一事实，说明当时人们已认为人死后有脱离身体而存在的灵魂，且继续其生前的劳动和生活。这是由于人们不能正确地理解梦境、感觉、思维等精神现象而产生的原始迷信思想。当人们进一步按照这一认识来说明和解释自然界各种现象时，就形成了"万物有灵"的观念。随后，又出现了"图腾"信仰和自然崇

---

① 《吕氏春秋·古乐》。
② 《说文解字》。
③ 《淮南子·务修训》。
④ 《淮南子·务修训》。

拜——对被认为跟全氏族有特别神秘关系的某种动物或其他自然物进行崇拜。还出现了所谓"巫术",这是人们幻想中的采用某些方法就能影响自然,或影响他人的法术。稍后,又发展为巫师们的咒语、祭祀、祈祷等迷信活动。这些东西交织在一起,形成了原始宗教。宗教是人屈服于被神化了的自然的表现,是消极的。进入阶级社会后,它就被剥削阶级所利用了。

原始社会时期,人们运用推理和想象力对自然界所做的一些解释,往往是通过神话传说形式留传下来的。神话是人们借助于幻想企图征服自然力的表现,是积极的。不论是世界古文明发生最早地区的古代原始民族,还是现代世界上一些地区存在的原始民族,都流传有丰富的神话传说。虽然时间上相差几千年上万年,地理上相隔几千里上万里,但原始时期的社会生产和思想发展过程大致相同,因此神话传说也大同小异。

天地万物和人自身是从哪里来的,即怎么创造出来的,是原始社会时期人们很关心的一个问题。我国是疆域辽阔的多民族国家,对这个问题有多种不同的说法。其中最著名的是"盘古开天辟地"说。传说开始时天地混沌如鸡蛋,有一神人盘古生于其中,他用大斧子把天和地劈开了。在他死后,"头为四岳,目为日月,脂膏为江海,毛发为草木"①。关于人自身的由来,也有不同的神话,比较有代表性的是"女娲抟土作人"②说。传说中的盘古是犬形;女娲为女性,蛇身人首。据此推测,这两个神话传说起源很早,应发生于图腾信仰和母系氏族制时代。两个神话中都有一个原始神,他们创造了天地万物和人本身,但还不是主宰一切至高无上的神,创造万物时仍离不开具体的物质。这也反映了神话的原始性和含有一定的合理因素。

天上日月的运行、繁星的闪烁、风雨雷电的出现、山林泉石的形成、四季的变迁、禽兽草木的形状等自然现象,与人们的生产、生活有密切关系。解释这类自然现象的神话,世界各民族都有,而且数量最多。我们的先民也不例外,甚感兴趣。例如,解释日月的运行,说日神叫羲和,望舒为月御,他们都乘坐驾着马或"三足乌"的车子巡行天空。又说太阳中有只"金乌"。三足乌、金乌当为古人见到太阳圆面上的大黑子以后产生的想象。月亮中有个蟾蜍之说,当是对月面上阴影的一种想象。还有日月食是由于天狗或其他天上的动物把太阳、月亮给吃了的说法。我们的先民在很早时候就知道南方多雨,北方常旱。解释其原因是南方为雨师应龙居住的地方,所以多雨;旱神女魃居于赤水之北(今河西走廊北面的大沙漠),因而那里终年不雨。③ 风神名飞廉,云师名丰隆,河有河伯,海有海神。总之,自然界的每一事物,我们的先民认为都有神灵,并通过各种想象的道理来加以说明解释。

关于社会生产技术重大的发明创造,人们也归功于神或神的子孙。如说火的发明者是"燧人氏","伏羲氏"为渔猎和畜之神,"神农氏"则为农业和医药之神,还有蚕神是嫘祖等等。燧人、伏羲、神农最早都应该是作出了有关发明或发现的部落或部落酋长。由于这些发明与发现给人们的生活带来巨大的利益,因此人们在传颂其功绩时将其神化了。只是

---

① 《三五历记》,《太平御览》卷二引。
② 《风俗通义》,《太平御览》卷七十八引。
③ 《山海经·大荒北经》。

后来到了史官们的笔下才被列入古帝王席位，而脱去了神的装束，披上了"圣人"外衣的。

原始社会时期，人们征服自然的力量虽很薄弱，在大量的自然现象和自然灾害面前感到迷惑不解，不得不屈从于大自然，对之顶礼膜拜，但是生产劳动的实践和与自然斗争的经验却教育了人们对自然界要抱积极进取的态度。"羿射十日"以及"下杀猰貐"和"断修蛇于洞庭，擒封豨于桑林"①的神话，反映了古代人们与大自然所作的艰巨斗争。"夸父逐日"②和"精卫填海"③的神话，反映了远古时期人们渴望战胜自然的朴素愿望。"禹治洪水化熊开山"④的神话，则反映了古代人们在劳动是一件沉重的负担情况下，有减轻劳动、提高生产效率的愿望。

上述远古神话传说，虽然在今天看来都是人们幻想的产物，但从科学史角度来看，却是当时人们企图从自己的认识水平来对自然加以说明和解释的一种尝试。理论科学从某种意义上说，正是从原始的宗教、神话中萌发出来的。正如列宁说的，这是"科学思维的胚芽同宗教、神话之类幻想的一种联系"⑤。人们认识的发展依赖于社会实践的发展。由于原始社会时期生产规模和生产水平的限制，这些说明和解释，远远不可能科学地反映自然的本来面貌。以后随着生产力的发展，人们对自然的解释，才能逐渐从神话、迷信和唯心主义的影响中摆脱出来，产生符合科学的观念。

## 本 章 小 结

迄至目前为止，考古资料证明，我国原始社会至少经过了一百七十万年左右的发展历史。我国是世界早期人类文明的主要发源地之一，也是世界上使用火，发明弓箭、陶器、农牧业、天文和医药等最早的地区之一。不仅如此，我们的先民还在此时期发明了养蚕取丝，对世界人民作出了自己的贡献。这些远古文化都是土生土长，连续发展起来的，并且具有自己的特点。各种"中国文化外来"说都是没有根据的。

原始社会是人类社会发展的最初阶段，我们的先民是从经验和知识的零点上起步的。这一时期，技术很幼稚，科学还存在于技术之中，或仅仅是萌芽，但它却是后代科学技术发展的先声，是我国科学技术发展史最初的篇章。

由于原始社会阶段，人们使用的生产工具主要是石制和木制的，征服自然的能力非常有限，不得不在很大程度上屈从于大自然的支配，生活极端困苦。加之，当时的氏族制度以血缘为纽带，人们生活十分狭隘和闭塞，具有很大的保守性，因而使得科学技术的发展特别缓慢，并有很大局限性。例如，从简陋的木棒和打制石器到弓箭的发明，从生食动植

---

① 《淮南子·本经训》。
② 《山海经·海外北经》。
③ 《山海经·北次三经》。
④ 《吕氏春秋·音初篇》。
⑤ 列宁. 列宁全集第55卷哲学笔记. 人民出版社.1990：211

物肉果到熟食和人工取火、陶器的出现，从采集渔猎到栽培植物、驯养动物，从缝制兽皮到纺织丝麻，每一项重大技术发明都是经过成千上万年，甚至几十万年时间才得以实现的。原因就在于这时人们只掌握技术，不知道科学。而且也正是因为科学尚未形成，所以文明的进步就必然的极为缓慢。

科学的发生一开始就是由生产决定的。火的使用与取得、工具的改进、农牧业生产和工艺的发展奠定了科学的基础。同时由于人们在与自然的斗争中软弱无力，导致了宗教迷信的产生和泛滥。

原始社会里，一切科学技术的发明创造都是集体智慧的结晶，找不到发明者个人的姓名，而且只有集体组织氏族公社才能使已有的发明创造不致泯灭，使既得的技艺不致丧失。"燧人氏"、"神农氏"之类所谓的"神人"和"圣人"，只不过是远古时候先民们的集体化身，是他们的代表而已。关于他们的传说，虽然其中有不少是出于后人的想象和附会，但也有合理的内核，反映了后人对先民们在和大自然进行艰苦斗争中取得的缓慢进步的朦胧记忆以及他们对于这些业绩的景仰和赞颂。

# 第二章 技术和科学知识的积累

(夏、商、西周时期 约公元前21世纪—公元前770年)

## 一 奴隶制度的出现与科学技术

在公元前两千多年,我国原始社会已发展到父系氏族公社末期。由于农业生产和技术的提高,粮食产量比以前增加了,黄河流域的氏族村落中都有许多保藏谷物的圆形袋状、长方形和口大底小的锅底形窖穴。农业的发展又促进了畜牧业和手工业生产的发展。剩余产品和社会分工的出现,逐渐产生了私有制和人们之间的贫富差别。考古工作者在山东曲阜西夏侯遗址发掘的十一座墓葬中,随葬品最多的达一百二十四件,而另一些墓葬中则仅有几件或空无一物。战争的性质也起了变化,战俘不再一律被杀掉。禹当部落联盟首领时,曾大举对三苗进攻,三苗大败后,即"亡其姓氏,踣毙不振,绝后无主,湮替隶圉"[①],使很多人成奴隶。到这时,奴隶制度产生的社会条件已完全具备了。

禹死后,他的儿子启在新兴奴隶主贵族的拥戴下,继承了禹的职位。由此原先部落联盟会议民主推举首领的"禅让"制,开始变为父死传子的"世袭"制。阶级社会的帷幕正式揭开了,出现了我国历史上第一个奴隶制国家。夏代从禹开始,到桀灭亡,共传十四世,十七王,统治了四百多年。夏代奴隶制国家的建立和巩固,为我国奴隶制奠定了基础。

公元前1700年左右,商汤推翻了夏桀,建立起商朝的统治。到商纣自焚亡国,商共传十七世,三十一王,统治了六百多年。这六百年,是我国奴隶制进一步发展的时期。

其后便是周王朝,它建立于公元前1100年左右。到公元前770年周平王东迁时止,史称西周,西周共传十一世,十二王,统治了三百余年。西周经济比商代有更大发展,呈现出更加繁荣的景象。西周是一个强盛的奴隶制国家,其势力和影响远远超越了商。

奴隶制度是人类历史上第一个剥削制度。在这个制度下,奴隶主占有生产资料,并且占有劳动者——奴隶,奴隶主可以像对待牲畜一样买卖,甚至杀死奴隶。在今天看来,这是一种最粗暴、野蛮的剥削制度。尽管如此,奴隶制的出现仍然是合乎社会发展规律的进步现象。恩格斯在评价希腊、罗马奴隶制的历史作用时说:"只有奴隶制才使农业和工业之间的更大规模分工成为可能,从而为古代文化的繁荣,即为希腊文化创造了条件。没有奴隶制,就没有希腊国家,就没有希腊的艺术和科学;没有奴隶制,就没有罗马帝国。没有希腊文化和罗马帝国所奠定的基础,也就没有现代的欧洲。"[②] 夏、商、西周时代,正因为有了奴隶制,无论是物质文化和精神文化都有很大的发展。如大规模农业生产的出

---

① 《国语·周语下》。
② 恩格斯.反杜林论//马克思,恩格斯.马克思恩格斯选集第3卷.人民出版社.1966:291.

现,各种手工业的兴起,城市的建立,宫殿的建造,文字的形成,科学开始从生产技术中分化出来等,所有这些都是原始社会时期所不可比拟的。

大规模地利用奴隶的简单劳动协作,对提高劳动生产率,发展生产力有重大意义。甲骨卜辞中留下了大量从商王到各级奴隶主贵族,王室小臣乃至女奴隶主监督大群奴隶从事集体生产的记录。西周《诗经》中的"千耦其耘""十千维耦",反映了大规模农业奴隶集体劳动的景象。还有大批奴隶被投进各种手工业作坊,世世代代从事专业劳动。他们的简单劳动协作,同样提高了手工业劳动生产效率。如商代的车,形制已非常精巧复杂,车的附件和马的佩饰名目有几十种之多。制造一辆车,需要由包括木工、金工、漆工、皮革工等方面的熟练工匠密切协作。商、周时期手工业生产的规模和工艺技术水平,达到了前所未有的高度。

图 2-1 甲骨卜辞两片,反映了商代的主要农业劳动者是在监督下进行集体劳动的奴隶

距今四千多年前的齐家文化和龙山文化遗址中,已发现有少量红铜、青铜锤锻或铸造成的小件铜器,其中有刀、锥和凿等工具。偃师二里头遗址发现了冶铸用的陶制坩埚、陶范的碎块及铜渣。其后,青铜冶铸规模日益扩大。青铜工具的使用提高了农业和手工业的生产效率,促进了奴隶制社会生产力的发展。另一方面,青铜冶铸的大规模发展,只有在奴隶制度建立后,社会出现更大规模分工的条件下才能实现。

农业、畜牧业和手工业的初步分工在原始社会末期已经出现。夏、商、西周时期,由于青铜农具的逐步推广和用青铜工具加工出来的大量质量较好的木质农具的使用,使农业生产得到很大发展,农业已成为社会最重要的生产部门。许多荒地被开辟,生产技术有了提高,剩余粮食逐渐增多。农业生产的发展和青铜工具的使用,又促进了手工业生产和技术的提高。手工业不但从农业中完全分化出来,形成第二次社会大分工,而且手工业与手工业之间,因制造对象不同、技术条件不同,已有较细的分工。分工越细,技术更易熟练,产品益精。手工业奴隶,因有世传的专门技能,颇受奴隶主的重视,如周公教康叔杀违禁饮酒的人,独对手工业者可以宽恕不杀。① 这种重视专门技术的风气,一直持续到春秋战国时期。

图2-2 商代祭祀狩猎涂朱牛骨刻辞

这一时期,还产生了在历史发展上有十分重大意义的社会分工——体力与脑力劳动者之间的分工。夏、商、西周时期增长了的社会物质财富,开始可以供养得起一些从体力劳动中脱离出来的人,让他们专门从事脑力活动。在商代,管理国家的有商王,其下有"尹"和"卿士";管理生产的有"小臣"、"司工";还有一批专为奴隶主贵族服务,从事商品交换的"商人"和以宗教、科学、文化事业为专业的"卜"、"占"、"巫"、"史"等。到西周,脑力劳动者的数目逐渐增多,出现了专门的"士"(知识分子)阶层。只有出现了脑力劳动者,原始社会时期已开始的结绳记事以及某些书写符号(多半是些图画)才可能被整理创造发展为文字。有了文字,各项知识才可能被记录下来,技术也才可能脱离"口传身授"的阶段,这就促使科学开始逐渐以经验科学的形态从生产技术中分化出来。

## 二 青铜时代和青铜冶铸技术

人类古代历史上,生产工具的发展一般分三个阶段:石器时代、青铜器时代和铁器时代。三个阶段的发生,世界上各地区时间先后不同,它们的社会发展阶段和文化水平高低也不一样。我国和古代东方一些国家在青铜器时代就出现了奴隶制国家,而希腊等国家的奴隶制是同铁器时代相并行的。

---

① 《尚书·周书·酒诰》。

所谓青铜，主要是铜、锡、铅等元素的合金。它与纯铜相比，熔点较低，硬度更大，因而具有较好的铸造性能和机械性能。拿硬度来说，纯铜的布氏硬度为35，若加锡5%~7%，硬度就增加到50~65；若加锡9%~10%，硬度就达到70~100。用青铜制造的工具比石器锋利、耐用，用敝后可以改铸。随着社会的发展，青铜器数量与时俱增，到商周时期，已是使用青铜器的极盛时代了。

青铜器的使用与发展，是社会生产力发展到一个新阶段的标志。青铜的使用是从制作工具开始的。原始社会末期和夏代出现的少量青铜器，主要是生产工具。郑州商代中期铸铜遗址中出土了大量镢范，占此遗址中可辨认的铸范的大多数。这些范没有花纹，是实用的农具，而不是祭祀用的礼器。在殷墟等地还发现了有使用痕迹的铜铲。西周时，青铜农具种类和数量都增加了，从翻土、中耕除草到收割的农具都有用金属制造的，但木、石农具仍在农业生产中继续被使用。青铜制的手工业工具使用更为广泛，种类有斧、斤、凿、钻、刀、削、锯、锥等。商周时候的奴隶主已控制着一支用青铜武器武装起来的军队，所以青铜武器出土数量很大，主要有戈、矛、钺、镞、剑等。出土的青铜礼器和生活用器种类繁多，此外还有乐器、车马器。它们铸造精美，有的小巧精致，有的大而富有气势，如商代晚期的后母戊鼎，重达875千克，称得上是重器。所以，商周时期的青铜器，典型地代表了奴隶制时代高度发展的文化艺术和科学技术水平，成为这一时代鲜明的标志。到战国时期，青铜冶铸工艺还继续有新的成就。

青铜的冶铸技术有一个由低级到高级，由简单到复杂的发展过程，大体来说可分为五个阶段。从新石器时代晚期到二里头文化早期为草创期，使用石质和泥质的单面范、双面范铸造形制简单的小件器物。从二里头晚期到郑州二里岗期为形成期，已能使用多块范、芯装配而成的复合范，出现重近百千克的大鼎和早期的器物组合，具有我国特色的陶范熔铸技术基本形成，并已有锡青铜和铅青铜之分。商中期到西周早期是青铜冶铸的鼎盛时期，已经娴熟地使用分铸法等先进技术，制作出大量精美、复杂的青铜礼器、生活用具、兵器、车马器。

图2-3　河南偃师二里头遗址出土的铜爵

大型熔铜炉内径达80厘米，炉温高达1200℃左右。西周中期以后，青铜冶铸的规模和分布地区继续扩大，是陶范熔铸技术的延展期。春秋中期到战国时期，青铜冶铸从较为单一的陶范铸造转变为综合地使用浑铸、分铸、失蜡法、锡焊、铜焊、红铜镶嵌等多种金属工艺，创造了新的器形、纹饰，达到了新的技术高度。铁器使用后，又出现雕镂、金银错、针刻等新的装饰加工技术。

青铜冶铸业是从石器加工和制陶业中产生、发展起来的。人们在寻找和加工石料的过程中，逐步识别了自然铜和铜矿石。烧制陶器的丰富经验，又为青铜的冶铸提供了必要的高温、耐火材料和造型材料、造型技术等条件。如龙山文化的黑陶，烧成温度约为950~1050℃，已接近铜的熔点；冶铸用的熔炉、水包、型范等都是陶质或近似陶质的；炼铜的燃料木炭也是从烧制陶器时发现的。

冶炼青铜的方法，开始时是用铜矿石加锡矿石或铅矿石，或者由含多种元素的铜矿石冶炼出青铜；然后发展为先炼出铜，再加锡、铅矿一起冶炼；最后发展到先分别炼成铜、锡、铅，或铅锡合金，然后按比例混合在一起熔炼。这样得到的青铜成分比较稳定，而且可按不同器物的要求改变成分的配比，熔炼时比较容易控制。在殷墟铸铜作坊遗址中出土有一块纯铜，其含铜量高达97.2%，说明它是由铜矿石炼出来作为冶炼青铜原料的纯铜，也说明商代冶炼工艺已发展到后两种较高级的阶段了。商周时期冶铸遗址出土有铅锭，墓葬中还出土有铅制的器物和镀锡的铜盔等，说明当时确能冶炼纯铅和纯锡了。

人们在长期青铜冶铸的实践中，特别是在商周时期冶铸基础上，逐渐直观地认识了合金成分、性能和用途之间的关系，并能人工地控制铜、锡、铅的配比，从而得到了性能各异、适于不同用途的合金的“六齐”（“齐”为剂之假借）规律。成书于春秋战国时期的《考工记》有详细记载：“金有六齐。六分其金而锡居一，谓之钟鼎之齐。五分其金而锡居一，谓之斧斤之齐。四分其金而锡居一，谓之戈戟之齐。三分其金而锡居一，谓之大刃之齐。五分其金而锡居二，谓之削杀矢之齐。金、锡半，谓之鉴燧之齐。”这六种配比的青铜的含锡量有两种分析结果：为16.7%、20%、25%、33.3%、40%、50%；或者为14.3%、16.7%、20%、25%、28.6%、33.3%。我们知道，含锡量为17%左右的青铜呈橙黄色，很美观，声音也好，这正是铸钟鼎之类所需要的。大刃和削、杀、矢这一类兵器要求有较高的硬度、含锡量应较高。斧、斤、戈、戟需有一定韧性，含锡量比大刃、削、杀、矢为低。鉴燧之齐含锡较高，是因为铜镜需要磨出光亮的表面和银白色金属光泽，还需要有较好的铸造性能以保证花纹细致。《考工记》的记述，大体上正确地反映了合金配比规律，是世界上最早的合金配比的经验性科学总结。

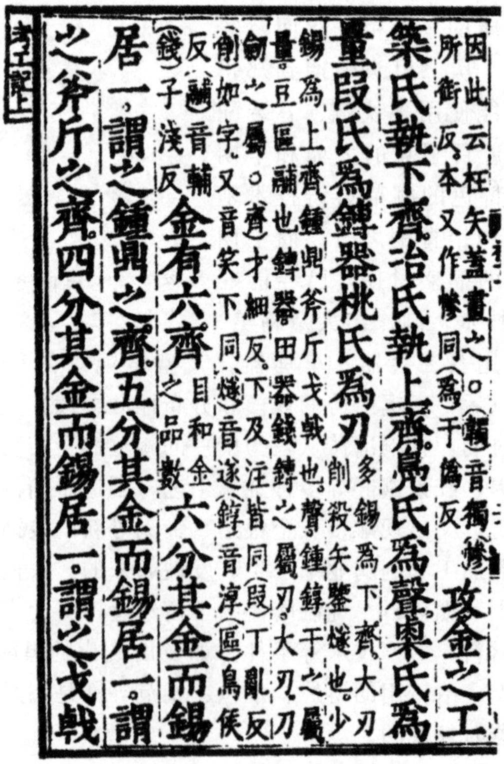
因此云枉矢蓋畫之。(韇)音獨(鏤)所銜反本又作鎪同(爲)于僞反 攻金之工
築氏執下齊冶氏執上齊鳧氏爲聲㮚氏爲
量段氏爲鎛器桃氏爲刃 多錫爲下齊大刃削殺矢鑒燧也少
錫爲上齊鍾鼎斧斤戈戟也。聲鍾錞于之屬。量豆區鬴也。鎛器田器錢鎛之屬。刃大刃刀
劍之屬。(齊)才細反下及注皆同(段)丁亂反(削)如字又音笑下同(燧)音遂(錞)音淳(區)烏侯
反(鬴)音輔(錢)子淺反 金有六齊 目和金之品數 六分其金而錫
居一謂之鍾鼎之齊五分其金而錫居一謂
之斧斤之齊四分其金而錫居一謂之戈戟
考工記上

图2-4　《考工记》中关于“六齐”的记载书影

《考工记》中还有关于观察冶铜时的火焰以判定冶炼进程的记载。"凡铸金之状，金与锡黑浊之气竭，黄白次之；黄白之气竭，青白次之；青白之气竭，青气次之，然后可铸也。"金属加热时，由于蒸发、分解、化合等作用而生成不同颜色的气体。开始加热时，铜料附着的碳氢化合物燃烧而产生黑浊气体。随着温度的升高，氧化物、硫化物和某些金属挥发出来形成不同颜色的烟气，亦即铜、锡中所含杂质大部分已跑掉了，就预示着精炼成功，可以浇铸了。现在还通用的"炉火纯青"这个成语正是指的这种情况，说明青铜冶铸在古代社会生活中占有重要地位，并且很早就在日常语言中有了反映。这一记述也大体上符合实际的情况。今天，在某些冶炼过程中仍然采用观察火焰来判定炉内化学反应的进程，配合监测仪表进行操作。

青铜器制造工艺中，铸造占着突出的地位。奴隶制社会时期，基本上都是泥范铸造，而且在没有采用砂型铸造以前，它一直是我国最主要的铸造型范。商代青铜器的铸造技术到小屯时期已臻成熟，技术上的精湛与独具匠心，至今令人赞叹不已。铸造一件器物，大体要经过如下工艺过程：制模、塑出花纹→翻制泥范→刮制泥、芯→范、芯自然干燥和高温焙烧，并经修整→范、芯的组装和糊泥→浇注铜液→出范，出芯，清理→加工，修整，打磨而后得到成品。

图 2-5 河南温县出土的商代铜斝

铸造工艺在很大程度上要由铸件的几何形状所制约，因此，青铜器铸造工艺应按它们的形制来分类。从河南安阳殷墟妇好墓出土的青铜器群来看，大致有以下几种情形：刀、戈等长条状和平板状铸件用单面范或双面范，其他圆形，椭圆形、方形、长方形，甚至不规则的铸件，可采用三块以上多块范组合成型。其中圆斝的制范技术比较复杂，以781号圆斝为例，腹范按棱脊为界分成六块；斝足部分由三块范形成，足内都有泥芯；斝的内腔由泥芯形成，加上底范和柱帽、錾部的范与芯，一件圆斝的铸型共需二十二块范、芯，分两次铸接成型。

妇好墓的青铜器之所以能用泥范得到高度复杂的器形，关键在于熟练地使用了分铸法。所谓分铸法就是铸件的各部分用铸接的方法，逐一铸造：或者先铸器件，再在其上接铸附件，或者先铸附件再嵌到泥范中和器件铸接到一起。在小屯时期，以前一种方法为主。冶铸工匠一般把分铸法的工艺原则应用在较大和比较复杂的铸件上，开创出一条和欧洲古代不同的具有我国民族特色的范铸技术，是一个杰出的创造。

商周时期已出现规模宏大的青铜冶铸作坊，例如河南安阳殷墟苗圃北地的铸铜作坊遗址面积在一万平方米以上。洛阳北郊西周早期铸铜作坊遗址面积，据估计为九万到十二万平方米。山西侯马晋国春秋铸铜作坊遗址有多个铸造区，有的主要铸造工具、钱币，有的以铸造礼器为主。出土的大量铸范、泥芯，各类模具、制范工具、炉盆、炉壁残块、熔渣等，为我们研究该时期冶铸技术提供了极为丰富的实物资料。

春秋战国时期，器薄形巧，纹饰纤细而又清晰的青铜器大量涌现，这是铸造技术提高和金属的铸造性能得到改善的结果。1978年，湖北随州曾侯乙墓出土的青铜器群反映了春秋战国时期青铜冶铸业的生产能力和技术水平。据有关部门初步统计，此墓青铜器总重量达十吨左右，再加上铸制过程中的损耗，铸成这些铸件需要铜、锡、铅等金属原料约十二吨，是历来出土青铜器群总重量最大的。一个不大的诸侯国能够制造如此大量的铸件，说明春秋时期青铜冶铸技术推广、提高的程度远远超过了人们原先的估计。

图 2-6　随州曾侯乙墓出土的铜尊和铜盘，高出部分为尊

曾侯乙墓青铜器群的造型、纹饰、加工工艺达到了新的高度。如编钟不管形制如何都采用古老的浑铸法，不同的是更娴熟地使用了分范合铸、镶嵌花纹等技术。最大的甬钟，整个铸型使用的范和芯多达七八十块。整套编钟铸制精好，花纹细致清晰，富于立体感，钟体内很少出现铸造缺陷。形制的精确，保证了音律的准确。建鼓的铜鼓座上的龙群由22件铸件和14件接头通过铸接和焊接相互联结，并和座体接合到一起。这是商周以来习用的分铸法的一个发展。就焊接技术来说，既使用了强度较高、操作较困难的铜焊，又使用了强度较低、操作简便、经济实用的镴焊。出土的用于镴焊的低熔点铅合金，经分析含铅58.48%，锡36.88%，铜0.23%，锌0.19%。出土的尊和盘在所有传世和出土的青铜器中属于最复杂和最精美之列，它们的制作反映了铸造技术的重大革新。特别是透空附饰比其他铸件更高出一等，关键是使用了失蜡法。从纹饰的纤细、清晰，铸作的齐整、精致来看，失蜡技术已经较为成熟。它的最初出现时间可能还要早得多。目前已出土春秋中晚期的失蜡铸件有铜盏和铜禁等。

图2-7 湖北江陵望山墓出土的越王勾践剑

春秋战国时期青铜兵器的制造十分发达，特别是青铜剑的炼制盛行起来。干将、莫邪、巨阙、纯钩等等就是这时制造的，是自古以来为人们称赞不绝的名剑。近年来出土的越王勾践和吴王夫差的宝剑，虽在地下埋藏了两千五百多年，但至今依然表面花纹清晰，光彩照人。这一时期，在青铜器表面嵌入金银丝的"金银错"，以及在青铜器表面涂金泥和刻画花纹的"鎏金"、"刻纹"等工艺也开始流行。金属工艺技术呈现出五彩缤纷的新面貌，使青铜器更华丽精美了。这一件件精美的铜器都浸透着千百万冶铸奴隶的血和汗，是他们世代劳动的结晶。

## 三 农业生产技术

以农业为主的自然经济开始形成

夏、商、西周时期，农牧业生产有较大的进步。到周代，农业已发展成为社会经济中最重要的生产部门。相形之下，畜牧业在社会经济中的比重下降了，采集狩猎活动则已完全成为农业经济的补充。

夏王朝的中心活动地区主要在黄河中下游伊、洛、汾、济等河流冲积的黄土地带及河、济平原上。这里是适合农业生产的地方。相传禹臣仪狄开始造酒，而秫酒是少康开始制造的。用粮食酿酒，说明农业生产有了较大发展。夏代除有一大批的奴隶从事畜牧业外，还有不少专门从事畜牧业的氏族部落。古书有"莱夷作牧"①的记载，"莱夷"就是畜牧部落之一。

商部落的畜牧业很早就比较发达，并且相当进步。传说"相土作乘马""（王）胲作服牛"②，还说商的祖先"立皂牢，服牛马，以为民利"③。"皂"是喂牛马用的槽，"牢"是养牛马等的圈。说明他们已过渡到农牧结合的定居生活。到盘庚迁殷，商代中期以后，农业已成为重要的社会生产部门。奴隶主贵族很重视农作物的种植和收成，经常卜问与农业生产有关的事项，举行农业方面的宗教仪式，有时还亲自监督奴隶劳动，观察农作物的生长状况。有人做过统计：经过整理的殷墟出土甲骨片，与农业有关的达四五千片之多，其中又以占卜年成丰欠的为最多。占卜畜牧的卜辞很少，卜黍、稷"年"和其他"受禾""受年"的卜辞合计却有两百条左右。这些都说明农业的重要性超过了畜牧业。但畜牧业在农业发展基础上也很兴旺。商王和奴隶主贵族死后要殉葬大批车马，每次祭祀都要用牛、羊、豕为牺牲，其数目往往多至几十几百甚至上千头。

周人最初生活在适于种植稷的黄土高原，很早就是一个经营农业的部落。周代农业生产工具虽然仍多为木、石、骨、蚌所制，但金属农具使用日渐增多。"命我众人，庤乃钱镈，奄观铚艾"④。钱为铲类，镈为锄类，铚艾是收割工具，这些农具大都从金字旁，是使用金属农具的例证。《诗经》是西周传下来的一部诗歌总集，其中有十多篇专门描述农业生产，充分反映了当时农业的状况。耕作时规模很大，往往是成千上万人参加。"曾孙

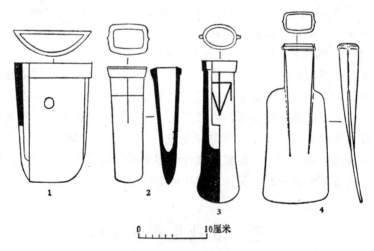

图 2-8　商代的青铜农具
1. 锄；2. 䦆；3. 锛；4. 铲

---

① 《尚书·禹贡》。
② 《世本·作篇》。
③ 《管子·轻重戊》。
④ 《诗经·周颂·臣工》。

之稼，如茨如梁；曾孙之庾，如坻如京"①，说的是奴隶主们的高大粮仓像岛屿和山峰一样。说明农业生产已成了社会具有决定性的生产部门。农业地区家畜饲养的方法以圈养为主，反映了畜牧业对于农业的从属地位。我国大部分地区人们的食物构成以植物为主的局面，即于此时开始形成。不过，畜牧业仍是一个不可缺少的社会经济部门，周王有"考牧"的制度。养马业相当发达，周王甚至亲自举行"执驹"典礼。

耕作制度

奴隶制社会时期，"熟荒耕作制"得到进一步发展，已经开始较普遍地有计划地进行耕种和撂荒。有的地方甚至出现了少量可以连年耕种的"不易之田"。夏、商、西周时代，全国土地都属最高统治者——王所有。奴隶主贵族把从王那儿受赐得来的土田，又分配给自由民和奴隶耕种。耕地分配的办法，夏、商时代没有明确的资料留下来。周代大约是按主要男劳动力计算，一夫百亩（约合 2 公顷），三年一次换土易居，即定期在耕作者之间更换田地。由于田地好坏不同，上田一夫百亩，中田为二百亩，下田三百亩。② 按下等田的耕作来说，每年耕作百亩，三年正好轮流种一遍，然后才对耕地再进行分配。耕种两年或三年之后放弃耕种的土地一般不加管理，让土地自己去恢复地力。再利用这块地时，则需要重新耕垦。它与西欧中世纪的二圃制和三圃制的"休闲制"有相同之处，也有不同处。不同之点，即二圃制、三圃制每年在休闲的土地上要照常进行犁耕，而且每次休闲期只能一年。

一般把荒地开辟为井田需要花费三年的功夫，也就是"伐草木为田以种谷"③，即"辟草莱"的三个阶段。第一年，攻杀草木，进行开荒；第二年，把头年伐倒的草木火烧水沤，既可作肥料，也改良了土壤，"其土和美"，就可以开始播种，搞点收成；第三年，集中大批劳动力进行整地，先是刨地扒高垫低，然后打垄、挖沟洫做成"井田"。"井田"即方块田，在甲骨文中作田、囲、囲等形，每一小块有一定的亩积。王把这些土田分赐给诸侯百官，用做计算俸禄的单位，同时，它也可用作课取奴隶的耕作单位。

耕作技术

在耕作技术方面，土地整治、农田水利、农作物选种以及田间管理等在这时期都已积累了一定的经验，园圃经营、栽桑养蚕和畜牧兽医等方面的知识也有提高。但这些技术知识还缺乏专门和比较系统的记载。

商代已发明牛耕，卜辞中常见丰或牜字。力像犁头，一些小点像犁头起土，筈在牛上，就是后来的"犁"字。商人传说其祖先王胲能服牛驾车，想必也会用牛拉犁。牛耕在商代虽可能有了，但在奴隶制社会条件下，是不可能得到推广的，因为奴隶主贵族宁肯把千百头牛做牺牲，也不愿将之投入生产以减轻奴隶的劳动重担。

使用奴隶集体劳动进行大规模的土地整治，在井田中建立起规整的沟洫，构成原始的

---

① 《诗经·小雅·甫田》。
② 《周礼·地官·大司徒》。
③ 《周礼正义·秋官疏》。

灌溉系统，是提高农作物产量的一项基本措施。《诗经》中关于整治土地的记述屡见不鲜。如周文王的祖父古公亶父率领全族迁居岐山（陕西岐山）下，经营周原农业时的情景是"乃疆乃理，乃宣乃亩，自西徂东"①。这诗句讲的是土地整治和排灌沟洫的布置和要求。井田的规划有"方一里""方十里"或是"方百里"的。其中间开挖的灌溉系统称做遂、沟、洫、浍、川，与之相应的道路系统称径、畛、涂、道、路。② 沟洫可能以排水为主，蓄水为辅。农田排水有许多作用，其主要作用之一是可以防止农田的盐碱化。这对于我国黄河流域的农田来说非常重要。再从水土保持角度来看，纵横高起的疆界，能蓄水保墒，而低凹的沟洫，大雨滂沱时，能减轻水土的流失。这时期逐渐积累起来的小规模沟洫建设经验，为后世大规模水利工程的修建，创造了一定的技术条件。

甲骨文中已有不少关于农作物的文字。《诗经》中涉及的植物很多，可以明确判断的农作物大致可分为三类。谷类有黍、稷、禾、谷、粱、麦、来、牟、稻、稌、秬、秠、糜、芑等名称。谷泛指各种粮食作物，秬和秠是黍的两个品种，稷是不黏的黍，粱和糜、芑都是稷的不同品种，麦和来通常为小麦，牟可能是大麦，稌是稻的别名。豆类有荏菽、菽、藿等名称。荏菽和菽指的都是大豆，藿是大豆的叶。麻类有麻、苴、纻等名称。麻在古代一般指大麻，苴是大麻籽，纻即苎麻，此外还有苘麻。黍、稷是当时黄河流域的主要粮食作物，甲骨卜辞和《诗经》中提到它们的次数最多。

《诗经》中关于农作物的选种和品种记载颇多。"种之黄茂"③ 意思是说，播种时要选色泽光亮美好的种子，才会长出好苗来。"诞降嘉种，维秬维秠，维糜维芑。"④ 把"秬"、"秠"、"糜"、"芑"看做"嘉种"，说明当时已经有优良品种的概念。《诗经·鲁颂·閟宫》说"黍稷重穋，稙稚菽麦"。《毛传》说"后熟曰重，先熟曰穋"；"先种曰稙，后种曰稚"。这种早熟、晚熟、早播、晚播的不同品种概念，反映了我国古代农作物选种、留种技术的重要进展。

田间杂草对农作物生长有很大影响。周代已重视用工具"以薅荼蓼"⑤ 的除草工作了。《周礼·秋官》中还提出了四种消灭杂草的方法，分春、夏、秋、冬四季进行，如全面施用，确实可收到效果。例如夏季除草，把杂草地上部分全部刈割掉。夏天是植物生长发育最旺盛、消耗养分最多的时候，其光合作用停止，根部失去营养，必然大部分死掉。这种灭草方法，近代有的地方还在使用。关于防治害虫的方法，《诗经·小雅·大田》里提到"秉畀炎火"，即用火来诱杀害虫。《周礼·秋官》也记载了用牡菊的灰烬触杀，或者用牡菊的烟熏杀害虫的办法。

在恢复土地的肥力方面，商、周时代已有了一定的办法。除让土地休闲来恢复地力外，有人根据甲骨文的研究，认为商代人们已在地里施用粪肥，并已有贮存人粪畜粪及造厩肥的方法。又结合消除田间杂草，人们已明确知道绿肥的作用。"荼蓼朽止，黍稷茂

---

① 《诗经·大雅·绵》。
② 《周礼·地官·遂人》、《考工记·匠人》。
③ 《诗经·大雅·生民》。
④ 《诗经·大雅·生民》。
⑤ 《诗经·周颂·良耜》。

止。"① 正是由于肥料的施用，这时期才可能开始出现连作的"不易之田"。

### 园艺、蚕桑和畜牧

园艺业在我国开始得较早。成书于春秋以前的《夏小正》中的"囿（即园）有见韭"和"囿有见杏"，是目前已知最早的有关园艺的文字记载。其中还有"煮梅"、"煮桃"、"剥瓜"、"剥枣"之说，这些属农产品的加工。以上韭、杏、梅、桃及瓜、枣等肯定是栽培种类了。《诗经》里记述的蔬菜种类已经不少，但很难确定哪些是采集的野菜，哪些是栽培在园圃里的。估计瓜、瓠、葵、韭是已引入栽培的种类。同样，《诗经》中也有不少果树的名称，但可以肯定经人工栽培的只有少数。

养蚕最早的文字记载也是出现在《夏小正》中。三月："妾子始蚕"，"执养宫事"。"宫"字据南北朝时候的皇侃解释即指蚕室。把蚕列为要政之一，可见养蚕的规模已经较大了。养蚕就要栽桑，《夏小正》中的"摄桑，委扬"及《诗经·七月》中的"蚕月条桑，取彼斧斨，以伐远扬，猗彼女桑"，讲的都是桑树整枝的事。已有一种矮小的桑树——"女桑"，表明培育桑树的技术水平已不低了。

畜牧业在农业发展的基础上，也较发达。早已驯养的六畜这时在数量上有较大的增加。马是奴隶主贵族在战争和狩猎时用来驾车的重要工具，受到奴隶主贵族的特别重视。因此，《夏小正》和《周礼》中关于马的饲养、管理和繁殖等技术有较多的记载。"颁马"是指在春季母畜受孕后与公畜分群牧放，以资保护。"纲恶马"，与选择良种马有关，把劣马淘汰掉，使不得畜养。"执陟"，就是当春天马发情交配的时候，把没有成年的牡驹管束起来，使它不得混于母马之间，这也是配种必用强壮牡马的意思。阉割术的发明，是畜牧兽医学上的重大成就。《夏小正》中的"攻驹"，就指的是给马去势。甲骨文字中有关于阉割过的猪的字符：豕、豖。牲畜经过阉割后就能膘肥体壮，性情驯顺，既便于饲养，又提高了经济价值。

由于奴隶制生产关系的束缚和生产工具、生产技术水平的限制，我国奴隶社会时期的农业生产，总的来说水平仍是不高的，但在一定程度上已能用人力来干预自然，以争取农业的丰收，并为以后封建社会农业生产精耕细作的优良传统打下了基础。

## 四 手工业技术

商代前期，铸铜、制陶、制骨等手工业不仅已从农业中分化出来成为独立的生产部门，而且在各行手工业内部也有了一定分工。到了后期，手工业更大规模地从农业中分化出来，尤其是王室贵族所掌握的手工业，生产规模大，种类多，分工越来越细。从考古发掘资料来看，其专业有青铜冶铸业、制陶业、兵器制造业、骨器业、玉石工艺业，还有皮革、竹木、舟车、建筑等。各种工匠见于文献记载的有陶工、酒器工、椎工、旗工、绳工、马缨工等。每个专业生产部门中还有更细的分工，如青铜冶铸工艺就有采料、配料、

---

① 《诗经·周颂·良耜》。

冶炼、制模、制范、浇铸、修整等一系列程序和分工。周代手工业在商代基础上又有进步，种类增多，分工更细致，因而号称"百工"。社会生产分工的发展，为手工业生产者不断提高生产技术创造了有利条件。

建筑

各项手工业技术的进步给建筑业以新的技术武装。青铜工具斧、凿、锥、锯等用于建筑工程，陶制水道管和瓦的发明与应用，青铜建筑构件和各种雕刻品、丝织品用于建筑装饰，都自商、周以来开始盛行。初具规模的都邑和相当宽敞的宫殿，是奴隶主贵族据以显示威严及享受生活的处所。

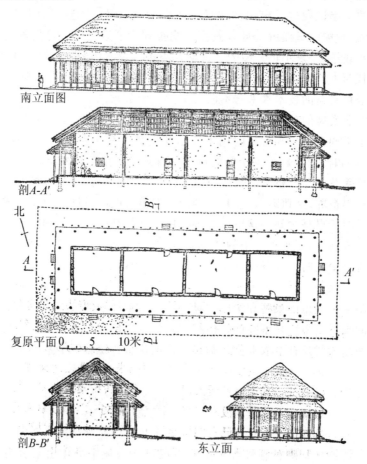

图 2-9  湖北黄陂盘龙城宫殿复原图

为了保护私有财产，加强防御，古史传说夏禹之父鲧已开始筑城。近年，在河南登封王城岗和山西夏县东下冯村发现了时间相当于夏代的城堡遗址。墙体是用夯土修筑的，与以后商代的夯筑技术相比，较为原始。商代城址已发现的有河南郑州和湖北黄陂盘龙城两处。两处的城墙主体都是夯土版筑而成，版筑办法是将两侧壁和一个横头用木板堵住，在这一段内分层夯筑，夯成后拆除横堵板和两侧壁板，然后逐段上筑。这种分段版筑法，可以在同一时间里集中较多劳动力，按一定的要求标准施工，既加速了筑城的进度，也保证了质量。位于现在洛阳的周代王城，城墙墙体采用方块夯筑的方法，即夯筑时用木板隔成方块，在这个方块内分层夯筑到相当于木板的高度，然后拆板向一方或向上移动，另组方块，上下夯块交错叠压，层次分明。这种成方块的夯打和交错叠放，增强了城墙的坚固性，类似后来的砖墙把砖交错叠砌一样。这方法一直为后世所沿用，成为我国传统建筑技术的特点之一。城墙的上部建筑没有遗存，但从甲骨文✥字的形象来看，商代城墙四门之上应该已有门楼建筑了。郑州商城遗址规模很大，有一定的规划布局。城内北中部高地上有大面积的夯土台基，是宫殿和宗庙的遗址。城的四周分布有各种手工业作坊和半穴居式居宅遗址及墓葬区。

"夏桀作琼宫瑶台，殚百姓之财。"① 说明夏代在广大奴隶创造的物质财富基础上，已经开始兴建相当规模的宫室。从商代早期、中期的二里头宫殿宗庙遗址和盘龙城宫室建筑基址来看，已有比较成熟的营造设计。以夯土筑成的高台为殿基，台基上有大型木骨泥墙构成的堂、庑、门、庭等建筑物。有的地方在地下还铺设有排水用的陶水管。

河南安阳附近小屯村殷墟遗址为商代晚期的都城，是当时最大的经济、政治、军事和文化的中心。这里曾发现过几十座宫殿遗址。根据其基址的情况来看，建筑群的规划布局采用东西南北屋两两相对，中为广庭的四合院组织的布局。这种四合院房基已发现好几组，以长方形的基址比较多。最大基址长约 46.7 米，宽约 10.7 米。房基上整齐地排列着许多扁圆的大砾石柱础，有的砾石上还加垫了一块扁圆的铜片。在安阳小屯遗址一个为王室磨制玉石器的处所内，还发现一块涂有彩绘的白灰面墙皮，上绘有红色花纹和黑圆点，纹饰似由对称的图案组成。这一发现，说明了商代建筑物已用壁画来装饰室内墙壁。河北藁城台西村晚商居住遗存中发现了用夯土和土坯混筑的墙。土坯是以后烧砖出现的前奏。

周代的建筑，现已发掘的有陕西岐山凤雏村西周早期的宫殿（或宗庙）和扶风县召陈村西周晚期大型建筑群遗址。从建筑技术上看，和商代的建筑大致相同。一些古文献中描述的周代宫殿、建筑是很宏大的。《尚书·顾命》中有一段记载康王即位仪式的文字，其中提及了当时的宫殿建筑有"五宫三门"、"堂"、"室"、"东房"、"西房"、"庭"、"东序"，"西序"、"东垂"、"西垂"等繁多的名目。

瓦的使用是从西周开始的。凤雏村遗址里瓦的数量不多，大概只用于重要部位或部分屋面上。而召陈村遗址三座房屋周围都有大量倒塌下来的瓦片堆积。瓦的种类、大小、形制、纹饰各不相同，有板瓦、筒瓦等。西安客省庄遗址还发现有专用于屋脊的人字形瓦。瓦上都有瓦钉和瓦环，有的在顶面，有的在底面，用来固定瓦的位置。瓦的使用，解决了屋顶的防水问题，延长了房屋的使用年限。但这时建筑上用瓦大概还只限于奴隶主贵族的房屋。春秋以后，瓦的使用才开始普遍起来。

纺织

我国古代各个王朝差不多都设有管理织造的官员，这大概是从商周时期开始的。据《周礼》记载：周代专门设立有典丝、典枲、典妇功和掌画缋之事的官吏。《周礼》中所记官名，虽多有出于后人附会推测者，但也不是毫无根据的。即使不能肯定说周代已有这些

---

① 《竹书纪年》。

专管纺织的官吏,至少也能说明进行纺织品生产的组织和分工等已经逐渐健全。当时的纺织业,以麻纺、丝纺为主,也有少量毛纺织。

当时还没有棉花,所谓的布指的都是麻布,是大多数人的衣着原料。在麻纺织技术上,这时有明显的进步。所使用的纺织原料种类相当多,有麻、苎、葛、苘、楮、苽、菅、蒯等植物。但已逐渐趋向于优选定型。"虽有丝麻,无弃菅、蒯。"[①] 说明人们已认识到麻纤维的长度和韧性等纺织效能较优于菅、蒯等野生植物。麻和葛的纤维必须经过脱胶才能利用。对于麻,主要是浸沤,经过一定时间的发酵,使麻皮腐蚀柔软,所以《诗经》中有"可以沤麻"、"可以沤苎"的说法。对于葛,则要用沸水烹煮,因为葛纤维的胶质不易脱解,非使用高温不可。所以,《诗经》中有"是刈是濩"之说,"濩"就是煮。

因为纤维加工能力提高了,相应的也促使麻织品的质量有所改进,并出现了统一的纱支标准。人们可以根据不同的用途,按照纱支标准的要求,织成粗细不同的各种麻布。计算纱支的主要单位叫"升",每升为80根经线。据《仪礼》、《晏子春秋》等记载,周代的麻布,一般幅宽为周尺二尺二寸(约合现在 50 厘米)。最粗的布用三升,专供丧服之用。比较粗的布用七升,专供奴隶穿着的。最细的为十五升和三十升,是专供奴隶主们朝会宴享和制冕用的。用 1200 或 2400 根经线织成宽 50 厘米的布,每厘米的经密约 24 或 48 根,是相当细密的了。后者已和现在较细密的棉布不相上下。

这一时期,丝织技术的提高,首先表现在品种大量增加上。见于记载的有缯、帛、素、练、纨、缟、纱、绢、縠、绮、罗、锦等。既有生织、熟织,也有素织、色织,而且有多彩织物,即所谓锦。从河北藁城台西村商墓出土的一批铜器中,有一件铜觚上残留了一些丝织物的痕迹,尚能辨认的即有五个类别,可能为纨、绡、纱、罗、绉,足见其时丝织物品种之丰富。

这个时期,丝织物的组织逐渐繁复。除平纹外,还出现了斜纹、变化斜纹、重经组织、重纬组织等。最重要的是提花技术的出现。根据有关文物分析,这时已有具备多综片的提花机,能够织作比较复杂和华美的提花织物。瑞典远东博物馆收藏有一件中国商代青铜钺,其上黏附有丝织物的残痕。原丝织物即是在平纹底上起菱形花纹的提花织物。北京故宫博物院收藏的商代铜器和玉器里,也有黏附丝织物的。其中有一件采用了回纹图案,比远东博物馆的那件还精美,是在平纹底上起斜纹花,每个回纹由 25 根经线和 28 根纬线组成。回纹外围线条较粗,自然地成为一组几何纹的骨架。图案对称、协调,层次分明,做工精巧,已经具有相当高的工艺水平。

提花技术,是中国古代在织作技术上的一件非常重要的贡献。它不但丰富和发展了中国古代纺织技术的内容,对于世界纺织技术的发展也有很大影响。西方的提花技术都是在汉以后由中国传过去的。而追根溯源,我国的提花技术实肇基于殷商时期。

染色

随着纺织业的发展,染色在这时期也发展成为一个专门的行业。由于人们,特别是奴隶主阶级越来越讲究服装彩色和花纹,驱使工匠和工奴们在染色上下工夫,因而使印染技术得到发展。

---

① 《左传·成公九年》。

商周时期，人们已掌握利用多种矿物颜料给服装着色和利用植物染料染色的技术，能够染出黄、红、紫、蓝、绿、黑等色。利用矿物原料着色的方法称为"石染"。矿物染料，染红的有赤铁矿（又名赭石）、朱砂；染黄的有石黄；染绿的有空青（又名曾青、石绿）；石青（又名大青、扁青）可作蓝色染料。染的方法有浸染与画缋两种。浸染是将着色材料研磨成微细粉末，再用水调和，把纱、丝或织物浸入其中，矿石粉末即为纤维所吸附。画缋是将调和的颜料涂在织物上，或涂一种颜色，或杂涂各色而成图案花纹。"画缋之事，杂五色……后素功"①，说的就是这一方法。用矿物着色的实物，在出土文物中业已见到，如 1974 年长沙发现的战国丝织物"朱条地暗花对龙凤纹锦"，长沙马王堆一号汉墓出土的几件印花敷彩纱等等；而且为了使图案清晰，防止颜料渗化，可能已使用了有黏性的增稠剂。

植物染料在周代以前已使用，靛蓝是利用得最早的一种。《夏小正》中记载"五月……启灌蓼蓝"，说明夏代已开始种植蓝草了。蓝草中含有蓝甙，从中可以提出靛蓝素。有人推测，最初用蓝草染色，可能是把蓝草叶和织物揉在一起，蓝叶揉碎了，其液汁就浸入了织物；或者把布帛浸在经发酵的蓝草叶溶液里，然后晾在空气中，使吲哚酚转化为靛蓝。靛蓝色泽浓艳，牢度好，几千年来一直受到人们喜爱。茜草是商周时期染红色的主要染料，紫草主要用来染紫色。茜素和紫草若不加媒染剂，丝、毛、麻均不能着色，而当它们与椿木灰、明矾等媒染时就能得到鲜艳的红色和紫红色。《诗经》中多处说到茜草和茜染的服装，如"茹藘在阪"，"缟衣茹藘"②。"藘"即茜草。春秋时，"齐桓公好紫服"③，因而紫绸价格五倍于素绸，尚供不应求。染黄色的植物染料品种较多，有荩草、地黄、黄栌等。荩草若以铜盐为媒染剂，还可以得到鲜艳的绿色，因而它原名"绿"。皂斗即橡斗，是古代主要的黑色植物染料。"肃肃鸨羽，集于苞栩"④ 和"山有苞栎"⑤ 等诗句中的栩和栎，又名杼或柞，现名麻栎。麻栎的壳斗中含五倍子单宁，以铁盐媒染就能得到黑色。此外，含硫酸亚铁的矿石——绿矾也可以与许多植物媒染染料产生黑色沉淀以染缁（黑绸）。植物染料染色以及媒染染料、媒染剂的使用，在染色技术上是个重大的突破，它大大丰富了颜色品种，对后世染色技术的发展产生了较大的影响。

### 制陶技术的进步和原始瓷器的出现

商代的制陶业已设有专门作坊，并且内部有固定的分工。制陶作坊除生产一般的灰陶、红陶和黑陶外，还生产少量供奴隶主贵族使用的釉陶和白陶。白陶的制作技术代表了当时制陶工艺的最高水平。它和原始瓷器一样，也是用高岭土作胚胎，烧成温度在 1000℃ 以上，陶质较坚硬。青铜铸造对陶器制作技术的发展有一定的推动作用。铸造用的陶范是由砂和黏土构成的，要求较大的强度和较高的透气性、耐热性。为了达到这一要求，人们就得在制范的原料和烧成温度上设法改进。在这两点上，一旦发生了质的飞跃与突破——

---

① 《考工记·画缋》。
② 《诗经·郑风·出其东门》。
③ 《韩非子·外储说左上》。
④ 《诗经·唐风·鸨羽》。
⑤ 《诗经·秦风·晨风》。

瓷土的发现与利用，高温窑的创造成功，再加上釉的出现以及还原焰的运用，原始青瓷器就应时脱胎而出了。

图 2-10　商代的白陶豆

中华人民共和国成立以来，在河南的安阳、洛阳、郑州，江西的吴城，江苏的丹徒、苏州，安徽的屯溪，陕西的西安和甘肃灵台等黄河中游及长江下游这一广大地区的商代和西周遗址中，都发现了完整的"青釉器"或其残片。这些出土的"青釉器"胎质一般较陶器细腻坚硬，胎色以灰白居多，也有近似纯白略呈淡黄色的，少数为灰绿色或浅褐色。烧成温度一般在1000℃或1200℃以上，胎质基本烧结，吸水性较弱，器表施有一层石灰釉。这些特征都与瓷器所应具备的条件相近。另一方面，它们也不完全与瓷器相同，所用制胎的原料质量还不够精细，烧成温度一般还略偏低，还有一定的吸水性，胎色白度不高，也没有透光性，器表的釉层较薄，胎和釉结合较差，容易剥落。胎的烧结程度也很不相同，说明当时对烧结温度的认识和对窑温控制的技术都还不够成熟。总之，商周时候的"青釉器"可以认为是瓷而不是陶，但也表现出它们的原始性和过渡性。故而学术界一般将其称为"原始瓷"或"原始青瓷"。以后我国驰名世界的瓷器，实肇基于这个时期。瓷器的发明是我们先民对人类文明的又一项重大贡献。

图 2-11　河南郑州铭功路商代前期印纹青釉原始瓷尊

春秋战国时期，瓷器有较大的发展。浙江绍兴战国墓中出土的大批青釉器，胎质坚密，器形规整，大多仿青铜器。在浙江古越州一带出土的大量东汉时器物，已与魏晋时期成熟的青瓷无任何不同之处。原始瓷从商代出现后，经过西周、春秋战国到东汉一千六七百年间的变化，正是我国瓷器由不成熟到成熟的发展过程。

### 酿酒

农业发生后，人们储存的粮食，有时因设备简陋受潮发酵，吃剩的食物也会因搁置而发酵。淀粉受微生物的作用发酵，引起糖化和产生酒精，这就成了天然的酒。当人们有意识地通过粮食发酵来获取酒浆时，酿酒技术便开始出现了。

我国用谷物酿酒可能始于新石器时代晚期。到商周时期，农业生产逐渐发达起来，谷物酿酒就更普遍了。商代饮酒之风很盛，所遗留下来的酒器非常多。周代设有专管酒的官吏"酒正"，"掌酒之政令……辨五齐（即剂）之名：一曰泛齐，二曰醴齐，三曰盎齐，四曰醍齐，五曰沉齐……"① 有人认为"五齐"是酿酒过程中的五个阶段："泛齐"是发酵开始时发生二氧化碳气体，把部分谷物冲到液面上来；"醴齐"阶段逐渐有薄薄的酒味了；气泡很多，还发出一些声音，是"盎齐"阶段；颜色改变，由黄到红为"醍齐"阶段；气泡停止，发酵完成，糟粕下沉就是最后的"沉齐"。也有人把"五齐"解释为五种原料不同的酒。总之，总结出"五齐"，说明酿酒技术有了提高。《礼记·月令》中说："仲冬……乃命大酋，秫稻必齐，曲蘖必时，湛炽必洁，水泉必香，陶器必良，火齐必得，兼用六物，大酋兼之，无有差贷。"这一段文字把酿酒应注意之点都说到了。曲蘖中的毛霉和酵母菌都是很敏感的微生物，水里稍有杂质，就会影响菌类的活动，所以"水泉必香"。"陶器必良"，可以避免杂菌的滋生。"火齐必得"是指温度的控制。

用谷物酿酒，谷物里的淀粉质需要经过糖化和酒化两个步骤才能酿成酒。曲能把糖化和酒化结合起来同时进行。利用曲来酿酒，是我国特有的酿酒方法。几千年来，制曲技术得到不断发展，新曲品种续有发现。酿酒技术本身也以原料的不同和比例的差别而有种种方法。到明代《本草纲目》中已记载有 70 种普通酒和药酒的制法了。在欧洲直到 19 世纪 90 年代从我国的酒曲中得出一种毛霉，才在酒精工业上建立起著名的淀粉发酵法。

# 五 初期的天文学和数学

### 天文学

进入阶级社会以后，有了专司天文的人员，才可能把过去人们掌握的分散、零星的天文历法知识进行整理，并从事较系统的天象观测和计算，使天文、历法得到较大的发展，形成初期的天文学。商周时期的天文工作往往是由巫、祝、史、卜等宗教人员或记述历史的专业人员兼任的。奴隶主贵族为了巩固自己的统治，竭力鼓吹宣扬"天命观"。因此，

---

① 《周礼·天官冢宰》。

包括占星术在内的各种占卜巫术在那时十分兴盛。殷墟出土的甲骨片，都是占卜用的，其中有不少天象记事，正是占星术发达的证明。可以说，科学的天文学和反科学的占星术是作为对立统一体一起发展着的，这就使古代的天文学不能不带有迷信的色彩。

《夏小正》中所描述的天象，可能反映了夏代的一些天文历法知识。其中有一年内各月里的早晨或黄昏时北斗斗柄的指向和若干恒星的见、伏或中天等的记载，而且还把这些天象同相应的物候糅合在一起，构成了物候历与天文历的结合体。后世的《月令》等都是承袭《夏小正》的体例而加以发展的。人们观测天象以确定季节的探索的重要成果，还见于《尚书·尧典》关于"四仲中星"的记载："日中星鸟，以殷仲春；日永星火，以正仲夏，宵中星虚，以殷仲秋；日短星昴，以正仲冬。"这就是用四组恒星黄昏时在正南方天空的出现来定季节的方法。当黄昏时见到鸟星（星宿一）升到中天，就是仲春，这时昼夜长度相等；当大火（心宿二）升到正南方天空就是仲夏，这时白昼时间最长；当虚宿一出现于中天时就是仲秋，此时昼夜长度又相等；而当昴星团出现在中天时就是仲冬，白昼时间最短。所谓仲春、仲夏、仲秋、仲冬，即春分、夏至、秋分、冬至四个节气。据研究，"四仲中星"最晚是商末周初时的实际天象，也可以说，最迟至商末周初人们已经取得了这项观象授时的重要成果。

夏代已有天干纪日法，即用甲、乙、丙、丁、戊、己、庚、辛、壬、癸十个天干周而复始地来记日。夏代后期几个帝王名孔甲、胤甲、履癸就是有力的证明。这时用十进位的天干来记日，并有了"旬"的概念。十天为一旬，这个单位直到今天还在使用。

商代在夏代天干记日的基础上进一步使用干支记日法，把甲、乙、丙、丁……十天干和子、丑、寅、卯……十二地支相配合，组成甲子、乙丑、丙寅、丁卯等六十干支。用它来记日，六十日一个循环。武乙时的一块牛胛骨上刻着完整的六十甲子，两个月合计为60天，很可能是当时的日历。有一组胛骨卜辞算出来两个月共有59天，那么这两个月必须是分别为30天、29天，也即商代已有大、小月之分。甲骨卜辞中有一年的十二月名和多次的"十三月"记载。说明这时已经用大小月和连大月来调整朔望，用置闰来调整朔望月和回归年的长度，这正是阴阳合历的最大特点。这种阴阳合历在我国一直沿用了好几千年，形成了具有我国特色的历日制度体系。商代的置闰法，一般都置于年终，就是上述的所谓十三月。也有人认为，商代晚期已出现了年中置闰法，关于这一点，在学术界还有争议。

周代的历法在商代基础上又有所发展。这时已经发明了用圭表测影的方法，确定冬至（一年中正午日影最长的日子）和夏至（正午日影最短之日）等节气。如果再配合以一定的计算，就可使回归年长度的测量达到一定的准确度。周代历法还有一个大的进步就是能定出朔日。《诗经·小雅·十月之交》："十月之交，朔日辛卯，日有食之，亦孔之丑……"这是我国古书中"朔日"两字的最早出现，也是我国明确记载日期（周幽王六年十月初一日）的最早一次日食。这反映了当时我国历法已达到相当的水平。

商代把一日分为若干段落，并给予特定的称呼，如分为"旦"——清晨、"夕"——晚上、"明"——黎明、"中日"——中午、"昃日"——下午、"昏"——黄昏，同时还用"大采"表示"朝"，"小采"表示"夕"。周代已用十二地支来计时，把一天分为十二时辰，则更定量化了。至于测时的仪器，可能在周以前已发明了计时工具——漏壶。《周礼·夏官》："挈壶氏掌挈壶……以水火守之，分以日夜。"这种测时仪器不管阴雨、夜晚都可以使用。

对天象进行观测，商周时代十分重视，有许多天象记录远比世界其他地区为早。如甲骨文中就有五次日食记录，一块公元前13世纪的甲骨卜辞的意思说癸酉日占，黄昏有日食，是不吉利的吗①？月食记录在甲骨文中也有不少，公元前14世纪至公元前12世纪的月食记录如壬申这天晚上有月食等。②甲骨卜辞中还有一些新星记载，如七日（己巳）黄昏有一颗新星接近"大火"（心宿二），③又如辛未日新星消失了。④这是世界上最早的新星记录。

周代天象观测有不少新发现。二十八宿是春秋时候确定下来的。二十八宿就是把天球黄赤道带附近的恒星分为二十八组，其名称是角、亢、氐、房、心、尾、箕、斗、牛、女、虚、危、室、壁、奎、娄、胃、昴、毕、觜、参、井、鬼、柳、星、张、翼、轸。每一宿中取一颗星作为这个宿的量度标志，称为该宿的距星。这样就建立起了一个便于描述某一天象发生位置的较准确的参考系统。这个系统的确立经历了很长的历史过程。在《诗经》中，二十八宿中的名字已见的有火（心）、箕、斗、定（室、壁）、昴、毕、参、牛、女等，甚至已有银河（天汉）的记载，说明那时对于恒星有了较多的认识。《诗经》许多篇中清楚地表述了恒星的出没所反映的季节变化与社会生产、人民生活的关系，如"定之方中，作于楚宫"；"七月流火，九月授衣"。又如"毕"是带柄的捕兔用的小网，"箕"是簸扬谷子的生产工具，"斗"是挹酒用的勺，还有大

图 2-12　商代武丁时六十甲子甲骨卜辞

家熟知的"牛郎星"与"织女星"的形象描述，反映了古代对于恒星的命名，最初都是用生产工具、生活用品和劳动人民的形象来考虑的。对于行星，人们也有所认识。在殷墟甲骨文中有"岁"的记载，指的就是岁星——木星。《诗经》里的"明星"、"启明"、"长庚"指的都是金星。

---

① 《殷契佚存》374 片。
② 《簠室殷契征文·天二》。
③ 《殷墟书契后编》下九·一。
④ 《殷墟书契前编》七·一四。

## 数学

奴隶制社会时期，农业、手工业的进一步发展，商品交换的扩大以及防治洪水和开挖沟洫、建筑城市和宫殿、测量地亩、编制适合农时的历法等等，都需要数学知识和计算技能。因而数学知识在这一时期获得较大的进步。

商代的陶文和甲骨卜辞中有很多的记数文字。甲骨文中一、二、三、四等数字是用横画记的，陶文则是竖画记的。商人同后世人一样，用一、二、三、四、五、六、七、八、九、十、百、千、万十三个单字记十万以内的任何自然数，只不过记数文字的形体和后来的不一样而已。下列是甲骨文中的十三个记数单字。

十、百、千、万的倍数在甲骨文中是用合文写的，示例如下。

图 2-13 甲骨文中的数字

甲骨文中现已发现的最大数字是三万——，复位数已记到四位，如二千六百五十六——。商人记数有时在百位数、十位数和个位数之间添一个""字或""字，例如五十六——"五十 六"。周代记数法和商代相同，只是有的字形和甲骨文不同，四写作，或作、，十写作。又如《盂鼎》铭文："人鬲自驭至于庶人六百五十九夫，"数字659写作""，其中的五十合文是上五下十，而甲骨文写法是上十下五。从以上所有示例来看，当时记数法是遵循十进制的。这种记数法含有明显的位值制意义，我们只要把千、百、十和"㞢"或"𠂤"的字样去掉，便和位值制记数法基本一样了。这种记数法的语言既简洁又明了。英国的李约瑟教授对我国商代的记数法予以很高评价，他说："总的说来，商代的数字系统是比古巴比伦和古埃及同一时代的字体更为先进、更为科学的。"① 还有一些占卜的甲骨文中反映出商代已有奇数、偶数和倍数的概念，说明当时人们已掌握了初步的运算技能。

传说夏禹治水时"左准绳，右规矩"②。说明了规矩、准绳作为测量的工具应是由来已久。出土文物中的青铜器、车辆以及已发掘的古代建筑遗址都表明规、矩、准、绳在奴隶社会时期已被应用于生产活动的各个方面。通过春秋时期筑城的例子，就可看出那时的测量技术和数学知识水平已比较高了。公元前598年，楚国的令尹筑沂城；公元前510年，晋国的士弥牟营筑成周城，都不仅测量计算了城墙的长、宽、高以及沟洫在内的土石方量，连需要用多少人工和材料、各地区劳动力的往返里程和要吃的粮食数量都计算好了。因为工程计划精确周到，各地承担任务明确，各负其责，进度快，在很短时间内就完成了筑城的任务。③ 这些测量技术和数学知识，当然是从商、周时积累与发展而来的。

"算筹"是一种计算用的小竹棍，也有用木、骨的，以后还有用铁等金属材料制作的。用算筹进行计算，叫做"筹算"。算筹和筹算的发明，对我国古代数学的发展影响很大。它究竟起源于何时，由于缺乏具体确实的资料，现在还无法肯定。西周时期，数学是当时"士"阶层受教育所必修的"六艺"（礼、乐、射、御、书、数）之一。这时还出现了专职会计，在政府机构中的叫"司会"④，在军队中的叫"法算"，"主会计三军营壁，粮食，财用出入"⑤。此外，还有世代相传专门掌管天文历法和掌握数学知识的所谓"畴人"。"九九"乘法口诀（从九九八十一开始，到一一如一为止）在春秋早期就已经成为普通常识。根据这些来看，算筹记数和简单的四则运算，很可能在西周或更早的一些时候便已产生了。关于算筹记数详见本书第三章。

## 六　物候和地学知识的积累

### 《夏小正》和物候知识

物候知识是人们对自然界的动植物与环境条件的周期变化之间所存在的关系的认识，是在不断接触和观察大自然的实践过程中产生的。由于农业生产的需要，物候知识很快积

---

① 李约瑟：《中国科学技术史》中译本第3卷29页。
② 《史记·夏本纪》。
③ 《左传·宣公十一年》、《左传·昭公三十二年》。
④ 《周礼·天官冢宰》。
⑤ 《六韬》卷三二。

累起来。早期进行农业生产，人们主要根据物候的变化来掌握农时。我国现存最早的，具有丰富物候知识的著作《夏小正》中记载有许多物候、天文和与之相对应的农事活动。例如：

| 月　份 | 物　　候 | 气　象 | 天　象 | 农事活动等 |
|---|---|---|---|---|
| 正月 | 启蛰　雁北乡　雉震响<br>鱼陟负冰　田鼠出　獭献鱼<br>囿有见韭　鹰则为鸠　柳稊<br>梅、杏、柂桃则华　缇缟<br>鸡桴粥 | 时有俊风<br>寒日涤冻涂 | 初昏参中<br>斗柄悬在下 | 农率均田<br>采芸 |
| 三月 | 豰则鸣　田鼠化为鴽（一种鹌）<br>拂桐芭　鸣鸠 | 越有小旱 | 参则伏 | 摄桑　委扬<br>颁冰　采识 |
| 四月 | 鸣札　囿有见杏　鸣蜮<br>王萯秀　秀幽 | 越有大旱 | 昴则见<br>初昏南门正 | 取荼　执陟攻驹 |
| 七月 | 秀雚苇　狸子肇肆　湟潦生萍<br>爽死　荓秀　寒蝉鸣 | 时有霖雨 | 汉案户<br>初昏织女正东乡 | 灌荼 |

由此可以看出，远在三千多年前，我国的物候观测内容已很丰富。在植物方面，对木本和草本植物都有观察记录，如正月记：柳树抽出了荑荑花序，梅、杏、山桃孕蕾开花了；七月记：芦苇长出了芦花等。对于鸟、兽、虫、鱼等动物也有所注意，如正月，大地回春田鼠出来活动了；野鸡鸣叫，雌雄要求配偶了，鱼儿由水底上升到近冰层的地方；农田害虫蝼蛄叫了等等。关于三、四月份时常出现的旱情和七月份常有雨潦以及各月天象的记载，也都很有意义。《夏小正》采用的是夏历，和我国现在民间常用的农历月份相当，其中的正月即阳历二月。书中记载梅、杏和山桃在正月开花，又提到淮、海和鳝（扬子鳄）等，说明当时观测的物候可能是淮河至长江沿海一带的情况。

除《夏小正》外，《诗经》中也有一些关于物候的记载。特别是《豳风·七月》，可称它为一首有关物候学的诗歌，如"四月秀葽"，"五月鸣蜩"，"六月莎鸡振羽"，"十月蟋蟀入于床下"等。战国时候成书的《小戴礼记》中的《月令》和《吕氏春秋》中的《十二纪》，其物候部分大多是来自《夏小正》而稍加以修改；在气象观测方面，有稍加增益的地方。但由于它们是战国时期阴阳家的作品，故出于为当时统治阶级政治服务的需要，塞进了不少"天人感应"之类唯心主义糟粕的东西。如列举了十二个月的烦琐政令，甚至王每月应当穿什么颜色的衣服，祭祀应当用什么样的物品等都按四时、五行的要求作了细密的安排，把自然现象与人事作了十分牵强的比附等。汉代《淮南子》中的《时则训》和《逸周书》中的《时训解》也是与《月令》性质相类似的书。不过，《时则训》所记物候完全抄自《十二纪》，没有什么发展。《时训解》则把《夏小正》和《十二纪》所记的物候按二十四节气和七十二候依次叙述，这就使物候观测与季节气候的变化结合得更为紧密了，是我国古代物候学的一个进步。

## 有关气象、地形和地图的记述

天气的情况如晴天、下雨、刮风、降雪等与人们的生产和生活关系十分密切。人们很早就开始了这方面的观察，但有文字记载的材料是从甲骨卜辞开始的。商代人们对于风雨、阴晴、霾雪、虹霓等天气变化十分关注，关于天晴或天雨的甲骨卜辞比比皆是，甚至保留有连续十天的气象记录。这可以说是世界上最早的气象记录之一，也是我国后世传统气象记录的先声。

卜辞中不但有风的记载，并且已根据风力的强弱分为"小风"、"大风"、"大骤风"（骤风）和"大飓"（狂风）。这可以说是对风力进行分级的开始。

对于雨，已从量的方面有所区分，如"大雨"、"小雨"和"多雨"、"无雨"之类。卜辞中关于雨的记载最多，因为降水与农业生产有密切关系。对风和云同降雨雪的关系，人们已经通过不断地观察产生了比较科学的认识。"上天同（彤）云，雨雪雰雰"①，是说天上"同云"密布，就要下大雪。"习习谷风，维风及雨"，即说东风容易带来雨水。早晨天空出现的云霞，也被人们利用来预测天气了。甲骨卜辞中有看到虹霓出现以卜晴雨的记载。周代劳动人民已总结出"朝隮于西，崇（终）朝其雨"②的经验性规律，意思是说，早晨太阳东升时，西方看见有虹，不久就要下雨。人们把观察到的经验知识编成了诗歌，后世的气象谚语就是由此发端的。

关于地壳不是静止不变的思想在我国起源也很早。"地道变盈而流谦"③，意思是说地表的起伏形状不是一成不变的，有的地区高山会逐渐降低，低地会逐渐升高。实际情况也确是如此。河流的侵蚀和沉积作用正是这样不断地改变着地表形状。"烨烨震电，不宁不令，百川沸腾，山冢崒崩，高岸为谷，深谷为陵。"④ 这可能是周幽王二年发生大地震时的写照。《史记·周本纪》上说，这一年"周三川皆震……三川竭，岐山崩"。我国是多地震的国家，自古以来，对于地震就很重视，有关地震的记载很多，强烈地震，特别是山区，必然会因山崩等使山陵川谷发生变化，所以地形是变化的思想很容易形成，并为人们所接受。

在《诗经》里，不同地形有不同的名称，如"山"、"岗"、"丘"、"陵"、"原"、"隰"、"洲"、"渚"等。对于山，还注意植被覆盖情况，把山上有草木的称为"岵"，没有草木的称为"屺"。对于丘，又根据形状不同而有多种名称，如"宛丘"（四周高，中央低）、"顿丘"（单独的一个丘）、"阿丘"（偏高的丘）等。这说明当时对于地形已经有了比较细致的观察。

关于地图知识，有这样的传说：夏禹铸造过九个鼎，鼎上各有不同地区的山川、草木和禽兽图，而且九鼎一直传到秦代才被销毁。这一传说虽不是确凿的史实，但我国在四千年前或者更早的时候就绘有表示山川等内容的地图是完全可信的。因为地理知识的表达最

---

① 《诗经·小雅·信南山》。
② 《诗经·鄘风·蝃蝀》。
③ 《周易·谦卦象辞》。
④ 《诗经·小雅·十月之交》。

早可能是用图而不是用文字。民族学材料证明，世界上一些还停留在原始阶段的民族，人们能很快地画出路线图一类的图形来，只是古老的原始地图很难保留下来。

商周时期，随着社会生产的发展，商品交换和人们来往的扩大，地理知识较之原始社会时期和夏代大大丰富了。仅卜辞中所记载的地名就在五百以上。卜辞中还屡屡出现"东土"、"东鄙"、"西土"、"西鄙"、"北土"、"南土"、"南邦方"等记载。武丁时卜辞所记征服的方国甚多，有"土方"、"邛方"、"鬼方"、"羌方"、"尸方"等二十九个。有的卜辞还记载了入侵的方向。可见商王朝对直接统治的地区及周围其他民族活动地区的地理方位已有明确概念，若以之绘成简单的地图，应该是没有什么问题的。《尚书·洛诰》和《诗经·周颂》的《般》篇中明确讲到了地图。《洛诰》所说的内容大意是：周成王为了加强管制已被征服但还不很服顺的商奴隶主，准备专门修建一座城池把他们集中起来。在选择城址时，成王先派召公到河南洛河一带考察，然后又叫周公去定城址，负责修建。周公占卜之后，决定在洛河支流的涧水之东，瀍水之西的地方，以及在瀍水之东的地方各建一座城，前者称王城，起统治监视的作用。后者叫成周，便是集中商奴隶主贵族而居的地方。周公把占卜的情况和图献给了成王。以上记载中虽然对"图"没有作更多的文字说明，但可以推测，当时图的内容至少绘有涧水和瀍水以及所建城邑的位置，不然文中"图"字就没有任何意义了。《周颂》中说周武王定天下后巡视四方，是依据绘有山川的图顺序祭祀高山大川的。

以上讲到的地图，时间都在三千年前的周初。从地图上可以知道山川、城邑的位置，说明当时的地图已有一定规格要求，至少能够表示出地物的大致方位来。

## 七　初期的医药学

### 巫和医的分化

奴隶社会初期的医药知识，可能仍处于巫和医不分的原始阶段。到了商代中叶，已经有了初步发展。甲骨卜辞中关于疾病记载的资料有近五百条之多。这些卜辞虽是奴隶主贵族们得了疾病，占卜疾病能否治好的迷信活动，不过从中也可看出当时人们对疾病的认识，从一个侧面反映了当时医药卫生的水平。据研究，殷墟甲骨文中涉及的疾病有头、眼、耳、口、牙、喉、腹、鼻、足、趾、产等十多种部位，称作"疾首"、"疾口"、"疾目"、"疾耳"、"疾齿"、"疾身"、"疾足"等。至于病名，见于卜辞中的有外感头痛的"风疾"，武丁曾患"瘖疾"（喉病），还知道有传染性的疟疾。关于疾病的起因，从卜辞看，总结起来有四个方面：一是天帝、祖先所降，二是鬼神祟祸，三是妖邪之蛊，四是气候变化的影响。治疗疾病的方法，或是由"巫"进行祭祀祝祷等迷信活动，以祈疾病痊愈，或是用药物治疗。巫除主持占卜和祭祀仪式，以便和人们幻想中的神灵世界进行某种联系之外，还兼给人们治病。就是说，在商代医和巫，治疗和迷信活动，科学与反科学经常混合在一起不能分开。巫也掌握一些药物知识，使用药物治病。《山海经·大荒西经》中说：

有巫咸和巫彭等十巫，由于他们可以和"大荒山"上的神灵相通，所以"从此升降，百药爰在"。《山海经·海内西经》中也说："开明东，有巫彭、巫抵、巫阳、巫履、巫凡、巫相……皆操不死之药以拒之。"巫彭、巫咸的名字屡见于卜辞，可能是真有其人。

西周时期的医药知识比商代又有进步。首先表现在医和巫已分开了。《周礼》把"巫祝"列于"春官大宗伯"职官中，而"医师"则属"天官冢宰"管辖，官职分类中已属不同系统了。根据《周礼》记载，当时医又分为"食医"（为王室管理饮食卫生，相当于营养医）、"疾医"（相当于内科医生）、"疡医"（相当于外科和伤科医生）、"兽医"（专门治疗牲畜疾病）。还建立了一套医政组织和医疗考核制度。"医师"总管医药行政，并在年终考核医生们的医疗成绩，来定他们的级别和俸禄。考核优劣的标准是"十全为上，十失一次之，十失二次之，十失三次之，十失四为下"。更值得注意的是，这时已开始重视病历记录和报告。"凡民之有疾病者，分而治之，死终则各书其所以而入于医师。"知道对病人分别处理，并建立了记录治疗经过的病历，对于死者还要求作出死亡原因的报告。

专职医生的出现与医事制度的建立，为医药经验的积累和医疗水平的提高创造了条件。《周礼》中有"肖首疾"、"疟寒疾"、"嗽上疾"等四季多发病的记载，说明已初步了解某些疾病与季节变化的规律。

药物与汤液

关于商代的医药知识，应提到汤液的使用。汤液是中药的重要剂型之一。晋代皇甫谧《甲乙经》序文中说："伊尹……为汤液。"伊尹是辅佐商汤建立商朝的著名人物。他出身于家庭奴隶，是司厨有莘氏的养子。把汤药的开始采用，完全归之于某个人物的创造，显然是错误的，但由食物的烹调而逐渐认识某些动植物经煎熬后的汤液在医疗方面的效用，则似应为必经之路。"伊尹为汤液"的传说，还说明了汤液这个剂型的采用是很早的。

1973年，河北藁城台西村商代晚期遗址中曾发现植物种子三十余枚，经鉴定均为药用的桃仁和郁李仁。《神农本草经》中说，桃仁可以"主治淤血、血闭、症瘕、邪气杀小虫"，郁李仁"酸平无毒，治大腹水肿，面目四肢水肿，利小便水道"。桃仁和郁李仁都含有苦杏仁甙，能润燥通便和破淤血，炒熟也可以食用。很可能就是人们在食用过程中，发现了多吃会中毒，而少吃则可以治病的。

周代又进一步积累了不少用药的经验。《诗经》中记载的植物有五十多种，其中不少是可作为药物用的。《山海经》中不但记载有植物、动物、矿物药一百多种，并且在使用方法上分为口服、沐浴、佩带、涂抹等几种。《尚书·说命》说："若药弗瞑眩，厥疾弗瘳。"意思是说，如口服药后不发生较强烈的反应，就不能达到治疗疾病的目的。

医疗工具与卫生保健

医疗工具由于青铜的广泛使用而有了改进和发展，这时人们可能在使用砭石的基础上使用金属的刀和针了。《内经》中说，古代有"九针"：镵针、圆针、锃针、锋针、铍针、圆利针、毫针、长针、大针。金属针的出现是针灸术得到较大发展的重要标志。石制医疗工具仍有使用的,台西村 14 号墓出土一件装在漆盒中的石镰,即当时的医疗器具砭镰。砭镰是砭石中形似镰刀的一种。开始可能是把生产工具中的石镰借用于医疗手术,利用锋利的刃口切割肿疡和放血等。以后砭镰由石器发展为金属制成的多种镰状医疗工具。历代医疗文献中把它称之为"刀镰"、"镰"或"针镰"。

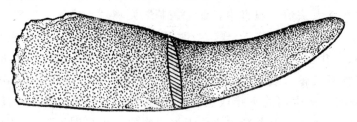

图 2-14 砭镰

卫生保健知识在这个时期有显著提高。个人卫生方面,甲骨文中有"沐"和"浴"字,说明人们已有洗脸、洗手、洗澡等习惯。殷墟曾有壶、盂、勺、盘等全套盥洗用具出土。环境卫生方面,人们已知道凿井而饮,殷墟遗址住宅附近有排除积水的水沟。周代人们又进一步知道通过除害来改善环境卫生,《诗经》等书中记有不少除虫灭鼠的方法,如抹墙、堵洞、用药熏、洒蜃灰、按时扫房等。《左传》还有"国人逐瘈狗"以防狂犬病的记载。

## 八 天命观与阴阳五行说的起源

### 天命观的形成

人类社会发展到奴隶制社会,与原始社会相比,人们的宗教思想与自然观发生了很大的变化。

奴隶社会时期虽还保留了一些原始社会对自然和祖先的崇拜,不过,这时已不再是原始的面貌了。"万物有灵"的观念已为宇宙间一个至高无上神,叫做"帝"或"上帝"的所代替,对自然的崇拜已不是对一切动植物等自然现象都去崇拜,而是只祭祀名山大川。如甲骨卜辞里有"郁于五山……"①的记载。这反映了生产力的提高,已有可能使商代人们控制某些自然现象,因而剥脱了这些自然现象的神秘性。"帝"或"上帝"是有意志的人格神,它是天上的最高统治者,商王则是"受命于天"的人间的最高统治者。"天"和"帝"成了奴隶主阶级用来进行统治、欺骗和压迫人民群众的工具。奴隶主们声称,生产的丰歉,人事的休咎,一切吉凶祸福都为上天所左右。把自然界的山、川、风、云、雷、电、水、火等现象也说成是受"帝"的主宰。因此,奴隶主贵族们事无大小,一切生产、战争,乃至生病等都要占卜祈求"天帝",并用甲骨占卜来作为沟通人和神之间联系的工

---

① 《殷墟甲骨文粹编》。

具，形成了一整套宗教神学的思想体系，即关于"天命"的观念。天命观束缚了科学技术的发展，如科学的天文学要摆脱以天命观为其基础的占星术的纠缠，科学的医药学要从巫和天命思想的迷信中解放出来，都需要经历长期的斗争。

周奴隶主贵族利用商士卒（实际上为奴隶和战俘）的临战倒戈，取代了商王朝，使他们对人民的力量不能不有所认识。周公说"民之所欲，天必从之"①。这一思想反映了奴隶主阶级对奴隶群众的恐惧，同时也透露了西周的统治者对天命的神圣性的一些怀疑。商代以来的天命观在这时作了一定的修正，以适应其统治的需要，所谓的武王"革命"，也意味着对于天命观的变革。

## 阴阳、五行和八卦说

生产技术的发展和天命观的动摇，给在自然观方面突破宗教神学思想体系的羁绊以有力的推动，具有朴素唯物自然观的阴阳说和五行说就是在商周之际开始酝酿的。到了封建社会开始，即战国时期，这一学说已发展成较为完整的体系。朴素唯物主义自然观是古代朴素的唯物主义哲学的基础，也是古代自然科学的理论基础。

早期的阴阳和五行说是同解释宇宙万物本原的最初尝试密切相关的。这些观点仍然和自然科学、政治观点、宗教思想等掺合在一起。

周幽王时，王室日益衰微。郑桓公问史伯周是否要亡了，史伯就以五行说来解释，说世上万物是由金、木、水、火、土五种基本元素，而又以土为主，分别与其他四种元素"和"成百物的。相反，"同则不继"，不能生成百物。周幽王"去和而取同"，同厉王一样专制暴虐，非垮台不可。② 这是同传统的天命论相对立的朴素的唯物主义天道观，不仅具有朴素的元素观念，并有物质相互转化的思想。

西周末，还产生了物质为"气"的说法，用阳气和阴气的矛盾来解释自然现象。天气属阳气，性质是上升的，地气属阴气，性质是沉滞的；阴阳二气上下对流而生成万物，是天地的秩序。反之，阴阳气不和，自然界就要发生灾异。周幽王时的大夫伯阳甫用这一原理去解释当时在泾、渭、洛"三川"（今陕西中部）地区发生的地震现象。说地震是"阳失其所而镇阴也"，因阴阳"失序"，而使三川皆震，导致"川源必塞"，以至水土失序，发生水旱灾害，又以至"民乏财用"而"国亡"。③

在《尚书·洪范》中，有关于"五行"的进一步论述："五行，一曰水，二曰火，三曰木，四曰金，五曰土。水曰润下，火曰炎上，木曰曲直，金曰从革，土爰稼穑。润下作咸，炎上作苦，曲直作酸，从革作辛，稼穑作甘。"这里简要地描述了五种构成世界最基本的物质形态的性质和作用。把客观存在的物质看成真实的东西，而且意识到人的味觉是从与外界的五种不同物质的接触中得来的。关于"金"特别值得一提，它反映了金属已成为当时人们社会生活中的重要物质元素。商、周时期，人们已利用的金属有金、银、铜、

---

① 《左传·襄公三十一年》。
② 《国语·郑语》。
③ 《国语·周语上》。

锡、铅、铁等。五行说中的金，是初步地概括了这些金属的共性而从中抽象出来的。这在世界其他地区古代文化中是没有的。希腊人认为水、空气、火和土是构成世界的四种基本物质元素。印度哲学家羯那陀则认为地、水、火、风是四种基本的物质元素。我国古代的五行说与之有异有同，它们都是古代人们从日常生活和生产实践中逐步形成的朴素唯物主义观点。

在阴阳、五行说发展的同时，还有一种八卦说。八卦说大约也产生于殷周之际，而在其后不断得到发展。八卦，以八种符号即：乾☰、坤☷、震☳、巽☴、坎☵、离☲、艮☶、兑☱分别代表天、地、雷、风、水、火、山、泽。它们是由阴（--）和阳（—）不同的二爻排列而成的。把这八卦再互相排列，就可以产生六十四卦，每卦又有六爻，共三百八十四爻。由此解释各种自然现象和社会现象。八卦说包含了由阴、阳的不同排列而构成万事万物，和由于阴、阳排列的变化导致万物变化的思想，即包含着自发的朴素的辩证法思想，是十分可贵的。但在后来的发展中，它所说的变化，不是向前发展，而是终而复始的循环、重复；另外，世界上的事物，千差万别，想用有限的模式把一切事物概括净尽，是不可能的。因而，八卦说是装在形而上学框子里的辩证法。

## 本 章 小 结

夏、商、西周时期，是我国科学技术发展史中一个重要的阶段。没有从原始社会发展至奴隶社会，就不可能有灿烂的"青铜文化"，不可能有中国的古代文明，也就不可能有中国古代的科学和技术。奴隶社会时期已为以后天文、数学、医学、农学及其他科学技术的发展准备了条件。中国古代科学技术体系中的若干重要特点，均于此时开始出现。

这一时期，农业、青铜、陶瓷等生产技术比起原始社会来有很大的提高。与农业生产有密切关系的某些学科，如天文、数学、物候等有了初步的发展，但仍然处于经验的积累、整理，即感性认识阶段。当时人们对自然规律的认识还没有也不可能达到理性认识的阶段。在这个基础上产生、发展起来的，具有朴素的辩证法思想的"阴阳"、"五行"、"八卦"等学说开始出现。它们对以后科学技术的发展将产生一定的影响，但由于历史条件的限制，其本身就带着浓厚的神秘主义、唯心主义色彩。

自然界和社会中各种事物与各种现象，都是普遍联系和相互制约的。同样，在科学技术发展史中，不同的科学技术也相互发生渗透、影响和作用。奴隶社会时期，科学技术的发展虽还处于比较低级的阶段，但已可见此种现象。青铜工具的普遍使用，全面地推动了奴隶社会的农业、手工业的发展。为了制定适合农时的历法，需要观察日、月、星辰的运行，再加以数学的计算。这是推动古代数学发展的原因之一，而数学计算的提高，又促进了历法推算的进步。青铜冶铸、制陶、纺织等手工业技术的发展为建筑技术的发展提供了有利条件，烧制陶器的丰富经验为青铜冶铸提供了高温、有关材料和技术。反过来，青铜冶铸又促进了制陶技术的改进，等等。

我国奴隶社会的特点是：生产力较低，经济发展缓慢，农业自然经济占统治地位，商业不发达。这些和古代东方埃及等国家相似。欧洲的希腊人在公元前10世纪前后开始从原始社会向奴隶社会过渡。尽管他们原有的技术起点不高，但由于继承了被他们征服的爱琴海地区的比较发达的技术遗产（受古埃及和巴比伦文明影响较大），特别是利用了那个地区及其附近（西亚和小亚细亚一带）已经出现了的铁器，加上其自然条件和所处地理位置，手工业与海上贸易较为发达，此外利用腓尼基人发明的字母来拼写自己的语言，以及从原始社会后期的军事民主基础上发展起来的以工商业奴隶主为主的城邦共和国等，都使希腊只经历了几百年的时间，就发展成为很繁荣的奴隶制国家，其科学技术也是那时世界的高峰。而我国古代科学技术的重大发展，则是同封建制的产生和巩固一起出现，并逐步达到了其发展的高峰的。

# 第三章 古代科学技术体系的奠基

(春秋战国时期 公元前770年—前221年)

## 一 社会大变革与科学技术

西周末年，奴隶制开始出现崩溃的趋势。公元前770年，申侯联合缯和西夷犬戎进攻宗周，杀幽王。平王接位，被迫东迁，依附于诸侯。从此周王室日益衰微，并开始了我国历史上的春秋战国时期。春秋战国时期是我国历史上奴隶制向封建制转变的社会大变革时代。生产力的发展，为奴隶制的瓦解和封建制的建立创造了物质基础，使社会的变革成了不可逆转的历史潮流。铁器的使用和逐渐推广是这一时期生产力发展的重要标志，给农业和手工业提供了前所未有的高效率工具，大大提高了劳动生产率。铁农具的使用，牛耕的推广，使大规模的水利工程的兴建成为可能，大量的荒地得到开垦，私田的数量不断地增加，从而促使以一家一户为单位以个体经营为特色的小农阶层（佃农和自耕农）的出现。私田和佃耕制的发展，出现了"私门富于公室"的现象，迫使奴隶主贵族不得不承认私田的合法性，打破了公田、私田的界限而一律征税。鲁国在公元前594年实行"初税亩"，意味着井田制正在瓦解。随着在奴隶制内部封建的生产关系开始发生并逐步发展起来，新兴的地主阶级在经济上逐渐取得了有力的地位。这一时期风起云涌的奴隶与平民的反抗斗争和起义，给奴隶主贵族以沉重的打击，客观上为新的封建制的产生和发展开拓了道路。新兴地主阶级顺应历史的潮流，同旧势力进行了长期错综复杂的斗争，在经济上取得胜利的基础上，进一步要求政治上的统治权。到春秋战国之交，各诸侯国陆续实现了向封建制的过渡。新的封建制，基本上适应了当时生产力发展的要求。直接从事生产劳动的人从奴隶制的桎梏下解放出来，他们的劳动兴趣和生产积极性有了提高，新兴的地主阶级为了巩固他们的统治，也需要发展生产。这就使得春秋战国时期，特别是战国时期，生产力得到了前所未有的发展，促成了奴隶社会所不能比拟的科学技术的大发展。

奖励耕战是各诸侯国进行变法时采用的重要政策之一。这不但可以推进生产的发展，满足统治阶级增加剥削量的欲望，而且可以把农民束缚在土地上，利于统治，是达到富国强兵、称雄争霸目的的一个重要手段。战国初期，李悝在魏国实行"尽地力之教"[1]，以发挥土地的潜力，增加单位面积产量，使魏国一度强盛起来。《管子》一书则反复论证"务五谷"，"养桑麻，育六畜"的重要性，并对天时、地利、人力三者的关系作了深入的讨论，还提出了具体的奖励办法："民之能明于农事者"、"能繁育六畜者"、"能已民疾病

---

[1] 《汉书·食货志》。

者"等，均"置之黄金一斤、直食八石"① 以为奖赏。这反映了齐国的重农思想和科技政策。秦商鞅更认为"国之所以兴者，农战也"，"国待农战而安，主待农战而尊"②，把农业生产的发展放在国家大政首要的位置上。奖励农桑的政策，对于农业生产的发展和农业科学技术的总结提高，有着十分重要的意义。大规模水利灌溉工程的兴建，也是施行这一政策的结果。这一时期天文学的发展固然与占星术有关，但是农业生产的发展要求有更准确的"天时"，对天文学、特别是历法的发展，更是关键性的动力。

在农业生产发展的同时，手工业生产也有很大进步。不但旧的手工业部门有了新的发展，而且出现了新的独立的手工业部门，如冶铁业、煮盐业、漆器业等都从这时兴盛起来。尤其是冶铁业随着冶铁技术的不断进展和社会生产的需要，成为当时最重要的手工业部门之一。春秋以前"工商食官"的格局这时发生了变化。在官府手工业之外，出现了私营手工业和独立个体手工业。封建制的生产关系在手工业中也逐渐形成和发展起来。各手工业部门内部明显出现了分工越来越细的倾向。手工业者在社会生活中逐渐取得了相当重要的地位。作为手工业者利益的政治代表，在社会上风靡一时的墨家学派的出现，就是一个说明。与此相应的是，手工业技术取得了很大的进步。手工业生产技术的规范化和对在生产实践中取得的丰富经验，进行科学抽象的初步尝试应运而生。

由于农业、手工业的发展，商业、贸易发达起来了，城市随着增多与繁荣起来，人口也大为增加。"古者四海之内，分为万国，城虽大，无过三百丈者，人虽众，无过三千家者"，"今千丈之城，万家之邑相望也"③，说的正是这种情形。生产和商业活动的扩大，使华夏地区各民族进一步融合，对于科学技术的交流起了良好的作用，并扩展了人们的地理视野，促进了地理知识的丰富和提高。

春秋以来社会的大变革，还打破了奴隶主垄断文化教育的"学在官府"的局面，私学骤兴，社会上涌现出大量的"士"。"士"一般受过礼、乐、射、御、书、数"六艺"的教育，他们依附于不同的阶级、阶层和社会集团，为之著书立说，奔走呼号。而各诸侯国为了达到称霸或生存的目的，大都采取了所谓"礼贤下士"的政策，用优厚的待遇收养知识分子为他们服务。养士之风颇为盛行，往往在各国诸侯周围形成一个由知识分子构成的智囊团。这些士不但在政治、军事等问题上出谋划策，有的同时从事文化和科学技术的研究。齐威王和齐宣王时期稷下学派的形成及其工作，就是一个典型的例子。在我国古代科学技术史上具有重要意义的《管子》一书，便是齐国这一时期的著作。特别是在战国时期，由于"王室既微，诸侯力政"，"时君世主，好恶殊方"，出现了所谓"蜂出并作，各引一端，崇其所善，以此驰说，取合诸侯"④ 的现象，形成了思想上解放和学术上自由的"百家争鸣"的生动局面。各家或为了发展生产的需要，或为论证各自的论点和实现自己的主张，都不同程度地关心科学技术的进展，以便从中汲取有力的论据，作为达到政治目的的手段。他们对许多科学技术问题，往往从不同的角度进行论述。由于各家思想倾向的

---

① 《管子·山权数》。
② 《商君书·农战》。
③ 《战国策·赵三》。
④ 《汉书·艺文志》。

差异和对自然现象认识程度的不同,他们有时相互补充,相得益彰,有时针锋相对,彼此辩难。这对发展科学技术,无疑创造了有利的条件。当时知识分子四处游说的风气,使者的频繁往来,各国间时或存在的联盟关系都为"百家争鸣",也为学术思想和科学技术成果的交流提供了方便。

这一时期,新兴的地主阶级同没落的奴隶主阶级在思想领域里的斗争十分激烈。反映新兴地主阶级争取社会进步、发展生产要求的唯物主义无神论思潮开始兴起。他们利用在生产斗争中获得的对自然界的认识,力图对自然界的种种现象进行新的解释,向奴隶主贵族宣扬的唯心主义的天命观提出了公开的挑战。这就使人们的思想或多或少地从仰赖上天、信奉鬼神的羁绊中解脱出来,发现了自身的力量,提高了探索自然界固有规律的积极性。他们提出了"人定胜天"的战斗口号,反映了新兴地主阶级的自信和进取精神。这种精神状态和思想武装,对于科学技术的发展有着十分重要的意义。

春秋战国时期,正值古希腊奴隶制鼎盛的时期。在世界的西方,这时出现了从泰勒斯(Thales,约公元前 624 年—前 547 年)到亚里士多德(Aristotle,公元前 384 年—前 322 年)、欧几里得(Euclid,约公元前 330 年—前 275 年)、阿基米德(Archimedes,公元前 287 年—前 212 年)等一批哲学家、科学家。他们大都结成不同的学派,对包括自然科学在内的广泛的问题进行研究,在天文学、几何学、物理学、医学等领域取得了巨大的成就。这一时期成为西方古代科学技术发展的一个高潮时期。而世界的东方,我国差不多也在这一时期内,由于生产力发展导致的奴隶制向封建制转化的社会变革和上述各种因素的推动,科学技术迅速地发展起来,产生了可以与古希腊相媲美的科学家、哲学家和科学技术成就。

## 二 铁器时代的到来与冶铁技术

### 生铁、钢与铸铁柔化术的出现

我国古代用铁的历史可以追溯到商代。1972 年,在河北藁城县出土了一件商代的铁刃铜钺。虽然其铁刃是以陨铁为原料,但它表明先民们已经对铁有所认识,而且已能够进行锻打加工并和青铜铸接成器。对陨铁的加工和铸接,无疑都是在青铜冶铸作坊中进行的。我国人工铸铁技术发明于何时,至今尚难断言,但这项技术至迟始于春秋。在春秋战国之际和战国早期,冶铁术先后出现了三项重大的发展。

(一)生铁冶铸技术。据《左传·昭公二十九年》记载,周敬王七年(公元前 513 年),晋国铸造了一个铁质刑鼎,把范宣子所作的刑书铸在上面。铸刑鼎的铁,是作为军赋向民间征收来的,这说明至迟春秋末期出现了民间炼铁作坊,而且已较好地掌握了生铁的冶铸技术。中华人民共和国成立以来相继出土了一些春秋末期吴、楚等国的铁器遗物,其中江苏六合程桥吴墓出土的铁丸和铁条,经金相检测,前者为白口铁铸件,后者是用块炼铁锻成的。这是我国考古发掘关于生铁冶铸器物的最早的实物见证。生铁的冶炼在冶金史上是一个划时代的进步。欧洲一些国家在公元前一千年前后已能生产块炼铁,公元初罗马已偶能得到生铁，但多废弃不用，直到公元 14 世纪才使用铸铁，其间经历了十分漫长的发展道路。而我国古代只用较短的时间，就实现了这一技术突破，出现了铸铁。这与我国奴隶制时代高度发展的青铜冶铸技术有着密切的关系。因为它从矿石、燃料、筑炉、熔炼、鼓风和范铸技术等各方面，为生铁的冶炼准备了坚实的技术基础。生铁冶炼技术的出现，改变了块炼法冶炼与加工都较费工费时的状况，提高了生产率，降低了成本，使得较大量和较省力地提炼铁矿石、铸造器形比较复杂的铁器成为可能。这就为铁器的普及打下了良好的基础，同时也为我国古代冶铁术的发展开拓了自己独特的道路。

（二）钢的出现。1976 年在湖南长沙出土了一口春秋末期的钢剑，经取样分析，它所用的钢是含碳量 0.5%～0.6% 的中碳钢，剑身断面可以看出反复锻打的层次。这一新技术的出现给人们提供了比铁更为锐利、坚韧的原料。它对于农具、手工工具尤其是兵器质量的提高，有极深远的影响。

（三）铸铁柔化术的出现。对洛阳水泥厂战国早期灰坑出土的铁锛和铁铲的研究表明，它们都是生铁铸件经柔化处理而得的产物。铁锛是经过较低温度退火得到的，它是白心韧性铸铁或铸铁脱碳钢件的前身或初级阶段的产品；铁铲则是经较高的退火温度和较长的退火时间处理的，是迄今为止我们所知道的最早出现的黑心韧性铸铁铸件。显然，人们是在不断的实践中，逐渐获得了通过一定的热处理，可以改善白口铁性脆、易断裂等弱点的可贵认识，并且经过了一个摸索试验的过程，才掌握了较完善的热处理脱炭技术。增加了强度和韧性的韧性铸铁的出现，在冶金史上又是一个划时代的事件。它使得生铁广泛用作生产工具成为可能，大大增长了铁器的使用寿命，加快了铁器替代铜器等生产工具的历史进程。欧洲到 1722 年才使用白心韧性铸铁，黑心韧性铸铁在 19 世纪于美国研制成功，而我国在战国时期已能生产这两种高强度铸铁，比欧美要早两千年以上。

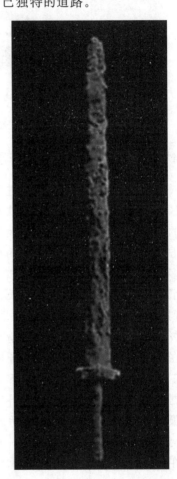

图 3-1　长沙出土的钢剑（春秋末期）

这三项重大的技术发明是冶铁生产发展到一定阶段的产物，是人们长期实践的经验总结。而每一项进步都给生产工具的变革以新的推动力，也就直接为当时生产力的发展，提供了有力的武器。

河北易县燕下都所出土的战国晚期兵器，有一些经鉴定是块炼渗碳钢件，其中多数经淬火处理，这证明淬火技术在生产上已经得到广泛的应用。这时，铸造技术也有所进步，铁范的使用就是标志之一。河北兴隆燕国遗址发现了一批这一时期的铁范，它本身就是精美的白口铁铸件。范有比较复杂的复合范和双型腔，范的外形轮廓和铸件形状相似，壁厚均匀，收缩一致，可以增长铁范的使用寿命。同时还采用了防止铸件变形的加强结构——

金属型芯。就是在现代，这也是不太容易处理的技术问题。铁范可以连续使用，铸成的器物比较精细，不必再作太多的加工，有的铁范可以同时浇铸两个铸件。这些都降低了成本，提高了生产效率。战国时期能用铁范铸出壁厚仅三毫米不到的薄壁铸铁件，是一项十分卓越的技术成就。

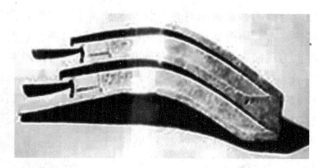

图 3-2　河北兴隆出土的战国铁镰范

### 冶铁业的兴起与铁器的逐渐普及

与上述重大的技术突破或进展相一致，春秋末和战国初年，冶铁业还主要集中在几个地区，而在战国中、后期，冶铁业则已在十分广大的地区普遍建立起来，成为手工业最重要的部门之一，其生产规模也大为扩大。如山东临淄齐国故都冶铁遗址的面积达四十余万平方米。河北易县燕下都城址内有冶铁遗址三处，总面积也达三十万平方米。这时出现了许多著名的冶铁手工业中心，如宛（今河南南阳）、邓（今河南孟县东南）、邯郸等等，出现了像魏国的孔氏、赵国的卓氏、齐国的程郑等一批因冶铁致富的大铁商。铁器的使用推广到社会生活的许多方面。河北石家庄市庄村赵国遗址出土的铁农具已占全部农具的65%；辽宁抚顺莲花堡的燕国遗址出土的铁农具，在全部农具中已占85%以上。这是铁农具在农业生产中逐渐取得了主导地位的证明。而且这一时期出土的铁器，从兵器到各种手工工具和生活用具等，种类繁多，数量激增，质量完好，出土的地点几乎遍及全国各地。又据记载，这时铁器确已成为各行各业必不可少的工具，"一农之事，必有一耜，一铫、一镰、一鎒、一椎、一铚，然后成为农；一车必有一斤、一锯、一釭、一钻、一凿、一銶、一轲，然后成为车；一女必有一刀、一锥、一箴、一鉥，然后成为女"①。这些都说明了铁器在社会生产和社会生活中的重要性。

### 找矿经验和采矿技术

春秋战国时期不但金属的冶铸技术大为提高，而且已经积累了较丰富的找矿经验并作了初步的总结，采矿技术也有长足的进步。在大量找矿实践中，人们发现了矿苗和矿物的共生关系。《管子·地数》中说："山上有赭者，其下有铁；上有铅（铅）者，其下有银；上有丹砂者，其下有黄金；上有慈石者，其下有铜金。此山之见荣者也。"所谓"山之见荣"，就是矿苗的露头。铁矿表层高价氧化物呈赭色，铅和银常共生，这是现代矿床

---

①《管子·轻重乙》。

学所证实了的。这里讲的除把铜和铁的硫化物混称为黄金或铜金外，大体上符合现代关于硫化矿床的矿物分布理论。春秋战国时期人们得到这些宝贵知识，对于矿床的探寻显然起着一定的指导作用。

1974年，湖北大冶铜绿山发掘出的春秋战国时期的古铜矿井，是采矿技术发展的历史见证。春秋时，矿井有竖井和斜井两种，井深达四十米左右。到战国时期，矿井已深达五十余米，由竖井、斜巷、平巷等相结合组成了较合理的矿井体系。竖井为交通孔道，从这里把矿石和地下水提到地面，把支护木等运到井下，斜巷主要是为了探矿，而平巷分布在斜巷两侧。所采用的是分段上行采矿法，从矿层底部自下而上逐层开掘平巷，对已采矿石即行初选，把贫矿和废石就地充填废巷，保证运出的大多是富矿，减少了提运量。古矿井还较好地解决了井下的通风、排水、提运、照明和竖井、巷道的支护等一系列复杂的技术问题。如在通风方面，利用不同井口气压的高低差形成自然风流，并采取密闭已废弃的巷道的方法，引导风流沿着采掘方向前进，保证风流到达最深处的工作面。在巷道支护方面，采用榫接和搭接相结合的木支架形式，有效地承受了巷道的顶压、侧压和底压，以至两千多年后的今天，有的还相当坚牢。在井下排水方面，用木水槽构成井下排水系统，引水入井下积水坑，然后用桶提出井外，从而解决了排水问题等等。由铜绿山古铜矿井所反映的开采技术，我们可以窥知当时众多的矿区的生产状况，了解春秋战国时期采矿业的发展和技术水平所达到的高度。

## 三 精耕细作传统的开始形成与生物学知识

《吕氏春秋·上农》等篇所反映的精耕细作技术

伴随着封建制的产生，以一家一户为基础的个体小农经济逐渐发展起来。封建的自给自足的小农经济，以生产谷物为主，种植桑麻和饲养鸡犬豕等小家畜为副业。"百亩之田，勿夺其时，数口之家可以无饥矣"，"五亩之宅，树之以桑，五十者可以衣帛矣"，"鸡豚狗彘之畜无失其时，七十者可以食肉矣"。[①] 这些记载所反映的正是这种情况。《管子·牧民》篇中记载的农业生产项目次序也是五谷、桑麻、六畜。这种以粮食作物生产为主、桑麻畜牧列居次要地位的农业结构，自战国时期基本形成后，在我国一直延续了两千多年。农业生产上的精耕细作等优良传统，此时也开始形成。这些都使中国农学逐渐形成了带有自己特点的体系。

农业生产技术的提高，首先表现在耕作制度的变化方面，主要是改变了部分地区的一年一熟制，即把冬麦和一些春种或夏种的作物搭配起来，采取适当的技术措施，在一年或几年之内，增加种植和收获的次数。当时在"嵩山之东，河汝之间"，已可以"四种而五

---

① 《孟子·梁惠王上》。

获"①（四年五熟）；在黄河流域有的地方，"人善治之"可以"一岁而再获之"②（一年两熟）。从此，我国农业生产开始走上了复种轮作的道路，这也是我国古代农民在耕作制度改革上的一项创举。

在先秦诸子的著作中，我们都可以找到有关当时农业生产技术知识的若干章句。其中有关于肥料的使用和"深耕而熟耰之"③重要性的论述，有关于复种和取得禾、麦两熟的记载，有关于铁犁的使用等等。这说明诸子百家对农业生产在不同程度上均予以关注。这时还出现了专门谈"神农之学"的以许行为首的农家学派，④他们对农业生产及有关技术更为重视。战国时期已有专门的农书《神农》二十篇和《野老》十七篇。⑤前者为"诸子疾时怠于农业，道耕农事，托之神农"而作的，后者据东汉人应劭所说是"年老居田野，相民耕种，故号野老"，所以它们应是农家总结、研究农业生产技术的心得之作，可惜它们都散佚无存了。我国现存最古老的农学论文是《吕氏春秋》中的《上农》、《任地》、《辩土》、《审时》四篇。它们虽不是独立的专门农书，但却联成一体，较好地反映了春秋战国时期农业科学技术发展的水平。

《上农》篇讲的是农业理论和政策，反映了新兴地主阶级的重农思想和奖励农桑的政策。《任地》、《辩土》、《审时》三篇则论述了耕地、整地、播种、定苗、中耕除草、收获以及农时等一整套具体的农业生产技术和原则。

关于耕地，《辩土》根据土壤的结构和墒情安排耕地的先后次序，规定了先垆后靬的原则，即先耕黏性较大的"垆土"，以免水分散失后变得坚硬，耕不动它；然后再耕比较松散的"靬土"。《任地》则指出：耕地的深度要以见墒为度，即所谓"其深殖之度，阴土必得"，这样才能达到"大草不生，又无螟蜮"的效果。它还规定了始耕的时间和耕作的次数。这些原则和办法，长期以来对我国的传统农业有着指导的意义。

《辩土》还明确地提出了要充分利用土地和合理密植的思想及相应的技术措施。其中指出种地要消灭"三盗"。所谓"三盗"一是指沟大垄小，二是指苗无行列而又太密，三是指苗无行列而又太稀。为此必须采取一系列的技术措施：整地时"畮（垄）欲广以平，甽（沟）欲小以深"，这样既可以防止第一盗，又利于涝时排水和干旱时保墒。在播种和定苗时，对植株的行列有一定的要求，以保证横行相互间错，纵行直道通达，达到通风的目的，即所谓"横行必得，纵行必术，正其行，通其风"。播种量要合适，播种后覆土，其厚薄要适度。覆土太厚，苗不易破土而出，覆土太薄，种子不得湿润，难以发芽。定苗时要"长其兄而去其弟"，即要留强去弱。而且对于肥地苗要密些，薄地则要稀些。关于中耕除草，它指出要严防伤根。在《任地》中，更提出了在既种之后要锄多次，而且一定要精细，尤其在干旱时要锄地，为的是使土壤疏松而减少水分的散失。这些技术措施的出现，表明我国农业生产已从粗放经营的阶段，进入精耕细作的新时期。

---

① 《管子·治国》。
② 《荀子·富国》。
③ 《荀子·则阳》。
④ 《孟子·滕文公上》。
⑤ 参见《汉书·艺文志》。

针对土地质地的坚硬或松软，使用的程度，肥力的强弱，土壤的致密或松散，湿度的大小等五个方面的差异，《任地》篇提出了"力者欲柔，柔者欲力；息者欲劳，劳者欲息；棘者欲肥，肥者欲棘；急者欲缓，缓者欲急；湿者欲燥，燥者欲湿"五项处理原则，从而为合理地使用土地，使土壤保持适于农作物生长的最佳状态，以最大限度地发挥地力，指出了要遵循的基本原则。它包含了土质改良、轮作制度、施肥保墒等丰富的技术内容，而且具有可贵的朴素辩证法的思想。

《任地》等篇中，还反映了一些地区已出现的"上田弃亩，下田弃畎"的栽培方法——"畦种法"。"上田弃亩"，是说在高田旱地或雨水稀少的地区，土壤墒情往往不足，因此要把庄稼种在沟里，可防风并减少水分的蒸发，这是一种"低畦栽培法"。"下田弃畎"，是指低湿田，水分多，要把庄稼种在比较高而干燥的垄上，这是一种"高畦栽培法"。它们是根据不同的地势特点，通过比较合理的田间布置，以保证"上田"、"下田"都能得到充分利用的科学方法。它可视为上述基本原则的灵活应用，使原先看来无用的土地得到合理的利用。汉代的"代田法"和"区田法"，就是在这一方法的基础上逐步发展起来的。

《审时》篇则具体地论述了及时地进行耕种、收获等农事的重要性，讨论了六种农作物禾、黍、稻、麻、菽、麦的耕作及时和不及时，或先或后的得失成败。如小麦，耕作及时的，生长发育良好，植株健壮，虫害少，穗子大，色泽深而麦粒重，皮薄而出粉率高，人吃了耐饥。假如耕作不及时，过早的，苗生太早，容易遭受虫害的侵袭；过晚的，苗生脆弱，结穗不丰满，二者色泽都不好。总之是"得时之稼兴，失时之稼约"。关于收获，指出"稼就而不获，必遇天菑"，把及时收获作为农业生产的重要一环。这些显然都是从长期的经验中总结出来的，令人信服地论证了"凡农之道，候之为宝"的科学结论。

《审时》篇还指出："夫稼，为之者人也，生之者地也，养之者天也。"在农业生产的三大要素中，把人的因素放在首位，这是有十分积极意义的。这说明我国的农业技术，已从顺乎自然，向有意识地改造自然迈步了。

### 植物生态学和动植物分类学知识

随着对农业生产有关问题研究的不断扩大和深入，人们对动植物及其同周围事物的联系的认识不断得到积累和丰富，从而产生了许多生物学的宝贵知识。

《管子·地员》中就载有极可宝贵的植物生态学知识。它是经实地考察而来的。它记述了在土质优劣、地势高低和水泉深浅不同的土地上，所宜生长的各种不同植物的大量素材的基础上，得出了"凡草土之道，各有谷造，或高或下，各有草物"的重要结论。这里有两层意思：一是植物的生长同土壤的性质有关，不同质地的土壤，其所宜生长的植物各不相同；二是植物的分布与地势的高下有关，已注意到植物垂直分布的现象。《管子·地员》还考察了一个山地的情况，依高度不同，把山地分为"悬泉"、"復吕"、"泉英"、"山之菕"和"山之侧"五部分，各列出所宜生长的植物名称。这是由于山地高度不同，温度各异而造成的植物垂直分布现象的一个例子。经研究，其树木的名称已大致可知，即"悬泉"生有可成纯林的落叶松；"復吕"生有灌木性的山柳；"泉英"生有山杨，也常成为纯林；"山之菕"当有杂木树林，生有榅楸之类；"山之侧"生有刺榆。这些情况，与现在华北地区的山地并无差异。《管子·地员》还举出了一个小地区内植物垂直分布的例子，指出"凡彼草物，有十二衰，各有所归"，这十二衰为：茅、萑（蓷）、薛（薛）、萧、芛、蒌、蘿（蒬）、苇、蒲、芡（莞）、蘱、叶。这同实际情况也是相符的。这是由于小地区内地势高低不同，水分的分布各异所致。这些都是对植物生长与地理环境之间存在的关系作了深入观察的结果。

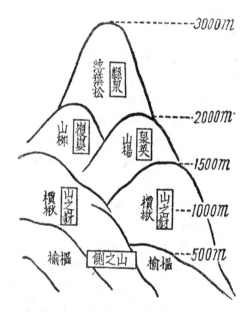

图 3-3　《管子·地员》关于植物垂直分布现象示意图

人们为了生产和生活的需要，必须对动植物的不同种类加以辨别和分类。殷墟甲骨文字中有不少关于动物和植物的名称，根据这些动植物名称的字形特征来加以考察，可以看出当时人们已经产生了依据动植物的外部形态特征进行分类的认识。

图 3-4　《管子·地员》关于小地区内植物垂直分布示意图

随着生产实践的发展，春秋战国时期，人们所认识动植物的种类也随之增加。仅《诗经》中所列举的动物就有一百多种，植物有一百四十多种。人们在对动植物的外部形态的认识逐步深化的过程中，采用比较法和归纳法，对这些动植物作了进一步的分类，出现了我国古代动植物分类体系。关于动植物分类认识，散见于《周礼·地官》、《考工记》、《管子·幼官》、《尔雅》等典籍中。可能是受五行学说的影响，植物分为皂物（柞栗之属）、膏物（杨柳之属）、核物（核果类，李梅之属）、荚物（荠荚，王棘之属）、丛物（藋苇之属）五类；动物则分为虫类、鱼类（又细分为鳞物——鱼类、蛇类和介类——龟鳖类）、羽物（鸟类）、毛物（兽类）和臝物（即指自然界的人类，也包括猿猴在内）。值得重视的是，人们还将动物归总为小虫和大兽。小虫相当于今日之无脊椎动物，大兽相当于今日之脊椎动物。在战国时期汇集的我国最早的一部词典——《尔雅》中，第一次明确地把植物分为草、木两大类，分动物为虫、鱼、鸟、兽四大类。这些分类认识为我国后来的动植物分类发展奠定了基础。明代李时珍《本草纲目》中分动物为虫、介、鳞、禽、兽、人等类，即本于此。

在《尔雅·释草》篇中包含有一百多种植物，都是草本植物；在《释木》篇中的几十种植物，均为木本植物，这同现在分类学的认识基本一致。《释虫》篇所列举的虫类相当于现在分类学上的无脊椎动物，《释鱼》篇中的鱼类相当于现在分类学上的鱼类、两栖类和爬行类（龟、鳖），也就是所谓凉血动物，而"鸟"和"兽"也与现在分类学上的鸟、兽相当。

《尔雅》在分述各类动植物时，在名称的排列上是略有顺序的。如《释草》篇中说"藿、山韭、苳、山葱、劲、山薤（蒮）、蒚、山蒜"，把这些植物名称排列在一起，属葱蒜类，同现在分类学上的葱蒜属相当。又如《释虫》把蜩，螗、蟪、蜺等不同种类的蝉排列在一起，同属蝉类，相当于现今分类学上的同翅目蝉科。其他如植物的桃李类、松柏类、桑类等，动物的蚁类、蜂类、蚕类、贝类、甲虫类、蛇类、蛙类等，都作了分门别类的比较精细的叙述，其中有些还反映了类似于现今分类学中的"属"或"科"的分类概念，表明了人们对动植物观察的深入和认识的提高，为进一步认识和利用生物开拓了道路。

## 四　大型水利工程的开始兴建

### 灌溉工程

我国原始社会末期开始出现萌芽阶段的水利设施。经过商和西周的发展，到春秋战国时期水利设施出现了一个规模空前的发展高潮。这时兴建的水利工程，可以分为三类：灌溉工程、运河工程和堤防工程。这些工程的兴建，促进了当时农业生产的发展。

大型灌溉工程的修建始于春秋之末，盛于战国，是统治阶级实施重农政策的一个重大措施。其中最主要的有芍陂、漳水十二渠、都江堰和郑国渠四大工程，芍陂和都江堰工程至今仍在发挥作用。

芍陂是我国古代较早兴修的一座大型蓄水灌溉工程。它位于安徽寿县安丰城南，所以又叫安丰塘，是公元前6世纪末由楚国令尹孙叔敖领导修筑的。水库的设计恰当地利用了当地东、南、西三面较高而北面低洼的地形特点，因势筑成。其时可能已有水门和闸坝的设置。"陂有五门，吐纳川流"[①]，指的应该就是这一调节水量作用的设施。陂周约百里，

---

① 《水经注·肥水注》。

灌田近万顷，使这一地区的水稻种植得到很大发展。

漳水十二渠是专为灌溉农田而开凿的大型渠道。魏国的邺（今河北临漳县）位于太行山东部的冲积平原上，漳水自西向东流过，雨季时河水宣泄不畅，时常泛滥成灾。当地的劣绅和女巫勾结起来，玩弄"河伯娶妇"的把戏，向老百姓勒索钱财，残杀少女。魏文侯时（公元前424年—前387年）西门豹任邺令，他首先破除了"河伯娶妇"的迷信骗局，随即发动群众开凿了十二条大渠，各渠设有调节水量的水门，即所谓"一源分为十二流，皆悬水门"①，变水害为水利。大约过了一百年，魏襄王时史起任邺令，又大兴引漳溉邺的工程，将大片盐碱地变成了水稻田，使魏国河内地区更加富庶起来。

都江堰在四川灌县，是世界闻名的古老而宏伟的灌溉工程。它是秦昭王（公元前306年—前251年）时，蜀守李冰领导人民修筑的。李冰学识渊博，精通天文地理，对岷江的水量变化和附近的地形以及如何开渠引水、灌溉农田等都相当了解。都江堰由分水工程、开凿工程和闸坝工程组成一个有机的整体。所谓分水工程，即在灌县西北的江心洲筑分水鱼嘴，把岷江一分为二，东面为内江供灌溉之用，西面为外江是岷江本流，沿江筑有堤防，鱼嘴和堤防的修筑均就地取材，用装有卵石的大竹笼叠成。开凿工程则是在前人即早于李冰两三百年做过蜀相的开明所修工程的基础上进行的，使有足够的内江水通过宝瓶口流入成都平原上密布的农田灌渠。闸坝工程则包括调节入渠水量的溢洪道——飞沙堰和"旱则引水浸润，雨则杜塞水门"②的一整套闸坝设施。三者相辅相成，构成了一个完整的工程系统。还在内江引水口"作三石人，立三水中"③，这些石人显然起着水尺的作用，由此可以测知内江的进水流量，为整个工程系统调节水位提供依据，以达到周密合理的灌溉、防洪、分配洪、枯水流量的目的。

都江堰的兴建，使成都平原大约三百万亩良田得到灌溉，从此"水旱从人"，"沃野千里"④，使四川成为"天府之国"。

郑国渠是秦国于公元前246年修建的另一大型灌溉工程，是由韩国的一位名叫郑国的水工设计开凿的。据《史记·河渠书》记载，郑国渠是"凿泾水自中山西邸瓠口为渠，并北山东注洛，三百余里……溉泽卤之地四万余顷，收皆亩一钟"，渠成之后"关中为沃野，无凶年"。经实地考察，我们更得知：郑国渠干渠故道宽24.5米，渠堤高3米，深约1.2米，工程十分壮观；而且其渠首位于谷口（即瓠口），是泾水进入渭北平原的一个峡口，其东面是一片广阔的平原，地形西北略高，东南稍低。渠首选在这里，就使整个水利工程从总体上自然形成了一个全部自流灌溉系统。引水口则选在谷口泾河凹岸稍偏下游的地方。这正是河流流速最大的位置，所以渠道进水量就多，而且水中的大量富有肥效的细泥也进入渠内，利于进行淤灌。这些都证明了工程技术上的科学性。

都江堰和郑国渠的相继修建，使秦国的农业生产大大发展，是秦国能够称雄六国进而完成统一全国大业的重要因素之一。

---

① 《水经注·浊漳水注》。
② 《华阳国志·蜀志》。
③ 《华阳国志·蜀志》。
④ 《华阳国志·蜀志》。

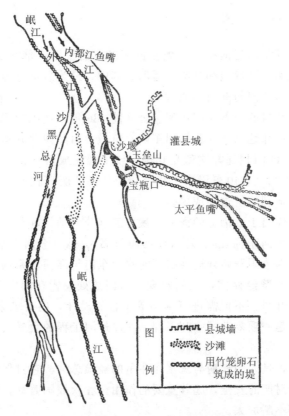

图 3-5　都江堰工程示意图

图 3-6　都江堰工程现况图

运河工程和堤防工程

春秋战国时期,开凿的运河很多,魏在黄河以南的荥阳,楚在汉水、云梦,吴在江、淮、太湖,齐在山东淄、济等地都开凿了运河。其中,最为后世称道的是吴国沟通长江与淮河的邗沟和魏国沟通黄河与淮河的鸿沟。

邗沟是我国最早开凿的一条大型运河。公元前486年,吴国为了北上争霸,首先要解决交通运输问题,便在邗地(今江苏扬州东南)筑城,由此向北开运河,经射阳湖至末口(今江苏灌南县北)与淮河相通,这就是邗沟。该工程完成后,又继续向北开凿,使之与沂水(泗水支流)、济水(在山东境内)相连,于是吴的船只就能由长江北上。后来隋代开凿大运河时还部分地利用了这项成果。

鸿沟的开凿也同样出于政治上的需要。魏惠王(公元前369年—前318年在位)为称霸中原,加强与宋(今河南商丘)、郑(今河南新郑)、陈(今河南淮阳)、蔡(今安徽凤台)等的联系,从河南荥阳开始开运河引黄河水向东南与淮河水系沟通,这便是鸿沟。东汉时鸿沟(时称汴渠)曾经修濬,人们发现"水门故处,皆在河中"[①],可见鸿沟当时是设有水闸的。运河的开凿,不但需进行闸坝等工程的设计,还要求掌握沿途地形、土质、水源、流量等情况,是一项复杂的水利工程,所以运河工程的大量实施,是水利工程技术发展的一个标志。

堤防工程的修建,是人们长期与洪水作斗争的经验总结,它对保障社会经济的正常发展,保护人民的生命财产的安全,起着重要的作用。春秋战国时期,堤防已很普遍,而且质量不断提高,规模不断加大。

古来河防工程,一向以黄河为重点。春秋时期,黄河下游已多处筑有堤防,而且还被用做御敌防范或进攻邻国的手段。后来,齐、楚、燕、赵等国的长城,就是利用原有的堤防连接扩建而成的,所以当时堤防工程的规模是相当壮观的。

古代堤防,常有白蚁为害。《韩非子·喻老》指出"千丈之堤以蝼蚁之穴溃",但其时人们已在实践中取得了一些防治白蚁的经验。魏国有一位筑堤专家白圭,能够及时发现堤防上白蚁的洞穴,并能"塞其穴",解决了危害堤防安全的一个重大问题。在《管子·度地》还记载了关于堤防的设计、施工、保护等技术问题,它指出堤防横断面的形状要"大其下,小其上",成梯形就不致产生滑坡。堤防施工的季节要在"春三月,天地干燥……山川涸落……故事已,新事未起"的时候,"利以作土功之事,土乃益刚"。这段时间为农闲时节,天气干燥,土地含水量比较适宜,容易保证施工质量;而且在枯水期,取河滩的土筑堤,可以起到疏浚河床的作用。它还指出要"树以荆棘,以固其地,杂之以柏杨,以备决水",就是说在堤上要种植树木,既可加固堤身,防止水土流失,又能在汛期作防汛抢险的材料,确是一举两得的好方法。

大量的水利工程本身,就包含着人们在测量、选线、规划、施工等工程技术方面取得的成就和对水文知识的了解。像《管子·度地》那样对水利工程技术所作的理论概括,是在大量实践的基础上进行的,它提供了春秋战国时期水利工程技术发展的一个侧面。它指

---

① 《后汉书·王景传》。

出了水流的自然规律,"夫水之性,以高走下则疾,至于漂石,而下向高,即流而不行"。它还对水流在行进中遇到阻碍时产生的一连串水文现象以及引起的破坏性水力现象作了生动细致的描述,为如何顺应水流本身的规律,以防止水害,提供了理论的说明。它还特别指出了渠首工程位置的选择与建设的重要性,要"高其上,领瓴之",就是要抬高上游水位,以便高屋建瓴地让水流进干渠;并指出"尺有十分之,三里满四十九者,水可走也",即提出了在三里的距离内,渠底降落四十九寸,即相当于千分之一的坡降,以保证渠水流畅无阻的设计方案。这是人们在长期的修渠实践中得到的可贵的经验总结。

## 五 《考工记》——手工业技术规范的总汇

### 《考工记》的产生

随着手工业生产的发展,人们积累了丰富的经验。为生产更多更好的手工业产品,手工业内部分工的细密化和手工业技术的规范化与科学化,就成了这一时期手工业发展的突出特点。春秋末年齐国人的著作《考工记》就很好地反映了这一发展趋势。

据《考工记》称,当时"国有六职"——王公、士大夫、百工、商旅、农夫和妇功,表明手工业者在社会上占有较重要的地位。他们以"审曲面势,以饬五材,以辨民器"为己任,担负着各种手工业的生产任务。仅据《考工记》所载,当时的官府手工业包括有三十项专门的生产部门,"攻木之工七,攻金之工六,攻皮之工五,设色之工五,刮摩之工五,抟埴之工二",它涉及运输和生产工具、兵器、乐器、容器、玉器、皮革、染色、建筑等项目,每一项目又有更细的分工。如车辆的制作,除所谓"车人"外,还有专门造轮子的"轮人",专门制车厢的"舆人"和专门制造车辕的"辀人"等。这种官府手工业生产专门化、内部分工越来越细的倾向,是手工业生产发展的结果,反过来,它对手工业技术的提高与手工业生产的进一步发展,又有着深远的影响。《考工记》记述了三十项手工业生产的设计规范、制造工艺等技术问题,是一部有关手工业技术规范的汇集。这显然是从大量的直接的生产经验中总结出来的,对手工业生产有一定的制约和指导意义,是手工业生产发展到一定阶段的产物,代表着当时技术发展的水平。更为可贵的是,作者不拘泥于一般经验的叙述,对其中若干技术环节还进行了科学的概括,力图阐明其内在的科学道理,使人们的认识向前推进一步。

### 车辆的制造

商周时候王室、贵族主要用来作战和狩猎的车的形制已比较精巧。商代的车系由车辕、车舆和轮、轭等部分构成。各部分再细分,加上马具和髹饰,其名目有几十种之多。现已发现的商代后期车马坑,都是车马同坑,说明这些车是用马拉的。

《考工记》记述了一套比较完整的官府制车工艺及规范。它首先对车的关键部件——轮子提出了一系列技术要求和进行检验的手段。第一,"规之以视其圆","欲其微至也。无所取之,取诸圆也","不微至,无以为戚速也",即用规精细地校准轮子,视其外形是否正圆，因为不正圆，轮子与地的接触面就不可能尽可能的小，也就转不快。第二，"萬之以视其匡也"，就是说轮子平面必须平正，检验时将轮子平放在同轮子等大的平整的圆盘上，视其是否彼此密合。第三，"县之以视辐之直也"，即用悬线察看相对应的辐条是否笔直。第四，"水之以视其平沉之均也"，即要将轮子放在水中，看其浮沉是否一致，以确定轮子的各部分是否均衡。第五，一辆车的两个轮子的尺寸大小和轮重都要相等，其方法是"量其薮以黍，以视其同也；权之以视其轻重之侔也"。第六，轮子的整体结构必须坚固，即所谓"欲其朴属"①。第七，毂的粗细、长短要适宜。"行泽者欲短毂，行山者欲长毂，短毂则利，长毂则安"②，也就是依据利转和稳定的原则，对不同用途的车辆，选用毂的不同尺寸。第八，"轮已崇，则人不能登也；轮已庳，则于马终古登陁也"③，即要求轮子的直径要适中，因为太大，人上下就不方便，太小，马拉起来就吃力，好像经常在上坡一样。第九，对轴要求材料美好，坚固耐久，转动灵便，这就是所谓"轴有三理：一者以为微也，二者以为久也，三者以为利也"④。第十，必须及时选用坚实的木料，即所谓"斩三材，必以其时"⑤，等等。由此可见，技术的要求是很严格的，其考虑十分周全细密，而且又是十分符合科学道理的。如其中第一项说的就是要使滚动摩擦阻力降到最低限

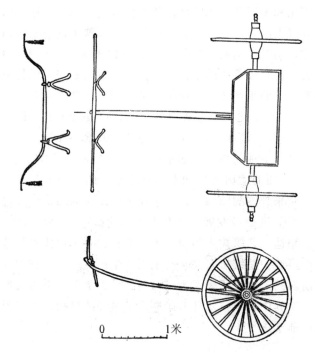

图 3-7  陕西长安张家坡第二号车马坑周代车辆复原图

① 《考工记·轮人》。
② 《考工记·车人》。
③ 《考工记·轮人》。
④ 《考工记·轮人》。
⑤ 《考工记·辀人》。

度的问题。根据滚动摩擦的理论,滚动时的阻力和轮子的半径成反比,所以第八项是这一理论的直观经验的朴素描述。另外,《考工记》还对车舆材料的选择及连接方法,车辕、车架的制作,对不同用途车辆的要求等问题分别进行了描述。这些都反映了当时车辆制作技术的很高水平。从已发掘出土的商周战车来看,存在着用材比例不合理、重心高等设计方面的缺欠,而《考工记》提出的制作车轮工艺的十项准则,已消除了这些缺欠,这正是商周以来归纳长期制车和用车经验得到的结果。

图 3-8 山东嘉祥洪山出土的制车轮汉画像石

弓箭的制作

关于弓箭的制作,有"弓人"和"矢人"、"冶氏"的专门分工,其制造的程序各有十分细致的技术规定。书中对于弓的各个部件分别作了深入的考察,特别注重材料的选择,如弓干的制作,就排比了七种材料的优劣,指出"柘为上,檍次之,檿桑次之,橘次之,木瓜次之,荆次之,竹为下"①。这显然是经过反复摸索实践而得到的经验总结。"弓人"对于如何增加弓干的弹力以射远,如何增加射速,如何加固和保护弓体等问题作了探索,反映了人们材料力学知识的增长。

对不同用途的箭矢,如"矢人"所做的用以战争的兵矢,用于弋射的田矢,"冶氏"所做的用于田猎的杀矢,其镞的长短、大小,铤的长短,铁管的设置,都有不同的比例规定。对于箭矢在飞行过程中起平衡和定向作用的羽毛的设置,则利用各个箭干在水中的浮沉程度,查明质量分布的情况,再酌情处理,即"水之,以辨其阴阳,夹其阴阳,以设其比,夹其比,以设其羽",让箭矢重心位置适当而利于飞行,使"虽有疾风,亦弗之能惮(扰乱)矣"。它还进一步研究了箭矢在空中飞行时,因重心和羽毛设置不当,引起的各种

---

① 《考工记·弓人》。

不正常情况，指出"前弱则俛（往下冲），后弱则翔（往上翘起），中弱则纡（绕弯），中强则扬（扬起），羽丰则迟（速度变慢），羽杀（少）则趮（不稳定）"，这是关于飞行物体的重心、形状同重力、空气阻力之间的关系以及箭矢飞行轨道的早期探索，而对箭矢制作的具体技术规定，正是建立在这一科学的考察基础之上的。①

钟、鼓、磬等乐器的制造

我国古代的乐器仅《诗经》中记载的就有 29 种之多。周时按乐器的不同材料分为金、石、木、土、革、丝、竹、匏八种乐器，史籍上称为"八音"。编磬是我国独有的乐器，编钟的出现在世界各民族中也以我国为最早。春秋战国时期，箫和笛已相当流行，弦乐器中除了琴和瑟以外，还有筝。人们已在音乐实践中形成了七音和十二律的音阶体系，对于弦线和钟、鼓、磬等乐器的发音要素也作了可贵的物理探讨。《考工记》的记述就是其中之一。

《考工记》不但记述当时盛行的钟、鼓、磬等乐器的制作技术，而且还明确指出钟声的来源系由于钟的振动所致，钟声的频率高低、音品则与钟的厚薄以及形状、大小和合金成分有关。"薄厚之所震动，清浊之所由出，侈（钟口大而中央小）弇（钟口小而中央大）之所由兴，有说，钟已（太）厚则石（声不易发），已薄则播（散），侈则柞（咋咋然之咋，声大而易发出），弇则郁（声郁滞而不易出），长甬（柄）则震（震动得厉害）"。而钟、鼓不同的形状，会给人带来很不相同的声音感觉。"大而短，则其声疾而短闻"，"小而长，则其声舒而远闻"。② 这些从长期制作乐器的过程中总结出来的对声学问题的定性描述，远远超出了为乐器规定某种尺寸等的技术规范的意义，它已经为人们较自觉地对钟鼓的形状或厚薄做适当调整，使之达到预想的要求，提供了理论上的依据。同样，对磬，《考工记》也作了科学的总结，指出磬体的厚薄同发声高低间的关系，并明确提出了调音的方法，"已上，则摩其旁，已下，则摩其端"③。这就是说如果磬体太厚，发声因而太高，就把磬石磨得薄一点；如果磬体发声太低，就磨它的两端，使磬体相对地变得短而厚。

1978 年，考古工作者在湖北随州发掘了约公元前 433 年的曾侯乙墓，出土了编钟、编磬、鼓和瑟等八种乐器共 124 件。其中钟 65 件，每一钟在规定的两个部位敲击均能发出两个有一定谐和关系的音，它们构成了一套齐备的可供旋宫转调的十二个半音的系统。在钟的隧部和右鼓部位大多分别标有该钟所发音的音阶名。钟的口径大小不等，厚薄各异，甬的长度殊别，这便是为赋予各钟以不同的音而设计的；有的钟口还留有经过摩擦的痕迹，说明为校准音阶等的需要，它们又经过了仔细的加工调试。这些不但印证了而且超过了《考工记》的有关文字记载的科学内容，说明这一时期人们的造钟技术和音律知识已达较高水平。

---

① 参见《考工记·矢人》。
② 《考工记·凫氏》。
③ 《考工记·磬氏》。

图 3-9　湖北随州出土的战国初年曾侯乙墓编钟

### 练丝、染色和皮革加工技术

有关练丝、染色和皮革加工技术，《考工记》均作了记述。当时的练丝法是把丝麻布帛放在楝木灰和蜃灰汁里浸渍，利用灰渍中的碱性溶液清除油垢和去掉丝麻上残余的胶质，然后清洗脱水。白天利用阳光曝晒漂白，晚间浸于井水中，利用井水溶解丝胶。如此反复数次，即可完成这一工序。这是丝麻和丝麻织物染色前的预处理工艺，对于提高染色质量是至关重要的。当时的染色法有多次浸染的套色法，是把准备染色的丝麻毛纱或织物分几次先后浸入溶有一种或多种不同色彩染料的容器内，从而得到某一颜色的不同深度的近似色或其他各种新的颜色。所谓"三入为纁，五入为緅，七入为缁"① 指的就是这种浸染法。纁为深红色，是三次浸入红色染料而成；若将它又放入黑色染料浸染二次，便为緅（带红光的浅黑色）；再多浸二次则为缁（深黑色）。这种方法虽然比较麻烦，但效果却比较好，所以直到近代，我国的染色手工业犹多沿用。关于制革，《考工记》记载了皮革质量的鉴定方法，进而讨论了得到色泽"茶白"、质地"柔而滑"，各部分缓急均匀、缝制工整的加工处理方法，反映了皮革加工技术的进步。②

### 城市和宫室的规划设计

城市规划和宫殿建筑，到周代已具有相当的规模，规划设计也已有一定准则。对此《考工记》作了初步的总结。所记的都城制度是"匠人营国，方九里，旁三门，国中九经九纬，经涂九轨，左祖右社，面朝后市"③。现已挖掘的春秋战国时期的城市遗址，如晋

---

① 《考工记·钟氏》。
② 参见《考工记·鲍人》。
③ 《考工记·匠人》。

国侯马、古晋城、燕下都、赵邯郸的规划方式与记载基本相同。《礼记》中记述的周代的五门——皋门、应门、路门、库门、雉门,以及三朝——大朝、外朝、内寝制度,对后世的宫殿、寺院、庙宇、住宅的平面布局有很大影响。关于城市和宫殿的建筑,除《考工记》之外,在《礼记》中也有较完备的记述。1978年,在河北平山县战国时期中山王礐墓出土了一块金银错兆域图铜版,版面厘米 94 厘米×48 厘米,是一幅为建筑中山王、后陵墓群而作的总体设计规划平面图。该图约按 1:500 的比例尺绘制,是迄今所看到的我国最早的一幅建筑组群设计规划图。

*数学知识*

《考工记》还涉及分数、角度和标准量器容积的计算等数学知识。在制车和制造箭矢中都用到分数的概念,它是从生产的实际需要中产生的。由于制车、磬等器具时,不同的部位要求有不同的角度,于是各自产生了衡量角度大小的一些单位,如矩 = 90°,宣 = 45°,㩢 = 67°30′,柯 = 101°15′,磬折 = 151°52′30″(或 = 135°)等等。《考工记》还载有标准量器的尺寸,而在制造标准量器时,显而易见都要应用计算的方法来确定其容积。这些都反映了当时实用数学发展的水平。

《考工记》中关于青铜冶炼的"六齐"的记载,已在上一章作了介绍,不再赘述。《考工记》较全面地反映了春秋以前及春秋时期手工业生产发展的状况,对各项手工业技术,它既记述其然,又多探索其所以然,使我们清楚地看到了我国手工业技术早期总结和提高的真切情况以及生产的发展、技术的进步与科学理论的概括之间相辅相成的辩证关系。只有在阶级社会出现之后,才使人们在长期生产活动中积累下来的经验有可能被记录下来,经过整理、系统化而成为经验科学。《考工记》正是这样一部著作。虽然古代科学一般没有超出经验科学的阶段,但它对于理论科学的产生却是必不可少的准备和条件。

# 六 《墨经》中的科学知识

墨家是战国前期兴起的一个学派,是手工业小生产者在政治上的代言人。它的创始人墨翟(约公元前 478 年—前 392 年),鲁国人,是这一时期声望很高的政治家,在科学上也有很深的造诣。他曾经当过制作器具的工匠,他的门徒也多半是来自社会下层的能工巧匠,以刻苦耐劳、勤做实验、勇敢善战著称于世。由于他们大多亲自参加手工业生产,广泛地接触到生产实践中遇到的各种问题,并且善于总结,勇于创造,从而在实践中提炼出不少科学知识,在我国科学史上写下了光辉的一页。

墨家对自然科学的研究成果,大多记录在《墨经》之中。《墨经》分为《经》文(《经上》和《经下》)、《经说》(《经说上》和《经说下》)两部分,是墨家的主要著作。

墨家在自然科学方面的成就,突出地表现在光学、力学、数学等方面。

*光学知识*

光的直线传播原理,是人们从大量的观察事实中得到的认识。墨家从这一基本事实出发，对针孔成像，影子的生成等光学现象进行实验、观察和分析，作出了科学的说明。

在一间黑暗的小屋朝阳的墙上开一个小孔，人对着小孔站在屋外，在阳光照射下，屋里相对的墙上就出现一个倒立的人影。对此，墨家解释说，"光之煦（照）人若射。下者之人也高，高者之人也下"①，即光穿过小孔如射箭一样，是直线进行的，人的头部遮住上面来的光，成影在下边，人的足部遮住下面来的光，成影在上边，就形成了倒立的影。这是墨家所做的著名实验之一，既明确地阐述了光的直线传播原理，又科学地解释了小孔成像的现象。

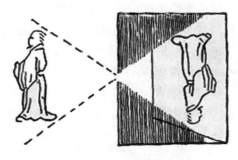

图 3-10　小孔成像示意图

《墨经》对运动着的物体的影子动与不动的关系，作了辩证的说明。它指出，"景（影）不徙，说在改为"②，"光至，景亡；若在，尽古息"③，其意为在某一特定的瞬间，运动物体的影子是不动的，影子看起来在移动，只是旧影不断消失，新影不断产生的结果。《墨经》还解释了本影与半影现象，指出一个物体有两个影子，是由于它受到双重光源的照射。当两个光源照射一物时，就有两个半影夹持着一个本影；一个光源照射物体，只有一个影子。光被遮挡之处就生成影子，此即所谓"景二，说在重"④，"二光，夹；一光，一。光者（堵），景也"⑤。

我国有十分古老与发达的铜镜制造技术。1976 年，在河南安阳小屯妇好墓出土有铜镜四面，证明我国至迟在殷商武丁时期（约公元前 12 世纪）已经发明了这种技术。出土的商周以后的铜镜数量很多，其中大多是平面镜，有些则是微凸面镜。凸面镜可以在镜面较小的情况下，收到照出整个人面的效果，所以凸面镜的出现是人们对其光学性质有所认识的结果。凹面镜大多是用于取火的阳燧。在春秋战国时期，通过实验，阐明平面镜、凸面镜和凹面镜成像的不同情况，是墨家的研究课题之一。

关于平面镜成像，《墨经》指出，"临鉴而立，景倒"⑥，"正鉴，景寡……鉴、景，当

---

① 《墨经·经说下》。
② 《墨经·经下》。
③ 《墨经·经说下》。
④ 《墨经·经下》。
⑤ 《墨经·经说下》。
⑥ 《墨经·经下》。

俱就；去亦当俱，俱用背"①。意即若人站在平面镜之上，其像是倒立着的。平面镜所成的像只有一种，当人走向镜面，像随之；离开镜子，像亦随之。

《墨经》正确地指出，"鉴团（即凸面镜），景一"②，"景过正，估矟（形容短）"③。就是说对凸面镜而言，物体不管在什么位置上，像仅有一种，而且总是在镜面的另一侧，并总比原物体小。这同我们现在所知道的情况是一致的。

凹面镜的成像却是另一种情形，《墨经》中指出，当物体放在球心外时，得到比物体小的倒立的像，当物体在球心内时，得到的则是比物体大的正立像。此即所谓"鉴洼（即凹面镜），景，一小而易（倒），一大而正，说在中（球心）之外、内"④。这正确地说明了凹面镜成像的部分情况。现在我们知道，平行光经凹面镜反射后聚焦于焦点（F），它的成像有以下五种情况：当物体处于球心（O）以外，得到的是倒立的实像，像小于物体；物体在球心处时，在物体所在处，产生一个与物体等大、方向正相反的实像，当物体在球心和焦点之间，像是比物体大的倒立实像；物体在焦点处时，不成像，当物体在焦点之内，得到的是正立的虚像，像比物体大。虽然墨家已经知道球心与焦点（墨家称之为中燧）的区别，但仅以球心来区分物体和像的关系，没有说明物体在球心、焦点及球心与焦点之间时的成像情况，是它的不足之处。

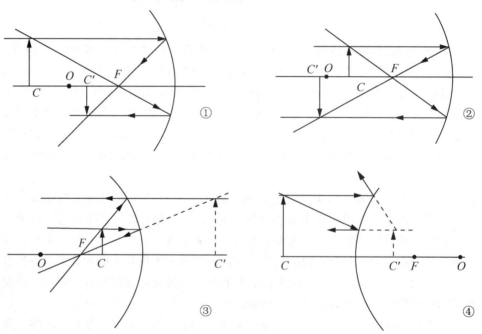

图 3-11  凹、凸面镜成像示意图

---

① 《墨经·经说下》。
② 《墨经·经说下》。
③ 《墨经·经下》。
④ 《墨经·经下》。

上述结果,无疑都是通过切实的实验得到的。虽然对镜子成像的各种不同情况还只是经验性的描述,但墨家所开创的应用实验手段,并从中引出合乎科学的结论的方法以及由此所反映出的初始实验科学在当时得到重视与发展的状况,在我国科学发展史上具有十分重大的意义。

### 力学知识和时空观

《墨经》还从对事物的研究中,抽象出一些有意义的力学问题。它对力的定义,是从人关于力的最基本观念——体力中得知的。"力,形之所以奋也。"① 就是说力是人体所具有的使运动发生转移和变化的手段。它还用自下而上把重物举起的过程作为人体用力的例子,即所谓"下举重,奋也"②。对力的这一定义和说明是很朴实和贴切的。

杠杆的利用和衡器的使用,在春秋战国时期已是司空见惯的事。《墨经》则从科学的角度分析了杠杆平衡的有关问题。它指出杠杆的平衡不但取决于加在两端的重量,还与"本"(重臂)、"标"(力臂)的长短有关,进而得出了"长、重者下,短、轻者上"③ 的结论。这是有关力和力矩概念的定性总结。

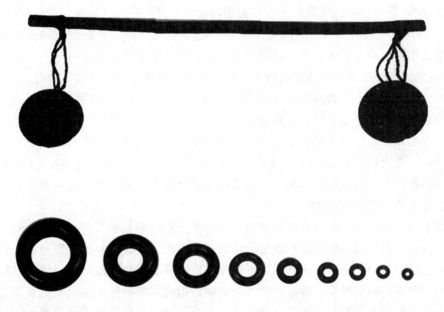

图 3-12　天平和砝码（长沙左家公山出土的战国时期文物）

《墨经》还记述了许多其他力学现象。如它注意到"荆（形）之大,其沉浅也,说在具（衡）"④。这是说就同样的载重量而言,荷重物（如船）的形体小时,在水中沉下的部分深些,形体大时,下沉浅些,在形体大小与下沉深浅之间存在着一定的均衡关系。这是

---

① 《墨经·经上》。
② 《墨经·经说上》。
③ 《墨经·经说下》。
④ 《墨经·经下》。

关于浮力原理的朴素直观的描述。又如，它指出"止，以久也"①，直观地记述了运动物体经过一定的时间运动停止下来的现象等等。

《墨经》讨论了空间、时间以及时空间的关系。它认为"宇，弥异所也"，"久（即宙），弥异时也"②。就是说"宇"包括所有不同的场所，"宙"包括所有不同的时间。这样，宇宙就包括了所有不同的空间和时间，包含了对无限时空的初步认识。它还指出，"宇或（域）徙，说在长宇久"③，"长宇，徙而有处，宇南宇北，在旦有（又）在莫（暮）：宇徙久"④。意即物体的移动，必然经过一定的空间和时间，而且随时都有其特定的处所；空间上由南向北，相应地时间上由旦到暮，空间位置的变迁是同时间的流逝紧密地结合在一起的。这些论述把空间和时间统一于物质的运动之中，是有关时空之间辩证统一关系的精彩论述。

几何学知识及其他

对一系列几何概念，《墨经》也加以抽象概括，给出了科学的定义。如"平，同高也"——用同样高低定义"平"；"直，相参也"——用三点共线定义"直"。又如"同长，以正相尽也"，是说当两直线的两个端点正相吻合时，这两直线的长度相等。"圆，一中同长也"⑤，和现在一般数学书中圆的定义"对中心一点（一中）等距离（同长）的点的轨迹"的意义相同。对点、线、面、体等概念，《墨经》也分别给予说明。这些是数学理论的萌芽。《墨经》中还有类似极限的思想，我们将在本章第十节中再加以叙述。

正因为墨家有着丰富的自然科学知识，因此在与其他学派（特别是名家）的争辩中，能够充分地利用自己的知识特长，有力地驳斥论敌。例如名家提出"矩不方"的命题，墨家解释了方的概念，说明了矩可以为方；名家提出了"火不热"，墨家则解释了火热的成因，说"火：谓火热也，非以火之热我有，若视日"⑥，肯定了火是热的。从这里我们可以看到，墨家以自然科学知识作为自己学说的基础，具有朴素的唯物主义观点。但在其学说中，也还有唯心主义的因素。

从以上简略的介绍，我们可以看到墨家在科学上的贡献是很大的，尤其是他们所注重的实验手段。他们从具体事物中抽象出概念的科学方法，反映着春秋战国时期人们在开拓科学发展的道路上的新思想和新进展。可惜墨家所注重的实验手段与新开辟的这样一个对科学发展（特别是抽象科学）很有利的方向，在后世没有得到很好的继承与发展，其原因是很值得深入探讨的。总的说来，古代的科学基本上停留在经验科学的水平上，这是与古代生产力发展的状况相适应的。抽象科学只在个别人物（或学派）与有限的问题上有所成就，墨家及其在抽象科学上的造诣即为一例，它是在当时百家争鸣的学术风气与手工业者

---

① 《墨经·经上》。
② 《墨经·经上》。
③ 《墨经·经下》。
④ 《墨经·经说下》。
⑤ 《墨经·经上》。
⑥ 《墨经·经说下》。

有较高的社会地位以及科学技术较受重视等条件下出现的。但随着封建专制集权制的建立，墨家的政治主张不为统治阶级所接受，墨家也就逐渐衰落下去，以至到汉以后就不复存在了。它的科学方法与造诣也长期不为大多数人所理解和重视，也是墨家所开辟的科学道路后继乏人的原因之一。

## 七 天文学和数学的进步

对行星和恒星观测的数量化

由于农业生产的发展以及古代星占等的需要，在对天象观测资料长期积累的基础上，春秋战国时期天文、历法有了较广泛的发展和进步。正像司马迁在《史记·历书》中所说的，"幽厉之后，周世微，陪臣执政，史不记时，君不告朔，故畴人子弟分散，或在诸夏，或在夷狄"，而各诸侯国出于各自的政治需要，都十分重视天文的观测与研究。据《晋书·天文志》载，"鲁有梓慎（活动年代约在公元前570年—前540年），晋有卜偃（活动年代约在公元前675年—前650年），郑有裨竈（约和孔丘同时），宋有子韦（曾于公元前480年答宋景公问），齐有甘德，楚有唐昧，赵有尹皋，魏有石申夫（亦名石申，后四人活动年代约在公元前4世纪），皆掌著天文，各论图验"。这种各家并立的情况对天象的观测以及关于行星、恒星的知识积累，无疑起着积极的推动作用。在诸家之中最著名的是甘、石二家，石申著有《天文》八卷，甘德著有《天文星占》八卷，虽然原著早已遗逸，但从《史记》、《汉书》和《开元占经》等书的引文中，还能了解其大概。

关于水、金、火、木、土五大行星的知识，在战国时期大量出现。《汉书·天文志》说"古历五星之推，无逆行者，至甘氏、石氏经，以荧惑（火星）、太白（金星）为有逆行"。行星在天空星座的背景上自西往东走，叫顺行；反之，叫逆行。顺行时间多，逆行时间少，不作长期系统的观测，是难以发现逆行现象的。据《开元占经》引，"甘氏曰：去而复还为勾，再勾为巳"，"石氏曰，东西为勾，南北为巳"。他们都把行星逆行弧线描述成"巳"字形，是很简明形象的。由《开元占经》中的引文得知，甘、石测定了金星和木星的会合周期的长度，并定火星的恒星周期为1.9年（应为1.88年），木星为12年（应为11.86年）。这些都是对五星研究的深化和向定量化发展的表现。

长沙马王堆出土的帛书《五星占》，给出了从秦始皇元年（公元前246年）到汉文帝三年（公元前177年）凡七十年间，木星、土星和金星的位置表和它们在一个会合周期内的动态表。经研究，这应与战国时代的秦国所行用的颛顼历中关于行星的知识有密切的关系。这是在对三颗行星的运动状况作定量研究的基础上给出的，为后世行星运动研究的良好开端。它给出金星的会合周期为584.4日，比今测值仅大0.48日，土星的会合周期为377日，比今测值只小1.09日。这说明战国末期人们对行星的研究，比甘、石时代又有了很大的进步。

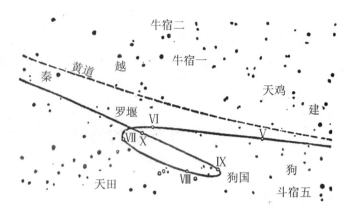

图 3-13 行星运动轨迹示意图（1939年火星的视运动轨迹，罗马字表示月份）

将天空恒星背景划分成若干特定的部分，建立一个统一的坐标系统，以此作为确定日月五星和许多天象发生的位置的依据，长期以来一直是人们的努力目标。春秋时期，沿黄、赤道带将临近天区划分成二十八个区域的二十八宿体系已经齐备。在湖北随州发掘的战国早期曾侯乙墓中，出土有一只漆箱盖，其上绘有二十八宿的全部名称。这是迄今所发现的包含完整的二十八宿星名的最早文字记载。又据《开元占经》所引，甘、石以及巫咸三家均有中、外官（星座）的划分法，说明除二十八宿体系外，对其他天区也作了区划，指明了各官的星数以及相邻官之间的相对位置。最引人注目的是，在论恒星的部分中，载有石氏所给出的121颗恒星的赤道坐标值和黄道内外度，即所谓"石氏星表"。它可能是石氏学派在几百年中长期观测的总汇。石申所进行的对二十八宿距度（二十八宿距星间的赤经差）和其他一些恒星入宿度（恒星同所在宿距星的赤经差）的测量，则是中国古代早期恒星定量观测的重大成果。1977年，在安徽阜阳出土了一件汉文帝十五年（公元前165

图 3-14 湖北随州曾侯乙墓出土的绘有二十八宿图的漆箱盖

年）的二十八宿圆盘，在盘上环周刻有二十八宿名称及其距度，经查对，与《开元占经》所载古距度数基本吻合。这说明直到西汉初年，所谓"古度"仍然为人们所采用。据研究，"古度"和"今度"这两套数据是由于采用的距星不同而形成的。有人认为，"今度"测定于石申时代，"古度"则约测定于公元前6世纪。虽然"石氏星表"是在石申以后的数百年中，经历了一个变化和不断充实的过程，才逐渐完善起来的，但是，至迟在石申时代天文学已经数量化，已经有了简单的浑仪（一种测定天体方位的测量仪器），这一点应是确实无疑的。而且"石氏星表"也应属于世界上最早的星表之列。

## 天象观测的重要成果

春秋战国时期人们十分重视异常天象的观测，并留下了不少宝贵的记录。日食记录约50次，其中仅《春秋》一书，就记载了37次日食。经考证，其中有33次是可靠的。这些日食记录的数量之多和准确程度，在当时世界上是无与伦比的。据《春秋·庄公七年》记载，鲁庄公七年（公元前687年）"夏四月辛卯夜，恒星不见，夜中星陨如雨"，这是世界上关于天琴座流星雨的最早记录。自此以后，我国史书上关于流星雨的记录，据不完全统计，至少在180次以上，这是一份珍贵的科学遗产。据《春秋·文公十四年》记载，鲁文公十四年（公元前613年）"秋七月，有星孛入于北斗"。这是关于哈雷（Halley, Edmund, 1656—1742）彗星的最早记录。从秦始皇七年（公元前240年）起，到清宣统二年（1910年）止，哈雷彗星共出现29次，每次我国古代都有详细记录。这些都为现代的天文研究提供了一份宝贵的历史资料。

战国时期，人们对彗星的观测已经有了比较丰富的经验，积累了关于彗星形态的不少知识。长沙马王堆三号汉墓帛书中就有29幅图，画着各种形状的彗星。它应是楚人汇集的对彗星长期观测的成果。由此我们看到，人们已经注意到彗尾的不同形态，有宽有窄，有长有短，有直有弯，彗尾的条数有多有少；彗头画成一个圆圈或圆形的点，有的圆圈的中心又有一个圆圈或小圆点，这可能表明人们已经注意到彗头又可分为彗发和彗核两个部分，而且也有不同的类型。这些关于彗星形态的认识是符合科学的，它显示了当时人们对彗星观测的精细程度。

## 古四分历法

春秋战国时期天文学的成就还突出地表现为历法的进步，这是与农业生产对"天时"的较严格要求密切相关的。春秋后期，产生了一种取回归年长度为 $365\frac{1}{4}$ 日，并采用十九年七闰为闰周的历法——古四分历。这一回归年数值比真正的回归年长度只多11分钟。在欧洲，罗马人于公元前43年采用的儒略历也是用的这个数值，但要比我国约晚五百年。能较好地调节回归年与朔望月长度（古四分历所用数据是 $29\frac{499}{940}$ 日）的十九年七闰法，古代希腊人默冬（Meton）在公元前432年才发现，也要比我国晚百年左右。古四分历的这两个基本数据在当时世界上都是十分先进的，它的出现标志着我国历法已经进入比较成熟的时期。当时各诸侯国分别使用黄帝、颛顼、夏、殷、周、鲁六种历法，它们都是四分历，只是所规定的历法起算年份（历元）和每年开始的月份（岁首）有所不同。

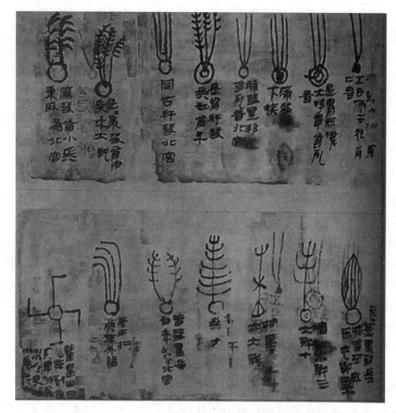

图 3-15　长沙马王堆三号汉墓帛书中的彗星图（部分）

　　为了更精确地反映季节的变化，我国古代历法中所特有的关于二十四节气的划分和安排经历了很长的发展过程，大致也在战国时期齐备起来了。由于这时人们还不知道太阳视运动的不均匀性，他们把一年平均分为 24 等分，即平均过十五天多设置一个节气，它反映了太阳一年内在黄道上视运动的 24 个特定位置，所以二十四节气实际上是一种特殊的太阳历。它作为我国古代历法的重要组成部分，一直对农业生产起着重要的指导作用。

　　春秋战国时期关于宇宙理论的各种思潮和流派的斗争及其发展，也是天文学进步的一个侧面，我们将在本章第十节中谈到它。

算筹、筹算和十进位值制

　　这一时期数学的发展，在前两节中已有涉及，下面着重谈谈筹算及其计算工具算筹和十进位值制的进步。

　　筹算是以"筹"为主要计算工具的一种具有独特风格的计算方法。它的产生应在春秋战国之前。由于生产的迅速发展和科学技术的进步提出了大量比较复杂的数字计算问题，筹算在春秋战国时期臻于成熟。《老子》提到"善计者不用筹策"，可见这时候筹算已经相当普遍了。

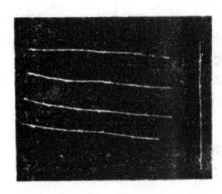 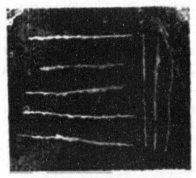

图 3-16 陶文中的算筹符号（河南登封出土，战国早期。河南省博物馆提供）

筹，就是一些小竹、木棍。1954 年在长沙左家公山一座战国晚期的楚墓出土的文物中，有一个竹筒，其中装有天平、砝码、铜削、毛笔等物品，很像是一套办公用具。其中还装有竹棍四十根，长短一致，约 12 厘米。实际上，这就是算筹实物。1978 年在河南登封出土的战国早期陶器上刻有算筹记数的陶文，这是已发现的关于算筹记数的最早实物证据。在战国时期的货币中，也有一些是用算筹记写的数目为纹式的。用筹来表示一个单位数目，可以分纵式和横式两种，分别用：

纵式：Ⅰ、Ⅱ、Ⅲ、Ⅲ、Ⅲ、丅、兀、兀、兀

横式：一、二、三、亖、亖、⊥、⊥、⊥、亖

来表示 1、2、3、4、5、6、7、8、9。用筹来记数的方法是：个位用纵式，十位用横式，百位又是纵式，千位用横式……这样纵横相间，再加上遇零空位的方法，就可以摆出任意的自然数。例如，1979 就可以摆成一Ⅲ⊥Ⅲ。这一记数法是符合十进位值制原则的。"十进"是指"逢十进一"。"位值制"也叫"地位制"，例如同样是 2，在十位就是 20，在百位就是 200，根据这个 2 在数目中的位置不同，它所表示的数值也不同。在《墨子·经下》有"一少于二而多于五，说在建"的记载，显而易见，此中所讲的就和十进位值制有关。

春秋战国时期，四则运算已经完备。例如战国初年李悝《法经》关于一个"农夫"一家五口的收支情况的叙述中，已经用到加、减、乘等运算。有不少先秦古籍中都有乘法口诀的若干例句。上面已经讲到古四分历的回归年和朔望月的长度都不是整日数，其奇零部分是用分数表示的，所以在历法计算中便不可避免地要遇到分数的计算，而且有些计算还十分复杂。

十进位值制的记数法和在此基础上以筹为工具的各种运算，是我国古代劳动人民的一项极为出色的创造。它比世界上其他一些文明发生较早的地区，如古巴比伦、古埃及和古希腊所用的计算方法要优越得多。印度直到 6 世纪，20、30、40 等 10 的倍数仍用特殊的记号表示，到了 7 世纪才有采用十进位值制记数法的明显证据。现在通用的 1、2、3……——所谓的"印度·阿拉伯数码"，大概在 10 世纪才传到欧洲，而其渊源很可能是起源于中国。十进位值制记数法，是我国古代劳动人民对世界人民的一项不可磨灭的贡献。正如英国的科学史家李约瑟所说，"如果没有这种十进位制，就几乎不可能出现我们

现在这个统一化的世界了"①。我们还要指出,这一创造对我国古代计算技术的高度发展产生了巨大的影响,但是它也同时存在着弱点,筹算不如笔算之处在于,计算过程中的中间步骤没有保存,因而检验较难,以致影响到逻辑推理的发展。

另外,不容怀疑的是,《九章算术》中方田、粟米、衰分、少广、商功等章的内容,绝大部分是产生于秦以前的,这部分内容我们拟在下一章加以介绍。

## 八　地学著作的出现

### 《山海经》

商周以来,人们的地理视野逐渐开阔。考古发掘证明,殷商的势力范围已达到长江以南,人们已接触到愈益增多的地理知识。春秋战国时期,疆土更趋扩大,各民族间的往来日益频繁。由于生产的发展,商业繁荣,交通、贸易随之发达,人们对地理知识的了解不论在广度和深度上都得到空前的提高。这时人们已经积累了大量耳闻目睹的地理资料,对之进行某种形式的综合论述,以服务于生产和政治的需要,这是符合当时社会发展的要求的。《山海经》、《禹贡》和《管子·地员》等著作,正是顺应这一要求,各从不同的角度作了有意义的论述。

《山海经》由山经、海经和大荒经组成。其中山经写成时间大约在春秋之末,海经和大荒经则是后来陆续增补而成的。山经从取材、内容到结构都比较朴素,但它是首次对超过黄河和长江流域的广大地区进行自然环境方面的综合概括。它按方位把这一地区分为东西南北中五部分,各部分以山为纲,展开叙述,其中以河南西部作为主要部分的"中山经"叙述最详,"凡百九十七山",分十二列,当是作者最为熟悉的地方;"东山经""凡四十六山",分四列;"西山经""凡七十七山",分四列;"南山经""凡四十山",排成三列;"北山经""凡八十七山",分三列。每一列山都注明方向、道里,标明了一个个山岳的相对位置并使之逐一连接起来。这样把447座山分26列,有条不紊地罗列了出来。

山经对每一山岳又详略不一地论述了关于位置、水文(包括河流的发源、流向、湖泊、沼泽等)、动植物(包括其形态性能和医疗功效)、矿物特产(包括产地、色泽等特点)以至神话传说等等,构成了全书的主要内容。虽然山经的记述有与客观情况不符之处,甚至还掺杂一些离奇怪诞的内容,但其正确的部分仍是主要的方面,是对广大地区的自然地理作系统描述的科学尝试。但是对山经描述的某些地区,该当现今何地、何山,学者们还有不同意见。

山经记述了许多极其宝贵的自然地理知识,如南方岩溶洞穴的描述,"南禺之山……其下多水,有穴焉";对北方河水的季节变化则有"教山……教水出焉……是水冬干而夏流";河水的潜流现象的描述,"白沙之山……鲔水出于其上,潜于其下";东部地区的涌泉现象,"跂踵之山,……有水焉,广员四十里,皆涌";西部的高山气候,"申首之山,

---

① 李约瑟:《中国科学技术史》中译本第 3 卷 333 页。

无草木，冬夏有雪"。对不同地带植物特点的记述，也常能抓住要害。如在南山经中，记"多桂"、"多象"、"多白猿"等，反映了热带和亚热带地区的特点；中山经有"多桑"、"多竹箭"、"多漆"等，反映出黄河以南和长江中游地区的特点；北山经有"多马"、"多橐驼"等，西山经有"多松"、"多犀兕熊罴"等，反映了温带地区和干燥地区的特色；而东山经有"多玼鱼"、"多文贝"等，正是我国东部沿海地区的特征。山经所记金属产地有一百七十多处，种类凡金、银、铜、铁、锡等十多种，至于重要玉石的产地，记载的就更多了。

海经和大荒经的内容因传闻和神话较多，在科学史上的地位不如山经重要。

## 《禹贡》

《禹贡》大约成书于战国时期，它无论在地学知识和地学思想方面都比山经前进了一大步。如果说山经主要是地理事实的罗列，那么《禹贡》则已从各种地理现象中，选择某些因素为标志，进行分区和区域对比，并用简洁明确的文字表达了出来。

《禹贡》主要依据自然条件中的河流、山脉和大海的自然分界把所描述的广大地区分为冀、兖、青、徐、扬、荆、豫、梁、雍等九州。例如，把山西、陕西交界的黄河以东，河南黄河以北，河北黄河以西的地区，称为冀州；把山东济水与河北黄河之间的地区称兖州，湖北荆山与河南黄河之间称豫州等等。这比山经只是简单地、彼此缺乏有机联系地分为五方的分区原则更富地理意义，带有自然区划思想的萌芽。

九州的区分严格地说既不是自然区也不是经济区，作者主要描述了他所向往的统一王朝统治的广大地区，在贡品、田赋和运输路线等方面的地区差异。在论及这些问题之前，先描述各区自然条件（水文、土壤、植被）的特点，大都较好地说明了不同地区的地理特色。如在描写植被的情况时，北边兖州的草木抽发为长条，俨然是疏朗的景象，自此往南的徐州，已是"草木渐包"的面貌，到了南方的扬州则是草木十分繁盛的情景，从而正确地反映了自黄、淮下游以至长江三角洲之间的自然景观的变化。又如水系：说徐州，可以"浮于淮、泗达于河（指菏水）"，即从位于淮河下游的徐州，可以乘船自淮河到泗水（古泗水南入淮河），再入菏水（古菏水入泗水），而菏水是与济水相通的，就可以到徐州北面的兖州了。在谈到兖州时说"浮于济、漯达于河（指黄河）"，古时济、漯相通，而漯水是黄河下游的一条支流，因此当时冀州、兖州和徐州之间的水系是相互贯通的。它还讲到其他各州与冀州水系相通或要经过一段海路或陆路才能衔接起来等情况。总之，《禹贡》把以黄河为中心的水路运输网描绘得清晰如画，提供了关于古河道的宝贵的历史资料。再如，它根据土壤的颜色黑、黄、赤、白、青黎和土壤的性状壤、坟、埴、垆、涂泥等，将九州的土壤分成白壤、黑坟、赤埴坟、涂泥、青黎、黄壤、白坟、坟垆等类别，这一分类是有一定科学道理的。

除了九州部分外，《禹贡》还有专论山岳与河流的"导山"和"导水"两部分内容。它开创了我国古代地学分区域和分部门研究的范例。

"导山"对比《山海经·山经》具有更明确的山系概念。它所列各条山列都是自西向东伸延，而西部集中，东部分散，正确反映了我国地形西部多高山，东部多平原的特点。它从北而南顺序列出了四条东西延伸的山列。先把渭水以北和潼关以东的黄河北部诸山列为一条，包括自陕西西部的岍山、岐山开始，向东到靠近渤海的碣石山，共十二山。其次，把黄河南岸自青海的西倾山到山东的陪尾山，共八山列为一条。再把汉水流域自陕西嶓冢山到湖北、河南交界的大别山，共四山为一条。最后一条是由长江流域的岷山、衡山和敷浅原（今江西德安县境内）三山组成。

"导水"部分，叙述了九条河流的水源、流向、流经地、所纳支流和河口等内容，是我国水文地理的先声。对各水系的叙述也从北而南，先主流后支流，井然有序，使人对"九州"之内河流水系的分布概况一目了然。

"导水"首先讲到的是雍州的弱水和黑水。弱水在甘肃张掖西，是一条内陆河，北经合黎山，流入巴丹吉林沙漠，它说"导弱水，至于合黎，余波入于流沙"，是相当正确的。但说黑水"入于南海"就很难理解了。其次讲黄河、汉水和长江，其中对江、河发源地还不甚了解。再次讲当时独流入海的济水和淮河，对于济、淮二水以及济与汶水和淮与泗、沂二水的主次关系，均做了正确的叙述。最后讲黄河的两大支流——渭水和洛水，对于渭、洛二水发源以及渭水东流入黄河所会的支流和洛水东北流入黄河所汇的支流等的描述也都很准确。

《禹贡》的最后部分叫"五服"，其地理意义不大，但它表达了作者要求大一统的政治见解。这种大一统的思想，正是战国时期人民要求改变诸侯割据的局面、实现国家统一的愿望的反映，在当时是具有进步意义的。而这也正是《禹贡》与《山经》的作者所以能打破当时诸侯割据的疆界，把广大地区作为一个统一的整体来叙述的原因。

### 《管子·地员》

《管子·地员》中有关植物学方面的知识已在本章第三节中叙述，本节拟就其中关于土壤分类方面的知识略加叙述。这也是《管子·地员》中的重要科学内容，它的地理学价值是很大的。《地员》的后半部分，专论土壤，它比《禹贡》关于土壤的论述要深入、详细得多。它根据土色、质地、结构、孔隙、有机质、盐碱性和肥力等各方面的性质，并结合地形、水文、植被等自然条件，将土壤分为"上土"、"中土"和"下土"三大等级，每一大等级又分为六类，即共计分为十八类。如被列为"群土之长"的"息土"，具有排水良好、蓄水力强的特点，即所谓"乾而不垎，湛而不泽"。它"淖（湿）而不翻（黏），刚而不觳（干而有润），不泞车轮，不污手足"，确是适于耕种的优良的土壤。又如被列为"下土"之一的"埴土"，是一种重黏土，充水才可解散，干后易裂，即所谓"甚泽以疏，离圻以雚"，这种土壤显然是贫瘠的。《地员》篇对土壤的分类大体上是符合实际的，它反映了春秋战国时期农业土壤知识的丰富和提高。

## 九　医学理论的初步建立

### 医药学的发展和名医扁鹊

由于医药学知识的积累和提高，兼之社会上唯物主义和无神论思潮的兴起，春秋战国时期，人们对鬼神致病论产生了怀疑，出现了对疾病的真正原因进行朴素唯物主义说明的各种尝试。例如，春秋时期齐国国君生病，乞求神灵保佑，当时齐国的大臣晏婴认为，疾病是由生活所引起，求神是无用的。又如公元前541年，晋侯有疾，郑国的子产认为疾病是由"饮食哀乐"① 所造成，与鬼神无关。秦国著名的医生医和则明确提出了六气致病说，对一些疾病的产生进行了广泛的说明。医和认为自然界存在的阴、阳、风、雨、晦、明六气，如果失去平衡，就会分别导致寒、热、末、腹、惑、心等六类疾病。他指出："天有六气……淫生六疾，六气曰：阴、阳、风、雨、晦、明也。分为四时，序为五节，过则为菑（灾）。阴淫寒疾，阳淫热疾，风淫末疾，雨淫腹疾，晦淫惑疾，明淫心疾。"② 尽管这一理论还比较原始和粗糙，但它把疾病的原因归之于自然界的因素，归之于因人体内部失去某种平衡所致，这就与鬼神致病论划清了界限，使得在诊断和治疗上采取与巫术迷信截然不同的方法，为医药学的发展开拓了广阔的道路。

春秋战国时期医药学的发展状况，可以从名医扁鹊的活动窥其一斑。扁鹊姓秦，名越人，渤海鄚（今河北任丘县）人，约生于公元前5世纪。据《史记·扁鹊仓公列传》记载，扁鹊"为医或在齐，或在赵"，足迹遍及今河北、河南、陕西一带。他"随俗为变"，根据当地人民的实际需要，有时作"带下医"（妇科），有时作"耳目痹医"（五官科），有时又作"小儿医"（小儿科）。这一方面说明扁鹊有较全面的医术，另一方面也说明医学分科的专门化在当时有了很大的发展。在诊断方面，扁鹊采用了切脉、望色、闻声、问病的四诊法，证明当时对人体作客观检查的手段有了较大的进步。扁鹊尤擅长于望诊和切诊，《史记》有"至今天下言脉者，由扁鹊也"的记载，说明他在切脉诊断上作出了重大贡献。在治疗上，扁鹊研究并熟练地掌握了当时已经得到普及与发展的砭石、针灸、按摩、汤液、熨贴、手术、吹耳、导引等方法。在处理具体病案时，往往采用多种方法兼用的综合疗法。如对虢太子的"尸蹷"（类似休克、假死）之症，就先后使用了针灸、熨贴、汤液等多种疗法，收到了显著的效果。扁鹊在医疗实践中，提出"病有六不治"的原则。其中重要的一点，是"信巫不信医"不治，反映了扁鹊与巫祝迷信不两立的唯物主义态度，也表明了在当时医与巫的激烈斗争中，医必定胜过巫的生气勃勃的活力和进取精神。

这一时期还出现了一些专门的医药学著作，长沙马王堆三号汉墓出土的帛书中，《足臂十一脉灸经》、《阴阳十一脉灸经》、《五十二病方》和《导引图》等篇，就是这一时期关于经脉、医方和医疗体育的专门著作。《足臂十一脉灸经》和《阴阳十一脉灸经》是已知最早的经脉学专书，也是最早的灸疗学著作，它们分别论述了十一条经脉的循行路线，以及相应的病症与疗法，是后来得到进一步发展的经络学说的先声。《五十二病方》是我国已发现的最古医学方书，全书五十二题，每题列出治疗一类疾病的医方，少则一二方，多则二十余方。记有病名103种，方数约300个，药名247种，其中近100种药物与汉代出现的药物学专著《神农本草经》相同，表明这时的方剂学和药物学均有了较大的发展。所谓"导引"是"导气令和"和"引体令柔"的简称，是呼吸运动和躯体运动相结合的一种医疗体育。《导引图》就是这一方法的形象画图，共四十余幅。其中有为专治某种疾病而

---

① 《左传·昭公元年》
② 《左传·昭公元年》。

设的动作，也有以锻炼身体为目的的运动，它生动地反映了春秋、战国时期导引术的盛行。

《黄帝内经》的整体观、脏腑经络学说和阴阳五行论

正是在无数医家的临床实践和不断进行总结的基础上，在战国晚期出现了一部内容丰富的医学理论著作——《黄帝内经》（以下简称《内经》）。它既非记述一时之言，又非出自一人之手，而是一个时代医学进展的总结性巨著。《内经》包括《素问》和《灵枢》两部分，共十八卷，一百六十二篇。它以论述人体解剖、生理、病理、病因、诊断等基础理论为重点，兼述针灸、经络、卫生保健等多方面的内容，为祖国医学的理论体系的形成奠定了广泛的基础。

图 3-17　长沙马王堆三号汉墓帛书中的导引图（部分）

《内经》认为人体器官各有不同的功能，它们既相区别，又相联系，构成一个有机的整体。在这种整体观的指导下，认为人体某部分发生病变，可以影响到整个身体或其他器官，而全身的状况又可以影响到局部的病理变化。《内经》又把人体放在一定的外界环境中进行考察与研究，在论及医学的几乎所有基本问题时，处处结合四时季节变化、地理水土、社会生活、思想情绪等方面的变化，从而形成了人体与外界环境相互感应的观点。这

些整体观念是《内经》，也是中国传统医学指导临床诊断和治疗的重要思想方法之一。

脏腑、经络学说是中医的基本理论重要组成部分。它以研究人身五脏、六腑、十二经脉、奇经八脉等的生理功能、病理变化及其相互关系为主要内容。《内经》对此作了比较系统和全面的论述。它是从临床实践中观察得来的。如对脏腑功能的叙述时提到饮食经过胃和消化系统的吸收，其中水谷精微之气，散之于肝，精气的浓浊部分，上至于心。而"心主身之血脉"，"经脉流行不止，环周不休"，"经脉者，所以行血气而营阴阳"，"内溉五脏，外濡腠理"。这是关于血液循环概念的早期描述。经络是人体运行气血的道路，其干线叫经，分支叫络。它把人体结成一个表里上下、脏腑器官相联系沟通的统一整体。脏腑发生的种种变化，往往通过经络反映到肤表腧穴上来；反过来，针灸有关腧穴，可以通过经络的传递治愈或缓和、控制脏腑的变化。这就为诊断和治疗提供了理论的说明。这一学说两千多年来被实践证明是行之有效的，成为中医体系中辨证论治的基本理论之一。

《内经》应用当时流行的阴阳五行学说，从理论上阐述了中医对生理、病理、疾病的发生发展、临床诊断和治疗等基本问题的看法，形成自成体系的学说。它运用阴阳两个方面的对立统一、消长变化的朴素的矛盾发展观点，指出人体必须保持阴阳的相对平衡，即必须"和于阴阳，调于四时"才不致生病；主张人要积极地"提挈天地，把握阴阳"，以此作为处理医学中各种问题的总纲。它提出了"善诊者，察色按脉，先别阴阳"，"阳病治阴，阴病治阳"，"寒者热之，热者寒之"等原则。它应用五行的生、克、乘、侮等学说，在一定程度上说明了肌体各腑脏之间的内在联系和既相生又相克的关系，提出了所谓"母病及子"、"子病累母"等疾病传变关系和"虚则补其母，实则泻其子"等治疗准则，都是五行说的具体应用。

《内经》将具有朴素唯物主义和辩证法思想的阴阳五行学说直接应用于医疗实践，形成中医学理论体系的重要组成部分，在当时的历史条件下，是一个了不起的成就，这是中医学成为我国古代科学中最完善的学科之一的一个重要因素。但由于阴阳五行说毕竟是思辨性的早期哲学思想，故它在医学中的应用不能不带有经验描述的性质和历史的局限性。特别是在近现代医学和生物学兴起之后，如何吸取新的科学营养，发展中医学的理论，是一个有待研究的问题。

《黄帝内经》的防治思想、病因说及解剖学知识

《内经》强调以防病为主的医疗思想。主张"虚邪贼风，避之有时"，要人们主动地防御自然界致病因素的侵袭，提出"不治已病治未病"，即在未病之前先采取预防措施。而当得病后，《内经》提出要防止病变的传变，提倡疾病的早期治疗，"上工救其萌芽"，"下工救其已成"。至于如何治病，《内经》精辟地分析了"治病必求于本"的道理，以及临床上如何掌握治本、治标的问题。至于具体治疗，则运用了内服（包括药物和饮食治疗）、外治、针灸、按摩、导引等多种治法。

关于病因，《内经》指出引起疾病的外来因素是邪气（邪是不正常的意思），主要指存在于自然界的反常的风、寒、暑、湿、燥、火，还有饮食不节、劳倦过度以及情绪不正常等等。在一般情况下，人体的正气旺盛，邪气不容易伤害人体，而"邪之所凑，其气必虚"，即只有当人体的正气相对虚弱，外因才通过内因起作用引起疾病。它还指出有时邪

气潜入身体,当时没有发病,后来由于某种诱因,突然发病,因为"其所从来者微,视之不见,听而不闻,故似鬼神",其实并不是鬼神造成的。它更明确指出"拘于鬼神者,不可与言至德",即凡是笃信鬼神的人,不可以同他们讲医药治病的道理,这些都是对鬼神致病论的有力打击。

在解剖方面,《内经》指出"若夫八尺之士,皮肉在此,外可度量切循而得之,其死可解剖而视之,其脏之坚脆,府之大小,谷之多少,脉之长短,血之清浊……皆有大数"。书中所记载的人体骨骼、血脉的长度、内脏器官的大小、容量等,尽管不完全正确,但基本上还是符合实际情况的。它采取分段累计的方法,度量了从唇经咽以下到直肠、肛门的整个消化道的长度,数据和近代解剖学统计基本一致。这一实践加深了人们对人体结构、功能及其联系的了解,为医学理论的建立提供了客观的依据。

在祖国医学史上,《内经》占据有重要的地位,它初步建立了祖国医学的理论体系,一直指导着中医的临床实践。历代出现了许多著名的医家和不少有创见的学派,为祖国医学增添了新内容,但就其学术思想的继承性来讲,主要是在《内经》的基础上发展起来的。直到今天,研究和学习《内经》的理论,对于继承发扬祖国医学的宝贵遗产,仍有着重要的意义。《内经》作为一部科学名著,早已引起了国外医学家和科学史家的重视,它的部分内容,已相继译成日、英、德、法等国文字。

## 十 诸子百家的自然观和学术争鸣

### 唯物主义和无神论思潮的兴起

春秋战国时期,随着新兴的地主阶级登上历史舞台,由于政治斗争的需要,新兴地主阶级的代表人物在思想领域中,对维护和巩固奴隶主阶级统治的天命观提出了公开的挑战。在这场斗争中,一方面,当时正在蓬勃发展的自然科学不断揭示着天命观的虚伪性,为唯物主义和无神论的思想不断提供新的证据;另一方面,由于人们或多或少地从天命观的迷雾中摆脱出来,多少揭开了天命观强加给自然界的神秘面纱,从而提高了研究、探讨自然界各种问题的兴趣与积极性,给自然科学的发展以有力的思想武装与推动力量。

由于奴隶制的没落,旧思想崩溃,人们的思想得到解放,纷纷探索新的问题,适应社会变革需要的新学术、新思想纷纷涌现,成为一股历史潮流。因而,连思想比较保守的、以孔丘(公元前551年—前479年)、孟轲(公元前389年—前305年)为代表的儒家学派,对于天命观和有无鬼神等问题也不能不闪烁其词。这从一个侧面反映了商周时期曾占统治地位的天命观的动摇与衰落。在天文学的进步面前,孟轲也曾正确地指出"天之高也,星辰之远也。苟求其故,千岁之日至,可坐而致也"[①]。这就是说,天和星辰虽然高远得很,但却有一定的规律性可循,只要人们加以研究,千年间冬至的日期是可以预知的。这表述了人们对太阳运动长期观测、研究取得的重要成果,也反映了当时人们对认识

---

[①]《孟子·离娄下》。

客观世界自信心的增强。

在先秦诸子中，荀况（公元前 298 年—前 238 年）是先进思想的杰出代表。在著名的《荀子·天论》中，荀况阐发了自然界没有意志，而且是按一定的规律性运动的反天命思想。他指出"天行有常，不为尧存，不为桀亡"，又说"夫日月之有蚀，风雨之不时，怪星之党（党通傥，偶然的意思）见，是无世而不常有之"的现象，是"天地之变，阴阳之化"的结果。对于万物的生长变化，荀况也提出了自己的解释："天地合而万物生，阴阳接而变化起。"① 这些都是力图从自然界本身的矛盾运动来解释自然现象的宝贵尝试。从这些观念出发，荀况进一步提出了"大天而思之，孰与畜物而制之！从天而颂之，孰与制天命而用之"②的积极主张，即他认为人们是可以能动地了解自然变化的规律并加以利用。他的这些认识和主张，反映了人们在自然科学取得一定进展的情况下，进一步探索并利用自然界客观规律的主动性和积极性。

另外，反对各种鬼神迷信的斗争，也随着科学的进展而获得新的动力。荀况在《荀子·非相》篇中对当时流行的相面之术进行了批判。韩非在《韩非子·显学》等篇中对当时出现不久的"长生不老术"持批判的态度，对巫祝迷信更作了辛辣的嘲弄。在《韩非子·五蠹》篇中，韩非对古代人类发展阶段，作了具有朴素历史唯物主义思想的叙述，是对人类自然发展历史的可贵认识。

在唯物主义和无神论思潮的鼓动下，这时人们对宇宙万物的一些问题，提出了许多宝贵的见解。而由于先秦诸子思想倾向的不同，对同一问题往往有着各自不同的答案，从而形成了百家争鸣的生动局面。这对于加深人们对自己周围世界的认识，促进自然科学的进步，起了十分积极的作用。

## 天地为什么不坠不陷

对于天地之所以不坠不陷的问题，在战国时期曾引起了广泛热烈的争论。显然，由四只鳖足撑着天、海龟驮着地的神话传说这时已无法令人相信。人们试图从物质世界本身的原因去寻求答案的努力层出不穷。据《庄子·天下》篇记载，公元前 318 年，惠施（约公元前 370 年—前 310 年）为魏使楚时，"南方有倚人焉，曰黄缭，问天地所以不坠不陷，风雨雷霆之故。惠施不辞而应，不虑而对，遍为万物说"。这生动地反映了七国称雄的局面也不能阻挡各国士人对这些问题的共同关心和彼此辩难。虽然惠施的"万物说"没有留传下来，我们还是可以从先秦文献中看到关于这类问题的种种看法，它大致可归结为如下三说。

水浮说。《管子·地数》认为"地之东西二万八千里，南北二万六千里，其出水者八千里，受水者八千里"，即认为地是一个长方形的有限实体，这比地深无穷的说法要科学得多。它一半没入水中，一半露出水面，载水而浮，于是不陷。这是当时人们受地理知识的局限而提出的直观朴素的认识。

气举说。在《素问·五运行大论》中，记有一段有趣的对话："帝曰：地之为下，否

---

① 《荀子·礼论》。
② 《荀子·天论》。

乎？岐伯曰：地为人之下；太虚之中者也。帝曰：冯乎（冯，凭之假借，意为靠什么才不陷呢？）岐伯曰：大气举之。"它表达了两层意思：一是认为地只是广漠的太虚中的一物，其四周皆为太虚，由于人居地上，只能说地在人之下，但不能说地在太虚之下；二是说地依靠大气的举力而悬处太虚之中。此中第一点是关于地在太空间位置的论述；第二点虽然不符合实际，但在当时却不失为一种大胆的直观猜测。

运动说。《管子·侈靡》指出："天地不可留，故动，化故从新，是故得天者高而不崩。"这是说由于天地都处在不停顿的运动中，就使得天不致崩塌。即把运动本身作为维系天地不坠不陷的直接原因。庄周（公元前369年—前286年）则前进了一步，他提出了引起这一运动的动力问题，他问道："天其运乎？地其处乎？日月其争于所乎？孰主张是？孰维纲是？孰居无事推而行是？意者其有机缄而不得已邪？意者其运转而不能自止邪！"①即天是动的吗？地是静的吗？太阳和月亮是交替着升落的吗？是谁主宰着它们？是谁控制着它们？是谁没有事来推动它们？对此他提出了自己的猜测：大概是因为存在有某种机制使它们不得不如此！大概是因为它们的运动无法自行停止！庄周提出的问题是十分重要的，虽然他的回答只是思辨性的，但显然是极为深刻的。

**天与地的相对关系问题**

像《素问·五运行大论》中提到的地在太空间的位置这一类天与地关系的问题，也是各家关注的问题之一。早在春秋晚期，邓析（公元前545年—前501年）就提出了"天地比"②的命题，认为天与地不存在截然的高卑之分，否定了传统的天高地卑的看法。惠施更发挥了邓析的思想，进一步提出了"天与地卑"③的主张，认为星斗所附丽的天空，每天东升于地平线之前和西落于地平线之后都是低于地的，所以天是可以"与地卑"的。这些看法不但具有天文学的意义，而且天高地卑是被用作论证奴隶制贵贱尊卑关系合法性的重要论据，于是它又具有批判奴隶制度的政治意义。

十分古老的天圆（指半圆球）地方的观念这时也引起了人们的怀疑，新的观念也逐渐产生。曾参（公元前505年—前436年）就曾指出"诚如天圆而地方，则是四角之不掩也"④。他从天圆地方自身存在的矛盾中，对这一宇宙观念的正确性提出了怀疑。而慎到（公元前395年—前315年）则明确提出"天体如弹丸，其势斜倚"⑤，一反天是半球形的说法，提出了浑圆的天的概念。关于大地是球形的初步揣测也出现了。惠施提出了"南方无穷而有穷"、"我知天下之中央，燕之北，越之南是也"⑥等命题。其一是说人每往南走一步所处的位置，都是前一个位置的南方，所以好像南方是无穷的，但是到了南极若再往前走，就不再是前一个位置的南方，而是北方了，于是南方又是有穷的；其二是说大地有两个中央，即在"燕之北"的北极和在"越之南"的南极。由此可见，惠施对于大地之为

---

① 《庄子·天运》。
② 《荀子·不苟》。
③ 《庄子·天下》。
④ 《大戴礼记·曾子·天圆》。
⑤ 《慎子》。
⑥ 《庄子·天下》。

球形，是有了初步的认识的。

显然，以天圆地方、天高地卑等为主要内容的我国古代所谓第一次盖天说，在这时已经发生了动摇，而浑圆的天、天可以低于地、球形的大地等后世得到发展的浑天说的思想萌芽已经发展起来。对第一次盖天说作某种修正的第二次盖天说大约也在这时出现了，这个问题将在下一章谈到。

**宇宙本原和宇宙无限性问题**

阴阳和五行的学说，仍是这时关于宇宙万物本原的一种重要学说，在这一时期十分流行。其间，这个学说本身也有了新发展，如《孙子兵法》和《墨经》关于"五行无常胜"的思想，进一步阐明了五行在一定条件下相互转化的关系。而且这种学说还被应用到自然科学中去。如它成为医学据以解释生理、病理等问题的基本理论之一。对科学技术的发展有很大的影响。战国晚期的邹衍（公元前305年—前240年）把阴阳和五行学说结合起来，并应用于社会历史方面，提出"五德始终"的历史循环论，因而使这个学说唯心主义化了。

除了阴阳五行说之外，关于宇宙本原的各种说法，在这一时期也不断涌现，各家自引一端，申述其说，彼此辩难。《管子·水地》指出"水者何也？万物之本原，诸生之宗室也"，把水作为包括生物界在内的万物的本原，作为构成万物的最基本元素。它同五行说的区别是：用一种人们所熟知的物质去说明丰富多彩的物质世界，它试图把复杂的自然现象统一于水这种单一的物质中，这种探讨世界的统一性的思想较之五行说是一个进步。但是也正由于物质世界的复杂性和多样性，它同五行说一样也遇到了种种困难。

战国中期的宋钘、尹文进一步提出了新的见解。他们指出："凡物之精，比则为生。下生五谷，上为列星，流于天地之间，谓之鬼神，藏于胸中，谓之圣人，是故名气。"① 这就是后世得到充分发展的元气学说的早期论述。它以比较抽象的形态出现的、物质性的"气"作为宇宙万物的本原，为物质世界的复杂性和多样性提供了比较合理、比较科学的解释。但是，宋钘、尹文提出的"气"是从《老子》的"道"脱胎出来的，所以难免还留有唯心主义的尾巴。到荀况，这一学说得到了进一步的发展。他指出："水火有气而无生，草木有生而无知，禽兽有知而无义；人有气、有生、有知亦且有义，故最为天下贵也。"② 即在荀况看来，水火、植物、动物和人都是由气组成的，不过所处的发展阶段不同：水火——气；植物——气＋生；动物——气＋生＋知；人——气＋生＋知＋义。在这里已经排除了唯心主义的痕迹。

以《老子》为代表的一派认为，万物的本原是"先天地生"的非物质的"道"，是看不见，听不见，也摸不到的，"视之不见，名曰夷，听之不闻，名曰希，搏之不得，名曰微"，并最后把它归结于无，于是万物是从无生出有而来的。宋尹学派的"气"并不是无，它认为"气"是"其细无内，其大无外"③ 的，即"气"可以小到无穷的小；又因它无所

---

① 《管子·内业》。
② 《荀子·王制》。
③ 《管子·内业》。

不在，于是又可以大到无限的大。这里实际上涉及了物质无限可分性和宇宙空间无限性的问题。据《庄子·天下》篇记载，惠施曾进一步论述了这些问题。他说："至大无外，谓之大一；至小无内，谓之小一。"即物质世界从大的方面讲，可以大到没有边际，叫做"大一"；从小的方面讲，可以小到无限小，叫做"小一"。即便千里那么大的东西，也不是不可以由"小一"聚集成的，即所谓"无厚不可积也，其大千里"。万物都是由"小一"组成的，它们之间存在的差异只是因为它们是各以不同量的"小一"积成，即所谓"万物毕同毕异"。由此惠施自然地导致出"泛爱万物，天地一体"的观念。也就在《庄子·天下》篇中，记载了"一尺之棰，日取其半，万世不竭"的著名命题，这应是对"小一"的很好注释。一尺长的棰，每天取它的一半，永远也取不完，这正说的是物质无限可分性的问题。由《墨经》我们知道，墨家是反对物质无限可分的观念的，它指出"非半弗斫则不动，说在端"，就是说有形的物体分割到不能再分为两半的时候，也就分割不动了，那就叫做"端"。可见，"端"是物质的最小单位，反过来说，物质是由"端"组成的，这和古希腊哲学家德谟克利特（Democritus，约活动于公元前 420 年）的原子说有些相像。"小一"和"端"两个概念的提出，是当时人们对微观世界的思辨性探索取得的重要成果，它们各自包含了一定的真理性。如果从数学的角度考察，上述思想又是关于极限概念的一种表述。

关于宇宙无限性问题的讨论，在这一时期也颇为热烈。尸佼（约公元前 4 世纪）曾给宇宙下了一个定义："四方上下曰宇，往古来今曰宙。"① 即"宇"指的是向东、西、南、北、上、下六个方向延伸的空间，"宙"包括过去、现在、将来的时间。但是尸佼的定义对时空是否存在界限、开端或终点的问题，没有作出明确的回答。而墨家对此作过精彩的论述（请参见本章第六节）。宋钘、尹文、惠施等人的"大一"说，讨论的也是这个问题。庄周在《庄子·逍遥游》中，也论及了空间无限性的明确概念，认为天是"远而无所至极的"。在《庄子·齐物》中，对于时间的无限性问题也有朴素的认识。各家以不同的语言，从不同的侧面，共同讨论了宇宙无限性的问题，留下了许多宝贵的认识。

以上仅就天地所以不坠不陷、天和地的关系、宇宙结构、宇宙的本原、物质结构以及宇宙无限性等问题的种种看法作了简略地介绍，各家的说法有异有同，他们在争鸣中，或者取长补短，相得益彰，丰富和发展了对某一问题的认识，或者针锋相对，互不相让，在争论中把认识引向深化。这种争鸣，对科学的促进是自不待言的。

古代朴素的自然观摆脱宗教迷信（天命观）的影响而独立出来，具有重大意义，这是科学发展到一定水平的标志。它提出的关于宇宙、关于自然、关于物质的一些根本性问题的推测，由于人们认识水平的限制，只能是思辨性的、哲理性的，但对于以后的科学进步提供了有益的思想养料，这些问题中有不少仍然是今天科学发展的前沿。古代朴素的自然观在摆脱了宗教迷信的干扰之后，又遇到了新的干扰——唯心主义和形而上学的干扰，但这是在较高的水平上出现的，此后唯物主义和唯心主义、辩证法与形而上学的斗争便是古代自然观中的主要斗争，这种斗争直到近代理论自然科学出现以后仍然存在。

---

① 《尸子》。

## 本 章 小 结

　　春秋战国时期是中国古代科学技术的奠基时期。随着奴隶制向封建制的转化，科学技术出现了奴隶社会所不能比拟的发展。构成后世中国古代科学技术体系的许多科学技术知识以及各种学说，都在这一时期形成了初始的状态与特征。

　　冶铁术的发明，特别是生铁冶铸和柔化技术以及块炼铁渗碳钢技术的出现，开始并加速了生产工具铁器化的进程，对社会生产力的发展产生了深远的影响，并开拓了后世冶铁术发展的道路。与封建制小农经济相适应的连作制和因时因地制宜的精耕细作传统已初步形成，和农业生产密切相关的土壤学、生物学知识也得到了初步的总结。大规模水利工程的兴修，显示了工程设计和施工技术的进步，它给农业和交通运输业以巨大的推动。《考工记》则是手工业生产技术规范化的标志，它是手工业生产发展到一定阶段的产物，是当时手工业生产技术的总结和提高；它又和《墨经》一起是我国古代经验科学出现的标志，是当时人们把生产实践中取得的丰富经验加以抽象概括的成果，特别是《墨经》显示了初始的实验科学对深化人们认识的重要作用。天文学已从原始的定性描述向着定量化的目标前进，古四分历以及对日、月、五星运动和恒星位置的研究成果，已开了后世历法的先声。数学也因农业、手工业、各种工程以及天文学提出的计算需要发展起来，十进位值制和筹算制度不断得到完善，为后世计算数学体系的形成打下了基础。随着人们地理视野的扩大和地理知识的积累，对大范围的地学知识进行概括和综合性的描述的工作取得了进展。医学的进步更快，它从春秋中期还是较原始的理论形态，到战国末期则已形成了比较完整的《内经》理论体系。战国时期"百家争鸣"的局面也是这一时期科学技术发展的一个显著特点，同时它又是科学技术发展的一个动因。

# 第四章　古代科学技术体系的形成

（秦汉时期　公元前 221 年—公元 220 年）

## 一　封建制度的巩固与科学技术

秦灭六国，结束了长期诸侯割据的局面，终于在公元前 221 年建立了我国历史上第一个统一的、多民族的、中央集权的封建专制主义国家。秦始皇废分封，立郡县，统一货币和度量衡，统一文字和车轨，下令摧毁战国时代在各国边境所修筑的城郭，拆除了在险要地区建立的堡垒，大规模移民于西北与五岭等边远地区，修筑堤防，疏浚河道，兴建驰道，整治长城。这些措施对巩固全国的统一，加强中央集权的统治有重要的意义，对生产的发展和科学技术的交流也产生了积极的影响。但是由于秦王朝对农民进行残酷的压迫和剥削，滥用人力和物力，实行严厉的思想统制，焚书坑儒，致使民怨鼎沸，在农民起义的猛烈打击下，二世而斩，迅速覆亡。

汉承秦制，汉王朝继续采取巩固和发展封建制的政策。西汉初，百废待兴，百业待举，汉政府采取"休养生息"的政策，提倡农桑，鼓励增殖人口和土地开垦，减徭薄赋，使封建经济得到恢复和发展。到汉文帝、景帝时出现了封建"治世"的初步兴盛景象。据《史记·平准书》记载，文景之世"京师之钱累巨万，贯朽不可校。大仓之粟，陈陈相因，充溢露积于外，至腐败不可食"。西汉初还冲破了秦代思想禁锢状态，战国时期百家争鸣的余波仍在荡漾。这些对生产和科学技术的发展都提供了有利条件，使之达到并开始超越战国时期的水平。近年长沙马王堆西汉墓出土的各种精美文物，正反映了西汉初年科学技术发展的景象。

到汉武帝时期，更采取了一系列措施，加强封建中央集权的统治。实行盐、铁、酒等的官营政策，大大增加了中央的财政收入，对农业生产和钢铁生产的发展以及冶铁术的进步也有一定的积极意义。"罢黜百家，独尊儒术"的政策，加强了思想统治，主张"天人感应"的神学世界观开始抬头。为了巩固国家的统一，汉武帝北击匈奴，并开发西南，开辟通往西域的"丝绸之路"，既促进了国内各民族间的交流，又加强了中外经济和文化的交流。汉武帝还施行垦荒"实边"、"寓兵于农"的政策，对繁荣边区经济和科学技术的传播起了很好的作用。

汉武帝重视农业生产和水利灌溉，他说"农，天下之本也。泉流灌浸，所以育五谷也"，"通沟渎，畜陂泽，所以备旱也"①。在他统治期间内，造成了"用事者争言水利"②

---

① 《汉书·沟洫志》。
② 《史记·河渠书》。

的局面，一批大型的水利工程先后筑成，中小型水利工程的兴建不可胜数，出现我国水利史上罕见的盛况。他还任用比较熟悉农业生产的赵过为搜粟都尉，推广耦犁和耧车，在西北部分干旱地区施行较先进的"代田法"；又令全国郡守派遣所属县令、三老、力田、乡里老农，到京师学习新田器及耕种养苗法。这一系列措施，对于当时农业生产和水利工程技术、农业科学技术水平的提高，都起着重要的作用。这一时期粮食亩产比汉初有较大增长，水利工程中井渠法（即坎儿井）的发明等等，都说明了这个问题。

太学的兴办和各种人才的选拔，也是汉武帝巩固封建统治的一项措施。虽然其主要目的是为了培养和选用为朝廷服务的人才，但这些措施对于文化的传播和提高产生了积极的作用。在人才的选用方面，也包括了科技人才的选用。如太初历的制定，就是在由民间征募来的二十多名天文专家的参与下完成的。在推广新式农具时，也征用了各地的能工巧匠，等等。

汉武帝统治时期，是我国科学技术史上一个重要的发展时期。一方面是社会经济有较快的发展，另一方面却因为武帝好大喜功，发动连年战争，加之统治者的挥霍浪费，几乎将劳动人民创造的大量财富虚耗殆尽。由于汉武帝晚年和昭、宣二帝采取了"轻徭薄赋，与民休息"的政策，才使昭、宣时期的社会又暂趋安定，社会生产和科学技术才得以保持了继续发展的势头。

到了西汉末年和王莽统治时期，土地兼并现象日趋严重，大量的农民沦为农奴，地主阶级和农民之间的矛盾达到了十分紧张的程度，终于爆发了以赤眉、绿林和铜马为代表的农民大起义，沉重地打击了豪强势力。

在这一革命浪潮的冲击下，新建立的东汉政权接连颁布许多道有关部分放免奴婢和提高奴婢地位的诏书，对封建制内部的生产关系作了某些调整，有利于生产力的解放与发展。东汉前期，农民的租税徭役相对减轻，治黄河、兴水利之举又一度受到重视。这些使得社会经济得到恢复和发展，涌现了以张衡为代表的一大批科学家，科学技术也很快恢复并且超过了西汉时期的水平。继汉武、昭、宣时期科技发展的第一次高潮后，这时出现了秦汉时期科学技术发展的第二次高潮。

思想上，董仲舒的神学体系，在东汉前期更被典范化和宗教化，谶纬之说极为流行。另一方面，与之相对立的思想也在发展，出现了扬雄、桓谭、王充以及张衡等一系列杰出人物，形成了"两刃相割"、"两论相订"[①]的激烈论争，这是中国古代著名的一场反对天人感应、反对谶纬迷信的斗争，这场论争对于科学技术的发展是十分有利的。

另外，科学技术的发展有自身的规律性，有一个积累、提高和总结、飞跃的过程。东汉前期科学技术出现的一系列进步是在西汉以来长期积累、提高的基础上实现的。如浑天说的完善、天文仪器及天文学其他方面的进步都有一个发展的过程；造纸术的改善也有一个摸索的过程等等。东汉后期，统治阶级日趋腐败，社会危机四伏，生产下降，但在医学上却出现了张仲景的《伤寒杂病论》这样的巨著，除战乱与疫病蔓延的直接刺激外，主要同医药学知识的长期积累有密切关系。同样，这时天文学亦趋活跃，长期天文观测资料的积累当是其主要原因之一。

---

① 《论衡·案书》。

古希腊的亚历山大里亚时期约与我国战国晚期和秦汉时期相当，在这一时期的后期，古希腊出现了托勒密（Ptolemy，85—165）、盖伦（Galen，129—199）等著名的科学家，他们在天文学、医学等领域进行了总结，形成了古希腊天文学、医学的独特体系。可是他们又是古希腊科学的终结的代表人物，在他们之后，科学的发展几乎陷于停顿，进入了中世纪以后更是如此。中国的情况则与之有同有异。张衡比托勒密大七岁，张仲景约比盖伦小二十岁，他们也在天文学、医学等领域有很高的造诣，为我国古代天文学、医学体系的建立作出重要贡献；同时他们又是继往开来的人物，在他们以后科学技术均得到持续不断的波浪式的发展，并逐渐形成了自己的高峰。在秦汉时期，我国在许多科技领域已经超过了古希腊的水平，在中世纪以后，我国古代科技更处在领先的地位。

## 二　农业科学技术和水利工程

秦汉时期就整个中国封建社会而言，处于封建社会前期。这时，全国的政治、经济、文化中心仍在黄河流域。秦汉四百余年间，农业生产虽亦有短时期衰落的现象，但总的来说是不断向前发展的。农民开辟耕地，改进耕作技术，提高农业生产的水平。西汉和东汉时期垦田数大致都保持在八百多万顷左右。

秦汉时期，劳动人民在农业生产工具的发明推广、耕作和作物栽培技术的改进提高、大规模兴修农田水利等方面都取得突出的成就。边远地区的兄弟民族在畜牧等方面也作出了重大贡献。

**牛耕法与新型农具**

秦汉时期，农具已完全铁器化，并先后出现了许多新型农具，特别是铁犁和牛耕法的推广改进，把农业生产力大大提高了。

图 4-1　山西平陆枣园西汉晚期墓室壁画牛耕图

汉武帝晚年，任用赵过向全国推广"用耦犁，二牛三人"[①]的方法，使铁犁和牛耕法逐渐普及。在此基础上，东汉时期又取得了进一步发展，为后世的犁耕技术奠定了基础。

"用耦犁，二牛三人"是这样一种牛耕法，即二牛挽一犁，由三人操作，他们分别掌握牵牛、按辕和扶犁等工作。这同中华人民共和国成立前云南省宁蒗纳西族地区还残留着的二牛三人的牛耕法相似。这种方法虽然需用较多的人力，但在驾驭耕牛的技术不够熟练、铁犁构件及其功能尚不完备的条件下，还不失为一种较好的方法。因为它通过三人的通力合作，可以较好地掌握方向，保证垄沟整齐和调节深浅，达到深耕细作的目的。随着驭牛技术的日益提高和活动式犁箭的发明，至迟到西汉晚期已进而有一牛一人犁耕法，这是双辕犁的使用和犁铧形式改进的结果。这一时期的V形犁的铁刃加宽，头部的角度逐渐缩小，较前轻便坚固，不但起土省力，又利于深耕。山东滕县宏道院东汉画像石和陕西绥德东汉画像石上的牛耕图，就是这种犁耕法的生动图像。这和唐以后的牛耕已经没有多大差异了。

图4-2　山西绥德汉画像石上的牛耕图

从犁架的结构看，犁辕、犁梢、犁底、犁衡到犁箭等畜力犁的主体构件，东汉时期均已具备。关于犁壁（同犁铧连成一体的，能起翻土碎土作用，以达到起垄作亩目的的重要装置）的使用，这一时期已十分广泛。陕西出土的汉代犁壁，有向一侧翻土的菱形壁、板瓦形壁，有向两侧翻土的马鞍形壁，说明犁壁的设计和使用已达到相当的水平。

---

[①]《汉书·食货志》。

汉代农具的种类趋于完备，从整地、播种、中耕除草、灌溉、收获脱粒到农产品加工的石制、铁制或木制的机械有三十多种，其中不少是新出现的新型农具，对提高劳动生产率具有重要的意义。

耧车。这是赵过推广的重要新农具。据东汉崔寔《政论》说："其法三犁共一牛，一人将之，下种挽耧，皆取备焉。日种一顷，至今三辅尤赖其利。"这里"三犁"实际上是指三个耧脚。山西平陆枣园西汉晚期墓室壁画上有一人在挽耧下种，其耧正是三脚耧。播种时，一牛牵耧，一人扶耧，种子盛在耧斗中，耧斗通空心的耧脚，且行且摇，种乃自下。它能同时完成开沟、下种、覆土三道工序，一次能播种三行，而且行距一致，下种均匀，大大提高了播种效率和质量。据《齐民要术》记载，东汉时，耧车传到敦煌，使用后"所省佣力过半，得谷加五"，即劳动力节省了一半多，产量增加了五成。

风车。1973年河南济源县西汉晚期墓葬中出土有陶风车明器，这说明至迟在西汉晚期，已经发明了这一在谷物脱粒后清理籽粒、分出糠秕的有力工具。它把叶片转动生风以及籽粒重则沉、糠秕轻则飚的经验巧妙地结合起来，应用于一个机械之中，确是一种新颖的创造。

水碓。碓是由杵臼发展而来的，是杠杆原理的实际应用。它的功用仍是舂米、舂面等。它所用的原动力，先是劳动者的体力和一部分重力，其次是畜力，再次是水力。如桓谭所说："因延力借身重以践碓，而利十倍。杵舂又复设机关，用驴骡牛马及役水而舂，其利乃且百倍。"① 即脚踏碓的功效十倍于杵臼；装设机械，用驴骡马牛和流水来作动力，功效可增至百倍。桓谭是两汉之交的人，其时已有畜力和水力碓，可见碓的发明应更早。而水碓的发明和将在本章第三节中要谈到的水排的创造，都说明了这时人们对自然力的利用和机械技术的重大进步。

其他小型铁农具，如铧、镢、锄、镰等比战国时期一般加宽加大，提高了工作效率。更重要的是，方銎宽刃镢、双齿镢，三齿耙和钩镰等较先进的铁农具，也先后出现。新式镢适于深挖土地，三齿耙适于打碎土块，钩镰比战国时的矩镰更适于收割稻、麦等农作物。东汉时较重要的小农具有铁制的曲柄锄和铍镰等。前者便于中耕除草，后者则是收获的利器。成都扬子山东汉墓出土的一块画像砖，就生动地刻画了农民手持铍镰收割的场面。

## 代田法和区种法

汉代先后出现了两种先进的耕作法：一是对大面积土地的利用并使之增产的方法——"代田法"，另一是在小面积土地上夺高产的方法——"区种法"。它们都是战国时期"畦种法"的重大发展。

"代田法"是汉武帝时期大力推广的一种适应干旱地区的耕作方法，其主要技术内容是："播种于甽中，苗生三叶以上，稍耨垄草，因隤其土，以附苗根"，"一晦之甽，岁代处"②。即在地里开沟作垄，把农作物种子播在沟里，等到苗长起来后，进行中耕除草，并将垄上的土推到沟里，培壅苗的根部。第二年再以垄处作沟，沟处为垄，如此轮番利

---

① 《新论》。
② 《汉书·食货志》。

用。该法能保证幼苗得到较多的水分而健壮成长，使植株扎根深，不畏风旱，不易倒伏；土地轮番使用，地力可得到恢复的机会。"代田法"加上精细的田间管理以及新农具的使用，可达到"用力少而得谷多"，"一岁之收，常过缦田晦一斛以上，善者倍之"[①] 的成效。当时"缦田法"（不作垄沟撒播的耕种法）每亩产量大约是三斛，则采用"代田"每亩产量可提高三分之一到三分之二。武帝以后，"边城、河东、弘农、三辅太常民皆便代田"[②]，在今天的甘肃省西北部、陕西、山西、河南、辽东等地区出现了"田多垦辟"的局面。

汉成帝时（公元前32—前7年）的"议郎"氾胜之所著的农书《氾胜之书》中，记载着农民在旱作区开荒和抗旱而总结出的一种高产栽培方法——"区种法"。"区田不耕旁地，庶尽地力"，它的基本原理就是"深挖作区"（在特定的土地上深耕）、密植、集中而有效地利用水和肥料，加强管理，即在小面积土地上，保证充分供给农作物生长发育所必需的生活条件，使农作物充分发挥其最大的生产能力，以取得单位面积的高产。它"以粪气为美，非必须良田，除平地外诸山陵近邑高危倾阪及丘城上，皆可为区田"，对于扩大耕地面积也具有积极的作用。关于"区田"的具体布置、耕作方法等在《氾胜之书》中都有很系统的论述。这种在小面积土地上精耕细作的方法，是与小农经济的特点相适应的。

## 《氾胜之书》

据《汉书·艺文志》记载，当时的农书共有9家114卷之多。其中两家为战国时的作品，其余七家都为西汉时期的新作，这说明农业科学技术的总结工作受到了重视。汉代农书基本上都散失了，现存的《氾胜之书》也只是辑佚本。《氾胜之书》主要记载和总结了陕西关中地区劳动农民提高单位面积产量的经验和发明创造，反映了农业科学技术的新进展。

《氾胜之书》总结了农业生产六个基本环节的理论和技术问题。它把整个农作物栽培过程，当做一个有机的整体加以研究，指出"趣时（及时耕作）和土（土地的利用和改良）、务粪（施肥）泽（保墒灌溉）、早锄（及时中耕除草）早获（及时收获）"这六个不可分割的达到丰产丰收的基本环节，并对之作了具体的阐述。如，需按不同土质，分别情况，在最适合的时期和干湿适度状态下进行耕耱，以便使土壤疏松的各种规定。书中还在前人分期施用基肥、追肥等技术的基础上，总结出了施用种肥的方法——"溲种法"，它是在种子外面裹上了一层以蚕矢、羊粪为主要原料的粪壳，这样幼苗可以及时取得足够的养料，使根系迅速生长，幼苗得到良好的发育，从而增强植株的抗旱、抗虫能力。又如，它提出了一系列"保泽"（即保墒）的方法，认为要视雪情、雨情、旱情、季节早晚、土壤结构等不同情况，而采取或"蔺"（镇压），或"掩"（拖压），或"平摩"（摩平）等合乎科学原则的不同方法。这些方法是农民根据黄河流域气候干燥，雨水较稀少，特别是"春旱多风"的自然环境特点，通过长期生产实践创造出来的，并一直为后世所沿用。

该书还总结了禾（谷子）、黍、麦、稻、豆、麻（大麻）和桑等十多种农作物的栽培

---

① 《汉书·食货志》。
② 《汉书·食货志》。

法。在研究各种农作物生长的特殊规律和一定的生长条件的基础上，自整地、播种、田间管理直至收获的方法，均作了各不相同的论述，从而奠定了我国古代农书传统的作物栽培各论的基础。

### 园艺、养马、蚕桑的发展

园艺方面，在汉代有几项突出的发明创造。一是在蔬菜栽培方法上创造了"温室栽培"。传说秦始皇时，已在骊山山谷中冬季栽培喜温的瓜类，并获得了成功。《汉书·召信臣传》中则明确记载了当时太官园中，冬天能种植"葱韭菜茹"。办法是"覆以屋庑，昼夜燃蕴火，待温气乃生"。这是温室栽培或促成栽培技术的开端。另一是《氾胜之书》记载说，在瓜田里可间种薤或小豆（采其嫩叶当蔬菜），这种巧妙的种植方法是套作的雏形，套作法以后在蔬菜种植方面不断发展改进，并引用到大田作物中去。《氾胜之书》种瓠法中又讲到用十株瓠接在一起成一条蔓，蔓上只留三个果实，使十株根系共同滋养一条蔓上的三个果实，以求结出特别大的瓠来。这虽是当时人们的想望，实际上不可能结出特别大的瓠来，但它却是关于嫁接法的最早记载。汉武帝曾屡次令人把生长于热带或亚热带地方的果树，荔枝、龙眼、橄榄、柑橘等移植到气候较寒冷的长安来，虽然"岁时多枯瘁"，但有一些还能成活，并能"稍茂"①。又如汉使通西域，带回蒲陶（葡萄）、苜蓿，"则离宫别观旁尽种蒲陶、苜蓿"②。这些都反映了当时育苗、起苗、护苗、装运以至定植、护养、防寒等一套操作技术已达到了较高的水平。

秦王朝在边郡设立牧师苑，为以后历代王朝建立大规模养马场的先声。汉景帝二年（公元前 155 年）在西北边郡大兴马苑达 36 所，养马 30 万匹。三万养马人中很多是富有养马经验的兄弟民族。先是乌孙（今新疆伊犁哈萨克自治州一带）良种马传入内地，以后又传进大宛马。其中一部分是用来改良内地马种的。汉代边境的兄弟民族，北边的匈奴"随水草畜牧而转移，其畜之所多，则马、牛、羊"③。西部和西北部的鄯善、乌孙、龟兹以及羌人、冉駹都善养良马。驴、骡、骆驼这时开始从长城外陆续大量输入。西南地区，四川在汉以前就开始养马了，东汉时又在四川、云南等地开辟了国家养马场。

汉代，家畜鉴定和选种技术有较高水平，如与之有关的家畜外形学知识，即"相畜"已有专门的著作出现，《汉书·艺文志》记载有"《相六畜》三十八卷"。通过《齐民要术》保留下来的汉代（也许是汉以前的）《相马经》，已认识到马体各部位之间的相互关系和内外联系，还科学地指出相马的关键和一些关于马的外形学的知识和理论。东汉名将马援继承了前人和他本人在西北养马以及军事实践的丰富经验，约在公元 45 年，铸立铜马于洛阳宫中。铜马式等于马匹外形学研究上的良马标准模型。这类相马金属模型，在欧洲十八世纪才有所闻。有人认为 1969 年甘肃武威雷台东汉墓出土的铜奔马（即著名的"马踏飞燕"），很可能就是上述的良马模型之一。当时良马等级有"袭乌"一级，即形容马快可以追得上疾飞中的"乌"。

---

① 《三辅黄图》。
② 《史记·大宛列传》。
③ 《汉书·匈奴传》。

在宅前宅后栽桑，用以养蚕、缫丝、织素，这是农民的家庭副业之一。从汉画像砖中反映出，这时有的地主已经营大规模桑园以贸厚利。内蒙古和林格尔出土的汉墓壁画中，有女子采桑及养蚕用的箔筐之类器物，可知最迟到东汉晚期，内蒙古南部一带已经发展起蚕桑事业了。这是居住在这里的乌桓、鲜卑和汉族劳动人民共同辛勤劳动的成果，也说明了蚕桑业在全国范围内得到了普遍的推广。关于蚕桑的栽培技术，《诗经·七月》中已讲到矮小的桑树，"猗彼女桑"。（城墙上的雉堞叫"女墙"，即矮墙，这里转引来说明矮桑。）《氾胜之书》中已有了栽培地桑的明确记载，说明桑树栽培技术的进步。西汉初，或更早些时候已有二化蚕出现，"原蚕一岁再登"①，一年能养两次蚕，丝产量就大大提高了。对养蚕方法也很注意，要"浴种"，用清水洗去种卵卵面上的污物，这是保护蚕种防治蚕病的一个重要技术措施。整治蚕室，涂塞隙缝和洞穴，以防鼠患，又可防风和掌握蚕室的温度。② 有了好饲料，加上讲究蚕的饲养方法，生产优质的蚕丝方能得以保证。这为丝织业和丝织技术的发展，为高质量的丝织品的出现准备了重要的条件。

图 4-3　甘肃武威雷台出土的东汉踏飞燕铜质奔马

### 水利工程

秦汉时期的水利工程继春秋战国以后，在规模、技术和类型上都有重大的发展，取得了很大的成就。

由于农业生产发展的需要，汉武帝时期兴修了许多大型的水利工程。两汉时期重要的水利工程大多是在这时修建的，其规模之大、范围之广在我国历史上也是罕见的。

元光年间（公元前 134—前 129 年），汉武帝采纳了郑当时的意见，下令引渭水从长安向东开渠直通黄河，渠长三百余里，既节省了漕运粮食的时间（原来从潼关漕运粮食到长

---

① 《淮南子·泰族训》。
② 《四民月令》。

安，是沿渭水上溯，所需时间约为沿渠漕运的两倍），又可灌溉民田万余顷。这条工程技术要求较高的漕渠渠道线路是由水工徐伯选定的。渠道开凿的成功，表明在复杂的地形中选线及测量技术的巨大成就。

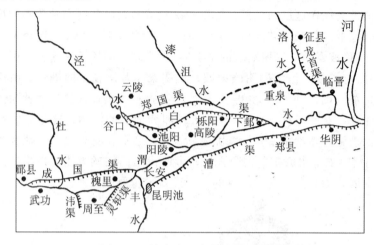

图 4-4 关中地区水利工程示意图

其后不久，汉武帝又发卒万人，开凿了一条引洛河水灌溉重泉（今陕西蒲城县东南四十里）的一条大型渠道——龙首渠。渠成以后使万余顷盐碱地得到灌溉。渠道必须经过商颜山（今铁镰山），施工时为避免沿山脚明挖河渠发生的塌方现象，劳动人民发明了开凿竖井，令"井下相通行水"[①] 的"井渠法"，使龙首渠从地下穿过七里宽的商颜山。这一隧洞施工的技术是一项创举。由于井渠可以减少渠水的蒸发，井渠法很快就推广到甘肃、新疆一带水分容易蒸发的干旱地区。至今在新疆农业生产上发挥重要作用的坎儿井，就是用的井渠法。

汉武帝元鼎六年（公元前 111 年），又开凿六辅渠，以灌溉郑国渠灌溉不到的高地。

元封二年（公元前 109 年），堵塞了二十余年前黄河在瓠子口（今河南濮阳西南）的决口，使农业生产遭到严重破坏的黄淮之间大片洪泛地区恢复了生产。

自此以后，汉武帝在位的后二十余年中，水利工程的兴建更是有增无已。其中最著名的是汉武帝太始二年（公元前 95 年），在赵中大夫白公的提议下，开凿了一条引泾水东南流（入渭水），长约二百里，能浇地四万五千多顷的白渠。劳动人民"举臿为云，引渠为雨"，引渠水"且灌且粪，长我禾黍"[②]，使关中地区农业生产得到进一步发展。据《史记·河渠书》、《汉书·沟洫志》等记载，这时大型的水利灌溉工程还有关中地区的灵轵渠、成国渠和湋渠；河南汝南地区和安徽寿县地区引淮水及山东西部地区引汶水开凿的渠道，灌溉面积均在万顷以上。此外，在今内蒙古、甘肃和山西引黄河和汾水灌溉农田，使黄河流域水浇面积空前发展。其中在宁夏平原引黄灌溉，在秦代修建的水利设施的基础上，使这一地区河渠纵横，田畴苍翠。至于各地兴修的小型渠道和在山区兴建的蓄水陂

---

[①]《史记·河渠书》。
[②]《汉书·沟洫志》。

塘，更是不可胜言。东南沿海地区防范海潮侵袭、修筑海塘的工程也已兴建。总之，在汉武帝时期修建的水利工程，盛极一时，为后世农田水利事业和农业生产的发展，奠定了良好的基础。

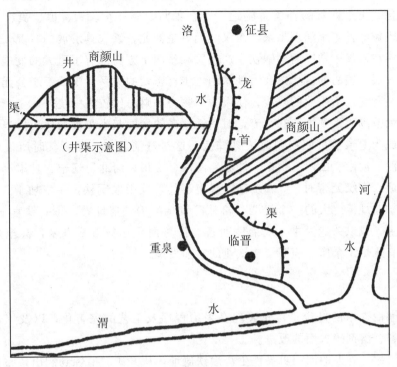

图 4-5 龙首渠井渠示意图

东汉前期，大抵在原有水利工程的基础上，进行了一系列修复与扩建的工作，水利事业一度又呈活跃的局面。如公元 42 年修复河南汝南的鸿郤陂，公元 83 年修复荒废已久的著名水利工程芍陂等等。公元 69 年，王景领导数十万民工，治理黄河，修复汴渠的工程，实为水利工程史上的一大盛事。这项工程包括修筑自河南荥阳到山东千乘（今山东高清县北）一千多里的黄河大堤，对于汴渠则开凿山阜，截弯取直，疏濬河道，修固堤防，兴建水门。经过一年的奋战，完成了全部工程。此后，黄河在大约八百年内没有发生大规模决溢改道，这次在中下游进行比较彻底的治理当是原因之一。

## 三 生产工具、兵器的铁器化和冶铁术的成熟

### 生产工具和兵器铁器化的完成

秦汉时期，铁器和冶铁术在包括边远的广大地区，得到了使用和传播。考古发现表明，西汉初年铁农具和工具已经普遍取代了铜、骨、石、木器；在西汉中期以后，随着炒钢技术的发明，锻铁工具增多，铁兵器也逐步占了主要的地位；到东汉时期，主要兵器已

全部为钢铁所制,从而完成了生产工具和兵器的铁器化进程。西汉中期以前出土的铁器种类较战国时期有所增加,其突出的特点还在于形制进一步成熟,并有加宽加大的趋势。这同西汉前期整个社会生产处于恢复与提高的总趋势是相一致的。西汉中期以后,情况发生了根本的变化,出土铁器的种类急剧地增加,如灯、釜、炉、锁、剪、镊、火钳以及齿轮、车轴等机械零件等都涌现出来,东汉时期更是如此。铁农具发展的状况,也大体与此相似。这说明在西汉中期以后,钢铁生产在质和量两个方面都有了重大的发展。这同当时社会生产的发展、国防的需要以及冶铁术的进步有密切的关系。汉武帝于公元前119年采取的由国家经营统一冶铁业的政策,使人力、物力和财力比较集中统一,生产技术还可以较快地在较大范围内得到推广和交流,对钢铁生产的发展起了积极的作用。当然,由于官营有时也造成为追求数量而粗制滥造等弊病,这是其消极的一面。其时所设49处铁官,分布在今陕西、河南、山西、山东、江苏、湖南、四川、河北、辽宁、甘肃等省,成为钢铁生产的基地。到汉元帝时,"诸铁官皆置吏卒徒,攻山取铜铁,一岁功十万人以上"①。这是冶铁采矿业规模之大的一个说明。再从已发掘的冶铁遗址看,每一铁官下属的作坊,或以冶铁为主,或以铸造为主,或冶铸兼备,作坊面积达数万平方米,甚至数十万平方米,有的拥有炼炉十余座,表明了冶铁业的空前发展。

**冶铁新技术**

这一时期冶铁术的进步,首先表现在采冶程序及工艺的完善化,以及炼炉、鼓风技术、耐火材料、熔剂等方面的改进。

属于西汉中、晚期的河南巩县铁生沟冶铁遗址,从开矿、冶炼到制出,整套成品都有机地结合在一起。冶铁作坊临近原料产地,矿石经砸击、筛选得到大小均匀的矿块,再交付使用。已发现各式冶炼炉有18座,熔炉1座,还有配料池(可能是为配制熔剂而设)、铸造坑、淬火坑、藏铁坑等,这些遗迹表明,冶炼工序已包括有选矿、配料、入炉、熔炼、出铁等步骤。

铁生沟遗址炼炉的形状因用途不同而异,计有如下几类:块炼铁炼炉(3座),并列成排的排炉(5座,各炉的烟囱互相贯通,抽气力大,使炉内火力旺盛,温度增高),长方形炼炉(2座),造型庞大的圆形炉(6座,炉身直径在1.3~1.8米之间)和低温炒钢炉(1座)等。这是炼炉多样化的很好说明。郑州古荥镇汉代冶铁遗址,发现有椭圆形炼炉2座,炉底面积8.4平方米,容积估计为40~50立方米。炉前有带结瘤的炉底积铁,重约二十吨以上的有三块,这是当时炼炉增大的一个例证。

炼炉的炉型扩大,与鼓风技术的改进是密切联系的。山东滕县宏道院出土的东汉画像石中,有一方是描写冶铁劳动过程的,上有鼓风的图像,其中鼓风大皮囊上排列有四根吊杆,右方下部是个风管。铁生沟、古荥镇、河南南阳瓦房庄和河南鹤壁市的冶铁遗址,均有鼓风风管出土。其中古荥镇和瓦房庄发掘出的弯头朝下的陶胎风管下侧泥层已经烧琉,经实验测定,泥层烧琉温度为1250~1280℃。就鼓风动力而言,从人力鼓风发展到畜力鼓

---

① 《汉书·贡禹传》。

风，如"马排"、"牛排"等，接着更有利用水力鼓风——"水排"的创造，它是冶铁劳动者的出色发明。据记载，东汉初年，南阳太守杜诗就使用水排于鼓铸，结果"用力少，见功多，百姓便之"①。

图 4-6  山东滕县宏道院东汉画像石上的冶铁图

从铁生沟遗址，我们还可看到当时耐火材料使用的进展。该遗址的炼炉多作半地穴式，上部用耐火砖垒砌，并在炉壁抹以耐火拌草泥，有的炉底还垫有耐火土。耐火砖系由耐火黏土制成，其中掺有石英石和绿色岩石。其种类多样，用于不同的炼炉与炼炉的不同部位。这说明人们已经掌握了多种耐火材料的配制和使用的知识。铁生沟遗址中发现有石灰石，兼之对熔渣的化验发现含有 41.93% 的氧化钙和 3.22% 的氧化镁，这是当时冶铁已使用了碱性熔剂的证明。

至迟到西汉中期，出现了性能较白口铁为好的灰口铁，并很快被用作工程材料。河北满城一号汉墓出土的铁锭，经检验是含低硅、中磷、低硫元素的灰口铁，出土的轴承则为灰口铸铁，具有承载能力大、润滑和耐磨性能好等特点。对河北满城二号墓出土的西汉中期的生铁锭、铁生沟出土的熟铁块和河南渑池出土的汉魏时期的若干铁器的化学成分的分析表明，其含硫量都很低，均在 0.07% 以下，含磷量偏高些，在 0.11%～0.38% 之间，用现今国内外炼铁的标准衡量，也是合格的优质铁。灰口铁和优质铁的生产，正是炼炉巨型化、鼓风设施强化以及其他技术进步的产物。

**炒钢、百炼钢和铸铁脱碳钢技术**

炒钢技术的发明与百炼钢工艺的日益成熟，是秦汉时期钢铁技术得到重大发展的又一标志。西汉中期前后，虽然在冶炼块炼渗碳钢时，反复加热、锻打的次数有明显的增多，使钢的质量逐渐得到提高，但由于块炼铁生产效率低，钢铁的制作在原料上受到很大限制，致使百炼钢技术的发展十分缓慢。到西汉中、晚期出现了利用生铁"炒"成熟铁或不同含碳量的炒钢新技术，即将生铁加热成半液体、半固体状态，再进行搅拌，利用空气或铁矿粉中的氧，进行脱碳，以获得熟铁或钢的新技术。上已述及的铁生沟遗址中的低温炒钢炉就是为此目的而设计的，其地出土有含碳量不同的铁料（含碳量为 1.288%、0.35% 等），大概就是通过不同的加热、炒炼和锻打等工艺措施得到的不同钢料。这项新技术的发明，在炼钢史上是一项重大的技术突破。它使冶铁业能向社会提供大量廉价优质的熟铁或钢料，满足生产和战事的需要。在一定条件下，能够有控制地把生铁"炒"到所需要的含碳量，然后加热锻打成质量较好的钢件，大大促进了百炼钢的发展，使之进入成熟的阶

---

① 《后汉书·杜诗传》。

段。1974年在山东苍山县出土了汉安帝永初六年（112年）"三十炼"环首钢刀，1978年在徐州一座小型汉代砖室墓中，发现了一把汉章帝建初二年（77年）的"五十涑"钢剑，经鉴定它们都是以炒钢为原料，经多次反复加热折叠锻打而成的。这说明东汉前期，炒钢以及以此为原料的百炼钢工艺已经相当普遍地被使用了。而在东汉时期，铁兵器完全代替铜兵器，锻制农具和钢工具显著增多的情形，正与这项新技术的发明与推广有着密切的关系。

欧洲用炒钢法冶炼熟铁的技术在18世纪中叶才开始出现，比我国要晚一千九百余年。

铸铁热处理技术在汉代有很大发展，臻于成熟。在南阳瓦房庄汉代冶铸遗址所出9件铁农具，经检验有8件是黑心韧性铸铁，质量良好，有一些和现代黑心韧性铸铁已无大的区别。北京大葆台西汉墓葬、南阳瓦房庄冶铸遗址及河南渑池汉魏铁器窖藏都出土具有钢的金属组织的铸铁件，有的残存着少量微细的石墨，它们是经脱碳热处理获得的白心韧性铸铁或铸铁脱碳钢件，由于熔铸时经过液态，杂质很少，质地相当纯净，性能良好，可以用作剪刀一类刃具。由实物检验可知，黑心韧性铸铁多用于要求耐磨的农具等，白心韧性铸铁多用于要求耐冲击性能较好的手工工具，说明当时的冶铸匠师对不同材质的性能及适用范围已有较深入的认识，能较为正确地选材和加工以达到工艺要求。南阳、古荥等处还出土有大量薄铁板，它们经脱碳热处理已成为含碳较低的钢板，可以锻打成器，这实际上是创造了一种新的制钢工艺，是我国古代所独有的。

尤其突出的是，巩县铁生沟汉代冶铁遗址所出铁镬，具有和现代球墨铸铁的I级石墨相当的带放射状的球状石墨，类似的有球状或球团状石墨的铸铁生产工具已发现了6件，这是我国古代铸铁技术的杰出成就，而现代球墨铸铁是1947年才研制成功的。

从铸造技术上看，秦汉时期铁范的使用已大为普及。战国时期，已经出现的叠铸技术（多层陶范叠装，一次铸得多件产品，现代铸造学称为层叠铸造），这时得到了进一步的发展。河南省温县发掘的一处汉代烘范窑，出土有五百多套叠铸范，有16种铸件，36种规格，其总浇口直径为8~10毫米，内浇口薄仅2毫米左右，一套范有4~14层不等，每层有1~6个铸件，最多的一次可铸84件。这就大大提高了生产效率。这一时期铸造工艺出现了更细的分工。根据对汉代铸造作坊出土器物的考察，它大体可分为制模、制范、烘范、熔铁、浇铸等作业，尤其是烘烤铸模、铸范以及铸模、铸范的制造精密，在铸造工艺中起着重要的作用，从而保证了铸件的质量和降低了次品率。

综上所述，我国早在汉代，钢铁技术已发展到了较为成熟的阶段，封建时期手工业生产的技术条件所能容许和社会生产所需要的钢铁技术除灌钢外已基本齐备。汉代冶铁业规模巨大，遍布全国的冶铁作坊和精湛的钢铁技术成为汉代工农业生产进一步发展、国力增强的重要物质基础。铸钱业也是重要的手工业部门，采用铜范、铁范和泥范来制作，武帝时统一币制，铸五铢钱，至西汉末年共铸钱280亿枚。除铜、铅、锡外，秦汉时期金、银、汞的产量也有很大增长，我国封建时期所能冶炼的八种金属（金、银、铜、铁、锡、铅、汞、锌），除锌以外，在秦汉时期都已掌握其冶炼工艺了。

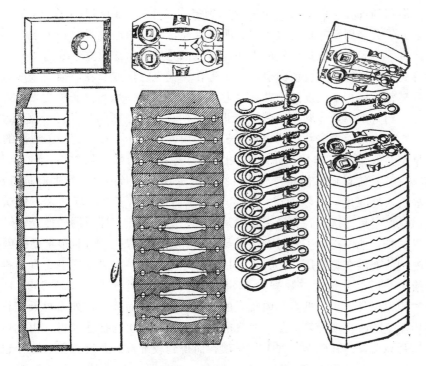

图 4-7　汉代叠铸范及其铸件（河南温县出土）

## 四　天文学体系的形成和杰出的科学家张衡

**历法体系的形成**

随着秦王朝的建立，秦颛顼历也就成为统一颁行全国的历法。汉初，仍继续沿用颛顼历。到汉武帝时期，颛顼历日见疏阔，在年终放置闰月的方法等也不能适应当时农业生产发展的需要，于是改历势在必行。公元前 104 年，汉武帝下令由公孙卿、壶遂、司马迁等人"议造汉历"，并征募民间天文学家二十余人参加（其中著名的有唐都、落下闳、邓平、司马可、侯宜君等人）。他们或作仪器进行实测，或进行推考计算，对所提出的 18 种改历方案，进行一番辩论、比较和实测检验，最后选定了邓平的方案，命名为太初历。从改历的过程我们可以看到，当时朝野两方对天文学有较深研究者，可谓人才济济。特别是来自民间的天文学家数量之多，说明在社会上对天文学的研究受到广泛的重视，有着雄厚的基础。我国古代制历必先测天，历法的优劣需由天文观测来判定的原则，这时就已得到了确认和充分的体现，这对后代历法的制定产生十分深远的影响。

太初历的原著早已失传，西汉末年刘歆基本上采用了太初历的数据，把太初历改名为三统历，它被收录在《汉书·律历志》里，一直流传至今。太初历已具备了气朔、闰法、五星、交食周期等内容。它首次提出了以没有中气（雨水、春分、谷雨等十二节气）的月份为闰月的原则，把季节和月份的关系调整得十分合理，这个方法在农历（或被称为夏历)中一直沿用到现在。太初历还第一次明确提出了135个朔望月中有23个食季的食周概念,关于五星会合周期的精度也较前有明显提高,并且依据五星在一个会合周期内动态的认识,建立了一套推算五星位置的方法。这些都为后世历法树立了范例。

关于月亮每日运行平均度值的概念,至迟在汉代也已形成。在《淮南子·天文训》中就指出:月亮每天运行十三度又十九分之七(由此可推得一恒星月长度为27.3218504日,与理论值之差约为17秒)。到三国两晋南北朝时期,各历法所给恒星月长度值误差降到5秒左右,而在唐宋以后大多数历法恒星月长度的误差已小于1秒,达到了很高的精度。

东汉早期,天文学家李梵、苏统等人发现月亮视运动的不均匀性。92年贾逵指出:"(李)梵、(苏)统以史官候注考校,月行当有迟疾……乃由月所行道有远近出入所生,率一月移故所疾处三度,九岁九道一复。"[1]这里明确指出了李、苏二人不但认识到月行有快慢,而且已定量地认识到每经一近点月,月亮的近地点(即所谓"疾处")向前推进3度。更可贵的是,他们指出了月行有快慢是月道有远近的缘故,这是很重要的创见。

东汉晚期的刘洪在乾象历(206年)中,首次利用这一重要发现于交食的推算。他第一次明确给出一近点月长度的数据为27.5533590日,与今推值27.5545689日相差约百秒。他由实测得到月亮在一近点月内每天的实行度数,因而造表,列出每天实行度数不及或超过平均速度的改正项,具体某一时日的改正项则以一次内插法求得,由此可以在依平均速度推算月亮位置的基础上,加上改正项,而得到较准确的月亮位置。这样也就提高了推算日月食发生时刻的准确度。刘洪把月亮在一近点月内运动的状况分为四个不同的阶段,每段约7日,大体正确地反映了月亮运动速度变化的真切情况,奠定了后世月离表的基础。不仅如此,刘洪还发现了白道(月行轨道面)同黄道(太阳视行轨道面)之间有一个六度左右的夹角,这同现在测得的结果也很相近。他还首次指出了黄白交点退行的现象,实际上已经给出了一个交点月的长度值。刘洪还提出了食限的概念,对为何不是每次朔望都发生交食的问题提供了解答。他指出在合朔时,月亮离黄白交点不超过十五度半才发生日食,后代各历都通用此数作为是否发生日食的判断数据,它同现代的数据也大体相近。刘洪所给出的交食周期也较前精确,他还首次指出了先前历法所定的回归年长度偏大,使用了较前准确的回归年和朔望月长度的新数据,对后世产生了积极的影响。

从太初历到乾象历(其间还有一个东汉四分历,由编䜣、李梵、贾逵等人于85年集体修订,它比太初历有显著进步,如他们测得黄赤交角的数值已达到较高的精度;又增加了二十四节气昏旦中星,昼夜刻漏和晷影长度等新内容,为后世历法所遵循,等等),我们看到两汉历法,确已为后世历法的发展提供了楷模,已经形成了一个独特的体系。

我国古代的历法有十分广泛的内容。历日制度的安排取阴阳合历的形式,日月五星的视运动以及与之相关的气、朔、闰、交食、晷漏等均为其研究的课题。所谓独特的体系,是指进行上述问题的研究时采用了一整套独特的方法,形成了鲜明的风格与特点。对日月五星视运动的各种周期(朔望月、近点月、交点月、恒星月、回归年长度、交食周期、五星会合周期等等)和有关天文常数(二十八宿的距度、黄赤交角、黄白交角、昼夜刻漏、晷影长度以及第五章将要谈到的岁差值等)的测定,和对月亮在一近点月内逐日的运行情

---

[1]《后汉书·律历志》。

况（月离表）、太阳在一回归年内逐气的运行情况（日躔表，这在第六章中将要谈到）以及五星在一个会合周期内的动态（五星动态表）的测定，构成了历法的基本框架。而当推求某一时刻日月五星的位置时，则将某一特定历元到该时刻的长度，减去相应周期长度的若干倍，得一余数，据此于月离、日躔或五星动态表中作进一步地计算，采用代数的方法（主要是内插法）推算所求时刻日月五星的具体位置，并解决气、朔、交食等相应的问题。这就是我国古代历法体系的基本内容和方法。它又与我国古代特有的天文仪器、宇宙理论、系统的天象观测等一起，构成了天文学体系的丰富内容。

## 天文仪器和天象记录

秦汉时期测量仪器的进步也是十分突出的。在制定太初历时，落下闳改进了浑仪，并以此重新测量了二十八宿的距度。汉宣帝时，耿寿昌以铜铸成了用以演示天象的仪器——浑象（相当于现今所谓的天球仪），这在我国天文仪器史上是一个创举。东汉早期，浑仪不断得到改进和完善，汉和帝永元四年（92 年）贾逵在要求制造黄道铜仪的奏议中说："臣前上傅安等用黄道度日、月弦望多近，史官一以赤道度之，不与日、月同。"[①] 这说明民间天文学家傅安等人，已经制成了置有黄道环的浑仪，并用以观测日、月行度，得到了比仅有赤道环的浑仪要精确的结果。和帝永元十五年（103 年）制成了"太史黄道铜仪"。另外，"去极度"（北天极与天体间的弧度）概念的出现表明，浑仪上也应有了四游环（即赤经环）的设置。秦汉时期天文仪器的发展，到张衡而达到一个高峰，这在下面还要讲到。

秦汉时期，对于天象的观测和记录有两个明显的特点。第一是各种天象的记录趋于齐备，出现了准确的太阳黑子记录。《汉书·五行志》载，"河平元年（公元前 28 年）三月己未。日出黄，有黑气，大如钱，居日中央"，对黑子出现的时间、形状、大小和位置均作了明确的记述。此后，仅在二十四史中，就有一百多次黑子记录。新星和超新星的明确记载也首见于汉代，如"元光元年（公元前 134 年）六月，客星见于房"[②]，是中外历史上都有记载的第一颗新星，但西方记录未注明月、日及方位，不如我国记录简明、准确。又如"中平二年（185 年）十月癸亥，客星出南门中，大如半筵，五色喜怒，稍小，至后年六月消"[③]，是世界上最早的超新星记录。自此以后到 1700 年，我国有 90 个新星记录，其中可能有 11 颗超新星。

第二是天象记录日趋详尽、精细。如对日食的观测，不但有发生日期的记载，而且开始注意到了食分、方位、亏起方向及初亏和复圆时刻等。关于彗星记事，对于彗星运行路线、视行快慢以及相应的时间都用生动而又简洁的文字描绘出来。对于极光的记录，无论数量还是质量，此时也较前增加和提高。据统计，截至 1751 年，我国共有极光记事近 300 次。

我国古代对天象的观测和记录的传统，在汉代奠定了坚实的基础，历代更延续不断且

---

① 《后汉书·律历志》。
② 《汉书·天文志》。
③ 《后汉书·天文志》。

有所发展。在望远镜发明以前的漫长年代里，积累了大量有关日食、黑子、彗星、流星雨、新星、超新星和极光等十分准确、丰富的记录，为近现代科学研究提供了宝贵的历史资料。

### 论天三家——盖天、浑天和宣夜说

汉代论天有盖天、浑天和宣夜三家。它们的思想渊源都可以追溯到春秋战国时代。其中宣夜说由东汉前期的郗萌作了系统的总结和明确的表述。他指出"天了无质，仰而瞻之，高远无极"，并用人们日常生活得知的经验，论证人眼所及的浑圆蓝天，并非具有一个浑圆的边界和苍苍的颜色。他指出"眼瞀精绝，故苍苍然也。譬如旁望远道之黄山而皆青，俯察千仞之谷而窈黑，夫青非真色，而黑非有体也"。他用日月五星的运动"迟疾任情"的特性，进一步论证不存在一个"固体"的天球，从而打破了有形质的天的概念。他还指出"日月众星，自然浮生虚空之中，其行止皆须气焉"①，这就从正面提出了日月众星悬浮于宇宙空间，并依靠气的作用而运动的重要概念，描述了一幅日月众星在物质的无限空间运动的图景。宣夜说的这些思想在人类认识宇宙的历史上有极其重要的意义，可惜它没有对天体运动的规律作更具体的论证，还只是一种思辨性的论述，所以它的影响远远不及浑天说。

春秋战国时期产生的第二次盖天说在西汉仍在流行，成书于公元前1世纪的《周髀算经》便是这一学派的代表作。该书中有相当繁杂的数字计算和勾股定理的引用，但它主要论证第二次盖天说，使之系统化和数学化。这一学说的要点是：半圆形的天，拱形的大地，日月星辰附着天而平转，不能转到地的下面等等。它虽比第一次盖天说（天圆地方说）有所进步，但已为越来越多的天文观测事实所否定。而浑天说在西汉时期得到了很大发展，经落下闳、鲜于妄人、耿寿昌、扬雄等人的努力，它渐为人们所接受，尤其是西汉末的扬雄提出了难盖天八事，给盖天说以致命的打击。东汉杰出的科学家张衡则是浑天说的集大成者。

### 张衡及其成就

张衡（78—139），字平子，河南南阳人。他的《浑天仪图注》便是浑天说的代表作。他指出："浑天如鸡子，天体圆如弹丸，地如鸡中黄，孤居于内，天大而地小，天表里有水，天之包地，犹壳之裹黄。天地各乘气而立，载水而浮。"他还指出天体每天绕地旋转一周，总是半见于地平之上，半隐于地平之下，等等。这里张衡明确地指出大地是个圆球，形象地说明了天与地的关系，但"天表里有水"等说法，却是一个重大的缺欠。张衡在他的另一名著《灵宪》中指出，浑圆的天体并不是宇宙的边界，"宇之表无极，宙之端无穷"，从而表达了宇宙无限的观念。张衡的这些论述表明了浑天说的基本观点。浑天说是一种地球为中心的宇宙理论，但在当时历史条件下，它能比较近似地说明天体的运行，于是对后世产生了很大的影响。

张衡不但倡导浑天说，而且还在前人工作的基础上，着手制造了用于演示浑天思想的

---

① 《晋书·天文志》。

仪器——水运浑象，这对浑天说能得到社会的广泛承认起了重要的作用。张衡所制浑象是以一个直径约5尺的空心铜球表示天球，上画二十八宿，中外星官及互成24度交角的黄、赤道等。紧附在球外的有地平圈和子午圈，天球半露于地平圈之上，半隐于地平圈之下，天轴则支架在子午圈上，天球可绕天轴转动。水运浑象形象地表达了浑天思想，并解释了若干天文现象。张衡利用当时已得到发展的机械方面的技术，巧妙地把计量时间用的漏壶与浑象联系起来，即以漏水为原动力，并利用漏壶的等时性，通过齿轮系的传动，使浑象每日均匀地绕轴旋转一周，这样浑象也就自动地、近似正确地把天象演示出来。张衡的这项创造是唐宋时代得到进一步改进的水运浑象的先声，在天文仪器史上占有重要的地位。

张衡担任太史令（掌管天文的官员）先后达十四年之久，所以他在天文学方面的贡献最为突出。在《灵宪》中，他系统地总结了前人关于宇宙生成与演化的思想。除了沿用道家有生于无的客观唯心主义观点外，张衡采用当时得到发展的元气学说，比较完整系统地描述了天地万物生成、变化、发展的过程，对后世产生了深远的影响。张衡还提出了五星视运动的重要理论。他用"近天则迟，远天则速"的理论，解释五星运行或快或慢的现象。这表明张衡或许已经认识到五大行星同地球的距离有近有远，而且就同一行星而言，其运行的轨道也时而接近地球，时而远离地球。这又是五星运动快慢与距离之间定性关系的早期描述。张衡对月食的成因也有初步的认识，认为月食是由于地球的影子——"暗虚"遮掩了月亮而引起的。此外，他测得日、月的视直径为$\frac{365.25}{730}$度（约等于0.5度），同今测值相近。这些都说明张衡在天文学方面的造诣很深。

在张衡生活的那个时代，较大的地震屡屡发生，于是地震成了他十分关切的研究课题。基于对地震及其方向性的认识，特别是从当时建筑中有一种所谓都柱（即宫室中间设柱）的启示，张衡于132年首创了世界上第一架地震仪——地动仪。"地动仪以精铜制成，

图4-8　张衡地动仪复原图

圆径八尺,合盖隆起,形似酒尊"①,里面有精巧的结构,主要是中间的"都柱"(相当于一种倒立型的震摆)和它周围的"八道"(装置在摆的周围的八组机械装置)。尊外相应地设置八条口含小铜珠的龙,每个龙头下面都有一只蟾蜍张口向上。一旦发生较强的地震,"都柱"因震动失去平衡而触动"八道"中的一道,使相应的龙口张开,小铜珠即落入蟾蜍口中,观测者便可知道地震发生的时间和方向。据记载,地动仪成功地记录了138年在甘肃发生的一次强震,证明了张衡所制仪器的准确性和可靠性。

张衡的成就还不限于这些方面,他研究过地理学,曾绘制了一幅地形图,流传了好几百年;在数学方面,对圆周率作过研究,取用过$\pi=\sqrt{10}\approx3.162$值;他是当时有名的文学家,有不少文学著作,其中以《二京赋》最为出名,在东汉文学史上有一定的地位;他还是个画家,曾被入列为东汉六大名画家之一。

张衡是那个时代产生的著名科学家,他能够作出伟大贡献,又有其内在的因素。他好学不倦,"如川之逝,不舍昼夜"②。他虚怀若谷,"虽才高于世而无骄尚之情"。他"不耻禄之不伙,而耻知之不博",抱定"约己博艺,无坚不钻"的决心,脚踏实地地进行工作,不为外界的冷嘲热讽所动摇。他说过"捷径邪至,我不忍以投步",表明了他的实事求是的科学态度。他曾建议"收藏图谶,一禁绝之",则反映了他反对谶纬神学的战斗精神。所有这些,都是张衡之所以能够攀上那个时代的科学高峰的内在因素。当然,张衡也不可避免地带有时代的局限性,他也曾涉足于"卦候、九宫、风角"③之术,被后人称为"阴阳之宗"④。他的宇宙生成与演化的思想带有不少客观唯心主义性质,也给后人带来不好的影响。

## 五  数学体系的形成

### 《九章算术》的出现

在春秋战国数学发展的基础上,秦汉时期出现了我国古代最早的一批数学专著,如《许商算术》(26卷)、《杜忠算术》(16卷)和《九章算术》等。前二部书早已失传,《九章算术》一直流传至今,是我国现有传本的古算书中最古老的数学著作。《九章算术》对后世历代数学的发展影响很大。它的出现,标志着我国古代以算筹为计算工具、具有自己独特风格的数学体系的形成。

经过春秋战国到西汉中期数百年间政治、经济和文化的发展,《九章算术》比较系统地总结和概括了这段时期人们在社会实践中积累的数学成果。这一时期的社会变革和生产发展,给数学提出了不少急需解决的测量和计算的问题:实行按田亩多寡"履亩而税"的

---

① 《后汉书·张衡传》。
② 《河间相张平子碑》。
③ 《后汉书·张衡传》。
④ 《后汉书·方术列传》。

政策，就需要测量和计算各种形状的土地面积；合理地摊派税收就需要进行各种按比例分配和摊派的计算；大规模的水利工程、土木工程需要计算各种形状的体积以及如何合理地使用人力、物力；商业、贸易的发展，需要解决各种按比例核算等问题；愈加准确的天文历法工作，就愈是需要提高计算的精确程度，等等。《九章算术》正是由各类问题中，选出了246个例题，按解题的方法和应用的范围分为九大类，每一大类作为一章，纂集而成的。它所提供的数学解法，当然为生产和科学技术的进一步发展，以及为封建政府计算赋税、摊派徭役等，提供了方便。

《九章算术》不是一时一人之作，而是经由很多人的修改和补充，才逐渐发展完备起来的。据《周礼》记载，授与贵族子弟的六门课程中有"九数"一项，所谓"九数"指的是数学分为九个细目。三国时代的刘徽曾为《九章算术》作过有名的注释工作，他在注《九章算术》的序言中说："九数之流则九章是矣。"刘徽生活的时代，距《九章算术》成书的时代较近，他的话应是可信的，即战国时期的"九数"乃是《九章算术》的滥觞。刘徽还说："汉北平侯张苍，大司农中丞耿寿昌皆以善算命世。苍等因旧文之遗残，各称删补。故校其目与古或异，而所论者多近语也。"这也说明在张苍（？—公元前152年）之前已有"旧文"，经张苍、耿寿昌（约公元前1世纪中叶）"各称删补"，只是名目有所不同。从流传至今的《九章算术》的内容看，它完全没有两汉之际谶纬之学盛行以后数字神秘主义的痕迹，所以虽"多近语"，其基本内容至迟应在耿寿昌时已大体定型。于是，它既包含有人们早已解决了的数学问题，也有西汉中期人们新获得的数学成就。

## 《九章算术》的内容简介

该书的体例，有时是举出一个或几个问题之后，叙述解决这类问题的解法；有时则是首先叙述一种解法之后，再举出一些例题。不论哪一种，都是符合人们认识事物的理论联系实际和由个别到一般或由一般到个别的认识规律的。它的内容可分章简介如下。

第一章　方田（共38个问题），是关于田亩面积的计算，包括正方形、矩形、三角形、梯形、圆形、环形、弓形、截球体的表面积的计算（后两者的公式为近似公式）。在这一章中，还有关于分数的系统叙述，并给出约分、通分、四则运算、求最大公约数等运算法则。

第二章　粟米（共46个问题），讲的是比例问题，特别是按比例互相交换各种谷物的问题。

第三章　衰分（共20个问题），是依等级分配物资或按等级摊派税收的比例配分问题。

第四章　少广（共24个问题），是由已知面积和体积，反求一边之长，讲的是开平方和开立方的方法。值得指出的是，用算筹列出几层来进行开平方和开立方的运算，相当于列出一个二次或三次的数字方程，把筹算的位置制发展到新的阶段，即用上下不同的各层表示一个方程的各次项的系数。在此基础上，后来逐渐发展成为具有世界意义的数字高次方程的解法。

第五章　商功（共28个问题），是有关各种工程（城、垣、沟、堑、渠、仓、窖、窑等等），即关于各种体积的计算；还有按季节不同，劳力情况不同，土质不同来计算巨大的工程所需土方和人工安排的问题，等等。

第六章 均输（共28个问题），是计算如何按人口多少（按正比例）、物价高低、路途远近（按反比例）等条件，合理摊派税收和派出民工等问题；还包括复比例、连比例等比较复杂的比例配分问题。

第七章 盈不足（共20个问题），其中大多数是对如下一类题目的求解方法："有若干人共买东西，每人出八就多三，每人出七就少四，问人数和物价各多少？"因为这类问题一般都有两次假设，所以在其他国家的一些中世纪数学著作中称之为"双设法"，这种方法可用来解决各种问题。

第八章 方程（共18个问题），都是一次联立方程问题（包括有二至六个未知数），解法和现在一般中学代数学课本中的"加减消元法"基本相同。当时，是用算筹摆出方程的各系数。一个方程摆一个竖行，方程组中有几个方程就摆出几行，这也可说是筹算位置制的又一新发展。特别值得指出的是，本章还引入了负数（用红算筹表示正数，黑算筹表示负数；或者以正摆的算筹表示正数，斜摆的算筹表示负数），并且给出了正负数的加减运算法则。

第九章 勾股（共24个问题），按刘徽的注文解释，本章内容大都是利用勾股定理测量计算"高、深、广、远"的问题。它表明当时测量数学的发达以及测绘地图的水平已达到相当的高度。

### 《九章算术》的意义及其影响

总之，《九章算术》的内容包括了现代小学算术的大部分和中学数学的一部分内容，即包括了初等数学中算术、代数以及几何的相当大部分的内容，有着辉煌的成就，而且它形成了有自己特点的完整体系。这些特点就是：它重视理论，但不是那种严重脱离实际的理论，而在实际的计算方面具有很高的水平，有着一整套在当时世界上堪称是十分先进的筹算算法，用算筹的不同位置和不同摆法，不仅可以表示任意大的数目，而且可以表示一个方程的各次项系数或是表示一个方程组中各方程的系数，进一步又可以表示正数和负数；在数学命题的叙述方法上，也是从实际的问题出发，而不是从抽象的定义和公理出发。这些特点，使得中国数学在许多重要方面，特别是在解决实际的计算问题方面，远远胜过古希腊的数学体系。当然只要人们读一读欧几里得《几何原本》（它的基本思想仍然构成了今日中学几何学的一部分内容），就可以了解到古希腊数学体系确实具有较高的抽象性和力求严谨的逻辑上的系统性。毫无疑问，它也是人类知识宝库中不可多得的珍宝。但也应指出：中国古代数学体系所显示出来的在十进位值制解决实际问题以及在计算技术等方面的显著优点，正是古希腊数学的欠缺之处。后来，正是中国古代数学的这些内容经过印度和中世纪伊斯兰国家而辗转传入欧洲，对文艺复兴前后世界数学的发展，作出了应有的贡献。

就是在中国，《九章算术》对后世也产生了巨大的影响，它一直是人们学习数学的主要教科书。16世纪以前的中国数学著作，从成书方式来看，大都沿袭《九章算术》的体例。从实际问题出发，提供数学解决方法的传统承继不断。后世许多著名的数学家都曾对《九章算术》进行注释工作，并在这些注释工作中不断引入了新的数学概念和方法，从而推动中国古代数学不断前进。

《九章算术》是举世公认的古典数学名著之一，在世界数学史上占有重要的地位。其中关于分数概念及其运算、比例问题的计算、负数概念的引入和正负数的加减运算法则等等，都比印度早八百年左右，比欧洲国家则早千余年。关于联立一次方程组的解法，在印度最早的记载见于 12 世纪的巴斯喀拉（Bhaskara），而欧洲则要迟至 16 世纪才出现正式记载。盈不足术传入阿拉伯国家，被称做"契丹算法"（即中国算法），受到阿拉伯数学家的高度重视。《九章算术》在隋唐时期就曾流传到朝鲜和日本，并被定为教科书，其影响是可想而知的。

## 六　地图测绘技术与疆域地理志

马王堆出土的地图

1973 年，长沙马王堆三号汉墓出土了三幅绘在帛上的地图，它们是地形图、驻军图和城邑图。从图中地名和地图出于汉文帝十二年（公元前 168 年）的墓葬来看，可以断定它们是西汉初年测绘的，距今已有两千一百多年。

战国时期地图的绘制已达到较高的水平。当时的军事地图内容包括有"辕辕之险，滥车之水，名山、通谷、经川、陵陆、丘阜之所在，苴草、林木、蒲苇之所茂，道里之远近，城郭之大小，名邑、废邑、困殖之地"[①]，由此可知地图已有方位、距离和比例尺的制定。刘邦初入咸阳，萧何即收秦律令图书，刘邦因而得以"具知天下阨塞，户口多少，强弱之处"[②]。这些记载生动地描述了战国历秦地图发展的盛况。出土的三幅汉初地图，是当时大量地图的幸存者，它们是战国以来地图测绘技术发展的产物，其内容毋庸置疑地证实了文献记载的可靠性；更为可贵的是，它们提供了汉初地图测绘的精度、测绘技术和当时地图的形制等问题的珍贵的实物资料。

用现代地图同马王堆出土的地形图、驻军图比较量算，可以发现，地形图除南部（该图上为南，下为北）一带没有注记的部分外，其余大都合乎十八万分之一的比例；驻军图的比例尺大些，为八万分之一到十万分之一左右。地形图所示的湘江上游第一大支流潇水流域、南岭、九嶷山及其附近地区的精度相当高。深水（即今潇水）及其支流的水道情况，大部分接近于今地图；居民点各县城，如营浦（今湖南道县）、舂陵（今湖南新田县）、泠道（今湖南宁远县）、南平（今湖南蓝山县）等位置也比较准确；对于山脉逶迤，峰峦起伏的九嶷山和南北走向的都庞岭等的表示相当出色。这些情况表明，地图的绘制必定是以相当科学的测绘方法为基础的，不经实地勘察，没有必要的实测数据、计算方法和一定的制图原则，要达到这样高的精度是不可想象的。在复杂的地形条件下，两远方地物间的距离、方位均不能直接量取，这就必须求助于间接的方法，以保证两地物相对位置的准确性。如就距离而言，就要求对具体地段各临近地物间的距离、方位、高下等要素作实

---

[①]《管子·地图》。
[②]《史记·萧相国世家》。

地的测量和计算，进而求出两远方地物间的水平直线距离，再依据一定的比例尺画在图上。在上一节中，我们已经谈到汉代测算"高、深、广、远"的技术已相当发展，所以这一间接测量法是可能施用的。既然地形图的精度相当高，大概正是使用了这种方法的结果。

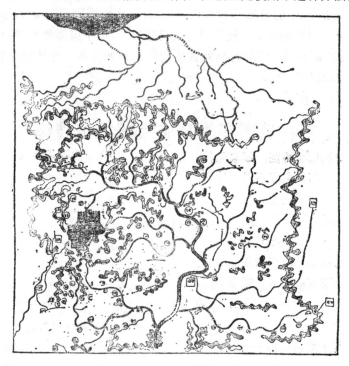

图 4-9  长沙马王堆三号汉墓出土的地形图复原图

地形图长宽各 96 厘米，图上主要内容有山脉、河流、居民点和道路等，已经包括了现代地形图的基本要素。图中已经有了统一的图例：地形图的居民点采用两种符号，县治用方框表示，乡、里用圆圈表示，注记写在方框和圆圈内。水道用上游细、下游逐渐变粗的曲线表示，注记有一定的位置，其中深水和冷水还注明了水源。用闭合曲线表示山脉的轮廓和延伸方向，在闭合曲线内还附加晕线，使山脉十分醒目。对九嶷山的表示更有独创之处，除用较粗的闭合曲线勾出山体外，又用细线画成鱼鳞状层层重叠，表示峰峦起伏的特征，颇像现代的等高线画法。主要山峰用柱状符号表示，而且高度不同。地形图中的道路用细线表示，不加注记。

驻军图长 98 厘米，宽 78 厘米，其范围仅仅是地形图的东南部地区。因为是军事守备图，内容除山脉、河流、居民点和道路外，还标明了驻军的布防、防区界线和指挥城堡等，反映了汉初长沙诸侯国军队守备作战的兵力部署情况。与地形图比较，其不同之处还有：河流、湖泊用田青色；军事重地用黑底套红勾框；居民点用红圈或黑圈，有的旁注户数；军队行动的道路用红色虚线。因此它还是一幅彩绘地图。驻军图不如地形图的地方是山脉的表示方法较为逊色。

此外这些图的清绘技术也是相当熟练的，例如河流粗细变化均匀，河口处没有通常容易绘错的倒流现象。地形图中道路的画法几乎是一笔绘成，看不出有换笔的接头，描绘居民点圆形符号的圆度都很好，等等。

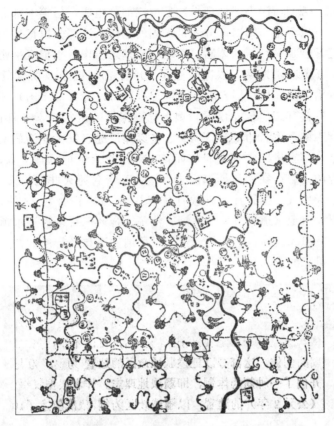

图 4-10　长沙马王堆三号汉墓出土驻军图复原图

这些都说明汉初地图的绘图技术也是相当高的。

地邑图是一个县城的平面图，绘有城垣和房屋等，是汉初又一类型的地图，是后世得到发展的城市平面图的先声。

地图既是人们地理知识的形象而准确的记录，又是测量、计算和绘制等项技术进步的综合产物。出土的这三幅古地图，反映了秦汉时期在这些方面取得的综合性成就，为我国和世界地图学史增添了新的光彩。

《汉书·地理志》的编纂

《汉书·地理志》是我国第一部用"地理"命名的地学著作。在这之前，"地理"一词的含义是指地表的形态而言，并且"地理"与"天文"二者常被放在一定的关系上相提并论。如《周易·系辞》说："仰以观于天文，俯以察于地理。"《淮南子·泰族训》写道："俯视地理，以制度量，察陵陆、水泽、肥墽、高下之宜，立事生财，以除饥寒之患。"这里不但指出了地理是研究大地的陵陆、水泽等的情况，而且进一步说明了研究地理的目的是根据不同的地形条件，因地制宜地从事生产，以解决穿衣吃饭问题。《山经》和《禹贡》等著作描述了一定地区的山川、物产等的分布情况，它们虽不以"地理"命名，但却是我国最古老的地理著作。自《汉书·地理志》出现之后，我国地理学的发展又进入了一个新的阶段。

班固（32—92）著的《汉书·地理志》虽由三部分组成，但第一部分和第三部分都是转录前人的作品，可以不论；第二部分才是班固的创作，这部分以记述疆域政区的建置为主，为地理学著述开创了一种新的体制，即疆域地理志。作者根据汉平帝元始二年（公元2年）的建置，以疆域政区为纲，依次叙述了103个郡（国）及所辖的1587个县（道、邑、侯国）的建置沿革。在郡（国）项下，都记有户口，部分郡（国）还附记某些重要的自然和经济情况；在县（道、邑、侯国）项下，则根据地区特点，分别选择有关山、川、水利、特产、官营工矿、著名的关塞、祠庙、古迹等情况，以极简洁的文字记载下来。全书记录了周秦以来许多宝贵的地理资料，如在上郡高奴县下记"有洧水，可燃"，这是最早的关于石油资源的记载；在西河郡鸿门县下记"有天封苑火井祠，火从地出也"，这里所记的火井，就是天然气。据统计，它载有盐官共36处，铁官共48处，反映了当时盐、铁产地分布的情况；所记水道和陂、泽、湖、池等，合计三百多；记水道，都在发源地所在的县下说明它的发源和流向，较大的河流还记所纳支流和经行里数，这为了解古今水道的改变情况提供了可靠的依据。

图4-11　成都青矼坡出土东汉画像砖火井煮盐图

在《汉书·地理志》的影响下，后世以论述疆域政区建置沿革为主的著作不断涌现。例如二十四部"正史"中，有地理志的有十六部，它们都是以《汉书·地理志》为典范写成的。自唐代以后编修的历代地理总志，如《元和郡县志》、《元丰九域志》和元、明、清的《一统志》等，都与《汉书·地理志》同为疆域地理志性质的著作。宋代以来，大量增加的地方志如各府志、州志和县志等，也无不受到影响。

《汉书·地理志》的写作，是在封建国家中央集权大一统的形势下出现的，并为封建统治者所欢迎和需要。从科学史的角度来看，《汉书·地理志》对于我国的地理学发展的影响是相当大的。因为一方面，它开辟了一门沿革地理研究的领域，这是值得称道的。但是另一方面，在它的影响下，地理学的研究忽视了对于山川本身的地貌形态与发展规律的探索。后来，地理学著作更多地涉及历史学方面的内容，也与《汉书·地理志》为地理著作所建立的体制有一定关系。由于历代编修的疆域政区地理志是我国古代地理著述中最基本最重要的一部分，因此具有传统特色。如果这种传统可以称之为体系的话，那么古代地理学体系的形成是从《汉书·地理志》开始的。

随着经济的发展，疆域的扩大和对外贸易的开展，这一时期，人们关于经济地理和我国边远兄弟民族地区的地理知识以及关于域外地理的知识，都有了较大的进步。《史记》的作者司马迁（公元前145年—?）有着广泛的旅行考察的经历，在其《货殖列传》中，他以敏锐的观察和分析能力，对当时全国经济地理状况作了生动概括的描述。司马迁既论述了各地区经济发展的不同状况，又论述了各地区地理条件和自然资源的异同及其同经济发展的关系，指出了人的活动对于发展经济的能动作用，这些都是关于经济地理学的宝贵知识和思想。司马迁在匈奴、西南夷、东越、南越、朝鲜、大宛等列传中，还记录了关于我国边远地区及国外的地理知识，从而大大扩展了人们的地理视野。这一点在本章第十一节中我们还要谈到。

## 气象知识

主要由于农业生产发展的需要，秦汉时期在气象知识方面，取得的成就也不少。

降水与农业生产关系密切。我国自古对降水情况十分重视，早在秦汉时期，政府就规定要上报作物生长时期的雨泽。秦代因而把它作为一项法令，如湖北省云梦县出土的秦墓竹简中有关农业生产的律文规定"稼已生后而雨，亦辄言雨少多，所利顷数"[①]。汉代也要求"自立春至立夏尽立秋，郡国上雨泽"[②]，即在整个农作物生长期间，各地都要向中央上报降雨情况。这时既然能报雨泽多少，则必有计量单位，但是否已经使用了雨量器，还不很清楚。宋代秦九韶著《数书九章》中有"天池测雨"、"竹器验雪"等计算题，即以各种形状不同的容器中所积雨雪，计算出平地的雨雪量。从算题的内容来看，宋代可能还没有标准雨量器。"天池"是为了防火用的积雨容器，各州郡都有，形状尚无一定标准，可以说是我国雨量器的前身。明永乐二十二年（1424年）曾令全国各州县上报雨量，当时各县以至朝鲜都颁发了雨量器。据记载，明代雨量器圆径七寸；高一尺五寸。[③] 清康熙和乾隆时期，也颁发过雨量器。至今在朝鲜的大丘、仁川等地还保存有乾隆庚寅年（1770年）颁发的雨量器，均为黄铜制，刻有标尺，计高1尺，广8寸。这是世界现存最早的雨

---

[①]《睡虎地秦墓竹简》，文物出版社，1978年，第24页。
[②]《后汉书·礼仪志》。
[③] 朝鲜的《文选备考》。

量器。欧洲直到1639年才用容器收集雨水进行计量。

汉代已用多种风信器观测风向。最简单的一种叫做"伣"，殷墟卜辞已有"伣"字，它可能是一种在长杆上系以帛条或鸟羽而成的简单示风器。《淮南子·齐俗》记载："伣之见风，无须臾之间定矣。"就是说"伣"在风的作用下，没有一刻是平静的。《后汉书·张衡传》说：阳嘉元年（132年）张衡"造候风地动仪"。"候风"和"地动"应是不同的两种仪器，可惜作者对候风仪未加介绍。在后汉或魏晋人所著《三辅黄图》中有两处提到候风仪，一处记台榭时说："郭延生《述征记》曰：长安宫南有灵台，高十五仞，上有浑仪，张衡所制，又有相风铜乌，遇风乃动。"另一处记建章宫时说："建章宫南有玉堂，……铸铜凤高五尺，饰黄金，栖屋上，下有转枢，向风若翔。"这两种候风仪都是铜制的，一作乌状，一作凤形，都能随风转动，以示风向。唐代李淳风著《乙巳占》，比较详细地介绍了两种风信器，或者有助于对《淮南子》中所说的"伣"和《三辅黄图》中所说的"相风铜乌"的了解。《乙巳占·候风法》记载："凡候风者，必于高迥平原，立五丈长竿，以鸡羽八两为葆，属于竿上，以候风。"这种候风羽葆可能就是《淮南子》中所说的"伣"。又记"亦可于竿首作盘，盘上作木乌三足，两足连上，而升立一足系羽下而内转，风来乌转"。汉代的相风铜乌与唐代的相风木乌在构造上可能基本相同。李淳风进一步解释道："羽必用鸡，取其属巽，巽者号令之象，鸡有知时之效，羽重八两，以仿八风，竿长五丈，以仿五音。乌象日中之精，故巢居而知风，乌为先首。"对于风速的观测，汉代的《京房风角》是以"风来处远近"而论风的急缓。《乙巳占·占风远近法》认为风力大"其来远"，风力小"其发近"，并已主要根据树木受风的影响而带来的变化和损坏程度把风力分为八级：（1）动叶，（2）鸣条，（3）摇枝，（4）堕叶，（5）折小枝，（6）折大枝，（7）折木、飞沙石，（8）拔大树及根。至于风向，在战国和汉代著作中常见八方风名。而由八个天干、十二地支和四个卦名组成的二十四个方向在汉代已经出现，《乙巳占》中的占风图，亦列有二十四个风向。

观测湿度的仪器在我国的出现也较早。据《史记·天官书》和《淮南子·天文训》记载，是用"悬土炭"的方法，观测冬至或夏至天气的湿度情况。即在衡（类似现在的天平）的两端，一端悬土，一端悬炭（因炭吸湿性强），以测湿度的变化。那时在冬至前两三天把土、炭分别悬在衡的两端，使之平衡。到冬至日，如果炭重，就说明大气的湿度增大了。测夏至日湿度变化的方法也是这样。同时以阴阳二气的理论进行解释，如《淮南子·天文训》说："阳气为火，阴气为水。水胜，故夏至湿；火胜，故冬至燥。燥故炭轻，湿故炭重。"此后，这种观测炭的轻重变化的器具，就成为"悬炭识雨"的晴雨计了。此外，汉代又能视琴弦的弛张，以测晴雨，如王充《论衡》指出："天且雨，琴弦缓。"因为湿度增大时，弦线也会随之伸长。后来元末明初娄元礼著《田家五行》也说，如果张得很紧的琴弦"忽自宽……主阴雨"。又说"灶灰带湿作块，天将变，作雨兆"。因为草木灰是碳、钾化合物，容易吸收空气中的水汽结成块，若灶膛里干燥的草灰结成块，那是下雨的征兆。

汉代有关天气现象的理论，可以董仲舒和王充的有关论述为代表。董仲舒的《雨雹对》以阴阳二气相互作用的理论阐述各种天气现象如风、云、雨、雾、电、雷、雪、雹的产生，是唯物的。他认为"攒聚相合，其体稍重，故雨乘虚而坠。……风多则合速，故雨大而疏；风少则合迟，故雨细而密"，即雨滴是由小云滴受风合并变重下降而成。风大则云滴合并快，使下降的雨滴大而疏；风小则云滴合并慢，使下降的雨滴细而密。这种认识基本上符合现代的科学原理。王充在《论衡》中也提出了云、雨、雷、电等的形成原因和水分循环理论，详见本章第十节。

## 七  医药学体系的充实与提高

### 《神农本草经》——现存最早的药物学专著

秦汉以来，国内外交通日渐发达，促进了国内各民族之间的交流。西南各少数民族地区的犀角、琥珀、羚羊、麝香，西北各少数民族地区的苜蓿、葡萄、安石榴等，以及南方的龙眼、荔枝等，渐为内地医家所采用。东南亚、中亚、西亚一些国家的药材，也不断输入。这些都丰富了人们的药物学知识。秦汉之际，已有药物专著在民间流行，公乘阳庆传给汉初名医淳于意的《药论》就是其中之一。据《汉书·郊祀志》记载，公元前31年，已有"本草待诏"的专门官职。《汉书·游侠传》记载楼护能"诵医经、本草、方术数十万言"。《汉书·平帝纪》还有诏奉天下知方术、本草等专门人才的记载。这些都表明到西汉时，对药物学的研究不但在官府有专门的机构，在民间也有十分广泛的基础，而且药物学的专著已出现不少。《神农本草经》成书于汉代，是我国现存最早的药物学专著。它是战国、秦汉以来药物知识的总结，而不是出于一时一人之手的著作，对后世药物学的发展有很大的影响。

《神农本草经》共收载药物365种，其中以植物药最多，计252种，动物药67种，矿物药46种。根据药物的性能和使用目的的不同，它分药物为上、中、下三品。上品120种，一般说是毒性小或无毒的，大都是"主养命以应天"的补养药物；中品120种，有的有毒，有的无毒，多兼有攻治疾病作用并能滋补虚弱的药物；下品125种，多是有毒而专用于攻治疾病的药物。这是我国药物学最早的分类法，它明显地受到方士服食的影响，如书中所载上品药物，屡言"长生不老"、"不老神仙"等就是最好的证明。该书对每一味药的记载都较详细，其中包括有药物的主治、性味、产地、采集时间、入药部分、异名等。书中提到主治疾病的名称达170余种，包括内科、外科、妇科以及眼、喉、耳、齿等方面的疾病。根据长期临床实践和现代科学研究证明，书中所载药效，绝大部分是正确的，如利用水银治疗疥疮，麻黄治喘，常山截疟，黄连止痢，大黄泻下，莨菪治癫，海藻疗瘿瘤（甲状腺肥大）等，已为现代科学研究所证实，至今仍具有一定的实用价值。

《神农本草经》在其序录中，概括地记述了当时药物学的基本理论。如关于医方中的主药与辅助药之间的"君、臣、佐、使"的理论，阐明了药物配伍的原则；关于"药有酸、咸、甘、苦、辛五味，又有寒、热、温、凉四气"的"四气五味"说；以及根据药物的性能不同，采用不同的剂型，等等。这些理论反映了当时的药物学已经达到一定的水平。

## 张仲景与《伤寒杂病论》

据《汉书·艺文志》记载，在汉成帝河平三年（公元前 26 年），侍医李柱国校订政府收藏的医书时，就有"医经七家，二百一十六卷"，"经方十一家，二百七十四卷"，其中有记述基础理论的医经，有治疗内科疾病、妇人婴儿疾病的方书，有治疗战伤和破伤风的《金创疭瘛方》，还有专论汤药、饮食禁忌以及按摩、导引的书籍。这是医药学自春秋战国以来又有了新发展的很好说明。正是在劳动人民和无数医家的医疗实践中取得的丰富资料的基础上，张仲景（约 150—219）于 3 世纪初写成了《伤寒杂病论》一书，确立了理、法、方、药（即有关辨证的理论、治疗法则、处方和用药）具备的辨证论治的医疗原则，使中国医学的基础理论更加切合临床应用，从而奠定了中医治疗学的基础。

张仲景，名机，南阳郡（今河南南阳市）人。在《伤寒杂病论·自序》中，他申明了"勤求古训，博采众方"的严谨的治学精神和重视继承前人的医药学成果的科学态度。他十分推崇与熟悉扁鹊、公乘阳庆、淳于意等医家的工作与贡献，而《素问》、《九卷》（即《灵枢》古本名）、《八十一难》（即《难经》）、《阴阳大论》、《胎胪药录》等古典医笈，则是他的重要参考书籍。他提倡"精究方术"，反对巫祝迷信，反对"各承家技，终始顺旧"，提倡以认真严肃和精益求精的态度从事医疗实践。这些都是张仲景在医学上作出重要贡献的原因。

《伤寒杂病论》被后人整理成《伤寒论》和《金匮要略》二书。《伤寒论》是专门论述伤寒一类急性传染病的著作，《金匮要略》则以论述内科、外科、妇科等杂病为主要内容。在诊治急性传染病方面，张仲景出色地总结出六经辨证的原则。对于伤寒的因、症、脉、治，《伤寒论》根据急性热病共有的和特殊的，初期的和晚期的，治疗有效的和误治恶化等所表现的种种症状和体征，归结区分为太阳病、阳明病、少阳病、太阴病、少阴病、厥阴病六大类，每一类病候均以其突出的临床症状、体征和脉象等作为辨证依据，并且从具体病症的传播变化过程中，辨识病理变化，掌握病候的实质，这就是"六经辨证"。通过六经辨证既可以探索各类疾病发生、发展与变化的规律，又能够注意到疾病在每一发展阶段上的特殊性，从而有助于较全面地掌握病变的发展情况，分清疾病的主次、轻重、缓急，并作出比较切合实际的诊断，为论治提供了依据。此外，《伤寒杂病论》已具备八纲（阴、阳、表、里、虚、实、寒、热）辨证的雏形，这是对疾病的诊治获得纲领性认识的重要方法，对后世产生了极深远的影响。

在辨证的基础上，论治既有严格的原则性，又有相当大的灵活性。如一般对三阳病是以消除病邪（驱邪）、对三阴病是以恢复机体抗病能力（"扶正"）为其基本治疗原则，但由于病情不断变化，症候混同出现，又采取了"随症施治"的灵活方法，以准确地抓住病变的主要矛盾，达到预期的目的。它从伤寒和杂病各类病症中，总结出多种治疗大法。后人把它归纳为"八法"，即邪在肌表用汗法，邪壅于上用吐法，邪实于里用下法，邪在半表半里用和法，寒症用温法，热症用清法，虚症用补法，属于积滞、肿块一类病症用消法。这些治疗原则，概括性强，实用价值高，可以根据不同的病情，或单独使用，或相互配合应用。书中还记述了许多可贵的医疗方法，如对肿痈、肠痈、黄疸、痢疾等病的辨证和治疗，直到今天仍有很高的实用价值和疗效。在妇科病方面，对于癔症（脏燥）、闭经、漏下、妊娠恶阻、产后病以及包括肿瘤在内的腹肿块（症病）等，均有详细的记载和行之有效的疗法。对救治自缢的人工呼吸法，也作了具体、生动而又科学的记述，等等。

《伤寒杂病论》共选收三百多药方，它们大都具有用药灵活和疗效显著的特点。对每一味药的应用都比较明确、谨慎，并指出药物相互配合及增减的原则。对药物的煎法、服法（有温服、冷服、分服、顿服等）也作了详细的规定。在所用剂型上，有汤、丸、散、酒、软膏、醋、洗、浴、熏、滴耳、灌鼻、吹鼻、肛门栓、灌肠、阴道栓等等。在制药工艺上，也多有创造，如再煎浓缩和入蜜矫味的方法，散剂中的研磨法、搅拌法和筛法等等。

总之，从辨证到立法，从立法到拟方，从拟方到用药，环环相扣，联系紧密，形成了一整套辨证论治的医疗原则。

华佗的成就

约和张仲景同时的华佗（约2世纪中叶至3世纪初），字元化，沛国谯（今安徽省亳县）人，是以精巧的外科手术和先进的麻醉术而著名的医学家。他行医的足迹遍及今江苏、山东、河南、安徽的若干地区，有十分丰富的医疗实践经验，深受广大人民的热爱和尊崇。他取得的成就反映了秦汉时期医药学发展的又一侧面。

《后汉书·华佗传》有关于华佗使用麻沸散等施行腹腔外科手术的生动描述："若疾发结于内，针药所不能及者，乃令先以酒服麻沸散，既醉，无所觉，因刳破腹背，抽割积聚。若在肠胃，则断截湔洗，除去疾秽，既而缝合，敷以神膏，四五日创愈，一月之间皆平复。"这是说华佗成功地做了腹腔外科手术。他所以能这样高明而成效卓著地进行这些手术，是和他已经掌握了麻醉术分不开的。他以酒冲服麻沸散为麻醉剂。酒本身就是一种常用的麻醉剂，即使现代，外科医生还有应用酒于小儿以进行麻醉的。可惜麻沸散的药物组成早已失传。用酒和药物作临床麻醉，这在世界外科麻醉史上占有重要的地位。纵观上述记载，可见当时解剖术、诊断术和止血术已有较大进步。如果没有生理解剖的足够知识，没有判断发病部位和性质的能力，没有防止手术大出血的必要方法，要成功地施行手术都是不可能的。

华佗提倡用医疗体育锻炼的方法防治疾病，以达到益寿延年的目的。他对弟子吴普说：人应当经常运动，因为适当的运动，能帮助消化，畅通气血，使人不易生病，"户枢不蠹，流水不腐"就是这个道理。他吸取了先秦以来导引术的精华，模仿虎、鹿、熊、猿、鸟的动作姿态，作"五禽之戏"。吴普遵循他的方法锻炼，年九十余，还"耳目聪明，齿牙完坚"。① 这在我国医疗体育史上又写下了光辉的一页。

在医药学的其他领域中，华佗也多有建树。他擅长于察声望色，对脉象有过专门的研究。他"精于方药"，在处方上力求简便精当。在针灸方面，他特别注重选用穴位，以期达到最好的疗效。他创用了沿脊柱两侧的穴位，后世称为"华佗夹脊穴"，至今还在临床中应用着。华佗还十分注意医药技术的传授，所传弟子中有三人最为知名。樊阿善针灸，吴普著《吴普本草》，李当之著《李当之药录》。他们在不同的领域为医药学的发展作出了贡献，而华佗的教诲是功不可没的。

---

① 参见《后汉书·华佗传》。

## 八 造纸术与漆器工艺

### 造纸术的发明和蔡伦的革新

在造纸术没有发明以前,我国古代曾先后使用龟甲、兽骨、金石、竹简、木牍、缣帛等材料记事。直到两汉时期,简牍、缣帛依然是十分重要的书写材料。但随着社会经济、文化的发展,简牍笨重、缣帛昂贵的缺点日益突出。于是,寻求廉价、方便易得的新型书写材料,逐渐成了迫切的社会要求。经过长期的实践和探索,人们终于发明了用麻绳头、破布、旧渔网等废旧麻料制成植物纤维纸的方法,引起了书写材料的一场革命,使之成为交流思想,传播文化,沟通情况,发展生产和科学技术的强有力的工具。

1957年西安市东郊的灞桥出土了公元前2世纪的古纸,纸呈泛黄色,已裂成碎片,最大的长宽约10厘米,最小的也有3厘米×4厘米。经鉴定它是以大麻和少量苎麻的纤维为原料的,其制作技术比较原始,质地粗糙,还不便书写。

我们知道,秦汉之际以次茧作丝绵的手工业十分普及,如韩信未发迹前遇到的漂母,大概就是以此谋生的。这一手工业包括反复捶打,以捣碎蚕衣和置水中漂洗等工艺。而在漂絮时,留在器物上的残絮,晾干后自然形成一层薄薄的丝绵片,这可能给人们发明造纸术以直接的技术上的启示。当然,最初的造纸术,还不能一下子产生用于书写的纸张,但新的道路既已开辟,迫切的社会要求又在催促着技术的改进,可以用于书写目的的纸张的产生当是为期不远的了。

1978年,考古工作者在陕西扶风发掘得西汉宣帝时期的麻纸。在此之前,1977年,考古工作者在甘肃居延肩水金关西汉烽塞遗址的发掘中,也发现了麻纸两块。其中之一,出土时团成一团,经修复展开,长宽为12厘米×19厘米,色泽白净,薄而匀,一面平整,一面稍起毛,质地细密坚韧,含微量细麻线头。显微观察和化学鉴定都表明,它只含大麻纤维。同一处出土的竹简最晚年代是汉宣帝甘露二年(公元前52年)。这些情况表明至迟于公元前1世纪中叶,在遥远的边塞已有了质量较高的纸,这种纸在内地的出现应更早一些,即它是在灞桥纸后约数十年内出现的。从这些事实说明造纸术自发明以后,其技术的进步是很快的。又,在内蒙古额济纳河旁,考古工作者曾掘得属东汉时期,公元2世纪初年的纸张,即所谓额济纳纸,上有六七行残字,这可说是现存最早的字纸实物。

从灞桥纸到扶风、金关和额济纳纸,我们看到纸的发明、改善及确实无疑地用作书写材料的历史状况。正是在造纸术发展的历史进程中,于2世纪初年,出现了蔡伦这一著名的纸的改革家。

蔡伦字敬仲,桂阳(今湖南省耒阳市)人,是汉和帝时的太监,曾负责监制御用器物。他总结了西汉以来造纸的经验,进行了大胆的试验和革新。在原料上,除采用破布、旧渔网等废旧麻类材料外,同时还采用了树皮,从而开拓了一个崭新的原料领域。在技术工艺上,也较前完备和精细。除淘洗、碎切、泡沤原料之外还可能已经开始用石灰进行碱液烹煮。这是一项重要的工艺革新,它既加快了纤维的离解速度,又使植物纤维分解得更细更散，从而大大提高了生产效率和纸张的质量，为纸的推广和普及开辟了广阔的道路。105 年蔡伦把他用树皮、麻头和破布、旧渔网制成的纸，献给汉和帝，很受人们的欢迎，"天下咸称'蔡侯纸'"①。蔡侯纸的出现，在造纸术的发展史上是一件大事，它标志着纸张开始取代竹帛的关键性的转折。20 世纪以来，2 世纪的纸不断在新疆、甘肃、内蒙等地出土，正反映着这一发展趋势。

造纸术的发明和发展，可以大大推动文化知识的迅速传播和提高，是我国古代劳动人民对世界文明的巨大贡献之一。

## 漆器的发展与兴盛

漆器在我国有着十分悠久的历史和卓越的成就。

据记载，"尧禅天下，虞舜受之，作为食器……流漆墨其上……舜禅天下而传入禹。禹作为祭器，墨染其外，而朱画其内"②。这说明在很早以前，人们就已使用在漆中加进红或黑色颜料的色漆修饰食器或祭器了。1960 年前后，江苏吴江县新石器时代晚期遗址中，出土有绘漆黑陶罐，这就印证了文献记载的可靠性。其实漆的使用还可以追溯到更早的时期。1978 年，考古工作者在浙江余姚河姆渡遗址中发掘到一件器壁外有朱红涂料，微有光泽的木碗，经鉴定涂料的光谱与马王堆汉墓出土漆器的光谱相同，这说明距今约七千年前，人们已经开始用漆了。而舜、禹时代的漆器工艺已经经历了一个很长的发展过程。自此以后的漆器遗物也间有发现，1972 年在河北藁城台西村商代遗址中出土有色泽仍十分鲜艳的漆器残片，上有精美花纹并镶有绿松石，说明当时的漆器已相当精美。前此在安阳殷墟中也出土有红色雕花木器印痕。

春秋战国时期，漆器日渐兴盛。这一时期出土的大量漆器，大都质胎坚致，花纹细腻，形象精美，色彩调和鲜艳，反映了漆器技术的高度水平。1957 年、1958 年河南信阳长台关楚墓出土的漆器可为代表，其中漆木鼓架，堪称精绝。据分析，战国时期的一些漆器，可能是用桐油加色漆配成的油彩来绘饰各种纤细的花纹图案的。漆的产量比桐油少，成本比桐油高，把桐油作为稀释剂填入漆中，既可改善性能，又可降低成本。这表明人们大概已经初步认识到漆和桐油的性能，使两者合用，兼收其美。战国漆器彩绘中包括红、黄、蓝、白、黑五色和各种复色，所用颜料大概是丹砂、石黄、雄黄、雌黄、红土、白土等矿物性颜料和蓝靛等植物性染料。就其胎型而言，有木胎、竹胎、皮胎和夹纻胎（用麻布）等，为后世漆器的发展打下了基础。

秦汉时期漆器工艺有了进一步的发展。漆器手工业的规模和范围更加扩大。设有漆器工官的就有十个郡县，其中以蜀郡和广汉郡的金银饰漆器最为著名。"蜀、广汉主金银器，岁各用五百万"③，可见规模之大。"陈、夏千亩漆"，其富"与千户侯等"，更有"木器髹者千枚"、"漆千斗"的"通都大邑"，足见当时漆器业的发达。④ 两汉出土的漆器种类繁

---

① 《后汉书·蔡伦传》。

② 《韩非子·十过》。

③ 《汉书·贡禹传》。

④ 参见《史记·货殖列传》。

多，质量优良，其中长沙马王堆汉墓出土的大批精美的漆器，则是漆器工艺提高的明证。

汉代漆器的制作有相当细致的分工。"一杯卷用百人之力，一屏风就万人之功"①，说的就是这种情形。从出土汉代漆器的铭文，我们看到当时油漆技术的工序有：素工（做内胎）、髹工和上工（上油漆）、黄涂工（在铜制附饰品上鎏金）、画工（描绘油彩纹饰）、泂工（雕刻铭文等）、清工（最后修整）等，开始于素工，完成于清工，井然有序。此外还有供工（负责供料）、造工（管全面的工师）以及护工卒史、长、丞、掾、令史、佐、啬夫等监造工官，组织十分严密。各工种的工人各尽所长，分工合作，使漆器生产工艺日臻完善，盛极一时。

秦汉以后，由于瓷器的发展，漆器日用品如杯、壶、盘等渐为瓷器所替代，但漆器技术仍有发展。如魏晋南北朝时期得到进一步发展的脱胎工艺（先借木骨泥模塑造底胎，再往外面粘贴几层麻布，于麻布上髹漆彩绘，然后除去泥模，遂成中空漆器的工艺）和唐代创制的剔红技术（把朱漆层层涂在木或金属胎上，每上一道漆就用刀剔出深浅花纹图案，显示有立体感的图像的技术）等，都为漆器的发展开创了新的道路。

图 4-12　长沙马王堆一号汉墓出土的漆案及杯盘

我国的漆器和髹漆技术先后传到朝鲜、日本、东南亚，以及中亚、西亚各国，并传到欧洲，受到世界各国人民的重视和欢迎。

## 九　建筑、交通及纺织技术

### 秦汉长城

万里长城是世界建筑奇迹之一，它以雄伟壮观、工程浩大闻名于世。长城的修筑是从战国时期开始的，它是为防御北部游牧民族南侵和各诸侯国之间进行自卫而兴建的。秦始皇统一中国以后，为了防范匈奴的突然袭击，把燕、赵、魏等诸侯国的长城连接起来。用三十万人力连续十多年，筑成了西起甘肃临洮（今岷县），沿黄河到内蒙古临河，北达阴山，南到山西雁门关、代县、河北蔚县，经张家口东达燕山、玉田、辽宁锦州并延至辽东的万里长城。

---

① 《盐铁论·散不足》。

汉代除重建了秦长城外，又修筑朔方长城（内蒙古河套南）和凉州西段长城。后者包括北起内蒙古额济纳旗居延海，沿额济纳河到甘肃金塔县北的北长城；从金塔县经破城子、桥湾城到安西县的中长城和从安西县经敦煌城北直达大方盘城、玉门关进入新疆的南长城。它们是汉武帝时期开始修筑的。据居延出土的汉简记载，长城的修筑"五里一燧，十里一墩，卅里一堡，百里一城"，这同实地考察的结果大体相符。

秦汉长城的遗迹至今仍历历可寻。据考察，秦长城多就地取材，用夯土筑成。从敦煌西南玉门关一带汉长城看，墙身残高4米，下部宽3.5米，上部宽1.1米，也是用土夯成，距地面50厘米开始铺纵横交错的一层芦苇，厚6厘米，作为防碱夹层，可使墙身坚固，不易倒塌。在金塔县和额济纳旗，还存留烽火台二百多座，台平面呈正方形，每边17米，高25米左右，蔚为壮观。它也是由夯土或土坯筑成，施工中亦采用芦苇。至今仍有许多烽火台除四角剥蚀外，其余部分都还完好。

秦汉长城雄踞于我国北部河山，绵延万余里，构成了一个比较完整的防御体系，无论对抵御匈奴等游牧民族的侵扰，还是为保证丝绸之路的畅通，都起了重要的历史作用。而在如此辽阔的地域，在崇山峻岭、流沙、溪谷之间，构筑如此庞大、艰巨的工程，表现了中华民族的磅礴气概和聪明才智，也反映了当时测量、规划设计、建筑和工程管理等的高超水平。

## 木结构与砖结构技术

战国时期已经盛行的高台建筑，仍是秦和西汉时期宫殿建筑的主要形式。所谓高台建筑是一种夯土和木结构相结合的建筑形式，它把许多单体建筑聚合在一个阶梯形夯土台上。如秦代建成的咸阳新宫、朝宫等都是在夯土台群上修建的庞大宫室殿屋群，周围修筑高架的道路（"阁道"）同其他的"离宫别馆"相通，极其华丽壮观。秦于公元前230年开始兴建新宫，前后经十年的时间，先建成信宫，作为咸阳各宫室的中心，随后又建成甘泉宫、北宫等，构成了一组大建筑群。"秦每破诸侯，写仿其宫室，作之咸阳北阪之上"①，所以，咸阳新宫吸取了六国建筑的不同形式特征，可视为战国以来宫殿建筑的集大成的产物。公元前212年，秦始皇又兴建一组规模更为庞大的建筑群——朝宫，其前殿即著名的阿房宫，"先作前殿阿房……上可坐万人，下可建五丈旗。周驰为阁道，自殿下直达南山，表南山之颠以为阙。为复道，自阿房渡渭，属之咸阳"②。这些宫殿大都采用了高台建筑的形式，西汉时期在长安城先后修建许多宫殿的形式也是如此。

在西汉时已出现的多层建筑，到东汉时期得到了迅速发展。从出土的明器、画像砖和铜器上，用木架构成的多层楼阁和封建坞壁的门楼、望楼等，就是这一建筑形式的生动说明。这是在梁柱上再加梁柱的迭架技术的应用，表明了木结构技术的重大发展，奠定了后世木构高层建筑技术的基础。

中国古代建筑特有的"斗拱"结构（"斗"是斜方形垫木，"拱"是弯长形拱木），在战国时期已经出现，在汉代又有很大发展。其形式多样，有直拱、人字拱以及单层拱、多

---

① 《史记·始皇本纪》。
② 《史记·始皇本纪》。

层拱等。四川乐山汉代崖墓的斗拱就有六七种式样的曲拱。斗拱与挑梁、斜撑同时发展，既用以承托屋檐，也用以承托平座，是建筑结构本身的一个重要组成部分。"斗拱"结构的出现，说明已有了关于合力、分力等经验性力学知识。

图 4-13 山东高唐县出土的东汉多层绿釉陶楼阁（明器）

    建筑的屋顶也出现了多种形式，如四坡顶、歇山顶、卷棚顶、悬山顶、四角攒尖顶等，具有丰富生动的造型特征。

    砖与砖构技术，在秦汉时期也得到了很大发展。西周已出现了铺地砖与瓦，从而开辟了新的建筑材料和结构领域，对于建筑质量的提高有着重要的意义。战国时期出现的空心砖和小条砖，到秦汉时期已被大量用作建筑材料。由于小条砖具有制造容易，承重性强，砌筑方便，可灵活应用等优点，到西汉晚期最终取代了空心砖。秦汉时期小条砖逐渐趋向模数化，长、宽、厚的比例约为 4:2:1，使在垒砌墙体时，可灵活搭配。为了防止砖块脱落，人们还创造了榫卯砖、企口砖、楔形砖等。这些都是人们在实践中取得的科学合理的方法。

图 4-14 建筑屋顶示意图

初期的砖砌法，砖与砖之间缺乏联系，经过不断实践与总结经验，砖墙的砌法就朝着相互拉结的方向发展，使得砖墙有较好的整体性，既稳固，又能承受压力和推力。在战国时期已出现的数种垒砌技术的基础上，秦汉时期更有式样新颖的垒砌新技术的出现，使墙体既坚固又美观。关于砖顶结构，两汉有重大的发展。西汉中叶盛行筒拱结构，用条砖，其特点是二边支承；西汉末年出现了拱壳结构，特点为四边支承，它是由拱顶平面为十字交叉、等高的两个筒拱相互贯通穿插而成，充分发挥了砖材耐压的性能。在施工技术上采用了无支模施工法。虽然当时拱壳的跨度不大，但其结构性质，仍与现代的双曲拱砖扁壳类同。东汉时期出现了一种新的砖结构形式——迭涩结构。它保持了拱壳结构的外形，采用上下砖之间的砖缝成水平的逐层出挑成顶的方法。这种砌法较之不断地改变砖缝面角度的拱结构，在施工上要简便得多。所以该结构的出现，乃是探索一种简便的砖拱结构施工方法的结果。

驰道与栈道

驰道和栈道的修建，是秦汉时期规模宏大的筑路工程，对于陆路交通的发达，促进经济文化的交流，具有重大的意义。

秦始皇统一中国后，下令筑驰道。以咸阳为中心的，计有东方大道（由咸阳出函谷关，沿黄河经山东定陶、临淄至成山角）、西北大道（由咸阳至甘肃临洮）、秦楚大道（由咸阳经陕西武关、河南南阳至湖北江陵）、川陕大道（由咸阳到巴蜀）等。还有江南新道，南通闽广，西南达广西桂林；北方大道，由九原（今包头）大致沿长城东行至河北碣石，以及与之相连的从云阳（陕西淳化）至九原的长达一千八百余里的直道，等等。1974年，在伊克昭盟发现了长约百米的直道遗迹，路面残宽约22米，断面明显可见，现存路面高1米至1.5米，用红砂岩土填筑。从直道遗迹可以看到南北四个豁口遥遥相对，连成一线，这同《史记·蒙恬传》所载"堑山堙谷，通直道"的记载正相吻合。由此可见驰道工程的庞大和艰巨。

栈道的修筑始自战国时期。公元前三世纪，秦国为了开发四川，就修筑了栈道，正如蔡泽所说"栈道千里，通于蜀汉，使天下皆畏秦"①。到西汉前期已有嘉陵故道、褒斜道、傥骆道和子午道四条通蜀的栈道。其中褒斜道长五百余里，路面宽3～5米不等。栈道盘旋于高山峡谷之间，因地制宜采用不同的工程技术措施，或凿山为道，或修桥渡水，或依山傍崖构筑用木柱支撑于危岩深壑之上的木构道路，表现了在筑路工程中，适应十分复杂的地形条件的出色的技术能力。栈道是川陕间的交通干线，历代屡屡修建，在经济文化交流和战略方面都发挥了重要的作用。

陆路交通的主要工具是各种车辆，大多为两轮车，其设计因不同的用途而异，有的适于载重，有的利于速行，有的轻便舒适。还有灵活适用的独轮车和稳定性强、载重量大的四轮车等。辽宁辽阳西汉遗址出土有铁车辖（车轴承）、车锏（铁圈）等物，说明汉代已在车轴上加铁圈，使铁与铁相磨，其间加上油脂润滑，增强了车轮的牢固性，减少了车轴承的摩擦力。

### 水路交通与船舶技术

与陆路交通相并行的是水路交通的发展以及造船业的兴盛。

秦始皇统一六国后，为进一步完成统一大业，克服五岭障碍，解决运送军粮问题，派史禄领导开凿了一条灵渠。灵渠位于广西兴安县。灵渠选取湘江上游海洋河某处，用石筑成分水"铧嘴"和起溢洪作用的大小"天平"，令湘水分流入南北两条水渠，北渠仍通湘

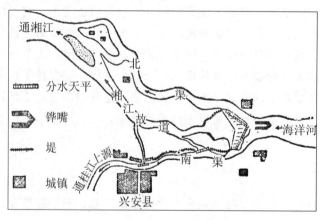

图4-15 灵渠工程示意图

---

① 《史记·范雎蔡泽列传》。

水，南渠和漓水相通。这样就连接了湘水和漓水，沟通了长江和珠江两大水系。南、北渠和"铧嘴"、大小"天平"等便是灵渠的主要工程。当海洋河流来的水大时，洪水由大小天平溢入湘江故道，可保证灵渠的安全。南渠长三十余里，宽约 5 米，合理地选在与湘、漓二水相距很近的地段，这里水位相差不大。由于地势险峻，为使水势平缓，便于行船，灵渠选取了迂回的路线，相对增加了渠道长度，从而降低了河床的比降。由此可见，灵渠的总体布局和具体设计都是很科学的，它在我国和世界航运史上都占有非常重要的地位。

　　汉代已有比较完整的水军体制，发展了用途不同、类型多样的船舰。它是在春秋战国时期的基础上发展起来的。据史籍记载，春秋战国时期较大的水战就不下十余次，它已成为各诸侯国间发生的重要战役的重要组成部分。当时许多诸侯国纷纷建立了水军，拥有多种类型的大小船舰。据《越绝书》记载，吴国就有五种船型，"大翼者当陵军（陆军）之重车，小翼者当陵军之轻车，突冒者当陵军之冲车，楼船者当陵军之行楼车，桥船者当陵军之轻足骠骑也"。河南汲县出土的战国水陆攻战铜鉴上的纹饰绘有两层甲板的楼船，下层有桨手多人在用力划桨，上层有战士多人，或击鼓、或射箭、或使枪，生动地反映了水战的场面。它同文献记载一起，有力地描绘了这一时期水战及船舰结构的历史状况。汉代的水战也很频繁，船队十分庞大，一次战役能出动楼船二千余艘，水军达二十万人左右，分别由"楼船将军"、"横海将军"、"戈船将军"、"下濑将军"等统领。船型有在舰队最前列的冲锋船——"先登"，有用于冲突敌船的狭长战船——"蒙冲"，有轻快如奔马的快船——"赤马"，有上下都用双层板的重武装战船——"槛"。更有多层高大的楼船，有两层的，第二层舱室叫"庐"；有三层的，第三层舱室叫"飞庐"；有四层的，第四层叫"爵室"。《后汉书·公孙述传》还有"造十层赤楼帛栏船"的记载，其高大壮观可以想见。汉代楼船等的出现是我国古代造船技术初步成熟的标志。

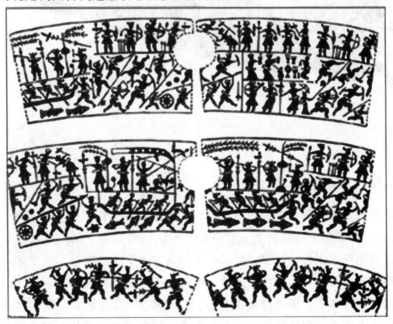

图 4-16　河南汲县出土战国早期水陆攻战铜鉴

有人认为，1974年在广州发掘的秦汉遗址，是当时船舶建造规模宏大和技术先进的说明。认为它是一造船工场，它由三个平行排列的造船台，船台和滑道相结合，滑道由枕木、滑板和木墩组成，外形同铁路相似。在船台造船，由滑道下水，这是一种相当先进的造船设施。而且由船台两滑板中心间距分析，还认为该工场能造 3.6～8.4 米宽的船舶，在滑板上平置两行木墩，共十三对，两两相对排列，用以承架船体，其高度约为 1 米，便于在船底进行钻孔、打钉、舱缝等作业。但是，也有人认为它并不是造船工场，而是古代水上建筑遗址。所以，这个问题还有待进一步的研究与探讨。

汉代船舶技术的进步还表现在橹、舵和布帆等的发明和应用。东汉刘熙在《释名》中说："在旁曰橹，橹，膂也。用膂力然后舟行也。"橹是比桨效率高的推进工具，桨只有向后拨水时才作实功，而橹在整个运动过程中都作实功，俗话说"一橹三桨"，说的正是这种情形。船尾舵的出现大概在两汉之交，它使人们能够轻便灵活地掌握特定的航向。1955年广州近郊东汉墓中出土的陶船明器，船尾有舵，它比近代的舵稍长些，装置情况也有所不同，是一种早期的船尾舵，还保持着从梢发展变化而来的迹象。它的出现是船舶技术的重大进步。此外，据《释名》说，"随风张幔曰帆，帆，汎也，使舟疾汎汎然也"。这说明东汉已经使用了布帆，它是利用风力解决船舶动力问题的重大发明。

图 4-17　广州近郊东汉墓中出土的陶船（明器）

## 马王堆出土的纺织品

秦汉时期各种纺织品的质量和数量，都较前大为提高。汉武帝元封元年（公元前 110 年），汉政府自民间征集的绸帛就达五百万匹，可见当时纺织业的兴盛状况。长沙马王堆汉墓出土的大量纺织品，反映了当时纺织技术的高度水平。经鉴定，马王堆出土丝织品的丝的质量是很好的，丝缕均匀，纵面光洁，单丝的投影宽度和截面积同现代的家蚕丝极为相近，表明养蚕方法和缫、练蚕丝的工艺已相当进步。"薄如蝉翼"的素纱织物，最能反映缫丝技术的先进水平。这种轻纱从观感上来说，简直可以和现代的尼龙纱相媲美。其中有一块宽49厘米、长45厘米的纱料，重量仅2.8克。一件素纱襌衣长160厘米，两袖通长190厘米，领口、袖头都用绢缘，而总重量只有48克，纱的细韧是可想而知的。这样的丝，在缫丝工艺、设备、操作各方面没有一定水平，是根本生产不出来的。数量最多的平纹织物——绢，其经线密度大都在每厘米80~100根之间，最密的达164根，纬线密度一般都在经线密度的$\frac{1}{2}$到$\frac{2}{3}$之间，这说明已有了相当先进的织机。在提花织物中有素色提花的绮、罗以及用不同的彩丝织成的锦。其纹样繁多美观，有菱纹、对鸟纹、矩纹等等。对其中个别纹样的分析证明，它是用比较先进的提花机织成的。特别要指出的是，这些纺织品中还发现有起毛锦织物，它是利用较粗的经线在应该提花显纹的地方织成绒圈，使花纹处高出织物，从而有明显的立体感。经研究，它的织造要在通常的提花装置外，还得有能够织入起绒的方法才行。这种技术是我国后来的起绒织物（漳绒，即今天鹅绒或称平绒）的先声。对麻织物的分析表明：此时的麻纺织技术，在脱胶、漂白、浆碾等方面都达到了较高的水平。在染色方面，不论是植物性还是动物性染料的应用，都大有进步。经研究，其中浸染的颜色品种有29种，涂染的有7种，以绛紫、烟、香、墨绿、蓝黑和朱红等色染得最为深透均匀。

图4-18　长沙马王堆一号汉墓出土的素纱襌衣

总之，马王堆绚丽多彩的纺织品，表明了纺织技术无论是原料和产品的处理、织物的织造或织机性能都达到一个新的高度。而由一些文献和出土文物，我们可以得知秦汉时期出现的一系列纺织机械，则从另一个侧面说明这一点。

图 4-19　汉画像石上的纺车图

**纺织机械**

　　手摇纺车,《方言》称之为繀车。在山东滕县宏道院、江苏沛县留城镇和铜山洪楼等地出土的画像石上,所画纺纱情况,都是有关当时纺车的描绘。从这些画像可看出,汉代的纺车是由一个大绳轮和一根插置纱锭的锭子组成。绳轮和锭子分装在木架的两端,另以绳带传动。和后世所用,大致相同。纺车既可加捻,又能合绞,和纺坠比较能较大地提高制纱的速度和质量。

　　布机,是一种织造一般布帛的机械。我国最初使用的布机,多半是前面提到的原始腰机。但至秦汉时期,早已超越这个阶段。在江苏泗洪等地出土的画像石上,可以看到当时布机是由椟经轴、怀滚、马头、综片、蹑(脚踏木)等主要部件和一个适于操作的机台组成。其中最重要的是机台和蹑。由于采用了这两种设备,可以为操作者创造出一个比较好的工作条件和用脚提综变交,腾出手来更快地投梭引纬、打纬,从而提高了织布的速度和质量。

　　提花机,是从一般布机发展而来的,但比一般布机复杂得多,能织造复杂的花纹组织。据汉代王逸的《机妇赋》所载,汉代的提花机是"兔耳跧伏,若安若危。猛犬相守,窜身匿蹄。高楼双峙,下临清池。游鱼衔饵,瀺灂其陂"。"兔耳"是控制怀滚的装置,"高楼"即花楼,"猛犬"是对于引杆行箱的迭助木的形容,"游鱼衔饵"是对于综丝的形容。它已经具有机身和装造系统的联合装置,基本上具备了我国传统提花机的各种主要部件,从性能方面来看,能够织制任何复杂变化的纹样。

　　这些纺织机械,在当时世界上都是很先进的工具,均居于遥遥领先的地位。其中提花机在七八世纪和 12 世纪,先后两次传到欧洲,对欧洲提花技术产生了深远的影响。

图 4-20 山东滕县宏道院汉画像石上的纺车与布机

## 十 学术思想和王充《论衡》

**董仲舒的"天人感应"说及其影响**

秦始皇统一中国以后,采取了一系列严厉的加强思想统制的政策,其出发点固然是为了加强中央封建集权的统治,但它使战国时期十分活跃的学术思想受到禁锢,对于科学技术的发展产生了不利的影响。西汉前期,思想的统治相对减弱,战国时期诸子百家的学说又有复苏的倾向,汉文帝时,"天下众书,往往颇出,皆诸子传说,犹广立于学官,为置博士"①,这说明各家还有相当的影响,尤其是道、儒、法、阴阳、纵横各学说,又都有所抬头,学术思想呈现比较自由的景象。这种情况对于当时科学技术的发展起着一定的作用。

汉武帝为了封建"大一统"的政治需要,采纳董仲舒(约公元前179年—前104年)"罢黜百家,独尊儒术"的建议,确立了儒家的正统地位和今文经学派的官学地位。董仲舒从解释儒家的经典着手,建立了一整套神学世界观,使儒学走上了宗教化的道路。他提倡"天人感应"的神学目的论,在政治上论证了封建专制统治的合法性与合理性。它虚构天的至高无上,以树立皇帝的最高权威,来维护和加强地上君主的统治。就对科学技术的

---

① 《汉书·楚元王传》。

影响而言，它排除了进行科学探索的必要性，而用唯心主义、形而上学的说教代替了，也一劳永逸地完成了自然科学的任何研究。它认为宇宙内的一切，从自然界、社会和人类的所有现象，都是照着天的意志而显现的。"天者万物之祖，万物非天不生"① 也，而天创造万物的目的是为了养活人，即所谓"天之生物也，以养人"②，天又完全依照它自身的模型塑造了人，人的形体、精神、道德品质等等，都被说成天的复制品，与天相符的。这样"天人感应"就成为必然的了。于是灾异被认为是天的谴告，"灾者，天之谴也，异者，天之威也"③。春、夏、秋、冬四季变化则是天的爱、严、乐、哀的表现，天气的暖、清、寒、暑则以帝王的好、恶、喜、怒来解释，等等。它几乎要窒息人们对自然现象的规律进行探索的任何生机，对科学技术的发展产生极大的阻碍作用。

在汉武帝时期，由于董仲舒的这一套神学世界观刚刚确立，非正统的所谓异端思想还在进行顽强的反抗。"欲以究天人之际，通古今之变，成一家之言"④ 为抱负的司马迁，正是这样的代表人物。他反对在科学知识上面附上宗教迷信，使人"拘而多畏"，他批评"巫祝礼祥"的迷信思想，对"天人感应"的神学世界观持批判的态度。在《史记》中，司马迁在同自然科学有关的一些问题上，显示了自己广博学识和求实精神，其《天官书》是我国现存第一篇系统地描述全天星官的著作；《历书》则表达了他关于历法的主张；《律书》、《河渠书》、《货殖列传》等则有关于音律学、水利、地理知识的记述。而且司马迁所开创的在史书中记录科学技术史料的先例，为后世所遵循。他的首创之功，是不可湮没的。

我们还看到，诸子百家的学说在一些郡国还有一定影响，如淮南王刘安也正在这时召集宾客写成阴阳、儒、道、名、法毕集的著作《淮南子》。所以，这时的学术思想虽已向僵化的方向发展，但还有较大的活动余地。但到了甘露三年（公元前 51 年）汉宣帝召集各地儒者到长安的石渠阁开会，讨论经义异同，把董仲舒的思想体系推到了唯一官学的地位；同时还禁封了诸子百家以及司马迁的著作，甚至由西汉王朝分封出去的刘姓诸侯王手中的这些著作也在禁封之列。从此以后，僵化的神学世界观广为泛滥。自汉武帝到西汉末年，今文经学大师前后多至千余人，有些经书的注释增加到一百余万字，"幼童而守一艺，白首而后能言"⑤，"学者劳思虑而不知道，费日月而无成功"⑥，在神秘主义和复古主义的严重影响下，不知耗费和埋没了多少有用之才。

古、今文经学派的对立及其影响

西汉末年，随着社会危机的加剧，谶纬之说盛行起来。谶是巫师和方士编撰的谜语式的预言和启示，作为凶吉的符验或征兆；纬是解经家在经的章句以外附会出的一套迷信。所以谶纬是神学和庸俗经学的混合物，其中虽然也包括一些天文、历法和地理知识，但大

---

① 《春秋繁露·顺命》。
② 《春秋繁露·服制象》。
③ 《春秋繁露·必仁且知》。
④ 《汉书·司马迁传》。
⑤ 《汉书·艺文志》。
⑥ 《中论》。

部分充满着神学迷信的内容。这时今文经学同谶纬之说结合起来,更成为十分荒谬、烦琐、庸俗的混合物,成了统治阶级的思想武器。今文经学的这一恶性发展,更排挤了科学研究工作的位置,成为科学技术发展的严重障碍。

东汉的统治者一开始就利用谶纬之学,并力图把它合法化。汉光武帝于中元元年(56年)"宣布图谶于天下"①,把图谶国教化。汉章帝更于建初四年(79年)召集白虎观会议,写成《白虎通义》一书,完成了谶纬国教化的法典,使今文经说完全宗教化和神学化了。

科学每前进一步,都要冲破"天人感应"说和谶纬之学的网罗才有可能。也就在西汉末年,扬雄在神秘主义的迷雾中开始觉醒,他作《法言》,反对神仙迷信、星占卜筮,反对董仲舒土龙致雨的迷信,表现出较强烈的无神论倾向。另外,刘歆在整理国家图书馆的藏书时,发现了一批古文经,并了解到这些古文经在民间的传授情况,极力提倡古文经学,使古今文经学两大派别间的斗争公开化了。东汉早期,出现了一批古文经学家,他们在争取自己学派的学术地位的斗争中,坚决反对谶纬之说,成为反对谶纬迷信的一支活跃的力量。桓谭(约公元前23年—公元50年)认为谶纬之学是"奇怪虚诞之事",并曾当着光武帝的面"极言谶之非经"②。桓谭的勇敢行为,说明当时思想界一些比较先进的人们反对谶纬之说的坚定态度。在所著《新论》中,桓谭指出"天非故为作也"③,"灾异变怪者,天下所常有,无世而不然"④,反对天有意志、有目的,反对"天人感应"的理论,对流行已久的神学目的论提出挑战。他以蜡烛和烛光形容人的形体和精神的关系,认为形毁神亡犹如烛尽光灭。他又认为"生之有长,长之有老,老之有死,若四时之代谢"⑤,把人的生死现象看成是一种自然现象。这对秦始皇、汉武帝以来,方士者流所宣扬的"长生不老"术是有力的批判。桓谭的这些见解,在当时有进步积极的意义。我们还看到,这时,就连在斗争中动摇不定、比较温和的贾逵,也曾力数谶纬之说的弊端,这则说明了思想界反对谶纬之说的广泛性。这种反对谶纬迷信的思想斗争,对于两汉科学技术的发展产生了一定的积极影响。

**王充及其《论衡》**

东汉早期还出现了伟大的唯物主义思想家王充(27—约97)。王充,字仲任,浙江上虞人。他十分推崇司马迁、扬雄、桓谭等人,继承了这些先行者的叛逆精神,与"天人感应"的神学目的论和谶纬迷信进行了针锋相对的斗争。在斗争中,王充建立了一个反正统的思想体系,无论在当时还是后世都产生深远的影响。

王充在他的名著《论衡》中,充分利用科学知识为武器,无情地批判"天人感应"说和谶纬迷信。这些科学技术知识有的是当代的成果,有的则是王充本人对自然现象认真地

---

① 《后汉书·光武帝纪》。
② 《后汉书·桓谭传》。
③ 《新论·祛蔽》。
④ 《新论·谴非》。
⑤ 《新论·形神》。

观测研究的心得。于是，《论衡》不但是我国古代思想史上一部划时代的杰作，而且也是我国古代科学史上极其重要的典籍。由《论衡》我们看到，一方面正是王充冲破了正统思想的束缚，而在科学技术一系列问题上提出了精辟的见解；另一方面，正是王充勤奋学习，努力掌握当代的科学技术知识，有时还亲身参加科学实践，从而获得同正统思想作斗争的勇气和力量，并为阐明自己的思想体系提供了有力的论据。

王充继承、发展了古代的元气学说，以元气自然说与神学目的论相抗衡，从而体现出两个思想体系"两刃相割"的总态势。王充认为"天地，含气之自然也"①，"天地合气，万物自生，犹夫妇合气，子自生矣"②，即认为天地万物都是由"元气"自然而然地构成的，既然天与万物一样，都是客观存在的自然实体，那么天主宰万物的神圣地位也就被取消了。王充提出天无口耳手足，并用形式逻辑的方法，否定了天有意识等正统观念。

元气自然说是王充说明许多自然现象的重要出发点，在批判"天人感应"说和各种迷信思想时，他更从具体地考察自然现象的特殊性入手，以无可辩驳的科学事实，给予强有力地批判。

针对董仲舒土龙致雨的迷信，王充考察了云雨产生的自然机制。他指出"雨露冻凝者，皆由地发，不从天降也"③，即雨并不是天上固有的，而是由地气上蒸，遇冷"冻凝"而成的。先是"云气发于丘山"④，而后"初出为云，云繁为雨"⑤，从而科学地解释了降雨的机制。既然云雨是有规律可循的自然现象，那么一些向天求雨止雨的举动都不过是无用的蠢事。王充还指明了云、雾、露、霜、雨、雪等，只是大气中的水在不同气温条件下的不同表现形式，这是王充在同迷信的斗争中取得的合乎科学的可贵见解。

对于雷电是所谓"天怒"的表现，雷电击杀人是"上天"惩罚有罪的人的说法，王充也给予有力地驳斥。他认为雷电是由"太阳之激气"同云雨一类阴气"分争激射"而引起的，这是关于雷电成因的直观、朴素的猜测。由此，王充用自然界本身的原因说明了雷鸣电闪只是一种自然现象，而绝不是什么"天怒"。依此，王充还说明雷电发生的季节性，"正月阳动，故正月始雷；五月阳盛，故五月雷迅；秋冬阳衰，故秋冬雷潜"，驳斥了所谓"夏秋之雷为天大怒，正月之雷为天小怒"的无稽之谈。王充还用"雷者，火也"，"人在木下屋间，偶中而死矣"⑥，说明雷电击杀人的现象。

与把虫灾的发生同贪官污吏为害等同起来的观点不同，王充把这两者区别开来。他指出虫的特性和一定的生长条件，"甘香渥味之物，虫常生多"，"然夫虫之生也，必依温湿，温湿之气，常在春夏，秋冬之气，寒而干燥，虫未曾生"，并且注意到虫有它们自己的生活史，"出生有日，死极有月，期尽变化，不常为虫"⑦，进而谈到干暴麦种、煮马粪汁浸种和驱赶蝗虫入于沟内加以消灭等防治病虫害的方法。这些认识和措施都是与"天罚说"

---

① 《论衡·谈天》。
② 《论衡·自然》。
③ 《论衡·说日》。
④ 《论衡·感虚》。
⑤ 《论衡·说日》。
⑥ 《论衡·雷虚》。
⑦ 《论衡·商虫》。

相对立的。

针对潮汐现象是鬼神驱使而生的迷信说法,王充把潮汐涨落同月亮盈亏联系起来,指出"潮之兴也,与月盛衰,大小,满损不齐同"。同时,他还注意到河道"殆小浅狭,水激沸起"①的现象,并以此作为说明涌潮现象产生的一个原因。这些科学的创见,对于有神论都是有力地打击。

王充还对人的生死变化作了唯物主义的解释。他认为"阴阳之气,凝而为人,年终寿尽,死还为气","人之所以生者,精气也,死而精气灭。能为精气者,血脉也,人死血脉竭,竭而精气灭","形体朽,朽而成灰,何用为鬼"②。对于那些"道术之士",企求"轻身益气,延年度世"的荒诞思想,王充也予以批驳,提出了"有始者必有终,有终者必有始。唯无终始者,乃长生不死"③,把认识提到了新的高度。这里王充利用当时的医学成就,继承了桓谭等人关于形神关系的唯物见解以及对"长生不老"术的批判,阐发了无神论和朴素辩证法的观点,对当时和后世鬼神迷信观念都是有力地抨击。

在王充的思想中,也包含有宿命论等唯心主义的糟粕。他对一些自然科学问题的见解也不尽正确,甚至落后于他的同时代人,这一方面同当时科学发展的水平,也同王充本人存在的片面的思想方法有关。但是王充毕竟建立了一套反封建神学的"异端"思想体系,而且在同"天人感应"和各种迷信思想的斗争中,王充所应用的科学武器涉及天文、物理(力、声、热、电、磁等知识)、生物、医学、冶金等领域,这反映了王充有关于科学技术的渊博知识,更反映了当时科学技术的发展水平。王充的出现,代表着当时人们要求从实际出发,探索自然界发展规律的社会要求。又由于生产的发展,人们接触到越来越多的感性知识,这就要求突破旧的思想的束缚,开拓科学技术发展的新道路。王充唯物主义思想体系的建立,是这一时代的产物,它确实为新道路的开拓提供了锐利的武器。

## 十一　中外交通和科技文化交流

秦汉时期中外交通贸易得到了较大的发展,我国同各国人民的往来日趋频繁,这既增进了友谊,又加强了科技文化的交流。我国当时相当发达的科技文化,对许多国家的社会经济发展产生了一定的影响,各国的优秀科技文化也不断丰富着我国的文明宝库。

### 海路交通

我国同朝鲜、日本之间的交通开辟较早,在朝鲜和日本都曾有汉代文物出土。汉武帝时,日本国土上的百余个小国中有三十多个小国通过朝鲜与中国交往。通往印度尼西亚的海路也已开辟,考古学家在印度尼西亚发现了不少汉代文物,是当时经济文化交流的见证。

---

① 《论衡·书虚》。
② 《论衡·论死》。
③ 《论衡·道虚》。

据《汉书·地理志》记载，汉武帝时曾派使臣、贸易官员和应募商民，从广东徐闻、合浦等地出发，行船约五个月到都元国（苏门答腊），又行船四个月，到邑卢没国（缅甸太公附近），又行船二月余，到黄支国（印度马德拉斯附近），自此往南可达到已程不国（斯里兰卡）；自黄支国返航，约八个月到皮宗（马来半岛），又行八个多月返回。这是我国航海船舶经南海，穿越马六甲海峡在印度洋上航行的真切记录，有时往返航线不尽相同，同沿线各国人民建立了友好的联系。东汉桓帝延熹九年（166 年），大秦（罗马帝国）王安敦派遣使者航海来到中国，从而开辟了中国和大秦之间的海上通路。

与此相适应的是航海船舶的发展与航海术的进步。这时的航海术，大抵是依沿海地理等知识的了解，凭航海者的经验沿海岸航行，但天文航海的知识也不断增长并得到运用。汉初《淮南子·齐俗篇》曾说到在大海中航行"夫乘舟而惑者不知东西，见北极则悟矣"，这是人们已经使用天文知识以确定航向的说明。

陆路交通

秦汉时期中外陆路交通也很发达。张骞于汉武帝建元三年（公元前 138 年）和元狩四年（公元前 119 年）先后两次出使西域，到达了中亚、西亚若干国家和地区。张骞死后，汉武帝又派使节继续往西探行，从而开辟了举世闻名的始自长安（西安）西达大秦等地的"丝绸之路"。

"丝绸之路"可分为南、北两条道路。南路经甘肃敦煌，沿昆仑山北侧的楼兰（即鄯善，今若羌东北）、于阗（和田）、莎车等地，越葱岭（帕米尔高原），到大月氏（阿姆河流域中部）、大夏（前苏联土库曼共和国国境一带）、安息（即波斯，今伊朗），再往西达条支（伊拉克、叙利亚一带）、大秦等国和地区。北路经敦煌，沿天山南麓的车师前王庭（即高昌，今吐鲁番）、龟兹（库车）、疏勒（喀什）等地，越葱岭北部，到大宛（今乌兹别克斯坦费尔干纳等地）、康居（今乌兹别克斯坦境内），再往西南经安息，而西达大秦。

图 4-21  "丝绸之路"示意图

其时通往印度的陆路也有两条。张骞在大夏时，曾看到四川的竹杖和蜀布，并询知是由身毒（印度）转运而来，这说明到印度的通道早已开辟。在公元前 2 世纪以前，由四川经云南往南到缅甸的陆路已经通达，当时中国的物品可能就是经此道由缅甸转运往印度。

而在张骞出使时，曾派遣副使由大夏到身毒，这就开辟了到印度的第二条通路。汉元帝元狩元年（公元前122年），张骞曾从西蜀的犍为（四川宜宾）出发，想探寻前往身毒的捷径，但没有成功。

### 科技文化的交流

中外海陆交通的发达，大大增加了人们的地理知识。如，张骞把他亲身经历和传闻中的国家，如大宛、康居、奄蔡（里海东北）、大月氏、大夏、安息、条枝、身毒等国家和地区的人口、兵力、物产、城镇、交通、河流、湖泊、气候以及彼此间的相对位置和距离等，作了程度不同的介绍。这些知识载于司马迁《史记·大宛列传》中，是我国古代有关中亚、西亚、南亚一些国家经济地理的最早记述。又如，汉和帝永元九年（97年），甘英出使大秦，西抵波斯湾，为风浪所阻，未达目的地，但他回国把沿途见闻详加介绍，"莫不备其风土，传共珍怪焉"，"皆前世所不至，山经所未详"[①]。这对各国人民间的相互了解，对科学技术的交流都起了积极的作用。

中外海陆交通的发达，使人员的往来更为频繁。仅沿"丝绸之路"，汉武帝以后，我国西往的使者，一年之中多者十余次，少则五六回，来回时间长的达八九年，短的也有几年。从汉到唐的一千多年间，"丝绸之路"虽几经中断，但基本上是畅通的。沿这条道路保持着大规模的经济贸易交往，而伴之而来的是科技文化的交流。秦汉时期沿海、陆通路，我国出口的主要物资是丝绸、铁器（包括铁农具和兵器）和漆器，与之相应的是丝帛生产技术、冶铁术和髹漆技术的传播。这些技术对朝鲜、日本、东南亚以及中亚、西亚、南亚、西南亚各国都产生了广泛的影响。

我国早以"丝国"（Seres）闻名于世，古希腊把丝叫做 Ser，就是从"丝"字的读音来的，"Seres"（制丝的人）以后被引申为产丝的地方——中国，现代欧洲各国语言中的"丝"字大都来源于希腊文。这说明我国的丝织品早在汉代"丝绸之路"开辟之前便已传入了欧洲。这除了语言学上的资料外，还有考古实物证明：美国《全国地理》杂志1980年3月号报道说，西德考古学家在西德南部斯图加特的霍克杜夫村，发掘出一个公元前五百多年的古墓，发现墓中人体骨骼上有中国丝绸衣服的残片。秦汉时期我国的丝绸织品在中、西亚，特别是罗马帝国极为盛行。由于丝绸织品大量输入，曾引起罗马的货币大量外流，罗马帝国的统治者提比乌斯（Tiberius）曾试图禁止罗马人穿用中国的丝绸织品，但没有成功。而一些转售中国丝绸的商人和国家取得了巨大的利润（据《后汉书·西域传》记载，大秦已"多种树蚕桑"。此材料可能传闻失实，也可能指东罗马，待考。现公认蚕种传至罗马大约在6世纪中叶）。

中国的铁器和农业生产技术也在这时传入越南。越南人民推广了铁犁和牛耕等农业生产技术，发展了农业生产。据《史记·大宛列传》记载，"自大宛以西至安息……其地皆无丝漆，不知铸铁器，及汉使亡卒降，教铸作他兵器"，这说明我国当时先进的冶铁术已在中、西亚各国得到传播。在著名的罗马学者普林尼（Pliny，23—79）所著《博物志》卷34中也记载了"中国铁"西传的情况。此外，井渠法也传入大宛，对农业生产的发展产生了有利的影响。

---

[①]《后汉书·西域传》。

与此同时，朝鲜的人参，大宛的汗血马、花蹄牛、鸵鸟，中西亚的石榴、胡桃（核桃）、胡豆（蚕豆）等植物品种，毛布毛毯等织物和象牙、犀角、玳瑁等，东南亚、南亚的香料、珍珠、象牙等，都传到中国，从而增加了我国的动植物品种和药物种类，丰富了我国人民的物质和文化生活。

　　在相互交往的过程中，各国人民取长补短，创造了融混中外特色在一起的新物品。如在楼兰，曾发现汉代织有中国和希腊混合风格的图案的毛织品；和阗出土的一种铜钱，一面铸有汉文廿四铢字样，另一面铸着马的图像和佉卢文字；日本曾利用中国的铜器熔铸具有日本民族风格的器物等等。

## 本 章 小 结

　　秦汉时期是我国古代科学技术发展史上极其重要的时期。随着封建制的巩固，我国古代各学科体系的形成和许多生产技术趋于成熟，是这一时期科学技术发展的总特征。它们为后世的发展决定了方向，搭成了骨架。

　　我国古代传统的农、医、天、算四大学科，在这时均已形成了自己独特的体系。农业方面，奠基于战国时候的轮作制、一般作物栽培的基本原理和精耕细作提高单位面积产量的技术措施，至此已得到确立；《神农本草经》奠定了后世本草学的基础，《伤寒杂病论》确立了理、法、方、药具备的辨证论治的医疗原则，大大充实了中医药学体系的内容。历法已具备了后世历法的主要内容——气、朔、闰、五星、交食、晷漏等，而天文仪器、天象记录以及宇宙理论等都形成了自己的传统。《九章算术》的出现则标志着以算筹为计算工具的、独具一格的数学体系的形成。《汉书·地理志》的出现，开辟了沿革地理研究的新领域，但又使地理学成为历史学的附庸，这也是中国古代地理学特殊之处。

　　就生产技术而言，我国古代主要的冶铁技术在这时均已出现，主要的纺织机械和农具的情况也大抵如此；马王堆出土的五彩缤纷的纺织品和地图，展示了纺织技术和地图测绘技术的巨大发展；造纸术发明了并且得到重大的改进，主要的造纸工艺均已出现；漆器工艺更得到高度的发展；庞大的楼船的建造以及橹、舵、帆等的发明与应用，是船舶技术臻于成熟的标志；长城、驰道、栈道以及水利工程的兴修，则表明大规模的土木工程技术已有很高水平，等等。所有这些都为后世的进一步发展开拓了道路。

　　中外科技文化交流开始有很大的进展，也是这一时期科学技术发展的一个特点。

　　科学技术的进步，给秦汉时期社会生产力的提高以有力地推动，同时也给神学目的论和谶纬迷信以有力打击，并且为西汉文帝、景帝和武帝时期以及东汉前期的社会繁荣，为两汉时期的思想斗争的开展，予以直接的刺激。

# 第五章 古代科技体系的充实和提高

(三国、两晋南北朝时期 220—581)

## 一 三国、两晋南北朝时期的社会状况

波澜壮阔的黄巾大起义,以摧枯拉朽之势,瓦解了东汉末期的腐朽政权。军阀间的兼并战争逐步形成了曹魏、孙吴和蜀汉三国鼎立的局面。从三国建立,到隋文帝杨坚建立隋王朝的三百六七十年中,除西晋灭吴后,有过短暂的统一外,我国长期处于南北分裂的状态。在这个历史阶段中,战争虽然时有发生,但主要的是处于各个政权分立、对峙的相对稳定状况下。同时,战争对科学研究和科技文化典籍虽不能不有所破坏,造成损失,但由于民族的融合,中原地区原有的文化传统没有中断,仍然得以继承和发展,科学技术也在秦汉的基础上前进了一步,并出现了一批杰出的科学家。

这期间,在北方先后出现了二十多个政权。长期的战乱,使千千万万人死于战争、饥饿和疾病,幸存的人也大批背井离乡,流徙到较为安定的江南或边远地区,中原地区的沃野良田大面积荒芜,生产遭受严重破坏。面对着严酷的现实,大多数政权在其建立的初期,为了自身的生存和兼并战争的需要,或多或少地采取了一些措施,以恢复生产。使得在战争间歇期间,出现了生产恢复和经济繁荣的形势。

曹操在统一中原、奠定魏国基础的同时,针对地多人少的状况,实行屯田制度,招纳流散人口,把农民固定在土地上。此外,为了保证军队的来源和保证军需,又实行军屯。尽管曹魏政权对农民的剥削很重,但由于多少可以得到一个较为安定的生产环境,生活比起颠沛流离时有一定保障,从而使生产得以恢复和发展。建安元年(196年)在许下屯田,即"得谷百万斛"[①]。屯田的同时,还广修水利,开垦稻田。在今安徽宿县一带,当时的萧、相二县界,"兴陂遏,开稻田",就得到"比年大收,顷亩岁增,租入倍常"[②] 的效果。在农业技术上,讲究精耕细作,"不务多其顷亩,但务修其功力"[③]。屯田制的推行,稳定了北方的农业生产,为魏吞并蜀汉和孙吴提供了经济条件。

取代曹魏的司马氏政权,代表世家大族的利益,政治异常腐败,激化了阶级矛盾和民族矛盾。在各族人民起义的风浪打击下,西晋政权很快瓦解。东晋偏安江南,北方地区进入所谓"五胡十六国"时期。439年北魏统一北方,民族矛盾虽得到缓和,但世家豪强占据着大量土地和劳动力,遭受沉重剥削的农民不断破产,国家赖以剥削的对象日益减少,

---

① 《三国志·魏书·武帝纪》。
② 《三国志·魏书·郑浑传》。
③ 《晋书·傅玄传》。

加上连年用兵,府库空虚。这种状况,加深了阶级矛盾。北魏中期执政的孝文帝拓跋宏亦认识到如此情况,"欲天下太平,百姓丰足,安可得哉?"① 残酷的现实威胁着北魏政权的生存,促使拓跋宏采取了一些变革措施。他在整饬纪纲,严明赏罚,改革吏治的同时,于太和九年(485年)推行"三长制"和"均田制",促进了农业生产的恢复和发展。随着农业生产的恢复和发展,户数和人口急剧增加,到6世纪初,北魏的人口比西晋太康年间南北合计,多了一倍。拓跋宏的改革,造成了北方从政治、军事、人力和物力各方面压倒南方的局面,为后来隋文帝杨坚统一全国奠定了基础。

与北方社会的状况相适应,在科学技术方面得到发展的主要是直接与生产和战争有关的部门,出现了重要的农学著作《齐民要术》,在运输、冶铸、兵器制造等方面也都有所发明创造。这些科学技术成就,反过来又对恢复和发展生产,起了积极的作用。

这个时期,南方前后经历了六个政权,俗称六朝。除了晋灭吴外,其他的政权更替都是统治阶级内部的篡夺。虽在6世纪中叶侯景之乱时,南朝的政治和经济遭到严重的破坏,但总的说来较北方为安定。东汉末年后,中原地区连年战乱,大批人民逃亡南方,并带去了较先进的科学技术知识,与南方人民共同开发了南方的经济。到刘宋时(420—479)江南已是"地广野丰,民勤本业,一岁或稔,则数郡忘饥。会土带海傍湖,良畴亦数十万顷,膏腴土地,亩值一金,鄠、杜之间,不能比也。荆城跨南楚之富,扬部有全吴之沃。鱼盐杞梓之利,充牣八方,丝绵布帛之饶,覆衣天下"②。经济的繁荣和较为安定的社会环境,为科学技术的发展创造了条件。不少科学家继承并发展了秦汉以来所形成的科学体系,在天文、历算、医学等领域取得了重大的突破。

三国、两晋南北朝时期,是我国历史上民族大融合的重要时期。东汉以来,生活在西北边陲的许多民族,即已陆续内迁。汉魏统治者为了边防和经济的需要,也常常招引这些民族入塞。东南和西南各民族,在这期间与内地人民来往也较以前频繁,密切了汉族与各民族之间的关系。

各兄弟民族在与内地的密切联系中,把他们的畜牧兽医知识和优良的动植物品种带进了内地,与此同时,居住在边远地区的各民族对与内地先进的科学技术的交流也非常重视。如近年来发现的处于中西交通要冲的高昌国(今新疆吐鲁番盆地)的文物,说明当时农业和畜牧业生产,棉、丝纺织技术已达到相当高的水平。辽东的慕容廆取得江南的优良桑种,"平州桑悉由吴来"③,发展了辽东的蚕桑和丝织生产。河西的赵歐善历算,在历法中有着重大的贡献。河西王茂虔在刘宋元嘉年间(424—441)献给刘宋书笈154卷,其中有《周髀》一卷,以及史书,地方志等书,并得到刘宋的"杂书数十件"④。南齐建元年间(479—482),河南王易度侯爱好星文,曾向南齐政权求取星书。芮芮在宋世出现了"解星筹数术,通胡、汉语"的国相希利垔。南齐时芮芮王曾向南齐政权要求医工等。永

---

① 《魏书·高祖孝文帝纪》。
② 《宋书》卷54后论。
③ 《晋书·慕容宝传》。
④ 《宋书》卷98。

明六年（488年），羌族的岩昌国曾遣使向南齐政权要求取得军仪及伎杂书。[①] 这些事例说明了汉族和兄弟民族人民之间的交往与融合，提高了整个中华民族的科技文化水平。

西汉以来处于统治地位的儒家今文经学和谶纬神学在东汉末农民起义和唯物主义思想打击下，已经支离破碎。到了三国、两晋南北朝时期，各政权的统治者已不能再现成地搬用前代的精神武器了，加上长期的分裂和战争，统治阶级不得不采取一些较开明的政策，文化专制受到了很大削弱，因而各种思想比较活跃。封建士大夫阶层为了巩固各朝的统治，纷纷引古论今，借鉴前代的统治经验，抒发政见。一些君主亦采取了较宽容的态度，听取臣下的建议，甚至容忍臣下的指责。同时，这时期玄学、佛教、道教盛行，唯心主义发展到一个新的阶段，唯物主义思想也在与唯心主义的斗争中得到了发展。思想上的活跃，必然造成学术上的繁荣。这期间，私人著书和修史的风气比较盛行，并出现了分类记载异境奇物及古代琐闻杂事的"博物学"著作（其中保存了不少有关科技的史料），以及记载地方风物、史地的书笈，如《博物志》、《华阳国志》、《洛阳伽蓝记》等。不少关于科技的重要著作如《水经注》、《齐民要术》，以及一些重要的算经、医经和丹书，亦在这时期问世。

## 二　贾思勰和农学名著《齐民要术》

贾思勰撰写的农学名著《齐民要术》，成书于北魏末年（约533—534），是我国现存最早的一部完整的农书，也是世界科学文化宝库中的珍贵典籍。它系统地总结了6世纪前我国北方的农业生产和农业科学技术，对后世农学影响很大。它在国外也备受赞誉，特别在日本更是受到重视。

《齐民要术》全书约十一二万字，除"序"和卷首的"杂说"外，共分10卷、92篇。书中内容十分丰富，"起自耕农，终于醯醢（制酱醋），资生之业，靡不毕书"[②]，涉及作物栽培，耕作技术和农具、畜牧兽医、食物加工等各个方面。元代司农司编的《农桑辑要》，王祯的《农书》，明代徐光启的《农政全书》和清代的《授时通考》，这四部综合性的农书从体例到取材，基本上都是采自《齐民要术》。许多范围较窄小的农书也与之有渊源的关系。所以，它的功绩在于总结了以前农学的成就，也为后来的农学奠定了基础。

### 贾思勰的农学思想

贾思勰生活于5世纪末到6世纪中叶，曾任过高阳（今山东青州）太守。他的详细经历，由于缺乏文献记载，已经无从查考。贾思勰生活在北魏政权由兴盛转入衰亡的时代，他亲眼看到孝文帝改革后，北魏政权比较稳定和社会经济比较繁荣的景象，也亲身经历了北魏政权的衰落，并为北魏的没落深感忧虑。出于维护北魏政权的目的，贾思勰总结了历史上的重农思想，引证历史经验，希望北魏的统治阶级向历史上提倡课督农桑，对发展农

---

① 《南齐书》卷59。
② 《齐民要术·序》。

业生产作出贡献的人物学习，注意发展农业生产，作好"安民"工作，以稳定和巩固封建政权。为此，他"采捃经传，爰及歌谣，询之老成，验之行事"①，查阅文献达一百六十多种，同时收集农谚，调查访问和亲身实践，吸取了前人的成就，总结和发展了当时黄河中、下游地区的农业生产经验，写成著名的农学著作《齐民要术》。

从农业典籍和生产经验的搜集、整理和研究中，贾思勰认识到，气候有一年四季的变化，土壤有温、寒、燥、湿、肥、瘠之分，农作物的生活和生长既有其自身的规律，又因时因地而各有所宜，要获得农业生产的好收成，就必须了解农作物的生活规律和所需生活条件，顺应农作物生长的要求。他继承了我国农学注重天时、地利和人力三要素的思想，特别强调农业生产的基本原则："顺天时，量地利，则用力少而成功多。任情返道，劳而无获。"② 要求人们掌握农作物的生活规律，依据天时、地利的具体特点，合理使用人力，收取"用力少而成功多"之效。否则，违背客观规律则将造成"劳而无获"的后果。这一基本思想贯穿于《齐民要术》的全书之中。但是，贾思勰并没有要人们仅仅被动地去顺应天时、地利。他对人力的作用非常重视，要人们在掌握天时与农作物生长关系的同时，能动地利用"地利"，创造农作物的最佳生活环境，并采取各种促进农作物生长的经营管理措施，以求取更好的收成。例如，他引用古人的话说："耕锄不以水旱息功，必获丰年之收。"③ 在经营田地时，他要求根据人力情况，合理安排，在人力不足时，"宁可少好，不可多恶"④。在《齐民要术》各篇中，贾思勰都着意地介绍和评述如何合理利用人力、物力，搞好经营管理的重要性。这种把天时、地利、人力有机地结合起来，强调因时制宜、因地制宜、精耕细作、合理经营的思想，在我国古代农业生产中有着深刻的影响。

### 《齐民要术》反映的北方干旱地区农业技术

《齐民要术》不但总结了前人关于农业生产的科学技术知识，而且反映了北魏时期，我国北方农业科学和技术的水平。

《齐民要术》所讨论的地区范围，包括现在山西东南部，河南中南部和北部，以及山东。这些地方大都位于黄河中下游，气候干旱少雨。因此合理地整地和中耕，保持土壤的水分，亦即保墒，对于保证作物的生长是十分重要的一环。《齐民要术》中反映的保墒技术比汉代有了进一步发展，形成了耕—耙—耱一整套保墒防旱措施。北方旱作地区的耕作技术至此就基本定型了。耕、耙、耱技术的发展，与整地方面有铁齿镐榛和耢等耙细土壤的农具的出现也是分不开的。要做好保墒工作，关键在于整地和中耕除草工作，它们是构成旱作地区精耕细作的主要内容。贾思勰在《齐民要术》中，把"耕田"放在首位，系统地记述在不同的天时、地利情况下的不同耕地方法和耕地深浅。如按时间不同分为春耕、夏耕、秋耕和冬耕，按先后顺序分为初耕和转耕，按深浅分为深耕和浅耕、逆耕。按方向分为纵耕和横耕。这比起前代农书所讲的具体细致，充实得多。贾思勰还根据北方冬季寒

---

① 《齐民要术·序》。
② 《齐民要术·种谷第三》。
③ 《齐民要术·杂说》。
④ 《齐民要术·耕田第一》。

冷，不宜农作物生长，土地冬休，以及春夏种植的情况，首先总结出了"秋耕欲深，春夏耕欲浅"①的经验。这是符合科学的总结，因为深耕，可以把生土翻到地面上，经冬天风化而变熟，使熟土层加厚，增加地力；春夏耕后马上得播种，耕深了把生土翻到上面来，反而对作物不利。他还指出，耕地时，必须根据土壤中所含水分的情况，掌握耕地的时机。"凡耕高下田，不问春秋，必须燥湿得所为佳。若水旱不调，宁燥不湿。"②这是因为燥耕时土壤成块，但一遇到雨水就会松散，湿耕则干后结成硬块，几年都搞不好，并引用农谚说"湿耕泽锄，不如归去"，否则将"无益而有损"。③耕后必须把地耙平，把土耱细。《齐民要术》中把耙耱的作用提高到理论的高度，明确指出耙耱有保墒防旱的功效，具体总结了耙地时间和次数的经验。《齐民要术》还认为在作物生长过程中，必须中耕除草，以便使土壤保墒和促进地熟，保证供给作物水分和养分。其所述中耕除草技术上的特点，概括起来说，就是中耕贯彻多锄、深锄的精神，除草则要锄小、锄早、锄了。

选优汰劣，适时播种，在我国农业生产中有着丰富的经验。《齐民要术》强调指出，种子优劣，播种时间迟早，与作物的产量、品质及病虫害的防治有着密切的关系。同时，随着农业生产的发展，作物的品种亦不断增加，如粟，在3世纪时的《广志》中仅列有11个品种，《齐民要术》的记载已增加到86个品种④。不同的品种各有其自身的特性，成熟有早晚之别，产量有高低之分，口味有美恶之异，有的耐旱，有的耐水，有的耐风，有的抵御病虫害能力强，人们可以按照天时、地宜和需要选取合宜的品种。种植时，必须选用品种纯净的种子。如果品种混杂，作物生长和成熟就会"早晚不均"，给收获、加工、食用带来很多困难。《齐民要术》对种子的选择、收藏和种前的处理非常重视，把"收种"列为全书的第二篇，在其后各种农作物的栽种中也都有所论及。特别是其中所提出的选取"好穗纯色"的植株妥善保存起来，"至春治取别种，以拟明年种子"。有点类似现在留种子田的保纯防杂技术。书中还具体地记述了水选、溲种（即拌种）、晒种等种子的处理办法，并最早记录了我国水稻的催芽技术。

采取各种措施，保持和提高地力，使土地能够长期种植，而不丧失地力，是我们祖先的创造发明。从《齐民要术》中，我们可以看到当时我国已熟练地掌握了施肥、合理换茬、轮作和复种等保持和提高土地肥力，"用地养地"的技术。例如在论述作物换茬、轮作和复种方面，把前茬作物分为上、中、下三类，说："凡美田之法，绿豆为上，小豆胡麻次之。"⑤书中还说明各种作物换茬的作用，谷子换茬是为了防杂草，谷用瓜茬是利用瓜地施肥多的余力，把豆科作物和禾谷类作物、深根作物和浅根作物搭配起来，进行合理的复种和轮作，既可达到用地养地的目的，又能提高土地的复种指数。轮作方法虽然产生很早，但对这方面进行总结，却自《齐民要术》才开始。足见当时轮作已被广泛利用，并且已经多样化。根据《齐民要术》中《耕田第一》、《种谷第三》等篇所记载的产量数字，

---

① 《齐民要术·耕田第一》。
② 《齐民要术·耕田第一》。
③ 《齐民要术·耕田第一》。
④ 《齐民要术·种谷第三》。
⑤ 《齐民要术·耕田第一》。

则北魏的单位面积产量比汉文帝时要高得多。

《齐民要术》中还反映了我国古代丰富的生物学知识。当时人们已使用插——即无性繁殖的嫁接法，例如说用棠树（即杜梨）做砧木，用梨树苗作接穗，梨结果大而细密。在嫁接时注意到接穗要选择向阳的枝条，说明对光在植物生长中的作用已有所认识。强调嫁接时木质部与木质部，韧皮部与韧皮部要密切接合，说明对植物的生长特性有较深的了解。对马、驴杂交所生出的骡的生物优势和禽畜去势催肥等认识亦较以前深入。在开垦树林荒地时，书中总结了树木的环刈法，把树木韧皮部割去一环，阻止树液通过，使树木枯死，然后放火烧，可以连根去掉，这对开垦荒地是很有用处的。我国在农产品加工方面，利用微生物发酵来加工豆类、酿酒和制奶酪等有着悠久的历史，到南北朝时，人们已能较熟练地掌握微生物发酵技术，《齐民要术》中记载了丰富的微生物学内容，并用之加工多种食物，有些还上升到比较系统的规律性认识。

北朝时期，大量的游牧民族进入内地，使中原地区的畜牧业得到发展。《齐民要术》既总结了历代的家畜饲养经验，也吸收了北方各民族的畜牧经验。书中有根据动物形态鉴别品种优劣的知识，并介绍了饲养牲畜的各项措施，提出了要依据各种动物的生长特性，适其天性，进行管理。《齐民要术》对于种畜的培育非常重视，记述了留取优良品种，注意孕期环境，繁殖仔畜的方法等等。如羊要选腊月、正月生的羊羔留种最好，母鸡要选择形体小、毛色浅、脚细短、生蛋多、守窝的。书中还收集了兽医药方48种，内容包括外科、传染病、寄生虫病和普通病等，这是我国现存最早的有关兽医药学的记载。

**南方的农业生产技术**

魏晋南北朝时期，我国长江以南经济日趋于繁荣。水稻的生产日益发展，生产技术已趋成熟。1963年广东连县出土了西晋犁田耙田模型，从模型可以看到水田周围筑有拦水的田埂，四角修有排水的漏斗状设施。犁、耙配合，都用一牛拉引，说明当时偏远地区的水田耕作技术也已不低了。《齐民要术》对黄河中下游地区水稻的栽培技术，如浸种催芽、播种、灌溉、"曝根"等都作了详细记述。由此也可以反映出南方生产技术的一般情况。

图5-1　广东连县出土的西晋犁田耙田模型

从《齐民要术》中还可以看到这时期南方在蚕桑生产技术上的新成就，我国古代早就饲养了夏蚕和秋蚕。为了能在一年里养多批蚕，古代人们一般是利用多化性蚕自然传种。

这时南方蚕农又发明了人工低温催青制取生种的方法,利用低温抑制蚕卵,使它延期孵化。这样,一种蚕就可以在一年里连续不断孵化几代。一年里能养多批蚕是养蚕技术上一项重要创造。

我国南方气候温湿,花草树木品种繁多,长期以来,生活在这地区的人们,了解了许多植物的生活特性,积累了丰富的植物学知识。这时期,已有人对这些知识进行综合研究,出现了我国最早的专门描述植物的著作。著名的有《南方草木状》、《竹谱》等,开创了专题植物谱志的先河。两本书都流传至今,前者包括草、木、果、竹四类植物共 80 种,在植物学史上,受到一定重视。《竹谱》着重记载我国南方所产的竹,包括竹类品种七十余种,所记品种和特征,多与现有的相符。除以上两本较著名的书外,还有《南州异物志》、《荆州记》、《湘州记》等数十种。这些地方志与农业也有关,它们较多较早地产生于南方地区,是南方经济文化发展的结果。

## 三　天文学的一系列新发现

三国、两晋南北朝时期,天文工作者根据实际观测,修正和发展了此前历代对天体运动的认识,在天文历法方面取得了一系列新发现,大大充实了我国古代天文学体系的内容。这期间,出现了大量的天文、历法书籍,学术风气也比较活跃。

### 岁差和大气消光现象

由于太阳、月亮和行星对地球赤道突出部分的摄引,使地球自转轴的方向不断发生微小的变化,这也就使冬至点在恒星间的位置逐年西移,每年的移动值就叫做岁差。西汉末年刘歆开始察觉到冬至点位置的这一变化,对一直沿用着的冬至点在牵牛初度的说法与实测天象的差距感到困惑,他既不能放弃传统的说法,又注意到实际天象,因此时而说冬至在"牵牛初",时而又说冬至"进退牵牛之前四度五分"①。到了刘洪才明白地指出"冬至日日在斗二十一度"②,但他还没有意识到这一变化对历法的影响。东晋时虞喜首先提出了岁差的概念,开始探索岁差的规律,这是我国天文历法史上一大发现和创新。

约 330 年,虞喜通过同一时节星辰出没时刻与古代记录的比较,发现恒星的出没比古代提前了,说明二分(春分、秋分)点二至(冬至、夏至)点已向西移动。由此他得出了一个很重要的结论:太阳周年视运动一周天,并非就冬至一周岁。由于冬至点西移,太阳从今年冬至到明年冬至,并没有回到原来在恒星间的位置。所以应该"天为天,岁为岁"③。他根据历史记录进行推演计算,提出了每 50 年向西移动 1°的岁差值。(我国古代所说的岁差大都指赤道岁差,这里说的 1°是指我国古代 $365\frac{1}{4}$ 度制的 1°)依现今的理论推

---

① 《后汉书·律历志》。
② 《晋书·律历志》。
③ 《新唐书·历志》。

算,赤道岁差值约77.5年差1°。这数值虽比实际值稍大,在当时也不可能从理论上了解和解释岁差的成因,但作为我国历史上第一次探索岁差的规律,是很可贵的。虞喜不拘泥于旧说,敢于创新的精神是值得赞扬的。

继虞喜之后,南朝何承天对岁差进行了长时间的研究,他利用他舅父徐广四十多年的观察材料,加上他自己四十年观察研究的资料,把上古时代的天象与当时观察记录,进行分析比较,经过计算,得出了100年差1°的结论。

刘宋的祖冲之,首先把岁差的存在应用到编制历法中去,这对历法推算精度的提高有重要的作用,虽然他所用的岁差常数比较粗略,但自此以后回归年和恒星年两个概念渐为人们所接受,成为制定历法时必须考虑的因素之一。隋代的刘焯和唐代的一行总结了前人的经验,采用了较他的先辈为准确的岁差值。唐以后,人们又不断对岁差常数进行新的研究,取得更为准确的结果,如北宋周琮的明天历(1064年:77.57年差1°)、皇居卿的观天历(1092年:77.83年差1°)和南宋陈得一的统元历(1135年:77.98年差1°),把我国古代关于岁差值的研究推进到更高的水平。

大气对天体视亮度的影响,是东晋时的姜岌提出的,他通过长期的观测,指出日"初出,地有游气,以厌日光,不眩人目,即日赤而大也",及中天,"无游气,则色白大不甚矣"①。他把天体视亮度的变化,归之于"游气"的影响,在地平附近时影响大,在天顶附近时影响小,这同现代大气消光的理论颇相一致。

### 太阳、五星视运动不均匀性的发现

北齐时民间天文学家张子信,在一个海岛上,利用浑仪对日月五星进行了三十多年的观测,从而发现了太阳和五星视运动不均匀性的现象。他指出"日月交道,有表里疾迟","日行在春分后则迟,秋分后则速";又指出"五星见伏,有感召向背"②。这是我国古代关于太阳和五星视运动不均匀性的最早描述。虽然,张子信对日行迟速的具体时日的测定不尽正确,对五星视运动不均匀性的描述和解释还很幼稚,但他却开辟了对太阳和五星视运动进行更准确、深入研究的新方向,在我国古代天文学史上这是继岁差现象发现之后的又一划时代的发现,对后世历法的改进产生了深远的影响。

日食的推算与预报,是我国古代历法的主要内容,推算与预报同实际情况符合的程度如何,是判别历法优劣,并决定其存亡去留的最重要的标准。在魏杨伟的景初历(237年)中,提出了计算交食亏起方位角和食分的方法,在交食推算与预报进一步数量化道路上迈出了重要的一步。而张子信经长期观测取得的又一重大成果是,他发现当合朔发生在黄道和白道交点附近时,如月在黄道北则日食;如月在黄道南,虽然在食限内,也可能不发生日食现象。现在我们知道,这是视差(在地球表面观测天体和在地心观测天体所产生的天体视位置的差异)对交食的影响所致。这一发现导致刘焯在他的皇极历(604年)中推算交食的时候,第一次顾及视差对交食的影响。杨伟的方法和张子信的发现,对提高推算和预告日食的精度,都是开创性的贡献。

---

① 《隋书·天文志》。
② 《隋书·天文志》。

## 若干天文常数精度的提高

在这一时期的大量观测资料基础上,一些天文数据测定得以逐渐准确。随着回归年和朔望月长度测定的进步,沿用了近千年的十九年七闰法发生了动摇,北凉赵䫶在元始历(412年)中第一次打破了旧闰法,而提出了600年中有221个闰月的新闰周,使回归年和朔望月之间的关系得到调整。这种勇于创新的精神是令人称道的。后来祖冲之在大明历(463年)中更提出了每391年设置144个闰月的闰周,得到了更为精密的结果。祖冲之推算得回归年的长度为365.2428148日,和今推值仅差46秒。祖冲之还在我国天文学史上第一次明确提出了交点月(月亮连续两次经过黄道和白道的同一交点所需的时间)的长度为27.21223日,同现今推算值比较,只差十万分之一日,即仅差1秒左右。其五星会合周期的数值也有了长足的进步,其中误差最大的火星也没有超过百分之一日,误差最小的水星已经接近于与真值相合。另外,这一时期历法中给出的朔望月(误差在1秒左右)、近点月的长度值(误差在6秒左右)也均达到了很高的水平,后世历法朔望月长度值的误差也都大抵保持在这个水平上,这些情况表明这一时期的观测技术和推算方法的巨大进步。

## 星图与浑仪、浑象

要较为准确地观测天象,离开天文仪器是不可能的。岁差、太阳和五星视运动不均匀性的发现,就是利用浑仪长时间观测的结果。改进仪器,使其更加精良和简便,一直是天文学家所关心的大事。同时,一张优良的星图也是进行天文观测的重要工具,提高星图的绘制技术与质量,也是天文学家所重视的。在三国、两晋南北朝这个时期内,出现了不少有关天文仪器和天象图经的著作,先后都有人制造浑仪和绘制星图,其中以孙吴时陈卓星图和北魏时铸造的铁浑仪最为著名。

我国的星图起源于盖天说的演示仪器——盖图,据《周髀算经》记载,盖图系由两块丝绢构成,下面的一块染成黄色,其上画了七个等间距的同心圆。圆心是天北极,最小的圆是夏至圈,最大的是冬至圈,第四个圆是天赤道,还有一个分别和冬、夏至圈相切的圆,那就是黄道,黄道附近画有二十八宿等星;上面的一块是半透明的青色丝绢,其上画一个表示人目所见范围的圆圈,把它蒙在黄绢上,把黄绢绕天极逆时针方向转动,就可反映出一天内和一年内所见星空的大概情况。盖图虽然随着盖天说的衰落而消逝,但它的底图作为星图却独立地发展起来。这种圆形盖天式星图是我国古代星图的一种主要型式,它在汉代已初具规模。随着对天空星象日积月累的长期辛勤观察,人们对全天星象的认识得到不断发展,星图所记录的星辰数目亦逐渐增多。孙吴、西晋的太史令陈卓综合了前人的工作,而使这类星图定型化。他"总甘、石、巫咸三家所著星图"[①],绘制了圆型盖天式星图。图中收有283官,1464星。陈卓的工作成果,一直为后人所沿用。刘宋元嘉年间,钱乐之所铸小浑仪,以朱、黑、白三色来分别甘、石、巫咸三家的星象,采用的就是陈卓的工作成果。

---

[①] 《晋书·天文志》。

另外，孙吴时的葛衡曾制造过一架别致的浑象，它是个比人体大些的空心球，在球面上布列星宿，各星均穿成孔窍。当人居于空心球内时，可看到从孔窍中透过来的光，就宛如看到天上的星星一般，可以更形象地演示星宿的出没运行，这是近代天文馆中天象仪的远祖。钱乐之以及后来宋代的苏颂、韩公廉，元代的郭守敬等人也都制作过类似的仪器。

北魏时期，政府对天文非常重视，曾经组织一批人"在门下外省较比天文书。集甘、石二家《星经》及汉魏以来二十三家经占，集为55卷。后集诸家撮要，前后所上杂占，以类相从，日月五星，二十八宿，中外官图，合为75卷"①。并有较民主的学术风气，使各家都能发抒己见，采集各家之长，因此使天文学知识得到发展。永兴四年（公元412年），在晁崇和鲜卑族天文学家斛兰主持下，铸成了我国历史上唯一的一台铁制浑仪，底座上设有"十字水平"②，以校准仪器安装，这是我国历史上利用水准仪的开端。这架铁仪一直使用三百多年，到唐代一行时，才停止使用。

## 四　杰出的数学家刘徽和祖冲之

这个时期的数学，在《九章算术》的基础上，又取得卓越的成就，充实和发展了数学体系的内容。出现了赵爽的《周髀注》，刘徽的《九章算术注》和《海岛算经》，以及《孙子算经》，《夏侯阳算经》，《张邱建算经》，祖冲之的《缀术》，还有甄鸾的《五曹算经》、《五经算术》、《数术记遗》等大量数学著作，后来都收入有名的《算经十书》中。这些数学著作大大丰富了以《九章算术》为代表的中国古代数学体系，其中记载了不少重大成果。例如《孙子算经》中的"孙子问题"（一次同余式问题），《张邱建算经》中的百鸡问题都是世界数学史上著名的问题。甄鸾对《周髀算经》、《九章算术》、《夏侯阳算经》等数学经典著作的注释，对唐初李淳风注释十部算经有一定的帮助。在这一时期许多数学家中，以刘徽和祖冲之的成就最为杰出。

### 刘徽及其数学成就

刘徽活动于曹魏和西晋时期，他所著述的《九章算术注》和《海岛算经》，是数学史上宝贵的遗产。《隋书·律历志》载："魏陈留王景元四年，刘徽注九章。"景元四年即263年，这应是刘徽作《九章算术注》的年代。在《九章算术注》中，刘徽利用为名著《九章算术》作注的形式，不仅对《九章算术》中的大部分算法一一给出了理论上的论证，同时还创立了"割圆术"等若干新的算法。

在以往有关圆的计算中，一般取用"周三径一"，即圆周率 $\pi=3$，这在计算中产生很大误差。刘徽在总结过去数学运算中，发现"周三径一"的数据实际上是圆内接正六边形周长和直径的比值，不是圆周与直径的比值，用这数据计算的结果是圆内接正十二边形的面积，不是圆的面积。他认为当圆内接正多边形边数无限增加时，其周长即愈益逼近圆周

---

① 《魏书·术艺》。
② 《隋书·天文志》。

长,"割之弥细,所失弥小。割之又割,以至于不可割,则与圆合体而无所失矣"①。也就是说,圆内接正多边形边数无限多时,其周长的极限即为圆周长,面积的极限即为圆面积。在这一思想指导下,刘徽创立了割圆术,为计算圆周率和圆面积,建立了严密的方法,开创我国圆周率研究的新纪元。从这里我们可以看到,刘徽已经把极限的概念运用于解决实际的数学问题之中,这在世界数学史上也是一项重大的成就。

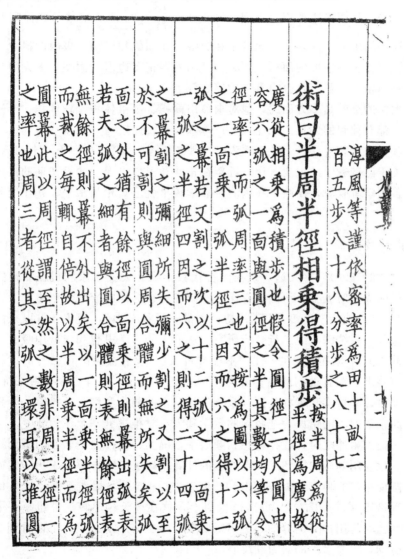

图 5-2  刘徽《九章算术注》中有关割圆术的记载

早在先秦诸子中,就已有极限思想的萌芽。但先秦诸子这些思想大多带有思辨的性质,把极限思想用之于解决数学问题的,在我国古代当推刘徽的割圆术为最早了。

刘徽从圆内接正六边形算起,边数逐步加倍,一直算到圆内接正192边形的面积,算

---

① 《九章算术·方田章》。

得了π近似于3.14的数值，另一个近似值 $\pi = \frac{3927}{1250}$（相当于3.1416）可能也是刘徽算得的。这个结果是当时世界上的最佳数据。最早提出当边数无限增多时，圆内接正多边形的面积趋于圆面积的，是公元前5世纪希腊数学家安提丰（Antiphon），但他没有利用来计算圆周率π的近似值。后来阿基米德（Archimedes，公元前3世纪）提出圆周长介于圆内接多边形周长与圆外切多边形周长之间，算出了 $3\frac{10}{71} < \pi < 3\frac{1}{7}$ 的数值。但阿基米得是用归谬法证得这一结果的。他避开了无穷小和极限。而刘徽却应用了极限的概念，并且在方法上仅需用圆内接正多边形的面积，不必计算圆外切正多边形的面积，大大简化计算的过程，并得到相当精确的数值，收得事半功倍之效。

刘徽对数学的贡献是多方面的，他对求弧田面积、圆锥体积、球体积、十进分数、解方程等问题，都有独到的创见。除注《九章算术》外，还撰写《重差》一卷，内容是测量目的物的高和远的计算方法。《重差》又称《海岛算经》，唐初被列为"十部算经"之一，是我国古代关于测量数学的重要著作。近年在长沙马王堆出土了西汉初期的帛画地图，其精确程度使各国学者叹服，反映了我国测量数学较早就已具相当水平，并在绘制地图中得到实际应用。

**祖冲之及其科技成就**

祖冲之（429—500），字文远，是我国古代数学家、天文学家和机械制造家。他出身的家庭，几代的成员对天文、历法都有深入的研究。在这样的家庭气氛熏陶下，他自小时起便"专功数术"。他治学态度严谨，"博访前故，远稽昔典"，搜集自古以来的大量文献资料和观测记录，系统深入地进行分析研究，从前人的科学思想和成就中吸收了丰富的营养。但是祖冲之的可贵之处更在于他"不虚推古人"，没有被束缚在已有的成就中。他在自己的学术道路上，富有批判的精神和探索的勇气。他在"搜练古今，博采沉奥"，掌握大量资料的同时，坚持实际考核验证，亲身进行精密的测量和细致地推算，既发扬了前人的成就，又纠正了前人的错误，把我国的数学和天文学推进到一个新的高度。

当人们一提到祖冲之时，往往就想到圆周率。确实，祖冲之的名字与圆周率的计算是不可分开的。他应用刘徽的割圆术，在刘徽的计算基础上继续推算，求出了精确到第七位有效数字的圆周率：$3.1415926 < \pi < 3.1415927$。这一结果，相当于需要对九位数字的大数目进行各种运算（包括开方在内）130次以上，这在今天用笔算运算也是一个十分繁复的工作，而在当时是用算筹运算的，更不知要艰巨多少倍。从这里，可以看到祖冲之付出多么巨大的劳动，需要多大的毅力和决心。

祖冲之所求得的圆周率数值，远远地走在当时世界的前列。直至一千年后，15世纪阿拉伯数学家阿尔·卡西（Al-Kashi,）于公元1427年著《算术之钥》和16世纪法国数学家维叶特（Viète, 1540—1603）才求出更精确的数值。为了计算的方便，祖冲之还求出用分数表示的两个圆周数值。一个是 $\frac{355}{113}$，称为密率；一个是 $\frac{22}{7}$，称为约率。密率是分子、分母在1000以内表示圆周率的最佳渐近分数。在欧洲，直到16世纪鄂图（Valentinus Otto）和安托尼兹（Anthoniszoon, Adriaen）才得到这个数值。

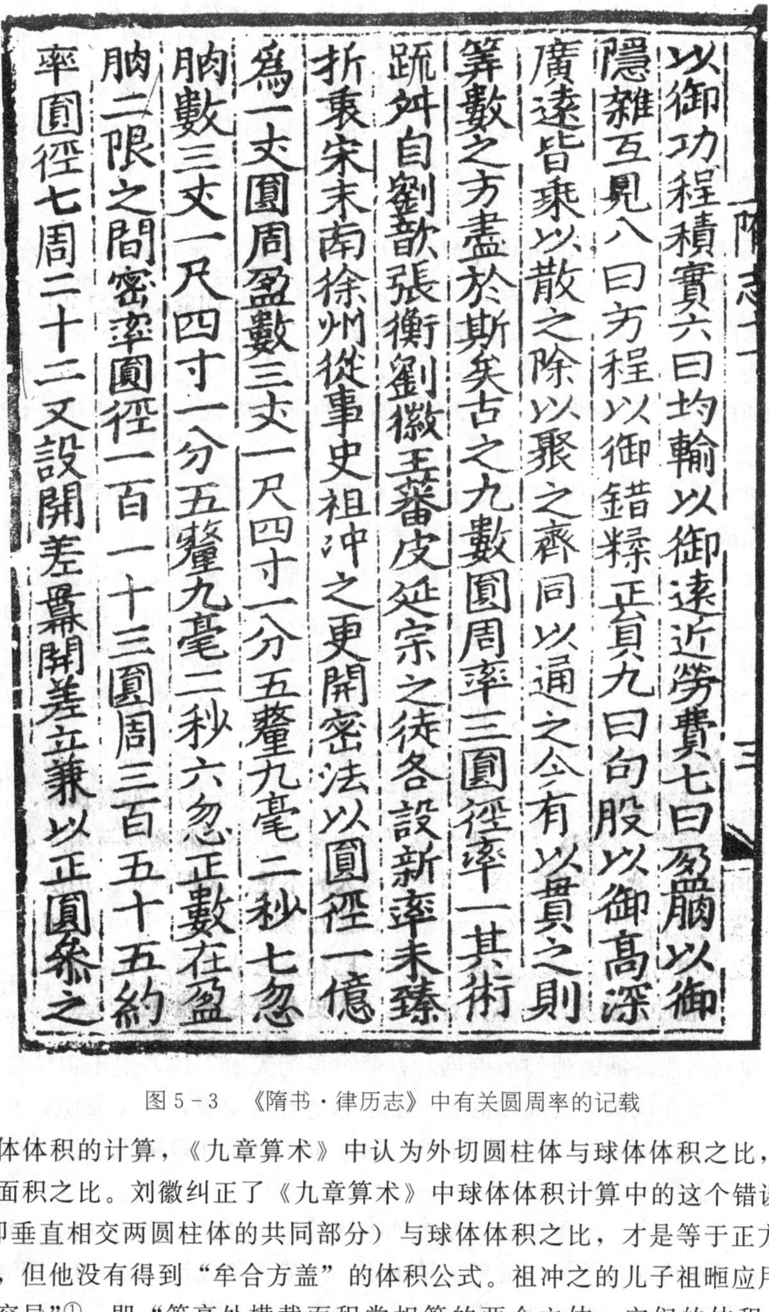
以御功程積實六曰均輸以御遠近勞費七曰盈朒以御
隱雜互見八曰方程以御錯糅正負九曰句股以御高深
廣遠皆乘以散之除以聚之齊同以通之今有以貫之則
算數之方盡於斯矣古之九數圓周率三圓徑率一其術
疏舛自劉歆張衡劉徽王蕃皮延宗之徒各設新率未臻
折衷宋末南徐州從事史祖沖之更開密法以圓徑一億
為一丈圓周盈數三丈一尺四寸一分五釐九毫二秒七忽
朒數三丈一尺四寸一分五釐九毫二秒六忽正數在盈
朒二限之間密率圓徑一百一十三圓周三百五十五約
率圓徑七周二十二又設開差冪開差立兼以正圓參之

图 5－3 《隋书·律历志》中有关圆周率的记载

关于球体体积的计算，《九章算术》中认为外切圆柱体与球体体积之比，等于正方形与其内切圆面积之比。刘徽纠正了《九章算术》中球体体积计算中的这个错误，指出“牟合方盖”（即垂直相交两圆柱体的共同部分）与球体体积之比，才是等于正方形与其内切圆面积之比，但他没有得到“牟合方盖”的体积公式。祖冲之的儿子祖暅应用“缘幂势既同，则积不容异”①，即“等高处横截面积常相等的两个立体，它们的体积也必定相等”的原理，巧妙地完成了刘徽的未竟之业，最后得到球体体积$=\frac{\pi}{6}D^3$，（$D$ 为球体直径）的正确公式。这原理就是著名的“祖暅公理”。在西方，它经常被称作卡瓦列里（Cavalieri，1591—1647，意大利人）公理，比祖暅迟约一千年。

① 《九章算术》李淳风（唐）注所引“祖暅之开立圆术”。

根据《南齐书》和《南史》记载，祖冲之曾经"注《九章》、造《缀术》数十篇"。《缀术》一书唐初被列入"十部算经"之中。这部著作有的史料说是他儿子祖暅所著，实际可能是他们父子共同心血的结晶。可惜的是这部珍贵的古代数学典籍早已亡佚。《缀术》内容深奥，时人称其精妙，书中除包括圆周率和球体体积的计算外，可能还涉及三次方程的求解问题。在唐代数学教育中，《缀术》的学习时间定为四年，是"十部算经"中学习时间最长的一种。

在天文学领域中，祖冲之也取得了辉煌的成就。他在"探异古今，观要华戎"，对历代历法进行系统研究中，一方面"专功就思"，开动思想机器；一方面坚持实际观测，"亲量圭尺，躬察仪漏，目尽毫厘，心穷筹策"。他发现"古历疏舛，类不精密"，指出天算历法家刘歆、张衡、刘徽、何承天等人的不足，大胆地提出历法改革，于刘宋大明六年（462年）33岁时，完成了大明历。祖冲之大明历的重大成就与改革措施，已如第三节所述，不再重复。

祖冲之的历法改革，曾引起了历史上有名的祖冲之与戴法兴关于改历的争论。

祖冲之在完成大明历后，上表给宋孝武帝刘骏，要求推行新历，但却受到刘骏的宠臣戴法兴的竭力反对。戴法兴拘泥于陈腐的传统观念，抱残守阙，非难祖冲之。他无视祖冲之提出的"冬至所在，岁岁微差"的事实，以冬至点是"万世不易"的陈腐观点，责骂祖冲之"诬天背经"。他还以闰法的设置，是"古人制章"，"此不可革"为口实，攻击祖冲之改革闰周是"削闰坏章"。戴法兴既为刘骏的宠臣，"天下畏其权，既立异议，论者皆附之"，当时朝臣支持祖冲之的，只有一个人。

面对着权臣和孤立，祖冲之没有畏缩，他挺身而出，与戴法兴进行针锋相对的论战。他用亲身观察测量的事实，驳斥戴法兴，说明日月星辰的运行，"迟疾之率，非出神怪，有形可检，有数可推"，人们对天体运行规律的认识，在不断进步，"艺之兴，因代而推移"，不应该"信古而疑今"，一针见血地指出戴法兴的责难只不过是"厌心之论"而已，而历法的改革是势在必行的。①

围绕大明历这场论争，是一场科学与反科学的斗争。传统的保守势力，死抱着陈旧的成见，设置神圣不可侵犯的禁区。他们看不到也不愿意看到科学的新发现，当科学的新发现的事实摆在他们面前，摧毁他们的偏见时，便被视为大逆不道，恨不得一口吞掉科学的新生命。但是，人类在认识客观规律的过程中，总是有所发现，有所发明，有所创造，总是在不断前进，这是任何力量也阻止不了的。科学也正是在冲破重重禁区，扫除对传统的迷信中，显示出其无穷的生命力。

祖冲之的大明历，由于重重阻挠以及改朝换代等历史原因，经历刘宋、南齐两代，直至他死后十年，才在他的儿子祖暅的坚决请求下，于梁天监九年（510年）正式颁行。

除对数学、天文历法的贡献外，祖冲之还是一个多才多艺的机械发明家。他制造的指南车，"圆转不穷，而司方如一"，为马钧以来所没有过；他还制造过"日行百余里"②的"千里船"和水碓磨等。另外，祖冲之在任齐王朝长水校尉时，曾写了《安边论》，提出"开屯田，广农殖"的主张。

---

① 参见《宋书·律历志》。
②《南齐书·祖冲之传》。

## 五　地学的新进展

### 地记的编纂

　　这时期地理著作的特点是撰述各地州郡以及山、川的"地记"大量出现，其中以描述长江流域和长江以南各州、郡的为多，反映了南方经济、文化的发展。地记的内容很广，包括各地的历史和地理情况，见于著录的有：谯周的《三巴记》，顾启期的《娄地记》，庾仲雍的《湘州记》和记述黄淮地区的《齐州记》（李叔布撰）等等。关于记山的著作，有释慧道的《庐山记》和葛洪的《幕阜山记》等。专记水道的代表作是桑钦的《水经》和郦道元的《水经注》。总的说来，地记的内容很不一致，有偏重于史传的，也有偏重于地理物产的。山记的内容多以描述寺观为主，其地理学价值不大。水道记大都记载了水道的来龙去脉，能反映一定历史时期的自然面貌，科学价值较高。

　　除了描述局部地区的地记外，还先后出现了《畿服经》、《地理书》、《地记》等几部全国性的总志。《畿服经》为晋初挚虞所著，计170卷，书中记述了全国各地的情况，"州郡及县分野封略事业，国邑山陵水泉，乡亭道里土田，民物风俗，先贤旧好，靡不悉具"[1]。《地理书》是南齐陆澄所撰，计149卷并附录一卷，这是他"合《山海经》以来一百六十家"[2]的地理著作，按地区编成的。《地记》是梁人任昉在陆澄《地理书》的基础上又增加了八十四家著作编撰而成，全书252卷。这些总志的篇幅浩大，内容相当丰富。

　　令人可惜的是这一时期的地方性或是全国性总志的地记著作，基本上已散佚殆尽，所存无几。但从现存的少量著作和片断记载中，仍可窥知这时地记发展的盛况。

### 裴秀和制图六体

　　裴秀（223—271）字季彦，河东闻喜（今山西闻喜县）人，从小就很好学，有着渊博的才识。晋武帝时曾佐理国家军政，官至"司空"（相当于宰相的地位），接触到不少的地理和地图资料。用于国家管理和战争需要的地图，春秋战国时期已很普遍，至汉代已有较高的水平，但是由于几经战火，图籍损失惨重，据裴秀所说，到西晋时已是"秘书既无古之地图"，汉代萧何所收秦之图籍亦已不存，幸存下来的"惟有汉氏舆地及括地诸杂图"。这些一般的行政区图大都简单粗陋，既不设比例尺，方位的划定又不准确，对名山大川亦不备载，"虽有粗形，皆不精审，不可依据"。有些图籍"荒外迂诞之言，不合事实，于义无取"。另外由于历史的变迁，古代地理经典《禹贡》所记载的山川地名，已"多有变易"，而"后世说者或强牵引"，造成了混乱。这种状况，当然不能满足当时所谓"大晋龙兴"的政治和军事需要。故此裴秀立意制作新图。他研究了大量的古代资料，对照当时的实际情况，"上考《禹贡》山海川流，原隰陂泽，古之九州，及今之十六州，郡国县邑，

---

[1]《隋书·经籍志》。
[2]《隋书·经籍志》。

疆界乡陬，及古国盟会旧名，水陆径路"，在门客京相璠的协助下，编制成《禹贡地域图》18 篇。这可以说是见于文字记载的最早历史地图集。在制作过程中，他以实事求是的科学态度，对古代文献所载与当时的实际情况进行考核比较，力求弄清搞准，而不是生搬硬套，牵强附会，采取"疑者则阙，古有名而今无者，皆随事注列"的办法，并且改正了旧有的"天下大图"过分巨大，用缣 80 匹，不便展阅，记载又不精确的弊病，以"一分为十里，一寸为百里"（1∶800 000，历史上均一里为 180 丈，1929 年方改一里为 150 丈）的比例，缩制成方丈图。[①] 图中"备载名山都邑"，使"王者可不下堂而知四方"[②]，为军政管理提供了科学依据。可惜，裴秀主持绘制的这些地图，早已失传。

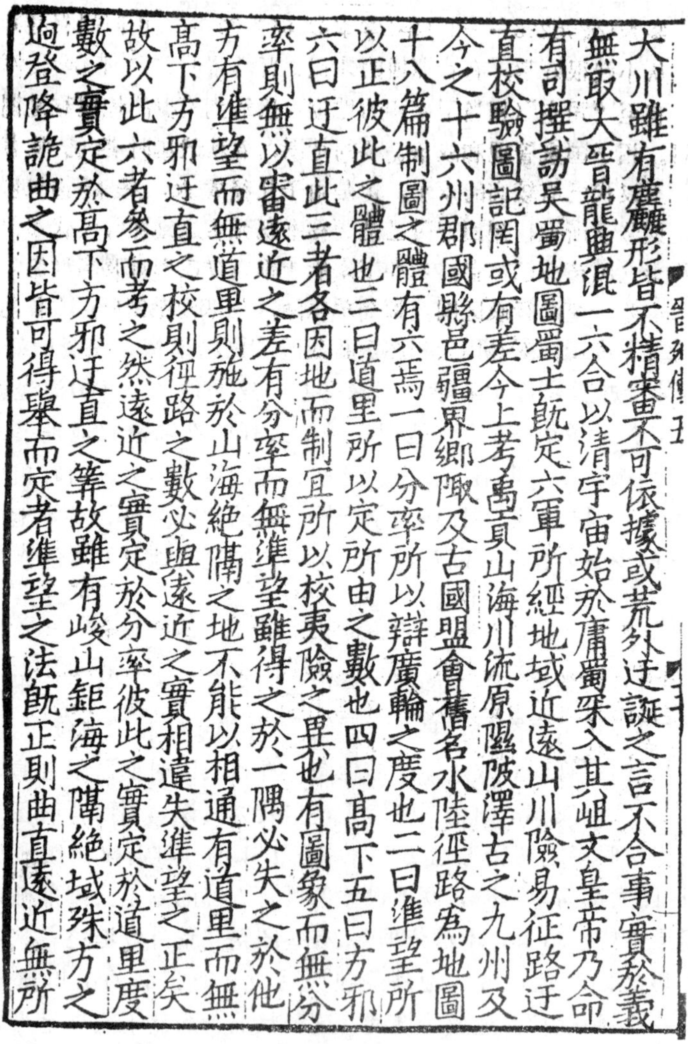
大川雖有麤形皆不精審不可依據或荒外迂誕之言不合事實於義無取大晉龍興混一六合以清宇宙始於庸蜀深入其岨文皇帝乃命有司撰訪吳蜀地圖蜀土既定六軍所經地域遠近山川險易征路迂直校驗圖記罔或有差今上考禹貢山海川流原隰陂澤古之九州及今之十六州郡國縣邑疆界鄉陬及古國盟會舊名水陸徑路為地圖十八篇制圖之體有六焉一曰分率所以辯廣輪之度也二曰準望所以正彼此之體也三曰道里所以定所由之數也四曰高下五曰方邪六曰迂直此三者各因地而制宜所以校夷險之異也有圖象而無分率則無以審遠近之差有分率而無準望雖得之於一隅必失之於他方有準望而無道里則施於山海絕隔之地不能以相通有道里而無高下方邪迂直之校則徑路之數必與遠近之實相違失準望之正矣故以此六者參而考之然遠近之實定於分率彼此之實定於道里度數之實定於高下方邪迂直之算故雖有峻山鉅海之隔絕域殊方之迥登降詭曲之因皆可得舉而定者準望之法既正則曲直遠近無所

图 5-4 《晋书·裴秀传》中有关制图六体的记载

① 参见《晋书·裴秀传》。

② 《北堂书钞》卷 96。

  裴秀在地图学上的贡献，不仅在于他主持编制了上述地图，更在于他把前人的制图经验加以总结提高，第一次明确地建立了我国古代地图的绘制理论。在《禹贡地域图》序中，裴秀明确地提出六条制图原则，即分率、准望、道里、高下、方邪、迂直。第一条说明必须有按比例反映地区长宽大小的比例尺，第二条是确定各地间彼此的方位关系，第三条是要知道各地间的路程距离，后三条说明各地间由于地形高低变化和中间物的阻隔，道路有高下、方斜、迂直的不同，制图时两地间所取的距离应是水平直线距离，故要"因地而制宜"，采取逢高取下，逢方取斜，逢迂取直的方法，确定水平直线距离。这六条原则是互为关联、互为制约的，"有图象而无分率，则无以审远近之差；在分率而无准望，虽得之于一隅，必失之于他方；有准望而无道里，则施于山海绝隔之地，不能以相通；有道里而无高下、方邪、迂直之校，则径路之数必与远近之实相违，失准望之正矣"。裴秀对数学在制图中的运用非常重视，指出："远近之实定于分率，彼此之实定于道里，度数之实定于高下、方邪、迂直之算。"① 从这里可以看到，他已把数学中的比例运算方法，与测定远方地物间水平直线距离的"重差术"应用于地图的绘制中。裴秀提出的这些制图原则，是绘制平面地图的基本科学理论，影响我国传统制图学一直到清朝。

**郦道元和《水经注》**

  长期以来，人们对于祖国的山川地形和地理情况的描述，代不乏人。到三国时，桑钦所写的《水经》一书，简要地记述了全国137条水道。随着社会和生产的发展，要求有新的较为详尽的著作问世。活动于北魏中、晚期的郦道元，深感前人的不足，花费了巨大的心血写成了我国古代地理学名著《水经注》。

  郦道元字善长，范阳涿鹿（今河北涿县）人，他的生年不详，据后人推算可能生于465年或472年，曾任过北魏政权的御史中尉和一些州郡的官吏，于527年被人杀害。他一生勤奋好学，历览大量书籍，并注重于地理考察。少年时曾随他的父亲到过山东，后来他曾先后在山西、河南一些州郡任地方官。所到之处，他"寻图访赜"，"访渎搜渠"，对当地的地理情况进行实地考察和详细记录。他虽然生长在北魏统治的地区，但对全国甚至域外地理状况也非常关注。在从事地理研究和考察过程中，郦道元深切地感到以往的地理著作，如《山海经》、《禹贡》、《周礼·职方》、《汉书·地理志》等都失之简略，都赋一类作品为体裁限制，更不能畅述达意，《水经》"虽粗缀津渚"，略具纲领，但却只记水道，不记水道以外的地理情况。而且，地理现象是在不断变化着的，随着年代的推移，人们对于上古的情况已很渺茫，加上部族的迁徙，城市的兴亡，河道的变迁，地名的更换等，地理情况发生了复杂的变化。历史上的著作，已远不能满足人们的现实需要，郦道元觉得把历史上的地理变迁尽可能详细地记载下来，"庶备忘误之矜，求其寻省之易"，十分必要。② 因此，他以《水经》一书为蓝本，著《水经注》，全面描述全国的地理情况。《水经注》计40卷，记述的河流水道增加到1252条，注文二十倍于原书，约达30万字，所引用的书籍四百三十多种，还转录了不少碑刻材料。所以，这不是简单的注疏之作，而是颇

---

① 参见《晋书·裴秀传》。
② 参见《水经注·叙》。

具匠心的再创作。

《水经注》的内容十分丰富，作者以大量的地理事实详注《水经》，并系统地进行了综合性的记述，既赋予地理描写以时间的深度，又给予许多历史事件以具体空间的真实感。书中以河道水系为纲，详细地记录了河流流经地区的地形、物产、地理沿革等，尤其对于河流分布、渠堰灌溉以及城市位置的沿革记述最为详细，而且具有清楚的方向、道里等方位和数量的观念。尽管郦道元所实地考察的地方有限，引用的历史资料有的并不确切，记述难免有失实之处，而且也掺杂有封建糟粕，但全书在一定程度上反映了当时的地理面貌。有些地区我们可以依据《水经注》较真实地复原一千四五百年前的地理情况，对现在的经济建设还有一定的参考价值。《水经注》所涉及的内容东北到朝鲜的坝水（即大同江），南到扶南（今越南和柬埔寨），西南至印度新头河（即印度河），西至安息（伊朗）、西海（咸海），北至流沙（蒙古沙漠）。这些域外地理知识，直至今日仍是研究这些国家和地区历史情况的宝贵资料。

### 关于植物找矿的认识

梁代成书的《地镜图》，对矿藏地表特征进行了观察、综合、研究，从而总结出了丰富的植物找矿的经验性认识。《地镜图》原书虽已早佚，但从后人的引文中仍可看到它的部分内容。早在先秦时代的《荀子·劝学篇》中就记载有"玉在山而草木润"，晋张华的《博物志》也记载有山上"有谷者生玉"，《地镜图》则大大地充实了这方面的内容，说："二月，草木先生下垂者，下有美玉；五月中，草木叶有青厚而无汁，枝下垂者，其地有玉；八月中，草木独有枝叶下垂者，必有美玉；有云，八月后草木死者亦有玉。山有葱，下有银，光隐隐正白。草茎赤秀，下有铅；草茎黄秀，下有铜器。"后来，唐代的段成式又作了进一步的总结，说："山上有葱，下有银；山上有薤，下有金；山上有姜，下有铜锡；山有宝玉，木旁枝皆下垂。"① 这些记载，虽不一定与实际相符，有的可能是根据不足的臆说，但它却是现在利用指示植物找矿或生物地球化学找矿理论的肇始，为人们寻找地下矿藏提供了新的方法。

## 六　医药学体系的完善和发展

这个时期是我国医药学发展史上的重要时期。

在医政制度方面，沿袭了两汉的制度。晋时仅有太医令，到南北朝时期，增设了太医丞，藏药丞，侍御师，太医博士，太医助教，尚药监等官员。刘宋政权设置了太医署和医学，教授生徒，官方创办的医学教育自此开始。由于统治阶级自身对医药的需要，加上经常的战争和自然灾害，造成了大量的伤病人员，迫使南北朝各个政权的统治者不得不重视医药学的整理、总结与研究，并采取一些防病、治病的措施，如派遣医师和拨送医药到灾区进行救治，以笼络人心。其中北魏政权尤为突出，孝文帝拓跋宏迁都洛阳前，就曾令李

---

① 《酉阳杂俎》卷十六。

脩"集诸学士及工书者百余人,在东宫撰诸药方百余卷"① 行于世。永平三年(510年),宣武帝拓跋恪下诏设置医馆,"严敕医署,分师治疗,考其能否,而行赏罚",同时组织医工,对浩瀚的经方,"寻篇推简,务存精要,取三十余卷,以班九服,郡县备写,布下乡邑,使知救患之术耳"②,以推广、普及医药知识。

在两汉的基础上,这时期我国传统的医药学进入一个广泛总结整理的阶段,出现了大量医药学著作,其中特别是对脉学、针灸学、本草学和药物炮制加工技术以及方剂学进行了总结,使我国传统的医药学体系更加丰富和发展。

## 王叔和与《脉经》

利用切脉诊断疾病,是中医诊断学的一项独特方法。春秋战国、秦汉以来,人们在这方面已经取得了一定的成就,但是这些脉学的知识和内容,都还比较零散。晋代的名医王叔和,对历史上的脉学著作进行了系统的整理总结。他"撰岐伯以来,逮于华陀,经论要诀,合为十卷"③,著成《脉经》一书。《脉经》是我国现存最早的脉学专著,书中列举了二十四种脉象,对每一种脉象都作了简明扼要的概述。为了便于人们理解,把脉象分为八类相似的脉。这些脉象基本上符合于现代对血液循环系统特性的认识,包括对心脏搏出量,动脉管的韧性和弹性,血液在动脉中流动的情况,血液黏稠度,心脏跳动的频率和节律,血管充盈度等内容。它在《伤寒论》的基础上,发挥了脉学在疾病诊断,预后以及对疗效观察等方面的作用,与中医传统的脏腑辨证结合起来,指出五脏六腑病症的脉象,指导在临床上的诊断和治疗。《脉经》奠定了中医脉学诊断的基础,后世的脉学虽有所发展,但基本上是在《脉经》的基础上的发挥和演化。

## 皇甫谧和《针灸甲乙经》

中医学中独特的治疗技术针灸学,这时亦由皇甫谧(215—282)进行了总结。皇甫谧少年时家中贫穷,又游手好闲,到二十岁时才奋发读书,白天参加农业劳动,晚上刻苦攻读,干活时还带着书。经过努力,"遂博综典籍百家之言"。但他不愿做官"耽习典籍,忘寝与食",被人称为"书淫"。在身患严重的风痹疾时,"犹手不辍卷"④。皇甫谧为了战胜风痹,致力研读针灸书籍,发现以前有关著作中,"文多重复,错互非一",于是根据《黄帝内经》的《素问》、《针经》(即《灵枢》)和《明堂孔穴针灸治要》三部著作,参照其他书籍,并结合个人治病的心得,"使事类相从,删其浮辞,除其重复,论其精要"⑤,总结整理为《黄帝三部针灸甲乙经》(简称《针灸甲乙经》或《甲乙经》)一书。这是我国现存最早的针灸学专著,亦是针灸学的经典著作。

《甲乙经》全书12卷,分118篇,内容包括脏腑的生理病理,诊断治疗。皇甫谧纠正

---

① 《魏书·李脩传》。
② 《魏书·世宗宣武帝纪》。
③ 《脉经·序》。
④ 《晋书·皇甫谧传》。
⑤ 《甲乙经·自序》。

了晋以前经穴纷乱的现象,统一了穴位。书中记述单穴 49 个、双穴 300 个,共 349 个穴位,并具体地指明了针刺深度、留针时间和艾灸时间。皇甫谧还结合中医辨证论治的精神,对针灸的适应症和禁忌症作了明确的说明。《甲乙经》既是对晋以前针灸学的系统总结,又对后世的针灸学产生了重大影响。

### 陶弘景和《神农本草经集注》

自从《神农本草经》问世以后,后世的医药学家都把它视为药物学的经典,经过反复辗转传抄以及药物的不断增补,在药物的性能和分类方面造成了不少的错误,引起了混乱。这种状况到南北朝时期已相当严重,产生了不良的影响。南朝著名药物学家陶弘景(452—536)注意到这种现象,因而立意对《神农本草经》重新进行整理,编著了《神农本草经集注》。

陶弘景自幼勤奋好学,据称读书万余卷,齐高帝萧道成未帝作相时,曾被引为诸王侍读,他"虽在朱门,闭影不交外物,唯以披阅为务"[1],后辞官隐居,专事著述和炼丹。他一生中对"阴阳五行,风角星算,山川地理,方图产物,医术本草"[2],深有研究,在医药学方面有很高的造诣。他的著作很多,《神农本草经集注》是其主要著作。虽然此书早已散佚,但从敦煌石窟的残卷和后代著作所摘引的内容看,此书具有很高的学术水平。陶弘景在著述时,"苞综诸经,研括烦省"[3],整理和校订本经的 365 味药外,又增加 365 味,合 730 种,"精粗皆取,无复遗落,分别科条,区畛物类,兼注铭时用土地所出,及仙经道术所须",包括序录,合为七卷[4]。为了区别《神农本草经》原载药品和新加的药品,他用红色书写原有药品,用黑色书写新加入的药品。

《神农本草经集注》是《神农本草经》以来关于药物的又一次系统总结。陶弘景在"集注"中改变了《神农本草经》以上、中、下三品进行分类的方法,创立了新的药物分类法。一种是以药物的自然来源和属性来分类的方法,把 730 种药分为玉石、草木、虫兽、米食、果、菜、有名未用等七大类。后来唐朝的《新修本草》和明代李时珍的《本草纲目》的分类法,都是在这基础上发展起来的。另一种是"诸病通用药",以病症为纲,根据药物的治疗功效,把药物分别归入不同的病症项下,共分八十多类,有利于临床治疗和医药的普及推广。但由于陶弘景本身属道家,他的思想和著作中都有不少迷信的糟粕。

### 药物炮炙

药物加工的炮制技术,这时期也得到发展。活动于刘宋时期的雷敩对此进行了总结,编著成我国最早的药物炮制技术专著《炮炙论》一书,"直录炮熬煮炙,列药制方,分为上、中、下三卷,有二百件名"[5]。原书已散佚,从后代所引的内容看,《炮炙论》提到的

---

[1]《梁书·陶弘景传》。
[2]《本草经集注·序》。
[3]《本草经集注·序》。
[4]《本草经集注·序》。
[5]《炮炙论·自序》。

药物炮制方法有17种，内容包括炮、炙、煨、炒、煅、水飞等方法。如说"凡使当归，须去头芦，以酒浸一宿入药"，"乌头宜文武火炮令皱折劈开用"① 等。这些处理可减低药物毒性，增加疗效，或易于保存，并可使药物的作用得到更好的发挥。书中有的名称和方法现仍沿用和保留。后代中药的炮制方法是在此基础上进行的。

葛洪和《肘后方》

这个时期还有大量的方剂学著作问世，其中除各种内外科医方外，还有《疗目方》、《疗耳眼方》、《小儿方》以及少数民族和国外的药方，说明了当时医药学的发达。可惜的是这些方书大多已亡佚。现存最著名的有《肘后备急方》，原为晋葛洪（281—341）著，名《肘后卒急方》，后经陶弘景整理补充为《肘后百一方》，金代杨用道又进行增补，改为现名，简称《肘后方》。

图5-5　葛洪像

葛洪，自号抱朴子，是我国古代著名的医药学家和炼丹家。他自少好学，"家贫躬自伐薪以贸纸笔，夜辄写书诵习"。他经常外出寻书问义，甚至"不远数千里崎岖冒涉"，以达到求学的目的。② 这种坚韧的求学精神，使他既"穷览坟索"，又"兼综术数"，有着渊博的学识。他精通医药学，在究览典籍的过程中，深感以往近千卷的医药经方，"混杂烦重，有求难得"，因而"周流华夏九州之中，收拾奇异，捃拾遗逸，选而集之，使种类殊分，缓急易简"，写成《玉函方》一百卷。同时，他感到以往医书，"既不能穷诸病状，兼

---

① 《雷公炮炙论》。
② 参见《晋书·葛洪传》。

多珍贵之药",对于"贫家野店",是难以办到的,针灸治疗对于没有研习医方,不明穴位者,亦起不到救治的功效。这种状况,对于大多数人来说,"虽有其方,犹不免残害之疾",因而他又写了《肘后卒救方》。方中"率多易得之药",即使须买者,"亦皆贱价草石,所在皆有"。同时,在书中还记述了简易的灸法,"凡人览之,可了其所用"。①《肘后方》的内容包括急性传染病,各脏腑慢性病,外科、儿科、眼科和六畜病的治疗法,对各种疾病的起源、病状均有叙述,特别对传染病已有较清楚的认识。书中附有各种疾病的治疗方法和药方。这是一部具有普及推广意义的实用方书,一直为后世所重。

### 与迷信的斗争

这个时期服饵丹药求长生不老的风气,在统治阶级中非常盛行。但服食丹药的现实不是求得长生,而是适得其反,不少封建帝王和官僚因服食当时盛行的寒食散(又称五石散)而丧命。针对服饵寒食散的副作用,这时出现了不少治疗方书,这是从谬说中衍生出来的多少带积极意义的医药学成果。此外,炼丹实践也提供了一些可以治病的化学药物。

释道盛行、鬼神迷信渗入了医药学领域,对于祈求鬼神,企望长生不老所造成的危害,不断有人觉悟,起而反对。最突出的是周朗(425—460),他对刘宋政权的腐败进行了大胆的抨击,提出了变革的主张。在谈到医学时,他尖锐地揭露鬼道妖巫的为害,指出:"凡一苑始立,一神初兴,淫风辄以之而甚,今修隄以北,置园百里,峻山以右,居灵十房,糜财败俗,其可称限。又针药之术,世寡复修,诊脉之伎,人鲜能达,民因是益征于鬼,遂弃于医,重令耗惑不反,死夭复半。"他主张"今太医宜男女习教,在所应遣吏受业,如此故当愈于媚神之愚,惩艾朕理之敝矣"②。周朗的主张触犯了昏庸的帝王,使他一直不能得志,最后被以违背封建礼教而处死,年仅36岁。他在那鬼神迷信泛滥的年代里,敢于触犯封建统治者,反对鬼神迷信,提倡科学的斗争精神,是值得称赞的。

## 七 炼丹术和化学

我国的炼丹术有着悠久的历史,早在公元前三四世纪的战国时期,就有关于方士和求"不死之药"的记载。自从秦始皇、汉武帝招致方士,讲求长生不老之术以后,炼丹的风气便在封建统治阶级中开始盛行。魏晋南北朝时期,方士演变成符水治病的道士,他们把先秦的道家创始人老子认作始祖。从此,道教成为我国封建社会中主要宗教之一,与儒、佛并行于世。由于当时社会动荡,封建统治阶级为了寻找精神寄托,纷纷崇信道教,求取丹药,妄想通过炼丹服食,解脱厄运,得道成仙;或者借助于丹药,寻求刺激,过着荒淫无耻的腐朽生活,从而使炼丹活动在统治阶级中更加风行起来。

---

① 参见《肘后方·自序》。
② 《宋书·周朗传》。

## 炼丹术与化学的关系

炼丹的本意是荒谬的,它指望借金石的精气,使人长生不老,得道成仙,这种违反自然规律的目的当然是不可能实现的。因此,炼丹术实质上是一门伪科学。炼丹家虽然有种种迷信思想,但由于他们在炼丹活动中,吸取了劳动人民在生产和生活实践中的丰富经验,同时孜孜不倦地从事采药、制药的实际活动,从炼丹实践中,他们认识到物质变化是自然界的普遍规律,不自觉地产生了朴素唯物论和朴素辩证法思想,积累了大量关于物质变化的经验知识。东汉末年的魏伯阳就说过,炼丹术是顺从"自然之所为"[①],葛洪也说,"变化者,乃天地之自然"[②]。他们引用自然界的变化现象和生产中的物质变化来论证炼丹的可能性和合理性。因此,尽管他们所追求的本来目的是不可能达到的,但他们在炼丹实践中发现物质变化的种种现象的基础上,对其中的某些规律性进行了有益地探讨。古代的炼丹家一般都兼搞医疗活动,一些大炼丹家本身就是著名的医学家,如葛洪、陶弘景,他们把炼丹的药物引入医疗实践中,从而也丰富了我国传统药物学的内容。这些,也就为化学初期发展阶段作出了一定的贡献。

## 早期的炼丹著作

现存我国和世界上最早的炼丹术著作是魏伯阳的《周易参同契》。全书只有六千字,以韵语写成,对炼丹理论和方法作了较系统的阐述。据近人研究,其内容是相当丰富的。当时的炼丹术士已经知道了不少物质的化学性能,甚至已经注意到发生化学变化时各种物质有一定的比例。书中有一篇"丹鼎歌",是现存关于炼丹重要工具"丹鼎"的最早记载。

晋代的葛洪是我国历史上最著名的炼丹家,是炼丹史上承前启后的重要人物。他继承了早期的炼丹理论和实践,加以发展,对后世的中外炼丹家有着很大的影响。葛洪在综合前人经验的同时,亲自从事炼丹数十年,积累有丰富的物质变化的经验性知识。他的主要著作有《抱朴子内篇》和《抱朴子外篇》,其中《内篇》讲仙道,《外篇》讲儒术,体现了他的"道者儒之本也,儒者道之末也"[③]的内神仙外儒术的思想。有关炼丹术的内容主要在《内篇》"金丹"、"仙药"和"黄白"三卷中。"金丹"篇主要是讲利用无机物炼制所谓长生药,涉及的药物有水银、硫黄、雄黄、雌黄、矾石、戎盐、曾青、铅丹、丹砂、云母等。"仙药"篇讲的主要是植物性药物"五芝"(菌类植物)的作用。"黄白"篇主要讲的是炼制供药用的人造黄金和白银的方法。

南朝的陶弘景是葛洪之后的一个大炼丹家,在炼丹化学和医药方面都有贡献。他关于道教的著述不少,但除上文已提到的《神农本草经集注》外,现存的只有列入《道藏》的《真诰》和《养性延命录》两种,前者谈神仙授受真诀,后者讲长生不老之术,其他均已散佚。

---

① 《周易参同契》。
② 《抱朴子内篇·黄白篇》。
③ 《抱朴子内篇·明本篇》。

炼丹术中的化学知识

呈液体状态的金属——水银，在先秦时代就已为人们所发现和使用，秦始皇在营建他的陵墓时，"以水银为百川、江河、大海"①，可见当时水银的生产已有相当规模。汉代已经有从丹砂炼汞的记载。由于丹砂（HgS）具有升华、还原等特殊的物理和化学性质，引起了炼丹家的极大重视，成为炼丹活动中的主要药物。在《周易参同契》中就总结前人经验，记载有"汞白为流珠"，说明汞不易黏附其他物质，会形成汞珠到处流转，并且知道了汞的挥发性能，"得火则飞，不见埃尘"。魏伯阳还利用汞能与铅组成铅汞齐，来固定水银这种不易控制的性能。可能是晋以前成书的《三十六水法》，记述有溶解34种矿物和2种非矿物的54个方子。《抱朴子内篇·金丹篇》中也有类似的记载，从这些方子中可以看到，当时已知利用硝石（硝酸钾）和醋的混合液来溶解金属或矿物。其中尤其突出的是溶解黄金的方法。黄金是一种性质很不活泼的金属，熔点高，不易与其他元素化合，即使是现代溶解黄金的方法也还不是很多。但在《抱朴子内篇·金丹篇》中已有"金液方"，其中主要的药物叫"玄明龙膏"，这一名称可代表水银，也可代表覆盆子，覆盆子未成熟的果实中含有氢氰酸，而水银和氢氰酸均可溶解黄金。

炼丹家在从丹砂中提取汞时，又发现了汞能与硫黄相化合而还成丹砂的事实。对此，魏伯阳在《周易参同契》中曾描述了水银容易挥发，容易和硫黄化合的特性，以及其在丹鼎中升华后"赫然还为丹"的过程。而葛洪则用更概括的语言说："丹砂烧之成水银，积变又还成丹砂。"② 丹砂即硫化汞，呈红色，经过煅烧，硫被氧化而成二氧化硫，分离出金属汞，再使汞与硫黄化合，生成黑色硫化汞，经升华即得红色硫化汞的结晶。这种人造的红色硫化汞可能是人类最早通过化学方法制成的产品之一。

关于汞能溶解多种金属形成汞齐的性质，早已为人们所注意和利用。战国时期已有鎏金的青铜器物，如辉县固围村出土的车饰等，有的鎏金器物经检验残存有汞，可能使用了金汞齐。汞齐的制作在炼丹术中是一项重要的内容，他们制成的汞合金有金、银、铅、锡等的汞齐。铅汞齐是铜镜的抛光剂。陶弘景曾记载水银"能消化金、银使成泥，人以镀物也"，说明当时金银汞齐已在生产中得到应用。

我国在奴隶社会时期生产青铜时就已开始利用铅，汉代的《神农本草经》有关于铅的化合物胡粉和黄丹的记载。由于铅具有和汞相类似的化学变化，也引起了炼丹家的重视，成为炼丹中的一项重要内容。在《周易参同契》中记有"胡粉投火中，色坏还为铅"。胡粉为白色碱性碳酸铅，经炭燃烧，会分解而放出二氧化碳和水蒸气，所余的氧化铅再与碳或一氧化碳反应而还原为金属铅。葛洪明确地指出胡粉和黄丹（四氧化三铅）都是"化铅所作"，说"铅性白也，而赤之以为丹；丹性赤也，而白之以为铅"③，说明了铅经过化学反应后可变成白色的碱性碳酸铅，再经加热后经过各种化学变化，变成红色的四氧化三铅，四氧化三铅又能经化学反应而分解出白色的铅。陶弘景则特别指出黄丹是"熬铅所

---

① 《史记·秦始皇本纪》。
② 《抱朴子内篇·金丹篇》。
③ 《抱朴子内篇·黄白篇》。

作",胡粉是"化铅所作",说明这两种铅化合物都不是天然的产物,而是由人工制造的。

从炼丹实践中,人们还知道铁对铜盐的置换反应。在西汉的《淮南万毕术》中,已有"曾青得铁则化为铜"的记载。曾青是天然的硫酸铜,其溶液与铁接触,铁能取代硫酸铜里的铜。葛洪亲自进行了实验,比前人更仔细地观察到"以曾青涂铁,铁赤色如铜","外变而内不化也"①。葛洪用的是在铁表面涂抹硫酸铜溶液的方法,只有铁的表面与铜发生置换反应,故"外变而内不化"。陶弘景也有类似的发现,并扩大了铜盐的范围,不只限于用硫酸铜。这一反应过程的发现,奠定了宋元时代水法炼铜——胆铜法的基础。

通过炼丹活动,对于其他一些金属和矿物也有一定的认识。如葛洪已了解到碱性碳酸铜有杀菌的作用。陶弘景对石灰烧制的观察非常细致,有着烧石灰的确切记述:"近山生石,青白色,作灶烧竟,以水沃之,即热蒸而解。"他并且已经知道用燃烧的方法来鉴别硝石(硝酸钾),"以火烧之,紫青烟起,云是真硝石也",这开了近代化学中用火焰法鉴别钾盐的先河。

## 八 制瓷、灌钢和建筑技术

### 制瓷技术的成熟

瓷器,是我国古代独创的一项重大的发明。自从商周时期原始瓷出现(参见本书第二章第四节)起,经历了一千六百余年的漫长岁月,在生产实践中缓慢地发展。近三十年来的考古发掘表明烧制青瓷的技术到东汉后期已基本成熟,经三国、两晋到了南北朝时期,进入了更成熟的阶段。中华人民共和国成立以来,在我国南北方的许多省份(其中南方省份居多),都出土有南北朝时期的大量瓷器,而且还发现不少窑址;南方以青瓷为主,北

图 5-6 孙吴甘露元年青瓷羊

---

① 《抱朴子内篇·黄白篇》。

方以白瓷（间有黑瓷）为主。青瓷窑址的大量发现说明青瓷器已在我国大量生产，广泛应用。瓷器的制造已成为手工业生产中的一个重要部门。唐代烧制瓷器的技术在这基础上又发展到一个崭新的阶段。

南北朝时期的青瓷，胎质坚实，通体施釉，釉层较厚，呈青绿色。瓷器的颜色主要是由釉中所含的金属元素决定的，其中特别是铁元素的含量起着重要的作用。铁在自然界中分布很普遍，其氧化物有氧化亚铁和三氧化二铁，前者呈绿色，后者呈黑褐色或赤色。青瓷是用还原焰使产生氧化亚铁而成。瓷土中氧化亚铁的含量在 0.8%～5%，绿色由淡至浓；含铁量太大，超过 5%，则因还原困难而存在四氧化三铁，颜色就成暗褐色甚至黑色，所以掌握氧化亚铁的含量是烧制青瓷的关键。这个时期的胎质和釉尚含有杂质，还原火力也还不够强，仍有四氧化三铁存在，故瓷器的颜色绿中带灰色或黄色，胎质也发红。随着原料的精选，氧化亚铁含量的控制以及火候的掌握等技术水平的提高，唐代的青瓷生产达到了一个新的高度，氧化亚铁的含量一般控制在 1%～3%，烧制出品种繁多的美丽青瓷器。特别是浙江绍兴、余姚一带的越窑产品最为驰名，被赞为"九秋雨露越窑开，夺得千峰翠色来"[①]。五代时柴窑（虽然至今的考古工作仍未找到窑址）的青瓷亦称盛一时，有"雨过天青"的美誉，被称赞为"青如天，明如镜，薄如纸，声如磬"[②]。

伴随着青瓷的发展，白瓷的烧制也在南北朝开始。白瓷的呈色剂主要是氧化钙，但它要求铁的含量越少越好，否则会影响白瓷的白度，因此白瓷的烧制说明了对瓷土筛选技术的提高。到了唐代，白瓷的烧制已达成熟阶段，与青瓷相互辉映媲美。唐代名窑——邢窑（在今河北内丘县）的白瓷有"类雪"[③] 之誉。杜甫有专诗赞美四川大邑瓷碗，写下了"大邑烧瓷轻且坚，扣如哀玉锦城传。君家白碗胜霜雪，急送茅斋也可怜"的诗句，说明其瓷质薄而坚致，釉质细密而洁白的特色。江西景德镇的唐代白瓷的白度已在 70 度以上，与现代水平相近。1974 年在扬州市郊出土了一件唐代白釉蓝彩盖罐，在表面遍施白釉和间错的大小蓝彩斑点，这种蓝彩的着色剂为氧化钴，斑点疏密得当，滴落自然，在白釉的衬托下，显得素雅可爱，说明当时人工掌握釉料着色技术的工艺水平已相当高超。此外，黄釉、黑釉瓷器也都在南北朝时期出现，为唐代颜色绚丽多彩的瓷器奠定了基础。

对南北朝时期的瓷窑遗址进行研究后发现，其中有的瓷窑已具相当的规模，如浙江萧山的上董青瓷窑址，长达五百米，堆积层厚度超过一米，并发掘出许多窑具。窑具的使用可以更充分地利用窑中的空间和热量，既可增加瓷器的产量，又可提高瓷器的质量。其中，特别是匣钵的应用具有重要意义，它可以防止烟熏和尘埃的污染，还可以避免釉的分解、碱类挥发、硅酸析出而减少光泽，对于烧制精美的瓷器起了保证作用。这些窑具，一直为后世所沿用。

**灌钢法和鼓风技术**

在汉代炒钢和百炼钢的基础上，南北朝时期制钢技术出现了新的突破，《重修政和经

---

① 《全唐诗》卷 33。
② 《陶录》卷七。
③ 《茶经》。

史证类备用本草》卷四玉石部引陶弘景语"钢铁是杂炼生𨰾作刀镰者",这是最早明确记载用生铁和熟铁合炼成钢(即灌钢)的文献资料。东汉王粲《刀铭》"灌辟以数",晋张协《七命》"乃炼乃铄,万辟千灌",这些词句似乎表明类似的工艺可能在汉末、晋代已经出现。北齐的綦母怀文用灌钢法造宿铁刀,"其法,烧生铁精以重柔铤,数宿则成钢。以柔铁为刀脊,浴以五牲之溺,淬以五牲之脂,斩甲过三十札"①。这是一种和铸铁脱碳、生铁炒炼不同的新的制钢工艺。"生"指的是生铁,"柔"指的是熟铁,先把含碳高的生铁溶化,浇灌到熟铁上,使碳渗入熟铁,增加熟铁的含碳量,然后分别用牲尿和牲脂淬火成钢。牲畜的尿中含有盐分,用它作淬火冷却介质,冷却速度比水快,淬火后的钢较用水淬火的钢硬;用牲畜的脂肪冷却淬火,冷却速度比水慢,淬火后的钢比用水淬火的钢韧。从这里可以看出,不但炼钢技术有较大的发展,淬火工艺也有了提高。灌钢法在坩埚炼钢法发明之前,是一种先进的炼钢技术,对后世有重大的影响。

冶铸中的鼓风技术,在这时期也有了重大的进步。三国时魏国的韩暨在官营冶铁工场中推广应用水排,计其利益比马排、人排增加了三倍。这种鼓风水排,节省了人力、畜力,提高了生产效率,为后代所流传使用。当时水排的样式和构造,文献没有记述,但与同时期的水碓、翻车比较,应是一种轮轴传动的装置。元时的《王祯农书》中记载有水排的式样,可作为复原这时期水排构造的参考。

### 佛教建筑

这时期佛教的盛行导致了寺院建筑的大量出现。例如,三国时代南京有寺院680处,北魏时洛阳一地的寺院就有一千多处,各州郡计有寺院三万所。这些寺院建筑的布局,基本上仿照西周以来的宫室布局,只多了一个佛塔建筑。北魏时的佛塔都建造在寺院的中心,这是我国寺院早期布局的方式。到了唐代一般将大佛塔布置在大殿之前,也有的建在寺侧,构成塔殿并列的形式。宋代则把塔建在大殿之后。

图 5-7 嵩岳寺塔

---

① 《北史·綦母怀文传》。

在寺院里建造佛塔起源于印度，塔即是"Stupa"，译为"窣屠波"，它的原形是一个半球体，和现在藏传佛教的佛塔相近。塔式建筑传入中国后，与中国固有的楼阁建筑很快结合起来，成为中国的楼阁式塔。现存的塔式建筑，凡是高大的塔都是楼阁式的。嵩岳寺塔是我国现存最早的著名寺塔。

嵩岳寺塔建于河南省登封县嵩山南麓的一个山坳中，平面呈十二角形，内部八角，共十五层，高四十多米。它建于北魏，是一座内部为楼阁式，外部为密檐式的砖塔。塔下层的倚柱和佛龛形式是古印度风格，出檐用砖迭涩挑出，呈凹形曲线。整个塔身有较合理的收分，线条柔和圆润，虽是用砖建成，却没有给人生硬的感觉。此塔至今已历时一千四百多年，几经地震等自然灾害仍巍然屹立，说明了我国古代匠师建造高层建筑的设计和技术水平是相当高的。

佛教建筑的另一种类型是石窟寺。它是依山崖陡壁而开凿出来的洞窟，工程浩大，雕刻精美。石窟寺亦渊源于印度，随同佛教的传播而在中国出现。我国的大型石窟，如云冈石窟、敦煌石窟、麦积山石窟、龙门石窟、天龙山石窟、响堂山石窟等，分布在新疆、甘肃、辽宁、河南、河北、山西、山东、浙江等地。这些大型石窟都开凿于5世纪中叶到6世纪后半叶的一百二十年间。我国现存的石窟群远较印度为多，仅敦煌莫高窟一处就有六百多个洞窟，而且结合中国传统的建筑特点，成为独特的石窟建筑。

图 5-8　云冈石窟

石窟建筑形式多样。云冈石窟长约一千米，共有大小四十几个洞窟，其式样大多采用椭圆形平面，窟顶为穹隆式，前部开一个门，门上开窗，后壁中央雕刻出一个巨大的佛像，最高达 15.6 米，左右雕有较小的佛像，窟外为木结构的殿廊。敦煌莫高窟平面都呈方形，每洞分前后二室，中间有中心柱，四周布满塑像和壁画，外部亦设木构殿廊。由于石窟本身就是由人工开凿而成的一种建筑形象，同时在窟壁上都雕绘有殿宇、楼阁、亭台、佛塔以及房屋等多种建筑形象，因而从中可以反映出当时的建筑面貌，为建筑史的研究提供了宝贵的资料。

## 九  机械制造的新成就

### 马钧及其成就

马钧，字德衡，曹魏时扶风（今陕西兴平东南）人，是这时期出现的一位伟大机械发明家，时人曾称颂他"巧思绝世"。他生活在曹魏时期，当时的统治集团对机械发明很不重视，更谈不上了解机械制造的意义，因而他一生受到权势们的歧视，郁郁不得志。但他刻苦自学，不尚空谈，专心致志地钻研机械设备，因而取得了机械制造方面杰出的成就。他的成就，最突出的是改进织机和发明（或改进）翻车。当时的绫机中，"五十综者五十蹑，六十综者六十蹑"，综是使经线分组一开一合上下运动，以便穿梭的机件，蹑为踏具，这样的绫机笨拙而效率低。马钧感到原有这种绫机"丧功费日"，"乃思绫机之变"，对旧绫机进行改进，把 50 蹑、60 蹑的绫机都改成 12 蹑，使操作简易方便，提高了生产效率。这种新绫机很快就得到推广应用，促进了丝织业的发展。据《后汉书·张让传》载，在马钧之前约半个世纪的东汉人毕岚曾"作翻车"，供洒道之用。毕岚的翻车是否就是后世的龙骨水车，不得而知。而马钧所作的翻车，则无疑是用于农业排灌的龙骨水车。其结构精巧，"灌水自覆，更入更出"，可连续不断地提水，效率比其他提水工具高得多，"其巧百倍于常"，运转轻快省力，儿童都可操作。所以，马钧应是供农业上排灌之用的龙骨水车的发明者，至少可以说他是继毕岚之后，对翻车作了极重要的改革，并首次用于农业排灌的创新者。翻车问世后，受到了社会上的普遍欢迎，迅速得到推广，并沿用了一千多年。在近代水泵发明之前，翻车是世界上最先进的提水工具之一，它对于灌溉农田，发展农业生产，发挥了巨大的作用。

马钧还制成了久已失传的指南车。关于马钧作指南车的问题以及和高堂隆、秦朗在宫廷上的争论，史书有很生动的描写。其后的祖冲之曾将一辆只有外壳的指南车，增补了内部的机构，予以修复。但它们都缺乏具体的机械结构的记述，历代史书关于记里鼓车和指南车的记载也都比较简略。直到宋代，燕肃在 1027 年，吴德仁在 1107 年，又先后制造了指南车和记里鼓车，《宋史》详细地记载了它们的内部构造。据此，我们始得知历代指南车与记里鼓车的具体结构。

图 5-9　指南车复原图

指南车以简单的结构，就能使木人的手臂始终指向南方，关键就在于传动机构或联或断的设计。当车辆偏离正南方向，向左（即向东）转弯时，车辕前端向左移动，而后端就向右（即向西）移动，即将右侧传动齿轮放落，使车轮的转动能带动木人下大齿轮向右转动，从而恰好抵消车辆向左转弯的影响，使木人手臂所指方向不变，仍指向南方。车辆向正南方向行驶时，车辆和木人下大齿轮是分离的，因此木人不受车轮转动的影响，指南车具有这种能自动离合的齿轮系（现称差动齿轮系），其技巧高于记里鼓车。记里鼓车有一套减速齿轮系，始终与车轮同时转动，其最后一根轴在车行一里或十里时才回转一周，再经过传动机械，令木人击鼓以计所行里程。我国古代记里鼓车，尤其是指南车是古代巧妙的自动化机械，结构均很简单，构思十分灵巧，它体现了我国机械制造的高度水平，是我国古代技术的卓越成就。

此外，马钧还改进了连弩和发石车。他又曾利用机械传动装置，创造了以木为轮、以水为动力的"变巧万端"的水转百戏。① 这些也都表明了马钧在传动机械研究方面的很深造诣。

**运输工具**

三国以前，陆上运输所用的车辆，多数是双轮车。双轮车只适用于平地的大道上行驶，在山间小道上就无法使用。三国时，蜀汉在与曹魏的战争中，由于山道运粮困难，运输工具亟待解决。这时，蒲元发明了独轮车——"木牛"，"廉仰双辕，人行六尺，牛（指'木牛'）行四步，人载一岁之粮也"②。这也就是后世所传说的"木牛"。这种独轮车适用

---

① 参见《三国志·方技传》。
② 《蒲元别传》。

于在崎岖小道上行走，一千多年来一直被广泛使用。

造船技术这时期也有很大的发展。孙吴建立不久，就拥有船舰五千余艘，并不断派出较大规模的船队，北航辽东，南通南海。其中大船上下五层，可载三千人。晋在作灭吴准备时，发明将许多小船拼装成一艘大船的造船方法。这种大船称为"连舫"，"方百二十步，受二千人。以木为城，起楼橹，开四出门，其上皆得驰马来往"①。这时期的造船数量很大，东晋安帝时，建康一次风灾，所毁官商船只约达万艘；北魏神䴥三年（430年），在冀、定、相三州造船即达三千艘。由此均可见当时船舶数量之多与造船业之发达。提高船行速度，是船舶建造中为人们所关心的问题。这时期在这方面出现了重大的突破。祖冲之造的"千里船"，可"日行百余里"，有人认为这是利用轮桨的车船（因缺乏明确记载，尚不能确定）。关于车船的最早明确记载，出现在唐代。《旧唐书·李皋传》载有李皋设计的新型战舰，"挟二轮蹈之，翔风鼓浪，疾若挂帆席"。梁时侯景军中还出现有一百六十桨的高速快艇"鹞䑭"，"去来趣袭，捷过风电"②，这是历史上桨数最多的快艇，后世快艇桨数大多在四十至六十桨之间。在这一时期中船上设备亦有改进，船尾已采用升降舵，帆的面积逐渐加大，大帆用布120幅，高9丈，并注意到帆的方位，以提高风帆的效率。这些反映了当时造船技术和航行技术的进步。

## 兵器和军事技术

这时期的战争频繁，在几百年当中，展开了一系列的攻防战。由于战争的需要，攻城略地的战略战术以及攻防器械和兵器制造，都有不同程度的发展。在攻守器具方面，有火车、发石车、钩车、虾蟆车等的制造，梁时的侯景在造攻城器械方面尤为突出，他曾"设百尺楼车"，又造飞楼、撞车、登城车、钩堞车、阶道车、火车等，"并高数丈，一车至二十轮"。③ 攻防器械的制造，在战争中发挥了很大作用。如曹操与袁绍在官渡之战中，先是曹军失利，为营防守，袁绍军"为高橹，起土山，射营中"，使曹军"大惧"，曹操便令制造发石车，摧毁了袁军的楼车，这种发石车被袁军称为"霹雳车"，显示了巨大的威力④。在兵器制造方面，各种器具的质量和数量都有所提高。汉代弩机已普遍使用，并有望山以瞄准。两晋时，弩机在汉代基础上趋向大型化，晋《舆服志》称，"中朝大驾卤簿，以神弩二十张夹道……刘裕击卢循，军中多万钧神弩，所至莫不摧折"，可见巨大弩机已大量使用。关于连弩，《汉书》、《后汉书》中亦已有记载，如《后汉书·艺文志》记有"兵技巧家，有望远连弩射法"。三国时，诸葛亮对连弩加以改进，"以铁为矢"，"一弩十矢俱发"⑤。马钧就是在这种连弩的基础上加以改进，提高发射效率的。

---

① 《晋书·王濬传》。
② 《梁书·王僧辩传》。
③ 《梁书·侯景传》。
④ 《三国志·袁绍传》。
⑤ 《三国志·诸葛亮传注》。

图 5-10 曹魏正始二年制铜弩机

还要指出的是,这一时期有人把对冰的认识应用到战争中,这是科学知识在战争中的巧妙运用。北魏昭成帝在征卫辰时,当时河中的水还未冻结,"乃以苇缅约渐",减慢水流速度,促成冰冻,使"俄然冰合",但冰"犹未能坚",便在冰上放置芦苇,"冰草相结,如浮桥焉",争取了时间,出奇制胜。① 在北魏征伐蠕蠕的战争中,督运粮草的司马楚之,在敌军逼近,欲断粮运时,于空旷之地,无坚可守,便"使军人伐柳为城,水灌令冻",形成冰城,"冰峻城固,不可攻逼",敌军不得不退走。② 这种因时制宜,因地制宜,大胆而又巧妙地运用科学知识,是值得称道的。

## 十  自然观和宇宙论方面的论争

### 玄学、道教、佛教的唯心主义自然观

汉代思想意识中处于统治地位的儒家今文经学和谶纬神学,在王充等唯物主义思想家和东汉末农民起义的打击下,已经支离破碎,魏晋玄学则伴随着统治者重建支撑其统治地位的思想理论的要求应运而生,并与逐步取得正宗地位的道教和佛教相结合,成为封建统治者的三大精神支柱,组成了一个束缚中国人民的唯心主义罗网。就其自然观而言,三者大同小异,结成了一个唯心主义的阵营。

---

① 参见《魏书》卷一《序纪》。
② 参见《魏书·司马楚之传》。

玄学的开拓者名士何晏（约195—240）和王弼（226—249），以祖述老子自命，宣扬以"无"为本的本体论，主张"无"（亦即"道"）是宇宙的本原，世界上万物都是由"无"所派生，"万物皆由道而生"，"凡有皆始于无"①，万物的运动变化，最终都是要统一于"无"这个"本"。按照这样一个本体论，他们否定客观事物的存在的真实性。在他们看来，自然的天不过是一个"形"的名称而已，"形"又是"物之累"，从而客观事物只不过是一些假象，只有"道""寂然无体，不可为象"②，才是最高的真实存在。

何、王之后的玄学著名人物向秀和郭象（约252—312），吸取了何、王以后关于"贵无"和"崇有"的斗争教训，在继承何、王本体论的同时，放弃了"凡有皆始于无"的命题，并接过了裴頠"崇有"的旗帜。他们表面上也说"无"不能生"有"，"有"是自己产生的，但是他们却提出万物产生的总根源是不能深究的，每个事物本身都是自己产生，独立存在的（独化），其存在是自有、自生、自灭，彼此间没有任何的联系，每个事物都是绝对独立而存在。这种"独化"，归根到底又不存在任何差别，"独化于玄冥之境"，③ 也即是万物产生的总根源是一个不可认识的神秘境界。他们宣扬的是一套神秘唯心主义自然观。

葛洪是为道教理论化奠定基础的人物。他借用了道家的一些理论，来建立道教的理论。在宇宙的本原问题上，他袭用了道家的"元"（亦称"玄"或"道"）的思想，提出"元者，自然之始祖，而万殊之大宗也"④，认为宇宙的生成，运动变化，都是由于"元"的作用，天地、万物都是由"元"所产生的。由此，他得出了"有因无而生焉，形须神而立焉"⑤ 的结论。葛洪利用这套神秘唯心主义的思想体系，来说明神仙是存在的，人只要得"道"，就能成仙，长生不老。葛洪的理论，为后世道教所袭用和发挥，并为封建统治阶级所接受，在封建统治阶级中盛行。

佛教在东汉传入中国时，一般视为一种方术。魏晋时，随着玄学的风行，一些僧人受到玄学的影响，用玄学的理论去解释《般若经》，般若学因此迅速发展起来，而且出现了不同的流派，其中以道安等人为代表的本无派影响最大。道安（318—385）认为世界万物是它自己在变化，没有一个造物主，但在万物之上却有一个"无"、"空"的本体作为万物的最后根据，即"无在元化之先，空为众形之始"⑥。也就是说，物质世界是第二性的，精神本体才是最真实的。佛教理论大师僧肇（384—414）对魏晋玄学和佛教各主要流派的基本理论进行了批判性的总结，建立了佛教彻底唯心主义的理论体系。僧肇不满足于玄学和佛教各流派仅是把物质性的东西说成是第二性的，客观上还承认外部世界的存在。他提出一切都是虚无，没有实体，这才是般若（佛教神秘主义的智慧）深远、神妙的原则，也是一切事物的最高原则。他竭力以抽象的思辨来论证一切事物的现象都不过是虚构的幻象，都不是真实存在的，从而彻底否定了客观世界的真实性。他还把物质与运动变化割裂

---

① 王弼：《老子注》。
② 邢昺：《论语正义》引。
③ 郭象：《庄子注·序》。
④ 《抱朴子·畅元》。
⑤ 《抱朴子内篇·至理》。
⑥ 昙济：《七宗论》。

开来，反复论证变化本身就是不变，运动本身就是静止，发展本身就是不发展。

由于佛教用虚构的世界同现实世界相对立，并宣扬轮回报应的说教，南北朝后为统治阶级所利用和提倡，在全国各地广为泛滥。

### 唯物主义自然观的发展

这时期的唯物主义思想家和科学家，继承了前代的唯物主义思想和利用科学技术成就，与玄学、道教、佛教的唯心主义和宗教神学进行了针锋相对的斗争，丰富和发展了我国古代的唯物主义无神论思想体系。

三国时吴国人杨泉是魏晋时一位重要的唯物主义思想家。其代表作是《物理论》，原著16卷，宋代时已佚，现存后人的辑本一卷。杨泉继承和发展了秦汉以来的唯物主义自然观，用物质性的"气"和"水"与玄学所主张的超物质的"无"相对抗，去说明宇宙的本原及天地万物的生成。他把宇宙万物统一于物质元素——水，认为"成天地者，气也"，天地万物都是由"气"而成，而"气"又是由"水"而生，"吐元气，发日月，经星辰，皆由水而兴"。他还利用元气理论来解释自然界的各种物体的形成以及各种运动变化现象。尽管杨泉把单一的元素"水"作为万物之源，存在着严重的缺陷，但在玄学盛行之际，他能坚持从自然界本身去探讨自然界，这是有积极意义的。

与何晏、王弼的"贵无"论相对立，裴頠（267—300）写了《崇有论》，批驳以"无"为本的唯心主义思想。裴頠明确指出，"无"不能生"有"，他认为万物"始生者自生也"，一切事物的起源都是他们自己生出来的，"无"只不过是"有"的一种表现形式而已。他用实际生活的事例，论证了决定"有"的是其他的"有"，对"有"起作用的是"有"而不是"无"。在批驳"贵无"论的同时，裴頠坚持了唯物主义自然观，提出了自己对于自然界的总看法。他说，"夫总混群本，宗极之道也；方以族异，庶类之品也；形象著分，有生之体也；化感错综，理迹之原也"。意即总括万有的道不是虚无的，根据万物不同的形象可以分为不同的类别，一切有生的存在都是有形象的，万物变化与相互作用是错综复杂的，是客观规律的根源。

南北朝时期，随着佛教的盛行，反佛教思想的斗争亦不断进行，科学家何承天也投入了反佛教思想的斗争。在反佛教神学中最杰出的斗士是范缜。范缜（约450—515），南朝萧梁时人。他坚持了唯物主义自然观，并以此作为无神论的基础，把我国古代唯物主义无神论思想体系推进到一个新的阶段。他所写的《神灭论》，是我国古代唯物主义反对唯心主义的珍贵文献。范缜认为，世界上万物的生成都是由于它自己的原因，复杂的现象完全是它自己在变化，忽然自己发生，忽然自己消灭。事物的发生是不能防止的，消灭是不可追寻的，各自顺从着自然的法则（"天理"），安于自己的本性（"各安其性"）。基于这种对万物产生、消灭和变化的认识，他继承和发展了我国古代无神论思想，指出了精神和形体是相互关联，不可分离的。他说，"神即形也；是以形存则神存，形谢则神灭"，精神离不开形体，没有形体就没有精神。精神和形体的关系是"形者，神之质；神者，形之用"，精神依附于形体，是由形体所决定的。在论证"形谢则神灭"时，范缜克服了以往无神论者以烛（或薪）和火的关系，用烛（或薪）尽火灭来说明形灭则神灭，把精神看成是一种特殊物质的缺陷，而提出了刃与利的关系来说明形灭则神灭。他说，"神之于质，犹利之于刃；形之于用，犹刃之于利"，"未闻刃没而利存，岂容形亡而神在？"从而把唯物主义无神论思想建立在更科学的认识上，论证得更深刻而有力。范缜还认识到不同的事物有不同的"质"，"木之质，无知也；人之质，有知也"，而且"质"是会变化的，人死后"有知"之"质"会转化为"无知"之"质"，木的荣体亦可转化为枯体。在范缜看来，"质"的变动性是遵循着一定的规律的，如木必"先荣后枯"，"不先枯后荣"。物体的生灭也是有其发展变化的规律的，忽然产生的，必忽然而灭，"渐而生者，必渐而灭"，这是"物之理"，是运动变化的法则。① 正是由于范缜有较科学的自然观和较丰富的科学知识，使他的无神论思想显现出空前的战斗力。

范缜曾为笃信佛教的齐竟陵王萧子良的宾客，尖锐地批驳萧子良宣扬的因果报应，使萧子良理屈词穷。他的《神灭论》发表后，引起了"朝野喧哗"，萧子良"集僧难之而不能屈"②。梁武帝曾指使臣僚六十余人著论反扑，但范缜独树一帜，"辩摧众口，日服千人"③。这种较为活跃的思想和学术辩论风气，无疑地对科学的发展是有利的。同时，范缜的自然观和科学知识，也从一个侧面反映了这时期科学的发展。

### 宇宙论的各学派

这个时期，是我国历史上关于宇宙理论的探讨最为活跃的时期，各家学派争论十分激烈。围绕着汉以来盖天说、浑天说和宣夜说的争论，出现了安天论、穹天论、昕天论以及浑盖合一的理论。

宣夜说自汉代以来不断得到发展。随着宣夜说的传播，人们提出了既然日、月、星辰都是飘浮在气中，是不是会掉下来毁灭地球的问题。杞人忧天的故事就是这样产生的。东晋的张湛在《列子·天瑞》篇中，讲述了这个故事，其中为杞人解忧的人说道：天是由气积聚而成的，日月星宿也是积气，不过会发光而已，而地是固体的硬块，因此不必忧天坠，忧地坏。张湛还引述了当时的一种看法，即认为归根到底天地最终都会坏的，指出"忧其坏者，诚为太远；言其不坏者，亦为未是"，表明了天体大地都是物质所构成，既有生成，亦会毁灭的思想。

虞喜针对着忧天坠的思想，写了《安天论》。他发展了宣夜说的宇宙无限思想，提出"天高穷于无穷，地深测于不测"，认为天地相覆冒，"方则俱方，员（圆）则俱员（圆），无方员（圆）不同之义"，批驳了天圆地方的传统说法，明确指出日、月、星辰"其光曜布列，各自运行，犹江海之有潮汐，万品之有行藏"④，说明日月星辰的运行，如同江海潮汐和万物的活动过程一样，是有其自身规律的，人们完全不必为天坠地坏而担忧。尽管受时代条件的局限，虞喜的"地深测于不测"的说法，和受盖天说影响，认为天在上常安，地在下居静的认识都是错误的，但虞喜的《安天论》中关于宇宙无限和天地万物各有其自身运动规律的认识，丰富和发展了古代朴素的唯物主义和辩证法的思想。

---

① 参见《神灭论》。
② 《梁书》卷 48。
③ 《弘明集》卷 9。
④ 《晋书·天文志》。

虞喜的族祖虞耸的《穹天论》提出了"天形穹隆如鸡子,幕其际,周接四海之表,浮于元气之上",基本上沿袭盖天说的说法。但其中"覆奁以抑水,而不没者,气充其中故也"[1]的比喻,是有独到之处的,说明他曾亲身做过实验,对气体的性质有一定的认识。

孙吴时的姚信所作《昕天论》,宣扬天人感应的陈腐看法,把天和人妄加比附,说人前后不对称,"颐前侈临胸,而项不能覆背",天也应是这样,"故知天之体南低入地,北则偏高"[2]。这一套完全是一种唯心论的谬说,毫无科学意义。

随着天文学的发展,盖天说遇到了越来越大的困难,浑天说占了优越的地位。这时出现了一种浑、盖合一的论调,其代表有北齐的信都芳,萧梁的崔灵恩,他们主张"浑盖合一",而不愿放弃已为事实证明是错误的盖天说,企图调和浑天说和盖天说的矛盾。这说明传统势力总是很顽固的,要抛开历史上形成的错误理论是不容易的。

## 本 章 小 结

三国两晋南北朝时期,虽然中国处于南北对峙、政权并立的所谓"乱世"时期,但总的说来战乱是短时间的,占主导地位的还是相对稳定的局面。由于政权的并立和对峙,各政权为了自身的生存和发展,大都采取了一些政治和经济的改革措施,使农业和手工业生产在和平与安定的间隙中得到发展,思想和文化也相应地得到继承和发展,而没有中断。同时,不少少数民族进入中原地区,中原地区人员大量南迁或迁徙到边远地区,促成了各民族的空前大融合,各地的生产技术和科学知识广泛交流。因而,科学技术在前代的基础上继续前进,并取得重大的突破。

这一时期的科学技术取得了一系列重大的进展,出现了一批著名的,在中国科学技术史上占有重要地位的科学家。刘徽、祖冲之、张子信在数学和天文学方面的成就,发展并充实了数学、天文学体系;贾思勰《齐民要术》的问世,标志着农学体系的成熟;王叔和的《脉经》、皇甫谧的《针灸甲乙经》、陶弘景的《神农本草经集注》等,从各个不同的侧面充实和丰富了中医药学的体系,使之趋于完善;裴秀提出的制图六体,创立了中国古代地图学的基本理论;制瓷、冶炼、纺织等技术方面的突破,提高了传统的工艺技术的水平;还有马钧、葛洪等人分别在机械、炼丹等方面的很高造诣等等。这些说明在春秋战国和秦汉时期形成的科学技术体系得到了充实与提高,也为唐代高度发达的封建文明奠定了科学技术方面的基础。

---

[1]《晋书·天文志》。
[2]《晋书·天文志》。

# 第六章 古代科学技术体系的持续发展

(隋唐五代时期 581—960)

## 一 经济和科技文化繁荣的大帝国

581年,杨坚篡夺北周王朝,建立了隋朝。589年,隋灭陈,统一全国。隋文帝创立的一些制度,为唐代所遵循。所以,隋朝年代虽然短促,仅有38年,却不能忽视它在历史上的作用。继隋之后的唐朝,堪称是我国封建社会的盛世,"盛唐"之誉驰名于世。隋、唐两代是在长江、黄河两大经济区相结合的基础上,在比前代广阔、深厚得多的经济基地上建立起来的,因此政治、经济、文化、科技和中外交通等方面都得到空前的发展,其繁荣程度远远超过两汉。唐中期以后,黄河流域战火连绵,朝廷主要依赖长江流域和江南财富来支撑,反映出这时经济重心进一步南移。唐晚期的藩镇割据和后来的五代十国,虽给经济和科学技术的发展带来了不良的影响,但在长江流域和江南地区,经济和科学技术的一些领域仍有所发展。

唐高祖李渊和唐太宗李世民以及他们的辅臣,都亲眼看到隋末政治的腐败和隋政权的覆亡,亲身体验到农民起义的巨大威力。他们认识到大乱之后,亟须休养生息,安定秩序,发展生产,缓和阶级矛盾,方能维护和巩固封建政权。为此他们在政治和经济上进行了一系列改革。

唐政权很重视法制的建设,建立了一套较为完善的法律制度,来保证政令的施行。尽管《唐律》的目的是为统治阶级服务,保护地主阶级利益的,但在制律时确也考虑了"审慎法令","宽简刑政"[①] 等政策的需要。其中关于土地制度、户口、手工业、商业和中外交通的规定,对于造成唐代的经济繁荣和科技发展,发挥了不可忽视的作用。

封建经济的根本是农业。唐前期的经济繁荣,主要也反映在农业生产的发展上。土地政策方面,唐代承袭和发展了隋代的均田制和租庸调法,并制定了一套检校人口的制度,规定每年一造计帐,每三年一造户籍。唐政权控制的户口数不断上升,贞观时户数不到三百万,而天宝时已达九百万户,五千多万人。国家的统一,社会的稳定,加上政治、经济的改革措施,使唐朝前期社会经济迅速上升,到开元时(713—741)进入了全盛期。后世士大夫赞颂开元、天宝年间是"河清海晏,物殷俗阜","左右藏库,财物山积,不可胜数。四方丰稔,百姓殷富"[②]。

---

① 《资治通鉴》卷192。
② 郑綮:《开天传信纪》。

在农业生产发达的基础上,手工业生产也进入了一个重要的发展时期。唐政府设有专门的手工业管理机构,制定了一套完整的制度。如据《唐六典·少府监》记载,唐政府规定官府工匠要接受技术工艺的训练或学习,时间按不同的工种长短不一,其中金、银、铜、铁等金属的凿镂错镞等工学四年,车辂、乐器等制作学三年,平漫刀稍等工学两年,矢镞、竹、漆、屈柳等工学一年,还有学几个月乃至几十天的。这种对工匠的培训措施,无疑提高了工匠的技术工艺水平。这时期,传统的纺织、造船、矿冶、陶瓷、造纸等手工业技艺都达到新的水平。唐前期,丝织业的中心仍在河南、河北,但南方的丝织业已相当发达,到后期则已超过北方;镂版印染的夹缬法在唐前期已经被推广,"遍于天下"①,涂蜡印染的蜡缬法,也很是流行。唐代的铜镜、金银器皿,以精致美观,巧夺天工而著称于世,武则天在洛阳用铜铁铸天枢,又铸九州鼎等,这些都说明当时冶铸业的巨大规模和金属加工工艺的高超。陶瓷中釉下彩工艺的发明,唐三彩的问世,为我国陶瓷史增添了新的瑰宝。造船和制盐等手工业都有较大的发展。种茶和制茶也迅速兴起,到唐德宗时,茶税已成为唐政府中一项举足轻重的重要税收收入。

农业和手工业的发达导致商业的繁荣。都城长安和东都洛阳,以及扬州、益州、杭州等地成为重要的商业都市,汇聚着四方的物产和珍宝。沿海的外贸港口,除广州外,福建泉州、浙江明州也迅速发展起来,通航于东海、南海和印度洋上,与东南亚、南亚、阿拉伯和非洲东海岸各国交往贸易日益频繁。丝绸之路上的交通贸易也日趋发达。交通贸易的发展,对沟通和交流国内外经济、文化和科学技术,起了重要的作用。

在南北朝民族大融合的基础上,汉族和各少数民族的关系更加密切。隋朝就是以汉族为主联合鲜卑等族建立的。唐太宗采取了对各少数民族较为平等的政策,《资治通鉴》称他对各族"爱之如一"②。各少数民族在唐政府中担任文武大臣的,据新、旧《唐书》记载就有几十人之多。汉族也有不少人到少数民族地区去,如文成公主到吐蕃,太和公主到回纥,都带有许多随从人员。随着各族之间人员的来往,经济文化和科学技术的交流也更加频繁。唐初时突厥就以马羊等畜牧产品和汉人交换锦绢。武则天时,唐廷给予突厥"种子四万余石,农器三千事以上"③。回纥与汉族经常开展马绢和马茶交易,"大驱名马,市茶而归"④。汉族生产的丝绸织品和金银器、铁器大批运到高昌,或由此再往西运。高昌的酿葡萄酒法,在唐太宗时传到长安,唐廷"收马乳蒲桃种于苑,并得酒法,仍自损益之,造酒成绿色,芳香酷烈,味兼醍醐,长安始识其味也"⑤。高昌和南方少数民族所产的棉布这时都已输入内地,对后来棉花种植和棉布纺织在内地的推广有着重要的意义。南诏的兵器、药物相继运到内地,汉族的丝织、农耕和建筑等技术也传入了南诏。吐蕃的金银器物、纺织品、畜牧产品和药材等都大量输入内地,内地的养蚕、纺织、耕稼、酿造、造纸、制墨等生产技术也传入了吐蕃。文成公主曾说"世间诸工巧,妆饰与烹饪,耕稼纺

---

① 《唐语林·贤媛篇》。
② 《资治通鉴》卷198。
③ 《通典》卷198。
④ 《封氏闻见录》卷6。
⑤ 《南部新书》丙卷。

织等,技艺亦相敌",她还由内地"召致甚多木匠、塑匠,建甲达惹毛切殿"①。唐高宗时,松赞干布派使者向唐廷"请蚕种及造酒、碾硙、纸、墨之匠,并许焉"②。汉族的历书,医学以及特产茶叶,也是唐时传入吐蕃。汉族和各少数民族经济文化和科学技术的融合,反映了隋唐时期的高度文明是各族人民共同造就的。

  隋唐政府对书籍的搜集整理工作比较重视,甚至不惜高价收购和组织人员抄录。由于兵火之灾,隋朝建立时,所收的书籍仅一万五千余卷,"部帙之间,仍有殊缺","至于阴阳河洛之篇,医方图谱之说,弥复为少"③。隋文帝和隋炀帝都曾大规模组织抄书,使国家掌握有大量的图书典籍,藏书至 30 万卷。这些书籍在隋末又大量损失,至唐朝建立时仅余 8 万卷。唐自太宗至玄宗开元时,也两次组织人力抄书,并设立了修书院。因而开元时藏书充实,其中有前人所著录的 53 915 卷,唐人著作 28 469 卷。安史之乱,旧籍又"亡散殆尽"。770 年左右,元载奏"以千钱购书一卷"。文宗时(829—840)"四库之书复完"④,藏书达 56 476 卷。隋唐时期藏书之盛,反映了当时文化发达的情况,也促进了社会文明的发展。在《二十四史》中,就有《晋书》、《梁书》、《陈书》、《北齐书》、《周书》、《隋书》、《南史》、《北史》等八史是唐初撰修的,其中李淳风所撰《晋书》中的天文志为各史天文志中最精湛者。

  北朝末期,门阀制度已受到致命的打击。入隋后废除了九品中正制,采取科举取士的方法,设立了进士科,并建立起较完整的教育制度。唐朝又把科举制度和教育制度进一步发展和完备,使庶族地主中一些较为精干的人才,得以通过科举进入仕途参与政事。尽管科举制度存在很多弊病,但它较豪强门阀把持取士的制度有所进步,对扩大知识分子的数量,对当时的政治、文化、科技以及后世的取士制度有很大的影响。唐代科举曾设有明算科,医学教育也建立有严格的制度。雕版印刷术发明后,更促进了科学技术的推广和传播。加之农业生产和手工业生产的发展需要,在这个封建盛世时期,科学技术进入了发展的新阶段,在天文历法和医药等方面都超越了前代,并为宋元时期我国古代科学技术的高度发展奠定了基础。

## 二 农业生产技术的提高

### 农业生产的兴盛

  经历长期的分裂状态进入到一个统一和比较安定的环境,这本身就对农业生产的发展有积极的作用。隋、唐初期所实行的土地政策,检括人口,减轻徭役等措施,也在客观上为农业生产的兴盛创造了一定的社会条件。隋唐统治者还鼓励垦殖,把增加人口,发展农

---

① 《西藏王统记·松赞冈保王章》。
② 《旧唐书·吐蕃传上》。
③ 《隋书·牛弘传》。
④ 《新唐书·艺文志》。

业生产作为考核地方官吏的标准。武则天时曾规定在州县境内，如"田畴垦辟，家有余粮"，则予升奖，如"为政苛滥，户口流移"，则加惩罚。① 因此，农民尽管遭受着沉重的经济剥削，但仍有一定的生产积极性，在生产斗争中，把农业经济推上了空前兴盛的阶段，创造了封建社会盛世的物质基础。隋朝建立仅十二年时，就已"库藏皆满"②。"西京太仓，东京含嘉仓、洛口仓，华州永丰仓，陕州太原仓，储米粟多者千万石，少者不减百万石。天下义仓，又皆充满。京都及并州（今山西太原）库布帛各数千万"③。唐朝建立二十年后，隋朝所留库藏尚未用尽。唐时，农业生产继续得到发展，到开元、天宝"盛世"时，"耕者益力，四海之内，高山绝壑，耒耜亦满。人家粮储，皆及数岁。太仓委积，陈腐不可校量"④。天宝八年（749年），政府仓储粮食约达一万万石。唐政府因而不断修筑和扩大隋代所兴建的仓窖。从1971年起，考古工作者在发掘和探查隋唐含嘉仓时，陆续探出该仓的粮窖259个之多。最大的窖，窖口直径达18米左右，深12米左右；最小的窖窖口直径亦有8米左右，深6米左右。在已发掘的6个窖中，其中一个尚留存有大量炭化的谷子，说明当时防潮防腐技术已相当高明。据这些炭化谷子推测，此窖储粮在250吨左右。由这些可看出含嘉仓所储藏的粮食之多，也反映了隋、唐农业生产的盛况。

自魏晋南北朝以来，由于南方的社会较为安定，经济得到迅速发展。从隋灭陈到宋朝统一南方，不到四个世纪中，户数增加了四倍多。劳动力的大量增加，农业生产技术的进步和大规模兴修水利，使得南方农业生产水平大幅度提高。

**南方水田整地技术**

南方农业生产技术的进步，和北方一样，首先表现在整地技术的提高。耕地的主要工具——犁的结构，发展到唐代已相当完备。陆龟蒙《耒耜经》中所记唐后期的江东犁，系由11个部件构成：犁镵——切开土块和切断草根，并把切下的土块送到犁壁上；犁壁——翻转犁镵犁起的土垡，使杂草残株等埋覆在下面，同时也有破碎土垡的作用（以上两部件为铁质，以下部件均为木质）；犁底——用以稳定犁镵的位置并稳定犁体；压镵——协助犁底稳定犁镵，兼有固定犁壁位置的功用；策额——固定犁壁位置并防止犁壁的摆动；犁箭——即犁柱，贯穿在策额、压镵、犁底的孔中，把它们固结在一起，上端贯穿犁辕，并把犁辕的位置固定起来；犁辕——是承受牵引作用的主要部分；犁评——主要用于控制耕地的深浅；犁建——功用在限制犁辕、犁评，不至于从犁箭的上端滑脱；犁梢——耕地时，耕者手扶犁梢，以掌握犁身行进时的方向和平衡；犁槃——其作用是便于犁身的摆动和行进时掉转方向。用江东犁耕地，欲深欲浅均可，运用自如。江东犁的出现是我国耕地用的铁农具已经成熟定型的重要标志。

---

① 《唐大诏令集·戒勖风俗敕》。
② 《隋书·食货志》。
③ 《通典·食货典》。
④ 《元次山集·问进士第三》。

图 6-1 江东犁复原图

由于耕地工具的改进，唐代水田地区农民除能熟练地掌握深浅耕外，还进一步要求犁地的宽度、深度保持一致，耕起的土垡整齐均匀，即要达到所谓"行必端，履必深"[①] 的要求。

除犁外，还有一种新的整地工具铁鎝在这时出现，用它掘土，比牛耕还深些，且可随手耙碎土块，很适合于缺牛少耙的小农使用。又，《耒耜经》里提到破碎土块平整地面的工具有爬（耙）和砺礋。耙除破碎土块的作用外，还能利用耙齿铲除一部分杂草或作物的残株。砺礋是唐代才出现的工具，其作用据《耒耜经》说：在土壤耕翻、耙碎后，为了使土壤更细碎，地面更平整，适合水稻插秧的要求，于是"爬而后有砺礋焉"，用以"破块埓，混泥涂也"[②]。到宋代，在耙和砺礋两道工序之间，又加上一次耖的工作，使土壤更加细熟。于是，水田的土壤耕作，形成了耕——耙——耖一套技术措施。它与北方旱作地区的耕——耙——耱技术可两相媲美，这是南方水稻生产精耕细作化的又一个标志，它对水稻生产的发展起了促进的作用。

## 农田水利和灌溉工具

西汉以前，农田水利工程大都在北方，东汉时开始向南方推进，南北朝时，南方进一步发展，到隋、唐时期，则南北同时大举兴修，达到全面发展的兴盛时期。据粗略的统计，唐代兴修的水利工程约二百六七十处。北方，关中农田水利继续发展。重要的有黄河、汾河河曲地带的水利开发和在龙门下引黄灌田工程等；南方，江浙海塘、太湖湖堤、长江堤防都在这一时期相继完成。福建的福州、长乐沿海也开始兴筑海堤，建立斗门，控制咸潮浸灌，开辟良田。五代时，江南的吴越国在唐代的基础上又大加发展，在太湖地区开始出现圩田制度和水利系统。

春秋时期，我国劳动人民已从治水中得到启发，利用堤防来治洼地。吴国在固城湖畔"筑圩"，越国在淀泖湖滨"围田"，这是人们利用、改造低洼地的重要尝试。圩田的出现，使人们进入主动改造低洼地的新阶段。唐中叶以前，圩田的发展还较缓慢，中唐以后才在

---

[①] 陆龟蒙：《甫里先生文集》卷 19。
[②] 《王祯农书·农器图谱·砺礋条》。

南方迅速发展起来。

据北宋水利学家郏亶《吴门水利书》及其他历史资料记载，当时的太湖圩田有着相当周密的规划和科学的布置。首先在太湖平原上兴修了大量水利工程，五里、七里开一纵浦，七里、十里修一横塘，浦塘之间开垦为圩田。有的圩田的规模相当大，"每一圩方数十里，如大城"。为了保证圩田的安全，塘浦都修得既深又宽，宽十余丈至三十余丈，深二至三丈；堤岸高厚，高至二丈，低亦不下一丈，使太湖洪水迂回于塘浦之间，辗转出海。沿江、滨海之处筑有江堤、海塘，通江入海的重要港浦，设置堰闸，"旱则开闸引江水之利，潦则闭闸拒江水之害"。高地、低地之间，也都设有斗门堰闸，实行分级、分区控制，使高地不受旱，低地不患涝。圩内则沟渠四通八达，以备灌、排水及运输之用，圩岸遍植杨柳，堤下种植菱苇，用以护堤防浪。这样，整个圩田形成了圩堤、河渠、堰闸三者相结合的一个有机整体。塘浦圩田系统的建成，使太湖低洼地区逐步变成"苏湖熟，天下足"的全国最重要的粮仓之一。

在大量兴修农田水利工程的同时，唐政府还加强了对农田水利的管理。唐朝中央尚书省下，设有水部郎中和员外郎，"掌天下川渎陂池之政令，以导达沟洫，堰决河渠，凡舟楫灌溉之利，咸总而举之"[1]。又设有都水监，由都水使者掌管京畿地区的河渠修理和灌溉事宜。唐朝还制定了关于水利的法律《水部式》，规定关于河渠、灌溉、舟楫、桥梁以及水运等法令。《唐律》中对水利也有明文规定，如在"失时不修堤防"条中规定，"诸不修堤防及修而失时者，主司杖七十。毁害人家，漂失财物者，坐赃论减五等。以故杀伤人者，减斗杀伤罪三等"；在"盗决堤防"条中规定，"诸盗决堤防者，杖一百（谓盗水以供私用，若为官检校虽供官用亦是），若毁害人家及漂失财物赃重者，坐赃论。以故杀伤人者，减斗杀伤罪一等。若通水入人家，致毁害者亦如之"[2]。

唐代灌溉技术比以前有很大进步，特别是水车得到推广。太和二年（828年），唐文宗令人作水车样，"并令京兆府造水车，散给缘郑、白渠百姓，以溉水田"[3]。至于灌溉工具的发明，在北方有"以木桶相连，汲于井中"的水车；长江流域出现半机械化的筒车。筒车形似纺车，四周缚有竹筒，利用水流冲力，冲击轮子而旋转，把水由低处提到高处。

### 茶树栽培和茶叶加工

我国有着悠久的茶树栽培和茶叶加工的历史。唐代茶树的种植已遍及五十多个州郡，还出现了官营的茶园。名茶品种增多，据不完全统计当时就有二十多种名茶。饮茶形成一种风气，"风俗贵茶，茶之名品益众"[4]。茶叶的生产和加工，成为农业和农产品加工的一个重要部门。由于茶叶的生产和需求迅速增长，唐政府为了增加财赋收入，德宗建中四年（783年）开始建立茶税制度，除其后曾中断两年外，茶税从此一直成为国家一项重要财赋收入。

---

[1] 《唐六典·尚书工部》。
[2] 参见《唐律疏议》卷27。
[3] 《旧唐书·文宗纪》。
[4] 《唐国史补》。

有关茶树的栽培方法，以《四时纂要》一书记载最早，叙述较为详细。"种茶，二月中于树下或北阴之地开坎，圆三尺，深一尺，熟斸，著粪和土，每坑种六七十颗子，盖土厚一寸，强任生草不得耘。相去二尺种一方，旱即以米泔浇。此物畏日，桑下竹阴地种之皆可。二年外方可耘治，以小便、稀粪、蚕沙浇拥之，又不可太多，恐根嫩故也。大概宜山中带坡峻，若于平地即须两畔深开沟垄泄水，水浸根必死。三年后每科收茶八两，每亩计二百四十科，计收茶一百二十斤。茶未成开，四面不妨种雄麻、黍、穄等"。"收茶子，熟时收取子，和湿沙土拌，筐笼盛之，穰草盖之。不尔，即乃冻不生，至二月出种之"。这里不仅包括播种季节、密度、中耕、施肥、排水、溉灌、遮荫等一系列措施，而且采用沙藏催芽法和多子穴播法，至今沙藏催芽法仍有实用价值。多子穴播法在高纬度地区发展茶园也有现实意义。茶叶的采摘和加工在唐代也已非常考究，"采不时，造不精，杂以卉莽，饮之成疾，茶之累也"①。唐朝茶叶加工主要是蒸青制法，即把鲜叶采回，用蒸气杀青，捣碎，制成茶饼，然后烘干。宋、元、明三代制茶技术不断革新。蒸青制法逐渐为炒青绿茶、花茶、红茶等所代替。

茶叶在5世纪时开始输入亚洲的一些国家，17世纪后输入欧美，从此饮茶风尚逐渐遍及全球。

## 农学著作

随着农业生产发展，农业技术进步，作物栽培种类和品种增加，以及文化的发达，这时期的农学著作比过去任何时代都多。根据现存目录来看，这一时期的农书，在体裁和内容上不仅继承了前代农书的若干特点，并且在专业农书方面有所发展。有综合性的一般农书，也有畜牧兽医、园艺、经济作物、农具等专业性的农书，共计二十多种。其中有的篇幅很大，如隋代诸葛颖撰写的《种植法》达77卷。比较重要的还有《兆人本业》（已佚），《保生月录》（已佚）、《四时纂要》、《茶经》、《耒耜经》等。《兆人本业》计3卷，是武则天执政时，召集文学之士周思茂等撰写，并颁行天下的。以后唐代皇帝曾把进呈《兆人本业》定为制度，"每年二月一日，以农业方兴，令百寮具则天大圣皇后所删定《兆人本业记》进奉"②。太和二年（828年），唐文宗曾令各州县把《兆人本业》"写本散配乡村"③。韦行规撰写的《保生月录》和韩鄂撰写的《四时纂要》也是重要的农学典籍。后周的窦严曾把《齐民要术》、《保生月录》、《四时纂要》三书并提。陆羽的《茶经》是我国也是世界最早的一部茶叶专书。晚唐时陆龟蒙的《耒耜经》是我国最早关于农具的专著，也是叙述江南农事的最早农书。这时期的农业科学技术书籍，对当时发展农业生产有着一定的作用。

---

① 陆羽：《茶经》。
②《吕衡州集》卷4。
③《旧唐书·文宗纪》。

## 三 冶金和纺织技术

这一时期钢铁及有色金属冶铸业的发达和冶金技术的普及和提高,不仅为农业生产、手工业生产和工程建筑等提供了必需的工具和材料,也为社会提供了光辉夺目的金属工艺品,更为经济贸易的发展提供了大量货币。丝织品则仍为国内外贸易的大宗货物,并以其质地精致、色彩缤纷而载誉世界。

### 大型铸件和炼银技术

制造农具和兵器,需要大量的钢铁,在工程建筑中,也采用灌铸铁或铅以加强构件之间的联系的方法,如赵州桥的拱石之间穿以铁腰,考古学者在试掘唐乾陵墓道时发现,墓道全用石条筑砌,石条之间用铁栓板固定并用铅灌铸以固隙。唐代贸易的繁荣,需要大量的铜币,为此唐政府多次铸钱,铜的用量很大,8世纪中叶全国有官营铸钱炉99个,每炉每年"役丁匠三十,费铜二万一千二百斤、镴三千七百斤、锡五百斤"①。巨大的金属需求,促使金属冶炼的生产规模和产量超过了前代。据《新唐书》记载,9世纪初全国"岁采银万二千两,铜二十六万六千斤,铁二百七万斤,锡五万斤,铅无常数"。9世纪中叶唐政府征收的税收"岁率银二万五千两、铜六十五万五千斤、铅十一万四千斤、锡万七千斤、铁五十三万二千斤"②。这些记载当然是很不精确和很不完全的,但可以反映当时冶金产量的一个粗略的情况,说明当时冶金业是相当发达的。

图6-2 沧州大铁狮

---

① 《新唐书·食货志》。
② 《新唐书·食货志》。

在技术方面，炼炉和鼓风技术都有所进步，灌钢法得到普及推广，百炼钢技术因生产效率较低，已不常使用。唐初铸造开元通宝时，使用了失蜡法。《唐会要》记载武德四年（621年）铸造开元通宝时，欧阳询进"蠟（蜡）样"。① 虽然失蜡法铸造技术在我国早已有之（见本书第二章第二节），但就文献记载而言，这是关于失蜡法的最早文献记载。这时期的大型铸件的铸造也较为突出。据《集异记》记载，隋代的澄空曾在晋阳（今山西汾西县）铸成高达70尺的铸铁佛像。唐武则天时，用铜铁2百万斤在洛阳铸造"天枢"，高达105尺，"冶铁象山为之趾，负以铜龙"，"趾山"周长170尺，高2丈。② 我国现存最早的特大铸件首推五代时期铸造的沧州大铁狮。铁狮高达5.3米，长6.8米，宽约3米，上有"大周广顺三年（953年）铸"，"山东李云造"的铭文，总重量为29.3吨。这些特大型的铸件，是使用多块泥范组合铸成的，反映了当时造范和合铸技术已相当高明。特大型铸件的铸造，在宋代得到了进一步的发展。如北宋初年铸造的河北正定县隆兴寺铜像，高7丈3尺，重10万斤以上，分七次铸接而成；铜像当中用7条熟铁柱，高64尺（埋入土中6尺），每条铁柱用7条"铁笋合就"，上面用铁蛇固定。③ 湖北当阳玉泉寺北宋铁塔，铸于宋仁宗嘉祐六年（1061年），高17.90米，13级，重十万六千多斤，是我国现存最早最大的铁塔。塔的各级是分别铸造，然后套叠在一起的。它的铸作相当精致，截面为八角形，塔座有波状纹饰，底层八棱各铸金刚如托塔形状，又有武士、二龙戏珠等工细生动的纹饰，塔身各层都铸有仪态不同的佛像、侍者等。

唐代的金银器饰加工精巧，造型优美，一直为后人所赞颂。现存的唐代金银器饰数量很多，仅1970年在西安何家村（唐长安城兴化坊旧址）出土的唐邠王府的窖藏中，金银器就有270件。这些玲珑剔透的金银器饰，不仅向人们说明了当时使用简单车床的切削、抛光以及焊接、铆、镀、刻凿等工艺技术已达到较高的水平，而且大量质地优良的银器的出现也向人们表明当时冶银术的进步。自然界中银的含量不多，而且含银的辉银矿（$Ag_2S$）往往与方铅矿（$PbS$）共生。我国古代的银大部分是从含银的粗铅中提炼出来的，即以方铅矿与辉银矿的共生矿石，先炼成粗铅，再提炼出银。唐司空图《诗品》洗炼条有"犹矿出金，如铅出银"的话，表明唐代的银是由粗铅中提取的，其具体技术措施则没有文字记载。何家村邠王府遗址出土有一块重约8千克的炼银渣块，1971年发掘章怀太子李贤墓内也发现有6块炼银渣块，这些渣块经化验和分析，可知是采用吹灰法炼银而遗留的渣块，说明吹灰技术在唐代已被较为广泛地应用。关于银的采冶方法，宋代的赵彦卫有一段较详细的记载，他说："取银之法，每石壁上有黑路乃银脉，随脉凿穴而入，甫容人身，深至十数丈，烛火自照，所取银矿皆碎石，用臼捣碎，再上磨，以绢罗细，然后以水淘，黄者即石，弃去；黑者乃银，用面糊团入铅，以火锻为大片，即入官库。俟三、两日再煎成碎银。"④ 这段记载概要地叙述了找矿、采矿、选矿和炼银的全部工艺过程。其中黑色

---

① 《唐会要》卷89。
② 《新唐书·武则天传》。
③ 《正定县志》卷15。
④ 赵彦卫：《云麓漫钞》卷2。

银矿石应指的是辉银矿。由于铅与银能互相溶解,故在炼时要"入铅",即加入金属铅使在冶炼中能有足够的铅把矿石中的银全部携出,再利用铅的比重较大,而与渣滓分离;然后继续冶炼铅银合金使铅氧化生成氧化铅(PbO)而析出银来。这种炼银方法即称"吹灰法",唐代所使用的方法大致就是这样的工艺过程。吹灰法的使用提高了银的纯度和回收率,是古代比较先进的炼银方法。

图 6-3 西安唐邠王府出土的舞马衔杯纹仿皮囊银壶

**纺织技术**

唐代纺织品的产量和花色品种都有非常明显的增长。由于纺织品在人们的生活中影响较大,所以在诗词文赋中常被人描述。如唐代大诗人白居易《新乐府》中著名的《红线毯》和《缭绫》两篇,就是以当时宣州(今安徽宣城)的丝绒毯和洛阳、浙西的缭绫为背景而写的。杜甫、李白、岑参等诸诗家的作品中咏及当代织物的亦比比皆是,这从另一个侧面反映了当时纺织生产和纺织技术的发展情况。

唐代的丝织品,以绫、锦为最重要。唐代绫的产量相当高,许多州郡均以绫充作贡品,仅见于《新唐书·地理志》记载的就有 24 处之多。唐绫大约都是以变化斜纹为地或花纹组织而织成的织物,特别是开始追求大花纹的艺术形式,出现了所谓的"可幅盘绦缭绫",花回循环与整个门幅相等。因为花纹大而复杂,加之交织点少,美感、手感和光泽都异乎寻常的好,因而很受人们喜爱。

唐代的锦,以纬线显花的纬锦为主。中国的锦,最先出现的大概都是经线显花的锦,是用一组纬线与两组经线交织而成的。自南北朝起,渐渐出现纬锦,是以两组纬线与一组经线交织而成。纬线起花受织机的限制较小,大大地增加织物色彩的美化,丰富了织物纹样的内容。近年来在新疆的丝绸之路上，陆续发现了不少唐代内地运至新疆和准备向西输出的织品，其中有不少纬锦，可充分地反映当时织锦的水平。最典型的是在阿斯塔那出土的大历十三年（778年）的锦鞋的鞋面，用8种不同颜色的丝线织成，图案为红地五彩花，以大小花朵组成团花为中心，绕以各种禽鸟行云和零散小花，外侧又杂置折枝花和山石远树；近锦边处，还织出宽3厘米的宝蓝地五彩花卉带状花边。整个锦面构图比较复杂，形象生动，配色华丽，组织密致，即使置之现代丝织物的行列之中，也毫无愧色。此外，在吐鲁番还出土不少联珠禽兽纹锦、联珠天马骑士纹锦、联珠戴胜鸾鸟纹锦，均以类似当时西亚国家的图案为纹样，大概都是曾经向西输出过的品种，它们也都具备有一定的织造水平。这些出土实物，说明唐代织制纬锦的能力，已经达到完全成熟的程度。

唐代在印花工艺上的成就，也是比较突出的。当时的印花工艺，大致有绞缬、夹缬、蜡缬和介质印花等数种。

绞缬属于防染印花工艺，是用线把待印的坯绸紧紧地扎成或缝成多种纹样的小花，在染浴中浸染。由于结扎方式不同，拆线后即可形成不同的花纹。夹缬是用木板或其他材料按照预定的图案镂成的花板作工具，把待印的坯绸夹在两片花板之中，在镂空处刷色，即可得到预期的纹样。也可以在镂空处刷涂防染浆料，去板后浸染，即可得到色地白花的产品。蜡缬是用竹签作工具，沾取蜡液，在坯绸上绘画花样，再入染浴印染，利用蜡液的防染作用制作的。这三种方法在唐以前都已有了，但在唐代大为发展。常见的唐代女奴俑身上的彩衣，就大都是以这三种方法染印的彩绸为标本而摹制的。在新疆各地的唐墓中也常有这三种印花的实物出土。出土实物的色彩仍然十分鲜艳，反映染制的技术相当成熟。

图6-4　新疆出土的锦鞋

介质印花是唐代在印染技术上最主要的成就。介质印花是以助剂配制印染原料，不能直接印染，必须根据染料的性能进行浸染。

介质印花有三种方式：一为碱剂印花，二为媒染剂印花，三为清除媒染剂印花。碱性印浆大概是石灰水和草木灰水的混合液，媒染剂印浆大概是用明矾的溶液和糊料。新疆阿斯塔那出土的丝织物中有不少印花纱，地色处丝束抱合紧密，手感较硬，色泽较暗，花纹处丝束松散，手感柔和，富有丝光。尤其引人注目的是原色地白花的"原地印花纱"和

"黄地花树对鸟纱"、"绛地白花纱"等，均具有特殊的手感和外观。这类印花纱都是属于介质印花的制品。"原地印花纱"是强碱剂印花，由于生丝遇到强碱物质后丝胶膨胀，印花后经水洗花纹部分的丝胶即行脱落，故呈现出熟丝的光泽。"黄地花树对鸟纱"是将"原地印花纱"进一步用黄色植物染料作第二次浸染，由于生丝熟丝对于第二次使用的染料的吸色率不同，从而产生深浅不同的色泽效果。"绛地白花纱"亦属强碱剂印花，但施印后不经水洗，待干燥后再在红色植物染料中进行弱酸性染浴，由于酸碱中和，花纹部位不能吸色，故呈现微有红光的白色花朵，而地色则染成深红的绛色。介质印染是我国古代印染技术上的一大进步，它为人们提供更加丰富多彩的织物。

## 四  都市建设和桥梁工程

隋唐时期的建筑，在秦汉以来建筑技术发展的基础上，形成了一个完整的以木结构为主的建筑体系。在都城建设和寺院建筑中，它的特色得到了具体的体现。在桥梁工程方面，驰名中外的石拱桥的建造技术，在这一时期更趋成熟。

### 长安城

隋开皇二年（582年）六月，隋文帝鉴于汉长安城狭小，不能满足当时社会政治、经济发展的需要，即令高颎、宇文恺等人在长安城东南的龙首山南面平原上兴建大兴城。宇文恺是我国古代著名的建筑学家，他一生好学，擅长城市规划和建筑，是隋朝负责营建的高级官员。隋朝时所兴建的大兴城、东都洛阳，开凿的广通渠，修复的鲁班故道和长城等大型土木工程，都是在宇文恺的规划和领导下完成的。他还曾"博考群籍"，"研究众说"，"用一分为一尺"[①]的比例（即1:100），设计了明堂图样，并做了木制模型。这种使用图纸和模型的设计方法，是我国建筑技术上的一大突破。兴建大兴城的工程虽由高颎挂名总负责，但整个工程中的规划、设计，实际上"皆出于恺"[②]。整个城市设计合理、规整，布局东西对称，里坊区划分明，体现了我国古代城市建设规划的高超水平。

在城市的设计和兴建中，对于环境美化和给排水问题，宇文恺也花了一番工夫。根据当地的地理环境和河道情况，开凿了三条渠道引水入城，城南有永安渠和清明渠，城东有龙首渠，龙首渠又分为二支渠。三渠分别都经宫苑再注入渭水，渠两岸植有柳树，有诗云"渠柳条条水面齐"[③]，景致十分宜人。

大兴城位于渭水南岸，西有洋河，东有灞水、泸水，南对终南山，"川原秀丽，卉物滋阜"[④]。大兴城的规模之大及规划之严整，是当时世界上所仅有的。全城由郭城、皇城、宫城构成，面积达84平方千米，相当于明清时所新建的长安城的7倍多。宫城先建，是

---

① 《隋书·宇文恺传》。
② 《隋书·宇文恺传》。
③ 王建：《早春五门西望诗》。
④ 《隋书·高祖纪》。

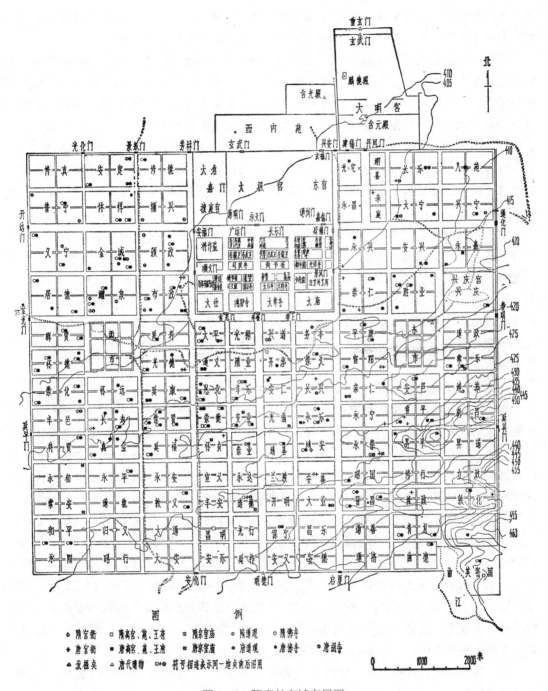

图 6-5 隋唐长安城布局图

皇帝居住和执政的地方，位于城中心北部。继建皇城，又称子城，在宫城南面，是中央官署区。郭城最后建，又名罗城，围在宫城和皇城的东、西、南三面。宫城、皇城和郭城都有坚固的城墙围护。宫城的东城宽 14 米多，其他都宽 18 米左右，城高 10 米多。皇城无北墙，东西墙与宫城相接。郭城墙基宽度 9~12 米左右，墙高 6 米。郭城外挖有宽 9 米，深 4 米的护城壕。郭城里各坊也都建有坊墙，墙基宽约 2.5～3 米，高 3 米左右。这些城墙均为夯土版筑，加上壮观的城门和坊门，形成了一个严密的防卫系统。

郭城里有南北并列的大街 14 条，东西平行的大街 11 条，把郭城分成 108 个里坊。道路交通非常方便，整齐有序。一般通过城门的大街都很宽，界于宫城和皇城之间的东西向横街宽达 220 米以上，中轴线上的南北向主干道朱雀大街宽达 150 米左右。各条道路的两边开凿有排水沟，路两旁栽植槐树。里坊为方形，四周有坊墙围绕。大坊四面开门，中设十字街；小坊东西两面开门，有一条街。坊内有小巷，称"坊曲"，是平民百姓的居住区。城中置有东西两市，每市占地两坊，是商业、手工业店坊的集中地，全城商店、作坊都设在这里。两市中都设有井字街道，把每市分为 9 个区，店铺按行业分片布置，沿用古代制度。

隋大兴城的兴建，是人类改造自然环境的壮举，它不是在长时间形成的都市，也不是盲目扩建而成，而是在短期内按周密规划完成的。自 582 年 6 月开始兴建，当年 12 月就基本完成，第二年 3 月就迁入使用，前后仅经 9 个月，建设速度之快是令人惊叹的。由此可见，工程的规划、设计，人力、物力的组织和管理都是相当精细和严谨的。在规划设计和建设施工中，还得考虑地形、水源、交通、军事防御、环境美化、管理以及经济文化等多方面因素，解决一系列复杂的问题。这标志着我国当时经济力量和科学技术的水平。

唐代的长安城就是在隋大兴城的这个基础上改建而成的。

唐朝的长安城，又称京师城，是在隋大兴城基础上扩建而成的。东北禁苑内的龙首原高地增建的大明宫，建于贞观八年（634 年），取代隋时以大兴殿为中心的旧宫殿区。自龙朔三年（663 年）武则天迁大明宫听政后，大明宫成为唐代西京的主要朝会处。大明宫内有宫殿三十多所，是一个庞大的宫殿建筑群。从发掘的遗址看，大明宫可称为唐代宫殿建筑的代表作。其中麟德殿的规模最大，据遗址测定，夯土台基南北长 130 米、东西宽 77 米，分上下两层，共高 5.7 米，基上建有前、中、后三殿，史载大历三年（768 年）曾"宴剑南、陈、郑神策军将士三千五百人于三殿"[①]，可见此殿规模之大。开元中（713—741）对秦汉以来的风景区曲江"芙蓉园"进行疏浚整修，使芙蓉园风景更加幽美，"花卉周环，烟水明媚，都人游赏盛于中秋节。江侧菰蒲葱翠，柳荫四合，碧波红蕖，湛然可爱"[②]。为了供皇帝和后妃们的游乐，还专门由大明宫沿郭城东墙修了夹道，全长 7970 米，版筑的夯土硬度超过郭城。天宝元年（742 年），又增开了一条漕渠，分灞水由金光门入城，至西市东街注为潭，以运输南山的薪炭、木材，供应市中。

隋、唐长安城的规模宏大，唐时人口竟达百万以上，为当时世界上最大的城市。隋、唐长安城的建成，为后世城市建设方面提供了一定的借鉴。

---

① 《册府元龟》卷 110。
② 康骈：《剧谈录》。

洛阳城

自三国、两晋南北朝以降，南方的经济迅速发展，国家的经济重心逐渐南移。隋、唐时期，关中的经济能力已不能满足中央政权的要求，从而越来越多地仰仗江南的粮食和物资。当时的交通已难于满足运输的需要，因而在隋炀帝当政的第二年（605年）三月，即令杨素、宇文恺等营建东都洛阳，工程于606年正月完成。"徙豫州郭下居人以实之"，并"徙天下富商大贾数万家于东京"①。同时开凿大运河，以利漕运，并在洛阳周围、运河两岸兴建大型仓库，贮存粮食和物资。

洛阳城的规划原则与长安城基本一致，在隋唐两代，它的地位几乎与长安相等，是政治、经济、文化的一个重要中心。

木结构建筑和砖塔

魏、晋南北朝以来，佛教盛行，寺院一类建筑到处兴建，因而遗存下来的建筑实物主要是佛寺大殿，它们都是以我国传统的木结构为主要方式建成的。唐代五台山佛光寺东大殿就是一例，它建于大中十一年（857年），是现存唐代建筑中一座规模较大的木结构建筑。佛光寺利用山坡地形布局建成，东大殿建在一个高台上。大殿面阔7间，进深4间，由立柱、斗拱、梁枋组成梁柱式的构架，属唐代中型的佛殿建筑。殿的内外柱列和梁枋互相连结，组成一个稳固的整体，并以柱的"侧脚"加强构架和榫卯结合。殿的外檐斗拱使用下昂和横拱，形制显得雄壮有力，其中"昂"斗拱起着挑悬和檐部受力平衡的作用。内柱上使用偷心拱上承平阁（小方格式），使殿内整洁明亮。屋檐的翼角翘起以由中心柱向角柱逐渐增高的方法构成，屋顶的"举折"（即曲线轮廓）由各层纵横的大小梁枋和檩条标高的变化形成，出檐深远，采用宏大的斗拱承托，给人以屋顶厚重有力的感觉。它具有一套明确完整的构架体系，反映了唐代木结构建筑技术已达到成熟的程度。

隋唐两代寺院中曾经建造许多木塔，因历时久远，至今都已不存。现存的这时期的塔只有砖石塔，砖塔规模大，石塔体形小而且数量少。砖塔平面大都呈方形，八角形较少，结构形制采用楼阁式或楼阁与密檐相结合。两种形式都是筒式结构，抗横剪力强，因而抗地震性能良好。塔外壁用砖砌成，各层采用木梁、木楼板，用木梯上下。唐代砖塔简洁质朴，仅在个别塔中有模仿木结构建筑的装饰，例如长安香积寺塔、醴泉香积寺塔、嵩山法王寺塔、蒲城梵彻寺塔等，都是这一时期有名的塔。长安香积寺塔，平面方形，每边9.50米，共13层，底层特高，内设方形塔室，南面开门，上部各层骤然变为低矮，宽度亦由下而上递减。塔身每面3间，砌出槏柱、平柱、角柱以及阑额等。至于一个塔之内部为楼阁式，外部为密檐式的砖塔，首推大理崇圣寺塔，平面方形，内部仍为筒式结构，外部为密檐16层，是我国较高的砖塔之一。

---

① 《隋书·炀帝纪上》。

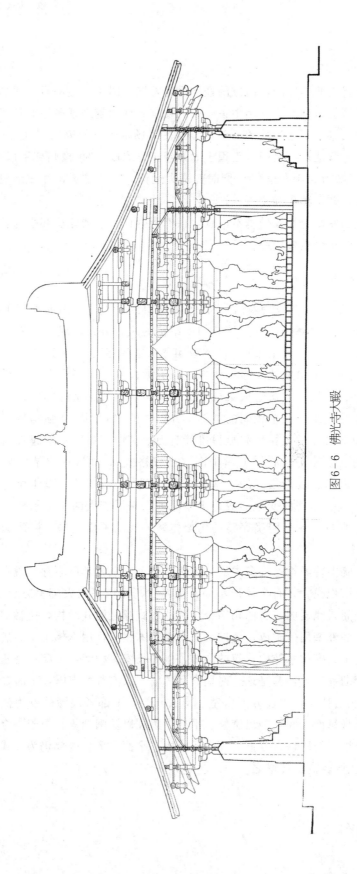

图6-6 佛光寺大殿

赵州安济桥

跨越江河溪谷的桥梁的建造，在我国有着悠久的历史。早在新石器时代，随着人们活动区域的扩大，已用石块在浅河滩上修造过水明桥，或用树干在狭窄的河沟上架设独木桥等。战国时期架空桥梁已在黄河流域和其他一些地区较普遍地出现。秦始皇时在长安城北建造的中渭桥，"广六丈，南北二百八十步，六十八间，八百五十柱，二百一十二梁"①，已是一座规模颇大的多跨梁式桥。拱桥至迟在汉代已有兴造，汉代画像砖上就有一些关于拱桥的形象图案。西晋太康三年（282年），在洛阳宫附近跨七里涧建造的旅人桥，日用七万五千人，历时半年建成，"悉用大石，下圆以通人，可受大舫过也"②，说明规模较大的石拱桥建造技术已达相当的水平。此外，根据地形特点而建造的悬索桥，以及由于军事或临时需要而修建的浮桥亦都早有出现。到了隋唐时期，在我国桥梁建筑史上又掀开了新的一页。随着社会经济的繁荣和交通运输的需要，建造了不少桥梁，其中最著名的是赵州安济桥。

安济桥，俗称赵州桥，建于隋开皇大业间（595—605），跨越在河北赵州（今赵县）洨河之上，是现存最早的大型石拱桥之一。它以首创的敞肩拱结构形式，精美的建筑艺术与施工技巧等项杰出成就，在中外桥梁史上赢得了举世瞩目的地位。

图 6-7　赵州安济桥

安济桥设计独具匠心，制造奇特。桥全长 50.82 米，拱券净跨 37.37 米，桥面宽 9 米，桥脚处宽 9.6 米。设计者为隋代工匠李春，他根据赵州地处华北平原的地理环境，为了减低桥梁的坡度，便利陆上交通，标新立异，改变了石拱桥形式多用半圆形拱的传统，提出了割圆式（即圆弧的一段）桥型方案。安济桥的拱矢只有 7.23 米，大大小于半径，

---

① 今本《三辅黄图》卷一。
②《水经注·谷水条》。

与拱的跨度之比约 1:5，成为坦拱，适应了车辆行走的要求。李春还对"拱肩"进行重大改革，把以往拱桥建筑中采用的实肩拱改为敞肩拱，在桥两侧各建两个小拱作为拱肩，这是世界"敞肩拱"桥型的开端。敞肩拱式结构在承载时使桥梁处于有利的状态，可减少主拱圈的变形，提高了桥梁的承载力和稳定性，体现了高明的设计思想。同时，敞肩拱比实肩拱节约材料，又减轻桥身的自重，从而也减少对桥台与桥基的垂直压力和水平推力，增强桥梁的稳固，汛期中且有协助泄洪的作用，其建筑形象也较实肩拱美观。安济桥建造时利用洨河的地质特点，选择承载能力较大的多年冲积而成的土层作为天然地基。桥台以五层石板铺筑。在桥台与桥脚连接处，以及上部结构，均采用多种铁件加固，主桥由 28 道石拱圈并列砌筑而成，拱石间且以腰铁相连，横圈间错缝拼砌，并用 9 根铸铁拉杆横贯拱背，加强横向连接。由于设计和施工严格精密，"奇巧固护，甲于天下"①，使整个桥梁坚实稳固。安济桥"坦平箭直千人过，驿使驰驱万国通"②，为历代南北交通要冲，至今一千三百多年，两边桥基下沉水平差仅 5 厘米，并经历住数百次洪水和多次严重地震等自然灾害的考验，至今仍巍然横跨洨河，雄姿不减当年。

## 五　地理学的成就和大运河的开凿

隋唐统治者对编纂全国性的地理著作以了解和掌握全国各地的山川、物产、户口、风俗等情况，较为重视。这时编修的地理著作是以"图经"的形式为主。"图"指地图，"经"是配合地图的文字说明，"图经"即由地图和文字说明两部分组成，而文字说明部分包括的内容比图更为广泛，是对以《汉书·地理志》为代表的传统地理学体系的丰富和发展。现在见于著录的最早的图经是东汉时修撰的《巴郡图经》。到了隋唐，图经著作才大量出现。隋炀帝执政时，曾"普诏天下诸郡，条其风俗物产地图，上于尚书"③，汇集成《诸郡物产土俗记》151 卷，《区宇图志》129 卷，《诸州图经集》100 卷。《区宇图志》"叙山川则卷首有山水图，叙郡国则卷首有郭邑图，叙城隍则卷首有公馆图"④。唐代的全国性、地区性和关于边疆及外国的地理著作更是大量出现，地图的著作亦有不少问世。这些著作中，以贾耽、李吉甫、僧玄奘的著作最为著名。对海陆变迁、潮汐的认识以及大运河的开凿，则反映了当时人们关于地理学知识的新成就。

**贾耽及其贡献**

贾耽（730—805），字敦诗，河北沧州人，曾任宰相。他一生嗜好读书，年老更加勤奋，对于地理尤其熟悉。他见到域外的使者和出使外域的人，都热心地向他们探查各地风俗，询问其山川土地的情况，坚持了三十年的学习、调查，"是以九州之夷险，百蛮之土

---

① 《赵州志》。
② 《赵州志》引宋杜德源《安济桥诗》。
③ 《隋书·经籍志》。
④ 《大业杂志》。

俗，区分指画，备究源流"①。贾耽经历了"安史之乱"，对"安史之乱"后唐朝一些疆域的丧失深感痛心，热切盼望着能尽快收复失地。他制作的地图和著述的地理著作，正寄托着这一心愿。他最重要的创作是其所撰的《古今郡国县道四夷述》40卷，和他于785年奉唐德宗之命着手绘制，并于801年完成的全国大地图——《海内华夷图》。《海内华夷图》是我国历史上著名的地图，图的画法师承裴秀的制图"六体"，图广3丈，纵33尺，比例尺为一寸折成百里（即1:1 800 000）。图中以黑色书写古时地名，以红色书写当时地名，使"今古殊文，执习简易"②，这是制图史上的一项创新，为后世的历史沿革地图所沿用。贾耽的地图虽已失传，但它在唐宋时期是影响较大的一幅全国性地图。唐时的李该还画有彩色的《地志图》，图中绘有山岭、河川、城郭、道路、险要以及乾象分野等，可惜这地图亦早已亡佚。

### 李吉甫和《元和郡县图志》

李吉甫（758—814）字弘宪，赵郡（今河北赵县）人，曾任唐朝宰相。他晚年著有《元和郡县图志》54卷，"分天下诸镇，纪其山川险易故事，各写其图于篇首"③，记述了当时全国10道所属州县的沿革、通道、山川、户口、贡赋和古迹等。篇首附图于南宋时已佚亡，因而往后来便被略去"图"字，以《元和郡县志》为名。《元和郡县志》是唐时一部重要的全国性地理著作。李吉甫鉴于以往地理著作所存在的缺欠，"尚古远者或搜古

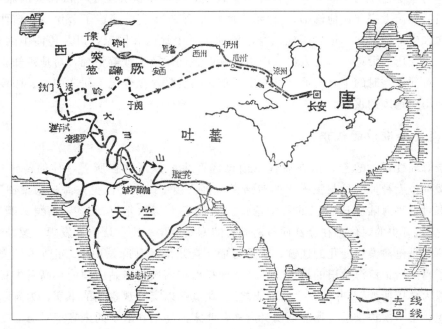

图6-8 玄奘旅行路线图

---

① 《旧唐书·贾耽传》。
② 《旧唐书·贾耽传》。
③ 《旧唐书·李吉甫传》。

而略今，采谣俗者多传疑而失实，饰州邦而叙人物，因丘墓而征鬼神，流于异端，莫切根要"，他从国家政治、经济和军事管理的需要出发撰写这部地理书，是为提供政治和军事所必需的地理知识，"扼天下之吭，制群生之命，收地保势胜之利，示形束壤制之端"①。《元和郡县志》是现存最早的魏晋以来所著述的全国性地理书，它继承和发扬了《汉书·地理志》的传统地理学体系并对后世全国性地志的编纂影响很大，《四库全书总目提要》称其"体制最善，后来虽递相损益，无能出其范围"。

### 玄奘和《大唐西域记》

随着中外交通的发展，有关祖国边疆地区和国外的地理著作，不断有人著述。唐高宗时，曾遣使分往西域各地"访其风俗物产，及古今废置，画图以进"②，由许敬宗于658年撰写成《西域图志》60卷。继东晋名僧法显所著的《佛国记》之后，唐初名僧玄奘口述，辩机笔录的《大唐西域记》是一部关于我国西北部边疆地区和中亚、南亚的重要地理著作。玄奘（596—664）俗名陈祎，洛州缑氏（河南偃师缑氏镇）人，是一个著名的佛教学者和旅行家。他于唐太宗贞观元年（627年）或三年（629年）秋离开都城长安，西行取经，历经了无数艰难险阻，饱经风霜，以顽强的意志，孤身长途跋涉五万多里，足迹遍及中亚和南亚当时的110个国家和地区，"见不见迹，闻未闻经，穷宇宙之灵奇，尽阴阳之化育"③，于贞观十九年（645年）正月回到长安，完成了世界史上一次伟大的旅行壮举。回到长安后，唐太宗即让他修书，"以示未闻"④，第二年玄奘完成了著作《大唐西域记》。书中以文雅生动的笔法，记述了他亲身经历的110个地区和国家，以及传闻中的28个国家地理位置、历史沿革、风土人情、山川、物产、气候及宗教等情况，对地理知识的发展和传播，对促进当时的中外交通，都作出了重大的贡献，至今仍是研究中亚、印度和巴基斯坦等地历史地理的重要文献。

### 对海陆变迁和潮汐的认识

关于海陆变迁的思想，虽在唐代以前已经产生，如葛洪在所著《神仙传·麻姑传》中，记载一位女神仙麻姑与王方平的对话说，自"接待以来，已见东海三为桑田"等语，但不见有对这种海陆变迁思想的科学论证。唐代宗大历六年（771年），颜真卿（709—785）任抚州刺史的时候，在今江西省南城县的麻姑山顶一座古坛附近发现了螺蚌壳化石，他认为这就是沧海桑田变化的遗迹，于是写成《抚州南城县麻姑山仙坛记》⑤一文，其中在引述了葛洪所记沧海桑田的故事之后，随即指出在南城县麻姑山顶的"高石中犹有螺蚌壳，或以为桑田所变"，并"刻金石而志之"。颜真卿以实地观察到的事实，为海陆变迁的地质思想，第一次提供了实物的证明。后来，北宋的沈括和南宋的朱熹把对海陆变迁的认

---

① 《元和郡县志·自序》。
② 《唐会要》卷36。
③ 《大慈恩寺三藏法师传》卷6。
④ 《大慈恩寺三藏法师传》卷6。
⑤ 《颜鲁公文集》卷13。

识又推进了一步。

我国有漫长的海岸线和海疆，生活在沿海的人民，在长期的劳动生活和航海实践中，积累了关于海洋、潮汐的丰富知识。东汉王充关于潮汐随月球运动而变化的思想已如前述，到三国时，地处东海之滨的吴国，已有关于潮汐的专著《潮水论》问世，但早已散佚。唐代随着天文学和航海业的发展，对潮汐的认识也达到了一个新的水平，出现了窦叔蒙论海潮的专门著作《海涛志》。

窦叔蒙，浙江人，生平不详，他的著作《海涛志》，又名《海峤志》，全文共6章，成书于8世纪中叶，是我国现存最早的潮汐专著。他从长期细心的观察中，对于潮汐变化与月球运动之间存在有一定客观规律性的认识作了更深入地描述。他指出"月与海相推，海与月相期，苟非其时，不可强而致也，时至自来，不可抑而已也"。潮汐相应着月球运动而变化，"轮回辐次，周而复始"①。在《海涛志》中，记述了每日有两次潮汐涨落，每月有两次大潮出现于朔望时期，有两次小潮出现于上下弦时期；在一年之内也有两个大、小潮期。窦叔蒙通过精密的计算，得出一个潮汐循环所推迟的时间为50分28.04秒，这个数据与现在计算正规半日潮每日推迟50分钟极为相近。为了说明潮汐的运动规律，窦叔蒙还创立了科学的图表表示法。在《海涛志·论涛时》中具体记载有制图的方法，图上列有月亮圆缺的情况，画出相应的潮汐变化图，从图中可一目了然地看出潮汐"循环周始"的变化规律。窦叔蒙的《海涛志》反映了8世纪中叶，我国对潮汐的成因和变化规律，不仅已有科学的定性认识，而且对来潮时间也有较精确的定量认识。与窦叔蒙同时代的封演，也从"日夕观潮"的实际观察中，认识到潮汐与月球运动的关系，是"潜相感致，体于盈缩"。特别是他提出了涨潮时间每日推迟，"至月半则月初早潮翻为夜潮，夜潮翻为早潮"，持续下去，"渐转至月半之早潮复为夜潮，月半之夜潮复为早潮"，从而得出了"凡一月旋转一匝，周而复始，虽月有大小，魄有盈亏，而潮之月，无毫厘之失"②的结论。这种思想和认识也是相当正确的。

### 大运河的开凿和利用

为了加强对南方的政治、军事控制，并漕运南方的粟米丝帛，以满足中央政权机构的需要，隋唐统治者发起了运河的大规模开凿。开皇四年（584年），隋文帝为解决交通运输的困难，"令工匠，巡历渠道，观地理之宜，审终久之义"③，进行勘查，接着令宇文恺率水工开凿广通渠，"决渭水达河，以通运漕"④，把渭水由大兴城引至潼关，长三百余里，使"转运通利，关内赖之"⑤。隋炀帝当政后，在兴建东都洛阳的同时，又发起开凿以洛阳为中心的大运河工程。大业元年（605年），征发河南、淮北一百多万人开凿通济渠，自洛阳引谷水、洛水至黄河，又从板渚引黄河水，疏通莨荡渠故道入淮河。另又征发

---

① 清俞思谦：《海潮辑说》所录《海涛志》。
② 封演：《闻见记》，见《全唐文》卷144。
③ 《隋书·食货志》。
④ 《隋书·宇文恺传》。
⑤ 《隋书·食货志》。

淮南十几万人疏通邗沟,由山阳(今江苏淮安)引淮河水经扬子(今江苏扬州南)进入长江。这个工程"水面阔四十步,通龙舟。两岸为大道,种榆柳,自东都(洛阳)至江都(扬州),二千余里,树荫相交"①,沿岸边建有驿站和离宫,工程于当年秋完成。大业四年(608年),又征发河北一百多万人开凿永济渠,引沁水南通黄河,北达涿郡(今北京),长两千多里。大业六年(610年)再开江南河,由京口(今江苏镇江)引长江水直通余杭(今浙江杭州),进入钱塘江,全长"八百余里,水面阔十余丈"②。大运河工程浩大,动用数百万民工,全长四五千里,沟通了海河、黄河、淮河、长江和钱塘江五大水系,是世界水利史上的伟大工程之一。从现代的眼光看,这样巨大的工程,又穿越复杂的地理环境,从设计、施工到管理,要涉及测量、计算、机械、流体力学等多方面的科学技术知识,要解决一系列科学技术上的难关。这项工程的完成,反映了我国古代劳动人民的聪明才智和创造精神。

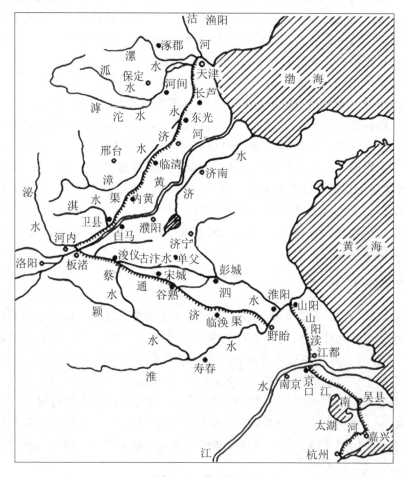

图 6-9 隋运河图

---

① 《大业杂志》。
② 《大业杂志》。

大运河开凿之后，成为我国南北交通的大动脉，对于加强南北的联系和经济交流，促进祖国的统一和发展祖国的经济文化，都发挥了积极的作用。自从大运河凿通以后，运河中"商旅往返，船乘不绝"[①]。唐朝前期还利用大运河和南方河流、湖泊构成一个水道网，"天下诸津，舟航所聚，旁通巴汉，前指闽越，七泽十薮，三江五湖，控引河洛，兼包淮海。弘舸巨舰，千轴万艘，交贸往还，昧旦永日"[②]。运河两岸，商业都市日益繁荣，杭州、扬州、镇江等成为物资和人文荟萃的繁荣城市。

唐政府为了漕运江南的粮食和物资到关中，以供唐政府之用，很重视运河漕运的组织管理工作。733年，唐玄宗听从裴耀卿的建议，采用分段转运法，从而缩短了漕运的时间，减少覆溺的损失，提高了运输效率。代宗时，刘晏又再次整顿漕运，采用疏浚运河，建造坚固的船只等有效措施，避免了以往漕粮经常耗损十分之二以上的情况。漕运的畅通，保证了唐政府的财政费用，对维护和巩固唐政权的统治起了重要的作用。

## 六　算经的注释和数学的发展

由于农业、工商业的发展，城市建筑、运河水利工程的大规模兴建以及天文学进步的需要，这个时期的数学在前代所取得的巨大成就的基础上，持续地向前发展，并为宋、元时期的数学发展高潮奠定了基础。

*数学教育*

这时期在国家创办的学校中设置了数学教育，在科举中设立了明算科。隋代在国子寺设立算学，置有博士2人、助教2人，学生80人，进行数学教育。唐代于显庆元年（656年）也在国子监设置算学馆，由算学博士"掌教文武官八品以下及庶人之子为生者"[③]。算学馆有学生30人，主要学习十部算经，"习《九章》、《海岛》、《孙子》、《五曹》、《张邱建》、《夏侯阳》、《周髀》、《五经算》十有五人，习《缀术》、《缉古》十有五人"，并兼习《数术记遗》和《三等数》。学习期限规定为"《孙子》、《五曹》共限一年业成，《九章》、《海岛》共三年，《张邱建》、《夏侯阳》各一年，《周髀》、《五经算》共一年，《缀术》四年，《缉古》三年"[④]。显庆三年（658年）废算学馆，把博士以下人员并入太史局。龙朔二年（662年）重置算学，但学生数减为10人。这时期，由国家在国子监中创立算学，进行数学教育，这在我国历史上是首创，在世界史上也是少见的。但是由于传统思想的桎梏，当时盛行的是经史治国，数学教育没有受到应有的重视。在唐代的国子监中，有国子、太学、四门、律学、书学、算学六个学馆，其中国子学有学生300人，太学、四门各有学生500人，而算学仅有学生30人，后来又减为10人。而且学数学的人社会地位非常

---

[①] 《旧唐书·李勣传》。
[②] 《旧唐书·崔融传》。
[③] 《唐六典》卷21。
[④] 《唐六典》卷21。

低微，国子博士是正五品上，而算学博士却是品位最低的从九品下，"士族所趋唯明经、进士二科而已"①。大约在晚唐时期，明算科考试便早已停止了。

### 王孝通和《缉古算经》

唐代数学中所列的十部算经中，除王孝通《缉古算经》外，都是前人的著作。王孝通活动于初唐时期，曾任算学博士、太史丞。他少小时就学算，一生进行数学工作，《缉古算经》是他的代表作，其中最主要的成就是介绍开带从立方方法（即求三次方程的正根），这是我国现存最早的开带从立方的算书。写《缉古算经》的目的，王孝通在"上《缉古算经》表"中说得很清楚，他说："伏寻《九章》商功篇有平地役工受袤之术。至于上宽下狭，前高后卑，正经之内阙而不论，致使今代之人不达深理，就平正之间同欹邪之用。斯乃圆孔方枘，如何可安。臣昼思夜想，临书浩叹，恐一旦瞑目，将来莫睹。遂于平地之余，续狭斜之法，凡二十术，名曰《缉古》。"王孝通经过长期的研究，利用开带从立方的运算方法，解决工程建设中上下宽狭不一，前后高低不同的堆体或沟渠等工程的施工计算问题。就当时已有的数学水平而言，如何列出合乎解题需要的三次方程，是一个很困难的问题。直到宋元时期的"天元术"出现之后，这问题才得到解决。

### "十部算经"的注释

为了满足数学教育的需要，唐高宗曾令太史令李淳风与算学博士梁述，太学助教王真儒等注释《周髀算经》、《九章算术》等十部算经，在"国学行用"②。李淳风等在对《周髀算经》的注释中，根据实际观测，修正了经文和赵爽、甄鸾注中的缺陷。他指出《周髀》认为南北相去一千里，日影的长度相差一寸的说法与实际不合，赵爽用等差级数计算二十四气八尺高竿的日影长，也不符合实际情况，并逐条校正了甄鸾对赵爽的"勾股圆方图"的种种误解。李淳风等在注《九章算术》少广章开立圆术时，引用了祖暅对于球体积的研究，为后世保存了宝贵资料。他们所注的《海岛算经》，详细指出了解题中的演算步骤，为学习提供了方便。但李淳风等人的注释工作也存在着不少缺点和错误，如李淳风等没有认识到刘徽割圆术的意义，贬低刘徽的工作，这是不对的。但是，正是由于李淳风等人奉命注书，又经政府规定为教科书，才使"十部算经"等古算书得以流传至今，其功绩是不能磨灭的。

### 二次内插法的创立

随着天文观测的进步，1世纪初就已发现月球视运动速度随时间而变化，但一次内插法所得到的结果误差太大。南北朝时期在天文观测中又发现了太阳和五星的视运动也不是匀速运动，尤其是太阳视运动的不均匀性对制定历法时计算合朔、交食等的时刻有着较大的影响，因而要求有更精确的方法来进行计算。600年，隋代天文学家刘焯在制定皇极历

---

① 杜佑：《通典》。
② 《旧唐书·李淳风传》。

时，创立推算日、月、五星运行度数的等间距二次内插方法。这种方法比以前所用的一次内插法精密，利用这公式计算所得到的历法精确度也有所提高。但是，由于历法中的节气不是等间距的，日、月、五星的视运动也不是匀加速运动，所得到的数值仍然存在着较大的误差。为了提高历法的精确度，唐代著名天文学家一行又在这基础上大胆创新，在大衍历中创立了不等间距的二次内插方法。晚唐时的徐昂在822年制定宣明历时，所用内插公式比一行的公式形式上更为简便。内插方法的创立和应用，是中国数学史和天文学史上的一项重大成就。

### 实用算术的发展

唐代的中、晚期，农业上推行两税法的赋税制度，工商业也有较大的发展，人们对简化筹算计算过程的要求较为迫切，出现了不少有关实用算术的书籍，如龙受益的《算法》，江本的《一位算法》，陈从运的《得一算经》等。但从656年李淳风等注释十部算经，至南宋秦九韶于1247年著述《数书九章》，其中将近六百年中所出现的数学著作皆已佚亡，现存仅有韩延的一部算书因后被冠以《夏侯阳算经》之名而幸存。这是中唐时代的一部算书，大约成书于770年左右。书中引证了不少算书和当时的法令，保存了一些宝贵的史料。

图 6-10　《韩延算书》书影

韩延算书共3卷，有83个例题，除少数例题与《五曹算经》、《孙子算经》相同外，都是结合当时的实际需要，为地方官吏和普通人民提供适用的数学知识和计算技术。书中提供了当时把过去用算筹演算时分上、中、下三层进行，简化为一个横列里演算的情况，有不少化多位乘除为一位乘除的例题。例如，用二次7乘，然后除以10、再除以2来代替乘数为2.45；用5乘，再用7乘来代替乘数为35等。另外，书中还记有用加法代乘、用减法代除，在一个横列里进行筹算的演算方法。这些演算方法，简化了过去繁杂的筹算演算，便于在实际运算中推广应用，适应了社会生产和生活上的需要。

## 七　天文学和杰出的天文学家一行

### 定朔法的应用

自从月球视运动不均匀性发现以后，东汉刘洪虽在推算日、月食的时刻时曾考虑到了它的影响，但在历法上却仍沿用传统的平朔法（只按日、月的平均视运动来计算朔望的方法）。何承天为了解决因采用平朔法而造成"合朔月食，不在朔望"①的问题，在制定元嘉历（443年）时首先创立和运用了定朔（对平朔进行月亮和太阳视运动不均匀性的修正，由此所得的朔称为定朔。这时，何承天只考虑到月亮视运动不均匀性的问题）的方法。但是当时遭到非难，未被刘宋政权采用。其后，在历法中关于定朔和平朔的论争，十分激烈，多次反复，延续了两百多年。

在太阳视运动的不均匀性发现以后，定朔法的应用势在必行。但在隋初，为隋文帝所宠信的张宾制定的开皇历仍循古蹈旧，并且仗势压制刘孝孙、刘焯等人主张使用定朔法等的正确意见，甚至攻击刘孝孙、刘焯"非毁天历"，"惑乱时人"，致使二刘被斥罢官。后来刘孝孙多次上书，又均受张宾的支持者刘晖压制，直到刘孝孙扶棺抱书到皇宫前哭诉，隋文帝才令与张宾的历法"比较短长"，至开皇十四年（594年），证实开皇历粗疏。由于刘孝孙坚持要求先斩刘晖（张宾已死），然后定历，隋文帝不肯，因而历法的改订仍未实行。②

刘焯是隋初著名的学者，对数学和天文学有较深的造诣，研习"《九章算术》、《周髀》、《七曜历书》十余部，推步日月之经，度量山海之术，莫不穷其根本，穷其秘奥"③。他著有论述"历家同异"的《稽极》10卷，写了《历书》10卷，均行于世。他所制定的皇极历，是当时最好的历法。刘焯在皇极历中采用了定朔的方法，代替平朔，并创立了二次等间距内插法，用以推定五星位置和日、月食起讫（初亏和复圆）时刻及食分等，还采用定气的方法，来计算日行度数和交令时刻。但在制历中却仍未考虑定气，直到清代才以定气入历。刘焯在天文、历法、数学上都有重大的贡献，但因受到当时太史令张胄玄等的反对，皇极历未被采用。

在唐代的二百九十多年中，历法共改订了8次。唐朝于618年建立时，由傅仁均制定戊寅历于619年行用。这是我国古代第一部正式颁行并采用定朔法的历法。在戊寅历行用期间，虽不断修订其疏漏的地方，但采用定朔后出现的连续大月或连续小月的情况没有解决。至贞观十九年（645年）九月，将出现连续四个大月的情况，因而把傅仁均的历法由定朔又改回平朔。至唐高宗时，戊寅历已疏阔不准，麟德二年（665年）颁用了李淳风所

---

① 《宋书·律历志》。
② 参见《隋书·律历志》。
③ 《隋书·刘焯传》。

制定的麟德历。李淳风的麟德历以刘焯的皇极历为基础加以改进，对过去定历时分"有章、蔀，有元、纪，有日分、度分，参差不齐"① 的情况加以统一，简化了计算过程，同时采用定朔方法。而为了避免戊寅历中连续出现4个大月或3个小月的情况，规定了临时变通调整的办法，即把第四个大月改成小月，或第三个小月改成大月。麟德历还废除了闰周，直接以无中气的月分置闰月。麟德历出现后，受到好评，认为是当时较精密的历法。从此，定朔代替了平朔，在后世历法中一直被沿用。

### 浑仪与浑象的改进

唐初李淳风鉴于当时所用北魏造的铁浑仪不够精密，因而立意进行变革，于贞观七年（733年）造了一架新型的浑天黄道铜仪，同时写了《法象志》一书7卷，论述"前代浑天仪得失之差"②。李淳风所造的浑仪在前人基础上进行了重大的改进，它吸收了北魏铁仪设有水准仪的优点，"下据准基，状如十字"③，特别是在古代浑仪的六合仪和四游仪之间，加了三辰仪，使浑仪由二重变为三重。三辰仪由黄道环、白道环和赤道环三个圆环相交构成，其中黄道环用以量度太阳的位置，白道环用以量度月球的位置，赤道环用以量度恒星的位置。三辰仪可以绕极轴在六合仪里旋转，作为观测用的四游仪可以在三辰仪中旋转，这样就可以直接用来观测日、月、星辰在各自轨道上的视运动。由于黄白交点在黄道上有较快的移动，李淳风在黄道环上打了249对小洞眼，每过一个交点月，就把白道移过一对洞眼，较好地解决了实际的需要。李淳风的黄道浑仪被置于凝晖阁供观测之用，但不久即亡佚。

一行在开元九年（721年）接受修定新历的使命后，提出了"须知黄道进退"，直接观测太阳视运动的要求，"请太史令测候星度"。但当时"官无黄道游仪，无由测候"。为了解决这个问题，梁令瓒设计了黄道游仪的模型"游仪木样"。一行对此很为赞赏，极力推荐，希望"以铜铁为之，庶得考验星度，无有差舛"。梁令瓒的铜游仪于开元十三年（725年）造成，唐玄宗"亲为制铭，置于灵台以考星度"。梁令瓒的黄道游仪承继李淳风的黄道浑仪而进行改进，他在赤道环和黄道环上都每隔一度打上一个洞，使黄道环可以沿赤道环移动，白道环可以沿黄道环移动。一行称黄道游仪为"动合天运，简而易从"是不无道理的。

一行在制历准备时，还与梁令瓒等人制造了一架浑象，以巧妙的轮轴结构构成，注水激轮，令其自转，一日一夜，运转一周。这是张衡水运浑象的发展。其中特别是安装有自动报时器，"立二木人于地平之上，前置鼓以候辰刻，每一刻自然击鼓，每辰则自然撞钟"，整个装置中"各施轮轴，钩键交错，关锁相持"，推想其中应当已具有类似于现代钟表上的擒纵器装置，这在天文钟和机械史上是一大创造。④

---

① 《新唐书·历志》。
② 《旧唐书·李淳风传》。
③ 《旧唐书·天文志》。
④ 参见《旧唐书·天文志》。

### 一行及其成就

僧一行（683—727），魏州昌乐（今河南南乐县）人，俗名张遂。他从小刻苦好学，"博览经史，尤精历象、阴阳、五行之学"，因不愿与武三思交往而出家为僧，隐居于河南嵩山。出家之后，一行仍然勤奋攻读，为了精研数学，他曾长途跋涉，求师闻教。开元五年（717年），唐玄宗强征一行入京。当时的麟德历行用已久，差误较大，玄宗便令一行"考前代诸家历法，改撰新历"。① 一行的工作态度非常严肃认真，他对前人的历法不是采取一些简单的增损修改，而是在前人的基础上，大胆创新。为了使历法与实际天象相符，他进行了一系列的实测工作，取得了很多实际资料，从而纠正了不少前人的差错，把中国古代历法的制定工作提高到一个新的水平。

一行利用黄道游仪组织了一批天文学工作者进行观测，取得了一系列关于日、月、星辰运动的第一手资料，发现了恒星的位置与汉代相比较，已有相当大的变化。这个发现导致在他的历法里废弃了沿用达八百多年的二十八宿距度数据，采用了新的数据，从而有助于新历法精确性的提高。

一行从天文学的历史发展中，认识到日、月、星辰的运动是有一定规律的，通过细心的观测，可以初步了解这些规律，但因人们认识水平所限，对这些规律认识还有一定的局限性，所以根据这些规律推算出来的结果，会与实际观测存在误差。从实测中，可以修正认识的不足，通过反复观测、修正，就可以得到比较正确的认识。这一思想是非常可贵的。一行正是在这思想的指导下，从事天文学的研究工作，并突破了前人的成果，取得重大成就的。

为了使新编的历法适用于全国各地，一行领导进行了大规模的大地测量。他还发明了一种名为"复矩"的测量仪器，供测量之用。测量地点共选择 12 处，分布范围到达唐朝疆域的南北两端，测量内容包括每个测量地点的北极高度，冬、夏至日和春、秋分日太阳在正南方时的日影长度。其中南宫说等人在河南的白马、浚仪、扶沟、上蔡四处的测量最重要。这四个地方的地理经度比较接近，即大致上是在南北一条线上，南宫说等人直接量度了四地间的距离，测量结果证实了自何承天起就被否定了的汉以前关于"南北地隔千里，影长差一寸"的说法是纯属臆测。一行从实测中得出了南北两地相差 351 里 80 步，北极高度相差 1° 的结果。我国古制为 1 里等于 300 步，1 步等于 5 尺，一周天为 365 度又四分之一度，换算为现代单位，即为南北相距 129.22 千米，北极高度相差 1°。这实际上就是地球子午线 1° 的长度。与现测量值 1° 长 111.2 千米相较，虽有较大的误差，但这是世界上用科学方法进行的第一次子午线实测。从实测和对前人谬说的批判中，一行初步意识到，在很小的有限空间范围得到的认识，不能任意向大范围甚至无际的空间推演，这是我国科学思想史上的一个重大进步。

经过几年的准备，一行从 725 年着手编修新历，727 年写成大衍历草稿，同年一行去世。大衍历以刘焯的皇极历为基础，加以发展，共分 7 篇（步中朔术、发敛术、步日躔

---

① 参见《旧唐书·一行传》。

术、步月离术、步轨漏术、步交会术、步五星术），内容和结构都很有系统，表明我国古代的历法体系已经完全成熟。在明末用西方方法编历之前，各次修历都仿效大衍历的结构。在大衍历中，一行根据实测资料，对太阳视运动的规律作了比张子信和刘焯等人更合乎实际的描述，从而使张子信的发现在历法中得到正确的应用。他的太阳运动表，即日躔表是根据定气编纂的，即他把太阳在一个回归年内所走的度数平分为24等分，太阳每到一个分点就交一个节气。由于太阳运动的不均匀性，所以两个定气之间所需的时间是各不相同的。为了从数学上来处理这个问题，一行创立了不等间距二次内插法。大衍历在日月食和五星运动计算方面也都有较大的进步，如它考虑到视差对交食的影响，创立了一套计算视差影响的经验公式，等等，在我国历法史上占有重要的地位。宋朝欧阳修等在所撰的《新唐书》中，称"自太和至麟德，历有二十三家，与天虽近而未密也。至一行密矣，其倚数立法固无以易也。后世虽有改作者，皆依仿而已"①。大衍历行用后，陈玄景、瞿昙撰和南宫说等人起而非难，但经天文观测的实际检验，证明了大衍历比麟德历和印度传入的九执历（657年）精密，是当时最好的历法。

一行作为一个杰出的科学家，尽管由于受到当时盛行的儒、道、释等思想的熏陶，又是一个僧人，在他的思想中充塞着很多封建迷信糟粕，但他在科学史上立下的伟大历史功勋是值得赞扬的。

### 天文常数精度的进一步提高

由于天文仪器的改进和人们长期观测的结果，这时期历法中所采用的若干天文常数的精度又有了新的提高。如隋代张胄玄的大业历（608年）在五星位置的推算方面较前进步，它首创了利用等差级数提高行星动态表精度的方法，给出了令人惊叹的五星会合周期的准确值，火星误差最大，为0.011日，木星和土星的误差均为0.002日，水星仅差0.001日（1.44分），而金星则达到密合的程度。又如，这一时期的十余种历法中所用交点月的长度值同理论推算值之间的差异，绝大多数均在1秒以下，宋元时期也大抵保持在这一精度水平上。近点月长度值的误差为1.5秒左右，达到了历法史上所达到的精确度的高峰。关于交食周期的数值，这时也已达到了十分精确的程度，郭献之的五纪历（726年）中采用了716个朔望月122次食季的交食周期，这同19世纪末西方的所谓纽康（Newcomb, Simon, 美，1835—1909）周期是等价的。而这时人们还取得了比郭献之的交食周期更优的新数据，如边冈的崇玄历（893年）使用了3087个朔望月有526食季的交食周期，由此推算得出交食年的长度为346.619 541 2日，这同理论推算值仅有14秒的误差。只有北宋姚舜辅的纪元历（1106年）采用的3803个朔望月648食季的交食周期（由此推算得到的交食年长度为346.619 854 9日，同理论值仅差7秒）所达到的精度才略胜于崇玄历。再如，徐昂的宣明历（822年）所用的黄赤交角值为23°34′55″，仅比理论值小37″。所有这些都反映了隋唐时期历法发展的新水平。

---

① 《新唐书·历志三》。

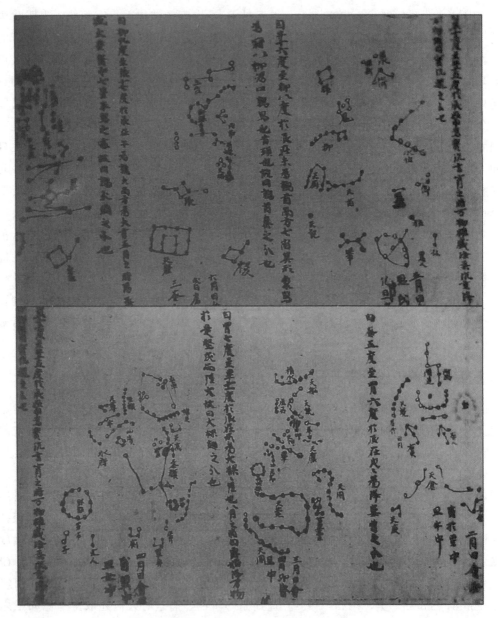

图 6-11 敦煌星图（部分）

随着天文学知识的发展和流传，出现了像《步天歌》这样的通俗天文学著作。它是唐初王希明所作，以七字一句的诗歌形式写成，专门介绍陈卓星图中 283 个星官，1464 个星辰。《步天歌》把全天分为 31 个天区，每个天区绘有星图，图与诗歌互相配合。一边读着诗歌，一边阅视星图，使人仿佛置身于星空之中，可以说是一部优秀的科学诗歌作品，是以文艺形式介绍科学知识的开创性著作。在敦煌发现的绢质星图，是现存世界上最早的星图，画有一千三百五十多颗星。敦煌星图约绘于 8 世纪初，可能是更早的星图的抄本。敦煌星图于 1907 年被英国人斯坦因带走，现存伦敦大英博物馆。

## 八 雕版印刷术的发明和造纸技术

雕版印刷术的发明

与隋唐时期经济文化发达的形势相适应，作为人类文明史上划时代发明的雕版印刷术在这时问世了。雕版印刷术发明的确切年代现尚无法确知，但认为它出现在7世纪初的唐代初期，却是比较一致的看法。

印刷术的发明，必须先具备纸张、笔、墨等物质条件，具备刻印的工艺技术，掌握反文印刷原理。这些物质技术条件，在我国早已具备。自汉代发明造纸以后，纸作为一种方便的书写材料，逐渐发展和普及，到三国、两晋南北朝时期，已普遍被采用，产量和质量都有相当高的水平。笔墨先秦时已经使用，东汉时发明的人造松烟墨到魏晋时已相当精妙。3世纪时的韦诞所造的墨，被赞为"一点如漆"。现存晋代、六朝墨迹，虽经一千四五百年，仍然墨光漆黑，字迹如新。松烟墨既是优良的书写原料，也是印刷的上好着色原料，用它印刷时，字迹清晰整齐，不会模糊漫漶。由于我国主要使用烟墨，没有油墨，这是直至清代还是木刻印刷盛行的一个原因。加上金属活字印刷所要求的技术条件较高，因而金属活字印刷的发展受到限制。至于刻字技术，历史更是悠久，殷商时代的甲骨文，先秦以来的印玺，秦汉时代的刻石，尤其是魏晋时道教所刻制的大量木刻符箓，有的字数已达120字。还有晋代的反写阳文凸字的砖志，萧梁时的反写反刻阴文神通石柱等，说明人们已掌握了熟练的反刻文字的刻凿技术。此外，用在丝织品上精巧的镂板印花技术以至石刻上的摹搨技巧，也为人们提供了关于印刷的启示与经验。正是在这充分而坚实的物质技术基础上，被誉为"文明之母"的印刷术应时而生了。雕版印刷一般选用纹质细密坚实的木材为原料，虽然刻字费工，但由于木刻工艺简单，费用低廉，印刷便捷，较手写传抄优越百倍，因而深受人们欢迎而不断被推广和传播。

早期的印刷活动主要是在民间进行的，大致用于三个方面。

（一）用于宗教活动。唐朝时，佛教盛行，佛像、佛经的需求量很大，而绘画手抄费工费时，满足不了需要，因而采用木刻印刷。7世纪中叶，"玄奘以回锋纸印普贤像，施于四方，每岁五驮无余"①，印刷和发行量都甚为可观。1966年在韩国发现的木刻陀罗尼经，刻于704—751年，为目前发现的最早印刷品。据有关学者研究，认为该经是在西安翻译和刻印的。9世纪中叶，司空图在为僧惠确作的募雕刻《律疏》中，提到"印本渐虞散失，欲为雕镂"，说明此时以前早有印本，由于逐渐散失，想重板刻印。大中元年至三年间（847—849），崇尚道教炼丹的纥干皋任江南西道观察使时，曾"大延方术之士，作《刘宏传》，雕印数千本，以寄中朝及四海精心烧炼之者"②。所印的数量说明印刷技术已很发达。现存世界上第一部标有年代的木板印刷品是咸通九年（868年）王玠出资刻印的

---

① 冯贽：《云仙散录》引《僧园逸录》。
② 范摅：《云溪友议》卷1。

《金刚经》，由 7 张纸粘成一卷，全长 488 厘米，每张纸长 76.3 厘米，阔 30.5 厘米，可看出刻板的面积很大，卷末印有"咸通九年四月十五日王玠为二亲敬造普施"，全卷完整无缺，刻印技术已很纯熟。唐末成都印刷书籍中，也有《金刚般若波罗密经》、《陀罗尼经》等佛教经典。道教除印刻符箓外，亦刻印道教书籍。中和三年（883 年），在成都书肆中出售的书，"多阴阳杂记、占梦、相宅、九宫五纬之流"①。

图 6-12　在韩国发现的木刻《陀罗尼经》（部分）

（二）用于刻印诗集、音韵书和教学用书。长庆四年（825 年），元稹曾记述了白居易的诗歌广泛流传，为各阶层男女老少所喜爱的生动情景，说："至于缮写模勒，衒卖于市井，或持之以交酒茗者，处处皆是。"且特意注明江浙一带"多作书模勒"白居易和元稹自己所写的诗，"卖于市肆之中"②。"模勒"即为刊刻，反映了当时印刷出售诗集已很普遍，也反映了江浙一带印刷业已很兴盛。9 世纪中叶日本来华名僧宗睿于咸通六年归国时，带有印刷的书籍《唐韵》一部 5 卷和《玉篇》一部 30 卷，说明多卷本的著作已经雕版印刷。唐末成都书肆出售的书籍中，有刻印的字书、小学等教学书籍。敦煌亦发现有唐末印刷的《切韵》残页。

（三）用于历法、医药等科学技术书籍的印刷。唐时的农业生产发达，中央政权颁行的历日往往发行较慢，满足不了各地农村掌握农时的要求，因而民间刻印历日出售的活动很活跃。835 年前后，"剑南两川及淮南道皆以版印历日鬻于市。每岁司天台未奏颁下新历，其印历已满天下"③。现存最早刻印的日历是乾符四年（877 年）历书，上刻有节气、月大、月小及日期，并杂有阴阳、五行、吉凶、禁忌等。另外还有成都樊赏、长安大刁家印制的民间日历残片。这些珍品连同上述的《金刚经》印本等均为斯坦因窃走，现存大英博物馆图书馆。唐末长江下游一带印历出售也很风行，并发生过印本不同而引起争讼的事件。医药在唐代较为重视，得到推广普及，开始有民间印刷出售的医药书籍，如长安东市印售的就有《新集备急灸经》，并注明"京中李家于东市印"。现存有咸通二年（861 年）根据印本抄写的传抄本，也为法人伯希和窃走，今藏巴黎国家图书馆。另，成都出售的印刷书籍中，"多术数、字学、小学"④。随着工商业的发展，8 世纪 80 年代在市场上出现一

---

① 柳玼：《柳氏家训序》。
② 元微之：《元氏长庆集》卷 51。
③ 《册府元龟》卷 160。
④ 朱彝尊：《经义考》卷 293 引宋《国史志》。

种名为"印纸"的印刷品，作为商人交易及纳税的凭据。

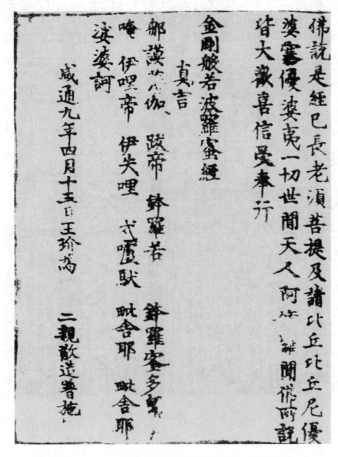

图 6-13　唐咸通九年印《金刚经》（卷尾）

雕版印刷术自发明之后，不断得到发展和推广使用，到 9 世纪时已相当普遍，成为一种新兴的重要手工业部门，对人们的经济生活和科技文化生活起着越来越大的作用。五代时，我国虽处分裂战乱时期，但印刷术仍继续发展。

士大夫阶层从民间印售书籍的过程中，了解到印刷的重要性，因而五代时在官方兴起了刻印儒家经典的活动。后唐明宗长兴二年（931 年），冯道等倡议发起刻印儒家经典。次年中书门下奏请"依石经文字，刻九经印板。敕令国子监集博士儒徒，将西京石经本，各以所业本经句度，抄写注出，仔细看读，然后雇召能雕字匠人，各部随秩刻印板，广颁天下"①。自长兴三年起，历后唐、后晋、后汉、后周四朝，到后周广顺三年（953 年），前后 22 年，刻成印板《九经》、《五经文字》、《九经字样》各 2 部，130 册，并印刷出售。自此，刻印书籍成为政府的出版事业。另一方面，私家的刻印业仍很活跃，所刻印的书籍除释、道、儒三家经典外，还有文学、史学、法律、类书、历本等，五代时期印刷事业的发展，为宋代印刷术的高度发展奠定了基础。

---

① 《五代会要》卷 8。

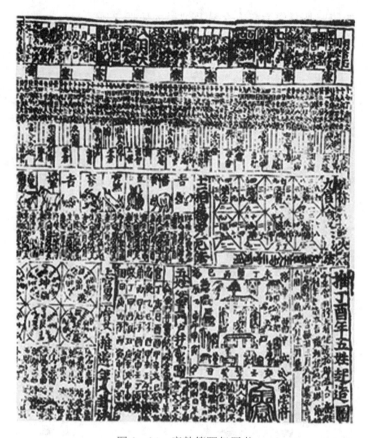

图 6-14　唐乾符四年历书

### 造纸技术

自汉代以后,我国的造纸技术不断革新和进步,魏晋南北朝时,纸已代替帛、简之类,成为普遍的书写材料。造纸的主要原料除原有的麻、楮等外,桑皮、藤皮也被利用来造纸。北方主要仍使用麻、楮造纸,质量和数量都有较大提高。南方的藤纸由于质地优良,也成为官方文书主要的用纸,曾经盛行于一时。其中浙江剡溪(今嵊县一带)的"剡藤"尤为驰名。西晋张华《博物志》中已说到"剡溪古藤甚多,可造纸,故即名纸为剡藤"。唐舒元舆《悲剡溪古藤文》更称"剡溪上多古藤株枿,谿中多纸工,擘剥皮肌以给其业"①,反映了擘剥藤皮造纸和造藤纸手工业到唐代更发展为当地普遍的手工业。在工艺技术方面,三国两晋南北朝时期已经使用了帘床设备捞纸,提高了工效,又使纸张有一定的规格。防止纸张虫蠹以及染色的"潢治"法,已经发明并得到推广,《齐民要术》专门记载了"染潢及治书法"一条,叙述利用黄蘗染纸的技术要领。另外还有关于利用"雌黄治书"以防虫蛀的记载。这时期的纸张质地匀细,外观洁整平滑,无论是数量还是质量都已达到较高的水平。

---

① 苏易简:《文房四谱》卷 4。

隋唐五代以至宋代，我国的造纸手工业遍及全国，印刷术的发明和发展，也促进了造纸业和造纸技术的发展。传统的麻纸、楮皮纸、桑皮纸、藤纸等继续发展，新的造纸原料如竹、檀皮、麦秸、稻秆等不断被开拓利用。麻纸这时仍是主要的用纸，有白麻纸、黄麻纸、五色麻纸等多类品种，麻纸的产量相当可观，唐玄宗时，仅每月发给集贤书院四川产的麻纸数量就达五千番之多。扬州的六合纸亦是一种品质优良的麻纸，宋米芾的《十纸说》称："唐人浆锤六合幔麻纸，写经明透，年岁久远，入水不濡。"藤纸在唐时成为一种名贵的纸张，人们相尚成风，舒元舆在《悲剡溪古藤文》中说，"人人笔下动数千万言"，用量很大，"自然残藤命易甚"，供不应求。由于藤的滋殖较慢，产地有限，在竹纸问世以后，藤纸就逐渐被竹纸取代了。中晚唐时，竹子开始在南方成为造纸的原料，并得到迅速的发展，9世纪初李肇在《国史补》中记述各类名纸时，已提到"韶之竹笺"，说明广东竹纸已具较高水平。竹子纤维较硬易断，技术处理比较困难，竹纸的问世，标志着我国造纸技术已相当精熟。北宋初，江浙一带和福建也均已以嫩竹造纸，竹纸的产量和质量都有大幅度提高。12世纪前曾以"剡藤"闻名的浙江剡溪，已是"今独竹纸名天下"。竹纸取代了藤纸，而且品种多样，单是上品就有"姚黄"、"学士"、"邵公"三种，为"工书者喜之"①。明代的竹纸继续发展，福建尤为突出，宋应星在《天工开物·造竹纸》中称，"凡造竹纸，事出南方，而闽省独专其盛"，并系统记述了取材、加工到焙干的生产技术过程。书法绘画的名贵用纸宣纸，唐时以"玉版宣"之名在安徽宣州（今泾县）一带问世，并被列为贡品。宣纸在唐时以檀皮为原料，到清代改用檀皮、稻草合料制造，其质地细腻、洁白、柔软，且经久而不变色，被赞为"莹润如玉"，至今仍为世所宝。唐时造纸中加矾、加胶、涂粉、洒金、染色等加工技术也有所提高，纸的品种繁多，美观幽雅，例如全国闻名的有十色笺、五色金花绫纸、薛涛深红小彩笺等，还出现了各种以花鸟禽兽为图案的模底纸（即水纹纸），深受人们喜爱和欢迎。

# 九　炼丹术和化学的发展

唐代帝王因自己姓李，便托附老子李聃为始祖，把老子封为玄元皇帝，并不断给老子加封了一系列尊号；又把道教奉为国教，不少炼丹的道士出入宫廷，成为帝王的座上客。炼丹术便在封建统治者的支持下得到了进一步的发展，出现了不少著名炼丹家和炼丹著述。如孙思邈和他的弟子孟诜，既是杰出的医学家又是有名的炼丹家，又如陈少微及其著作《大洞炼真宝经修伏灵砂妙诀》、《大洞炼真宝经九还金丹妙诀》，张果及其著作《神仙得道灵药经》、《丹砂诀》等。这些对后世的炼丹化学和药物，都有很大的影响。开元年间，唐玄宗李隆基下令当时的道观搜集道教的典籍，汇编成《三洞琼纲》共三千七百多卷，是为《道藏》的开端。现存的《道藏》增收了唐、宋以来的很多著作，于明正统九年（1444年）刻版印行，万历三十五年（公元1607年）增刻《续道藏》，清道光年间又有增补。正续《道藏》计收有著作1476种，合计5485卷，分订为1120册，是一部卷帙浩繁

---

① 施宿：《嘉泰会稽志》。

的丛书。《道藏》内容很庞杂，包括有很多与道教无关的书籍，其中与炼丹有关的有一百多种，是我们研究炼丹术中化学知识的珍贵资料。人们取得这些化学知识是付出了昂贵的代价，走过极其曲折的道路的。

封建统治者以及士大夫欲图借助于神丹企求长生不老，结果却屡屡招致严重的病痛以至死亡，共有6位唐代皇帝因服食丹药而死。[①] 事实教育了人们，使人们对于炼丹的骗局不断有所觉悟。如长庆元年（821年），一名叫张皋的处士上疏给爱好金石之药的唐穆宗，说："先朝暮年，颇好方士，征集非一，尝试亦多，累致危疾，闻于中外，足为殷鉴。"[②] 炼丹术所企求的长生不老的欲望不断破灭，导致炼丹术由盛至衰的演变。宋代炼丹虽仍流行，但已渐渐转入强调内丹，即强调自身的修炼，所谓"诚则灵"，把能否得道成仙说成是修炼者自身的功果了。到了明代，炼丹术便趋于没落了。这说明伪科学虽亦能盛行于一定的时间，但经不住实践的考验，最终必将走向灭亡。

**炼丹术的发展**

唐时在炼丹实验中一个显著的进步，就是用药趋向小数量按比例，向定量化发展，而不像以往用药量的盲目性，或即使有一定比例，也非常粗略的情况。例如在《抱朴子·内篇》里提到的炼丹用药，往往是"各数十斤"，甚至有用到"百斤"的。虽然由于炼丹家的保密，这种数字并不可靠，但也足以反映那时的炼丹技术是较粗率的。唐时的炼丹用药一般已用"两"作单位，比前代的用药量大大减少。至宋代用药量又进一步减少，用"两"和"钱"来作为用药的数量单位。这说明炼丹家在长期的炼丹、制药实践中，已经积累了更加丰富的化学知识。

图6-15　西安唐邠王府出土的炼丹药物

---

① 据清赵翼《二十二史札记》卷19。
② 《唐会要》卷82。

用汞和硫黄制造丹砂的技术唐时已相当成熟，一般是用汞1斤、硫黄3两，相当于100:19。根据硫化汞中汞和硫的原子量计算，汞与硫的比例是100:16，炼丹过程中用硫量较硫化汞的分子组成所需的硫大，这是合理的。因为硫黄在燃烧过程中容易损失，只有加大硫的分量，才能与汞充分反应。此外，利用汞和硫制成硫汞，再与食盐反应，然后升华，从而炼制出水银霜（亦称升汞，即$HgCl_2$）的技术也已相当完善。

当时炼丹方士还开始利用朴硝（硫酸钠）和芒硝（硝酸钾）的水溶液来提取硫酸钾的结晶，利用汞和锡制造锡汞齐，并对铁矿也有一定的认识。在炼丹药物中还利用波斯产的石棉和密陀僧，张果的《张真人金石灵砂论》中，就提到铅"可作黄丹、胡粉、密陀僧"。

火法炼丹过程中，火候的控制是很重要的。当时虽还没有测量温度的仪器，但在长期的炼丹实验中，已掌握了利用调节炭量和燃烧时间来控制温度的丰富经验。特别是在煅、伏易燃物质时，经常引起失火事故，使炼丹家积累了不少教训。在八九世纪左右，炼丹家已经知道了"以硫黄、雄黄合硝石，并密烧之"，则会发生"焰起，烧手面及屋宇"[①]的现象。据研究，这里的"密"字应是"蜜"字之误，蜜加热分解出炭，因而实际上是硫黄、硝石与炭混合在一起。这三种东西的混合物就是初始的黑火药，对近代世界起重大作用的火药就是由此发明创造出来的。

## 炼丹设备

炼丹方士所使用的工具和设备，现存唐以前的文字记载较为简略隐晦，而且不附插图，但根据宋以后的文字记载和插图，仍可以了解大概的情况。1970年10月，在西安南郊何家村唐邠王府遗址出土的唐代医药文物中，有银制石榴罐4个，研药器玛瑙臼1个，玉杵1枚等，为我们提供了唐代炼丹工具的实物证据。关于炼丹用的工具和设备，概括起来有十多种，即丹炉、丹鼎、水海、石榴罐、甘埚子、抽汞器、华池、研磨器、绢筛、马尾罗等。丹鼎是火法炼丹中的反应室，水海为降温用。石榴罐是一种简单的蒸馏器，下置甘埚子，加热后石榴罐中的水银蒸气在甘埚子的冷水中冷却成为液态水银。成书于南宋隆兴元年（1163年）的《丹房须知》载的蒸馏器图，已比较复杂，图中可以看到下部是加热的炉，上部是盛药物的密闭容器，旁通一管，可使水银蒸气流入旁边的冷凝罐中，蒸馏

图6-16　西安唐邠王府出土的炼丹器

---

① 《真元妙道要略》。

设备已是相当完善。这种蒸馏器是我国古代炼丹家在长期炼丹实践中的一项发明。华池是水法炼丹中的重要工具，是用来盛浓醋酸的溶解槽，醋中投入硝石和其他药物，硝石在酸性溶液中提供硝酸根离子，起类似稀硝酸的作用，可使许多金属和矿物溶解。这种把酸碱反应与氧化还原反应统一起来的方法，是我国古代炼丹化学上的一大创造。

图 6-17　《丹房须知》中所绘的蒸馏器图

### 矿石药物和化学药物

唐时的炼丹方士很注意各种药物的产地，对各地所产药物特别是矿物药的性质有较详细的记述，已知道辨别药物质量的优劣，并且著有矿物药的专著。约成书于 664 年的《金石簿五九数诀》，指出了炼丹时"先须识金石，定其形质，知美恶所处法"。书中详列各种药物的形质和品质，以及药物的产地。如朱砂，书中说，"出辰（今湖南沅陵县）锦（今湖南麻阳县西）州，大如桃枣，光明四暎彻莹透如石榴者良，如无此者次"；又如雄黄，书中说："出武都（今甘肃武都县），色如鸡冠，细腻红润者上，波斯国赤色者下。"818 年梅彪所撰的《石药尔雅》，更是一部矿物药物的同义词典，书中列举了 62 种药物的 335 种异名，给人提供了解炼丹方士关于药物的晦涩用名的方便，李约瑟称之为"唐代炼丹术语的可靠指南"，"可与 10 世纪玛西亚努（Marcianus）第 299 号抄本，1478 年巴黎第 2327 号抄本（贝特洛 Berthelot）或 1612 年鲁兰德（Ruhland）《炼金术词典》（Lexicon Alchemiae）等所载各炼金用语表相媲美"①。

另一方面，炼丹中所得到的化学药物，在医学上得到了广泛的运用，这是炼丹术的精华部分之一。在孙思邈的《千金翼方》中，记有"飞水银霜法"，这里的水银霜是毒性较小的汞化合物氯化亚汞（$HgCl$），可以治疗疥癣、湿疹等皮肤病。王焘的《外台秘要》记有另一制水银霜法，这种水银霜是氯化汞（$HgCl_2$），有很强的杀菌防腐力，外用可以提毒、拔脓，促进疮口愈合。孙思邈还制造了一种叫"太一神精丹"的化学制剂，是由丹砂、曾青、雌黄（$As_2S_3$）、雄黄（$As_2S_2$）、磁石、金牙（主要成分是铜）等经化学反应后升华而得到的。其中含有氧化砷、氧化汞，砷和汞都是剧毒药物，可以杀灭多种原虫和细菌，外用可以治疗皮肤病，内服能够治疗回归热和疟疾，而且具有健身作用。为了防止药

---

① 李约瑟：《中国科学技术史》，中译本第 5 卷 385 页。

物中毒，孙思邈还用以枣泥和制为丸的方法，同时在治疗功效不显著时采取逐步增量的服法，这与现代服用砒霜的原则相符。《唐本草》中记有一种用白锡银箔和水银合制而成的"银膏"，类似现代齿科用的填充剂。这些，都是炼丹术对医药学的重要贡献。

## 十　中医药学的进步

### 医药机构与医药教育、法令

　　隋唐时期的医药机构已较为完善，其规模不但为中国此前历史所无，也是当时世界所仅见的。当时的医药机构是由门下省统尚药局，负责宫廷中的医药事务，由太常寺统太医署，掌管政府中的医政事务。隋时太医署有两百多人，唐时有三百多人，人员分工比隋时更为精细，有令、丞、监、正等主管官员，还有主药、医师、药园师、典药、针工、按摩工，以及各科博士、助教、学生等。由于鬼神迷信盛行，在尚药局和太医署还设有咒禁科。

　　医药教育制度，唐时已相当健全。除了传统的个人之间的传授外，国家也采取措施，在太医署设医学，分医科、针科、按摩科和咒禁科招收学生，置博士和助教进行教授。医科"以本草、甲乙、脉经分而为业"，分为体疗（相当于内科）学生10人，学期7年；疮肿（相当于外科）学生3人，学期5年；少小（相当于小儿科）学生3人，学期5年；耳目口齿（相当于五官科）学生2人，学期4年，角法（相当于拔火罐等外治法）学生2人，学期3年；针科学生20人，学习经脉孔穴；按摩科学生15人，学习"导引之法以除疾，损伤折跌者正之"①。学习期间还进行月考、季考、年考和毕业考等，根据成绩优劣而分别录用，有的留太医署，有的派到地方。如果毕业考试连续两年不及格的，即令退学。在各州也设置医学，设博士、助教，收录学生教授。

　　唐朝对医药较为重视。开元十一年（723年）九月，玄宗曾制《开元广济方》5卷，颁示天下。天宝五年（746年）八月，敕郡县长官就《开元广济方》选取切要者，于村坊要路处榜示宣布。贞元十二年（796年）二月，德宗制《贞元集要广利方》5卷，计586方，颁行州府，散题于大街通道上。② 唐政府还在陵寝庙宇处储存药物，以备救灾，并建立了养病坊，收治病人。同时，唐政府制定了严厉的医药律令，惩处医疗事故和欺诈现象。《唐律》规定，"诸医为人合药及题疏针刺误不如本方杀人者，徒二年半"，"其故不如本方杀伤人者，以故杀伤论。虽不伤人，杖六十。即卖药不如本方杀伤人者如之"③。

### 巢元方和《诸病源候论》

　　长期以来，人们在临床实践中积累了丰富的医疗经验，并不断探索着疾病的起因和记

---

① 《新唐书·百官志》。
② 参见《玉海》卷66。
③ 《唐律疏议》卷26。

述临床症候，取得不少成就。隋大业六年（610年），太医博士巢元方等受命对前人的经验进行总结，"共论众病所起之源"，编著成《诸病源候论》一书。巢元方的事迹已不可考，仅知他是隋大业中（605—616）的太医。他所撰的《诸病源候论》，全书50卷，分67门，1720论，论述了内、外、妇、儿、五官等各科疾病的病因、病理和症状，反映了我国医学理论的发展和临症实践的提高，成为我国历史上内容最丰富的探讨病因病机的一部专著。其中对一些疾病的起因有不少创见，突破了前人的定论，发现和描述了一些真正的病原。如对于疥疮等病的病因，隋以前多认为皮肤感风惑邪热所致，属于风、寒、暑、湿、燥、火等六淫致病的传统学说，巢元方等通过临床的细致观察，发现疮里"有难见"的细虫，确认疥疮是疥虫所引起的，并强调"疥疮多生于手足指间，渐渐生至于身体"，比较正确地描述了疥疮病原体、传染性、好发部位的临床表现特点。在对流行性传染病的病因方面，巢元方等在继承前人提出的气温突变等因素致病的认识外，还提出了"人感乖戾之气而生病"的见解，虽然他们还没能认识"乖戾"是什么东西，但较前人已前进一步，并指出这类疾病"转相染易，乃至灭门，延及外人"，"故须预服药及为方法以防之"。对于绦虫这类寄生虫病的感染，书中亦明确提出是由于饮食不当所致。对一些疾病的临床表现，也有较详细的描述，例如对糖尿病、漆过敏、泌尿结石、水吸血病等都有较详细而正确的论述。

### 第一部国家药典——唐《新修本草》

由于《神农本草经集注》的作者陶弘景生活在南北对峙的时代，虽然尽了个人最大的努力，但"闻见阙于殊方"，加之个人著述，"铨释拘于独学"，难免存在着片面性和错误。隋唐以来，政权统一，经济文化迅速发展，内外交通发达，用药经验不断丰富和提高，外来药物和新发现的药物日益增多，《神农本草经集注》的缺陷也日益突出。因此制定一部新的本草，不仅是社会的要求，而且也具备了可能的条件。显庆二年（657年）苏敬提议修订新本草，唐政权组织了长孙无忌、许孝崇、李淳风、孔志约、于志宁等22人与苏敬一起集体编修新本草。同时，唐政府"普颁天下，营求药物"，征集全国各地所产的药物，并令绘出实物图谱，以供编书之用。修订时采取实事求是的态度，不为过去的医药经典所局限，"本经虽阙，有验必书，别录虽存，无稽必正"，经过"详探秘要，博综方术"，进行编撰，于659年撰成《新修本草》颁行。① 这是我国也是世界上由国家颁行的最早的一部药典。

《新修本草》内容包括本草并经图目录，共54卷，分药图、药经、本草三部分，收载药物844种，其中考正过去本草经籍所载有差错的药物四百余种，增补新药百余种。书中详细记述了药物的性味、产地、功效及主治的疾病。该书颁行后，很快流行全国，在统一用药方面起了很大的作用。现存仅有残卷的影刻、影印本，但在后世本草和方书中保存了部分内容。由于书中收录有各地动植物的标本图录，全书文图并茂，有图经25卷，因此它不仅是一部药物学著作，而且是一部动植物形态学著作，在生物学史上也有着一定的价值。

---

① 参见《新修本草·孔志约序》。

《新修本草》编订以后，还出现了不少医家的本草著作。较著名的有陈藏器的《本草拾遗》10卷，对《新修本草》遗漏的药物进行增补；有专门记述食物治疗和鉴定食物的《食疗本草》和《食性本草》；有主要是记述国外引进药物的《海药本草》和兄弟民族地区药物的《滇南本草》等。

### 孙思邈《千金方》和王焘《外台秘要》

这时期在临症医学方面也取得了显著的进展，出现大量的方书，其中隋代所撰的《四海类聚方》达2600卷，卷帙浩瀚，为前所未有的著作，可惜早已佚亡。现存著名的有《千金方》和《外台秘要》等。

《千金方》是《千金要方》和《千金翼方》的简称，作者是唐代杰出的医学家孙思邈（581—682）。孙思邈，京兆华原（今陕西耀县）人，他一生从事医学实践和医学研究，治学态度非常严谨。他认为一个好医生，必须精勤不倦地努力学习前人留下的大量医药典籍，博通医学源流，吸取前人的经验，具备坚实的医学知识基础。他反对那种读了几年方书，就认为天下无病不可治的轻浮态度。他自己非常勤学苦钻，"青衿之岁，高尚兹典，白首之年，未尝释卷"，他谦虚好学，对于诊断和医疗方面有"一事长于己者，不远千里，伏膺取决"[1]。因此，他精通医学，有很深的造诣。他反对那种借医术以追求名利的行为，主张医生必须有高尚的品德。认为医师治病，应没有贪求财物的私念，对患者要有同情和爱护之心，不论贫富、贵贱、亲疏都应一视同仁，精心诊治。他后来曾总结行医的经验，提出"胆欲大而心欲小，智欲圆而行欲方"，作为行医准则，把"不为利回，不为义疚"[2]，作为行为方正的标准。

孙思邈提倡人人都应懂得医术，借之"上以疗君亲之疾，下以救贫贱之厄，中以保身长全"。他看到当时的方书，"部帙浩博"，如遇到急病，求检非常困难，等到寻得医方，"疾已不救"的状况，因此立意编著成两部简易实用的方书，各30卷，并取"人命至重，有贵千金"[3] 之义，取名《备急千金要方》（简称《千金要方》）和《千金翼方》。这两部方书是孙思邈一生心血的结晶，在中国医药史上有着重要的地位。

《千金要方》是孙思邈积五十多年的临症经验，结合历代医学典籍而著成的，书中内容包括中医基础理论和临症各科的诊断、治疗、针灸、食治、预防、卫生等，并把妇科病和小儿护理放在重要的地位。《千金翼方》是他集晚年近三十年的经验而写成，作为对《千金要方》的补充，内容以本草、伤寒、中风、杂病，疮痈等记述最为突出。书中共收载当时所用药物八百多种，对其中两百多种药物的采集和炮制，作了详细记述，还补充了许多治疗方法，对外来医药知识也有记载，其中都凝聚着他长年采集、观察和应用药物的经验。由于他在药物方面的成就，被后世尊为"药王"。更为可贵的是孙思邈在《千金要方》中，改变了以往那种论病、用方、用药都本古代医经的做法，他兼取各家医说和成就，结合自己的实践经验，加以发展。如他改变过去每方用药不过五六味，非此方不能治

---

[1] 《千金要方·自序》。
[2] 《旧唐书·孙思邈传》。
[3] 《千金要方·自序》。

此病，非此病不能用此方的传统；又如他改变张仲景《伤寒论》的六经辨证，以医方之主治为纲等。孙思邈敢于冲破传统，大胆创新，开了中医学史上的一代新风。

《外台秘要》成书于752年，全书共40卷，分1104门，是一部综合性的医学著作，其内容包括各科疾病和医方。作者王焘虽不是一个专业医师，但他因"幼多疾病，长好医术"，加上他在唐廷做官数十年，"久知弘文馆图籍方书等"，研读了大量的医书，因而完成了这部著作。他自己也称在编撰这部著作时，"凡古方纂得五六十家，所撰者向数千百卷，皆研其总领，核其指归……伏念旬岁，上自炎昊，迄于盛唐，括囊遗阙，稽考隐秘，不愧尽心焉"。① 由于唐以前方书已大多佚亡，因此《外台秘要》为后世保存了很多已佚方书的内容，在医药史上具有相当的价值。

### 外科治疗

隋唐时代在外科治疗方面有着较大的进步，《诸病源候论》中有关于肠吻合手术和如何护理这一复杂的腹部手术的记载，还记有结扎血管的方法等。成书于841年的《仙授理伤续断秘方》是我国现存最早的治疗骨折和脱臼的专著。书中对骨折和脱臼的整复手法、治疗技术等，提出了清洁伤部的"煎洗"，检查诊断的"相度损处"，手法牵引的"拔伸"，使移位的断骨复位的"收入骨"，使骨折的两断端正确复位并防止再位移的"捺正"和夹板固定，使用通经活络药等十大治疗步骤。孙思邈关于下颌骨脱臼的整复术完全符合现代解剖生理学的要求，一直沿用到现在。其他关于眼科的白内障手术和镶牙技术，也都在唐代出现。

南北朝以来，儒、道、释三教盛行，泛滥成风，在当时问世的各种医书中以及一些著名的医家身上都受了影响，存在着封建糟粕，这是我们在整理古代遗产时，所必须注意的。

### 藏医

祖国的医学宝库中，包含着各少数民族的贡献。生活在西南一带的藏族人民，在长期的生活实践中，积累了丰富的医药经验，如用酥油止血和青稞酒治疗外伤等等。藏族有着天葬的风习，经常解剖尸体，故对人体生理解剖学有着比汉族更为清楚的认识。8世纪时，藏族对人体神经的分布和功能，已有较深的认识，认为从脑部发出条条"白脉"（神经往往是白色的），支配着全身各个部位，一旦"白脉"有病，受其支配的肢体的相应部位就麻痹或发生运动障碍；并且知道有跳动的动脉和不跳动的脉（静脉），指出这是流通气血的管道。特别值得提出的是，近代生物学才了解到胚胎发育过程重演了生物进化史上的鱼类、爬行类和哺乳类三个阶段，而在一千两百多年前，藏族人民已认识到人类胚胎发育经过38周才成熟，其间经历了鱼期、龟期和猪期，这是藏族人民在生物学史上的一大贡献。

唐代汉藏两族联系密切，医学交流比较频繁，藏族的医药学得到迅速发展，既吸取了汉族的经验，也吸取了邻国印度的经验，形成具有民族特色的藏医学体系。8世纪左右著名医学家宇陀·元丹贡布编成的《四部医典》（藏名《居悉》）是藏医学的经典著作，奠定

---

① 参见《外台秘要·自序》。

了藏医学的基础。它的内容非常丰富，包括医学理论和临床实践，对病因病理、诊断和治疗、药物方剂、卫生保健、胚胎发育等都有详细的记述，书中所载药物，包括内地出产和西藏特产近一千种。《四部医典》在国内外都有较大的影响。它传入蒙古族地区后，蒙古族人民结合本民族经验，发展成蒙医学。

在诊断方法上，藏医除采用与中医相似的望、闻、问、切外，还有尿诊。利用清晨起床后第一次小便做标本，通过观察尿的颜色、气味、泡沫、漂浮物、沉渣以及加其他物质后的变化，来判断病症。这种诊断方法至今在医学上仍经常使用。藏医用药方法有多种形式，以丸药最常用；除药物治疗外，还有穴位放血、穿刺术、灌肠、冷热敷、导尿、熏蒸治疗、药水浴身、油脂疗法等，有的至今仍在采用。

唐以后，藏医学继续向前发展。17世纪出现了包罗藏医学全部内容的彩色挂图，这是中国医学史上的一大创举。同时还出现藏族画家丁津诺布画的位置较准确的人体解剖图，图中用红字标骨骼，蓝字标脏腑，黑字标肌肉。这些图形，对于普及医学知识，进行形象教育，是很有意义的。

图 6-18　丁津诺布画的躯干解剖图

## 十一　中外交往和科学技术交流的发展

### 中外交往概况

自从汉代"丝绸之路"开辟以来，除短期间受阻隔外，这条陆上通道基本上畅通无阻。魏晋南北朝时期，虽然我国处于分裂和战乱状态，但"丝绸之路"上中外的交往依然不绝。隋唐以后，在这条通道上的交往更加频繁。通过"丝绸之路"，我国与中亚、南亚、伊朗、阿拉伯、直至欧洲都保持着联系，经济文化交流日益发展。

唐代我国的造船技术有很大的进步，海船已用桐油石灰舱缝，海鹘船两舷置有浮板，以增加航行的稳定性，因而以抗沉性能强、稳定性好而受到国内外的好评。利用日、月、星辰来确定航行方位的天文航海技术亦已进一步熟练。造船技术和航海技术的提高，促进了航海事业的发达，海上航路继续得到扩展。

在中外交通中，商业性交流异常活跃。我国出口的商品仍以丝织品为大宗，瓷器已开始出口，此外还出口有纸张及各种工艺品，受到了各国的欢迎。同时从各国进口了香料、药材、珠宝、玻璃器皿、纺织品以及特有的动植物品种等。有大量的外商来到中国经商，其中不少长期留居中国或在中国定居下来。当时的长安、洛阳、扬州、广州等都市是外商聚集的地方，成为重要的国际贸易都市。

伴随着各国间的密切交往，科学和技术的交流也得到了进一步的发展。一方面当时处于领先地位的我国科学技术成就向外传播，在世界科学技术史和文明史上作出应有的贡献；另一方面又从与之交往的各个民族、各个国家中，吸取其先进的科学技术成果，充实我国的文明宝库。这种中外科技交流的盛况，一直为世界各国史学界所赞叹。日本著名史学家井上清教授在谈到唐代日本学习中国文化时说："唐朝的文化是（与）印度、阿拉伯和以此为媒介甚至和西欧的文化都有交流的世界性文化，所以学习唐朝也就间接地学习世界文化。"[1]

### 与朝鲜的交流

我国与朝鲜山水相连，即使在魏、晋、南北朝时期我国处于分裂状态，朝鲜处于高句丽、百济、新罗三国分立的情况下，双方仍然有着经常的来往。梁朝的工匠有被邀到百济的，百济还采用刘宋时较先进的元嘉历，我国的医药、丝织和造纸技术的新工艺都传到了朝鲜。在新罗统一朝鲜之后，两国关系更加密切。新罗的工艺品、药材等都大量输入中国，史称新罗"所输特产，为诸蕃之最"[2]。开元年间，新罗使者带来了牛黄、人参、朝霞绸、油牙绸、纳绸、镂鹰铃、海豹皮等；天宝年间，这些物品继续输入。9世纪中叶，大批朝鲜侨民居住在山东、苏北沿海一带，有的经营水运，有的务农，对中国东部沿海的经

---

[1] 井上清：《日本历史》。
[2] 《唐会要·新罗》。

济、文化发展作出了贡献。唐朝的科技文化对新罗有着很大的影响,大量书籍输入朝鲜。新罗在统一朝鲜半岛前,就派人来唐留学,统一朝鲜后,更派遣大批留学生来唐。开成五年(840年),新罗留学生和其他人员回国的就有105人。这时期,我国的天文、历法、算书、医书都大量进入朝鲜。七八世纪时起,新罗还吸取唐朝的教育制度,在"国学"设立算学科,置"算学博士若助教一人,以《缀经》、《三开》、《九章》、《六章》教授之"①。隋唐长安城的建设规模和布局,亦为朝鲜在都市建设中所吸取。寺院建筑技术也传入朝鲜,现存韩国的一些砖塔,式样是仿照唐代砖塔建造的,都是方形、楼阁式、叠涩出檐。

**与日本的交流**

我国与日本的关系在魏、晋、南北朝时期就有较大的发展。在通过朝鲜与中国进行间接的交往的同时,日本加强了同中国的直接联系。曹魏景初二年(238年),日本就曾遣使者到魏都洛阳,赠送物品,魏明帝以精美的丝织品和铜镜等回赠。自238年到248年的十年间,两国使者往返就达6次之多。4世纪时,不少中国人经由朝鲜移居到日本,带去了先进的养蚕、缫丝、纺织、陶瓷、农业生产技术等。7世纪中叶,日本以大唐国为楷模建立法制完备的天皇制国家的大化革新进行以后,中日两国之间的经济、文化和科学技术交流进入了一个高潮时期。奈良时代的日本统治阶级极其热衷于吸取中国文化,"越是中国风味的,就越受古代贵族们的喜爱","越是中国式的东西才是古代日本的贵族文化","他们醉心于此:只要是唐朝的东西,不论什么都要尽快地传进来"②。唐代日本共派遣了19次遣唐使,有大批的留学生和学问僧随行来中国。仅702年至777年之间就有6次,随行每次多达四五百人。除对唐朝的政治、经济、文化的广泛吸取外,唐时的科学技术成就都被及时地介绍到日本。在唐的留学生和学问僧以极大的热情求取唐代的典籍,或者抄录,或以重价购求,或为赠送,因而大量的中国书籍进入日本,其中有很多天文、历法、算学、医药、音律等方面的著作,如有《周髀》、《九章》等十部算经及其他算书,有天文著作461卷,有各种历法,有医药著作1309卷,还有不少农学和其他著作,如《齐民要术》。南北朝、隋唐时期中国历法为日本所采用情况如下表所示。

| 历法名称及制定年代 | 作　者 | 在日本始行年 | 在日本使用年数 | 备　注 |
| --- | --- | --- | --- | --- |
| 元嘉历(公元443年) | 何承天 | 604年(日本推古十二年) | 88 | |
| 麟德历(公元665年) | 李淳风 | 692年(日本持统六年)<br>698年(日本文武二年) | 6<br>66 | 与元嘉历并用在日本被称为仪凤历 |
| 大衍历(公元728年) | 一行 | 764年(日本天宝八年) | 94 | |
| 五纪历(公元762年) | 郭献之 | 858年(日本天安二年) | 4 | 与大衍历并用 |
| 宣明历(公元822年) | 徐昂 | 862年(日本贞观四年) | 823 | |

---

① 金富轼:《三国史记·职官上》。
② 井上清:《日本历史》。

这些历法在日本连续使用了近1100年之久，①其中以徐昂宣明历的影响最大。8世纪时，日本仿效唐国子监的教育制度，设有算学和医学，并规定了必修的教材、学习年限和考试方法等。如在《大宝律令》中，制定有医药职令《疾医令》，规定医学生必修《素问》、《黄帝内经》、《明堂脉诀》、《甲乙经》、《新修本草》等书。我国名僧鉴真赴日本后，带去不少医书，大力传授中国医药学。日本留学生中也有深通医药又到中国深造的。

在都市建设中，日本也以唐时的都城为样板，日本的飞鸟、奈良时代的都城，如藤原京、平城京就是仿效唐长安城、洛阳城而建设的。平城京东西三十二町，南北三十六町，每隔四町均有大路相通，形成整齐有序的棋盘状。城北边正中是宫城，四周唐式官衙和贵族邸第围绕。寺院也是仿效唐代寺院形式而建成的。例如奈良法隆寺，从平面布局到细部构造都是仿照唐代建筑式样建造的。平面以塔和金堂并列，成为殿塔并列的布局，与唐代的寺院布局一致，台基、殿身、梁架、斗拱、屋顶以及装饰等都与唐代建筑式样一致。奈良唐招提寺则是鉴真及其弟子依据唐代寺院而建成。我国的漏刻、测影等仪器，造纸法，印刷术、制水车、瓷器、铜镜、兵器等技术都在唐时传入日本，受到日本政府的重视。如日本的《类聚三代格》卷8记载了日本天长六年（829年）五月《太政府符》命作水车，称："耕种之利，水田为本，水田之难，尤其旱损。传闻唐国之风，渠堰不便之处，多构水车，无水之地，以斯不失其利。此间之民，素无此备，动若焦损。宜下仰民间，作备件器，以为农业之资。其以手转、足踏、服牛回等，备随便宜。若有贫乏之辈，不堪作备者，国司作给。经用破损，随亦修理。"此外，茶种也由高僧最澄带回日本种植。

与印度的交流

自南北朝佛教在中国盛行以来，我国与毗邻的文明古国印度之间的关系日益密切，不少僧人互相往返，两国间的学术文化得到了广泛的交流。5世纪以后，印度的数学进入了一个重要的发展时期，大约在6世纪时创立了位值制数码（即现代通用的印度——阿拉伯数码的前身），建立土盘算术，算术、代数、三角学都有迅速发展，并在以后的时期里经由阿拉伯国家辗转传入欧洲，促进欧洲中古时期数学的发展。而位值制、土盘算术都似乎受到中国筹算方法的影响，其他如分数、弓形面积、球体积、勾股问题、圆周率、一次同余式、开方法、重差术等方面也都可以找到中国数学的痕迹②。最早在中国创立的十进位置制记数法和在此基础之上的各种运算方法，经印度、阿拉伯国家而西传，这或者可以说是我国古代数学对世界数学，同时也是对世界科学和人数文明发展的伟大贡献之一。

印度的天文学和数学也传入了我国，据《随书·经籍志》所录，天文类有《婆罗门天文经》20卷、《婆罗门竭伽仙人天文说》30卷，《婆罗门天文》1卷，还有《摩登伽经说星图》1卷；历算类有《婆罗门算法》3卷、《婆罗门阴阳算历》1卷，《婆罗门算经》3卷。印度天文学家有的曾在唐朝司天监工作，主要的有瞿昙、迦叶、俱摩罗三家，而以瞿昙一家最为著名。开元六年（718年），瞿昙悉达奉诏将印度的九执历译成汉文。贞元时译有《都利聿书经》2卷。9世纪初年，来华的印度僧人金俱吒在《七曜禳灾诀》中，提

---

① 参见日本学士院编《明治前日本天文学史》242-250页。
② 参见李约瑟：《中国科学技术史》中译本第3卷323-333页。

图 6-19　奈良法隆寺五重塔

出了以节气为每月之首的阳历系统。但由于我国的数学和天文体系与印度不同,所以印度的天文、数学在我国没有发挥多大的作用。

印度的医学,特别是外科治疗手术,在 5 世纪时已经相当成熟。当时问世的论外科医学著作《苏色卢多》(Susruta)中,描述了约 121 种外科用具和手术方法,如割治疝气、白内障等,并有一些关于解剖、生理、病理的论述,记有七百余种药物。随着佛经的翻译,印度医学传入中国,仅《隋书·经籍志》记载,就有《龙树菩萨药方》4 卷,《婆罗门诸仙药方》20 卷,《婆罗门药方》5 卷等。印度的医学在我国医学中有着较大的影响,葛洪、陶弘景、孙思邈等的百一生病说,就是来源于佛教医学学说。特别是印度眼科的传入,促进了我国眼科治疗的发展。在唐时,我国出现了关于眼科的专著《治目方》5卷,眼科治疗取得很大进展,如治白内障的手术,有"金针一拨日当空"之赞。印度的外科、催眠术、心理治疗、按摩法和医方也都在我国得到介绍。同时,我国的药物,如人参、茯苓、当归、远志、乌头、附子、麻黄、细辛等都进入印度,被称为"神州上药"。我国名僧义净在印度期间,经常用中药为人治疗,受到印度人民的欢迎。

此外,唐时我国的纸张和炼丹术已传入印度,优美的丝织品也继续输入印度。而印度的制糖技术受到唐政府的重视,唐太宗曾派人到印度,"取熬糖法,即诏扬州上诸蔗,柞沈如其剂,色味愈西域远甚"①。我国的佛教建筑,更是汇融了中印建筑的精华,成为建筑史上别开生面的一个篇章。

与中亚、西亚各国间的交流

我国与中亚、西亚各国的关系,自"丝绸之路"开辟以来,一直保持着密切的联系,到隋唐时海路交通也已相当发达。中国的丝织品大宗地输入这些地区,并转运到非洲和欧洲。这时,波斯已掌握了丝织技术,能织造品质优良的"波斯锦",并且输入中国。波斯的丝织品结合其纺织传统,把丝线加拈得比较紧,织法采用斜纹重组织,纬线起花,夹经常用双线,因而别具一格。我国的丝织品亦吸取了波斯的艺术风格,织出了具有波斯图案的丝织品,有些织物还采用波斯纬线起花的斜纹重组织。近年来在新疆一带"丝绸之路"上,发现了不少南北朝、隋唐时代带有波斯图案的精致丝织品。

唐时,伊斯兰帝国(我国史称大食)迅速兴起,它在统一了阿拉伯半岛后,东灭波斯扩展到中亚、南亚,西扩至北非并越海发展到比利牛斯半岛。我国与阿拉伯早有来往,唐时两大帝国的势力在中亚互相接触,关系更加密切。751年,两国在怛罗斯城(吉尔吉斯斯坦境内)发生军事冲突。这次不幸的战争,在中国与中世纪伊斯兰国家间的科技交流上却发生了重要的影响。在战争中,唐军统帅高仙芝的军队受到大食与诸国的夹击,唐军大败,大批兵士被俘。在被俘的兵士中有不少造纸、纺织等各行业的工匠,因而我国的造纸和纺织术传入了中亚、西亚各国。11世纪阿拉伯著作家塔阿里拜(Thàalibì)根据前人的著述说,由于被俘的兵士中有些能造纸的人,在撒马尔干(乌兹别克斯坦境内)设厂造纸,驰名远近。造纸业发达后,纸遂为撒马尔干对外贸易的一种重要出口品。造纸既盛,抄写方便,不仅利济一方,实为全世界人类造福。8世纪末,在巴格达建立造纸厂,据传还招有中国造纸工人。随后,造纸业在大马士革也发达起来,纸张输至欧洲各地,造纸术从而先后传入欧洲各国。怛罗斯战役后流落在中亚十年的杜环,曾说到他在大食时看到"绫绢机杼、金银匠、画匠。汉匠起作画者:京兆人樊淑、刘泚;织络者:河东人乐隈、吕礼"②。织造工人在阿拉伯为发展当地的丝织业作出了贡献。此外,中国的陶瓷制造技术、炼丹术和硝等药物,都在唐时传到阿拉伯一带;而阿拉伯的珍宝、玻璃器皿等,同时通过陆路和海道不断输入我国。大食的"猛火油"(即煤油)传入中国后,我国很快就认识到煤油遇水后火燃烧得更猛烈,并在战争中应用。《吴越备史》记载说:"火油,得自海

---

① 《新唐书·摩揭陀传》。
② 杜佑:《通典》卷193。

南大食国,以铁筒发之,水沃,其焰弥盛。"其他如浑提葱等都在唐时传入我国,成为我国人民常用的蔬菜。

在医学方面,中国与阿拉伯也不断互相交流,取长补短。中医体系中的脉学,大约在唐时就传入阿拉伯。被阿拉伯人称为"学术界的领袖和王子"的著名学者阿维森纳(Avicenna,980—1037)所著的《医典》(al Kanun),是阿拉伯的医学经典著作,它大体上取代了古罗马著名医学家盖仑的著作,是12世纪至17世纪中东和西欧的主要医书,影响阿拉伯及欧洲的医学教育达数百年之久。在《医典》中,就记载有脉学,其中许多脉象是采自王叔和《脉经》中的描述。关于糖尿病的症状和病因,隋巢元方的《诸病源候论》已有记述,在卷5《消渴候》中,说"夫消渴者,渴不止,小便多是也",并指出此病是由于"肥美之所发","此人必数食甘美而多肥也"。而关于患者尿是甜的,在唐初成书的《必效方》就有记述,以后孙思邈进一步总结了该病发病过程以及药物、食治等疗法,又规定了饮食、起居的某些禁忌,对此《医典》中亦有记载。此外,对于麻疹的预后和用水蛭吸毒以至中国药物等医药知识,在《医典》中都有反映。中、西亚各国的乳香、没药、血竭、木香、胡卢巴等许多药物和一些药方,也大量输入中国,对中国医药学的发展作出了贡献。留居中国的波斯人李珣著有《海药本草》一书,专门记述由海外传入中国的药物。另据《隋书·经籍志》记载,中亚、西亚传入我国的医药典籍,有《西域诸仙所说药方》、《西域波罗仙人方》、《西域名医所集要方》等。

图6-20 阿拉伯医学文献中记载的中国脉学

6世纪中叶,印度僧人由新疆把蚕种带到罗马帝国去,从此,欧洲开始了丝绸的生产。唐贞观十七年(643年),东罗马帝国遣使来唐,带来了赤玻璃、石绿、金精等物,唐太宗回信答聘,赠送了绫绮。中国与东罗马帝国建立了直接来往关系。这时,中国的丝织品仍大量地通过波斯和阿拉伯进入罗马帝国,据《通典》记载,罗马人"又常利得中国缣素,解以为胡绫、绀绫,数与安息诸胡,交市于海中"。罗马的医药也传入了中国,特别是所谓的"穿颅术",被称为"能开脑出虫,以愈目眚"①,实际上应是眼外科手术或放血疗法。

总之,隋唐时期的中外科技交流对于中国和世界中世纪科学技术的发展,具有重大的意义。它既说明了中国的文明是世界文明的一个重要组成部分,也反映了世界其他地方的文明对中国的发展有一定的影响。

## 十二　柳宗元、刘禹锡的自然观

在人类对自然界的认识方面,历来存在着唯物主义和唯心主义思想的激烈斗争。唐代佛教、道教得到统治阶级的提倡,唯心主义继续泛滥,从反面也刺激了唯物主义的发展。唐代唯物主义思想家,在与唯心主义的斗争中,继承了王充、范缜的唯物主义理论和战斗精神,丰富和发展了中国古代唯物主义的思想体系,其中以中唐时期的柳宗元和刘禹锡最为杰出。

柳宗元(773—819)和刘禹锡(772—842)是同时代人,他们的自然观基本上是一致的。他们有关自然观的理论集中表现在柳宗元的《天说》、《答刘禹锡〈天论〉书》、《天对》和刘禹锡的《天论》上、中、下三篇中,他们在与韩愈所宣扬的天命观以及佛、道有神论的斗争中,发展了中国古代唯物主义的自然观。

### 柳宗元的自然观

柳宗元在王充的元气说的基础上,论证了宇宙是由元气形成的,不存在任何有意志的主宰宇宙的东西。他说:"庞昧革化,惟元气存,而何为焉?"② 意即在初始的混沌状态中,只有元气在运动,发展、变化着,不存在什么造物主。他又认为阴、阳和天都是由元气所派生出来的,物质世界的运动变化,是由于阴阳二气对立统一,彼此交叉渗透运动变化的结果,而且注意到温度的高低变化在其间所起的作用,即所谓"合焉者三,一以统同,吁炎吹冷,交错而功"③。他还认为阴阳二气的无穷运动,"或合或离,或吸或吹,如轮如机"④,如同车轮与机械的运转一样,有合有离,相互吸引,相互排斥,构成了宇宙整体,从而把会合与分离、吸收与排斥这些两相对立的概念引入到天地生成的动因中。这些是对天地生成机制的思辨性推测,带有一定的合理性。柳宗元以这种含有朴素辩证法的唯物主义自然观,又吸取了当时自然科学的成就,从天文到地理,对物质世界的运动变化,作了唯物主义的解释。他否定了天有八柱、女娲造人之类关于神明造就宇宙和生灵的神话。在柳宗元看来,宇宙是无限的,它"无限无隅","无极之极,漭弥非垠","东西南

---

① 《新唐书·拂菻传》。
② 柳宗元:《天对》。
③ 柳宗元:《天对》。
④ 《非国语·三川震》。

北,是极无方"①,既没有天极,没有支撑的柱子,也不能衡量它的大小和长短。日月的运行,星辰的布列,是自然的过程,不需要什么依托;天气的晴雨是阴阳二气作用而造成的;山川是天地间的自然物,山崩地震是自然现象,这些都是不以人们的意志为转移的,根本不受什么神明所左右,更与人类社会的祸福无关。

刘禹锡的自然观

刘禹锡继承了荀子以来的唯物主义自然观,并以自然科学知识为根据,补充了柳宗元的自然观,创造性地提出了天与人"交相胜"、"还相用"的学说。

在对于自然界的认识方面,刘禹锡认为整个自然界充满着有形的物质实体,天地之内不存在无形的东西。天和人都是属于有形体的事物,"天,有形之大者也;人,动物之尤者也"。他批驳了魏晋玄学和佛教、道教关于"空"、"无"是宇宙本源的理论,指出所谓"空"者,只不过是"形之希微者也",即"空"被认为是一种特殊的物质形态。它"为体也不妨乎物,而为用也恒资乎有,必依于物而后形焉"。房屋因有"空"的存在显示高厚之形,器用因有"空"的存在显出规矩之形。他还以目之视物为例,说人以目示物,必须依赖日月火焰的光亮方能看到东西,而黑暗的地方,人看不见,但猫、狗、老鼠之类的动物却看得见,说明并不是人看不到的事物就不存在。人的眼睛只能看到粗大的东西,看不到细微的东西,但细微的东西并不是不存在,要觉察它就必须依靠理智。刘禹锡以此进而说明以往说"空"无形,只是"无常形"而已,必须依赖于物"而后见",不能超越物质形体而独立存在。这种对于"空""无"的唯物主义认识,是对中国古代唯物主义自然观的重大发展。

在关于宇宙万物的生成和发展方面,刘禹锡认为万物的生长发展是自然的过程,天地万物都是"乘气而生",植物、动物以至人类是天地阴阳之气交互作用而产生的。而且,刘禹锡认识到客观世界的发展变化是遵循着一定的规律的,"以理揆之,万物一贯也","夫物之合并,必有数存乎其间焉。数存,然后势形乎其间焉"。这里的"理"指万事万物的原理、原则,"数"指事物发展的规律,"势"指事物发展的必然性。也就是说,万事万物都有自己的发展规律,这些规律决定了事物发展的趋势和方向。这些是事物所固有的客观存在。为了论证这一看法,刘禹锡以天体为例,说天形总是圆的,天色总是青的,日、月、星辰旋转的周期可以度量出来,昼夜的更替和长短可以用仪表测量,这是由于"数"的存在;而天总是处于高处而不会塌下来,并总是运动不止,是由"势"所决定的。天体是不能"逃乎数而越乎势"的。又如水和舟的关系,水能沉舟,亦能行舟,这是由于"适当其数,乘其势"的缘故,行舟违背了水流和航运的规律就会沉没,适应了水流和航运的规律就能通航无阻。由此,刘禹锡得出了对于自然界发展规律的总的看法,他说:"万物之所以为无穷者,交相胜而已矣,还相用而已矣。"万物不是彼此无关地孤立存在着的,而是在互相矛盾和互相依存中无穷地运动发展着的。

基于这种对自然界及其发展规律的认识,刘禹锡建立了他的天人关系学说。他说,天与人的关系,是万物"交相胜"、"还相用"关系中最突出的。天与人虽同为有形体的事

---

① 柳宗元:《天对》。

物,但各有各的特性和职能,"天之能,人固不能也;人之能,天亦有所不能也"。刘禹锡分析了天和人各自的职能和作用,说自然界的职能在于生长繁殖万物,万物都处于生杀、壮健、衰老的自然发展过程中,遵循着"气雄相君,力雄相长",强胜、弱败的竞争法则。人的职能在于利用自然规律和自然界所提供的物质资料,进行各种生产活动:耕耨收藏;防治水火之害,利用水火之利;砍伐木材制作坚器,熔炼矿物,制作利器,等等。也就是说要向自然界谋取人们生活的需用品。因此,刘禹锡说:"天之所能者,生万物也;人之所能者,治万物也。"在天人的关系中,"天恒执其所能以临乎下","人恒执其所能以仰乎天"。刘禹锡还看到,在这种天人关系中,天与人都保持着自己的特性,天不能干预人类社会的"治"或"乱",人也不能改变自然界的运动规律。

刘禹锡在其学说中排除了有神论,他还进而探究了有神论产生的根源。他指出,有神论在人类没有认识自然界的规律,不能把握自己命运时,方会产生和泛滥。当人类认识和掌握自然规律,把握自己的命运,就不会乞求于神灵。为了说明这一点,他分析了人操舟航行的例证,说当舟行于平稳的江河中时,风浪不能为害,船行的安全或倾覆,其因皆在于人,舟的命运掌握在人手中,因而"舟中之人未尝有言天者",这是"理明故也"。当舟行于风浪大的江河中时,由于人没有掌握风浪的规律,抵御不了风浪的袭击,舟行的快慢不能控制,安全没有保障,只好把命运交付于天,因而"舟中之人未尝有言人者",这是"理昧故也"。[①] 在这里,他以科学知识为根据,有力地宣传了无神论。

柳宗元和刘禹锡的学说,闪耀着朴素的唯物主义和辩证法的光辉,把中国古代关于自然观的理论提高到一个新的水平。但是,由于时代条件的限制,他们的自然观方面都存在着局限性。柳宗元对一些不能回答的问题,陷入了偶然论的错误,反对佛教唯心主义亦不够彻底。刘禹锡对佛教有神论的斗争也不彻底,采取了容忍的态度,认为因果报应的说教有助于人类社会的教化。

# 本 章 小 结

隋唐时期是中国封建社会的盛世,以高度发达的封建文明而著称于世。由于这个时期全国基本统一,社会较为安定,经济得到繁荣,因而国家能够征集大量的人力、物力和财力,进行规模巨大的工程建设。大运河的开凿、都城长安和东都洛阳的兴建等,都体现了当时中国的强大国力。国家的统一也提供了进行较大规模科学活动的条件。第一部国家药典唐《新修本草》的编修,集中了二十多个各方面的人员,查阅了国家图书馆中的大量书籍,并让各地提供的药物图样,仅用两年多的时间即编成颁行,这是个人著书所不可能做到的。一行领导的大地测量,也集中了很多人员,测量地域南到交州,北到铁勒,如果不是全国统一,就根本无法进行。国家的统一还有利于科学技术的推广,如医药和农具、纺织新工艺的推广,促进了生产力的发展。

隋唐时代,中国与亚非各国交往频繁,既增进了各国人民的友谊,又促进了我国和各

---

① 参见刘禹锡:《天论》。

国间的科技文化交流，丰富和充实了我国的科学技术知识。国际交流发展的需要，还刺激了手工业生产，如造船、纺织、造纸、陶瓷等的生产规模和生产技术，都有较大程度的发展。对人类文明作出重大贡献的一些科学发明，如雕版印刷术、火药，可能还有指南针亦于此时期相继问世或初露端倪。

总之，隋唐时期的文化和科学技术沿着传统的科技体系持续发展，无论从深度或广度上来看，都反映中国科学技术体系已经达到成熟的阶段。科学的教育和普及，生产技术的定型和推广，生产规模的扩大等在社会的政治、经济和思想、文化方面都产生了巨大的影响，促使隋唐时代的文明高度发达，在世界文明史上写下了光辉灿烂的一章，也为宋元时代科学技术发展的高峰准备了条件。

# 第七章 古代科学技术发展的高峰

（宋辽金元时期，960—1368）

## 一 科学技术高度发展的社会背景

960年，宋太祖赵匡胤推翻后周，建立宋朝，结束了五代十国历时几十年的封建割据局面。这是历史上的所谓北宋。1127年，汴京（又称东京城，今河南开封）被金人攻破，宋王室迁向东南，并建都临安（今浙江杭州），建立起了南宋王朝。宋朝统治时期，契丹、党项、女真等少数民族，曾分别在我国北方建立了辽、西夏和金政权。他们相互间，与宋王朝之间虽然进行了频繁的战争，但在战争的间歇期间，不论南方或北方，也都出现过相对稳定的时期。因此社会生产得以恢复和发展，科学和技术也都得到了发展。

北宋时期，社会经济关系中出现了新的变化，即完成了唐中叶以来就开始发生的土地占有方式和剥削方式的变革。地主阶级主要以购买土地的方式来占有土地，前代贵族官僚按等级世袭占田制度在长期演变的过程中基本上消失了。同时，地主对农民的剥削方式主要是通过出租土地榨取实物地租，前代的劳役地租已成为次要的剥削方式。佃客编入户籍，不再是地主的"私属"，承认了"佃户"的法律地位。

宋初的实物地租，一般实行分成收租，地租率通常占收获物的一半以上。另有一种定额租制，由地主规定定额的租米。尽管农民受到的剥削并没有比以前减轻，但实物地租使他们对生产的支配权更大了些，生产积极性也高些。宋初，土地兼并之风尚未太盛，太祖和太宗时又鼓励农民"能广植桑枣，垦辟荒田者，止输旧租"，"……分画旷土，劝令种莳，候岁熟共处其利……所垦田即为永业"①。因此，自耕农比例增大。生产最为发展的两浙路、江南东路，没有土地的客户（佃农）只占五分之一左右，其他地区客户大约占十分之五至十分之七。即小土地所有制在这时有了很大的发展。这些生产关系的变革使得宋代前期一百年间，社会生产迅速上升，人口增长，广大农民开垦了大量的农田。特别是从996年至1021年的25年中，农田增加了约200万顷以上，使我国封建社会经济发展进入了一个新的时期，为宋元时期科学技术的高度发展做了必要的准备。

江南各地区，在人口增加较多，农业劳动力充实，加上先进的农具——"江东犁"和灌溉工具翻车、筒车等的使用逐渐普遍和生产技术提高的前提下，采取了一系列扩大耕地面积的措施。如圩田、柜田、架田、均与江湖争田，涂田则与海洋争地，梯田系与山争地。到南宋时，浙江、江西和湖南的山岭间已到处有梯田了。农田水利的兴修，自北宋以来，江南地区开始超过北方，如江苏、浙江、福建水利工程项目比唐代增加了一倍，南宋

---

① 《宋史·食货志上》。

增加更多。当时兴修的大型水利工程，往往能灌溉田地二三十万亩，甚至上百万亩。宋代，农民还培育出许多优良的农作物品种，特别是南方农民培育出很多优良的稻种，如箭子稻等，提高了农田单位面积产量。传统的精耕细作在江南地区得到高度发展。因此，南宋时出现了我国最早专门总结江南水田耕作技术的陈旉《农书》。

宋代的手工业和商业空前繁荣，四大发明之一的指南针，随着对外贸易和造船业的发达已普遍地使用于航海。雕版印刷迅速发展，工匠毕升还发明了活字印刷术。印刷业又促进了造纸业的发达，《宋史·地理志》所记各地贡品、贡纸的有淮南路的真州，江南路的池州、徽州，两浙路的婺州、衢州，成都路的成都府等8处，而唐代只有婺州、衢州2处。① 火药此时被大量用于制造火器、兵器制造也取得较大成就。此外，纺织、矿冶、制瓷、造船各部门都有显著的进展。其中又以纺织和制瓷业为突出，它们为宋、元时代对外贸易出口商品中的两种主要商品。各手工业的作坊，规模之大，分工之细都超越了前代，如宋代少府监所辖之文思院下面分：打作、棱作、钑作、渡金作、钉子作、玉作、玳瑁作、银泥作等32作。② 将作监所辖专管土木工程的有东西8个作司："曰：泥作、赤白作、桐油作、石作、瓦作、竹作、砖作、井作。"③ 官营手工业分工已如此之细，民间手工业分工当也差不了多少。元朝对手工业也较重视，工匠受到比农民优厚的待遇。初期遭破坏的手工业到13世纪末已逐渐恢复。纺织业和兵器制造业有突出的发展。正是由于手工业的发展和生产技术的提高，这时出现了总结或记载手工业技术的专著，如全面系统地总结建筑技术成就的《营造法式》及木构建筑技术的《木经》，关于兵器制造的《炮经》、《强弩备术》以及《武经总要》中有关章节，还有详述木制机具的木工技术专著《梓人遗制》等。

由于商业的繁荣，城、镇数目增加了。城市商业活动更加广泛，大城市中不再有坊市的区分，并且不禁夜市。南宋首都临安人口124万，超过了北宋的汴京。临安有440行，行业比北宋分得更多更细。宋代市镇的发达标志着城乡贸易的新发展，信用交易和汇兑机构的出现更是商业兴旺的象征。海外贸易非常发达，从明州、杭州可通日本、高丽；由广州、泉州可通东南亚，以至阿拉伯各国。南宋海外贸易更盛，市舶岁收200万贯，超过北宋两倍多，占政府全部岁收的五分之一。通商地区和国家达到五十多个。北宋每年铸钱三百多万贯，并且出现了世界上最早的纸币"交子"。南宋时商业比北宋更发达，纸币日益盛行，交子、会子广泛流通。农业和手工业的发展，增加了商品交换的需要，而商业的发达反过来又促进了农业和手工业的发展。

契丹、党项、女真等少数民族在生产技术上都有不少突出成就。虽然他们的上层统治集团发动战争，在一些地区造成了巨大的破坏，但经过一段时间各族劳动人民生活在一起，原来的隔阂逐渐消除而相互融合起来，从而促进了各民族间的科学技术交流。如契丹破回鹘得到西瓜，然后契丹人又把西瓜种植法传给汉族，就是我国各民族经济交流史上一

---

① 参见杜佑：《通典·土贡表》。
② 参见《宋会要辑稿·职官二九之一》。
③ 《宋会要辑稿·职官三〇之七》。

个值得记述的事件。① 又如"淳熙九年,沿边州郡,因降式制回回炮,有触类巧思,别置炮远出其上"②,说明朝廷把回回炮图样分发沿边州郡仿制,在仿制过程中炮工们又加以改进,经改进后的炮比原来好得多。

宋元时期,由于海外贸易扩大,国际科技交流也较广泛。从日本、朝鲜和阿拉伯、东南亚各国进口的香料药物、农作物优良品种、矿石及其他物品,丰富了我国农业和医药学的内容。

宋政府对于科学技术的发明创造较重视,常予奖励。冯继升进火药法,赐衣物束帛;唐福献火器,造船务匠项绾献海战船式,各赐缗钱;石归宋献弩箭,增月俸;焦偓献盘铁槊,迁本军使;郭谘造战车、弓弩除铃辖等等。又如木工高宣设计制造八车船,受到赞赏;水工高超和主持人王亨创新法防洪有功,受赏赐;僧怀丙打捞铁牛成功,赐紫衣。有的发明创造并能及时加以推广,如沈括制木图,诏边州仿制。而各种新式船型创造以后,往往降下船样,命沿江沿海各州仿造。有关国防方面的科技发明创造更是这样,由于号召军民陈述军器利害,于是"吏民献器械法式者甚众"③。

元朝在灭亡南宋,统一中国之后,加强和发展了各民族之间的交流,并继续施行南宋鼓励海外贸易的政策。很多阿拉伯人和伊朗人来华经商,不少人还留居中国,加上蒙古骑兵占领了欧亚广大地区,使中外经济和科学技术文化的交流进入了一个新的发展阶段。

总之,生产的发展,经济的繁荣,前代的积累,奖励政策以及各民族之间和中外科学技术的交流,都是这一时期科学技术发达的条件。除此之外,宋政府改进了科举考试的办法,取消了门第、乡里等限制,扩大了仕途和知识分子队伍。知识分子中一些具有务实思想的人,十分注意科学技术有关问题的考察和研究。另一些考场失意、仕途无望的知识分子,就把兴趣转向科学技术的研究与总结。他们都对科学技术的发展有一定的作用,留下很多自己的研究心得和别人发明创造的记录。这些著作又因宋以来印刷术的发展,广泛用来刻印书笈而得以在当时流行,其中一部分并保存到今天,成为可贵的科技历史文献。

## 二 火药和兵器的进步

### 火药和火药武器

宋元时期,火药的配方已经脱离了初始阶段,各种药物成分有了比较合理的定量配比,并且在军事上得到实际应用,火药和火器制造开始成为军事手工业的一个重要部门。

古代火攻,起初多用油脂草艾之类,到两宋火攻器械有了巨大的发展。据《宋史·兵志》记载:970年兵部令史冯继升进火箭法,后来又有神卫水军队长唐福献所制火球、火蒺藜,还有冀州团练使石普能为火球、火箭。火药武器的大量使用,推动了火药的研究和

---

① 参见洪皓:《松漠纪闻》下。
② 《宋史·兵志》。
③ 《宋史·兵志》。

配方的改进。除炼丹家外，更有许多军事方面的专家加入了研究者的行列。曾公亮（998—1078）、丁度（990—1053）等在 1040—1044 年编著的《武经总要》中，记录了三个火药方子：毒药烟球每个重 5 斤，用硫黄 15 两，焰消（硝）30 两，木炭 5 两，草乌头 5 两，巴豆 2.5 两，沥青 2.5 两以及少量的砒霜等等。蒺藜火球火药法：用硫黄 20 两，焰消（硝）40 两，炭末 5 两，沥青 2.5 两，干漆 2.5 两，桐油 2.5 两，蜡 2.5 两，以及麻茹、竹茹等。火炮火药法：硫黄 14 两，焰消（硝）40 两，松脂 14 两以及定粉、黄丹、清油、麻茹、竹茹、砒黄、黄蜡、桐油等。由这些记录可知，宋代火药配方中硝的含量增加了，增加到两倍甚至接近三倍。唐代火药硫、硝含量相同，是 1∶1；宋代增加到 1∶2，甚至近乎 1∶3 已与后世黑火药中硝占 3/4 的配方相接近。同时，又加进各种少量辅助性配料，以期达到易燃、易爆、放毒和制造烟幕等效果。它说明了火药配方在制造和使用过程中得到了不断改进。

宋元时期的许多史笈都有关于火炮的记载，其形制各不相同，如有纸制、陶制、铁制等等。北宋末年，在抗金战争中发明了"霹雳炮"、"震天雷"等杀伤力较大的火炮。震天雷已是一种铁火炮，其威力很大，据《金史》记载："火药发作、声如雷震，热力达半亩之上，人与牛皮皆碎迸无迹，甲铁皆透。"1257 年李曾伯提到"荆淮铁火炮有十数万只"① 之多。这说明火炮已经发展到铁制的阶段，而且其数量已相当可观。又据《宋史》卷 451 载元世祖至元十四年（1277 年）"娄某以二百五十人守月城……拥一火炮燃之，声如雷霆震，城上皆崩……火熄，入视之，灰烬无遗矣"。一炮之威，能使城外元兵震惊而死，而城上守兵二百多人也自行炸成灰烬，与城俱亡。这说明了当时火药威力之大以及巨型火炮的出现。

这些火炮，不管是中小型或巨型，不管是纸制、陶制或铁制，看来都还不是用火药放射的火炮，估计多半还是以埋藏、放置的方式，或用抛石机投射并引爆的地雷、炸药包、炸弹一类火器。

特别值得提出的是管形火器的出现。1132 年，陈规守德安时用"长竹竿火枪二十余条"②，李曾伯也提到火枪"如火箭则有九十五只，火枪则止有一百五筒"③。

图 7-1　宋代突火枪

1259 年，寿春府"造突火枪，以巨竹为筒，内安子窠，如烧放，焰绝，然后子窠发出，如炮声，远闻百五十余步"④。到元代已经出现铜铸火铳，称"铜将军"以表明它的威力。中国国家博物馆珍藏的元至顺三年（1332 年）铜火铳是已发现的世界上最古老的铜炮。这些都是以火药的爆炸为推动力的新式火器，而且已从发火烧人的火枪进步到内安子窠去杀伤敌人。枪筒已由竹制发展到铜制，更为坚固耐用。

---

① 李曾伯：《可斋续稿后集》。
② 汤涛：《德安守御录》。
③ 李曾伯：《可斋续稿后集》。
④ 《宋史》卷 197。

图 7-2　元至顺三年制铜火铳

用抛石机发射的火炮，由于木杆摇晃，准确度较差。而管形火器由于枪管对子弹的约束力，造就了一个较为稳定的管内弹道，这也就大大增加了管外弹道的稳定性，从而使射击的准确性大为提高。所以管形火器的出现在兵器发展史上是一个重大的突破。它为近代枪炮的不断发展奠定了初步基础。

兵器制造技术

宋代兵书甚多。《宋史·艺文志》列兵书347部，共计1956卷，约为唐代的6倍。其中流传至今的首推曾公亮《武经总要》40卷，其次如许洞《虎钤兵经》20卷等。关于兵器制造和军事工程方面的专书，《隋书·经籍志》、《唐书·艺文志》均未见记载。《宋史·艺文志》则载有《炮经》1卷，《强弩备术》3卷，《行兵攻具术》和《行兵攻具图》各1卷等。这些专著虽然多已失传，但在一些总论军事武备的书中，兵器部分也占有不少篇幅。如《武经总要》一书，仅就兵器制造而言，也是一部极有价值的著作。

在《武经总要》中，有第10卷攻城法，第11卷水攻、火攻，第12卷守城，第13卷器图。此外，在第2卷中有弓法、弩法。第10卷中有攻城器具。其中以第13卷器图内容最为丰富，包括射远器——弓弩，各种长短兵器，各种防护装备盔甲、盾牌等，以及各种战车。其中值得注意的有：炮楼（四轮高架炮车），行炮车（四轮炮车和二轮炮车），折叠桥，以及游艇、蒙冲、楼船、走舸、斗舰、海鹘等舰艇；火禽、杏雀、火兽、火船等火攻器具与设备。此外，还有旋风炮、旋风五炮（炮楼、行炮车都是抛石机，所谓旋风炮是指可以向任一方向发射的抛石机），以及行炉、猛火油柜等。在弓弩方面尤其值得称道，如三弓豉子弩射二百步；双弓床弩，用五、七人至十人张弩，一人瞄准，一人槌发，射一百二十步；又有手射弩，二十人张，射二百五十步。

当时大量制造弓弩。《宋史·兵志》称：“工署南北作坊及弓弩院每年造铁甲三万二千，弓一千六百五十万，各州造弓弩六百二十万。其中床子弩射七百步。”在这以后，到1083—1084年间，军器监又创床子大弓，用人少，射程远，中的深，能射一千步。其中使用范围较广时间又较长的是1068年平民李宏所献神臂弓。这是一种强弩，弓长三尺二寸，弦长二尺五寸，铜马面牙发（铜弩机），射三百四十余步，入榆木半笴（箭杆）。《梦溪笔谈》卷19称，"神臂弓能洞重札，最为利器"。《宋史·兵志》，《容斋三笔》、《曲洧旧闻》等也盛称其为"他器弗及"的利器，可见神臂弓在当时是名闻遐迩的射远器。1135

年，大将韩世忠又将神臂弓的尺度增大，并改名为"克敌弓"；在宋金之战中，大获胜捷。可见宋代在弓弩方面的长足进展。在《宋会要》（清人辑稿）中，有关于弓箭制造技术的详细描述。

关于长短兵器，宋代长兵器以枪为主，次则大刀，钩竿、叉竿等杂式长兵器。大刀是汉族所固有，而钩竿、叉竿则是少数民族所习用。长枪虽然以汉式为主，其中一部分也杂有少数民族形制，如南方少数民族所用的梭枪。

宋代短兵器除刀剑一贯保持汉族传统形式外，由少数民族互相交流而来的短兵器也为数不少。如羌人的蒺藜、蒜头，胡人的三节鞭等等。宋人喜用各种铁棒，名目繁多为前代所未有。

元代短兵器最常用的是剑、斧、锤、短标枪和刀。卫士多用锤、棒和大棒。骑兵执长标枪，佩斧、剑。弓箭制造更是十分注意，量多，质精。元代蒙古人所用铁剑式样与前代相同，特点是无脊、无棱、无槽。蒙古人所用兵器选材好，制造精工，并吸收了西亚和欧洲兵器制造工艺的精华，加工十分精致。

至于防护装备有钢铁锁子甲等各种铁甲。宋代后期铁甲减轻，马甲、车牌等都力求轻便，表现出当时的发展方向。特别值得指出的是冷锻的"瘊子甲"，这是我国少数民族劳动人民在兵器制造和冶金技术方面的一项重要成就。《梦溪笔谈》卷19说："青堂羌善锻甲，铁色青黑，莹彻可鉴毛发……去之五十步，强弩射之不能入。……其始甚厚，不用火；冷锻之，比元厚三分减二乃成，其末留筋头许不锻，隐然如瘊子，欲以验未锻时厚薄……谓之瘊子甲。"这里所述冷锻的形变量"三分减二"是符合冷锻加工规律的。实践证明，冷加工形变量在小于70%的情况下，形变量大则强度性能好，过此则脆性剧增。冷锻不仅能使甲的表面细致光滑，并且硬度比热锻高，因而冷锻甲比热锻甲具有更高的防护能力。

宋代各种兵器多有发展，又吸收了许多少数民族的兵器样式，纷然杂陈。为了统一兵器制度，在熙宁六年（1073年）置军器监。制度皆著为式，共110卷，杂材1卷，军器74卷，物料21卷，杂物4卷，添修及制造弓弩式10卷，称为《熙宁法式》。熙宁七年又编成《弓式》。元丰六年（1083年）参定城池守具制度，又编成《军器什物法制》[①]。这些制度的建立，是兵器发展到一定阶段的产物。

## 三　指南针的发明与航海造船技术

指南针的发明与应用

早在战国时期，就有关于指南针的始祖"司南"的记载。《韩非子·有度篇》里有"先王立司南以端朝夕"的话，端朝夕就是正四方的意思。而这里的司南大概是用天然磁石制成的，样子像勺，圆底，置于平滑的刻有方位的"地盘"上，其勺柄能指南的磁体指

---

[①] 王应麟：《玉海》卷150。

向仪器，即所谓"司南之勺，投之于地，其柢指南"①。这是人们在长期使用磁石的过程中，对磁体指极性认识的实际应用，是指南针发明前最初的也是最重要的创造。但是，由于用天然磁石琢磨司南时，容易因打击、受热而失磁，所以司南的磁性较弱，而且它与地盘接触处转动摩擦的阻力又较大，难以达到预期的指南效果。这可能是司南在相当长时间内未能得到广泛使用的主要原因。

航海事业的发展，需要有较好的指向仪器，这给磁体指向仪器的进步以直接的刺激和推动。经过长期的实践与反复的试验，到宋代，人们在人工磁化方法和使用磁针的方法两个方面的探索，取得了重大的进展，导致了指南针的发明和广泛的应用。

在《武经总要》前集卷15中，载有制指南鱼的方法："用薄铁叶剪裁，长二寸、阔五分，首尾锐如鱼形，置炭火中烧之，候通赤，以铁钤钤鱼首出火，以尾正对子位，蘸水盆中，没尾数分则止，以密器收之。"从现代的知识看，这是一种利用强大地磁场的作用使铁片磁化的方法。把铁片烧红，令"正对子位"，可使铁鱼内部处于较活动状态的磁畴顺着地球磁场方向排列，达到磁化的目的。蘸入水中，可把磁畴的规则排列较快地固定下来。而鱼尾略为向下倾斜，可起增大磁化程度的作用。其记述虽属寥寥数语，却内涵丰富又合乎科学道理，显然是人们经过反复试验总结出来的较为有效的工艺方法。人工磁化方法的发明，在磁学和地磁学的发展史上是一件大事。但该法所得的磁性仍较弱，其实用价值还不大。

另一种人工磁化的方法，见《梦溪笔谈》卷24所载："方家以磁石摩针锋，则能指南。"从现在的观点来看，这是一种利用天然磁石的磁场作用，使钢针内部磁畴的排列规则化而让钢针显示出磁性的方法。它既简便又有效，为具有实用价值的磁体指向仪器的出现，创造了重要的技术条件。

关于磁针的装置方法，沈括提到了"水浮"，置"指爪及碗唇上"以及"缕悬"四种。曾公亮所述指南鱼用的也是水浮法。这种方法在宋元时期应用较多。但正如沈括所指出的"水浮多荡摇"，是该法的重大缺点，对于二、三两法，沈括指出了其长处是"运转尤速"，短处是"坚滑易坠"。沈括比较推重的是第四法，"其法取新纩中独茧缕，以芥子许蜡缀于针腰，无风处悬之，则针常指南"。这确是一种较好的装置方法。南宋陈元靓在《事林广记》中还介绍了一种当时流行的指南龟装置新法：将一块天然磁石安装在木刻的指南龟腹内，在木龟腹下挖一光滑的小穴，对准了放在顶端尖滑的竹钉子上。使支点处摩擦阻力很小，木龟便可自由转动以指南。这就是后来出现的旱罗盘的先声。

指南针一经发明，很快就被应用于航海。成书年代略晚于《梦溪笔谈》的朱彧所著《萍洲可谈》（1119年）卷2中，已有明确记载："舟师识地理，夜则观星，昼则观日，阴晦则观指南针。"二十几年以后，徐兢的《宣和奉使高丽图经》也有类似的记录："惟视星斗前迈，若晦冥则用指南浮针，以揆南北。"到元代，不论昼夜阴晴都用指南针导航了。与之相应的还出现了某些航线的以罗盘（指南浮针）指示海路的著作。这表明了指南针在航海中的重要性更加显著了，同时，这又是指南针的制作技术和使用技巧臻于成熟的反映。

---

① 《论衡·是应篇》。

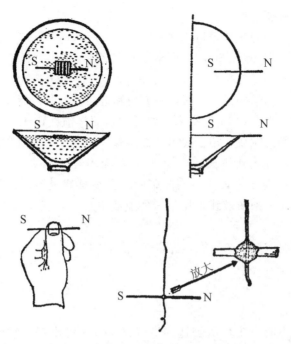

图 7-3　指南针四种装置方法示意图

指南针的应用，使人们获得了全天候航行的能力，人类才第一次得到了在茫茫大海上航行的自由。从此，人们陆续开辟了许多新航线，缩短了航程，加速了航运，促进了各国人民之间的文化交流与贸易往来。指南针的发明和应用是我国人民对于人类的重大贡献之一。

### 海运的发展

唐代，我国船工在开辟新航线方面作出了许多贡献。842年，我国航海木帆船船长李邻德驾驶海船自宁波启程，沿我国海岸北行经山东、辽宁到朝鲜，然后到日本。这一条航线基本上还是沿海岸航行。843年，我国航海商船船长李处人首次开辟了由日本嘉值岛直达我国浙江省温州的新航线，全程约需6昼夜。859年，我国航海商船由宁波开船，趁西风直放日本嘉值岛那留浦，全程仅需3天，创造了中日间航程的新纪录。唐宋时期，由于我国造船事业的高度发展以及勇敢、勤劳的水手和船长们一次又一次地开辟新航线，因而我国航海事业获得了空前的发展。

1281年，我国航海商船船长郑震的海船从泉州载使臣出国，经3个月时间到达斯里兰卡。以后郑震在3年当中三度往返印度洋航线，每次均用3个月时间。

我国国内沿海的海运以元代最为发达。元政府举办了长期的大规模的海运，以运输江浙一带的米粮到大都（今北京）。元代海运是由朱清和张瑄所开创。南宋末，朱清、张瑄即以大鯨沙船称雄海上。入元之后，元政府命朱清、张瑄造平底船60艘（沙船在宋代称防沙平底船，元代称平底船，到明中叶才通称为沙船），运粮6万4千石。元代海运最盛时年运量达360万石。由于海运事业的发展，1311年，常熟船户苏显在西暗沙处以己船2只竖立旗缨，作为航标。以后元政府又在成山龙王庙前高筑土山，日间悬布帆，夜间点灯火指引海船航行。这是北洋航线的情况。南洋航线在南宋时期，宋政府已在杭州设立灯塔，其他重要港口也有相应措施。

元政府经办的以运粮为主的海运，从1282—1329年，共历47年。起初，大船不过千石，小船不过300石，即40~130吨。而据《元海运志》称："延祐（1314年）以来，如造海船，大者八九千，小者二千余石，岁运粮360万石。"30年间，发展成为300~1200吨的大型海船了。元代海运的巨大发展，一方面和造船技术的发展紧密相关，另一方面和新航线的开辟也是分不开的。13世纪末，熟悉我国北洋航线的千户殷明略，不仅订出了中国和朝鲜、日本之间的航线，还在我国北方沿海，开辟了一条由长江口直达天津的新航线。首先从太仓刘家港直接驶往长江口"三沙"，而不经过撑脚沙；出海后直放成山角，不经扁担沙和青水洋；避开了长江口许多暗沙，在渤海湾经沙门岛直达天津，不经过烟台。殷明略所开辟的这一条新航线，比朱清的航线更短，航程仅需10天左右，后人称为"殷明略航线"。

宋元时期，我国航海事业的发展，许多新航线的开辟，与指南针的发明以及指南针应用于航海是分不开的。

## 造船技术的鼎盛

宋代，我国船工不断有出色的创造，许多新船型纷纷出现，它标志着造船技术趋于鼎盛。

1169年，水军统制官冯湛打造多桨船一艘。这是一艘综合型的新式桨船，新船型采用了"湖船底"、"战船盖"、"海船头尾"。湖船底可以涉浅，战船盖可以迎敌，海船头尾可以破浪。船长8丈3尺，阔2丈，800料，用桨42支。这种新型桨船性能极佳，江河湖海无往不可。载甲士200人，而往来极轻便，足见这是一种新式中型快速舰艇。它体现出我国船工十分熟悉地掌握了各种船型的最佳性能，并能各取其长，把几种船型的长处综合在一起，构成新的船型。

1179年，马定远在江西造马船100只，暗装女墙、轮桨，可以拆卸，运军马则以济渡，遇战则以迎敌，实是一种新型的战渡两用船。平常作渡船使用，遇到战事猝起，可以立即改装为战船，体现出船舶设计思想的灵活性。

1203年，池州秦世辅创造铁壁铧觜海鹘战船。它是一种新式大中型战舰，尺度较大，材料坚厚。计1000料，长10丈，宽1丈8尺，深8尺5寸，底板阔4尺，厚1尺；两边各有橹5支。这种新式十橹海鹘战船，能载战士108人，水手42人，共150人。既称铁壁铧觜，可知是一种具有冲角的新型战船，结构特别坚固，具有来往无阻，能冲击敌船的威力。

此外，又有王彦恢于1132年造旁设4轮每轮8楫的"飞虎战舰"。这是一种小型车船，四车船。12世纪中，杨幺农民起义军中的木工高宣，在两个月之内，创造了大小车船十余种之多。当时车船的车数，一般有4车、6车、8车、20车、24车、32车等多种。大中型车船能载战士二三百人，最大的车船能载千余人，长36丈，宽4丈1尺。大型车船一般长二三十丈，吃水一丈左右。

1272年的襄阳之战，张贵制无底船百余艘，中竖旗帜，军士立于两舷，引诱敌军跃入溺死。这是一种当中无底、两舷有站板的特殊形式的战船。

宋代水军配备的战舰有：海鳅、双车、十棹、得胜、水哨马、水飞马、大飞旗捷、防沙平底等各种战船。官方船只有暖船、浅底屋子船、腾浅船、双槁多桨船、大小八橹、海鹘船，以及破冰船、浚河船等特种船只。民间船型更多，或以用途取名，或以形状取名，或以设备取名，船型有千百种，名称也有千百种。我国古代船型到宋代已经达到了发展的高潮。

宋代遣使出洋，除必要时由官方特别制造巨型海船"神舟"以外，一般多雇用民间大型海船，加以装饰彩绘，称为"客舟"。《宣和奉使高丽图经》称："客舟长十余丈，深三丈，阔二丈五尺，可载二千斛粟，以整木巨枋制成。甲板宽平，底尖如刃……每船十橹，大樯高十丈，头樯高八丈。后有正樯，大小二等。碇石用绞车升降……每船有水手六十人左右。"至于特制的神舟，其长度、宽度和深度往往是客舟的两三倍。1078年，安焘出使高丽在明州（今宁波）造万斛船两艘。1122年，路允迪、傅墨卿和徐兢出使高丽，又造两艘神舟，形制更大。

宋元时期，我国远洋巨型海船，根据有关记载，船底和两舷用两层或三层木板，有四层舱室，共有房间50~100间左右，一般4~6桅，每船8~10橹，每橹4人。甚至有一船20橹的，每橹10~20人。船舱间隔都采用水密隔舱，各舱严密分隔，虽一舱两舱破损，只限于这一舱两舱进水，而不致全船沉没。宋元时期，我国远洋海船的巨大坚固和水密隔舱所得到的航行安全的保证，在当时曾受到中外人士的一致赞美。

图7-4　泉州湾出土的宋代海船

1974年，福建泉州湾发掘了一艘宋代海船，尖底，船身扁阔，头尖尾方，龙骨两段接成。自龙骨至舷侧有船板14行，1—10行由两层船板叠合而成，11—13行则以三层船板叠合。并以搭接和平接两种方法混合使用。用麻丝、竹茹、桐油灰舱缝。全船共分13舱，复原后的泉州古船长34.55米，宽9.9米，排水量374.4吨，泉州湾宋代海船的形制，船板二层或三层叠合，与历史文献的记载十分吻合，从而证明了历史记载的准确性。

1960年江苏扬州施桥镇发现宋代内河木船一艘，用楠木制造，船长24米，中宽4.3米，深1.3米，两舷各有大撒4根，榫接和钉接并用，油灰舱缝。无论从历史记载或考古发掘两方面，都说明了宋元时期造船技术，在船舶性能和船舶结构各方面所达到的高度水平。

宋代处州知州张翥在造大船以前"造一小舟，量其尺寸而十倍算之"。而金代张中彦也曾制造船舶模型，"中彦手制小舟才数寸许"，结构十分精细小巧。这是船舶技术发展的又一标志。

宋代造船数量甚大，宋政府粮纲有漕船 6000 艘。元代马可波罗在武昌估计当地每年上下行船只总数在 20 万艘以上。① 军用船只方面，宋金战争和宋元战争当中，出动战舰常达数千艘甚至万艘。

宋代造船场遍布全国，以华中及华中以南各省为多。其中又以浙江的温州、明州两处造船最多。宋代全国各地每年造船 3000 多艘。元代每年造战舰 5000 多艘。新船型不断涌现。宋元时期，无论从船舶的数量或质量上都体现出我国造船事业的高度发展。船舶巨大坚固，以及船舶动力、船舶性能、船舶结构、水密隔舱、航行安全稳定等方面所表现的技术进步，长时期内得到国际上的赞誉。

宋元时期我国造船技术日益完备，达到了如此高度的水平，并非幸致，而是经过很长时期的艰苦努力才达到的。从上古时代的筏和独木舟开始，到春秋战国时期造船技术已具有相当规模，能够进行近海航行了。内河航运也逐渐兴盛起来，到秦汉三国时期，我国造船技术的体系已经基本形成。南方造船事业不断地扩大，汉代楼船的广泛进展，船尾舵的出现，高效率推进工具橹的出现，风帆的进步和有效利用，印度洋沿岸远航的成功等等都是我国古代造船技术成熟的标志。又经过两晋南北朝的不断进步，到唐宋时期已经逐步达到高度发展的地步。唐代是宋元时期造船技术高度发展的准备阶段，如唐代李皋创造了轮桨船（即车船），到宋代，车船才获得了巨大的发展。唐代有海鹘船，到宋代则又有新样铁壁铧觜平面海鹘战船等各种新型海鹘船出现。

我国造船技术自古以来就具有优良的传统和民族的特色，自成体系。西方木帆船其纵向主要构件是龙骨；而我国木帆船，如南方的尖底海船不仅靠龙骨，更依靠两舷大橝的夹持（大橝是船的两舷水线附近坚强有力的前后纵通材，成株巨木直压到头），北方平底海船则依靠更多的大撼的夹持。西方木帆船横向主要构件是一条一条的肋骨；而我国木帆船横向强度靠短间距的横舱壁，在受力较大的地方，更设有粗大的面梁。西方木帆船船壳板的连接采用搭接方式；我国木帆船的船壳板的连接，多采用平接方式。平接方式要比搭接方式优越，西欧船只到 11 世纪才开始采用平接方式。在航海方面，用指南针导航，用船尾舵掌握航向，以及有效地利用风力是远洋航行的三大必要条件，这在我国都先后发明与具备了。而我国的指南针和船尾舵西传之后，在 15 世纪，西方的木帆船才开始了海上的远航，从而开辟了一个航海的新时代。

## 四 雕版印刷的盛行与活字印刷术的发明

雕版印刷的盛行

在唐代基础上，宋代的雕版印刷术更加发展，趋于鼎盛。当时的河南、四川、福建和

---

① 参见《马可波罗游记》。

浙江印刷业最发达。河南汴梁（今开封）是北宋都城。浙江杭州是南宋都城。福建建阳是造纸手工业的中心。四川从五代起就是重要的出版事业中心，雕版中心原在成都，以后移向西南方的眉山。同时在广东等地甚至海南岛都有刻本书出版，可见宋代雕版印刷的盛行。金代雕版中心在平水（山西临汾），元代雕版中心仍在杭州和建阳两地，历久而不衰。

宋代，雕版良工大多荟萃于杭州，刻印了经书、史书、子书、医书、算书以及文集等。浙本字体方整，刀法圆润。宋初，最艰巨的雕版工程是太祖开宝四年（971年）于成都开始板印全部《大藏经》，计1076部，5048卷。历时12年才雕印完工，雕版共13万块。南宋于1132年有王永从在湖州刊刻佛藏5400卷，一年之内即告完工，可见刻工之众多和技术之熟练。据记载雕印大部头书笈，往往集中刻工120人至160人。当时出现了一批名刻工，蒋辉就是这时最有名的刻工之一。有的书甚至有妇女刻工参加雕版，如李十娘、谢氏、徐氏等。当时出版事业之兴旺与文化之发达，于此可见。宋代刻工技术优良，纸墨装潢精美，后世藏书家对宋版书十分珍视。

辽代雕印全部大藏经，并先后赠送了5部给高丽。辽藏又称契丹藏，系根据宋藏翻刻。当时用糯米胶调墨印书，这是辽代印工的新创。金代有崔法珍印藏经进于朝廷。金代除翻刻佛藏外，道藏经板也先后刻了六七付。西夏不但累次向宋朝要佛藏，并用西夏文译印佛经，以及《贞观政要》、《论语》、《六韬》等汉笈。

明清两代，南京和北京是雕版中心。明代设立经厂，永乐的北藏，正统的道藏都是由经厂刻板。清武英殿本以及雍正的龙藏，都是在北京刻印。至于南京方面，明初，南藏和许多官刻书都是在南京刻板。嘉靖以后，到16世纪中叶，南京又成了彩色套印的中心。

早在元顺帝至元六年（1340年），《金刚经注》已用朱墨两色套印。至16世纪末17世纪初，就发展成五色合印和五色套印。先是在一块木板上涂几种颜色印彩色画，如1605年，刻工黄鏻刻的《程氏墨苑》就是这样印制的。这比欧洲最早套色印刷的《梅因兹圣诗篇》早117年。稍后便发明了分色分版的彩色套印木刻。这时流行的"饾版"，是用几块版甚至几十块版来表现画的各种色彩和深浅浓淡。如1627年，胡正言所刻《十竹斋笺谱》，同一花瓣能分出深红、浅红和阴阳向背。1644年，续刻笺谱，又兼用"拱花"法。"拱花"就是凸印，将纸压在版面，用力压印，使花纹凸起。无色凸印有白云、流水和叶脉之类。木版印刷技术到这时已臻于高峰了。

### 活字印刷术的发明和发展

雕版印刷虽然一版能印制几百部甚至几千部书，但很费工费时，大部头书往往要花费几年时间，存放版片又要占用很大地方。印量少又不重印的书，版片用后便成了废物，给人力、物力和时间都造成了浪费。

就在雕版印刷发展趋于鼎盛的时期，我国古代印刷技术出现了重大的突破。据《梦溪笔谈》卷18记载，宋仁宗庆历年间（1041—1048）平民毕升创造了活字印刷术。它既能节省费用，又能缩短时间，非常经济和方便。活字印刷术不仅在我国，在世界印刷技术史上，也是一项伟大的创举，它的影响是十分深远的。

毕升活字印刷术的基本原理，与近现代盛行的铅字排印方法完全相同。他用胶泥制成泥活字，一粒胶泥刻一字，经过火烧变硬。再事先准备好一块铁板，将松香、蜡以及纸灰等混合在一起放在铁板上。铁板上再放一铁框，在铁框里排满泥活字，排满一框后即放在火上加热，松香、蜡、纸灰遇热融化，冷却后便将一板泥活字都粘在一起。再用一块平板将泥活字压平。一版印完，将铁板放在火上加热，松香和蜡融化后即可取下泥活字，以备再用。为了提高效率，将两块铁板交替使用，一板印刷，另一板排字。第一板印完，第二板又已排好，印刷速度相当快。同时准备好几套泥活字，可以重复使用。最常用的如"之"、"也"等字往往各有二十几个，可以保证一板当中不至于缺字。至于偏僻字和生冷字，则可临时写刻，烧成后马上就能使用。毕升并曾试用木材制成活字，发现木材的纹理疏密不匀，沾水以后，高低不平；又易于和药物黏结，不便清理，因而仍用胶泥为原料制成活字。①

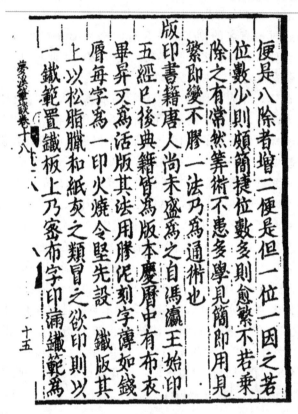

图 7-5　元刊《梦溪笔谈》所记活字印刷术

在毕升以后约两百年，1241—1251 年前后，姚枢教弟子杨古用活字版印书，印成了朱熹的《小学》和《近思录》，以及吕祖谦的《东莱经史论说》等书。

19 世纪初，安徽泾县的翟金生，按照毕升的方法花费 30 年时间，造成泥活字十万多个，分大、中、小、次小、最小五号。到 1844 年，他终于印出了《泥板试印初编》，自称为泥斗板，又称泥聚珍板。由此可知泥活字印刷术的发明创造并非易事，它牵涉许多实际技术问题，像造字、排版等许多方面，真是匠心良苦。所以举世公认毕升的活字印刷术是一项伟大的发明。与翟金生同时，江苏无锡、江西宜黄也有人用泥活字印书。

---

①　参见《梦溪笔谈》卷 18 "技艺"。

此外，山东泰安徐志定，于 1718 年制成磁活字，印行《周易说略》。该书封面题有"泰山磁版"字样，徐氏自称"偶创磁刊，坚致胜木"[①]。

元代，王祯创制木活字，他在安徽旌德请工匠刻制木活字 3 万多个，于 1298 年试印 6 万多字的《旌德县志》，不到一个月，便印成一百部，速度既快，质量又好。这是有记录的第一部木活字印本。王祯在他所著《农书》中，对于写刻字体，修整木活字使其大小划一，排字上版求其平整，以及如何刷印等方法都作了详细的记述，较好地解决了木活字印刷中一系列具体的技术问题。他还创造了转轮排字架，采用了以字就人的科学方法。他将活字按韵分放在轮盘的特定部位，每韵每字都依次编好号码，登录成册。排版时一人从册子上报号码，另一人坐在轮旁转轮取字，既提高了排字效率，又减轻了排字工的体力劳动。元代木活字印本书虽已失传，但当时维吾尔文的木活字则仍有几百个留传下来。那是世界上最古的木活字实物了。

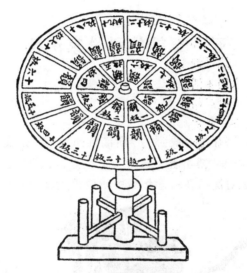

图 7-6　王祯《农书》所载转轮排字架图

图 7-7　元代维吾尔文木活字

1319 年，有马称德在浙江奉化制活字 10 万个，印成《大学衍义》等书，这是继王祯之后，又一次木活字印书的记载。此后，陆续有人用木活字印书。1773 年，清政府刻成二十五万三千余枚枣木木活字，先后印行《武英殿聚珍板丛书》138 种，共两千三百多卷。当时，有《武英殿聚珍板程式》一书，篇幅虽不大，但堪称印刷技术的专著。武英殿聚珍版丛书的刻印，分工明确，程序严密，造字工艺十分精到周全，说明木活字印刷又向前迈进了一步。

---

[①] 泰安磁版《周易说略》序。

除木活字、泥活字、磁活字外，元明两朝还有不少人用锡、铜、铅等金属材料制成活字，与雕版印刷同时并行。13世纪时已有人制成锡活字，如王祯所说："近世又铸锡作字。"那是世界上最早的锡活字。1508年，江苏常州地区创行铅活字，而铜活字于十五、十六世纪在江苏南京、苏州、无锡、常州一带流行。如无锡的安国、华坚、华燧，以及苏州的孙凤、南京的张氏等都曾以铜活字印书，所印书有《吴中水利通志》、《艺文类聚》、《容斋五笔》、《九经韵览》、《十七史节要》及《开元天宝遗事》等书。铜活字在福建建宁、建阳一带也较为流行。清代于1713年用内廷铜活字印《星历考原》，1726年又印制《古今图书集成》66部，每部5020册。私人印书则有1686年钱陆灿印的《文苑英华律赋选》4卷。又有台湾镇总兵武隆阿铸聚珍铜版，于1807年印书。

毕升发明的活字印刷术不但直接传播到亚洲各国，并且影响到整个世界，影响到世界的文明和进步。它是我国人民对人类的重大贡献之一。

## 五　卓越的科学家沈括

### 沈括和《梦溪笔谈》

沈括（1031—1095），字存中，钱塘（今浙江杭州）人，是我国古代以博学著称的科学家。《宋史·沈括传》说他"博学善文，于天文、方志、律历、音乐、医药、卜算无所不通，皆有所论著"，这是对沈括在科学领域中所取得成就的公允评价。沈括还是个有作

图7-8　沈括像

为的政治家。在王安石的变法运动中,沈括曾担任"权三司使"(主管财政经济)、"判军器监"等重要职务,他时常出京师往各地区察访新政实施的情况,积极参加了变法运动。

沈括一生的论著甚多,仅据《宋史·艺文志》所录就有 22 种 155 卷。现在有传刻本的仅《梦溪笔谈》26 卷,《补笔谈》3 卷,《续笔谈》1 卷,《长兴集》19 卷,以及《苏沈良方》15 卷等。其中《梦溪笔谈》是沈括晚年定居镇江,在梦溪园中将他一生所见所闻和研究心得以笔记文学体裁写下的著作。书中关于科学技术的条目占三分之一以上,内容涉及数学、天文历法、地理、地质、气象、物理、化学、冶金、兵器、水利、建筑、动植物及医药等广阔的领域。其中有对当时科学技术成就的十分珍贵的忠实记录,如喻皓的《木经》,毕升的活字印刷,水工高超巧合龙门的三埽施工法,冷锻瘊子甲和灌钢技术,磁针装置四法,水法炼铜法,淮南漕渠的复闸,苏州昆山浅水中筑堤法等等,还有沈括本人坚持实践、殚心竭虑、深入钻研的科学成果,是我国科技史上一部十分重要的著作。

图 7-9　沈括亲笔题字

### 沈括的主要科学成就

在天文历法方面,沈括有很深的造诣。注重观测的思想贯穿于他的天文研究活动中。他主持司天监工作期间,力主在实测日、月、五星行度的基础上改进历法。他亲自推荐和积极支持精于历术的淮南人卫朴进行改历工作。于 1074 年修成了奉元历。沈括对五星运行的轨迹和陨石坠落时的情景,均作过翔实而生动地描述,这是他进行了认真仔细观察的结果。为测验极星与天北极的真切距离,他亲自设计能使极星保持在视场之内的窥管,并用它连续进行了 3 个月的观测,每夜观测 3 次,"凡为二百余图",进而得到当时的极星"离天极三度有余"的结论。沈括对晷漏进行了长达十余年的观测与研究,得到了超越前人的见解,如他第一次从理论上推导出冬至日昼夜一天的长度"百刻而有余",夏至日昼夜一天的长度"不及百刻"的重要结果。沈括坚持了"月本无光","日耀之乃光耳"的科学认识,并用实验的方法用"一弹丸,以粉涂其半,侧视之则粉处如钩;对视之,则正圆"① 形象地演示了月亮盈亏的现象。

沈括十分重视观测手段的改进,"熙宁七年(1074年)七月,沈括上浑仪、浮漏、景(影)表三仪"②,分别对测量天体位置、时间与日影长短的三种天文仪器,提出了经过深思熟虑的改进意见和设计方案,对于观测精度的提高,大有裨益。

针对传统的阴阳合历在历日安排上的缺欠,沈括提出了大胆的新建议。他主张使用与农业生产关系密切的十二气历,即以"十二气为一年",以立春为一年之始,"大尽三十一日,小尽三十日","一大一小相间,纵有两小相并,一岁不过一次",这样可以做到"岁岁齐尽,永无闰余",而把传统的月相变化的内容仅作为历注书明。沈括的这一建议既简便又科学,比起现行的公历——格列高利历还要合理。沈括的建议在当时未被采用,反而招致了一些人的"怪怒攻骂",但他相信"异时必有用予之说者"。③ 其后八百余年,英国气象局确使用过与十二气历十分相似的肖纳伯历,用于农业气候的统计。

在数学方面,沈括研究的课题有"隙积术"和"会圆术"等。④ "隙积术"是求解垛积问题,这属于高阶等差级数求和问题,他具体提到的有累棋、层坛及酒家积罂等的垛积问题,对此,沈括创立了一个正确的求解公式,并开辟了一个数学研究的新方向,其后杨辉、朱世杰等人有更进一步的研究。"会圆术"是一个已知弓形的圆径和矢高求弧长的问题,沈括推导得求弓形弧长的近似公式,元代王恂、郭守敬等人授时历中的"弧矢割圆术"就利用了这个公式。

沈括在物理学方面的成就是多方面的。在对于磁学的研究上,他对指南针四种装置方法的明确记述和所进行的优劣比较,说明他是亲自进行了观察和实验的。他发现了磁针"常微偏东,不全南也"的现象,这是关于磁偏角的最早记载,比西欧的记录要早400年左右。沈括还曾认真地作过凹面镜成像的实验,得到了较《墨经》前进一步的结果。他正确地指出"阳燧面洼,以一指迫而照之则正,渐远则无所见,过此遂倒"。⑤ 这里所谓"过此"的"此"指的是凹面镜的焦点,沈括又称之为"碍",也就是说:物在凹面镜焦点之内时得正像,在焦点上时不成像,而在焦点之外时得倒像。沈括还试图用小孔成像的原理,解释物在焦点外成倒像的现象。虽然这一解释并不完全正确,但他认为这焦点起着相当于小孔的作用,是他在试图解释这一光学现象时取得的有识之见。

对于我国古代光学杰作透光镜,沈括也进行了细心地观测和研究。他说:"世有透光鉴,鉴背有铭文,凡二十字。字极古,莫能读,以鉴承日光,则背文及二十字,皆透在层壁上,了了分明。人有原其理,以为铸时薄处先冷,唯背文上差厚后冷而铜缩多,文虽在

---

① 参见《梦溪笔谈》卷7。
② 《宋史·天文志》。
③ 参见《补笔谈》卷2。
④ 参见《梦溪笔谈》卷18。
⑤ 《梦溪笔谈》卷3。

背,而鉴面隐然有迹,所以于光中现。予观之,理诚如是。"透光镜在汉代就能制造,隋唐时就有文字记载,其制造方法还传到日本,近代日本仍铸造有透光镜。关于透光镜能反射背面花纹的原因,一千多年来不断有人进行探讨,沈括以铸镜时冷却速度不同来解释,虽然不一定符合历史事实,但他的探究精神,是值得称道的。据近来的中外研究,冷却法和磨制法,均可得到透光镜的效果,但从制镜的技术史上看,较一致的看法是认为利用磨制的方法而成的。

沈括又曾作过用纸人进行共振现象的实验。共振现象早在战国时期就为人们所发现,其后人们还曾发现了一些消除共振现象的方法。沈括的实验是用简单的仪器证明弦线的基音与泛音的共振关系。他剪一个小纸人,放在基音弦线之上,拨动相应的泛音弦线,纸人就跳动,弹别的弦线,纸人则不动。[1] 这个实验比欧洲人所做的类似实验要早好几个世纪。另外,沈括还对古代扁形乐钟的机制作过有益地探讨,在乐律上也有所研究。

在地学方面,沈括也有不少贡献。1074年4月,沈括到浙东地区察访,看到"峭拔险怪、上耸千尺、穿崖巨谷"的雁荡山诸峰的地貌景观,对此,他明确提出了流水侵蚀作用的自然成因说,"原其理,当是为谷中大水冲激,沙土尽去,唯巨石岿然挺立耳"。他还认为我国西部黄土地区"立土动及百尺,迥然耸立"的地貌特征,也是同一原因造成的,为这两个不同地区的地貌情况提供了科学的说明。同年秋,沈括到河北察访,他发现在太行山麓的"山崖之间,往往衔螺蚌壳及石子如鸟卵者,横亘石壁如带",由此他机敏地推断说"此乃昔之海滨"。他还进一步指出,此地"今东距海已近千里,所谓大陆者,皆浊泥所湮耳",以泥沙的淤积作用正确地解释了华北平原的成因。[2] 这些都是沈括独到的见解。

1075年,沈括在观察边防地区时,曾用木屑、面糊堆捏地形,"写其山川道路",后因天寒又改用熔蜡制作,成立体地图,既真切又便于携带,"至官所"后,沈括又把它复制成木刻的立体地图,上呈朝廷。沈括的这一方法立刻受到重视与推广,使"边州皆为木图,藏于内府"。[3] 这种立体地图的出现比西欧要早七百余年。继沈括之后,南宋的黄裳和朱熹都制作过立体地图,其中朱熹所制立体地图是用胶泥作成,比木刻简便和优越。公元1076年,沈括奉命编修天下州县图,他经过12年的不懈努力,"遍探广内之书,参更四方之论"[4],计绘制全国大地图1轴(12尺×10尺),小图1轴,又全国十八路图各1轴,共20轴。在制作过程中,他把州县相对方位的描述,从原先的8个方位增至24个方位;同时十分注意两地间水平直线距离——"鸟飞之数"[5] 的测算,使得州县间的相对位置更为精确可靠。沈括的这些工作,在我国地图绘制史上占有重要的地位。据研究,著名的"禹迹图"可能就是沈括绘制的,在本章第九节中,我们还要谈到它。

此外,在水利测量方面,沈括在1072年视察汴河工程时,曾实测沿河各段水平高低,测得汴京上善门起,经过840里河道至泗州淮口高低相差194.86尺。他的测量方法是临

---

[1] 参见《补笔谈》卷1。
[2] 参见《梦溪笔谈》卷24。
[3] 参见《梦溪笔谈》卷25。
[4] 《长兴集》。
[5] 《补笔谈》卷3。

时筑堰，量出堰内外两侧水面的差数，分段筑堰，逐段记录汇总。

对于药物学，沈括的主要贡献是：根据实物，对药物名称存在的一物多名或多物一名的情况，作了证同辨异的工作，校正了前人认识上的错误，如指明杜若即高良姜，赤剑就是天麻等等；对于药物的采集和使用等方面，也多有纠谬正误之处。他又十分重视验方的收集，编成《良方》一书，在自序中说，"予所谓良方者，必目睹其验，始著于篇，闻不预焉"，采取了比较审慎的科学态度。其中"秋石方"（载《苏沈良方》卷6）记载了世界上最早的荷尔蒙制剂的制备方法。

沈括的科学成就是多方面的，其中有不少创见和新说。他之所以能达到这样高的造诣，同他所处时代科学技术的发展状况以及他本人的科学思想与治学方法有密切的关系。

### 沈括的科学思想和治学方法

在青少年时期，沈括就跟随他的父亲经历过许多地方。成年以后，因工作的需要，沈括涉足的地区更为广阔，使他有机会耳闻目睹人民的各种创造。更重要的是，他随时留心观察，注意探索自然界的客观规律。他又曾历任昭文馆校勘、提举司天监事、史馆检讨、集贤院校理等职，从而得以博览群书。

在对自然界客观事物的实地考察、对研究对象长期的、仔细的观测以及科学实验工作的基础上，沈括应用合理的逻辑推理的方法，即所谓"原其理"或"以理推之"，从而引出符合科学的结论。这是沈括的科学思想与治学方法的精髓所在。

沈括对人民的实践经验和创造发明给予高度的正确评价。他说："至于技巧、器械、大小尺寸、黑黄苍赤，岂能尽出于圣人！百工、群有司、市井、田野之人，莫不预焉。"[①]在《梦溪笔谈》中记录了不少民间的科学技术人物和成就，便是在这种正确思想的指导下进行的。

在沈括的思想中也夹杂着某些封建性的、神秘主义的糟粕。如宿命论、因果报应说之类；又如他认为"欲以区区世智情识，穷测至理，不其难哉？"[②] 带有不可知论的色彩。他对于自然科学一些问题的见解，限于当时的科学水平，还带有朴素直观的性质。这些都是历史的局限性造成的。在他的身上虽然不可避免地存在着这些缺点，但由于沈括既以博学著称，而在天文学、数学、地学、物理学等许多方面又具有很深的造诣，因此，中外学者都公认他是历史上一位卓越的科学家。

## 六　农业生产和农学的高度发展

宋、元时期，农业生产和技术的发展，特别是南方达到了一个新的水平。元时，江、浙就负担了全国租赋的十分之七。这一方面反映了元政府对江南劳动人民剥削残酷，另一方面也说明了南方经济的繁荣。南方农业生产的发达是和扩大耕地面积，改进农业生产技

---

① 《长兴集·上欧阳修参政书》。
② 《梦溪笔谈》卷20。

术，提高单位面积产量分不开的。

## 农田的开垦和农作物分布的变化

宋、元时期，土地的开垦利用已有一整套办法。在地狭人稠的地区，人们更是千方百计扩大耕地面积，开辟许多新农田。其方法一是与水争田，一是变山为田。劳动人民根据不同的自然条件，采用了因地制宜的办法。在高地各水汇归之处凿成陂塘蓄水，既可自流灌溉，又可避免水土流失。它如圩田、淤田、沙田、葑田、架田、涂田、湖田等都施行于滨江海湖泊之地。北宋圩田在前代基础上进一步发展，南宋圩田规模更大，浙西路有圩田一千四百多处，仅淀山湖就有圩田几十万亩。圩田既能抗旱，又能防涝，产量较高。但五代时创建的吴越太湖地区完整的圩田制度和水利系统，到北宋，因统治者贪图漕运的便利和防止商贾漏税等，随意毁坏堰闸、堤防，乃至填塞了宣泄太湖下游入海的安停江。① 而使完整的水利系统遭到严重的破坏，"使数百里沃衍潮田，尽为荒芜不毛之地"②。又如围湖造田，虽可取得扩大耕地面积的效果，但北宋时却出现了滥围湖田的情况，浙江绍兴的鉴湖、鄞县的广德湖、萧山的湘湖等，关系到几百万亩农田的灌溉利益，由于被王室和官僚大地主"盗湖为田"或"废湖为田"，自然生态遭到破坏，使下游广大农田得不到好收成。③ 这一历史教训，必须引以为戒。宋代梯田已有很大发展，根据唐、宋时一些文集笔记中所说的梯田，大都分布在广东、福建、浙江、江西、四川等省多山丘陵地区。④

宋、元时期，农作物的分布有很大变化。就粮食作物而言，水稻生产上升到高居全国粮食作物的第一位，不但在南方广为种植，而且大力向北方推广。宋初，除在河北开辟稻田外，宋太宗曾令江北诸州"就水广种粳稻，并免其租"⑤，以示鼓励。宋代还从国外引进水稻优良品种，如从越南引进成熟早、抗旱力强、对土壤肥力要求不高的"占城稻"；从朝鲜引进籽粒饱满的"黄粒稻"。另一方面，小麦则向南方大力推广。南宋初，长江以南地区农民已是"竞种春稼（小麦），极目不减淮北"⑥。同时，荞麦、高粱的种植面积也在扩大。经济作物方面，宋末元初是我国植棉业发展的一个转折点。根据现存文献记载，我国海南岛黎族⑦和云南西部的傣族⑧在汉代或汉以前就已植棉织布，西北部维吾尔族的祖先于6世纪也已在新疆吐鲁番种植棉花⑨。但那时的产量较少，一般粗布在当地穿用，较精美的棉布曾传到长江流域，被视作珍品。有诗云："江东贾客木棉裘，会散金山月满

---

① 参见单谔：《吴中水利书》。
② 郏亶：《吴门水利书》。
③ 参见《宋史·食货志》。
④ 参见唐刘恂：《岭表异录》；北宋方勺：《泊宅篇》；南宋叶廷珪：《海录碎事》，范成大：《骖鸾录》，楼钥：《攻愧集》等。
⑤ 《宋史·食货志》。
⑥ 庄季裕：《鸡肋篇》。
⑦ 《后汉书·南蛮传》。
⑧ 《后汉书·西南夷传》。
⑨ 《梁书·西北诸戎传》。

楼。"① 可见直到北宋，木棉裘在江南还是奢侈品。到南宋，棉业在福建、两广勃兴起来，棉布的产量和质量逐渐得到提高。南宋后期，棉花栽培有了较快的发展，已推广到长江和淮河流域，到元初已成了"木棉，江南多有之"②的局面。而在园艺、蚕桑的生产方面，江南地区也日益发展，如吴中在北宋时已是全国有名的蚕业区了。

### 陈旉《农书》和南方水田地区的耕作栽培技术

陈旉《农书》写成于宋高宗绍兴十九年（1149年），是现存最早论述南方水稻区域的农业技术和经营的农书。它是隋、唐以来长江下游地区劳动人民在生产实践中积累起来的农业生产技术经验的总结，反映了唐、宋时期水田耕作栽培技术的水平。在书中，陈旉着重写出他自己的心得体会，实践的成分比《齐民要术》为多。

（一）关于整地。《耕耨之宜》篇谈整地技术，按早田、晚田、丘陵、平原与低地等几种情况，分别采取不同的措施。

（二）关于育苗。《善其根苗》篇专门论述水稻的秧田育苗技术，主要内容有：培育壮秧的重要性和达到这一目的的总原则；秧田在播种前的耕作和施肥；针对烂秧的不同原因，提出防止烂秧的不同办法；还有关于控制秧田水层深浅的讨论。所说的方法基本上是合乎科学的。

（三）关于中耕除草技术。强调即使没有草也须耘田，目的是要使根旁的板实土壤变得松软，有利于稻根的生长。耘田的方法，必须"先审度形势，自下及上，旋干旋耘"。此法适用于阶梯形的高田，使"草死土肥，浸灌有渐，水不走失"。

（四）关于烤田和灌溉。"烤田"之法，最早见于《齐民要术》，《陈旉农书》有所发展，指出烤田的好处，并强调要和自下向上的耘田方法相结合。先在高处蓄水，把最低处的田放水先耘，耘毕一丘，即在中间及四周开深沟放水，使其速干，干到地面开裂，然后灌水。如此依次向上，可以从容不迫耘得精细，保证耘田质量。③ 烤田的作用是可使空气进入土壤，促进养分的分解和根系的生长而使茎叶健壮，增强对病虫害的抵抗能力和防止倒伏。

《陈旉农书》第一次用专篇系统地论述了土地利用，统一筹划，观察比较细致，论述相当详明。同时，它第一次明确地提出两个对于土壤看法的基本原则。一是土壤虽有多种，好坏不一，但治理得法，都能适合于栽培作物。对不同的土壤可实施不同治理方法，例如黑土过肥，穗而不实，要用生土混合。二是指出只要使用得当，地力就可以经常保持新壮。陈旉认为除合理使用土壤外，施肥是维持和提高地力的主要方法。施用肥料恰当，土地就能更加精熟肥美，因此，他在《粪田之宜》篇专门论述肥料，着重提出施肥要点和四种新肥源。其"用粪犹用药"的认识是很值得重视的，既考虑了肥料种类的选择是否适合于土壤的性质，又论述到施用分量、施用时间、施肥方法等。陈旉在《天时之宜》篇中还强调种庄稼必须知道天时地宜，"则生之、蓄之、育之、成之、熟之，无不遂矣"。这些

---

① 苏轼：《金山梦中作》。
② 《资治通鉴》卷159胡三省注。
③ 参见《耕耨之宜》篇。

充分体现了我国古代农业生产精耕细作的传统思想。

## 王祯《农书》及其他

王祯，字伯善，山东东平人。元贞元年至大德四年（1295—1300），他在安徽旌德、江西永丰任县官时，提倡农桑，注意公益，著《农书》22卷约30万字。

王祯《农书》是综合了黄河流域旱田耕作和江南水田耕作两方面的生产实践写成的。全书分三部分。"农桑通诀"是总论性质，论述了农业生产发展的历史，基本思想是"以农为本"，综合天时、地利、人事各方面的有利因素来发展生产。它概述了耕、耙、种、锄、粪、灌、收等各个生产环节，以及泛论林、牧、纺织等有关技术和经验。"百谷谱"谈栽培技术，是农作物栽培各论的部分，分项叙述了各种大田作物，以及蔬菜、水果、竹木、药材等种植、保护等栽培技术以及贮藏和利用的方法。"农器图谱"篇幅最多，约占全书80％，是本书的一大特点。我国传统的农具到宋、元时期已发展到高峰。宋代就已出现较全面地论述农具的专书，如曾之谨所撰《农器谱》3卷，又续2卷，参证了历史记载，对照了当时农具形制，极为详审，可惜书亡不存。王祯《农书》中的"农器图谱"是在宋代基础上的进一步发展的记录，共附图306幅，无论数量还是质量都是空前的。不仅当时通行的农业机械形象化地被记录了下来，甚至古代已经失传的机械也经研究绘出了复原图。如西晋刘景宣的牛转连磨，一牛转八磨，东汉杜诗的水排等，王祯并在描绘的水排图中将皮囊鼓风改绘成当时通行的"木扇"，为我国木风扇的出现提供了一个有力的佐证。王祯《农书》还描绘了当时处于世界先进水平的农村所用的若干机械，如32锭的水力大纺车，以及3锭脚踏纺车（棉纺），5锭脚踏纺车（麻纺）等。"农器图谱"展了我国古代农业生产器具方面的卓越成就，后代的农书和类书所记述的农具大部分都以它为范本。

除王祯《农书》外，元代较重要的农书还有至元年间颁行的《农桑辑要》7卷，及维吾尔人鲁明善撰写的《农桑衣食撮要》2卷。以上农书在整体性和系统性方面比陈旉《农书》又进了一步，突出地表现在王祯《农书》中既有总论，又有各论，并以农器的介绍为其重点。《农桑辑要》的纲目也很清楚合理，特别是蚕桑部分相当完整，远远超过现存宋以前的农书。鲁明善的《农桑衣食撮要》，采用按月编排的农家月令体例，在与它同一类的农书中也是比较完整的。而农书的整体性和系统性是反映农学水平的重要标志之一。

## 动植物谱录大量出现

宋代，动植物志和谱录大量出现，形成了一个高潮。这与当时园艺业的高度发展是分不开的。宋徽宗在开封建立"艮岳"，"不以土地之殊，风土之异"移植南方之"枇杷、橙、柚、橘、柑、榔栝、荔枝之木，金娥、玉羞、虎耳、凤尾、素馨、渠那、茉莉、含笑之草"①。而且分区栽种各种园艺植物，具有近代植物园之雏型。江南气候温暖，宜于种植各种果木，如今天的浙江、湖北、江西等地盛产柑橘之类，荔枝以闽中为第一。其他还有龙眼、橄榄、洋桃、木瓜、香蕉等热带果品，均已变成专业性的商品生产，远销临安，

---

① 张灏：《艮岳记》。

荔枝在元代甚至远销至朝鲜、日本、琉球、大食。① 花卉园艺也较发达，当时人们不论贵贱都以栽花为乐，私庄、寺院设有花市，洛阳牡丹甲天下，扬州芍药名闻全国，出现专门种花为业者，花卉亦成为商品生产了。

在宋代出现的许多动植物谱录中，以植物的居多，约有五十多种，动物的只有两种。其中蔡襄《荔枝谱》、韩彦直《橘录》、欧阳修《洛阳牡丹记》、陆游《天彭牡丹记》、王观《扬州芍药谱》、刘蒙《菊谱》、宋子安《东溪试茶录》等书在农学和生物学上都有一定的价值。它们不仅分别记述各种园艺植物的历史沿革、性状特征、品种和分类、栽培法，而且还记述了品种的形成及其演化过程。如《东溪试茶录》对茶树严格选择土壤的特性有较深的认识，说"去亩步之间，别移其性；或相去咫尺，而优劣顿殊"。又如对于牡丹、芍药等是由野生种通过自然选择或人工选择演化而来的，当时人们已有所认识，说"花从单叶变千叶（重瓣花）"，"盖乎黄蕊（雄蕊）之所变也"。还指出良好的培育条件能促进新品种的出现和形成，反之，栽培条件低劣，则优良品种也会变劣。② 当时已经认识到人工可以控制生物的进化方向。

随着经济重心的南移，偏重于地区性的动植物志也远超过前代。继唐代刘恂《岭表异录》、段公路《北户录》之后，宋代周去非《岭外代答》，对岭南地区的动植物略有补述。宗祁《益部方物略记》记述了四川地区的动植物，其中有世界珍贵动物的金丝猴（狨）等特产动物的记载。范成大《桂海虞衡志》记述了广东、南海、广西、云南、贵州地区的动植物一百多种。这些都大大地促进了动植物知识的传播。

## 七　数学的辉煌成就

在宋元时期科学技术的各学科中，数学的发展较为突出。在一定意义上也可以说，宋元数学，在中国古代以算筹为主要计算工具的传统数学的发展过程中，是一个登峰造极的新阶段，在许多方面都取得了极其辉煌的成就。这些成就远远地超过了同时代的欧洲，其中高次方程的数值解法要比西方早 800 年，多元高次方程组解法和一次同余式的解法要早五百余年，高次有限差分法要早四百余年。宋元数学，不仅是中国数学史，同时也是世界中世纪数学史上最光辉的一页。

**秦九韶、李冶、杨辉、朱世杰——宋元数学四大家**

13 世纪中叶到 14 世纪初，陆续出现的秦、李、杨、朱四大数学家，是宋元数学的杰出代表，他们的数学著作大都流传至今。

关于四大家的生平事迹，简要介绍如下。

秦九韶（1202—1261），字道古，生于四川，他对天文、数学、音律、营造等项无不精究，性机巧且治学十分严谨。他的数学名著《数书九章》，是在对数学的长期不断研究

---

① 参见王祯：《农书》卷 9。
② 参见周师厚：《洛阳牡丹记》。

和积累之后，于1247年写成的。全书共18卷，分大衍、天时、田域、测望、赋役、钱谷、营建、军旅、市易等九大类，每类用9个例题来阐明各种算法。书中突出的成就是高次方程的数值解法——"大衍求一术"（一次联立同余式解法）。对数学的看法，秦九韶以为它"大则可以通神明，顺性命；小则可以经世务，类万物"，但在进行多年探求"粗若有得"之后，却不得不承认"所谓通神明，顺性命，固肤末于见，若其小者窃尝设为问答，以拟于用"①，亦即实践证明数学只能是起到"经世务，类万物"的"小者"的作用。这实际上是对象数神秘主义的一种否定。

李冶（1192—1279），原名李治，号敬斋，河北真定人，是我国北方金元之际的有名学者。元世祖忽必烈多次召见他，他都辞官不受，长期过着隐居讲学的生活。他的数学著作有《测圆海镜》（1248年写成）和《益古演段》（1259年写成）。《测圆海镜》共12卷，收有170个问题，都是已知直角三角形中各线段进而求内切圆和傍切圆的直径等问题。《测圆海镜》是现在流传下来的最早一部讲述"天元术"的著作。《益古演段》是为初学天元术的人而写的一部入门著作，共3卷，收入64个问题。在《测圆海镜》序中李冶认为："谓数为难穷，斯可；谓数为不可穷，斯不可。何则，彼冥冥之中，固有昭昭者存。夫昭昭者，其自然之数也。非自然之数，其自然之理也。"他认为"自然之数"正是"自然之理"的反映，因此它们是"可穷"，即可以探求明白的，而不是"不可穷"的。在《益古演段》序言中，李冶还对轻视数学，认为数学是"九九贱技"的思想进行了批判。

杨辉（约13世纪中叶时人），字谦光，杭州人，著有《详解九章算法》12卷（1261年写成，现存残缺）、《日用算法》2卷（1262年写成，现存残缺）和《杨辉算法》7卷（1274—1275年写成）。在他的著作中，收录了不少现已失传的各种数学著作中的算题和算法，如早期的"增乘开方法"和"开方作法本源"（详见下小节），都是通过杨辉的著作才得以流传下来的。在杨辉的著作中，还有关于改革筹算的一些乘除简捷算法，并著录有适用于当时民间数学教育情况的课程表，体现出当时数学发展的新趋势。

朱世杰（约13世纪末14世纪初时人），字汉卿，号松庭，河北人。莫若为《四元玉鉴》所写的序文中写道"燕山松庭朱先生以数学名家周游湖海二十余年矣。四方之来学者日众"，祖颐的序文中有"周流四方，复游广陵（今扬州），踵门而学者云集"，从而可见他生平是以数学研究和数学教育为其职业的。他的数学著作《算学启蒙》（3卷，20门，259问，写成于1299年）是一部较好的启蒙算书，内容从乘除法运算直到开方、天元术，体系完整，深入浅出。另一部著作《四元玉鉴》（3卷，24门，288问，写成于1303年），主要是讲述多元高次方程组解法和高阶等差级数等方面的问题。清代罗士琳说"汉卿（朱世杰）在宋元间，与秦道古（秦九韶）、李仁卿（李冶）可称鼎足而三。道古正负开方，仁卿天元如积，皆足上下千古，汉卿又兼包众有，充类尽量，神而明之，尤超越乎秦、李两家之上"②，如此评价是很有道理的。西方的科学史家也认为朱世杰是"他所生存时代的，同时也是贯穿古今的一位最杰出的数学家"③，他的《四元玉鉴》则是"中国数学著作中的最重要的一部，同时也是中世纪最杰出的数学著作之一"。

---

① 《数书九章序》。
② 《畴人传续编·朱世杰传》。
③ G. Sarton：*Introduction to the History of Science* 类三，701、703页。

### 高次方程的数值解法

我国古代数学家把解方程式的步骤称为"开方"。宋元时期,"开方法"又向前迈进了巨大的一步。

11世纪中,贾宪在《黄帝九章算法细草》①中首先展示出"开方作法本源图",不仅列出各高次方展开式各项系数,并指出求这些系数的方法。朱世杰《四元玉鉴》中,所称"古法七乘方图",更推广至八次方。这两幅图的出现,表示在宋元时期,中国人已经掌握了高次幂的开方法。这种图是贾宪首创,理应称为"贾宪三角"。在欧洲一直到阿皮纳斯(德,Apianus)和巴斯加(法,Pascal,1623—1672)才得出这个表,并被西方数学家称为"巴斯加三角"。

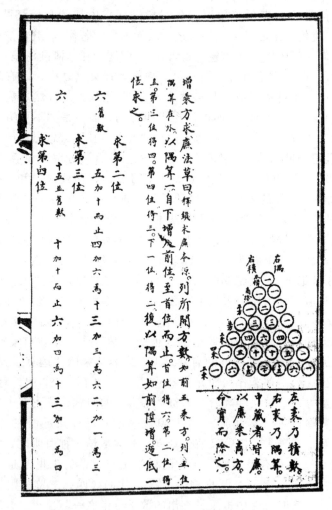

图 7-10 古法七乘方图

---

① 《永乐大典》第 16344 卷,中华书局影印本,第 6 页。

贾宪求"开方作法本源图"中各项系数的方法，就是贾宪在开平方、开立方中所用的新法，即随乘随加的"增乘开方法"。用这种"增乘开方法"，可求得任意高次展开式系数，也可用这方法进行任意高次幂的开方，这是一项杰出的创造。

推广"增乘开方法"使其成为求解高次方程的普遍解法并不困难，需要打破首项系数为"正一"的条件限制。首先突破这一限制的是刘益，杨辉说："中山刘先生（刘益），作《议古根源》……引用带从开方正负损益之法（系数不拘正负），前古之所未闻也。"①

"增乘开方法"经过贾宪、刘益的努力而逐步发展。一百年后，秦九韶的《数书九章》把增乘开方法推广成为任意高次方程的数值解法。书中有二次方程、三次方程、四次方程共25题，还有十次方程1题。在这许多问题中，系数有正有负，有整数也有小数，发展到这一步，"增乘开方法"就成为各种方程都适用的一种数值解法了。

秦九韶在解题当中，其算法的特点还是随乘随加的方法进行的减根变换，这和现代求数学方程正根的方法基本上一致。这种现代算法是在秦九韶之后五百多年，意大利人鲁斐尼（Ruffini, 1765—1822）在1804年和英国人霍纳（Horner, 1786—1837）在1819年提出的，这也就是为人们所熟知的鲁斐尼-霍纳方法，其实理应改称"秦九韶方法"。

### 天元术和四元术

用求解方程的方法来解决实际问题，一般说来都需要两个步骤。首先要根据问题来设未知数，再按题给条件列出一个含有未知数的方程，这就是所谓的"造术"。天元术正是为解决列方程问题的一项突出成就。在金元之际，特别是在当时的北方，出现了一批有关天元术的著作，可惜都亡佚了，但在《测圆海镜》、《益古演段》、《算学启蒙》、《四元玉鉴》中都有着关于天元术的详细记载；特别是《四元玉鉴》还把天元术推广为四元术——多元高次方程组的解法。

天元术中"立天元一为某某"正是"设X为某某"的意思。在表示方法上，天元术是在一次项旁边写上"元"字，或在常数项旁边写上"太"字，为了简便起见，往往只记一字，或记"元"或记"太"，元字每上一层增加一次幂，太字每下一层即负幂指数增加一次，负的系数则加一撇。如右列的筹式即表示方程：$x^2-5x+6=0$。"天元术"和目前代数学列方程的方法是一样的，只是符号和排列方式不同罢了。

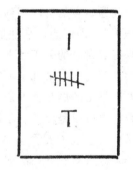

图7-11 天元术筹式一例

天元术的出现，解决了一元高次方程式列方程的问题，我国数学家很快便将其扩充到多元高次方程组，这是继天元术之后又一项杰出的创造。

朱世杰《四元玉鉴》按天、地、人、物，立成四元，天元术是将各项系数纵列成行，而四元术则既有纵列，又有横列，摆成一个方阵模样，用以表示一个可以包含四个未知数的多项式或方程，并有一整套多元多项式的运算方法。朱世杰在《四元玉鉴》中共收有四

---

① 《议古根源》早已失传，此据杨辉《田亩比类乘除捷法》（1257年）。

元方程组问题 7 题，三元者 13 题，2 元者 36 题。

解多元方程组时用消去法，将四元四式消去一元后变为三元三式，再消去一元变为二元二式。更消去一元就得一元方程式，然后用增乘开方法求正根。

我国数学家求解方程的方法，这时已经发展到高峰。由于筹算本身的局限性，无法布置更多的元，解题显然不能超过四元以上。到 18 世纪法国数学家别朱（Bazout）在 1779 年也对高次方程组的消去法问题作了系统的叙述。

### 高阶等差级数

宋元时期高阶等差级数的研究，可以说是始自北宋沈括的"隙积术"。杨辉又进一步丰富了垛积术的类型。但是高阶等差级数问题的研究，自古以来就和历法的推算即内插法有着密切关系。

1281 年，王恂、郭守敬等人考虑了日月五星的不等速运动情况，采用三次差分的内插法原理计算日月五星的运行，成为授时历中五大创举之一。

朱世杰在《四元玉鉴》中对垛积招差问题作了系统而又详细的研究，得到了关于高次招差的一般公式，从而最后完成了宋元数学在这一方面的研究工作。这在中国数学史和世界数学史上都是首创，它和后来的牛顿（英，Newton）公式完全一致。

### 大衍求一术

"大衍求一术"就是中国古代求解联立一次同余式方法的发展，秦九韶称它为"求一术"，因又将其与《周易》大衍之数相附会，称为"大衍求一术"。在秦九韶的《数书九章》中，求解一次同余组的"大衍求一术"也是数学史上的一项卓越成就。

联立一次同余式问题，从数学文献上说，最早见于《孙子算经》中的一个问题："今有物不知数，三三数之剩二，五五数之剩三，七七数之剩二，问物几何？"这就是著名的孙子问题，它的解法用到求三个一次同余式的共同解。这类问题和中国古代历法计算"上元积年"（即假想中历法的理想起点到编历时的年数）有关。从汉代到宋代历代的各家历法都有着自己的关于"上元积年"的数据，但却没有留下有关算法的记载。在现有资料中是秦九韶的《数书九章》首次对这一算法进行介绍并把它推广到解决各种数学问题中去。秦九韶举出的例题就不是"孙子问题"中的 3、5、7 之类的简单数据，其中数据可以是整数，也可以是分数、小数。秦九韶系统地指出了求解一次同余组的一般计算步骤，正确而又严密。过了五百多年，欧洲的欧拉（Euler，1707—1783）和高斯（Gauss，1777—1855）等人对联立一次同余式方才进行了较为深入的研究。

## 八 天文学发展的高峰和著名的科学家郭守敬

### 大规模的恒星观测

北宋时代，从 1010 年到 1106 年约百年之间，进行过 5 次大规模的恒星位置观测工作,其精确度比前有很大的提高。1010年,韩显符新制浑仪,观测"外官星位去斗、极度数"①,这里的斗指斗宿,是当时对冬至点的通称。这就是说这次测量是以冬至点为起量点,于是所得数据是为赤经,这与以传统的二十八宿距星为标准而测得赤经差的方法是不同的。

1034年,编撰《景祐乾象新书》时作了第二次观测,所得周天星座入宿、去极度数的星表虽已亡佚,但在《宋史·天文志》中却保存了这一次测定的二十八宿距星的位置的成果。

1049—1053年,周琮、于渊、舒易简等人铸铜仪,对周天星官作第三次观测。王安礼等在修订《灵台秘苑》一书时收载了这次观测的结果,它包括有345个星官距星的入宿、去极度。

1078—1085年的第四次观测结果画成了星图,在1247年左右由王致远按黄裳原图(约绘于1190年)刻石,这便是闻名世界的苏州石刻天文图,该图面积8尺×2.5尺,刻星1430多颗。它以北极为中心,绘有3个同心圆,分别代表北极常显圈,南极恒隐圈和赤道,28条辐射线表示二十八宿距度,还有黄道和银河。苏颂《新仪象法要》一书中星图也是这一次观测结果,共有1464颗星。

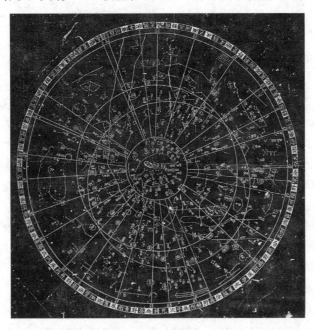

图 7-12　苏州石刻天文图

1102—1106年,姚舜辅等人所进行的第五次观测最精确。观测结果见姚舜辅的纪元历,其度数给出了度以下的少$\left(\frac{1}{4}\right)$、半$\left(\frac{1}{2}\right)$、太$\left(\frac{3}{4}\right)$等值,这本身就是测量精度提高的证明。据研究,其中二十八宿距度误差绝对值平均只有0.15度,达到这样高的精确度,

---

① 《玉海》卷3。

在当时的条件下是很不容易的。沿用了三百多年的唐代一行的观测数据至此才为新的观测结果所取代。特别值得指出的是：一行虽从实测中发现二十八宿距度古今不同，但未提出说明；而姚舜辅则明确提出了这些距度由古至今一直在变化，各个时代的"天道"是各不相同的。这既是科学的观测，也是科学的论述。

到元代，郭守敬等人在 1276 年又进行了一次大规模的恒星位置测量工作，精确度比宋代又提高约一倍。除了测量传统的恒星的位置外，郭守敬还测量了前人未命名的恒星一千余颗，使记录的星数从传统的 1464 颗增加到 2500 颗，并编制成了星表。可惜这份重要的科学成果没有流传下来。西欧到 14 世纪文艺复兴以前观测的星数是 1022 颗，我国古代这些恒星观测的业绩，体现出当时恒星位置测量的先进水平。

对于新星和超新星的观测，在宋代也取得了重大的成就，为世人瞩目的 1054 年天关客星的观测便是一例。《宋会要》载："嘉祐元年三月，司天监言：'客星没，客去之兆也。'初，至和元年五月，晨出东方，守天关（金牛座 ξ 星），昼见如太白，芒角四出，色赤白，凡见二十三日。"现在，天文学界已广泛承认天关星附近的蟹状星云就是 1054 年爆发的超新星遗迹。而这次超新星爆发的详细记录，为蟹状星云以及与之相关的中子星等理论问题的研究，提供了宝贵的历史资料。

### 天文仪器发展的高峰

我国古代传统的天文仪器——漏壶、圭表、浑仪、浑象等，到宋元时期都发展到了高峰。

1031 年，燕肃发明了莲花漏法，在漏壶中首次使用了漫流系统（在漏壶的上部开孔，使多余的水由此溢出，以保持漏壶有恒定的水位），基本上消除了漏壶水位的变化对流量的影响，大大提高了漏壶计量时间的准确度，这在漏壶的发展史上是十分重大的革新。我们知道，温度的变化对水的黏滞系数的变化有较大的影响，这直接影响到漏壶流量的变化，亦即影响到时间计量的精度。宋元时期，人们对此进行了许多研究，并采取了若干具体措施，以克服"冬月水涩，夏月水利"[①] 的状况。张思训于 979 年在他所制浑仪中采用水银为动力，即他所用的漏壶以水银代替水，他之所以这样做，正是由于水银的黏滞系数随温度的变化比水要小得多的缘故。元代的詹希元制"五轮沙漏"，以沙代水，更是避免温度变化对水流量影响的一种尝试。由于对漏壶的理论与技术的研究，使时间计量的精度达到了前所未有的水平。

圭表测影的技术，在这一时期有显著的进步。为克服表端的影子因日光散射而模糊不清的问题，沈括提出了使用"副表"，以增加影子的清晰度的方法；苏颂提出了"于午正以望筒指日，令景透筒窍，以窍心之景，指圭面之尺寸为准"[②] 的方法等。更主要的是郭守敬创用了 4 丈的高表，为传统的 8 尺之表的 5 倍，他还依据小孔成像的原理，发明了"景符"这一重要的测影器具。"景符"是安在一个小架子上、可以转动的、中间开有小孔的薄铜片（长 4 寸、宽 2 寸）。郭守敬的高表顶上是一根直径 3 寸的横梁。太阳过子午线

---

① 沈括：《梦溪笔谈》。
② 苏颂：《新仪象法要》。

时，把景符放在圭面上移动并转动铜片，令太阳光通过小孔，在圭面上形成一米粒大的中间带有一条细而清晰的横梁影子的太阳像，当横梁影子平分太阳像时，梁影所即4丈高表的影端。这些方法的采用使得测影的精度大大提高。在河南登封观星台，我们还可以看到4丈高表的遗迹。经现场实验，用"景符"测影的精度在±2毫米以内。圭表测影技术的这些进步，为回归年长度、黄赤交角值等天文常数的测量精度的提高创造了条件，明代的邢云路，把表高增至6丈，他所得回归年长度值与理论值比较仅差2秒左右，达到了我国古代该值测量的最高精度。

北宋所制造的浑仪特别多，从995年到1092年的不到百年之间，先后造了5架巨型浑仪，每架用铜均达2万斤左右，这本身就说明了制造技术的提高和对天象观测的重视。从浑仪的结构方面考察，自汉代以来，为测量各种不同的坐标值的需要，浑仪上增设了越来越多的环，其固定的装置，有地平、子午、天常等环，又有白道、赤道、黄道等游旋的环，以致8、9个圆环遮掩了很大的天区，使用起来很不方便。并且这样多的环放在一个共同的中心上，校正也很困难。浑仪发展到这样复杂的程度，按照事物发展的规律，势必提出加以简化的要求。在北宋就出现了两种发展变化的趋势：一是减少不十分必要的环，二是改变一些环的位置。如沈括就提出了改变位置的建议，同时也取消了白道圈。到郭守敬更进而取消黄道圈，并创造性地设计和制造了著名的简仪。

简仪改变了测量三种不同坐标的圆环集中装置的方法，把它分解为两个独立的装置（即赤道装置和地平装置），从而简化了仪器结构，保留了四游、百刻、赤道、地平四环，增加了立运环。这样除北天极附近天区外，对绝大部分天空一览无余。又在窥衡两端圆孔中央各置一线，增加了观测的准确性。为了观测赤经差，又在赤道环面上安装两条界衡，界衡两端用细线和极轴北端连接。"简仪"使用许多线以提高精确度，这是一项改进。元以前的仪器只能量到1/12度，而简仪的百刻环每度作36等分，其精确度又大大提高一步。

图7-13 明制仿郭守敬简仪

简仪在重叠的百刻环和赤道环之间安装四个圆柱体以减少摩擦阻力,它与近代滚柱轴承作用相同。

郭守敬又在赤道装置上放置一个候极仪,使候极仪轴线和极轴平行,可以随时校正赤道装置。他又将一个固定的地平环和一个直立可转的立运环以及窥衡构成一个地平装置。这是我国天文仪器中第一次出现的一个独立的地平经纬仪结构,能同时测量地平经度和高度,当时称为"立运仪"。

这一时期天文仪器的又一杰作,是 1088 年苏颂、韩公廉等人制成的水运仪象台。它是一种大型的仪器设备,能用多种形式来反映及观测天体的运行。它利用一套齿轮系在漏壶流水的推动下使仪器经常保持一个恒定的速度,和天体运动一致,它既能演示天象、观测天象,又能计时、报时。

水运仪象台高 36.65 尺(约合 12 米),宽 21 尺,是一座上狭下广的正方形木结构建筑物。台西边的枢轮是原动轮,由水力推动。枢轮轮边有 36 个水斗和钩状铁拨子,顶部更附设一组杠杆装置,相当于钟表里的擒纵器(卡子),起控制枢轮定速转动的作用,它和 17 世纪欧洲的锚状擒纵器非常相似。

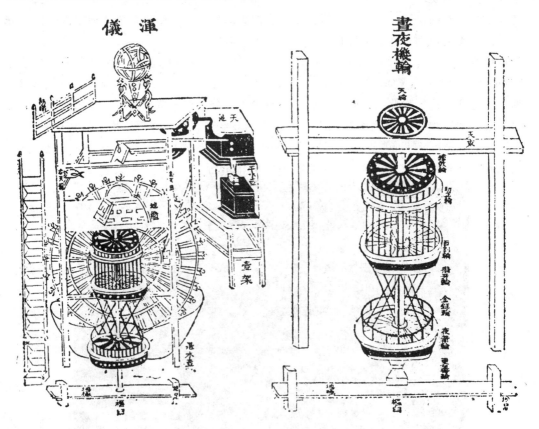

图 7-14 水运仪象台

计时仪器的机械装置叫昼夜机轮,前有几层木阁,通过击钟、鼓、钲或出现木人等形式,自动地显示时、刻、更、筹的推移。

几层木阁之上设浑象一座,上半在柜外,下半在柜内,浑象和昼夜机轮轴相接,其运行速度和天体视运动一致,因而球面上星座位置能和天象相合。

台顶是露台,设浑仪,它同样是通过一系列齿轮与枢轮轴相连,和近代转仪钟控制的望远镜一样,随天球转动。这一座浑仪增设了"天运单环",是一个创造性的设计,使浑仪能随水轮运转。装置"浑仪"的板屋有9块活动屋面板,具有和今天可开启的望远镜观测室顶相同的作用。

郭守敬及其成就

郭守敬(1231—1316),字若思,河北邢台人,是个博学多才的科学家,在天文和水利两方面尤为精通。元统一中国后,忽必烈任命张文谦为改订历法的负责人,由王恂负责组织天文机构,进行历法计算,而郭守敬则负责仪器制造和进行天文观测。经王恂、郭守敬等人的集体努力,1280年,新历告成,被定名为授时历,并于次年正式颁行。

授时历颁行不久,王恂即病逝。其时,有关新历的许多计算程序、数据等都还是一堆草稿,继王恂任太史令的郭守敬挑起了定稿工作的全部担子,经两年多的努力,出色地完成了任务。

郭守敬是一位著名的天文仪器制造家。除了上面已经讲到的圭表、简仪的创制外,还设计制造了用于观测太阳位置的仰仪、可以自动报时的七宝灯漏、观测恒星位置以定时刻的星晷定时仪以及水运浑象、日月食仪、玲珑仪等十余种天文仪器,其中有不少创新。如,仰仪利用了小孔成像原理,在一座仰放着的中空半球面仪器内用十字杆架着一块有小孔的板,孔的位置正在半球面的中心。太阳光经过小孔,在半球面上形成太阳的倒像。从球面上刻的坐标网立刻可以读出太阳的位置和当地当时的真太阳时。而当日食时还可观测日食的食分、各食象发生的时刻及日食时太阳所在的位置,对月亮和月食也能进行类似的观测。这块有小孔的可转动的板称为璇玑板,它很可能就是用来检验交会的日月食仪。郭守敬的杰出创造,把我国古代天文仪器的制造推到了一个新的高峰。

郭守敬还是一位著名的天文观测家。除上面讲到了恒星位置的观测工作外,郭守敬等人还组织进行了一次空前规模的测地工作,在北京、太原、成都、雷州等27处设立观测所,测量当地纬度,由南海到北海(15°—65°),从西沙群岛至北极圈附近,每隔10°设一观测台,测量夏至日日影长度和昼夜长短,观测站数比唐代多一倍,得到了丰硕的成果。对于一系列天文常数也都进行了测量,如:(1) 1280年冬至时刻的精密测定,(2) 测定当年冬至太阳位置,(3) 测定当年冬至月离近地点距离,(4) 测当年冬至月离黄白交点距离,(5) 测定二十八宿距星度数(精度比北宋时提高一倍),(6) 测定北京二十四节气日出入时刻,等等,也都取得了重要的成果。

仪器的制造和天文观测的进行,都为历法的制定创造了条件。郭守敬和王恂等人又在研究前代历法的基础上,吸取了各历的精华,运用宋代以来数学发展的新成就,加上自己的创新,编制了我国古代最优秀的历法——授时历,把古代历法体系推向高峰。授时历采用的天文常数值都是比较准确的,其对日、月五星运动的研究也达到了新的水平。如它继承了南宋杨忠辅统天历(1199年)的成果,定回归年长度为365.2425日(与理论值之差为23秒),这与现今世界通用的格里历的所用值是一样的。授时历还接受了统天历关于回归年长度古大今小的正确的变化概念,并给出了比统天历为优的变化值。又如,它给出日行最速的时间在冬至点,与当时地球过近日点的真正时日相密合。授时历在日、月、五星运动的推算中有所谓"创法五事":一是太阳运动方面,将太阳的周年运动用定气分段,使用招差术来推求每日任何时刻的太阳位置和运动;二是月亮运动方面,将一个近点月分成336段,用招差术来推求每日任何时刻的月亮位置和运动;三是在黄道度数和赤道度数的互相换算中使用了弧矢割圆术的方法(该法在以下两项中亦加使用);四是计算太阳的去极度和黄道上各点离赤道的距离和赤道上各点离黄道的距离等;五是计算白道和赤道的交点离春分点或秋分点的距离,以便使白道坐标和赤道坐标直接相联系起来,从而提高计算月亮运动的准确性。这五项创法最主要的创造是招差法和弧矢割圆术的应用。所谓招差法,乃是在前人的基础上根据高阶等差级数的规律导出的一种内插法。在实践中授时历用到三次差,而理论上这种方法也可以推广到任意高次。所谓弧矢割圆术,是将圆弧线段化成弦、矢等直线线段来计算的一种方法,在它们的化算中使用了若干和球面三角术相合的公式。这两法的应用使《授时历》在数学计算上得以超越前人。此外,授时历的突出成就还有废弃繁杂的上元积年法,既使计算趋于简便,又可提高计算的精度;改平气为定气以及采用万分法(以一万为各天文常数的统一分母),避免了复杂的分数运算,等等。

郭守敬还是个水利工程专家。他曾主持了若干重要的水利工程,如修复唐来、汉延等渠,增辟大都水源,修浚通惠运河等。其中唐来渠、汉延渠等都在黄河上游,唐来渠长400里,汉延渠长250里,及其他大小渠道,共溉田9万多顷,对西北地区的农业生产发挥了重大的作用。他在渠口设滚水坝,又设若干退水闸。这是一套比较完善的闸坝设计方式。郭守敬还在大都西北设计修筑了长30千米的白浮堰以解决通惠运河的水源问题;并修建闸门和斗门若干座以维持通惠运河的水位,从而保证了来往船只的通航。在这些水利工程活动中还充分表现出郭守敬也是一位杰出的地理学家。他的水利工程设计都是以他自己的实际地理勘测资料为基础的,他曾对今河南、山东一带黄河附近几百里的区域进行过细致的地形测量,绘制成多幅地图。他曾经亲自上溯黄河,考察河源。他还发明了以海平面为标准来比较大都和汴梁地形高下之差的方法,这是地理学中一个重要概念——"海拔"的始创。他在通惠河上游河道路线选择中所表现出来的对于地形测量的精确性至今还引起学者们的赞赏。

## 九　地学与水利建设

### 地方志和域外地理著述

以图经形式编写的地理著作,在北宋时仍很盛行。宋初开宝年间(968—975)曾先后两次重修天下图经和诸道图经。后来,图经中的文字部分不断增加,图渐居附属地位。到了南宋,地图与文字常被完全分开,图经已名不符实,便改称为"志"了。可以说,隋唐以来的图经到了宋代已向地方志过渡,并逐步形成了统一的格式和体裁。根据《宋史·艺文志》的记载,宋代地方志共有一百几十种。从时代来看,南宋多于北宋;以地区而论,南方多于北方。附有地图的则称为"图志"或"图经"。全国总志中最著名的有两部。一是 976—984 年间成书的《太平寰宇记》，北宋乐史所编，全书 200 卷，所述以中国为主，兼及外域。它与唐代志书不同之处是，增入不少有关人物与艺文的篇章，开创了方志列入人物、艺文的新体例。再则是《元丰九域志》，北宋王存等编纂，1068—1085 年间成书。该书特点是注重"当世之务"，因而对沿革少所叙述，而四至八到，各地里数、城堡之名、山泽之利等情况较为详备。

元代所修《大元一统志》1300 卷，可以称为皇皇巨著。该书虽然已经不全，但从其辑本或残本可以看出，很多资料引自《太平寰宇记》，可见《太平寰宇记》对后世的影响之大。

宋代郡县地方志保存至今的还可举出 20 种以上，如三朝（乾道、淳祐、咸淳）《临安志》、范成大的《吴郡志》等。宋代府、州、军、县、监一般都有志，州、县志更遍及全国广大地区。宋代以后，地方志陆续修纂，地区分布更为普遍。许多地方志经历代续修、补修，逐步积累形成丰富的地方资料，直到今天还有很大参考价值。

由《汉书·地理志》开创的沿革地理，在宋代也有所发展。如郑樵《通志》中的"地理略"考证了历代的疆域沿革，而"都邑略"则叙述了历代的都邑，都是沿革地理的重要篇章。

宋元时期由于中外交通往来频繁，对国际贸易的发展和文化的交流起了积极的作用，也扩展了人们的地理视野。在相互往来当中，对旅途实地考察与传闻的记述，形成了许多重要的域外地理文献。

耶律楚材（1190—1243）随成吉思汗西征，居留西域六七年，行程五六万里，著有《西游录》一书。邱处机（1148—1227）曾西行到中亚，其随行弟子李志常撰有《西游记》，记述了他们往返 3 年的旅途见闻。又，常德于 1259 年曾到波斯西北部，历时 5 年，其随行人员刘郁写成《西使记》。这些著作都较详细地叙述了所经历的城市和沿途的地理情况。

至于海上见闻，南宋周去非的《岭外代答》和赵汝适的《诸蕃志》，所记多得自传闻；而周达观和汪大渊的著述都来自亲身经历，周达观随使真腊（柬埔寨）3 年（1295—1297），著《真腊风土记》，汪大渊更历游我国南海诸岛及印度洋沿岸各国，撰《岛夷志略》，记述翔实。

## 各种地图的制作

宋王朝建立起中央集权的封建统治后，军权、财权都全面地集中到中央。举凡军事调遣，财政租赋的征收调拨等都需要地图，加以宋代的疆域较小，对于失地常有收复之心，所以对地图特别重视。中央所藏各州府等行政区按定例造送的地图相当丰富，北宋真宗皇帝常到收藏地图的滋福殿观看地图，并与辅臣议论边境山川险要之地，又曾诏令"翰林院遣画工分询诸路，图上山川形势，地理远近，纳枢密院"[①]。淳化四年（993 年）用绢 100 匹制成的大型地图——"淳化天下图"，其规模之大，是很少见的。

宋以前的地图，除近年出土长沙马王堆西汉地图外，已很少见。而宋代地图除史籍当中多所记载外，其实际图样也有不少保存至今。如税安礼"地理指掌图"，程大昌"禹贡

---

[①]《玉海》卷 14。

山川地理图"等。特别值得提及的是现仍保存在西安和苏州的三幅宋代石刻地图,即"华夷图"、"禹迹图"和"地理图"。这三幅图都是南宋上石的。另有一幅流传至今的于北宋上石的"九域守令图"也极为重要。

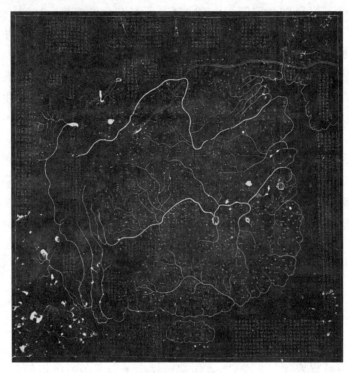

图 7-15　华夷图

西安碑林有1136年的石碑,正面和背面分别刻有"华夷图"(相当于世界地图)和"禹迹图"(相当于全国地图),两图长宽都各约0.77米。"华夷图"上记有"岐学上石"等字,说明这两幅图都是教学用图。"禹迹图"上画方,"每方折地百里",即每方的边相当于百里之意,计横方70,竖方73,共计5110方。我国地图上有画方,"禹迹图"是目前所见时间最早的。图上所绘河流和海岸线比"华夷图"精确。因此"禹迹图"可以代表宋代测绘地图的水平。根据禹迹图绘制的时间和沈括在陕西从事编绘地图时间的一致,以及沈括在所著《长兴集》中有关他编绘地图的论述与禹迹图特点的吻合,加以在沈括晚年居住的镇江有依长安本刊的石刻"禹迹图"等情况分析,"禹迹图"可能是沈括出守封疆时于元丰四至五年(1081—1082)在陕西所绘,并带至镇江的。

苏州文庙"地理图",系黄裳所作,宽约1米,长约2米,1247年上石,王致远为之作跋。图上山脉具层峦叠嶂之形,有国画特色;地名和方框有定点性质,也不失为一幅较好的地图。

"九域守令图"是宣和三年(1122年)在四川荣县上石的,图长宽各1米多。图中山东半岛和海南岛等的形状比南宋上石的图更为准确。从水系看,四川地区的水系比较详细。此图的编绘者可能是四川人或对四川十分熟悉的人。

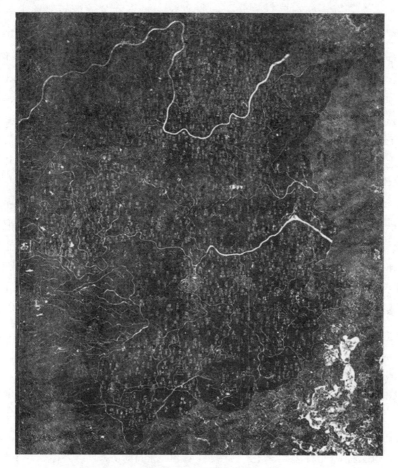

图 7-16 九域守令图

元代的朱思本（1273—1337）一方面总结了唐宋以来的地理学成就，另一方面则根据实地调查，在制图方面取得了不少成绩。他的"舆地图"是科学总结与实地调查有机结合的产物，是朱思本一生中精力荟萃之作，他核实求真，下笔不苟，是他"平生之志"、"十年之力"[①]的结晶。"舆地图"上的黄河源已反映了元初都实奉命勘察黄河源在星宿海的重要收获。此图的精确度达到了较高的水平，成为明清两代我国舆图的重要范本。

### 矿物学著作《云林石谱》

宋代矿冶事业的发展以及人们对地质现象实地考察的风气，使人们对矿物和若干地质现象的认识与研究也较前大为进步。1133 年，杜绾著《云林石谱》3 卷，汇载石品 116 种，各记其产地、采法、产状、光泽、品评高下等等，反映了人们对矿物认识的新水平，是这时出现的一部重要的矿物学代表作。该书也曾谈到风化作用和侵蚀作用，这是继沈括以后对某些地质现象形成原因的明确叙述。该书对于化石的记载与研究，较前人更为深化了。卷中记述的鱼龙石、零陵石燕两条，正确解释了石鱼、石燕的形成，认识到鱼化石是

---

① 罗洪先："广舆图"朱思本原版。

古代鱼类的遗体，经过长期埋藏后石化而成。杜绾记载说："潭州湘乡县山之巅，有石卧生土中，凡穴地数尺，见青石即揭去，谓之盖鱼石，自青石之下，色微青或灰白者，重重揭取，两边石面有鱼形，类鳅鲫，鳞鬣悉如墨描。穴深二三丈，复见青石，谓之载鱼石，石之下，即著沙土，就中选择数尾相随游泳，或石纹斑剥处，全然如藻荇，但百十片中，然一二可观，大抵石中鱼形，反倒无序者颇多，间有两面如龙形，作蜿蜒势，鳞鬣爪甲悉备，尤为奇异。"十分生动翔实地记述了化石的采集情况和化石本身的状况。在同卷中，杜绾还记载了又一产地的类似情况，说："陇西（今甘肃渭源县东南）地名鱼龙，掘地取石，破而得之，亦多鱼形，与湘乡所产不异。"接着他对这类现象的成因提出了大胆而正确的推测："岂非古之陂泽，鱼生其中，因山颓塞，岁久土凝为石而致然欤？"这一见解比《梦溪笔谈》关于化石的记载与认识前进了一大步。

石燕本是无脊椎动物腕足纲石燕类化石，晋代罗含在《湘中记》中就有记载，从这时起，"石燕遇雨则飞"的传说就一直在流传着。杜绾对这类化石也作了亲身的考察，并用实验的方法和"寒热相激"，岩爆石飞的道理，正确地解释了"石燕遇雨则飞"的现象，他指出："永州零陵出石燕，昔传遇雨则飞，顷岁余涉高岩，石上燕形颇多，因以笔识之，石为烈日所暴，偶骤雨过，凡所识者，一一坠地。盖寒热相激迸落，不能飞尔。"

### 水利事业的发展

宋元时期，我国水利事业也获得了较大的发展。

宋初，在黄河和海河流域开挖并修竣了许多河渠和水道，使黄河南北不少地区均得到灌溉之利。

11世纪初，福建省莆田县兴修的木兰陂，更是一座有代表性的引、蓄、灌、排综合利用的大型水利工程，九百多年来它一直发挥着巨大的作用。

木兰陂的堰闸式陂首能把引与蓄、蓄与泄统一起来，既可备旱，又可排洪，收到了防洪、灌溉、航运、水产等多方面综合利用的效果。陂址选择在河流较宽直的地段，水流平缓且地质基础又好，体现出技术上和经济上的合理性。枢纽工程既能适应洪枯流量相差极大的特点，又能利用洪水排沙，避免淤积。堰闸式坝段的砌筑方式具有稳定性大、能分段跌水消能、保护坝身安全的良好效果。

在整个11世纪中，北宋兴修的农田水利工程有一万多处，灌田三千六百六十多万亩。南宋水利工程继有兴修。12世纪初潭州修复龟塘灌溉农田一百万亩。眉州通济堰、兴元府山河堰都灌田二三十万亩。淮东绍熙堰的修建，则使数百里内无缺水之忧。

在宋代，我国沿海地区修塘捍海，同样是重要的水利工程。11世纪初浙江地区征民工几百万，以一年时间修成浙江捍海塘。当时海塘是土塘，而海潮之来，素称奇观，远望一线海波迅如奔马，霎时之间，叠浪排空，惊涛拍岸，非常壮观，与之俱来的极大冲击力，常造成巨大的破坏。在1034—1037年以及1041年，又两次修建石塘。宋代，还修建了通州、楚州捍海堰，这些水利工程挡住了海潮的袭击，保障了农业生产。泰州捍海堰在12世纪中叶和13世纪初又经两次重修，比前规模更大。

宋代还留下了有名的水位站的遗迹，吴江水则碑即为其例。该碑上记有："横七道，道为一则。以下一则为水平之衡，在一则高低田俱无恙，过二则极低田潴（淹没）……过七则极高田俱淆。"并记有 1194 年和 1286 年最高水位处，为水文研究提供了宝贵的历史资料。

元代建都大都（今北京）后，在隋代开凿的南北大运河的基础上，截弯取直，自临清以南选择了山东丘陵以西的平原地带，开济州河、会通河等与江苏的运河河道相连，凿成京杭大运河，纵贯河北、山东、江苏、浙江四省。由于大运河穿过海河、黄河、淮河、长江四条巨大的江河，工程非常复杂（如穿过黄河的设计和施工就是一项重大工程），辟水源、保水量，更是运河工程的关键所在。元代在开凿大运河时，较好地解决了这些工程技术问题，保证了运河的通航。京杭大运河建成以后，一直到京广铁路和津浦铁路修成以前的 600 年中，它始终是我国南北交通的大动脉。

## 十　医药学的全面发展

宋、元时期，中国医药学进入了一个全面发展的新阶段，在医学教育、理论、临症各科的诊断治疗，以至本草、局方等方面都有不同程度的进展。

### 《经史证类备急本草》等的修订

这时期的本草著作，首先应加以注意的就是宋哲宗元祐年间（1086—1094），四川成都一个医生唐慎微所编写的《经史证类备急本草》（以下简称《证类本草》）。

宋政府很重视各种医药书籍的修订。在本草方面，第一部是宋太祖开宝六至七年（973—974），刘翰、马志等奉勅以唐《新修本草》和《蜀本草》为据，修成的《开宝本草》21 卷，载药物共 983 种。第二部是宋仁宗嘉祐二年（1057 年），掌禹锡、苏颂等在《开宝本草》的基础上，奉勅修成的《嘉祐本草》20 卷，所载药物增至 1082 种。《嘉祐本草》成书后不久，宋政府又仿唐《新修本草》附"图经"的做法，由皇帝下诏，命令各地州郡绘该地所出产的药草图送到开封。最后由苏颂将之整理而编纂成了一部《图经本草》。它的优点是忠实地转载了各州郡所绘送的药草图，一种药草名称下，往往载有几个图样，苏颂都各为之注明产地；缺点是把一些同名而异物的植物形状、颜色等不加区别地描写到一起，而实际上没有这样的植物。本草书经过宋政府组织人进行了二次大规模的增修后，比以前完善得多了。

过了 30 年，唐慎微在继承前人成果的基础上又修纂成《证类本草》，除目录 1 卷外，共计 31 卷，六十余万言，收录药物一千七百多种。《证类本草》集录了历代本草的序例，百病主治药，服药食忌例及药物畏、恶、须、使等，使人们对历代本草的源流和药物之配伍禁忌等有一个概括的了解。唐慎微除在书中收录了宋以前诸家本草的主要内容外，又采用了古今单方，并经史百家中有关的药物。明代李时珍评价说："……使诸家本草及各药单方，垂之千古，不致沦没者，皆其功也。"① 《证类本草》不仅总结了过去本草的特点，而且有进一步的发展。它本是私人著作，后经宋政府为之整理出版，成为私著官修的本草

---

① 李时珍：《本草纲目》卷 1。

书了。先于宋徽宗大观二年（1108年）刻板印行的，名为《大观经史证类备用本草》。此后，在大观本的基础上又两次加以修订：政和六年（1116年）的重修本称为《重修政和经史证类备用本草》，绍兴二十七年（1157年）的重修本则改名为《绍兴校定经史证类备急本草》。《证类本草》在封建时代很受重视，屡次被修订再版，在明代李时珍的《本草纲目》没有问世之前的几百年中，一直是本草学的范本。

与《证类本草》有相为补充发明之功的《本草衍义》，系政和六年（1116年）寇宗奭所撰著。此书收载药物虽只有472种，但援引辨证，有很多独到之见。寇宗奭在书中还推翻了前人的性味说，创立了气味之论。他还认为治病用药，须看病人的虚、实、老、少、病期的长、短，以及药物毒性的大小等，斟酌而用，不可拘泥于成法，这是很符合科学的见解。《本草衍义》和《证类本草》在医药学上都有较大的影响。

### 金、元四大家和医学流派的形成

宋、元时期，中医分科增加一倍甚至两倍以上，由唐代的四科（医科、针灸科、按摩科、咒禁科）发展到宋代的九科（大方脉科、风科、针灸科、小方脉科、眼科、产科、口齿咽喉科、疮肿兼折疡科、金镞书禁科），到元代又增至十三科（大方脉科、风科、针灸科、小方脉科、眼科、产科、口齿科、咽喉科、正骨科、金疮肿科、杂医科、祝由科、禁科）。分科愈细，钻研愈精。这时医书的编纂，临床经验的总结都又有了新的进步，在此基础上医学理论有较大发展，并产生了金、元时期的四大医学学派，即所谓的"金、元四大家"。

金、元四大家以刘完素、张从正、李杲和朱震亨为代表。他们的总出发点都是我国传统的《内经》医学体系，但又各从不同的侧面继承并发展了《内经》的医学理论，使我国医药学的体系发展到新的高度。

刘完素（1110—1200），字守真，金代河北河间人。他精研医学，拒绝做官，在民间行医，很受欢迎。他研究《素问》达35年之久，加注两万余言，以阐明其精华所在。著有《素问玄机原病式》、《素问病机气宜保命集》、《素问药证》，以及《伤寒直格》、《医方精要》、《宣明论方》、《三消论》等书。当时传染病流行，他在医疗实践的基础上，重视致病原因中的火、热因素，主张从表里两法以降心火、益肾水为主。他提出了一整套治疗热性病的方法，对寒凉药物的应用具有独到的研究，被称为"寒凉派"。实际上，他并非只重寒凉，而是根据具体情况决定用药之寒凉或温补，只是用寒凉药更加得心应手。他承认运气的正常规律而不机械搬用，指出了运气有常有变，从而使"运气学说"获得发展。

张从正（1156—1228），字子和，金代河南考城人，主要著作有《儒门事亲》15卷。他继承和发展了刘完素的医学思想，认为邪去身安，不能怕攻邪伤身而养病。他主张用汗、吐、下三法，指出凡风寒初感邪在皮表者应用汗法，继而风痰宿食在于胸膈上脘的用吐法，寒湿痼冷或热在下焦的用下法。他对此三法的临床应用确有精到之处，遂有"攻下派"之称。同样，他并不单纯地致力于攻伐而摒弃补益之法，认为凡对五脏有助益的均可以称补。这对临床实践具有指导意义，但其三法实际上还不能代替八法，所以带有一定的片面性。

李杲（1180—1251），字明之，金代河北真定人，师承刘完素。刘完素重视脏腑虚实，能根据气候、体质而灵活用药，对药物的性质又有新的阐明，这对李杲很有启发。李杲以《内经》理论为基础，结合实践，形成独创的见解，强调脾胃的作用；并认为"元气"是人生之本，元气充足与否决定了人体健康与疾病，而脾胃则是元气之源，"元气之充足，皆由脾胃之气无所伤，而后能滋养元气"，如果"脾胃之气既伤，而元气亦不能充，而诸病之所由生也"①。从而建立了以脾胃立论，以升举中气为主的治法，分别补益三焦之气，而以补脾胃为主。后人称之为"补土派"或"温补派"。李杲著有《内外伤辨惑论》、《脾胃论》等。他虽强调升阳补气，但有时也用苦寒降火之法。

　　朱震亨（1281—1358），字彦修，号丹溪，元代浙江义乌人，是刘完素三传弟子，又旁通张从正、李杲之学，著有《格致余论》、《局方发挥》等医药著作。他结合三家学说，倡泻火养阴之法，进一步发展了刘完素火热学说。他认为"阳常有余，阴常不足"②，因而主张以补阴为主，多用滋阴降火之剂。后人称他为"养阴派"（或称"滋阴派"）。他创制了"越鞠丸"、"大补阴丸"、"琼玉膏"等养阴药剂，主张灵活用药，因病制方，反对宋代局方滥用辛燥药物的风气，能革新药物的使用。

　　除上述内科各家以外，宋、元时期儿科学也有巨大的进步，在儿科诊断上总结出观察指纹的新方法。当时儿科大夫已能区别天花、麻疹、水痘等传染病，各有专门疗法。儿科著作亦不断出现，著名的有钱乙的《小儿药证直诀》，陈文中的《小儿病源方论》、《小儿痘疹方论》及无名氏的《小儿卫生总微论方》等。

### 法医学著作《洗冤录》和解剖学知识

　　我国古代早就有了法医检验工作。《礼记·月令》所记临刑法官瞻伤、察创等项便是我国法医学的萌芽。1975 年，在湖北省云梦睡虎地出土了大量秦代竹简，其中以"封诊式"为名的一组竹简，记述了内容广泛的治狱案例，内有判别自缢与他杀的具体方法：舌是否吐出，绳索下有否淤血痕迹，有没有屎尿流出，解下绳索时，口鼻有无叹气的样子，等等。这是关于法医知识的十分生动又颇符合科学道理的早期记载。汉、唐之间，又积累了不少法医知识，但还缺少专著。五代时，和凝、和㠓父子于 951 年著有这方面的著作《疑狱集》。到宋代，法医方面的知识有了比较迅速的进步，有无名氏的《内恕录》，1200 年郑克的《折狱龟鉴》，1213 年桂万荣的《棠阴比事》以及赵逸斋的《平冤录》、郑兴裔的《检验格目》等有关法医检验的著作接连问世。在这样的基础之上，出现了我国历史上第一部有系统的法医学著作——《洗冤录》，它也是世界上比较早的法医专著。过了三百多年以后，意大利人菲德里（F. Fedeli）于 1602 年写成了西方最早的法医学著作。

　　宋慈（1186—1249），字惠文，曾四任提刑。他综合了《内恕录》等数种专书，加以订正，再参以当时执法检验的现场经验，于 1247 年写成《洗冤录》一书。全书共 5

---

① 李杲：《脾胃论》卷上。
② 朱震亨：《格致余论·阳有余阴不足论》。

卷，卷1载条令和总说，卷2验尸，卷3至卷5备载各种伤、死情况。《洗冤录》记述了人体解剖、检验尸体、检查现场、鉴定死伤原因、自杀或谋杀的各种现象、各种毒物和急救、解毒的方法等十分广泛的内容。书中对于自杀、他杀或病死的区别十分注意，案例详明。如溺死与非溺死、自缢与假自缢、自刑与杀伤、火死与假火死等都详加区分，并列述各种猝死情状。书末附有各种救死方。这部书中所记载的如洗尸、人工呼吸法、夹板固定伤断部位、迎日隔伞验伤，以及银针验毒、明矾蛋白解砒毒等等都是合乎科学道理的。

13世纪至19世纪，《洗冤录》不仅在我国沿用六百多年之久，成为后世各种法医著作的主要参考书，并且广泛外传，被译成荷兰文、法文、德文以及朝、日、英、俄等各种文本。

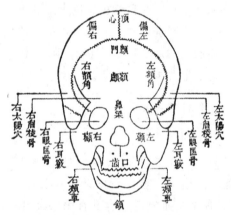

图7-17　髅骨图

当时的解剖学也有进一步的发展，进行了很多尸体解剖，并描绘成图。1041—1048年，绘工宋景绘成《欧希范五脏图》。1102—1106年，杨介整理的《存真图》，图上各部分位置和形态基本正确。前者主要是人体内脏图谱，兼述病理，正确地记述了肝、肾、心和大网膜的部位和形象。而后者对人体胸腹腔的前后左右各面，以及主要血管关系，和消化、泌尿、生殖系统等都有较详尽的描述，为后代许多医书所引用。这两部书在当时具有世界先进水平，并且发挥了实际的效用，它既标志着我国古代解剖学的巨大进展，同时又对人体内脏的形象、结构和部位提供了十分具体的形象资料，有助于我国各科医学的发展。

图 7-18 宋针灸铜人

## 针灸和外科医术

我国的针灸术到宋代又有了较大的发展。1027 年,王惟一著《铜人腧穴针灸图经》3 卷,统一了各家对腧穴的不同说法,并设计和监制了最早的两具针灸铜人,使针灸图像具有了立体感和真实感,在针灸学的教学和医师考核当中发挥了很大作用。测试考生时,先将铜人外面涂蜡,再穿上衣服,体内注水,针入穴位则水出,否则针不能刺入。铜人构造精巧,造型逼真,在很长的时期内受到了国内外医学界的重视。

1341 年,滑寿撰《十四经发挥》,主张任、督二脉各有专穴,应当与十二经相提并论,发展了忽泰必列的《金兰循经》。对于奇经八脉以及十四经的经穴、所主病症等做了专题论述，对手足三阴三阳共十二经也加以疏释。至于穴数，周身腧穴651，与王惟一铜人经相同。

王惟一与滑寿是宋、元针灸学的两大家。滑寿的《十四经发挥》也是一部影响较大的针灸学著作，特别是对日本影响较大，日本的针灸学取穴多以滑氏为标准。

其他如王执中的《针灸资生经》，闻人耆年的《备急灸法》以及当时新出现的子午流注针法等也都有一定的价值。

宋、元时期我国在外科学方面，从整体观念出发的治疗思想又有了进一步的发展。如陈自明和齐德之都主张外科以内科为本。1263年，陈自明著《外科精要》，提出了外科用药应根据经络虚实，痈疽虽是外症而与内脏密切相关。1335年，齐德之综合了三十多种外科著作，并结合自己的经验，撰《外科精义》，强调外科病乃阴阳不和，气血凝滞所致。诊断时重视全身症状，治疗用温罨、排脓、提脓拔毒，以及止痛等法，反映了当时外科方面的最新成就。

图7-19　《新铸铜人腧穴针灸图经》石版拓片

较早的李迅所著《集验背疽方》（1196年）也已指出发疽有内外之别。外发虽剧而易治，内发虽缓而难治。还有《太平圣惠方》一书中所创的"内消"、"托里"等治法也都是整体观念在治疗上的具体运用。宋元时期，整体观念在外科治疗上的临床应用和发挥，具有十分重要的意义。

宋、元时期的伤科更呈现出显著的发展。元代官医增设正骨、金镞两科，说明伤科已发展到一个新的阶段。危亦林（1277—1347）所著《世医得效方》为骨科专论，代表了宋、元时期骨伤科的发展水平，也标志着当时外科的巨大进步。危亦林的著作对于麻醉用药有翔实和突出的记载，他的"草乌散"和宋代窦材的《扁鹊心书》（1146年）所记麻醉药"睡圣散"都使用曼陀罗花配成麻醉剂。1805年，日本外科专家华冈青州也是使用以曼陀罗花为主的制剂，长期以来都被误认为世界最早应用的麻醉剂。危亦林用曼陀罗及乌头等作麻醉药，他不仅论述其用法，并指出必须按年龄、体质和出血情况决定剂量等等，是很有见地的经验总结。

《世医得效方》对于四肢骨折、脱臼、跌打损伤、箭伤等也都有精辟的论述。尤其是对最为棘手的脊椎骨折，他成功地应用了悬吊复位法，这是前所未有的创举，在治疗上达到了很高的水平。其脊椎骨折整复原则和手法，以及用大桑树皮固定的措施，和现代整复方法、固定方法，基本原则是一致的。

## 十一　瓷器和冶金的进展

### 名闻中外的名窑瓷器

宋、元瓷器在工艺技术上达到了新的更高的水平。这时瓷器的重大发展还是在青瓷和白瓷，它们体现出了当时制瓷技术的纯熟程度。宋代青瓷十分精致。南方青瓷以龙泉窑为代表，而北方青瓷则以汝窑（河南汝州，今临汝县）为代表。开封的官窑模仿汝窑又有进一步的发展，均窑在均州（今河南禹县），更是后起之秀。青瓷到宋代已达到炉火纯青的地步，成为青瓷发展的高峰。白瓷也进一步发展，并由北向南，分布更加广泛。白瓷以定窑最为有名。定州窑（今河北曲阳县）称为"北定"，色白而滋润。南渡以后，则以景德镇为主，称"南定"。南定以其白度和透光度之高而被推为宋瓷的代表作品之一。白瓷比青瓷进步，景德镇"影青"白瓷更是一种特殊的发展。元代有名的青花瓷就是在白瓷上画青花。宋代的白瓷已经高度发展，元代在宋代白瓷发展的基础上，更逐步向彩瓷过渡。

到目前为止，已在全国16个省和1个自治区、134个县市发现了大量宋代瓷窑遗址，说明宋代瓷器业的发达与普及。这时形成了有影响的八大窑系，即：北方的定窑、磁州窑、均窑、耀窑；南方的景德镇窑、越窑、龙泉窑和建窑。宋元时期也还有另一些著名的瓷器生产基地，它们各具特色，彼此辉映，构成了瓷器工艺技术繁花争艳的绚丽图景。

定窑瓷器胎细、质薄而有光，瓷色滋润；白釉似粉，称粉定或白定。碗碟等多是复烧，碗口、碟边无釉，包铜边或金银边。其制花技术有较多创新。产品以北宋末年最好。北定以白云石代替石灰石配釉，南定则以石灰石炼成釉灰。北定釉中三氧化二铝（$Al_2O_3$）

和二氧化硅（$SiO_2$）的成分与明清瓷器比较接近，其中个别的含氧化镁（MgO）达 4％。定窑釉薄，一般只有 0.1 毫米左右。南定影青瓷，瓷胎的白度和透光度已接近现代水平，表明当时制瓷技术水平达到了前所未有的高度。

宋代磁州窑以磁石泥为坯，所以瓷器又称为磁器。磁州窑多白瓷黑花，或作划花、凸花，别具一格。

均窑烧造彩色瓷器较多，以胭脂红最好；还有葱翠或墨色，瓷胎中含有颗粒很大的石英，坯泥淘练比较粗，釉层也厚达 1 毫米左右，上釉方法和龙泉窑相似。釉中含五氧化二磷（$P_2O_5$）较高，以致红釉呈乳浊色，也和晶体的反光折光作用有关。而红色釉则是由于还原铜的呈色作用，含氧化亚铜（$Cu_2O$）约达 0.33％；釉层中含气泡较多，是不足之处。均窑的窑变则是窑变中的代表作。

耀州窑（陕西铜川）以北宋中后期最为兴盛。这一时期的产品精美，胎骨很薄，而釉层匀净，表现出耀州窑的高度技术水平，至于布满器壁内外的花纹，则更为耀窑瓷器增彩。

南定瓷器即景德镇瓷器，质薄色润，光致精美。镇东南 20 里湘湖窑有米色和粉青二色瓷器。瓷胎含二氧化硅（$SiO_2$）高达 77％，含二氧化钛（$TiO_2$）往往在 1％以下。湘湖窑影青瓷的白度和透光度最高，是宋代制瓷技术的代表。

越窑，首推上虞窑，该地自东汉至宋，烧制瓷器达一千年之久。另一个越窑的代表，余姚县瓷窑在宋代烧制的瓷器胎薄而无纹饰，但小巧细致，光泽美观。它如临海窑瓷器釉质极精，为青绿色。黄岩窑瓷器也属越窑体系，以刻花居多。鄞县窑瓷器在五代北宋时期的外贸商品和贡品中，占很大比重。当时制造技术进步显著，胎薄而匀，烧成温度的控制和窑具，均有重大改进。至于慈谿窑烧制瓷壶最多，多用划花、刻花作装饰，施青灰色釉，瓷质比较松脆。兰溪窑瓷器胎色浅灰，釉色青淡，玻璃质强，造型秀美。总之，越窑在隋唐五代时期，声誉最著；到北宋仍可一比当年，到南宋就衰落了，逐步落后于龙泉窑。

浙江处州章氏兄弟各设一窑，哥窑即琉田窑，弟窑即龙泉窑。哥窑瓷器有青色，有淡紫，有米黄，以碎纹著名，称为"百圾碎"；也有铁足紫口类似官窑。弟窑多粉青或翠青色，无断纹。龙泉青瓷釉色美丽光亮，釉层厚 1 毫米左右。可能是里面采用荡釉，外面采用蘸釉法上釉。由于烧成气氛掌握好，龙泉"梅子青"色调非常悦目，龙泉瓷胎含三氧化二铁（$Fe_2O_3$）较低，呈灰色；露胎处因冷却时氧化作用而呈淡红色。

建窑在福建建阳县水吉镇，所产黑瓷是宋代名瓷之一，多紫黑色胎，胎很厚，黑釉光亮如漆；有的还有土黄色毫纹或银色斑点。这种黑瓷是在还原焰中烧成的。福建崇安县星村和光泽县茅店均产黑瓷。

除上述八大名窑外，还有一些瓷窑也很著名。

汝窑瓷器釉色以淡青为主，其色清润，有的有冰裂纹；其他还有豆青、虾青、茶末等色。汝窑釉厚成堆脂状，往往达 1 毫米甚至 1 毫米以上。汝窑胎中含三氧化二铝（$Al_2O_3$）和二氧化钛（$TiO_2$）成分都较高。

图 7-20 宋龙泉窑船形砚滴

图 7-21 宋六方花卉陶碗模（河南临汝县出土）

官窑瓷器胎釉都很薄，有月白、粉青等色，并有冰裂或梅花纹，或有鳝血斑，墨纹。南渡后官窑用粉青釉或粉红釉，胎薄如纸，含三氧化二铁（$Fe_2O_3$）约达 3.6%。当用还原焰烧成时，一部分还原成四氧化三铁（$Fe_3O_4$），使瓷胎成灰墨色，底足露胎还原较强而呈黑色，称为"铁足"，器口灰黑色泛紫，叫做紫口（铁足紫口）。

宋代吉州有五窑，多白色、紫色瓷器。吉州窑彩绘瓷也颇为有名，而剪纸贴花的技艺更是吉州窑的独创。

元代景德镇附近湖田窑多黄黑色瓷器，烧造技术与湘湖窑相近。

元代福建德化窑烧造白瓷，烧成气氛好，色调悦目，后人称为猪油白。

图 7-22　元影青观音像（北京元大都遗址出土）

从宋元名窑的瓷器可以看到，这时的瓷器无论在胎质、釉料，还是在制作技术上，都有了新的提高。如纹饰使用了划花（凹雕）、绣花（针刺）、印花（板印）、锥花（锥凿）、堆花（凸堆）、暗花（平雕）、嵌花（刻嵌），以及剪纸贴花等技巧；在施釉上则有釉里红、釉里青、两面彩等手法，使瓷器更加光彩夺目。瓷窑的结构更加合理化。如宋代龙式窑就具有火焰流速低的特点。它既可使热量充分利用，又可使全窑温度均匀，从而提高了产品的质量。同时窑的构造庞大，有的一次可烧制两万多件瓷器。这就使宋瓷无论在数量和质量的提高方面都有较大的发展。后来德化盛行的阶级窑就是在元代分室龙窑的基础上发展起来的。

宋元瓷器制造技术上的成就，使它在我国瓷器发展史上形成了一种特殊地位，从而成为我国瓷器发展过程当中的一个十分重要的阶段。彩色瓷往往以色彩炫人眼目；而青瓷和白瓷则以纯净为主，更能体现出当时制瓷技术造诣之深。属于釉下彩的著名的青花瓷器，在宋元时期也有一定的发展。

### 冶金技术

到宋代，有色金属矿和黑色金属矿的开采都有更大发展。当时的 14 处金场、56 处银场分布在全国。北宋立国后四五十年间铜产量较前增加 3 倍，锡增加 1 倍，金增加 1 倍，铅增加 4 倍。到北宋真宗治平元年（1064 年），比唐宪宗元和元年（806 年）的铁产量增加了 4 倍。北宋初年各路铁冶 201 处，到中期又续增 70 处，仅利国监铁矿年产铁就达 154 万斤。江西信州铅山铜铅矿、广东韶州铜铅锡银矿，以及广东岭水铜场各有 10 万人日夜开采。元代幽燕地区铁冶 17 处，年产铁达 1600 多万斤。这些都说明了宋元时期冶金生产的重大发展。

这时期的冶金技术有新的进步,在有色金属的开采与冶炼方面,赵彦卫所记载的开采银矿和炼银方法——"吹灰法",就是一种比较先进的方法。

推广胆铜法是宋代提高铜产量的重要技术措施。北宋末年胆铜产量已占全国铜总产量的20%,南宋更有进展,胆铜产量甚至占全国铜总产量的85%。宋代张甲著有《浸铜要录》1卷,可惜这部胆水浸铜的专著已经失传。但烹熬法和浸泡法在史书和笔记中均不乏记载。《梦溪笔谈》卷25称:"信州铅山县有苦泉……其水熬之则成胆矾,烹胆矾则成铜。"所记载的就是烹熬法。《宋史·食货志》记有浸泡法:"以生铁煅成薄片,排置胆水槽中浸渍数日,铁片为胆水所薄,上生赤煤,取括铁煤,入炉三炼成铜。大率用铁二斤四两,得铜一斤……所谓胆铜也。"

我国云南地区的会理等地有铜镍矿。东晋常璩所著《华阳国志》卷4载:"螳螂县因山而得名,出银、铅、白铜、杂药。"看来,晋代已有白铜。明清时期,镍铜合金的生产曾达到相当规模。此外,11世纪末,何薳《春渚记闻》还记载了砷白铜的制法,在冶炼时氧化砷被还原为砷,溶解在铜中。何薳称白铜为"烂银",制砷白铜法为"煅砒粉法",并称薛驼受异人传授能制"烂银"。这是一项比较确凿的记载。白铜的生产是古代合金冶炼技术上出色的成就。

宋元时期,我国钢铁冶炼事业的一个重要方面,是强化炼铁炉的生产以提高产量。当时已有不同类型的木风扇的记载。一般认为木风扇是木风箱的前驱,开闭木箱盖板以鼓风,盖板上有活门,木箱与风管连接处也有一个活门;一是进风口,一是出风口。盖板扇动,两活门交替开闭。同时用两具木风扇交叉使用,就可以连续鼓风。这种木风扇体积较大,两人或两人以上拉一扇。敦煌壁画上西夏煅铁炉也用木风扇鼓风。王祯《农书》在记述当时的水排时也说:"古用韦囊,今用木扇。"木扇结构牢固,体积又大,所以风量风压都显著提高,从而使冶炼过程得以强化,产量于是相应提高。这一项鼓风技术比欧洲要早五六百年。

元代陈椿的《熬波图》描述当时的一种化铁炉,每化1斤铁用1斤炭。在古代,这种大型化铁炉的燃料耗用量,应当算是很节约了。又据《熬波图》记载,当时炼铁炉所用耐火材料有瓶砂(碎陶瓷末)、白墡(白色耐火土)和炭屑等。用这些原材料确能合成较好的耐火材料。再加小麦穗和泥作为配用材料和黏结剂,以此筑炉能抵抗炉渣浸蚀,又能耐较高温度。这说明在筑炉技术方面已经具有丰富的经验了。《熬波图》上所绘炉形炉口小,能减少热量损失,上口小而下部炉膛大,更能使炉料顺行,避免悬料事故。炉子下部收口,使热量集中有利于熔铁,炉脐上的窍和溜与近代炼铁炉基本相似。宋元时期的新炉型能保证炉料顺行,合理利用热能,而耐火材料的改进更能延长炉子的寿命,并能适应鼓风设备改进后的技术要求,从而解决了提高炉温的一系列问题。这些是宋元时期冶金技术的重大进步。

据《武经总要》前集卷12记载,宋代还有一种可以抬动的化铁炉叫"行炉",系方形化铁炉与梯形木风箱相连,下有木架可以抬动。化铁炉从固定式发展为移动式,不仅有利于普及和运用,并且发展为守城的武器。

我国是世界上最早用煤炼铁的国家。河南巩县铁生沟汉代冶铁遗址曾出土煤炭,可能已试用作炼铁燃料。《水经注·河水篇》说："屈茨北二百里有山，夜则火光，昼日但烟，人取此山石炭冶此山铁，恒充三十六国用。"这是用煤炼铁的明确记载。实物检验表明，到10世纪前后，我国已更多地用煤炼铁，因此有些生铁含硫量较高。1078年，徐州利国监附近发现煤矿，用来炼铁，效果很好，节省了大量木炭。苏轼特作《石炭行》以纪其事。13世纪末马可波罗来到中国，看到中国人广泛地利用一种黑石头作燃料，觉得十分惊奇。欧洲到18世纪才用煤炭冶铁。

宋元时期还出现了许多优秀的金属工匠。如铸造精密天文仪器的韩显符，名锻工刘美，造炮工回民亦思马因，瓜尔佳部铁工鄂博台，温都部锻工乌春阿卜萨水等。

灌钢技术在宋代进一步得到改进，《梦溪笔谈》卷3记载了灌钢（当时称为团钢）："用柔铁屈盘之，以生铁陷其间，泥封炼之，锻令相入。"并说："二三炼则生铁自熟，乃是柔铁。"说明柔铁就是熟铁。将熟铁条盘卷起来，夹放适量生铁，用泥封裹以防止加热时氧化脱炭，然后烧炼，生铁先熔化成铁汁，渗入熟铁中，又加以锻打，使碳分布均匀，就得到高硬度、性能比较好的钢，这就是灌钢。沈括的记载是明确而又全面的。

# 十二　建筑与桥梁技术

中国古代建筑以木结构建筑为主体的结构形式，发展到宋辽金元时期，达到了纯熟和高度发展的阶段。其中无论是城市建设的变化，还是砖塔建造的新成就，木构建筑的发展，以及《营造法式》反映的木构建筑技术，还有桥梁建筑技术等等都达到了新的高峰。

城市建设的变化

北宋东京城（今开封）是一座南北略长的长方形都城。中心部位为宫城，周围20里，又有内城与外城，共3层，外城周围40里，计有城门12座、水门6座。有汴河、蔡河、五丈河、惠通河等流经城区，河道和街道交叉处建造有各式桥梁，单汴河上就有13座。东京城商业和手工业特别繁盛，人口不断增加，最多达到120万人，引起城市的很大变化。在城市建筑上打破了唐代里坊和夜禁的制度。在大街上建立了商店，出现了商业街，也有的商业街与住宅相互交叉。街道两边二层楼房很多，临街建楼，建设酒店等。商业活动早晚不停，经常有夜市，十分热闹。在城防工程上，比前代更加严密，外城城壕宽十多丈，每个城门都建设瓮城，跨河部位建立铁闸门；城墙每百步设马面、战棚，十分严谨。它是10世纪至12世纪间世界上最大的城市。

南宋建都在临安城（今杭州），是当时四大海港之一，到南宋末，人口达124万，超过北宋的东京城。临安的结构布局没有汴京的雄伟气派，宫殿庙堂也没有宏大的建筑，但城内总体布署细巧繁缛，店铺林立，商业茂盛。全城东西狭，南北长，城二重，城北城南码头市最繁盛。钱塘江边六和塔兼作指航灯塔，标志着海运与外贸的繁盛。其时房屋建筑由简趋繁，如从正方形、长方形的平面布置发展为凸字形，又发展为工字形、王字形等等。临安也有不少高层建筑。城内醋库、酒肆极多。临水房屋除湖房外，还有塌房（货栈），各种形式、用途的房屋建筑高低错落、起伏变化，很有特色。

元大都（今北京）平面接近正方形，有城郭两重，宫殿平面用工字形。建筑结构和形式承宋代旧制，但在砖石结构、材料和装饰方面有所创新，又采用了许多少数民族的建筑造型，如盝顶殿（瓢状）和"畏吾儿（维吾尔）殿"、"棕毛殿"等则是完全新的式样。在宫廷布局方面进一步发展了"千步廊"。城市街坊又恢复了宋以前的坊里封闭制度。

## 《营造法式》反映的木构建筑技术

在长期建筑实践的基础上，北宋时对建筑技术进行了新的总结。熙宁年间（1068—1077）开始组织编修建筑技术的规范，元祐六年（1091 年）编成《元祐法式》，但因该书"只有料状，别无变造用材制度，其间工料太宽，关防无术"，故由李诫重新编修。

李诫字明仲，管城县（河南郑州）人，生年不详，卒于 1110 年。他在任将作监期间，用了 6 年时间，于 1100 年编成《营造法式》一书，1103 年刊行。全书共 36 卷，357 篇，3555 条，对历代工匠传留的经验以及当时的建筑技术成就作了全面系统的总结，是当时中原地区官式建筑的规范。李诫任职将作监期间主持过十几项巨大的建筑工程，又能亲自和工匠们一起逐项地进行比较研究。所以，《营造法式》一书的编写，对当时和后世建筑技术的进步，都有相当大的贡献。

关于建筑工程作法、定额等，《营造法式》虽然是带有法令性质的专书，属于条例、规范一类，但它比《元祐法式》有很大的进步。《元祐法式》只有一定之规，遇有"营造位置尽皆不同"时，就无可依据。针对这一缺点，李诫将"有定式而无定法"作为编书的方针，特别注意"变造用材制度"，从而纠正了《元祐法式》"只是料状"的缺点，使之适应建筑构件尺寸大小，因不同情况变化多端的客观实际。书中一方面依据一般情况指出一定的范围，另一方面又依据特殊的情况留有活动的余地。如门窗只规定总尺寸的范围，细部尺寸则"以门每尺之高积而为法"，以此为法则，求出每个构件的大小；对于柱高、开间、进深，仅提出"柱高不越间广"等原则，而不作具体规定。又如柱础规定"方倍柱之径"，而厚度则分三种范围分别规定，使柱础有一定的强度。这些都是广泛吸收工匠们的经验，总结出来的比较合理的规范。

图文并茂是该书的一大特点。它用 6 卷的篇幅绘出详图，共有房屋仰视平面图、横剖面图、局部构件组合图、部件图、构件构造图、彩画、雕饰图、施工仪器图等多种，具备了丰富的形象画图，让使用者一目了然，便于施工的顺利进行。

该书将"材分八等"，标明了我国传统的"以材为祖"的木结构的各种比例数据，揭示出我国传统的木工特点。从《营造法式》能体现出宋代人们对建筑力学有关问题的认识水平。当时已能分辨受力和非受力构件，对于梁的受弯情况也有所认识；对于受剪情况，在当时条件下，认识尚不足。《营造法式》的大木作制度，充分表现出我国传统的木结构体系的特点：对于构架的侧向稳定性、纵向稳定性，以及结构的整体性的增强，都予以极大的重视和认真的讨论，并采取必要的措施。如屋顶的做法有利于抗震。这些特点具体地说明了我国古代木构建筑的构架体系，到宋代已经达到纯熟的程度。其中的小木作制度，则表明了木装修也已进步到新的水平。

该书是宋代建筑技术向标准和定型方向发展的标志，表明这时的建筑工程更加严密、完善化了。

### 砖塔建筑技术的进展

宋代在全国各地建筑了数量众多的砖塔，形成了我国砖塔发展的第二次高潮。宋代砖塔平面多采用八角形，个别的为六角形，极少数仍然沿用方形。外观式样以楼阁式为主；它的内部结构进一步改革。形制丰富多样，计有壁内折梯式，这是宋代砖塔极为普遍的作法，包括回廊式（以苏州大报恩寺塔为代表）、穿壁式（以九江能仁寺塔为代表）、穿心式（以定县开元寺塔为代表）、旋梯式（以开封祐国寺塔为代表）。砖木混合结构，江浙一带的都是这种式样；江西湖南一带的塔则多以砖石混合结构为主。这些结构形式的变化均是宋代的新创造。

唐代砖塔都采用空筒式结构，用木梁板做楼层，其横向结构极差，若遇火灾，木楼层烧毁，上下就成为一个空筒，更不稳固；如遇地震，极易倒塌。当宋代建砖塔时，即吸取经验，将空筒式结构改变为外壁、楼层、塔梯三项连为一体的形式，使得每层都有固定的楼层，从而增加了横向拉力，使砖塔坚固稳定。至今还有许多宋代砖塔存留下来，便是这种结构优越性的明证。这种结构方式对明代建塔技术有着深刻的影响。

### 辽代应县木塔

山西应县佛宫寺释迦塔，已有九百多年的历史，它是世界上现存最高的古代木构高层建筑。木塔塔身八角、九层，外观是五层（有四个暗层）、六檐（底层为重檐）。自地面到塔顶高达 67.31 米。塔下有两层砖筑基台，上层八角形，下层方形。在上层八角形台基上布置了内外槽柱及副阶（外廊）前檐柱。内外槽转角柱都是双柱，所有的柱子用梁枋连接成筒形框架。底层以上是平座暗层，暗层以上是二层，再上又是平座暗层，如此更相重叠直到五层为止。多层柱子叠接而上，每层外檐柱都与下层平座层柱同一轴线，但比下层外檐柱向塔心退入约半柱径，形成了各层向内递收的外形轮廓。平柱层外檐柱立在下层斗拱所挑承的梁上。

在暗层内可以看到内外槽柱子之间用斜撑、梁和短柱组成的复梁式木架，这实际上形成了一道平行桁架式圈梁。内环又叠置四层枋子组成的井干式圈梁。在一圈内槽柱当中安装佛像，不能拉联，所以各暗层用斜柱，使整个暗层形成一个牢固的构架。这样，整个塔身就含有四道刚性构架。这种结构方式使整个塔身的稳定性大为增加，从而增加其抗风抗震的能力。这些都反映了辽代高层建筑的卓越成就。应县木塔经受住了元明两代多次地震的考验，仍巍然屹立，与这种新型结构方式所具有的稳定作用有着密切的关系。

应县木塔结构上还有一些技巧，如四个斜方向、两次间的柱间原有剪刀撑，以荆笆抹泥封护，它既能增强结构强度，又形成了虚实对比（门窗为虚，荆笆抹泥为实）。又如，由于楼梯处不能安置斜撑而形成弱点，为了使弱点分散，采用了沿塔身螺旋上行的办法，每隔一面安置一道扶梯，这样就避免了弱点集中，不至于形成更大的虚弱环节。再如上下各层内槽柱都放在同一个轴线上，八根轴线略向塔心倾斜，从整体来看，下大上小，各层向内递收，既符合结构稳定的要求，又使塔身总体造型显得稳重大方。可以说，应县木塔是将结构构造和建筑造型有机统一起来的典范。塔的细部构造也表现出了优秀的手法，斗拱式样富于变化，共采取了六十多种辽式斗拱，极其丰富多彩，这也显示出当时建筑技术的高超。

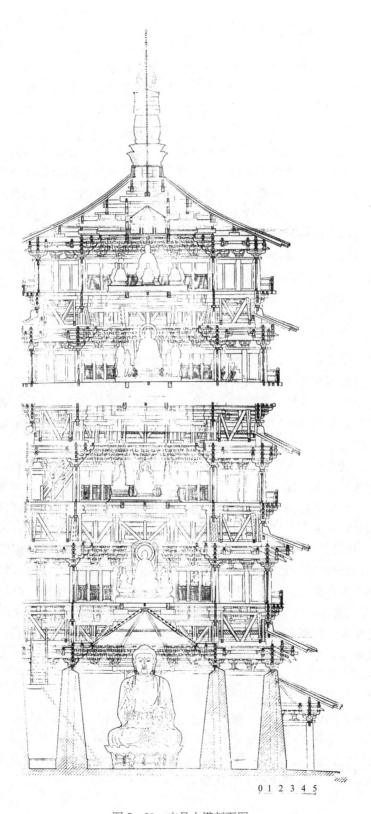

图 7-23 应县木塔剖面图

### 元代木结构技术的新发展

保留到今天的元代木构建筑实物——殿堂，还有百余座。它们大部分分布在山西、陕西两省。从总体上看，它们可分为两大类：一种是传经式，一种是大额式。传经式就是沿袭唐宋以来的木构梁架的结构形式，只是在用料上有所减少。大额式是元代的一种新创造，它采用了移柱与减柱的方法，达到了扩大殿堂内部空间的效果。

所谓移柱是将殿堂内柱网中的柱子移向边角部位，以扩大殿堂中央部位的空间。所谓减柱就是将殿堂内柱网中的柱子减掉2至4根，或4至6根，用以扩大空间。两者又均以不削弱殿堂本身的坚固性为原则。为弥补移柱和减柱所带来的结构上的弱点，采取的主要技术措施是增添大额来承担建筑物上部的重量。大额是用一根粗大的圆木，按面阔方向架设在柱头上，有的在前檐，有的在后檐，也有架设在前槽或后槽的。又在额上安放斗拱，这样额下就可以随意移动柱的位置，达到减柱和移柱的目的。例如山西高平景德寺、洪洞广胜寺、繁峙灵岩寺等等都是典型的实例。这种做法的雏形上可溯至辽金，但是大量的应用与发展还是在元代。

### 桥梁建造技术

宋元时期桥梁建造技术已经纯熟，在传统的拱桥和梁桥的建造方面，出现了不少技术上的新突破。这时期建造的桥梁数量很多，特别是在宽阔水面造成了不少大中型桥梁，形成了中国历史上的一个建桥高潮时期，在桥梁史上占有极其重要的地位。著名的桥梁有北宋时汴梁的虹桥，泉州的洛阳桥，金代中都（北京）西南郊的卢沟桥，南宋时泉州的安平桥等。

汴梁的虹桥是这时期木拱桥的代表作。它建于北宋，用木梁相接成拱，不用支柱，既易架设又便于通航。在张择端的《清明上河图》上，有一座这类桥梁的逼真画图，这一单跨木构拱桥——虹桥的跨径近25米，净跨20米左右，拱矢约5米，水面净高近6米，桥宽约8米，矢跨比约为1:5。桥体用5根拱骨相连（实际是6根，最末一根埋入拱趾，为培土所覆盖），每根拱骨搁置在相邻二拱骨中部的横木上。横木与拱骨用铁件相连，拱架并列约21排，紧密排放，互相排成一列，这样横木就起了纵横连结的作用。虹桥的组合是以木梁交叠而成，是一种"叠梁拱"。这种在当时特有的新型结构，或称之为"虹梁结构"，其整体造型轻盈，犹如长虹飞越河上，构造又比较简单，构件能按设计尺寸预制，装拆都很迅速便捷。桥面密铺板枋，两侧装设红色栏杆，桥两端竖立华表，河边桥下石砌桥台，桥台两侧砌石护岸。这种长跨径木桥建筑是桥梁建筑中的杰作，在世界桥梁史上也是十分罕见的。

梁桥以福建泉州的洛阳桥和安平桥最为杰出。

洛阳桥又名万安桥。该桥于宋皇祐五年（1053年）兴建，嘉祐四年十二月（1060年1月）竣工，历时6年8个月。据蔡襄《万安渡石桥记》记载，当时桥长360丈，宽1丈5尺，计有47个桥孔。保存到现在的洛阳桥长834米，桥面人车行道宽7米，有46个桥墩，47个桥孔，基本上保留了原有的规模。

图 7 - 24 《清明上河图》中的虹桥和内河船舶

洛阳桥位于洛阳江入海口，江面开阔，江水与海水交汇，水急浪高。在这样的地段上建桥是史无前例的，工程艰巨，而且必须解决许多技术上的困难。为了解决桥梁基础稳固问题，建造时首创"筏形基础"。即在江底沿桥位纵轴线抛掷数万立方大石块，筑成一条宽 20 多米、长 500 米的石堤，提升了江底标高 3 米以上，然后在这石堤上筑桥墩。这在桥梁史上是一大创新，是现代桥梁工程中"筏形基础"的先声。桥墩亦用石块砌成，迎海一面砌成尖劈状，以减弱海潮的冲击力。在没有现代速凝水泥的条件下，要解决桥基和桥墩的连结稳固问题是一大难题。建桥工匠们发挥了惊人的才智，巧妙地发明了种蛎固基的方法，在桥基和桥墩上养殖海生动物牡蛎，利用牡蛎的石灰质贝壳附着在石块间繁殖生长的特性，使桥基和桥墩的石块通过牡蛎壳相互联结成一个坚固的整体。桥面用三百余块重 20～30 吨的大石梁架设而成，在没有现代吊装设备的情况下，要在水面上架设如此巨大的石梁又是一大难题。据后世的记述和研究，当时可能是利用潮汐的涨落，控制运石船只的高低位置架设而成。这种浮运架梁法，在现代桥梁工程中得到广泛的运用。

图 7 - 25 泉州洛阳桥图

洛阳桥的建成揭开了中国桥梁史上新的一页，反映了中国造桥工匠的聪明才智和创造精神，至今为中外所赞叹。自洛阳桥建成以来，先后经历了上百次的地震、海啸和台风的袭击，至今仍横跨于洛阳江之上。20世纪30年代，在原有桥面上加高铺设水泥桥面，行驶各种车辆。

图 7-26　安平桥

在洛阳桥建桥技术的基础上，随着泉州海外交通贸易的发展，南宋时在泉州形成了一个建桥的热潮。在南宋的一百五十多年中，泉州建造了数十座大中型石梁桥，总长度在 50 里以上，长 5 里以上的就有三四座，最长的达 1 千丈以上。其中留存至今的安平桥建于南宋绍兴八年至十一年（1138—1141），跨越于安海港海湾之上。全长 811 丈，有桥墩 361 座，在 1905 年郑州黄河大桥建成之前，这座桥是历史上遗留下来的最长桥梁。

卢沟桥在北京西南郊，是出入京师南北大道的必经之地。据《金史·河渠志》记载："大定二十七年（1187 年），以卢沟桥为往来津要，令建石桥。明昌三年（1192 年）桥成。"卢沟桥为联拱式石桥，长 212.2 米，加上两端桥堍共长 265 米，宽 8 米多，有 11 个桥孔。马可波罗在其游记中曾称这座桥是"一座极美丽的石头桥，讲起来，实在是世界上最好的独一无二的桥。"这座桥造型美观，坚实稳固，使用至今。

## 十三　纺织技术

宋元时期我国纺织技术，在汉唐纺织技术的充实基础上继续进步，达到了高度发展的阶段。纺织技术丰富多彩，纺织机具非常先进，出现了"苏州宋锦"、"南京云锦"以及元代的金锦，更有平滑光泽的"行丝"（缎）。织造三原组织：平纹、斜纹和缎纹至此均已具备。缂丝和许多优秀织物的出现更属锦上添花。纱罗方面，承先启后，导致了平罗的出现。棉织业逐步发展。特别是纺织机具方面,出现了32锭水力大纺车这样先进的纺织机具。还有留传至今的纺织技术名著——《梓人遗制》,该书对纺织机具记述详明,具有较高的历史价值。

薛景石与《梓人遗制》

元代的薛景石,字叔矩,山西万泉(今万荣县)人。他为人智巧好思,继承了先辈和当代人的木工技术,加上自己长期实践的经验积累,利用工余之暇,编写了我国古代著名的木工技术专著——《梓人遗制》。正像段成己在该书的序中所说:"有景石者,夙习是业,而有智思,其所制作不失古法而间出新意,耆断余暇,求器图之所自起,参以时制而为之图。"对于《梓人遗制》的成就与特色作了恰当的概括。在《梓人遗制》的"华机子"叙事目中,薛景石首先指出华机子是劳动人民的创造,继之又谈到当时人的许多创新,各有法式,互有长短,需要加以总结,这也很好地反映了作者的编书宗旨。

《梓人遗制》虽然是一部很重要的技术著作,但在元代的流传似乎并不很广,初刊本在明以后失传,也没有其他复刊本。现在可以见到的是明初修《永乐大典》时从初刻本过录的,现存已不是全本。其中所载的纺织机具包括:华机子(提花机)、立机子(立织机)、小布卧机子(用于织造丝麻织物的木机)、罗机子(专门织造罗类织物的木机)以及掉篗座和泛床子(用于穿综、修纬一类机具)等六项。对这些机具均给予总的说明和历史沿革的评述,同时分别说明其用材和功限等内容。该书的一个突出特点是"每一器必离析其体而缕数之。分则各有其名;合则共成一器"。对于每一零件都详细说明了尺寸大小和安装位置,而且图文并茂,既有各部件的分图,又有整个机具的总图,使人一目了然。如同段成己在序中所说"使攻木者览焉,所得可十九矣"。如按图试制,大部分是可以达到目的的。

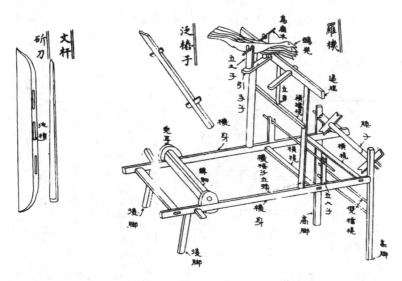

图 7-27 《梓人遗制》中的"华机子"图

其中最重要的是华机子、罗机子、立机子三项。

中国古代的提花机,在经过汉唐之间长时期的发展以后,到了宋代,已经走向定型化。因而在宋人楼璹《耕织图》（楼图已佚，仅存重摹本，见于《便民图纂》）和现存的宋院画的《耕织图》里都有关于提花机的描绘。但因那些图都属于绘画艺术，不可能画出全部部件，也没有注明规格，只能起示意作用，都不如薛景石论述的详细。

中国古代的罗织物（绞纱组织）有两大类，一类的所有经线均绞结在一起，另一类即现仍采用的平罗。前者盛行于汉唐，宋以后逐渐消失。后者是宋以后出现的。《梓人遗制》的罗机子，是织前一类的。中国古代织机大都是平卧式的，很少竖立式的。《梓人遗制》中记载有立机。《梓人遗制》中的记载是现存的有关汉唐罗机和立机的唯一资料。所有这些，都具有很高的历史价值。

### 水力大纺车

随着国内外贸易和城市经济的发展，社会对于纺织品的需求量大大增高，原有的手摇纺车以及脚踏三锭纺车所生产出来的成品已不能满足纺织手工业的需要，于是提高纺纱的速度与质量的问题，成了社会提出的急待解决的技术问题。在宋代终于出现了用水力发动的多锭大纺车。王祯在他的《农书》中曾经对水力大纺车的结构作了简单的介绍，这种纺车可以安装32个锭子，利用水力或畜力发动。王祯赞扬这项发明创造"更凭水力捷如神"，同时极力推广这种先进的生产工具，希望能够做到"画图中土规模在，更欲他方得共传"。

### 纺织品及织造技术

宋元时期在纺织技术上最重要的成就，是纱罗锦缎等织物的织造方法和提花工艺。棉织业也逐步发展。

（一）纱罗。我国早在殷周的时候，就有了利用简单纱罗组织织作的绞纱织物。后来经过汉唐等各个时期的不断发展，在宋代已经达到十分纯熟的程度。新品种大量涌现，均具有较高的织作技巧。

图 7-28　水转大纺车（采自王祯《农书》）

宋代的纱均是以 2 根或 3 根经线为一组起绞而成的。1975 年曾分别在福州的南宋黄升（女）墓和金坛的南宋周瑀（男）墓出土女衣 334 件，男衣 33 件，大部分是用绞纱作原料裁制的。其中有一种亮地提花纱，是属于稀经密纬的纱（15×21），充分地显示了绞纱的特点，具有良好的透明和飘逸的效果。此外，有两种牡丹芍药山茶蔷薇罗也非常出色。中国古代织物的纹样，在宋代有很大变化。此前，大都是以图案花纹为主，自宋代起则极力追求写实。这两种罗的花纹，不仅生动活泼，而且花回循环较大，竟达六十余厘米，超过唐以前任何一种同类产品。很显然的是花本的编制加细，通丝数相应地增加，因而织作物也更为精细。

（二）锦。宋代的织锦技术较前又有很大发展。南宋时锦的品种已有四十多种。著名的"苏州宋锦"和南京"云锦"，都是在宋代开始出现的。宋锦以用色典雅沉重见长，云锦基本是重纬组织，而又兼用唐以前的"织成"的织作方法，用色浓艳厚重，别具一格。元代又发展出一种"金锦"，是用金银线作花纬或地纬织成的，显得更加富丽辉煌。

（三）缎。缎是中国古代最华丽和最细致的丝织物。缎是在绫织物的基础上发展起来的，用缎纹组织作地组织。缎织物当时叫"纻丝"。用缎组织织作的织品，比其他任何组织的织品，均更为平滑而有光泽。织物的立体感很强，特别是在织进不同颜色的纬丝时，底色不会混浊，可以使花纹更加清晰美观。由此可见，中国古代在织物组织上的成就是非常突出的。

（四）缂丝。缂丝是我国独特的纺织工艺品。宋代缂丝织制品多半以唐宋名画，如山水、楼阁、鸟兽、花卉等作底本，有很高的艺术性。但缂丝的制作工具十分简单，只用一台织平纹织物的小木机和十几把小木梭，在一根纬线上分段设色，然后用各色小梭分别织造，即可织出与原作几乎完全相同的织物。缂丝既是纺织产品，又是工艺产品（缂丝又称刻丝或克丝）。

图 7-29　缂丝莲塘乳鸭图

（五）棉纺。宋代棉花种植得到推广，棉织业亦随之发展起来。南宋时，滇、桂、粤等省的斑布已名闻全国。13世纪末棉织业在松江地区开始发展起来，出现了轧棉工具——搅车。其两轴回转方向相反，喂入棉花以后，互相挤压，则籽落于内，棉出于外，生产效率较原来提高数倍（原来是用手摘去棉籽的，如《辍耕录》所称"初无踏车、椎弓之具……用手剖去棉籽"）。另一项革新是绳弦大弓的出现，它一经出现便迅速地代替了原来的小竹弓。"绳弦大弓"振幅大而有力，每天能弹棉6~8斤。到元末明初，又进一步出现了木制弹弓，用木椎、蜡线弦，更进一步提高了生产效率，使松江渐渐地成为全国最大的棉纺织中心，以致松江布有"衣被天下"之称。

## 十四　中外科技交流

### 对外贸易的兴盛及其影响

随着社会生产力的不断提高，既使宋元时期国内商业发展的规模远远地超过唐代，同时也推动了海外贸易的发展，把中外的交流推向了高潮。

宋政府对海外贸易十分重视，认为"市舶之利最厚，若措置合宜，所得动以百万计"，"市舶之利，颇助国用，宜循旧法，以招徕远人，阜通货贿"①。宋廷既然以海舶通商收入为一大财源，因而多方奖励与扶持，以广招徕。987年，宋太宗派宦官8人分四纲，到南海各国招徕商人贸易。此后，即开辟了四条主要的海上交通线，已如第二节所述。

南宋时，通商的国家达五十多国，南宋海船开往通商贸易的国家也有二十多国。泉州的阿拉伯人公墓，泉州和其他城市的阿拉伯建筑，以及南洋一带印度洋沿岸和非洲国家出土的宋元瓷器，都是宋元时期海外贸易兴盛的历史见证。

依宋代制度惯例，海舶发航，对番汉纲首、作头、梢工人等设宴犒遣。如番舶遇风损坏，官方设法拯救，捞到的货物召保认还。如官吏非法剥削以致亏损，许番商越级申诉，处分贪官。宋政府采取了种种招徕、保护与奖励的办法，海上贸易日趋繁盛。元代的海外贸易保持了宋代的规模，也是很兴盛的。元政府规定舶商、艄公、水手人等，其家属一律免除差役，以示优待。

宋元时期所采取的一系列措施，使我国海外贸易不断发展。北宋初年，海外贸易通行货物37种。到南宋绍兴初年增至二百几十种。到绍兴十一年（1141年），又迅速增加，粗细货物共达320种。贸易范围不断扩大，商业往来日益频繁，外贸收入成为国家收入的重要来源。北宋政府外贸税收由每年30万贯增至50万贯，到南宋更增至每年200万贯，占全国各项税收总额的五分之一。仅广州一港，在1140年市舶税收就达110万贯，超过国库总税收的十分之一。

广州在北宋是全国最大港口，外商很多。到南宋，在广州和泉州都设置"蕃坊"供外商居住。同时，还设立"蕃市"和"蕃学"，可见当时外商人数之多。当时的外商在中国居住5年、10年的很多，甚至有居住五世以上的。南宋时期，泉州和广州市舶"物货浩

---

① 《宋会要》。

瀚"；到元代，泉州成为世界两大贸易港之一，经常停泊大帆船百艘，小帆船无数。

对外贸易兴盛，中外人士往来频繁，外国人在中国长期居留，甚至在中国政府担任官职。此外，中外商船海舶的船长、水手、商人等互相往还，这些都对中外科学技术的交流发挥了极其巨大的促进作用，产生了十分积极的效果。

图 7－30 元阿拉伯数码铁板（西安元安西王府旧址出土）

### 科学技术的中外交流

宋元时期，中外的科学技术交流随着交通的发展进入了一个新阶段。

在数学方面，阿拉伯数码以及阿拉伯国家通用的"土盘算法"（用竹棒、树枝在沙土盘上笔算之法）传入我国。此外，还有许多阿拉伯文的数学著作传入我国。如《罕里连窟允解算法段目》3 部，《呵些必牙诸般算法》8 部，《兀忽列的四擘算法段数》15 部，《撒唯那罕答昔牙诸般算法段目并仪式》17 部，等等。可惜这些书已失传了。

另一方面，我国此时期的数学成就也传入一些国家。如 15 世纪数学家阿尔卡西所叙述的除法、开平方、开立方，和中国古代算法十分相似。至于高次开方求廉法、开方不尽时命分的方法和二项定理系数等，更和宋元算书完全相同。而宋元算书如《杨辉算法》，朱世杰的《算学启蒙》等，都曾在朝鲜、日本翻刻。日本刻本还加了注解。有名的"契丹算法"（中国算法）在 13 世纪初曾传到欧洲。

这一时期，在天文、历法方面，札马鲁丁等人来到我国，带来了一批阿拉伯的天文仪器。元朝政府设立回回司天台。1267 年，札马鲁丁还撰进万年历，由元朝政府下令颁行。1271 年，札马鲁丁造星盘等仪器共 7 件，并携来包括阿拉伯文托勒密《天文集》在内的科学书籍 23 种。与此同时，我国的天文学也传到了中亚和西亚。有名的《伊儿汗历》中包含有中国历法的内容。13 世纪中叶，元朝政府的旭烈兀汗，其随行人员中有汉族天文家数人。旭烈兀还接受了纳速剌丁的建议，在马拉干建造了天文台。纳速剌丁在这座天文台工作，并主持了《伊儿汗历》的编纂工作。

医学方面，宋元时期医药交流也较前扩大。如泉州湾出土宋代海船中的药物，便是中外医药交流的历史见证。宋政府两次向朝鲜赠送《太平圣惠方》，并派遣医官带去药物百种。同时朝鲜药物也输入我国。元代我国针灸医生赴越南治病,而越南的治痢疾方以及丁香、沉香等许多药物也输入我国。宋代,我国的朱砂、牛黄、茯苓、川椒等六十多种药物运往欧洲。元代,我国的针灸疗法,以及姜茶、大黄、麝香、肉桂等多种药材传往阿拉伯国家。波斯医生并著书介绍中国医学。在我国,元代设立的"广惠司",以阿拉伯医生治病,专用回回药物,接着又设立"回回药物院",专卖阿拉伯药物。《回回药方》在我国的传播,特别是从阿拉伯国家、南亚和东南亚国家进口的香料药物,其中有许多开窍药,功能起死回生,挽救陷入昏迷状态的危急病人,这一些新药的使用和发挥,新医方的不断出现,进一步丰富了我国的医药学,促进了我国医学的发展。

农业方面,在宋代,我国农作物良种的繁育和交流进入了空前的发展阶段。如前已述稻谷的优良品种"占城稻"原产于中南半岛,在宋代以前已传入我国福建地区。到宋代,"占城稻"从福建向江淮、两浙地区大量移植。南宋初年,池州种植的"黄粒稻"是从高丽引进的稻种,籽粒饱满,是一种优良品种。从国外引进的优良稻种,在我国农民的精心培育下,更加茁壮成长。

宋元时期,从国外引进的植物、果品等都冠以"番"字,如番荔枝、番石榴、番椒、番茄、番木鳖等都是宋元时期或元末明初由外国船和中国船从外国带来的。

由于阿拉伯人大量来到中国,所以宋元时期的广州、泉州等地伊斯兰教建筑较前更加发展。广州怀圣寺光塔建于唐代,宋元时期重加修葺。大中祥符初(1009—1010)伊斯兰

图 7-31 泉州清净寺大门拱顶图

教徒在泉州建立清净寺，完全是阿拉伯风格的建筑，青色花岗岩砌成的寺门、门顶、门楣、内顶等都是叙利亚大马士革建筑式样。该清净寺是我国较早建立的伊斯兰教寺院。

在冶铸方面，大型铸件的铸造技术也传到日本，1183年，著名铸师陈和卿等7人应邀赴日本，改铸东大寺大佛，像高53尺，所用铸炉高1丈多。

北宋向国外输出的主要是瓷器，其次为丝织品和矿产品；输入方面多为香、药、苏木、象牙、珊瑚、玳瑁等。当时，我国从日本输入硫黄、水银，以及宝刀和各种工艺品，输出瓷器、药材、丝织品和书画等。南宋出口瓷器更多。从东南亚到非洲，都出土有大量宋元时期的瓷器。中国的瓷器和制瓷技术向东传到日本，向西传至西亚和非洲、欧洲，以致西方人称瓷器为china。1171年，埃及国王把中国瓷器40件赠给大马士革国王，可见中国瓷器的名贵。当时在欧洲可以用中国瓷器换取相同重量的黄金。1223年日本的加藤四郎等人到中国学会造瓷技术，由于加藤从中国引进了陶瓷技术，后来在日本被尊为"陶祖"。中国造瓷技术11世纪传到波斯，15世纪传到意大利，以后在欧洲才逐步推广。一千多年来中国瓷器在全世界获得了很高的声誉，其间，宋元制瓷技术的高度发展为中国瓷器在国际上获得美誉和市场，奠定了重要的基础。

在中外科技交流中具有伟大历史意义的，还有印刷术、指南针和火药的西传。

我国印刷术的外传开始于唐代。当时雕版印本书传到日本以后，到8世纪后期，日本印成木板《陀罗尼经》，印刷术传到朝鲜后，朝鲜人民曾最早创制了铜活字，对印刷术的发展作出了贡献。同时，我国发明的印刷术先后传入东亚和东南亚各国，并西传至波斯（伊朗）。当时的波斯已经用中国的印刷术印造纸币，并成为印刷术西传的中间站，从而影响了埃及和欧洲。到14世纪末，欧洲才出现木板雕印的纸牌、圣像、经典以及拉丁文文法课本等。德国谷腾堡在1456年用活字印刷《圣经》，则比毕升的活字印刷术晚400年。此后40年间，印刷术传遍了西欧、中欧和南欧各国。印刷术的西传，对于希腊古典文化的传播，对于文艺复兴这一思想解放运动和科学的革命，都起了重要的作用。尤其是对宗教改革运动（恩格斯把它称之为第一次资产阶级革命）的推动，对欧洲现代文明社会的推进，其作用尤堪称道。

大约在十二、十三世纪之交，指南针由海路传到阿拉伯，随后辗转传入欧洲。宋、元时期在航海中应用的指南针是为水罗盘，磁针横贯灯芯浮于罗盘水面之上，阿拉伯人传到欧洲的中国指南针，正是这种水浮磁针。水罗盘沿用了古地盘24向，再加上两位之间的缝针而成48向，西方的罗盘采用的方法为32分度，略有不同。指南针的传入，给当时已在欧洲兴起的航海业提供了崭新的技术武装，它对于新大陆的发现，加速资本主义资本的原始积累，都起了重要的作用。

早在唐代，当我国和印度、阿拉伯、波斯等国家的贸易往来当中，硝就由我国外传。阿拉伯人称硝为"中国雪"，波斯人则称为"中国盐"。直到13世纪初，我国发明的火药在通商往还中才经由印度传入阿拉伯国家。火药武器也在战争当中西传，元兵西征将火箭、毒火罐、火炮、震天雷等火药武器传入阿拉伯。欧洲人在和阿拉伯人的战争中学会了制造火药和火药武器。到14世纪中，西欧国家也有了关于火药、火器的记载，火药与火器终于传入了欧洲。正如恩格斯所说的："火药是从中国经过印度传给阿拉伯人，又由阿拉伯人和火药武器一道经过西班牙传入欧洲。"① 火药与火器为欧洲资产阶级摧毁封建主的城堡提供了强有力的武器,成为资产阶级革命取得胜利的重要前提之一。

# 十五 张载和朱熹的自然观

宋代思想界的斗争十分激烈。为迎合封建统治阶级加强和巩固中央集权制的需要,以程颢(1032—1085)、程颐(1033—1107)和朱熹(1130—1200)等人为代表的正统理学,逐渐建立了一套完整的客观唯心主义哲学体系。而程朱理学建立其道统权威的道路却是曲折的,它不但遇到了张载(1020—1077)、王安石(1021—1086)、陈亮(1143—1194)、叶适(1150—1223)等唯物主义哲学家的反对,甚至还遇到了以陆九渊(1139—1192)为代表的主观唯心主义者的挑战。所以,在宋代它对人们思想的束缚以及对科学技术发展的阻碍作用还不太大。相反,唯物主义思想在当时科学技术发展的推动下,占据了一定的地位,甚至理学的集大成者朱熹也不能不注意自然科学的新成果,并接受或引用张载、沈括等人的观点。在自然观问题上,也反映了这种情形。

### 张载与唯物主义自然观的发展

张载,字子厚,凤翔郿县(今陕西眉县)横渠镇人,是宋代重要的唯物主义哲学家。他的著作大都是其弟子所编纂辑录的,现存有《横渠易说》、《经学理窟》、《正蒙》等。他继承和发展了元气的学说,把唯物主义自然观提高到一个新的水平。

张载认为宇宙万物的本源是物质性的"气",他进而引入了"聚"和"散"的概念,以说明客观世界不同物质形态的存在和它们的运动变化。他说:"气聚,则离明得施(即可以感知)而有形;气不聚,则离明不得施而无形。"② 他形象地用冰与水"凝释"比喻气的聚散,说明"太虚即气则无无"③ 的道理,显然这是对刘禹锡有关论述的发展。他还认为,气只有聚散,并无生灭,"太虚不能无气,气不能不聚而为万物,万物不能不散而为太虚,循是出入,是皆不得已而然也"④。这里既包含了物质转化的思想萌芽,又以"不得已",即不可违背的客观必然性去说明这一运动与变化。

在《正蒙·参两》中,张载进一步指出"动必有机",而且"动非自外也",即认为事物运动变化的原因在于事物的内部。为此,他又引进了事物内部分为对立的两端的概念,指出:"两不立,则一不可见,一不可见,则两之用息。"⑤ 由于这两端所需有的"虚实"、"动静"、"聚散"和"清浊"等不同的特性,从而造成了"循环迭至,聚散相荡,升降相求,絪缊相揉,盖相兼相制,欲一之而不能"⑥ 的态势。也就是说,事物内部对立的两端

---

① 恩格斯. 德国农民战争//马克思,恩格斯. 马克思恩格斯全集第7卷.1959:386(恩格斯在1875年版上加的注释)

② 《正蒙·太和》。
③ 《正蒙·太和》。
④ 《正蒙·太和》。
⑤ 《正蒙·太和》。
⑥ 《正蒙·参两》。

的矛盾运动,是宇宙万物"屈伸无方,运行不息"[1]的真正原因。

张载继承和发扬了中国古代朴素自然观的传统,同时吸收了当时科技发展的新成就,故而他的这些论述,充满了唯物主义和古代辩证法的思想,绘出了一幅永远处于矛盾运动、发展变化的物质世界的总图像,对后世产生了很大的影响。

宋元时期,对宇宙理论的有关问题作过生动而深刻的描述者还不乏其人。

宋元之际的无神论者邓牧(1247—1306),在其著作《伯牙琴》中说:"天地大也,其在虚空中不过一粟耳。虚空木也,天地犹果也。虚空国也,天地犹人也。一木所生,必非一果,一国所生,必非一人。谓天地之外,无复天地,岂通论耶?"元代的《琅環记》一书,则以有趣的问答,谈到了类似的思想:"曰:人有彼此,天地亦有彼此乎?曰:人物无穷,天地亦无穷也。譬如蛔居人腹,不知是人之外更有人也。人在天地腹,不知天地之外,更有天地也。"他们都以通俗的比喻,阐明了天地之外复有天地,以至于宇宙无穷的思想,把人类观测到的"天地",和无限宇宙"虚空"清楚地区别开来。《琅環记》还论及天地的生成与毁灭。它说:"姑射谪女问九天先生曰:天地毁乎?曰:天地亦物也,若物有毁,则天地焉独不毁乎?曰:既有毁也,何当复成?曰:人亡于此,焉知不生于彼,天地毁于此,焉知不成于彼?""至人坐观天地,一成一毁,如林花之开谢耳,宁有既乎?"这既肯定了宇宙的物质性,又提出宇宙无始无终,和个别天地有始有终的对立统一思想。这里所说的"成"、"毁"同张载所说的"聚"、"散",很有相似之处,所以这一论述又可以说是张载的观点的引申与形象的说明,至少是当时哲学思想更加形象化的阐述。

### 朱熹的自然观

朱熹继承二程的观点,强调"理"是宇宙的主宰和万物的本源,认为理在气先,"有是理然后有是气"[2],把气作为神秘的、非物质的"理"的派生物,以此作为他的自然观的总出发点,这也就决定了他的自然观的唯心主义性质。所以,从总体上看,他的自然观是同张载不相容的,如朱熹同二程一样,反对张载关于物质只有聚散,并无生灭的思想,主张物质不断地从"理"中创生出来,又不断地归之于消灭的说法,这就明显地表现出了两者的分野。但是,在坚持理在气先的前提下,朱熹有时也部分接受了张载关于气的学说,对一些问题作过有益的探讨。

对于以地球为中心的天地的生成问题,朱熹曾这样说道:"天地初间,只是阴阳二气。这个气运行,磨来磨去,磨得急了,便拶许多渣滓,里面无处出,便结个地在中央。气之清者便为天,为日月,为星辰,只在外常周环运转。地便只在中央不动,不是在下。"[3]这里提出了一个处于不停顿的旋转运动中的、由阴阳二气组成的庞大气团,由于摩擦和碰撞的作用、旋转而引起的"渣滓"向中心聚拢的机制以及清浊的差异等原因所造成的以地球为中心,在其周围形成天和日月星辰的天地生成说,从而给张载的聚散说提供了一个比较具体的说明,使之增添了力学的性质。这些推测虽然还只是猜想的、思辨性的,但是在

---

[1] 《正蒙·参两》。
[2] 《朱子全书·语类》。
[3] 《朱子全书·语类》。

当时的历史条件下,是一种有价值的见解。朱熹的这一见解,取消了张衡以来浑天家所谓地"载水而浮","天表里有水"的严重缺欠,把浑天说的传统理论提高到新的水平。

在第五节中,我们已讲到沈括曾正确地推测了华北平原的成因,但是沈括并未说明为什么螺蚌壳等会衔于"山崖之间"的问题。对此,朱熹提出了自己的看法。他从"尝见高山有螺蚌壳,或生石中"的事实出发,推断得"此石即旧日之土,螺蚌即水中之物",进而推导出大地曾发生的"下者变而为高,柔者变而为刚"这两个重要的变化概念。① 那么,又是什么力量和机制使得下变为高、柔变为刚呢?朱熹则以大地有一个漫长的演变过程以及水的动力作用的推想予以回答。他认为大地在其初始时,只是水而已,由于"水中滓脚"逐渐沉积,慢慢"便成地",地"初间极软,后来方凝得硬"。朱熹又从"登高而望,群山皆为波浪之状"的自然地貌景观,推测这是"如潮水涌起沙相似"的原因造成的,即认为"是水泛如此"。② 朱熹的这些看法,是对客观事实的粗略观察与思辨性推理的产物,虽然在今天看来,把水的冲力作为地壳变动的动力,是十分幼稚的见解,而且大地也不是朱熹所说的全由沉积的作用而成,但这却是以一种自然力的作用去解释自然现象的大胆尝试,而且以上的一些看法同我们现今关于沉积岩生成的认识有某些共同之处。所以朱熹的这些看法是很可贵的。但是朱熹对于上述问题的宝贵探讨却由于他思想的局限性,被用于论证邵雍(1011—1077)关于天地每经 126 900 年发生一次"开辟"与"毁灭"的宇宙循环论,这就大大降低了这些见解的理论意义。

朱熹思想的两重性也在与自然科学有关的其他问题上反映出来。从程颢到朱熹都讲过不少"格物致知"或"即物穷理"的话,但他们"格物"的目的只是为了"穷天理,明人伦,讲圣言,通世故"③,即通过"格物"证明他们先验地确定了的"知"或"理"的正确性,这就决定了他们对自然科学实际问题的鄙视态度或者歪曲利用自然科学的已有成果,从而深深地陷入唯心主义的束缚之中,这是他的思想体系的本质所决定的。但是朱熹有时不自觉地赋予上述命题以观察客观世界的种种事物并探讨其规律性的含义,又由于博览群书使他得知那个时代已经提出的自然科学课题,客观地面对这些问题,加上合理的思维推理的方法,这可能就是朱熹在自然科学的若干问题上有所建树的原因之一。

## 本 章 小 结

在我国封建社会时期,宋元科学技术达到了高度发展的阶段。这时期人才辈出,既有博闻强记、见多识广、兼擅众长的科学家沈括,又有专攻一门、具有世界先进水平的专业数学家朱世杰;既有以苏颂、韩公廉为首创造水运仪象台的科研集体,又有首创活字印刷术的伟大发明家平民毕升。它如创造火箭的唐福、冯继升,数学家贾宪、刘益、秦九韶、李冶、杨辉,天文学家郭守敬、杨忠辅、姚舜辅,地图学家朱思本,农学家陈旉、王祯,

---

① 参见《朱子全书·天地》。
② 参见《朱子全书·语类》。
③ 《文集·答陈齐仲》。

医学家刘完素、张从正、李杲、朱震亨、危亦林、滑寿、钱乙、宋慈，机械制造家燕肃、吴德仁，名锻工刘美，造炮工亦思马因，水工高超，木工喻皓，船工高宣，创造新船型的项绾、冯湛、秦世辅、马定远，发展海运的朱清、张瑄，殷明略，著《营造法式》的李诫，著《武经总要》的曾公亮、丁度，著《梓人遗制》的薛景石等等，他们之中有士大夫，也有一般的工匠。正是这许多可敬的人们，先后在各个方面的努力，将宋元时期科学技术推进到高度发展的阶段，在我国古代科学技术史中写下了光辉的篇章。

　　唐代的经济繁荣，文化昌盛，为宋元时期科学技术的高度发展打下了十分坚实的基础。可以说唐代的农具和水利事业以及农田基本建设事业的发展，为宋朝农业生产的大发展奠定了基础。在其他科学技术方面，如唐代王孝通《缉古算经》应用了三次方程，宋元时期的数学家在此基础上找到了三次以上方程式的求解方法。唐朝的一行采用了"不等间距二次内插法"。到元代，作授时历的王恂、郭守敬更推进一步，发明了"三次内插法"。元时编授时历进行了规模空前的测地工作，在纬度 15°—65° 地区内共设立 27 个观测所，成果丰富。交通工具方面，如车船，在唐代虽然已有"轮船"，但没有得到较大的发展，到宋代才获得了巨大的发展。兵器中的"车弩"（用绞车拉弦的巨型弩），唐代已出现，到宋代，不断地获得进步，在 73 年中的发展超过了前此几百年的发展。其他如机械制造和建筑工程等许多方面都有类似的情况。这些事例说明，某一时期科学技术有较大成就与创新，是与前一代的发展分不开的。

# 第八章 传统科学技术的缓慢发展

(明清时期上 1368—17世纪)

## 一 资本主义萌芽及其缓慢发展

农民起义军彻底摧毁元朝的残暴统治后，1368年，朱元璋又建立起一个汉族封建政权——明王朝。

明太祖朱元璋总结了历代统治者的经验，实行了极权统治，对官僚机构进行改组，并设立锦衣卫，使政权和军权都独揽在皇帝一人手中。我国专制主义的统治，到了明代可以说达到了空前的程度。一方面，明初建立了户口、土地和里甲制度，把农民牢固地束缚在土地上，以加强对农民的统治和剥削。这些都不利于封建制度向资本主义的转化。另一方面，针对元朝末年由于租税过重和受战争影响，土地大量荒芜，人口锐减等情况，明代制定了一系列发展生产的政策。在农业方面主要是：奖励垦荒，实行屯田，满足了一部分农民的土地要求，以提高农民的生产积极性；兴修陂塘、堰闸、河渠、堤防等水利工程；奖励栽桑，种植棉麻；减轻田赋和徭役。在工商业方面主要是：改变元朝手工业奴隶的身份，使世袭的手工业者除定期轮流应役外，大部分时间可以自己制造手工业产品在市场出售；减轻商税，规定"三十而取一"；有限度地开展对外贸易，各国须持所颁发的凭证通商。这些政策取得显著的成效，使明初七八十年间，农业、手工业、交通运输和商业贸易等方面都得到较快的恢复和发展。

16世纪初，由于商品经济的空前发展和手工业匠户采取怠工、逃亡等反抗斗争，明政府废除了工匠轮班服役的徭役制度，改为代役租制，即匠户可以全部从事商品生产，只要缴纳一定的货币赋税就可以了。田赋在万历年间也进行了改革，实行"一条鞭法"，即在丈量土地的基础上，把一切赋役都归为一条，就是按亩征银。这种办法使没有土地的工商业者可以不纳丁银，商人投资土地的相对减少。这些措施，进一步促进了商品经济和手工业生产的发展。但是，促进商品经济发展也许并不是明王朝采取这些措施的初衷。

由于商品经济的发展，明代中叶在一些地区和一些手工业部门中已更为明显地出现了资本主义生产关系的萌芽。小商品生产者的队伍发生了分化，其中少数人上升成为作坊主，大多数人则降为雇佣工人；一些商人利用商业资本直接控制生产而转化为产业资本，虽然开始时规模还是很小的。农村中也出现了经营地主和雇工，一些地主还兼营手工业作坊和商业。

资本主义因素的萌芽，在经济发展条件较好的东南沿海一带的主要手工业部门如纺织、冶铁、造船、造纸、制瓷等部门中比较突出。如元末明初的杭州，有"饶于财者，率居工以织……杼机四五具……工十数人"①的小规模手工工场。16世纪初至17世纪初，除苏、杭等大都市外，在一些小镇如吴江县的盛泽镇已有具备"三四十张绸机"②的工场主了。苏州的"佣工之人计日受值，各有常主，其无常主者，黎明立桥以待唤。缎工在花桥，纱工立广化寺桥，又有以车纺丝者曰车匠，立濂豁坊。什百为群，粥后始散"③。这时苏、杭一带，靠出卖劳动力过活的雇工人数已经不少，并形成一种社会力量，曾被迫起来向残酷剥削的封建统治者进行反抗斗争。

商业资本侵入生产变为产业资本的情况，可以棉纺织业为例。松江有"数百家布号，……而染坊、踹坊商贾悉从之"④，苏州"自漂布、染布及看布、行布，一字号常数十家赖以举火，惟富人乃能办此"⑤。这是由商人兼工场主的一种资本主义生产关系。万历时，浙江乌程人朱国桢记载他们家乡当时的情况说："商贾从旁郡贩棉花，列肆我土。小民以纺织所成，或纱或布，侵晨入市，易棉花以归，仍治而纺织之，明旦复持以易。"⑥这就是商业资本控制棉纺织生产逐渐向产业资本转化的事例。

农村中不少破产农民不得不出卖自己的劳动力以为生，"无恒产者，雇倩受值，抑心殚力，谓之长工，夏秋农忙，短假应事，谓之忙工"⑦。这些情况不论在江南还是华北都很普遍。

但是这种资本主义生产关系的萌芽，只是局部性的和占次要地位，而且带有浓厚的封建性，还不可能改变整个社会的经济结构，在全国各地占统治地位的仍然是封建生产关系，同时中央集权的封建统治力量非常强大。农村中占统治地位的仍然是小农经济。手工业中占重要地位的是官营手工业，它主要是为了满足封建统治者生活上的需要，而不是为了商品生产的需要。自给自足经济体系的强大，不利于资本主义因素迅速成长。欧洲各封建国家都没有不作为商品生产的官营手工业，其城市是由逃离封建庄园的手工业者聚居在一起进行商品生产而兴起的，资本主义萌芽发展迅速。与西方资本主义发展的速度相比，明中叶开始的资本主义萌芽，发展是相当缓慢的。

明初以后，封建王朝的政策不能很好地为工商业的发展创造有利条件。前面已经提到的代役租制和一条鞭法，虽对工商业发展有利，但还远远不能促使资本主义生产关系的迅速发展。明初虽有郑和下西洋的壮举，但其目的主要是为了宣扬国威，而不是为了经济贸易，花费了大量的金钱，造成政府财政的紧张。加之，明中叶以后，由于倭寇侵扰，常行海禁，使我国商品经济最发达的东南沿海地区，无法与海外通商贸易。此外，明、清时期不断推行一些横征暴敛的错误政策，都不利于资本主义萌芽的发生和发展。在这方面欧洲的情况也与我们不同。西欧国家在15世纪就采取了重商的政策。新航路开辟之后，他们

---

① 徐一夔：《始丰稿·织工对》。
② 冯梦龙：《醒世恒言·施润泽滩阙遇友》。
③ 民国二十二年刊《吴县志》卷52。
④ 顾公燮：《消夏闲记》。
⑤ 民国二十二年刊《吴县志》卷52。
⑥ 朱国桢：《涌幢小品》。
⑦ 王道隆：《菰城文献》。

曾不择手段地进行殖民掠夺和海盗贸易，积累了大量货币资本，从而使工场手工业和资本主义生产关系很快发展起来。十六、十七世纪尼德兰地区和英国先后取得资产阶级革命的胜利，使其最先进入资本主义社会。两相对比，西方从14世纪到17世纪，三四百年之间，资本主义从开始萌芽，经过迅速发展，较快取得资产阶级革命的胜利。而我国从16世纪到19世纪同样也是三四百年的时间，情况却是萌芽—萎缩—萌芽，生产方式没有发生根本性的变化，仍然是一个封建社会。正是由于资本主义发展速度的悬殊，我国科学技术才开始落后于西方。

为了加强思想上的封建统治，明代规定科举应试必须用"八股"文体，即作文章必须按照破题、承题、起讲、提比、虚比、中比、后比和大结这八段规定的格式去作，不得增减。而且考试专以四书五经命题，人们只能按宋儒朱熹等人的注释敷衍成章，所谓"代圣人立言"。清代统治者看到这是束缚思想的好办法，更加以推广和提倡。八股文取士使知识分子的思想陷于僵化，他们为了做官而死啃经书，往往"皓首穷经"，一事无成，造成了极其沉闷的学术风气。在这种状况下，当然谈不上去钻研对解决实际问题有用的科学技术知识，连宋元时代高度发展的天文学、数学等传统学科都中衰了。明末著名的思想家和地理学家顾炎武，曾痛斥八股取士制度毁坏了有才能的人，他说："八股之害，等于焚书。"[①]

明中叶以后的科学技术，虽然没有像欧洲那样伴随着资本主义的兴起而发生近代科学革命，但由于资本主义萌芽和科学技术发展的继承性，总的说来，在传统科学技术的轨道上仍然是继续缓慢地前进的；而且由于欧洲中世纪的黑暗，其资本主义萌芽开始时的技术起点是不高的，因此16世纪之前，我国在一些科学技术领域里仍然是领先的。明成祖至宣宗年间（15世纪上半叶）郑和七次航海下西洋，表明我国当时的船舶制造、航海技术等仍是世界首屈一指的。特别是冶金、纺织、制瓷、园林建筑等技术方面，在18世纪欧洲工业革命之前，我国也一直是领先的。它如在建筑技术、治黄工程技术、商业数学与珠算术、传染病学、外科学、声学和地方志的编修等方面也都有新的发展。

明中叶以后，一些知识分子，如李时珍、宋应星、徐霞客等，或自己摈弃仕途，或由于仕途不得志而转入从事科学技术的总结和考察工作。他们在资本主义萌芽的影响下，思想比较活跃，在一定程度上突破传统习惯势力的束缚，能较好地深入实际考察、研究、总结，从而在科学技术方面作出了重大的贡献。徐光启则为进入仕途的知识分子的例外，他一方面继承了传统的科学技术，另一方面吸收了一些外来的近代科学知识，在数学、天文学和农学等方面作出了一定的贡献。但是，这些科学技术成就，没有也不可能突破传统的科技体系，主要的是对传统科技体系中的一些领域进行了较大规模的总结，也是传统科技体系的尾声，而没有近代科学那种蒸蒸向上的活力。

---

[①]《日知录》卷16。

## 二 郑和下西洋和造船航海技术

### 郑和远航的历史背景

郑和下西洋不是一件偶然的事，而是一定历史条件下的产物。首先是已有充足的物质基础。明洪武时期，社会经济得到较快的恢复和发展，国家财力已较雄厚。其次是已有各种熟练的技术人员。宋元以来我国的商船就已活跃在南海和印度洋沿岸了，许多人已经掌握了丰富的航海知识和较高的造船技术。第三是亚非人民已有长期泛海贸易、友好往来的历史。

郑和（1371—1435）原姓马，小字三宝，云南昆阳回族人。因随燕王朱棣（即明成祖）起兵有功，被赐姓郑。郑和是一名太监，所以郑和下西洋又称"三宝太监下西洋"。西洋指现在的南洋群岛和印度洋一带。

明成祖派遣郑和等出使西洋，主要是为了巩固政治地位，扩大国际影响，显示中国富强。出使时携带的物品大部是金银、钱币、瓷器、丝绸和铁器（包括铁农具）等生活和生产资料，大半是作为礼品沿途分送各国的；而换取回来的多是"无名宝物"、"珍禽异兽"等专供皇家和官僚贵族享乐的奢侈用品。像这样的交易，对于国内商品生产的发展虽有一定的促进作用，但是每次远航，耗费巨大，增加了财政上的困难。其结果不但没有对资本主义萌芽起多大的促进作用，相反却产生了许多不利的影响。当时就有人指责说这是一项"弊政"。到了成化年间（1465—1487），事情完全走向了反面，不但远航被中止了，而且连下西洋使用的那种巨型船舶也不建造了，甚至郑和下西洋的档案，也被付之一炬。采取这种态度和做法当然是非常错误的，因为这样做不利于商品经济和科学技术的发展。其实，应该反对的，只是那些讲求排场，乱加赏赐，贸易不计盈亏，只图满足皇室享乐的弊政，而不应当采取全盘否定的取消主义政策。郑和远航的悲剧性结局，是封建专制的社会性质所决定的。与此相反，葡萄牙人达·伽马（Vasco da Gama，1460—1524）等人的远航是以牟取暴利为目的，1499 年达·伽马从东方印度等地带回货物的总值是他远航费用的 60 倍。大利所在，自然后继有人。西方各国的海外贸易从而不断发展。与之相应的是海外殖民政策和掠夺，以及国外市场的开辟，为资本主义的发展积累了大量的资金。

### 先进的造船和航海技术

15 世纪初，郑和七次航海下西洋，不但是我国航海史上的大事，也是世界航海史上的伟大壮举。他的远航比哥伦布（Christopher Columbus，1451—1506，意大利人，1492—1502 年从欧洲航海到达美洲）和达·伽马（1498 年从欧洲航海经好望角到达印度）都早半个多世纪，而且在组织规模和科技水平方面也都远远超过了他们。

郑和与副使王景弘等出使西洋，组织了一支庞大的舰队。这支舰队除将士之外，有船师、水手、工匠、医官、通事（翻译）、办事、书算手等技术和工作人员总计二万七千多人，分乘船只一百至两百多艘，其中长度超过100米的大型宝船40至60多艘。而哥伦布航行大西洋时只有88人，分乘3只长约19米的小船；达·伽马也只有4只船，船员148人（或作170人）。

从科技史的成就来说，最值得称道的是造船和航海技术。

我国的帆船，在结构和风力利用方面具有独特的优点，从唐代直到清中叶以前一直是世界公认的优良的海上交通工具。帆船种类很多，其中沙船是重要的船型之一。沙船以出江苏崇明沙而得名。它的前身，可以追溯到春秋战国，到唐代已经定型，元明是其极盛时期。郑和下西洋的船只是江苏太仓和南京制造的，江苏制造海船的传统一向是造沙船，所以推断郑和宝船的船型当为沙船。

沙船船型的特点是：平底、多桅、方头、方艄，并有出艄。在性能方面也有不少优点，如底平，吃水浅，受潮水影响较小，又不怕搁浅，比较安全；多桅多帆，桅长帆高，便于使风，加以吃水浅，阻力小，轻便敏捷，快航性好；为了弥补沙船本身稳性较差的缺点，创造了一些增加稳性的设备和装置，如披水板（即腰舵），梗水木（设在船底的两侧类似今日的舭龙筋），太平篮（竹制，平时挂在船尾，遇风浪装石块置水中），后两项都是明清时期才出现的，由于这些设备和装置的作用，沙船稳性大为增加；因有披水板、船尾舵和风帆的密切配合，顺风逆风都能行驶，适航性能好，在逆风顶水的情况下，采取斜行的"之"形路线前进。这些都是我国船舶技术高度发展的标志。

图 8-1　南京三汊河出土的明代大船舵

唐代海船已有长达20丈左右的大船，南宋的大龙舟长三四十丈，宽三四丈。郑和宝船更创新纪录，最大的长达44丈（150米），舵杆长11.07米（中华人民共和国成立后有宝船舵杆出土，现存中国国家博物馆），张12帆。建造这么大的船只，要在船坞中修造，龙骨接头要比一般规定多一、二个，这在技术上就得采取接头避开桅位的措施，才不致在船体的强度上有太大影响。同时船侧的大橽也要有10根或12根，以增加纵向强度。船体亦采用水密隔舱（参见本书第七章第三节）。

图 8-2 郑和宝船模型

我国航海技术,在明代初期继续保持着世界先进水平。郑和远航的顺利,与当时掌握先进的航海技术有一定关系。这些先进技术包括航海时使用的罗盘、计程法、测深器、牵星板以及针路的记载和海图的绘制等等。

船行海上,罗盘是最重要的仪器,由火长即领航员亲自掌握决定航向。船上有专门放置罗盘的针房。郑和下西洋时,慎重挑选了最有航海经验的人任火长,针路、海图都由火长掌握使用。

计程法是计算航速和航程的方法。当时在航海上把一昼夜分为 10 更,多用燃香以计量时间。已知船舶的长度 ($l$),再把木片从船头投入海中,测量木片到达船尾所需的时间 ($t$),就可以求得航速 $\left(\dfrac{l}{t}\right)$;已知航速再乘以所经的时间就可求知航程了。当时船的航行速度,1 更一般是 30 千米。

测深器,一般是用长绳系结铁器以测深的器具。

牵星板是观测星辰地平高度的仪器。高度测出后,就可以计算船舶夜间所在的地理纬度了。明代牵星板是一套由 12 块正方形木板和一块四角缺刻的象牙制的小方块组成。12 块正方形木板,最大的每边长约 24 厘米,以下每块递减 2 厘米,最小的一块每边长约 2 厘米。四角缺刻的象牙方块,缺刻四边的长度分别是最小的正方形木块边长的 1/4、1/2、3/4 和 1/8。如用牵星板观测北极星,方法是左手拿木板一端的中心,手臂伸直,眼看天空,木板的上边缘是北极星,下边缘是水平线,这样就可以测出所在地的北极星距水平的高度。测量时可以用 12 块木板和象牙块四缺刻调整使用。求得北极星高度亦即求得了所在地的地理纬度。这种用牵星板观测的方法，叫"牵星术"。郑和下西洋时，曾派专人负责观测，因此往返都有"牵星为记"。牵星一般是看北极星，在低纬度看不到北极星时，观测华盖星（即小熊星座 β、γ 星），另外还定出一些其他方位星进行观测，如织女星、灯笼骨星等。

郑和下西洋绘制的航海地图从明代茅元仪《武备志》第 240 卷中可以看到，标题是"自宝船厂开船从龙江关出水直抵外国诸番图"（计分 20 图，40 面，连接起来是一幅横条形图）。图上绘有沿岸地形（山脉）、岛屿、礁石、浅滩以及最突出的针路。针路记载开船地点、航向、航程和停泊处所等。航向是记罗盘针位（郑和航海所记罗盘针方位的《针位编》一书，可惜没有流传下来）。航程用更计算。依据特定的针位，再参以航程的测算，便可顺利地抵达预定的目的地。在该图上观测的牵星记录和测量的水深也都有记载。这幅图在东西交通史和航海史上占有非常重要的地位。

### 横渡印度洋的宝贵记录

郑和率领舰队自明永乐三年至宣德八年（1405—1433）将近 30 年的时间里，先后七次抵达了亚洲和非洲的三十多个国家。在促进我国和亚、非人民的友好往来，通商贸易和文化交流方面都作出了贡献。从航海史的角度来看，郑和下西洋的重大意义在于他和他率领的舰队首创了我国横渡印度洋的记录。

郑和七次远航的时间和所到达的地区如下：

| 远航次别 | 时间（公元） | 所到地方 |
| --- | --- | --- |
| 第一次 | 1405—1407 | 占城、爪哇、苏门答腊、南巫里、古里等地 |
| 第二次 | 1407—1409 | 占城、爪哇、暹罗、苏门答腊、南巫里、古里、柯枝、锡兰等地 |
| 第三次 | 1409—1411 | 占城、爪哇、满剌加、苏门答腊、锡兰、柯枝、古里、甘巴里等地 |
| 第四次 | 1413—1415 | 占城、爪哇、旧港、满剌加、苏门答腊、锡兰、柯枝、古里、溜山忽鲁谟斯等地 |
| 第五次 | 1417—1419 | 占城、爪哇、满剌加、苏门答腊、南巫里、古里、彭亨、锡兰、溜山、木骨都束、麻林、忽鲁谟斯、阿丹等地 |
| 第六次 | 1421—1422 | 占城、暹罗、满剌加、苏门答腊、榜葛剌、古里、祖法儿、阿丹、木骨都束、卜剌哇等地 |
| 第七次 | 1431—1433 | 占城、爪哇、旧港、满剌加、苏门答腊、锡兰、古里、忽鲁谟斯等地，分艅（即分一部分船）从古里到默加 |

从上表可以看到郑和在第五次和第六次远航时都到达了非洲东海岸赤道附近的地区。我国与非洲东海岸国家虽然早在唐宋时期已经有了来往，但在郑和以前的来往，都是沿阿拉伯海的航路直接或间接进行的。因此，郑和可以说是我国开辟横渡印度洋航线的第一人。在郑和航海图上写道"官屿溜（今马尔代夫群岛的马累）用庚酉针二百五十更船收木

骨都（束）"，庚酉针是正西略偏南，航行方向完全说明了这一点。

1498年达·伽马沿非洲西海岸绕过南端的好望角到达非洲东海岸的时候，由于一位阿拉伯航海家伊本·马季得（Ibn Majid）的导航才顺利地横渡印度洋到达印度半岛的南部。因此，郑和的远航在世界航海史上的地位是十分出色的。

随同郑和远航的马欢、费信和巩珍，分别著有《瀛涯胜览》、《星槎胜览》和《西洋番国志》等书，他们比较详细地记述了沿途所经三十多个国家的风土人情和地理情况，从而大大增加了中国人民的域外地理知识。

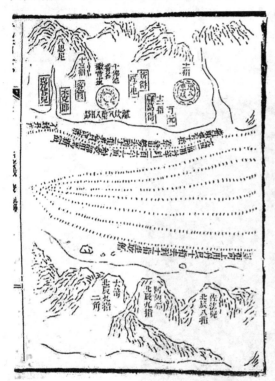

图8-3 郑和航海地图

## 三 先进的冶金技术

**空前的生产规模**

直到明末以前，我国的冶金技术，在采矿、冶铁、制钢、铸造、锻造和锌的冶炼等方面一直处于世界先进行列。

明代的冶金生产，主要是铁、铜、锡、银、金、铅、锌等，产量和规模大都较宋元时期有所增长。洪武末年，朱元璋取消了限制民间开采铁矿的禁令，"令民得自采炼，每三十分取二"①，促进了民间炼铁业的发展。这时期炼铁的规模也是空前的，如遵化铁场的大鉴炉高1丈2尺，一炉可容矿砂两千多斤；正德四年（1509年）投入生产的炼铁炉10座，年产生铁49万斤，炒钢炉20座，年产熟铁21万斤，钢铁6万斤。河北省武安县发掘的明代炼铁炉高1丈9尺，内径7尺，外径10尺。明中叶以后较大的铁场至少有六七个1丈高的炼铁炉，小场也有三四个。一般大场佣工两三千人，小场也有千人左右。铁场多设在矿山、林区附近。有些铁场包括开山采矿、伐木烧炭、矿石冶炼、器具制造以及相互间的运输等，有科学合理的安排与布局，已经初具联合企业的雏形。经营这类大规模的铁场，"皆厚资商人出本，交给厂头，雇募匠作"②。生产铁制器具有铁锅和农具等。广东佛山是明代的重要铁产地之一，这里的铁矿品位高，质量好，致有"铁莫良于广铁"③之说。冶炼之后，就在附近的佛山镇铸造铁锅、铁线、铁钉、铁针等，佛山铁锅，驰名中外，远销南洋各地，是广州出口货物中的重要商品之一。

图8-4　河北武安出土的明代炼铁炉

　　江西德兴、铅山的铜场和在云南开采锡矿和银矿等的规模和产量也都很可观。清初云

---

① 《明史·食货志》。
② 严如煜：《三省边防备览》。
③ 屈大均：《广东新语》。

南的铜场又有很大发展，据记载"大场丁六七万，次亦万余"①。最大的汤丹铜场，产量最高年产 1300 万斤，可见规模是很大的。

明代铸造的万钧钟（永乐年间，即 1403—1424 年铸的大钟，现存北京西郊大钟寺内，钟身高 5.9 米，外径 3.3 米，内径 2.9 米，重约 42 吨）和锻造的千钧锚，不论从铸、锻技术和生产规模看，在当时世界上都是比较先进的。

采矿技术

采矿技术，到了明代，除用铁锥、铁锤等敲打锤击之外，还使用"烧爆"和"火爆"法采矿。

用"烧爆"法和"火爆"法采矿，见于记载的，如陆容在《菽园杂记》卷 14 中说："旧取矿携尖铁及铁锤……今不用铁锤，惟烧爆得矿。""烧爆"可能是用火烧矿床后，再用水淋，利用热胀冷缩的变化，使矿床爆裂，便于开采。至今在河南西部明清金矿矿洞里还有火烧矿体的遗迹。又如《唐县志》卷 3 记载明万历二十四年（1596 年）用火爆法采矿时，有"山灵震裂"，"鸟惊兽骇，若蹈汤火"的描述。由此分析，该法可能是用火药爆破技术采矿，才能产生这样强大的爆破力。

在采煤技术方面，宋代已有一套比较完整的技术措施。据鹤壁古煤矿遗迹，当时采煤是先由地面开凿圆形竖井，再依地下煤层的情况开掘巷道，然后把需要开采的煤层凿成若干小区。井下排水是用辘轳往外抽水，或把地下水引进采完的坑中贮积起来。关于采煤的文字记载以《天工开物》最为详细，书中记载："凡取煤经历久者，从土面能辨有无之色，然后掘挖。深至五丈许，方始得煤。初见煤端时，毒气灼人。有将巨竹凿去中节，尖锐其末，插入炭中，其毒烟从竹中透上，人从其下施镢拾取者。或一井而下，炭纵横广有，则随其左右阔取。其上支板，以防压崩耳。"其中不但记述了找矿、采矿的情况，而且记述了排除瓦斯和防止塌陷的措施。

焦炭、活塞式风箱和机车的使用

冶金技术水平，与冶炼时的温度有很大关系。我国至迟在明代已发明炼焦法，并且改进了鼓风设备，这就增加了冶炼时的温度，炉子也可建得更高大，使冶金生产的质量和产量都有较大提高。

焦炭是用炼焦煤干馏而成的，为冶炼金属的优质燃料。我国炼焦和用焦的最早记载见于明末方以智的《物理小识》，他指出：煤各处都有，"臭者烧熔而闭之成石，再凿而入炉曰礁，可五日不绝火，煎矿煮石，殊为省力"。这里所说有臭味的煤，是指含挥发物较多的炼焦煤，把这种煤密闭起来烧熔，就成为坚硬的"礁"了。"礁"就是焦炭，用来冶炼矿石，效果很好。欧洲在 18 世纪初（1713 年）英国人达比（Abraham Darby）才知炼焦，比我国晚约一个世纪。

活塞式木风箱是对木扇的重大改进。它是利用活塞的推动，加大空气压力，自动开闭活门，连续供给较大的风压和风量，提高了冶炼强度，同时也为扩大炉的容积，增加产

---

① 《清史稿·食货志》。

量，创造了必要条件。这比欧洲18世纪后期才使用的活塞式鼓风器至少要早一百多年。

较大规模的铁场，在运送炉料方面已经使用了机车。如广州铁场开炉下铁矿时，"率以机车从山上飞掷以入炉"①，从而大大提高了劳动效率。

图 8-5 《天工开物》所载南方挖煤图

### 炒钢工艺的新成就

使生熟铁连续生产的工艺是明代冶铁技术上的一项重要成就。《天工开物》中有这方面的记载和插图。书中介绍说，若要炼熟铁，便应按生铁流向，在离炉子"数尺"远，和"低下数寸"的地方筑成一个"方塘"，四周砌"短墙"，让铁水流入塘内，几个人拿着"柳木棍"站在墙上，一个人迅速把用"污潮泥"制成的干粉末均匀撒播在铁水面上，另几个人就用"柳棍疾搅"，这样很快就"炒成熟铁"了。

"污潮泥"或许是含有硅酸铁和氧化铁的泥土，用它能促使生铁中的碳氧化成二氧化碳。由于碳的含量减少，生铁就成熟铁了。另外，硅能与氧化铁化合而成一种渣，它能促

---

① 屈大均：《广东新语》。

使熟铁凝成较大的块。用"柳条疾搅"的目的在于扩大生铁和空气的接触面积，使生铁中所含的碳、硅、磷等杂质氧化掉一部分。

这种将炼铁炉和炒钢炉串连起来使用，也就是使生熟铁能够连续生产的优点是很明显的，它可以免去生铁再熔化的过程，既降低了耗费，又提高了生产率。

## 灌钢法的新发展

灌钢法到明代又有了进一步的发展。新的灌钢法与沈括曾记述的方法有所不同：第一，不把生铁块嵌在盘绕的熟铁条中，而是放在捆紧的若干熟铁薄片上；第二，生熟铁相合加热时不用泥封，只用涂泥的草鞋覆盖。这在《物理小识》和《天工开物》中都有记载，而以《天工开物》的记载比较详细。宋应星写道："凡钢铁炼法，用熟铁打成薄片如指头阔，长寸半许，以铁片包夹紧，生铁安置其上，又用破草覆盖其上，泥涂其底下，洪炉鼓鞲，火力到时，生钢（铁）先化，渗淋熟铁之中，两情投合，取出加锤，再炼再锤，不一而足，俗名团钢，亦曰灌钢者是也。"新灌钢法最大的优点是使生铁液能够均匀地灌到熟铁薄片的夹缝中，增加了生熟铁之间的接触面积，使生铁中的碳能更迅速均匀地渗入熟铁之中。另外，用涂泥的草鞋覆盖，可使生铁在还原气氛下逐渐熔化。唐顺之《武编》记载了两种"熟钢"制法，第一种和上述团钢法相同，第二种是"以生铁与熟铁并铸，待其极熟，生铁欲流，则以生铁于熟铁上，擦而入之"。这种制钢工艺和盛行于苏州、芜湖等处的"苏钢"相近。

## 古代钢铁技术体系综述

生铁的早期出现是我国古代钢铁技术发展最突出的特点也是优点，由此出发，产生了铸铁术、铁范铸造、铸铁柔化术、有球状石墨的高强度铸铁等一系列比欧洲早1500年乃至2000年以上的重要技术创造。从春秋战国之交到西汉前期，铸铁技术和制钢技术是循着各自的系统平行发展的。西汉中期以后，炒钢技术的发明，使这两个系统沟通了起来，进一步发扬了生铁的长处，逐步在高温液态冶炼大量生铁的基础上建立钢铁生产的工艺系统。钢不再是主要地依靠渗碳来获得，而是通过脱碳得到熟铁、低碳钢或者再和生铁合炼成含碳较高的钢。反映在农具制作上，一直到南北朝时期，仍以铸铁为主，形成了与欧洲不同的由泥范（或由泥范翻制铁范）铸作生铁农具再经柔化处理得到高强度铸铁农具的独特的生产技术。唐宋时期，随着炒钢技术的进一步推广和提高，农具渐由铸制改成锻制（犁铧除外）。唐代前期铸"天枢"时，因金属不敷应用，征收长安周围地区的农具来改铸，说明当时仍有相当部分农具是铸铁的。但到后期特别是到了宋代，例如扬州等地出土的铁耙、铁锄等，就都是锻制的了。这时的钢铁技术已趋于定型，形成了以"蒸石取铁"、"炒生为柔"、生熟相和、炼成则钢为主干，辅以块炼铁、坩埚炼铁、渗碳制钢、夹钢、贴钢、擦生等熔炼加工工艺的钢铁技术体系。它和欧洲古代长期使用块炼铁并用块炼铁渗碳得到钢的作法迥然不同，相反，正如英国李约瑟所指出的，中国古代以生铁为基础的钢铁技术恰恰是和现代钢铁生产所采用的工艺系统相一致的。这一体系到宋明两代已很成熟，成为普遍采用的常规工艺在许多文献中都有记载。随着资本主义萌芽在矿冶业中的出现，又产生了炼制焦炭和使用机车提送炉料等重大发明创造。可见，在产业革命之前，由于早期发明和充分使用了生铁熔铸、柔化和炒铁成钢这些先进技术,中国钢铁技术是长期处于领先地位的,并具备着向现代钢铁技术转化的条件。这个转化之没有能够实现,是封建制度的束缚和后来资本主义列强的侵略所造成的。

图 8-6 明代冶铁炉和炒钢炉串联使用

### 最早的炼锌技术

我国是用火法炼锌最早的国家,至迟在宋代即已冶制铜锌合金——黄铜了。欧洲在16世纪才知道锌是一种金属。18世纪前半,中国的炼锌法传入欧洲,欧洲才开始了炼锌的历史。

锌在我国古代叫"倭铅"。《天工开物》中有关于炼倭铅的详细记载和插图。方法是把10斤炉甘石(即碳酸锌)装入一个"泥罐内",然后"封裹泥固",并把表面搞得很光滑,让它慢慢风干,切不可用火烤,以防"拆裂"。再一层层地用煤饼把装炉甘石的罐垫起来,在下面铺柴引火烧红,这时罐里的炉甘石就"熔化成团"。冷却后,"毁罐取出"就是"倭铅"了。这种方法和现在的横罐炼锌法相似。

锌的冶炼是比较困难的,因为使氧化锌还原为锌的温度(1000℃以上)比锌的沸点(907℃)高,还原成气体状态的锌同空气或还原中产生的二氧化碳接触后会重新变成氧化锌。如果冶炼技术和设备不合要求,得到大量的金属锌是不容易的。关于锌在高温下容易挥发成气体的情况在《天工开物》中也有记述,说倭铅如果不和铜结合,"入火即成烟飞去"是完全正确的。

图 8-7 炼倭铅

## 四 黄河、大运河的治理和盐碱地的改造

### 黄河的治理

我国人民在与黄河斗争的历史中,明清时期是一个重要的阶段。这时治理黄河与过去大都采用"分流"的方法不同,主要是以水治水,即在下游"筑堤束水,以水攻沙"①,就是用人工筑堤,加快流速,使流水的冲蚀力量增大,带走泥沙,避免河床淤浅与决堤泛滥。当时封建统治者治河的目的,主要是为了保证南北大运河的"漕运",使载运南方大米到北京的船只畅通无阻。但由于减少了黄河的泛滥,对黄河流域的农业生产有较大的好处。

明清两代,在治河方面享有盛誉,并且作出重大贡献的有潘季驯和陈潢等。

潘季驯(1521—1595),字时良,号印川,浙江湖州人,曾四次出任治理黄河的"总督",著有《河议辩惑》、《两河经略疏》等。他认真研究了水流的性能和黄河的情况,针对黄河含沙量大的特点,认为治河不宜采取"分流"的办法。因为"水分则势缓,势缓则沙停,沙停则河饱",相反"水合则势猛,势猛则沙刷,沙刷则河深",这是"一定之理,

---

① 《河议辩惑》。

必然之势"①。所以他主张"筑堤束水，以水攻沙"。他说治河的方法，没有奇特的窍门，全在"束水归漕"，而束水的方法，只在"坚筑堤防"。为了防止河水溃决，他规定要设几道防线，即筑缕堤、遥堤、月堤和格堤四种（缕堤距河近，是第一道防线，缕堤内又筑月堤以止水；遥堤离河远，是第二道防线，格堤在遥堤内，以阻水流）。又定伏秋洪水暴涨的时候，要实行"四防"和"二守"。四防是"昼防、夜防、风防、雨防"，二守是"官守"与"民守"。这些治河的理论和方法虽然还仅限于对下游地段的治理，但因立论是科学的，具有一定实用价值。

清初的陈潢（1637—1688），字天一，号省斋，浙江钱塘（今杭州）人。他本是一个"布衣"，对农田水利很有研究，曾经作过实地考察，沿黄河上行直至宁夏。后来遇到在朝做官的靳辅，靳辅很赏识他，留他在身边工作。在1677—1687年靳辅担任"河道总督"期间，治理黄河的工作主要是由陈潢承担的。陈潢的治河理论和成就，在张霭生编纂的《河防述言》中有比较全面的记述。

陈潢在治河方面的贡献，首先是把潘季驯"筑堤束水，以水攻沙"的理论建筑在更为科学的基础之上。他用的"测水法"是测流速和流量的方法，按《河防述言》所述是"用土方法，以水纵横1丈、高1丈为一方，计此河能行水几方"，使筑堤的宽度和高度以及其他工程设计能更合乎要求，洪流通过时既能起到攻沙的作用，又不致因容纳不下而泛滥成灾。他对于黄河的治理问题，不仅局限在下游，而且认识到对黄河中游地区治理的重要。他从实地考察中，认识到黄河的泥沙是从中游黄土高原流失下来的，从而指出治理黄河必须"彻首尾而治之"，不然"终归无益"。这种从全面考虑根治黄河的思想，可以说是我国治河理论上的一大进步。可惜他的远大理想，在当时的社会条件下不但没有实现的可能，反而在他为进一步治理黄河而积极筹划的时候，蒙受了不白之冤，他的科学才能没有得到充分发挥，便抑郁而死！

大运河的疏浚

元代在山东境内开凿的大运河，有些地段由于地势较高，水源不足，给航运造成了很大困难。这个困难后来是明代的一位名叫白英的老船工解决的。

明永乐九年（1411年）工部尚书宋礼奉命整顿山东境内已经很难通航的这段河道时，束手无策，后来由于采纳了汶上老人白英的建议，才得以完满解决。

白英是一位具有丰富实践经验和熟悉汶河水文与沿河地形的老船工，他建议：在运河附近地势较高的汶河上修筑一座"横亘五里"的拦水坝，并开新渠把汶河水引到大运河地势最高的南旺，又把一些水泉也加以疏浚，引到南旺；许多水流汇集南旺后，再向南北分流，向北分水量十分之六，流经150千米到临清，为调节地形坡度造成的水位差，这一段设置了17座水闸；向南分水量十分之四，流经200千米到徐州，这一段设置了21座水闸。这样，就保证了运河全程的通航，他还建议把南旺附近的河湖浚深加大，以利调节水量。白英提出的筑坝、开河、导泉、挖湖以及建闸等一系列措施，较好地解决了南北大运河的通航问题。白英在长期实践中，积累了丰富的地学和水利工程技术知识，为南北大运河的通航作出了重要贡献。

---

① 《河议辩惑》。

## 盐碱地的改造

河北省东部滨海平原是海河、滦河和潮白河水系的下游，由于地势平缓，排水不畅，土壤有不同程度的盐碱化现象。明中叶以前，这里是"碱草丛生"，无人耕种的地区。元代虞集曾经建议修筑海塘开垦北京以东的滨海荒地，但未能实现。

改造河北滨海地区的盐碱荒地为水田，是从万历年间开始的。《明史》记载，汪应蛟在天津驻兵的时候，看到附近葛沽、白塘一带大片土地荒芜，他对"斥卤"之地不能耕种的说法，不以为然，指出："地无水则碱，得水则润，若营作水田，当必有利，"遂募民垦田5千亩，其中十分之四为水田，获得了每亩收4~5石的成效。这是天津附近较大规模的改造盐碱洼地种植水稻的开始。

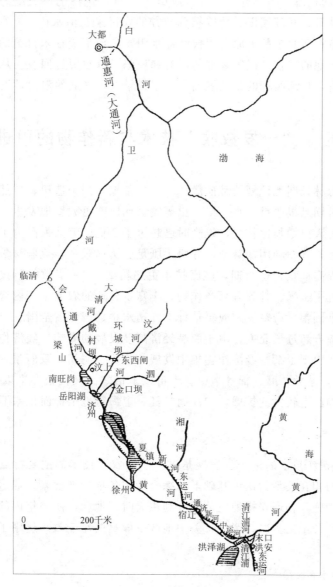

图 8-8 元、明、清运河图

万历十九年（1591年）袁黄在他著的《宝坻劝农书》中进一步指出：滨海一带的碱卤之地，弃而不耕，如同抛黄金于路旁而又自苦穷困的人一样！他提出了利用盐碱地的实施方案，先在受潮水浸渍的地方"挑沟筑岸，或树立桩橛"，以阻拦潮水。继而开出"中间高，两边下"的田，并且相隔"十数丈即为小沟，百数丈即为中沟，千数丈即为大沟，以注雨潦"。最初可以"种水稗"，数年以后"斥卤既尽"，就可以"种稻"了。袁黄的见解和他提出的具体措施都是非常宝贵的。

与汪应蛟和袁黄差不多同时的徐贞明，很重视发挥人的主观能动作用，反对"寄命于天"，主张大兴水利，改造自然，发展生产。为了倡议开发京津一带的水利，他亲自考察过北京以东的地形、水文和土壤等自然环境，并且绘制有地图。根据他的考察，认为若能"筑塘捍水，虽北起辽海，南滨青齐，皆可成田"[①]，即沿渤海的广大滨海平原，都可利用丰富的水源发展灌溉，开辟稻田。他曾招募南方的农民来营治水田，一年之间，就垦田4万亩。当他正准备在河北东部平原大规模开辟水田，实现京畿食米自给的计划时，却遭到了当地占有大量土地的宦官勋戚等豪强的反对和诬陷，以致罢官回乡。从徐贞明和陈潢等相类似的遭遇来看，日趋腐朽的封建统治者对于科学技术发展的阻力是很大的。

## 五 "一岁数收"技术与新作物的引进

由于人们对森林长期无计划地乱砍滥伐，开垦荒地，围湖造田，自然生态平衡所遭到的破坏到明、清时期已很严重，水、旱、虫等灾害比以前更频繁地发生，经常威胁着农业生产。另外，这时人口增长比较快，乾隆时已超过了2亿。劳动人民为了解决穿衣吃饭问题，努力治理黄河，开发利用盐碱地，并胼手胝足、历尽艰辛，克服自然灾害，千方百计在一小块土地上提高产量。这时期，施肥技术更趋精细，"一岁数收"技术得到进一步发展，还从国外引进了玉米、甘薯等高产作物，丰富了各地的农业生产内容，使种植制度更多样化了。明代全国粮食产量据宋应星估计：江南水稻总产量占全国总产量的70%。经济的繁荣程度仍是南方超过了北方。由于商品经济高度发展的影响，经济作物栽培面积显著增加，有些地区还出现了某些经济作物集中发展的趋势。明初，政府重视棉业生产，令民"田五亩至十亩者，栽桑、麻、棉各半亩。十亩以上倍之。又税粮亦准以棉布折米"[②]。到明中叶，植棉范围已有较大的扩展，如江南松江、上海等地植棉面积差不多与水稻相等。

**"一岁数收"技术**

"一岁数收"耕作技术的进一步发展是这一阶段农业技术的主要特点之一。它是人们在对农作物之间的相互关系的认识基础上，综合运用各项生产要素，通过间作、套作、混作、轮作等技术措施，合理安排种植，充分利用天时、地利，使一年内的收获次数由一次增加到二、三次，乃至更多次。清代，关中地区一般是两年三收，运用了套种技术后，有

---

[①] 徐贞明：《潞水客谈》。
[②] 《明史·食货志》。

的地方一年就可达到"三收"。轮作倒茬，合理安排前后农作物也能提高产量。《甘薯疏》说："若高仰之地，平时种蓝，种豆者，易种薯，有数倍之获。"为实现"一岁数收"，除了要重视农作物品种的选择和加强田间管理外，特别要求土地肥熟，那就是要深耕、多耕和多施肥料。

不同的土地，耕深耕浅各不相同，明代《农说》提出："启原宜深，启隰宜浅。"清代《知本提纲》则提出："轻土宜深，重土宜浅。"深耕的标准南北大致差不多，在1尺左右，甚至有更深的。"启土九寸为深，三寸为浅"[1]，是南方的标准。"有浅耕数寸者，有深耕尺余者，有甚至二尺者"[2]，是北方的情况。达到深耕的办法一是采用深耕的农具。南方主要依靠铁锸深耕；[3] 在北方除使用大犁、双牛大犁以及特用深耕犁之类的深耕农具外，并采用"重耕"的技术，"山原之田，土燥阴少，而生气踵于下，耕时必前用双牛大犁，后即加一牛独犁以重之"[4]。

"一岁数收"需要多施肥，这也就促进了肥料的蓄积和施肥技术的发展。肥料的蓄积，这时除就地取材以扩充肥源外，还强调肥料的"酿造"。肥料种类已扩大为人粪、牲畜粪、草粪、火粪、泥粪、骨蛤粪、苗粪、渣粪、黑豆粪、皮毛粪十大类。[5] 同时，讲究提高肥效，重视因时、因地、因物制宜地使用。由于"一岁数收"带来了较多的病虫害，这也给人们提出了除虫灭病的新课题。

新作物的引进

玉米、甘薯和烟草等都是起源于美洲的农作物。15世纪末，哥伦布开辟了欧洲和美洲之间的航路之后，这些作物很快传播到了欧洲，并逐渐遍及全世界。我国引进这些新作物是从16世纪初，明代中叶开始的。

最先引进的美洲农作物是玉米。玉米在我国明代的许多地方志中已有记载。最早见于安徽《颍州志》（正德六年，1511年），其次是《广西通志》（嘉庆十年，1531年）。嘉庆年间地方志记载玉米的还有河南《钧州志》（1544年左右）、江苏《兴化县志》（1559年）、甘肃《平凉县志》（1560年）和云南《大理府志》（1563年）等。安徽颍州栽培玉米，较甘肃、云南的记载早约半个世纪。15世纪末，葡萄牙人到达爪哇，此时我国东南沿海人民侨居南洋群岛的已不少。因此，玉米很可能是在16世纪初经由海路传入我国沿海和近海各省。以后记载玉米的地方志更多，明末至少有十二个省（河北、山东、河南、陕西、甘肃、江苏、浙江、安徽、福建、广东、广西和云南）已种植。到了18世纪，玉米栽培几乎遍及全国，且引种后能结合作物特性与当地条件，掌握栽培技术。在江南一带，大都利用山地种植，因是"垦山为陇，列植相望"[6]。"山家岁倚之，以供半年之粮"[7]，所以，

---

[1] 马一龙：《农说》。
[2] 杨岫：《知本提纲·郑氏注》。
[3] 潘曾沂：《潘丰裕庄本书·诱种粮歌》。
[4] 杨岫：《知本提纲·郑氏注》。
[5] 杨岫：《知本提纲·郑氏注》。
[6] 《源州府志》1757年。
[7] 《辰州府志》1765年。

有"山土宜之"的认识。

甘薯是万历年间引进的。福建人陈振龙从事海外贸易，在吕宋学会甘薯栽培技术，万历二十一年（1593年）回国时设法带回薯藤，并且试种成功。甘薯是高产作物，一般沙质土壤都宜种植，成为当时救荒的主要粮食，很受欢迎。不久传到浙江、山东、河南等省，逐渐提高栽培技术，在华北较为寒冷的冬季也能留种了。明、清之际，为推广甘薯而编写的著作有徐光启的《甘薯疏》、陈世元的《金薯传习录》和陆耀的《甘薯录》等。

烟草的原产地大概是美洲的墨西哥，后来传至菲律宾，明中叶以后，自菲律宾传入我国时音译为"淡巴菰"。崇祯年间，已有不少人以吸烟为乐，一些种植粮食的农田也改种烟草了。

## 农学的新成就

明、清时期，由于我国农业生产和农业技术在前代基础上于若干方面仍续有发展；同时，这时期政治经济的剧烈变化，使得知识分子中"经世致用"的思想日见兴起，他们或不愿臣事清朝，或鄙视"八股""仕途"，隐居田园，参与了农事经营管理工作。农学是封建时代实用意义最大的学问，因此他们就纷纷撰写农书，以致明末以后，农学著作激增。

有人统计，现存或已佚的古农书五百余种中，明、清时的农书约有300种，占50%以上。这一时期，着重农、林、牧、副、渔各项技术知识系统记述的综合性农书主要有两部，一是徐光启的《农政全书》（见本章第十节），还有一部是清朝官方编辑的《授时通考》。《授时通考》主要是前人有关著作的汇辑，在农学上没有什么新的创造，但体裁严谨，征引周详，附有很多插图，也自具一定的优点。

地方性农书大量出现，是明、清时期农书的一大特点。这类农书篇幅不大，都以一个地区为对象，因而所记耕作技术等比较详细切实，如《宝坻劝农书》、《知本提纲》、《马首农言》等属于此类。明、清商品经济较为发达，农产品日趋于商品化，经营地主比过去增多。有些经营地主把自己在经营管理实践中的经验总结出来，写成专书，如《沈氏农书》、《农言著实》、《山居琐言》等。又因人口猛增，自然灾害日渐增多，粮食短缺，故《农政全书》等都用了相当篇幅，对救荒、荒政、备荒等问题加以叙述，并出现了以救荒为目的的专书，如《救荒本草》、《野菜谱》等。这一类书，生产技术谈得很少，对于植物的特性等则描述得较详细。如朱橚所著《救荒本草》（1406年）记载了主要分布在河南省境内的野生植物414种，其中见载于前代本草的138种。朱橚将采自各地的植物栽植于园圃中，亲自观察其性状和生长情形，并详加记载每种植物的产地、名称、性状特征、性味及烹调方法等。更可贵的是《救荒本草》对各种植物的根、茎、叶、花、果实等性状特征都绘有逼真的插图，以便于人们辨识，从而被中外学者誉为中国15世纪初期具有科学性的植物学著作。蝗虫是北方旱作区的重要害虫，历史文献上关于蝗灾的记载很多。明、清时期农田水利长期失修，蝗灾较历史上任何时期都为严重，除蝗专书的涌现也构成了这一时期农书的特点之一。它们有《捕蝗考》、《捕蝗汇编》等。总之，明、清时期的农书数量多，种类也繁多，具有鲜明的人定胜天和与自然灾害作斗争的精神。农学原理的系统性阐述在有的农书中比过去也大大发展了。

*蚕桑的发展*

宋、元时期,江浙一带每年蚕茧总产量已超过北方。明以后,对外贸易日益扩大,对蚕丝的需求日趋迫切。鸦片战争后,蚕丝出口更急剧增加。在外销的刺激下,不仅太湖流域的苏南、浙西地区蚕桑生产得到进一步发展,珠江三角洲也成了我国近代主要产蚕区之一。明、清时期,蚕桑生产技术的提高主要表现在下列方面。

在饲养蚕的技术成就方面,特别是发现并利用了家蚕的杂种优势。《天工开物》中说:"今寒家有将早雄配晚雌者,幻出嘉种,此一异也。""早雄配晚雌",就是一化性雄蚕和二化性的雌蚕杂交而产生的优良蚕种。此外,从明代以来,对某些传染性的蚕病,如脓病、软化病和白僵病等已有一定的认识,并知道采用淘汰或隔离的措施来防止蚕病的传染蔓延。

扩大养蚕,就需要增产桑叶。湖州、广州等地蚕农除改粮田为桑田以扩大桑树种植面积外,还采用桑树密植法来增加桑叶产量。浙江新昌等地采用桑树速成栽培法,使桑叶能提前采收。

我国也是世界上最大的生产柞蚕丝的国家。西汉末年,山东蓬莱、掖县一带人民已利用野生的柞蚕茧,制成丝绵。后来人们逐渐知道利用柞蚕丝来织绸。到明代,山东蚕农已有了一套比较成熟的放养柞蚕的方法。清初山东益都孙廷铨著的《山蚕说》专门介绍了放养柞蚕的技术。书中说,当时胶东一带山区,到处都放养着柞蚕。清初,放养柞蚕的方法已传至辽东半岛,不久传到河南、陕西,接着便推广到云贵地区。

## 六 建筑技术的普遍提高

*规模宏大的宫殿建筑群*

明清两代在北京的皇宫,现在叫做故宫,是一组宏伟壮丽的建筑群,显示着我国具有悠久历史的木构建筑技术的辉煌成就。

这组建筑群是明永乐四年至十九年(1406—1421)兴建的,占地面积72万平方米。内有房屋近1万间,外有高达10米的长方形紫禁城(南北960米,东西760米)围绕,紫禁城的四角各修一座造型秀丽、屋顶有72条脊的角楼,环绕紫禁城的是一条宽52米的护城河。紫禁城位于北京城正中,它的中轴线与北京城的中轴线相合。

紫禁城内宫殿众多,布局严谨,构成一组宏大工整的建筑群。整个建筑群由前后两大部分组成。前部称外朝,以三大殿——太和殿、中和殿和保和殿为中心,以文华殿、武英殿为两翼,这部分是封建皇帝治理朝政的主要场所。太和殿构架高耸,是建筑群中最高大的木结构建筑,高达26.92米,东西面宽63.96米,南北进深37.20米,木骨架用"抬梁式"结构,殿内支承架的柱子,高14.4米,直径1.06米,共用72根这样的木柱承梁架构成四大坡的屋面。故宫屋顶满铺以黄色为主的琉璃瓦件,殿里的"天花"、"藻井",殿外檐下的"斗拱",都加彩绘,从外表到内里均显得富丽堂皇。中和殿高18.87米,是一座亭子形方殿，屋顶为四角攒尖式。保和殿高 20.87 米，屋顶为歇山式，有 9 条脊。这三座造型不同的大殿，同位于一个高达 8.13 米，分三层突起的基座上。每殿周围都用汉白玉雕刻的各种构件垒砌而成，更显得庄严雄伟。后面的部分称内廷，由乾清宫、坤宁宫和东西六宫组成，是皇帝和后妃居住的地方。内廷北面是一座御花园。

故宫宫殿的建筑设计十分严谨规则，这是明、清木构建筑发展的特点之一。我国木构建筑的设计虽然早已有了一定的规范，但发展到明清时候就更加规格化、程式化了。殿式建筑以"斗口"为基本模数，只要定了一种斗口的等级，整个建筑的各部分用料尺度就可以确定了。斗拱功能的减弱以及木构件砍割手法的简化等，也是这一时期木结构的明显变化。

拼合梁柱构件技术是明清木结构技术的一项重要成果。由于掌握了木材易于拼合的性能，使小块木料经过并合、斗接、包镶之后仍能发挥大料的作用，达到节省用料的要求。

此外，在我国南方木构房屋建筑中，穿斗式构架（即以柱直接承檩）的普遍出现，也是明清时期民用建筑结构上的一大特色。

### 明代的万里长城

自秦始皇把战国时期秦、赵、燕各诸侯国修筑的长城连接起来，成为一条长达万里的城防之后，只有明代在原来的基础上重新修筑长城的规模能与之相比，而且在工程技术上有了很大改进。

明朝统治者非常重视北部城防。从明初开始，用了一百多年的时间才完成西起嘉峪关，东至山海关的全长一万二千七百多里的修筑工程。现在我们看到的万里长城就是明代新修扩建的。当时曾经分段设立了九个重镇（辽东镇、蓟镇、宣府镇、大同镇、山西镇、延绥镇、宁夏镇、固原镇、甘肃镇）进行防守。

明代修筑的长城，大都非常牢固，特别是东半部（山西以东至山海关称东半部，山西以西称西半部）都用砖砌（局部地段用石条），石灰浆勾缝。城墙的砌法，在坡度较小时，砖石随地势平行砌筑；坡度较大时，采用水平跌落砌筑，砖墙砌得十分平整坚实。这是城防工程的一个发展。明清建筑普遍使用砖和石灰浆砌筑，使砖构建筑技术进入一个新的发展阶段。

长城选线的水平也很高。在山西以东，城墙大部蜿蜒在崇山峻岭之间，有的利用山脊修筑，形势极为雄伟险要。东半部城墙外面用砖砌，里面是夯土。一般墙高约 8 米，下部墙基宽约 6 米，墙顶宽 5 米左右。墙顶外部设垛口，约高 2 米，内部砌女墙，高约 1 米。墙身每隔 70 米左右修碉楼一座，墙身内部每隔约 200 米有石阶梯，可登城巡视。山西以西的长城，虽然是夯土版筑的，但也很坚实，墙高约 5 米多，墙身下部宽 4 米左右，上部宽约 2 米。作为传报军情用的烽火台，设在长城内侧或内侧的山顶上，大部用砖石砌成，平面呈方形，每面约 8 米，高约 12 米左右。

长城的关城很多，都在地势险要的地方修建。著名的有嘉峪关城、山海关城、居庸关城等。有些重要的关城，如居庸关因在北京附近，遂设三道城墙防护。关城与城墙相连，构成险要的关隘，如山海关是军事要地，号称"天下第一关"。

### 精巧的园林技术

我国古代园林具有独特的风格,在世界园林艺术中自成一体。

明清的园林技术,继承了前代的传统并在造园艺术和技巧上有进一步提高与发展。那时著名的园林除有些已被焚毁外,保留下来的还很多。

古代园林虽有皇室苑囿和私家园林的区别,但在建筑原则和技术手法上,都具有以下特点。第一,设计力求自然,富有曲折,较少采用简单的几何图形。第二,分全园为若干景区,各景区既相联系又主次分明各具特色。第三,充分利用对景手法造景,即从一定的观赏点出发来取景、造景。第四,水面处理,有聚有分,以聚为主,以分为辅,理水技术包括引水、堰闸、驳岸、瀑潭、溪涧、喷泉等。第五,叠造假山,使园景更加多姿多彩,这是我国独特的造园技术,叠山的做法有立峰、压叠、构洞、刹垫和拓缝等。第六,建筑物相互构成对景,园内建筑所占比重较大,建筑物有厅堂、楼阁、榭舫、亭台、回廊、围墙、石舫等。第七,绿化植物的栽种亦颇具匠心,多有姿丰态美、色香俱佳的花草树木。

明清时期私家园林很多,特别是江南一带十分兴盛。只苏州一地就有大小园林几十处。著名的如苏州拙政园、留园、狮子林,无锡寄畅园,扬州个园等。拙政园虽然距今已有四百多年的历史,但园内中部的总体格局仍旧保留着原来的面貌,而且主要建筑物的位置也与原先相差不多。

皇家园林在北京建造的比较多,论其规模要数清代热河的避暑山庄为最大,面积五百多公顷。这些苑囿在布局和处理手法上受到江南私家园林和名胜风景的影响很大。建筑物中有一部分是宫殿。清末修复的位于北京西郊的颐和园可以说就是一个很好的典型。颐和园的前身叫万寿山清漪园(1860 年与圆明园同被英法侵略军焚毁),它与玉泉山静明园、香山静宜园、圆明园、畅春园合称"三山五园",都是清代皇帝的夏宫。

明末出现了一部重要的造园理论方面的著作,即计成著的《园冶》一书。这部著作系统地总结了江南一带造园技术的成就,主张"虽由人作,宛自天开",也就是说造园要因地制宜,使之富有天然色彩,以此作为衡量园林建筑优劣的重要尺度之一。

图 8-9 苏州拙政园

少数民族建筑

我国少数民族在建筑方面有许多卓越的成就。特别是藏族创造的石砌高碉建筑，蒙古族的藏传佛教寺院建筑，维吾尔族用土坯建造的穹隆结构建筑以及傣族修建的佛寺和塔寺，都具有独特的风格和较高的技术水平。

建筑在世界屋脊上的布达拉宫是藏族人民建造的举世闻名的宏伟建筑。它位于拉萨市布达拉山上，是一座大型的藏传佛教寺院，也是历代达赖喇嘛居住和行政管理机构之所在。传说唐代文成公主和松赞干布当时就住在这里。现存的建筑是崇祯十四年（1641年）五世达赖喇嘛重修的，前后历时五十多年才基本建成，约有房屋两千多间。

布达拉宫是依山建造的，共砌平楼13层，上有宫殿三座，金碧辉煌。由于整个建筑是从山下直到山腰连成一个整体，气势非常雄伟，所以实际效果不止13层，堪称我国古代高层宫殿建筑的优秀代表作之一。

图8-10 布达拉宫外观

藏族建筑在构造、施工和工艺技术方面的特点是：结构形式就承重方式来看，最常见的是木构架承重，墙承重只在盛产石料的地区比较普遍；屋面大部是平顶，这与高原气候寒冷干燥有关；建筑模数是在人体尺度的基础上进一步制定，一"穹都"（藏语）等于手掌一卡长再加上一个大拇指的距离，即一藏尺合 $6\frac{3}{4}$ 寸，约23厘米长；镏金技术历史悠久，水平很高。

新疆维吾尔族人民创造了美丽的穹隆顶建筑。最大的土坯穹隆顶直径约15米，小型的穹隆顶可直接建在方形的土坯墙上。较大型的就把土坯墙改为单拱肋，再大时常用抹角的办法使方形墙顶变成八角形、十六角形或三十二角形等，以便与圆形接近。在砌法上，类似叠涩，要求每层的水平方向都是正圆，垂直方向能斗合即可，不一定成正圆。在用单拱肋承重时，拱角处常加圆形的墩子以增加刚度抵抗推力，这种墩子在外形上就构成了伊斯兰教特有的建筑形式。

图 8-11 喀什市艾提尕尔礼拜寺

蒙古族建筑有藏传佛教寺院、王府、蒙古包以及汉式土房等。藏传佛教寺院建筑又分为西藏式、五台式、汉藏混合式三种式样。西藏式藏传佛教寺院，全部仿照西藏的式样，其中以包头五当召为代表。五台式即是汉式，完全采用五台山地区的汉族庙宇的建筑风格，以多伦诺尔的汇宗寺、善因寺为代表。所谓汉藏混合式，一种是在一个建筑物上把汉、藏两种风格相结合，一种是在一组藏传佛教寺院中，有几座建筑是西藏式风格，又有几座建筑是汉式风格。王府，即是蒙古族王爷的住宅，基本上是仿照汉式房屋式样，例如巴彦淖尔盟达王府就采取北京四合院住宅的式样。蒙古包是用沙柳木作为骨架，表面覆盖羊毛毡，用骆驼毛绳绑扎，可以随时随地拆卸和安装，是一种活动式的轻体结构。

傣族人民居住的村寨中都建有佛寺和塔。佛寺建筑中最突出的是佛殿屋顶的造型，达到了很高的水平。屋顶依纵向分成三段至五段，用歇山式。但歇山式的上部两坡和下部四坡分成两段，歇山上部作举折凹曲面，下部尾面平直。大型佛殿在歇山顶外再加一圈重檐柱子，形成重檐。以上处理手法，并没有给结构增加更多的负荷，只是依靠柱子和檩条位置的高度不同形成多种变化，体现了傣族人民在建筑技术上的独创精神。

傣族塔都是砖砌实心，用石灰浆砌筑和抹面，灌填坚实，造型优美，施工技术较高。塔由基台、基座、塔身和塔顶构成一座挺拔秀丽的长柄铃形舍利塔。单塔之外，还建有群塔，群塔最多由17座塔组成，形体非常美丽。

## 七　商业数学与珠算

### 商业数学的发展

明代的商品经济，比它以前任何一个朝代都发达。由于商业的空前发展，商业数学随之得到发展，与商业有关的应用问题在数学著作中有了较多的出现。这和 15 世纪欧洲商业数学发展的情况颇为相似。

景泰元年（1450 年），吴敬《九章算法比类大全》这部杰出数学著作的完成，是明代商业数学取得进展的标志。

吴敬，字信民，浙江仁和（今杭州）人，他对浙江经济发展，如田亩、粮税和人口等的增长情况非常熟悉，当时负责财政的官员常请他协助工作，这有助于他对数学应用问题的搜集和研究。

《九章算法比类大全》是吴敬"积二十年"之功才完成的一部数学著作，全书分 10 卷。在卷 1 之前又有"乘除开方起例"1 卷，它用一定篇幅论及大数、小数、度量衡的单位、乘除算法、整数四则运算和分数四则运算等问题，并给出 194 个应用问题的解法。第 1—9 卷是按方田、粟米、衰分、少广、商功、均输、盈朒、方程和勾股九类分卷，各卷内容都是对该类应用问题的解法。全书共计解出 1329 个应用问题，因此本书也可以说是一千多个应用问题的解法汇编。各类应用问题，有的是摘自古算术书（如杨辉的《详解九章算法》等）的"古问"；还有结合当时社会情况的应用问题，也称为"比类"；还有一部分应用问题是用诗词形式提问。最后一卷专论开方，包括开平方、开立方、开高次幂、开带从平方和开带从立方。

在吴敬收集的许多应用问题中，有不少是与商业有关的新课题，如计算利息、合伙经营、就物抽分（是以货物作价抵补运费或加工费等的计算方法）等，这些都是商业经济的发展在数学研究中的反映。这一趋势的不断发展，导致珠算术的发展。

### 珠算的广泛应用

我国数学的计算方法，随着商业的发展和算法本身由繁到简发展条件的成熟，到了明代，珠算术普遍得到推广，逐渐取代了筹算。

珠算术是用珠算盘演算，比筹算术用算筹演算方便得多，因此，在商业发展需要的条件下，珠算盘作为数学计算的一种简便工具，很受人们的重视和欢迎。

珠算术至迟在元末已经产生。1366 年在陶宗仪所著《南村辍耕录》中，有关于珠算盘的明确记载。书中卷 29 讲到一条俗谚，这条俗谚用"擂盘珠"和"算盘珠"打比喻时指出，"擂盘珠……不拨自动"，"算盘珠……拨之则动"。既然算盘珠不像擂盘珠那样可以自由转动，那么算盘珠必是被串起来，拨弄它时只能按一定方向移动。陶宗仪原籍浙江黄岩，常在江苏松江居住，他所说的俗谚，当是松江一带的情况。又《元曲选》"庞居士误放来生债"一折中有"去那算盘里拨了我的岁数"一句唱词，可见，那时珠算盘已是一件比较常见的工具，已被反映到文艺作品中去了。

珠算盘发明之后，珠算术的四则方法逐渐代替了筹算的加减乘除运算方法。珠算术的加、减法口诀相当重要。在明代的珠算术中称加法口诀为"上法诀"，如"一，上一；一，下五除四；一，退九进一十"等等；称减法口诀为"退法诀"，即"一，退一；一，退十还九；一，上四退五"等等；很是简便。而宋、元的筹算书中却不记录加减法口诀。乘法和除法口诀，即九九口诀和九归口诀，则珠算与元代的筹算术完全相同。但元代的筹算术没有一归口诀,因为在筹算术中,除数的第一位数码是一的,一般是用"减法代除"。明代珠算术中才有一归口诀,即"见一无除作九一,起一下还一"。

明代的珠算术著作,现在流传下来的已经不多,其中比较重要而影响又较大的是程大位所著《算法统宗》。程大位(1533年生),字汝思,号宾渠,安徽休宁人。他少年时代就很喜爱数学,后来一面经商,一面从事数学研究。1592年程大位写成《算法统宗》17卷,这是一部流传极广的数学著作。明清两代不断翻刻、改编此书,"风行宇内",凡学习计算的人,"莫不家藏一编",影响之大,在中国数学史上是少有的。

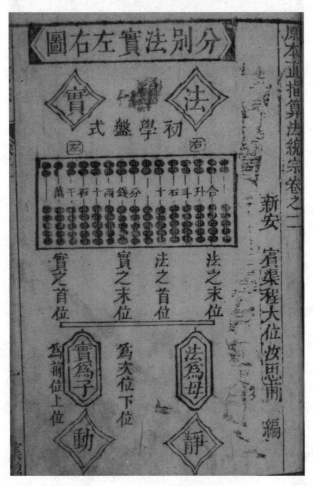

图 8-12 《算法统宗》中的算盘

《算法统宗》在体例和内容上与《九章算法比类大全》有不少共同的地方,例如对于大数、小数、度量衡单位和数学词汇的解释,应用问题按九章章名分类,部分题目用诗词形式表达等都基本相同。而《算法统宗》的特点和它的贡献在于以下几点。第一,全书595个应用题的数字计算,都不用筹算方法,而是用珠算盘演算的。第二,最早使用珠算方法开平方和开立方。第三,记有他自己创制的测量田地用的"丈量步车"并绘有图。这种"丈量步车"是用竹篾做的,可以卷绳,就像现在测量用的卷尺。第四,附录北宋元丰七年（1084年）以来的刻本数学著作51种，可惜现在仅存15种了。当然书中难免也有某些缺点，不过总的来看，它还是一部比较完备的应用算术书。明末李之藻编译《同文算指》时，发现西方著作有不足之处，就从程大位的《算法统宗》中摘录了不少应用问题补充进去。

我国珠算术还曾传到日本、朝鲜等东亚各国，并被延续使用到今日。在我国，直至现在珠算也仍然是被广泛使用和较为方便的计算工具。

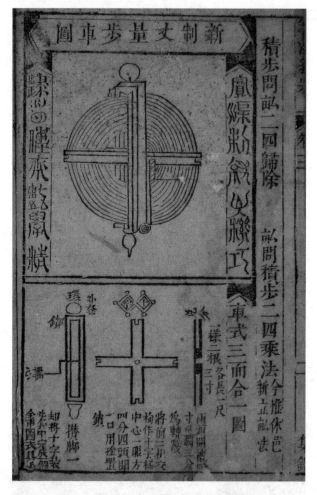

图8-13　《算法统宗》中的丈量步车图

## 八　声学知识的新发展

### 十二平均律的发明

音律学在我国历代都受到极大重视。二十四史"律历志"中的"律"或"音乐志"，是为历代音律学知识的记录,它为音律学的发展留下了宝贵史料。

在公元前约一千年的西周初期,已经有十二律和七声音阶的认识了。十二律一般地说,就是十二个半音。它们的名称是:黄钟、大吕、太簇、夹钟、姑洗、仲吕、蕤宾、林钟、夷则、南吕、无射和应钟。但严格地说,十二个半音中的六个单数的半音,即黄钟、太簇、姑洗等,称为"六律",其余六个双数的半音称为"六吕",因此十二个半音也统称为"律吕"。七个音阶是:宫、商、角、徵、羽、变宫和变徵。七声音阶出现之后,五声音阶(宫、商、角、徵、羽)仍然使用。如果以黄钟为调首(宫),七声音阶在十二律间的位置如下:

| 十二律 | 黄钟 | 大吕 | 太簇 | 夹钟 | 姑洗 | 仲吕 | 蕤宾 | 林钟 | 夷则 | 南吕 | 无射 | 应钟 | 清黄钟 |
|---|---|---|---|---|---|---|---|---|---|---|---|---|---|
| 相当于西名 | C | C# | d | d# | e | f | f# | g | g# | a | a# | b | c |
| 音阶 | 宫 | | 商 | | 角 | | 变徵 | 徵 | | 羽 | | 变宫 | 清宫 |

大约在春秋时候开始使用三分损益法来确定管或弦的长短和发音高低之间的关系,其记载见于《管子·地员篇》,这种方法为后世长期沿用。三分损益法是以一条被定为基音的弦(或管)的长度为准,把它三等分,然后再去一分 $\left(\text{损一,即乘以}\frac{2}{3}\right)$ 或加一分 $\left(\text{益一,即乘以}\frac{4}{3}\right)$,以定另一个律的长度。依此类推,直到在弦(或管)上得出比基音略高一倍或略低一倍的音为止。

按三分损益法计算的结果,十二个律中相邻两律间的频率差不完全相等,所以称为十二不平均律。同时,比基音高(或低)八度的音,不能得到比基音高(或低)一倍的频程,只能略高(或低)一倍。如基音 do 的相对频率是一,高八度的 do 音的相对频率不是二,而是略高于二,其间存在一定的差数。这种情况不适宜进行"变调",也不便于演奏和声。所以三分损益法是有缺点的。

为了消除这个缺点,人们曾进行了不同的尝试。汉代京房(公元前77年—前37年)把律数的推算增到53律(名为60律),南北朝时期的钱乐之和沈重又进一步推算到360律。虽然律数的增加,可以缩小上面提到的差数,却不可能使倍频程的音,具有真正的倍频程的高度。而晋朝的荀勖(?—289)和刘宋的何承天又从别的方向上作出了努力。荀勖在以三分损益律计算管乐器各音时,发明了管口校正的方法。加上管口校正数后,三分损益律才在管上得到正确的应用。何承天把三分损益法计算后出现的差数按长度平均分为十二分,然后累加到十二个律管上。他这种平均分配差数的方法,为十二平均律的发明提供了很好的思想方法。

到了明代,朱载堉在前人不断探索和自己努力试验的基础上发明了十二平均律,解决了长期存在的难题,为音律学的发展做出了划时代的贡献。

朱载堉(1536—1610),字伯勤,号句曲山人,是明仁宗庶子郑靖王的后代。虽然他是王室世子,却能专心于乐律、历算等的研究,晚年还努力著述。他的主要著作是《乐律全书》,全书包括13部著作,其中11部是关于乐律方面的,另外两部著作,一部是论算学的,称《算学新说》,另一部是论历法的,称《历学新说》。在关于乐律方面的论著中,重要的有《律学新说》和《律吕精义》等。十二平均律的理论最早见于《律学新说》,写

《律吕精义》时又做了进一步的阐述。关于十二平均律的数学演算,更详细地记载在他的数学著作《嘉量算经》中。

《律学新说》成书于明万历十二年(1584年)。朱载堉用等比级数的方法平均分配倍频程的距离,取公比为$\sqrt[12]{2}$,使得十二律中相邻两律间的频率差完全相等,所以称为十二平均律。十二平均律的发明彻底解决了"旋相为宫"的问题,是音乐史上的一件了不起的大事。现代的乐器的制造都是用十二平均律来定音的。朱载堉的发明约比欧洲的音乐理论家梅尔生(Mersenne Marie,1588—1648)的同样发明早半个世纪。朱载堉和他的发现在19世纪得到了德国物理学家赫姆霍茨(H. L. F. Helmholtz,1821—1894)的高度评价。

朱载堉在研究乐律时,很重视科学试验的检验,他说要分辨"新律"(指十二平均律)与"旧律"(指三分损益法)"孰真孰伪",只要通过"试验"就一清二楚了。试验的方法:一是依尺造律,吹之试验,一是吹笙定琴,用琴定瑟,弹之试验。足见他的治学方法是很科学的。

### 建筑上的声学效应

声学效应的应用在我国有悠久的历史。早在战国时期,墨子曾在地下设瓮,利用共鸣现象,探查敌方挖洞攻城的计谋。宋代曾公亮在他的《武经总要》中,把这种方法称为"瓮听",这是声学效应在军事上的应用,而在建筑上应用的典型事例要算北京天坛的部分建筑物。

北京天坛是著名的明代建筑。其中皇穹宇建于明嘉靖九年(1530年),原名泰神殿,1535年改为今名。天坛的部分建筑具有较高的声学效果,使这一不寻常的"祭天"的场所更增添了神秘的色彩。

天坛建筑物中最具声学效应的是:回音壁、三音石和圜丘。

回音壁是环护皇穹宇(安放祭天牌位的所在)的一道圆形围墙,高约6米,圆半径约32.5米。内有三座建筑物,其中之一是圆形的皇穹宇,位在北面正中,它与围墙最接近的地方只有2.5米。回音壁只开一个门,正对皇穹宇。整个墙壁都砌得十分整齐、光滑,是一个良好的声音反射体。如有甲、乙二人相距较远,甲贴近围墙,面向墙壁小声讲话,乙靠近墙壁可以听得很清楚,声音就像从乙的附近传来的。只要甲发出的声音与甲点的切线所成的角度小于22°时,声音就都分布在近墙面的一条不超过2.5米宽的圆环内。所以甲越贴近墙壁讲话,乙听到的声音越清楚。之所以要求与切线所成的角度要小于22°,是因为有皇穹宇的存在,如果大于22°时,声音就要碰到皇穹宇反射到别处去,乙就听不到。

在皇穹宇台阶下向南铺有一条白石路直到围墙门口。从台阶下向南数第三块白石正当围墙中心,传说在这块白石上拍一下掌,可以听到三响,所以这块位于中心的白石就叫三音石。事实上,情况不完全是这样。在三音石上拍一下掌,可以听到不止三响,而是五、六响。而且三音石附近也有同样的效应,只是模糊一些。这是因为从三音石发出的声音,等距离地传播到围墙,被围墙同时反射回中心,所以听到了回声。回声又传播出去再反射回来,于是听到第二次回声。如此反复下去,可以听到不止三次回声,直至声能在传播和反射过程中逐渐被墙壁和空气吸收,声强减弱而听不见。如果拍掌的人在三音石附近,从那里发出的声音，传播到围墙，不能都反射到拍掌人的耳朵附近来，因此听到的回音就比较模糊。

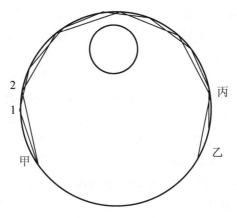

图 8-14 天坛回音壁声音反射示意图

圜丘是明、清两代皇帝祭天的地方。它是一座用青石建筑的三层圆形高台。高台每层周围都有石栏杆。在栏杆正对东、西、南、北方位处铺设石阶梯。最高层离地面约 5 米。半径约 11.4 米。高台面铺的是非常光滑、反射性能良好的青石，而且圆心处略高于四周，成一微有倾斜的台面。人若站在高台中心说话，自己听到的声音就比平时听到的要响亮得多，并且感到声音好像是从地下传来的。这是因为人发出的声音碰到栏杆的下半部时，立即反射至倾斜的青石台面，再反射到入耳附近的缘故。

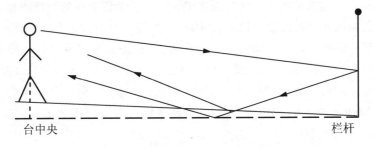

图 8-15 天坛圜丘声音反射示意图

## 九 传染病学和外科的成就

### 温病学说的创立

温病学说是我国古代人民长期与各种传染性热性疾病作斗争的经验总结。明代以前，医学家对于治疗传染性和非传染性热病的认识，实际上都没有超越《伤寒论》的范围，内容比较简单，也不够系统，治疗效果有一定的局限性，不能满足实际需要。

明清两代许多医药学家在临床实践中，深入研究传染病等热性病发病原因、特点和医治的方法。他们不满足伤寒六经辨证论治的方法，一些医家在继承前人经验的基础上，提出了新的理论、新的疗法和预防措施，写出了不少专门著作，形成了温病学说，总结出卫、气、营、血及三焦辨证论治的医疗理论，从而进一步丰富和发展了中国医学体系。

明洪武元年（1368年），王履（江苏昆山人，字安道）著《医经溯洄集》，从病理学上明确指出温病与伤寒不同，不得"混称伤寒"，从而开始突破《伤寒论》的樊篱，开拓了认识传染病的新道路。

崇祯十四年（1641年），吴有性（1592—1672，江苏吴县人，字又可）亲自见到疫病在山东、江苏和浙江等省猖獗流行，"或至阖门传染"，不少医家"误以伤寒法治之"，"枉死者不可胜记"。他深感许多患者"不死于病，乃死于医"的沉痛教训，决心通过观察研究，对温病的病因、传染途径以及平日用过的验方等详加记述，从而写成《温疫论》2卷，补遗1卷，为温病学说的形成奠定了基础。

吴有性是一位反对因循守旧，富有革新思想的医学家。他在《温疫论》自序中正确指出："仲景虽有伤寒论，然其法……盖为外感风寒而设，……与温疫自是迥别。"对于传染病的病因，他说："非风非寒，非暑非湿，乃天地间别有一种异气所感。"对于所谓"异气"，他又称为"戾气"或"杂气"。他认为"戾气"的种类很多，只有某一种特定的"戾气"，才能诱发为某一种特定的疾病。他还进一步肯定"戾气"又是疔疮、痈疽、丹毒、发斑、痘疹之类外科和儿科病症的病因。这种把传染病的病因和外科、小儿科传染病感染疾患的病因，都看成是由于"戾气"引起的，对于外科、小儿科疾患感染的防治，具有重要的理论和实践意义。此外，他关于"戾气"是"从口鼻而入"的见解，有着很高的科学价值。他在指出传染病病因戾气的特异性时，强调能使鸡瘟而鸭不瘟，能使鸭瘟而猪不瘟，能使猪瘟而人不瘟来说明"戾气"的多样性。在对于传染病的治疗方面，吴有性非常重视针对发病的原因而进行医治，他说："因邪而发热，但能治其邪，不治其热而热自已。夫邪之于热，犹形影相依，形亡而影未有独存者。"他还希望终有一日，能发明治疗各种病患的特效药物，"一病只须一药之到，而病自已，不烦君臣佐使、品味加减之劳"，这种医学思想是很可宝贵的。吴有性关于"戾气"的论述，在17世纪下半叶荷兰的列文虎克（Antony Van Leeuwenhock，1632—1723）用显微镜首次发现细菌之前，是值得称赞的、有价值的见解。

清代中叶，温病学说又有了新的发展。著名医学家叶桂、吴瑭和王士雄等在这方面作出了贡献。

叶桂（1667—1746），字天士，江苏苏州人，被认为是温病学派的创始人，著有《温热论》。他的贡献主要是从理论上概括了外感温病的发病途径和传播，提出"温邪上受，首先犯肺，逆传心包"的说法；并且根据温病病变由浅入深的发展过程，分为卫、气、营、血四个阶段，以便更好地辨证论治。对于温病的诊断，他进一步发展了察舌、验齿、辨别斑疹和白㾦的方法。

吴瑭（1758—1836，字鞠通，江苏淮阴人）和王士雄（1808—1867，字孟英，浙江海宁人），系统地总结了前人的成就，分别著有《温病条辨》（1798年）和《温热经纬》（1852年），使温病学说达到成熟阶段，在我国医学发展史上占有重要地位。这样，我国医学在与传染病作斗争的过程中，形成了学术思想对立的伤寒和温病两个学派并驾齐驱的局面。

## 人痘接种法的发明

天花这种传染病，大约是在汉代的时候由战争的俘虏传入我国，所以又叫"虏疮"。古代医书中的"豆疮"、"天行斑疮"、"登豆疮"和"疱疮"等都是天花的别名。明代以前，对于这种病一直没有有效的防治方法。关于天花的流行，葛洪的《肘后方》已有记载，唐宋的记载更多。自宋以后，已有人不满足于效果不太确实的消极治疗，开始探索预防天花的方法。我国种痘术发明于何时，现尚未有定论，但据确信的记载，至迟在 16 世纪中叶，人痘接种术即已发明。人痘接种术的发明，是早期免疫学的重大成就，为天花的预防开辟了一条行之有效的途径，在世界医学史上占有重要的地位。

清代俞茂鲲在《痘科金镜赋集解》（1737 年）中记载说："闻种痘法起于明朝隆庆年间（1567—1572）宁国府太平县（今安徽省太平县）……由此蔓延天下。"至于具体的方法，在张璐的《医通》（1695 年）中记有痘衣、痘浆、旱苗等法，并指出种痘法的推广是"始自江右，达于燕齐，近者遍行南北"。这些说明在种痘法发明之后，即受到重视，得到推广，种痘法也有了发展。

古代的痘衣法是把天花患者的衬衣，留给被接种的人穿用，使受感染。痘浆法是用蘸有疮浆的棉花塞入被接种人的鼻孔里，使受感染。旱苗法是将光圆红润的痘痂阴干研细，用小管吹入被接种的儿童的鼻孔里。也有先用水把研成粉末状的痘痂调匀后，再用棉花蘸了塞入被接种者的鼻孔里，称为水苗法。那些被接种的人，多数是儿童。旱苗法和水苗法都是用痘痂作为痘苗，虽然方法上比痘衣法和痘浆法有所改进，但仍旧是用人工方法感染天花，还有一定的危险性。

后来不断在实践的过程中，发现若改用经过接种多次的痘痂作疫苗，要安全得多。如清代朱奕梁在他的《种痘心法》中说："其苗传种愈久，则药力之提拔愈清，人工之选炼愈熟，火毒汰尽，精气独存，所以万全而无害也。"这种对人痘苗的选育方法，完全符合现代制备疫苗的科学原理。

我国发明人痘接种法之后，很快就传播到世界各地。首先来我国学习的是俄国医生。俞正燮《癸巳存稿》中记康熙二十七年（1688 年）俄国遣人"至中国学痘医"。不久又从俄国传入土耳其。1717 年英国驻土耳其大使蒙塔古夫人在君士坦丁堡学得种痘法，随即传入英国和欧洲各地。18 世纪中叶，人痘接种法已传遍欧亚大陆。该法也从我国直接传到日本。

1796 年英国人琴纳（Edward Jenner，1749—1823）发明牛痘接种法，1805 年由葡萄牙商人传入我国。因为牛痘法更加安全，就逐渐取代了人痘接种法。科学成果应是全人类的共同财富，从历史上看，各个国家、民族和地区之间的科学技术交流是非常有益和必要的。

## 外科总结性著作《外科正宗》

外科学在明代的成就可以著名医家陈实功的著作《外科正宗》为代表。

陈实功（1555—1636），字毓仁，又字若虚，江苏南通人。他从青年时代起就专门研究外科，经过四十多年的不断实践，在外科理论和外科手术方面都有独到之处。晚年的时候,他认为如果把自己多年的经验和体会留传下来,可能"不无小补于人间"。于是把外科大小诸症,分门别类地从病理、症状、治法、典型病例以及药物的炼制等一一记载下来,有些还编成歌诀以便记诵,于万历四十五年(1617年)写成《外科正宗》4卷付印。全书论及外科各种常见疾病一百多种,并选入很多自唐至明代以来内服、外敷的有效方剂,内容十分丰富,后人称赞这部著作:列证最详,论治最精。

陈实功的外科医术相当高明。他成功地完成过难度很大的断喉(因外伤或自杀切断气管)吻合术。为了更好地摘除鼻息肉,他在万历四十五年(1617年)设计了一件既简单又精巧的手术器具。这件器具就是两根用丝线相连的细铜筋,筋头各有一小孔,用丝线系孔使两筋相连,连线长可5分多。手术前,先滴麻药,然后将两筋头伸入鼻内,用丝线把息肉从根部绞紧,然后向下一拔,息肉马上就可摘除。以上手术在《外科正宗》中都有记载。书中所记特别值得重视的还有:下颌骨脱臼整复法;咽喉和食道内铁针取出术;痔瘘的治疗和挂线疗法;对于各种肿瘤病,如筋瘤、血瘤、气瘤、骨瘤、粉瘤、发瘤等的记述;关于皮肤病的治疗记述最多;强调外科治疗必须重视调理消化机能和饮食营养等。陈实功和他的著作对于外科学的发展有很大的影响。《外科正宗》是后世外科医生的必读书,清代各种外科著作,如《外科大成》、《医宗金鉴·外科心得》等,都采录了很多陈实功的有效验方。

## 十　地方志的科学价值

### 地方志著作大量增加

地方志又称方志或地志。"志"是"记"的意思,所以地方志是记载一定地区的情况的著作。我国历代都有编修地方志的优良传统,有关这方面的文化遗产非常丰富。清代以来,遂有研究地方志的定义、沿革、体例、内容以及编写方法等,成为一门专门的学问,称为方志学。

方志的名称,起源很早。《周礼·春官》有"外史……掌四方之志","小史掌邦国之志"的记载。所谓"四方之志"与"邦国之志"的内容,从后人对《周礼》的注释和研究来看,主要是对一定地区的史事方面的记述。有人认为现存最早的地方志著作是《越绝书》和《华阳国志》,又有人认为是《山海经》和《禹贡》。从地方志的发展过程来看,早期的"邦国之志"或与《越绝书》等的内容比较接近,以记述历史人物和历史事件为主。后来随着封建政权向中央集权发展的需要,在战国和秦汉时期出现了像《禹贡》和《汉书·地理志》这样的全国性区域志著作,记述了疆域沿革,山川、田赋、物产等与地理有关的内容。东汉以后由于地方经济的发展,记载地方的风俗、物产、山水、人物等地记性质的著作相继出现。从隋唐到北宋,由于封建统治的需要,编修过大量图经。南宋以后图经中的文字说明已经自成体系,相当完备,而图却无足轻重,以至不必有图,就改称为地方志了。

地方志的编纂,虽有政府主修和私人编著的不同,但是不论是官修或私修的,在体例和内容方面都大同小异。隋唐以前私人著述较多，隋唐以后就以官修为主了。

地方志根据所记的行政区的不同，凡全国范围的多称一统志，省一级的称通志，省以下有各府志、县志以及都邑志、镇志、道志、卫志、乡村志等。此外，还有专记山水、海塘、古迹、寺观等的志书。各种地方志中，县志是数量最多的一种。地方志大都记述疆域、建置、山川、名胜、水利、物产、赋税、职官、人物、风俗、艺文和祥异等，可以说是介绍一定地区基本情况的综合性著作，以备封建统治者施政的参考。

南宋以来，地方志著作大量增加，特别是明清两代编修的地方志最多。我国现存的地方志中，明清时期的占90%以上。清代在康熙、乾隆、嘉庆三朝三次纂修一统志，每次都命令全国各地先修地方志，从而促进了地方志的大发展。

根据1976年的统计，我国现存地方志总计有八千多种，其中明代的将近一千种，清代的五千五百多种。在地区分布上，无论内地和边远地区都有地方志，特别以河北、江苏、浙江、四川、江西、山东、河南、广东等省最多。

## 珍贵的科学史料

地方志虽然不是科技著作，但其中有许多非常宝贵的科学史料。例如在山川、水利、物产、人物、祥异等方面的记述中，有关天文、地学、生物、水利工程以及科技人物的生平等史料相当丰富，可以大大补充"正史"和其他史书的不足。如果系统收集古代关于自然现象出现异常的记载，地方志更是不容忽视的一个重要方面。

历史上的天象记录是研究天体运动和演化的宝贵材料。由于有些天象的发生，具有局部区域可见的性质，因此地方志中的记载就更加可贵了。我国有世界上最早和最系统的日月食、太阳黑子、彗星、新星、超新星、流星雨和极光等观测记录。历史上的上述天象情况，在地方志中保存下来的很多，如与"正史"中的记载相比，它的重要性在于以下三点。(1) 有些记载比"正史"详细。例如1361年5月5日的一次日食，《元史》只记"日有食之"，而民国《上海县续志》中的记载就详细得多。"元至正二十一年辛丑四月朔日，上海县日未没三四竿许忽然无光，渐渐作焦叶样，天且昏黑如夜，星斗灿然，饭顷方复旧，天再开，星斗也隐，又少时乃没。"这是因为县志收集了当地学者陶宗仪在《南村辍耕录》中对日食的详细记载。至正二十一年，陶宗仪正在松江居住，一定是一位日食的目击者，所以留下了这条宝贵的史料。(2) 补"正史"和其他史书之所无。如1566年2月出现的太阳黑子，"正史"没有记录，仅见于地方志。在乾隆《顺德县志》中记有"明嘉靖四十五年正月初十日，日中有黑子，大如卵，摩荡五日乃灭"，又道光手抄本《龙江乡志》记这次"黑子掩日，自初十至十五日乃灭。"如果不查地方志，就无法得到这项材料。(3) 与"正史"记载相辅相成，能更好地说明问题。例如1363年4月6日发生的极光，除在《元史》和《续文献通考》中都记有"大同路夜有赤气亘天中侵北斗"之外，还有几部地方志如《怀来县志》和《宣府镇志》等的记载都与"正史"完全相同。由于有地方志的记录，为这次极光的可见区域留下了确切的纬度范围（北纬40°以北）。又如1533年10月出现的一次举世闻名的流星雨，除《明史》记载"嘉靖十二年九月丙子，四更至五更，四方大小流星纵横交行，不计其数，至明乃息"之外，在河北、山东、山西、河南、江西、浙江、福建、广东以及内蒙古等十几省区的一百多个府县志中都有记载，其中增加了有关光、声和方向等内容，为研究不常出现的流星雨提供了更多的珍贵史料。近年来，我国科学家已经利用地方志中记载的极其宝贵的天象资料如超新星、太阳黑子、极光等作出不少很有价值的科学成果。

地方志中反映区域特点的地学史料也很多。历史的记载对于分析自然环境的变化和发展的规律是非常有益的。

地方志所记的地学史料有关于经济地理（如人口、物产、交通）和政治地理（如疆域、形势、建置沿革）方面的，也有关于气候、水文、潮汐和地震等方面的。所有这些史料对今天进行经济建设以及探讨大自然的规律都有重要的参考价值。在历史气候方面，一般记有水、旱、风、雹等灾害，沿海地区还有发生海啸的记载，长江流域有出现大雪、大寒（冰冻）的记录。史料的起讫时间，都在千年以上，远自汉、唐或宋开始，而以明清两代的记载为最多。由于地学的特点是区域性强，部分地区出现的异常现象，有许多不见于"正史"记载的，在地方志中却有很好的反映，因此从地学角度来看，地方志的史料价值就更大了。根据地方志、"正史"和其他著作中的地学史料已经编成一些有关地震、水旱灾害以及天然资源和物产等具有科学价值的参考资料，如《中国地震资料年表》（1956年出版）和中国地震分布图，《我国近五百年旱涝史料》和旱涝等级分布图（1975—1978年中央气象局主编），广东、福建、四川、湖南等省的自然灾害年表或记录（以水、旱、风、雹为主）以及《古矿录》（章鸿钊编著）和《全国地方志目录和物产提要》（1954年旅大图书馆编）等。这些资料为进一步开展科学研究工作准备了条件，如有明确记载的我国历史上破坏性最大的地震，为1556年1月23日在陕西渭南一带和山西蒲州等处发生八级强烈地震，压死八十多万人。《嘉靖实录》、秦可大《地震记》都有详细记录。《嘉靖实录》卷430云："嘉靖三十四年十二月壬寅（1556年1月23日）是日山西、陕西、河南同时地震。声如雷，鸡犬鸣吠。陕西、渭南、华州、朝邑、三原等处，山西蒲州等处尤甚。或裂泉涌，中有鱼物，或城郭房屋陷入地中，或平地突出山阜，或一日连震数次，河渭泛涨，华岳终南山鸣，河清数日，压死官吏军民奏报有名者八十二万有奇。（《明史·五行志》，《涌幢小品》卷27作83万有奇）……其不知名未经奏报者，复不可数计。"康熙《咸宁县志》卷8艺文载秦可大《地震记》："如渭南之城门陷入地中，华州之堵无尺竖，潼关蒲坂之城垣沦没，则他如民庶之居，官府之舍，可类推矣……受祸大数：潼蒲之死者什七，同华之死者什六，渭南之死者什五，临潼之死者什四，省城之死者什三。而其他州县则以地之所剥别近远分浅深矣。中间受祸之惨者，如韩尚书以火厢坑而煨烬其骨，薛郎中陷入水穴者丈余。马光禄深埋土窟，而检尸甚难。其事变之异者，或涌出朽烂之舢板，或涌出赤毛之巨鱼，或山移五里而民居俨然完立，或奋起土山而迷塞道路。其他村树之易置，阡陌之更反，盖又未可以一一数也。"如此详尽的记载，对于防震救灾是很有价值的。而且长期的历史地震资料又为地震预报研究提供了统计方法的基础。

我国古代科技人物，有许多社会地位不高，以致"正史"上没有他们的位置，但在地方志中往往会有记载。如乾隆《江南通志》记有元代至正年间苏州有一位王漆匠造过牛皮舟，可分数节，能容20人，又造折叠式浑天仪，便于收藏。民国《吴县志》记有清康熙时苏州人孙云球，字文玉，精于测量，造过自然晷、千里镜、察微镜等七十多种，著有《镜史》。古代少数的女科学家，"正史"中没有记载，而在地方志可以查到，如光绪重刊

《江宁府志》记有清初宣城人王仪贞（女）字德卿，精于星算之学，著有《星象图释》2卷，《象数窥余》2卷。

## 十一　明末著名科学家及其著作

明中叶以后，在商品经济的发展和资本主义萌芽的影响下，一些先进人物比较敢于冲破封建思想的束缚，他们讲求实际，崇尚真知，主张经世致用。这一时代特点是科学技术仍能继续发展的重要条件之一。这时出现了不少著名的科学家和优秀的科技著作。

### 李时珍和《本草纲目》

李时珍（1518—1593），字东璧，晚年号濒湖山人，湖北蕲州（今属蕲春县）人。他的祖父和父亲都是医生，使他从小就受到医药方面知识的熏陶。李时珍自幼多病，每次大病都经他父亲精心调治才转危为安，因此他对病人的痛苦和医药的重要，有深刻的体会。李时珍14岁考取秀才后，三次参加乡试都未中举，于是决定放弃科举的途径，专心研究医药学。

我国古代的医学和药学关系非常密切，中药学的理论是以中医学的理论为根据的。李时珍在本草学方面取得的伟大成就是与他有较高的医学造诣分不开的。他的著作很多，现在流传下来的除《本草纲目》之外，还有《濒湖脉学》、《脉诀考证》和《奇经八脉考》等。他的医术很高明，曾被推荐到楚王府和太医院去任职。在楚王府和太医院里，他充分利用有利条件阅读了很多民间少见的医学、药学和其他书籍，为后来编修本草奠定了良好的基础。

李时珍在学医的过程中，看过许多药物学著作，即"本草"。由于他一丝不苟地认真钻研，发现历代本草书中存在不少错误。例如天南星和虎掌，原是一种植物，却误为两种药；葳蕤和女萎，本是两种植物，却又混为一谈；甚至在分类上，误把虫类列入木类，把有毒性的水银说成是无毒，服了可以成仙等等。他认为药书上的错误和混乱，会造成严重的后果，而且从宋代以后，又新增加很多药物，也需要补充进去。于是他就肩负了新编一部本草的历史任务。

嘉靖三十一年（1552年）李时珍开始着手编写《本草纲目》。为了写好这部书，尽量减少错误，他特别注意深入实际考察，除走遍自己的家乡外，还到过湖北的武当山、江西的庐山、江苏的茅山、南京的牛首山以及安徽、河南、河北等地，采拾标本，收集单方，有时还进行类似药理学的试验。例如为了证实罗勒子能放入眼内，治疗眼翳，就把罗勒子置水中观察，见它能胀大变软，才肯定了旧本草的见解。又对鲮鲤①进行解剖，证实胃中确有"蚁升许"。他的严谨的治学态度，使《本草纲目》具有较高的科学水平和实用价值。

李时珍很重视前人的研究成果，并尽量吸收和继承。他对宋代唐慎微的《经史证类备急本草》给予了高度的评价。该书记载了大约1500种药物，两千多个医方。李时珍在此

---

① 即穿山甲。

基础上增加了将近 400 种药物，8000 个医方。《本草纲目》全书 190 万字，计 52 卷，分 16 部（水、火、土、金石、草、谷、菜、果、木、服器、虫、鳞、介、禽、兽、人），62 类，共收药物 1892 种，附方 11 096 则，插图 1160 幅。对于每类药物都分若干种，系统分明，分类较先进。对每种药物一般都记名称、产地、形态、采集方法、药物的性味和功用、炮制过程等，有些还指出了过去本草书中的错误。它是一部既带有总结性又富于创造性的著作。

经过李时珍二十多年的辛勤劳动和许多人的热情帮助，《本草纲目》于万历六年（1578 年）全部脱稿。李时珍的儿子李建元在《进本草纲目疏》中说这个著作"虽名医书，实该（包括）物理"。的确，这部伟大的药物学著作还包括其他许多自然科学方面的知识。例如在生物学方面，他肯定生物界有一定变化发展的顺序，这从动物药的分类（按顺序分：虫、鳞、介、禽、兽、人）可以反映出来；同时指出了环境对于生物的影响和生物对于环境的适应以及遗传与相关变异的现象等。在化学方面，叙述了从马齿苋中提取汞，从五倍子中制取没食子酸，以及用蒸馏、蒸发、升华、重结晶、风化、沉淀、干燥和烧灼方法制药等。

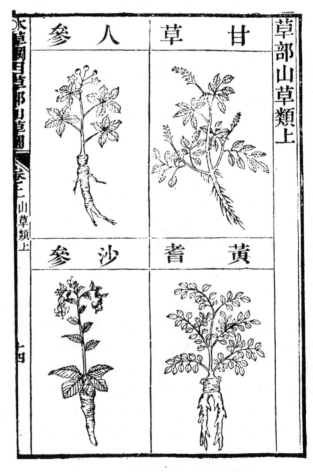

图 8-16 《本草纲目》草部山草图

李时珍晚年非常关心《本草纲目》的出版，当这部书于1596年在南京出版（金陵版）时，可惜他已与世长辞了。此后这部书被辗转翻刻过三十多次，以清合肥张氏味古斋本最精。随着国际间的文化交流，《本草纲目》早在万历年间就已流传到日本，并在日本翻刻过9次。以后又传到朝鲜和越南，十七、十八世纪传到欧洲，先后有德文、法文、英文、拉丁文、俄文的译本或节译本。达尔文在《人类的由来》(The Descent of Man) 一书中引用了《本草纲目》中关于金鱼颜色形成的史料来说明动物的人工选择。《本草纲目》对世界医药学和生物学都作出了重大贡献。当然，《本草纲目》不可避免地也存在某些缺点错误和自相矛盾之处，但这些毕竟是较次要的。

此外，明清时期的官修药典有（明）刘文泰等奉敕撰辑的《本草品汇精要》42卷序目1卷，和（清）王道纯等写的续集10卷。

### 徐光启的科学活动和《农政全书》

比李时珍晚约半个世纪的徐光启是明末一位优秀的科学家。

图 8-17 徐光启坐像

徐光启（1562—1633），字子先，号玄扈，上海人。出身于小商人兼小土地所有者的家庭，早年从事过农业生产，对于土地利用问题深有体会。他说："世无弃土，人病坐食。"① 由于家乡常受倭寇侵扰，他也很注意学兵书。在20岁到40岁期间，先后以秀才和举人的资历在家乡和广东、广西等地以教书为业，为日后进行科学研究打下了坚实的基

---

① 《农政全书·张溥序》。

础。他一生都以俭朴著称。他曾与耶稣会传教士利玛窦（1552—1610）等人有往来。42岁在南京参加了天主教。在他看来，天主教胜于儒学和佛教，可以“补儒易学”，“更有一种格物穷理之学”①，使他最为神往，他想格物穷理的实学有助于国家的富强。徐光启次年进京考取进士，任翰林院庶吉士，正好利玛窦也在北京，徐光启就同他一起研究天文、历法、数学、地学、水利等学问，并与利玛窦等共同翻译了许多科学著作，如《几何原本》、《测量法义》、《泰西水法》等，成为介绍西方科学的先驱。徐光启自己也有不少关于历算、测量方面的著述，如《测量异同》、《勾股义》等。

徐光启从译著工作中，加深了对数学重要性的认识。在他与利玛窦合译的《几何原本》序文中指出，数学所以成为一门最基本的科学在于它是“众用所基”，能为许多学科所用，如天文、历法、水利、测量、声乐、军事、财会统计、建筑、机械、绘图、医学等等。可见，他已明确认识凡有量的关系存在的地方，就必定要用到数学。

对于欧洲的天文学，徐光启很感兴趣，这是因为欧洲天文学的特点是用严格证明的逻辑方法力求解释天体运动现象的所以然。徐光启掌握了欧洲天文学知识后，每次预报天象都较其他人准确，所以威信很高。崇祯二年（1629 年），由于钦天监推算日食又发生了错误，徐光启才被任命主持明代唯一的一次具有重大意义的历法改革工作。这次历法改革是以西法为基础，工作虽然繁重，又有来自保守势力的阻挠，但徐光启并不气馁，他作了精细的规划和安排，使整个工作进展较快，崇祯七年（1634 年）编成一部一百三十多卷的《崇祯历书》。这部书是集体创作，全书大部分都经他修改审阅过。《崇祯历书》已开始接受近代天文学和数学的知识，突破了我国传统天文历法的范畴。

对科技研究，除天文、历算之外，徐光启用力最勤、收集最广的要算在农业方面的研究了。因此在他的著作中也以《农政全书》为最重要。它是徐光启几十年心血的结晶，是一部集我国古代农业科学之大成的学术著作。

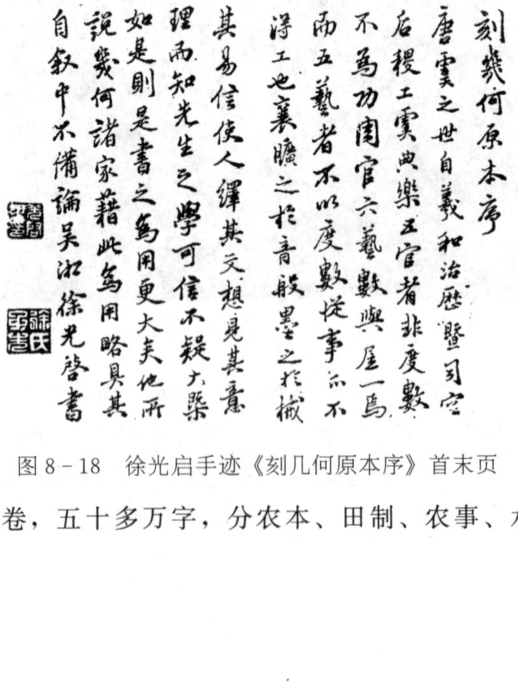
刻幾何原本序
唐虞之世自羲和治歷暨司空
后稷工虞典樂五官者非度數
不爲功周官六藝數與居一焉
而五藝者不以度數從事亦不
得工也襄曠之於音般墨之於械
其易信使人繹其文想見其意
理而知先生之學可信不疑大槩
如是則是書之爲用更大矣他所
說幾何諸家藉此爲用略具其
自叙中不備論吳淞徐光啓書

图 8－18　徐光启手迹《刻几何原本序》首末页

《农政全书》共 60 卷，五十多万字，分农本、田制、农事、水利、农器、树艺、蚕

① 《泰西水法·序》。

桑、蚕桑广类、种植、牧养、制造和荒政12项。在徐光启生前《农政全书》虽已编成，但未定稿。现在的《农政全书》是经陈子龙等在出版时增删过的，"大约删者十之三，增者十之二"①，因此书中存在着自相矛盾的错误，很可能是由于增删造成的。

《农政全书》转录很多古代和同时代的农业文献，这部分可以说是前人成就的选编，很便于参考使用。徐光启自己撰写的有6万多字，②虽然只占全书篇幅的1/8，但都是他经过亲自试验和观察之后取得的材料写成的，所以科学性较强。他对前人的著述，不单是选录，也附有自己的见解或评论。如对《唐新修本草》注中所说菘（即白菜）北移都变芜菁、芜菁南移都变菘的错误，就以自己在家乡种植芜菁的实践说明芜菁不会变为菘，并解释了芜菁南移根变小的原因和在南方培养大根的方法。他不愧是一位注意探索自然规律的科学家。

徐光启在《农政全书》中写的专题论述部分，科学价值较高，这些专论特别值得重视的包括以下方面。在垦田与水利方面，他主张治水与治田相结合。他曾在天津屯种试验，很有成效，认为京师附近发展水稻等粮食作物的潜力很大，可以解决不必要的漕运问题。关于棉花栽培技术的论述，已有较高水平，反映了我国植棉技术的进步。又记有当时的纺车已由过去能容"三维"改进为或容"四维"，"至容五维"。提倡培育良种，他在上海试种高产备荒作物甘薯后，证明在长江三角洲同样能够生长良好。他非常注意选种，认为种植作物"择种为第一义，种一不佳，即天时、地利、人力俱大半弃掷矣"③。又说种乌白取油，种女贞树取白蜡，"其利济人，百倍他树"④。对于保守思想，他以大量作物移植成功的事实指出："若谓土地所宜，一定不易，此则必无之理。"⑤ 在方法上，也很科学，先试种，有成效后再行推广。关于白蜡虫和蝗虫的研究，成为详确记述白蜡虫生活习性和蝗虫生活史的第一人。他研究蝗虫生活史的目的是为了灭蝗，在除蝗问题上所用的研究方法，也很为后人所推崇。

### 徐霞客和《徐霞客游记》

与徐光启差不多同时的徐霞客，是我国历史上著名的地理学家之一。他对于中国西南、中南地区岩溶地貌和溶洞的描述与研究，在地理学史上占有重要地位。

徐霞客（1587—1641）名宏祖，字振之，霞客是他的别号。他的家乡江苏省江阴县位于当时商品经济（特别是纺织业）最发达、资本主义萌芽最显著的长江三角洲地区，这里经济发展的新貌给予人们的影响是思想比较活跃。他的祖先做过大官，到他父亲这一代家境已中落，但他仍有一定田产。徐霞客从小读过很多书，最使他感兴趣的是记载山川、名胜和旅行的书籍，他很早就决心摈弃科举入仕的道路，立志游五大名山。他母亲思想开朗，鼓励儿子应该外出增长见识，还特意为他缝制了一顶远游冠，更喜欢听他旅游回来讲

---

① 《农政全书·凡例》。
② 康成懿：《农政全书证引文献探原》。
③ 《农政全书》卷38。
④ 《农政全书》卷38。
⑤ 《农政全书》卷2。

述所见的新奇事物和各地风土人情，这对徐霞客献身于地理考察，也起了促进的作用。

徐霞客一生博览了大量古今的地学典籍，当他看到黄河"河流如带，不及江三之一"时，就产生了"何江源短而河源长也"的疑问。他不满意前人写地理书多"承袭附会"的作法，决心通过实地考察来认识祖国山河的真面目。

徐霞客的身体很好，了解他的人都称他"健如牛，捷如猿"，登山"不必有径"，涉水"不必有津"，攀高峰"必跃而踞其巅"，探邃洞"必猿挂蛇行，穷其旁出之窦"。① 日行百里之后，还能在夜间把当天观察所得记录下来。

徐霞客从21岁开始游太湖，到54岁（逝世前一年）从云南抱病回家时为止，几乎年年出去考察，足迹遍及华东、华中、华南和西南各省，也曾"往来海上，有卓契顺之风"②。他一生中最重要的也是最后一次旅行是50岁时从家乡出发远游西南。这时他的孙儿已经3岁，家中又有遗产，游历生活也过了大半生，学识文章已得时人的赏识，在这种情况下一般人就想可以安度晚年了，但他却认为正是由于年事已长，要争取时间实现早已计划进行的"万里遐征"③，又毅然踏上征途。

旅途中，在西南地区他"遇盗者再，绝粮者三"。同行的静闻僧遇盗时受重伤去世，有人劝他中止旅行，他却毫不动摇。一次他游潇水发源处的三分石，岭地峻峭没有落脚的地方，便两手攀丛竹，悬空前进，这样攀行很长一段路，天黑时才到达一个较平坦的所在。由于无水，晚饭也做不成，只有烧柴围火休息。后来风雨交加，连火也熄灭了，通宵就这样在旷野的风雨和黑暗中度过。到了贵州、云南的多雨地区，也常淋着雨跋涉在高山深谷之中，夜晚借宿有时就睡在牲畜的旁边。又一次游湖南茶陵麻叶洞，人说洞中有"神龙奇鬼，非符术不能进"，徐霞客不信这些，他与一位仆人，手持火把，因洞口小"乃以足先入"。在云南腾冲时，为要采集悬崖上的一种藤本植物，在"无计可得"的情况下，只好回到寓所，与挑夫一道"取斧缚竿负梯而往"，终于得到了这种未曾见过的植物标本。究竟是什么力量使他不辞劳苦，不顾生命安危地旅行、考察、采标本、写日记呢？原来力量来自他渴望获得有关祖国和更广大地区名山大川真实面貌的知识。他在生命的最后一刻，还在不停地研究放在病榻前的矿石标本。

反映徐霞客旅行成果的是他在旅途中用日记体裁写下的游记。虽已不是他日记的全部，但还保存了他在西南地区的旅行日记和进行的专题研究如《江源考》和《盘江考》。

《徐霞客游记》在科学上的贡献，首先是对岩溶地貌的考察和研究。坚硬的石灰岩，容易被水沿节理溶蚀，分割成许多峻峭的山峰，徐霞客对于广西的峰林有很精彩的描述，如称阳朔四周是"碧莲玉笋世界"。他根据观察到的现象进行类比，厘定了一系列的名称，如峰林称石峰，圆洼地称环洼，天然桥称石梁等。对于岩溶洞穴的研究更为出色，他详细考察过一百多个洞穴，大都记有方向、高深、宽窄等数字。对溶洞、钟乳石、石笋等成因的解释，都基本上符合科学原理。其次在水文方面，纠正了古书中所说"岷山导江"的错误，正确指出金沙江是长江的上源。在比较福建的建溪和宁洋溪（九龙江）时，推论二溪

---

① 潘次耕序《徐霞客游记》。
② 郑郧跋《黄道周赠徐霞客诗》。
③ 陈函辉：《徐霞客墓志铭》。

的分水岭高度相等,而流程与流速的关系是"程愈近而流愈急"。对于河流侵蚀作用也有很生动而科学的论述。此外他对于因高度和纬度的不同而产生气候差异和对动植物生态与分布的影响等都有很好的记述。有人说"他的游记读来并不像是 17 世纪的学者所写的东西,倒像是一位 20 世纪的野外勘测家所写的考察记录"①,是不过分的。

图 8-19　徐霞客像

徐霞客生活的时代正是某些自然科学伴随宗教传入中国的时候。传教士利玛窦绘制的《坤舆万国全图》和艾儒略著的《职方外纪》可能对他产生过影响。如徐霞客曾说"自记载以来,俱囿于中国一方,未测浩衍";在云南时,几次提到想游缅甸。而徐霞客的旅行日记,也曾被传教士卫匡国(Martinus Martini,1614—1661,意大利人,1643 年来华)作为编制《中国新图志》的依据材料之一。

宋应星和《天工开物》

宋应星搜集、整理、编撰的《天工开物》是世界第一部有关农业和手工业生产的百科全书。

宋应星字长庚,江西奉新县人,生于万历中叶(1587 年),卒于顺治或康熙初年。他 28 岁时考中举人,名列第三,但由于对八股文不感兴趣,而把精力放在深入调查研究实用的生产技术的问题上。他 47 岁任江西分宜县教谕时,着手编写《天工开物》。50 岁(崇祯十年即 1637 年)为《天工开物》的刊行写了一篇序。51 岁改任福建长汀府推官,三年后任安徽亳州知州。明亡时(1644 年)又回到自己家乡,从此离开了官场。

宋应星是一位博学多能的人。他不但熟悉多种生产技术,对天文、音律以至哲学等都有研究,他的著作除《天工开物》外,还有《谈天》、《论气》、《画音归正》、《野议》、《思

---

① 李约瑟:《中国科学技术史》中译本第 5 卷 62 页。

怜诗》等多种。

宋应星为《天工开物》作序，最后落款是：“奉新宋应星书于家食之问堂。”我们知道，封建时代的知识分子常把自己的书房叫做某某堂。“家食之问”，就是关于家常生活如吃、穿和日用物品之类的学问。“家食”的出处，见《易·大畜》，“不家食，吉；养贤也”。意思是说，在上者有大德，能以官职养贤，不让贤者在家自食。宋应星取“家食”二字，表示他所研究的学问与当时封建官僚所搞的那一套完全不同。他说：打算读书做官的人肯定不会对他写的这部书感兴趣，因为“此书于功名进取毫不相关也”。他认为真正了不起的是具有真才实学、知识渊博的人，而那些不务实际的高谈侈论家是不足为训的。他深受商品经济发展的影响，指出当时“滇南车马，纵贯辽阳，岭徼宦商，衡游蓟北”，感到祖国之大，物质生产领域中的知识实在太丰富了；“何事何物不可见见闻闻？”他能冲破书斋学者严重脱离实际的陋习，深入下层虚心向农民和手工业者学习生产技术知识，并以惊人的才华和毅力完成了图文并茂的科技巨著《天工开物》。他说这部书可供那些不知道但有时也想知道米饭和锦衣是用什么工具生产出来的“王孙帝子”浏览之用。当然这部书的意义远远超过他所说的这一点。

《天工开物》全书分 18 卷，包括作物栽培、养蚕、纺织、染色、粮食加工、熬盐、制糖、酿酒、烧瓷、冶铸、锤煅、舟车制造、烧制石灰、榨油、造纸、采矿、兵器、颜料、珠玉采集等，几乎谈到所有重要的农业和手工业部门的生产技术和过程。我国有以农为本的优良传统，因此古代的农书很多，但由于一向轻视工商，系统记载手工业生产技术的著作极为罕见。自《考工记》以下，可以说就是《天工开物》了。前者是封建社会初期的著作，后者是资本主义萌芽时期的作品，两者都以先进生产方式的出现为前提，并非偶然。

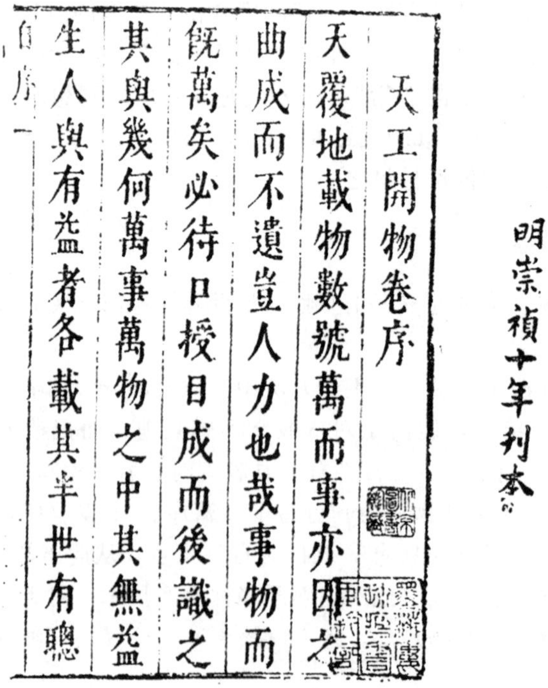
明崇禎十年刊本
天工開物卷序
天覆地載物數號萬而事亦因之
曲成而不遺豈人力也哉事物而
既萬矣必待口授目成而後識之
其與幾何萬事萬物之中其無益
生人與有益者各載其半世有聰
自序 一

图 8－20　《天工开物》（1959 年中华书局影印崇祯十年初刻本）

《天工开物》详细地记载了各种工农业生产的具体操作方法,特别是对先进生产技术的介绍意义更大。如在农业方面,记有培育优良稻种和杂交蚕蛾的方法;在冶炼方面,有炼铁联合作业,灌钢、炼锌、铸钱、半永久泥型铸釜和失蜡铸造的方法,其中不少工艺至今仍在应用,如有名的王麻子、张小泉刀剪就是使用了传统的"夹钢"、"贴钢"技术;在纺织方面,有用花机织龙袍、织罗的方法;在采矿方面有排除煤矿瓦斯的方法等等。以上生产技术都是当时世界上首屈一指的。从书中出现的大量统计数字,如单位面积产量、油料作物出油率、秧田的移栽比、各种合金的配合比等来看,说明宋应星比较重视实验数据,因而他的著作在科学性方面也是比较突出的。宋应星还把所收集的材料进行研究,提出不少科学的见解,如他根据煤的硬度和挥发成分,提出了一项符合科学原理的煤的分类方法,很有实用价值。对于一些长期流传的错误观点,如"珍珠出自蛇腹"、"沙金产自鸭屎"、"磷火即是鬼火"等等都一一予以驳斥。当然,他所写的著作中也不是没有失实和错误的地方,不过较少罢了。

宋应星的自然观是朴素唯物主义的,他认为万物是人类活动和社会生活的基础。在认识论方面,他也非常强调实践的重要。他的记述大部分是客观实际的反映,插图也很有价值。

《天工开物》刊行后,很快传到日本,并在日本翻刻,广为流传;1869年有法文摘译本,后又译成德、日、英多种文字,受到世界各国的重视。它是有关我国古代生产技术,特别是手工业生产技术的宝贵文献。

## 十二 "理学"、"心学"的泛滥和启蒙思想的影响

### "理学"和"心学"的泛滥

明代初期,封建统治者把宋代程颐、朱熹的客观唯心主义理学奉为正统思想,科举考试也以朱熹等的经义注疏为准。明中叶,由于阶级矛盾日益尖锐,理学已不足以维护封建统治的需要,因而王守仁的"心学"兴起,并得到封建统治阶级的赞赏,使之与理学相辅而行,逐渐成为当时的统治思想。

王守仁(1472—1528)继承了战国时期孟子所说"万物皆备于我"和南宋陆九渊说的"宇宙便是吾心,吾心即是宇宙"的思想,并进一步发展为"心外无物"的"致良知"、"致知格物"和"知行合一"说。他是从宋至明集主观唯心主义"心学"之大成的人。

王守仁所说的"心"、"良知"和"天理"实际上是一个意思,都是指先天的道德观念而言,并且认为这种先天的观念就是天地万物发生的源泉。他说"天地无人的良知亦不可为天地矣,盖天地万物与人原是一体,其发窍之最精处,是人心一点灵明"[①],也就是说"良知"或"心"是世界的本原,天地万物都是人心一点灵明的体现。对于"致知格物",他解释道:"所谓致知格物者,致吾心之良知于事事物物也。吾心之良知即所谓天理也。

---

① 王守仁:《传习录》下。

致吾心良知之天理于事事物物,则事事物物皆得其理矣。"① 很明显,这里说的"致知格物"不是去探求事物的客观规律,而是把心的"良知"和"天理"强加到事物中去,使事物与"心"、"良知"和"天理"相符合。这样人们就只需向内心去求"良知",无需向外界去做学问了。他提倡"致良知",实际上是反对人们进行实践,从实践中获得知识。

显而易见,理学和心学的泛滥对明代甚至以后相当长时期的科学技术发展都产生了不利的影响。

对"理学"、"心学"的批判及早期启蒙思想家的影响

值得注意的是,明中叶在反对客观唯心主义的理学与主观唯心主义的心学的斗争中,唯物主义自然观得到了进一步的发展。杰出的思想家王廷相(1474—1544)就是这场斗争中的重要人物之一。

王廷相的"理根于气"说,是从张载那里继承来的。他说:"天地未生,只有元气,元气具则造化人物之道理即此而在,在元气之上无物、无道、无理。"② 他论证了世界的本原是物质的,与程、朱、陆、王的唯心主义进行了针锋相对的斗争。在认识论方面,他非常重视"见闻"的知识,反对程朱理学那种先验的"德性之知"和王守仁心学所谓的"良知",他指出:"物理不见不闻,虽圣哲亦不能索而知之。"③ 他本人在天文学、音律学、农学方面都有所造诣,正与此有一定的关系,当然这些造诣又是他的唯物主义思想形成的因素之一。

中国的启蒙思想可以说是从明中叶以后开始的,这是我国社会出现资本主义萌芽后在社会思想上的反映。著名的启蒙思想家有李贽、黄宗羲、方以智、顾炎武和王夫之等人。他们大都是明末清初时期的人物,是封建专制的叛逆者,是代表新兴市民阶级利益的思想家。

我国启蒙思想的进步性,主要表现在以下几方面。第一,主张发展"自由生产","平均授田",反对封建国有制和与之类似的土地占有制。第二,反对抑商,提出工商"盖皆本也"的命题。第三,重视"经世致用"的实学,不屑空谈性理。第四,具有初期民主思想,反对君主专制,敢于说国家是"为万民非为一姓"之类的话。第五,提倡教育自由,拥护自由讲学和自由结社。第六,反对封建的等级制度和科举制度。第七,坚持唯物主义的宇宙观和认识论。以上几点对于每一位启蒙思想家来说,在表现的程度上又不完全相同,他们各有不同的建树。下面介绍几位有代表性的启蒙思想家和他们杰出的贡献。

黄宗羲(1610—1695),在天文、数学和史学方面都有贡献,作为启蒙思想家中重要的一员,黄宗羲的政治思想、经济思想和科学思想都相当出色。

《明夷待访录》是黄宗羲写的一部类似"人权宣言"的伟大著作,其中许多篇章里都闪耀着民主主义思想的光芒。

民主思想与科学思想往往是联系在一起的。黄宗羲积极反对鬼神迷信的恶习,对鬼荫

---

① 王守仁:《传习录》中。
② 王廷相:《雅述》。
③ 王廷相:《雅述》。

和求仙的妄谈，都一一加以科学的分析和批判。认为妄谈的来源多是对自然的幻觉，指出"海市"是一种自然现象。黄宗羲写的《葬书问对》是一篇反对封建迷信的杰作，它的科学精神与《明夷待访录》的民主精神相互呼应，都是相当宝贵的。另外他对于八股科举制度的批判也很严厉。

方以智（1611—1671），学识渊博，深为王夫之所敬佩。除在科学和哲学方面有比较系统地研究之外，方以智对文学、音乐和书画也很精通。他一生著述很多，最重要的是《通雅》（包括《物理小识》）和《药地炮庄》，这两部著作可以反映他的主要思想和成就。

《通雅》和《物理小识》中有关于天文、算学、地学、生物学、医学、文字学、文学和艺术等学科的知识。书中一方面把我国古代的科学知识作了一次综合的记录，另一方面吸收了当时西方的一些科学知识。由于作者是一位科学家，又是一位哲学家，因此书中贯穿着唯物主义哲学和自然科学的融合。方以智所说的"寓通几（即哲学）于质测（即科学）"，"通几护质测之穷"，即寓哲学于科学和以哲学指导科学的意思。在他的主要著作中既批判了诸子百家以至宋明理学，也批评了西方的学术"详于质测，而拙于言通几"。

《药地炮庄》这部著作是通过对庄子唯心主义的批判，来发挥他的唯物主义思想并着重在"以通几护质测之穷"。方以智的世界观是以火为中心的唯物主义一元论。他认为世界是可知的，可以"徵徵其端几"。他为僧以后，由于受到禅学的影响和脱离了对自然科学的研究，唯心主义的糟粕也多了起来。

顾炎武（1613—1682），是一位主张"经世致用"，提倡"实学"的思想家。他从书本和实地考察得到的丰富地理知识是为他改造社会的政治目的服务的。顾炎武的思想是与玄学不两立的，他在《日知录》中对侈谈天道、心性的玄学的抨击最为严厉。他提出要"博学于文"，怎样才能做到这点呢？他的方法是：重调查、重直接材料、重广求证据、重辨源流正谬误、重明古今、重虚怀好学、重体力与脑力并用，用以上方法来解决"当世之务"的现实问题。

王夫之（1619—1692），字而农，号薑斋，湖南衡阳人，是我国早期启蒙运动中一位杰出的唯物主义思想家，也是一位科学家。他对天文、历法、地理、生物、物理等学科都有研究。明末我国科学技术的发展与西方科技知识的传入对王夫之的唯物主义哲学体系的形成是有影响的。他的主要著作有《张子正蒙注》、《周易外传》和《尚书引义》等多种。

王夫之继承和发展了张载的唯物主义思想，对于宋明以来的理学和心学进行了严肃的斗争。由于他的努力，使我国古代朴素唯物主义发展到一个新的水平。

王夫之是朴素唯物主义的元气学说的集大成者，他指出"阴阳二气充满太虚，此外更无他物，亦无间隙，天之象，地之形，皆其所范围也"，即认为元气无所不在又无所不包，宇宙即是由元气构成的物质实体。他明确地阐述了元气以及虚空的物质性问题，说道："虚空者，气之量。气弥沦无涯而希微不形，则人见虚空而不见气。凡虚空皆气也，聚则显，显则人谓之有；散则隐，隐则人谓之无。"这就描绘了一幅无边无际的物质世界的图景，并使之统一于物质性的元气。王夫之以元气的聚散说明物质世界的多样性，而且还进一步提出元气"聚散变化，而其本体不为之损益"的思想，即物质只有聚散的变化，而不会被创造也不会被消灭，这是比张载关于物质不灭观念更为明确的表述。王夫之还从一些具体事物的观察中定性地阐明了这一观念，他举例说："车薪之火，一烈已尽，而为焰、为烟、为烬，木者仍归木，水者仍归水，土者仍归土，特希微而人不见尔。一甑之炊，湿热之气，蓬蓬勃勃，必有所归；若盦盖严密，则郁而不散。汞见火则飞，不知何往，而究归于地。有形者且然，况其絪缊不可象者乎！"① 这就是说在一定的条件下，物体会发生形态变化，但它们并不是消亡了，而是以另一些可见的或人眼所不可见的物质形态继续存在着。所以，在王夫之看来，"天地本无起灭，而以私恋灭之，愚矣哉！"② 王夫之又指出：由于元气中包含着阴阳两个对立面，它们必然相互作用，而引起元气的运动和变化，即把运动的源泉寓于物质本身之中，于是他认为"太虚者，本动者也，动以入动，不滞不息"③，把运动作为物质的固有属性看待。这样，运动和物质一样，也是不可被创造和不可被消灭的，而运动的元气和元气的运动与变化就构成了王夫之自然观的核心内容。由物质运动的观点出发，王夫之还进一步提出变化并不是简单的循环重复，而是"推故而别致其新"④。这些都是王夫之对唯物主义自然观的新发展。

王夫之还认为物质及其运动是有规律可循的，而"道者器之道"⑤，即规律是物质的规律，不存在超于物质之外的规律，这同程朱的观点是针锋相对的。在"知"和"行"关系问题上，他肯定了行是知的基础，坚持由物到感觉到思维的唯物主义认识论，同时也认识到思维的能动性。王夫之的这些思想，是建立在一定的自然科学知识的基础之上的，同时对于科学研究也是有指导意义的。

## 本 章 小 结

从明代到清初，我国科技知识的发展，比较突出的是在技术方面。因为技术的发展与生产发展的关系最为密切；而技术与科学相比，较少受到上层建筑和意识形态的影响。明初社会经济能够较好地在恢复中前进，明中叶后又出现了资本主义萌芽，因此各项技术得到比较普遍的发展。而在基础科学方面，我国古代的两门主要科学天文学和数学却几乎处于停顿状态。这种情况的造成，除了那些束缚科学发展的共同因素外，还有特殊的原因，就是明王朝一直不加修改地沿用着元代的大统历，又照搬过去各朝代的做法，禁止民间研究天文，而且更进一步严禁民间研究历法，凡违反禁令的，甚至被杀头。"国初学天文有厉禁，习历者遣戍，造历者殊死。"⑥ 对天文学发展的阻碍作用是很大的。数学只有商业数学和珠算术得到了发展，而宋元时代高度发达的数学方法却没有被继承下来，更谈不上发展了。这种情况与天文学的停滞影响了数学的发展有关；同时数学本身继宋、元高度发展之后，也需要一个知识再积累的过程。

明中叶后的资本主义萌芽在一定程度上推动了科学技术的发展，十六、十七世纪，我

---

① 参见《张子正蒙注·太和篇》。
② 参见《张子正蒙注·太和篇》。
③ 《张子正蒙注·大心篇》。
④ 《周易外传·系辞下传》。
⑤ 《周易外传·无妄》。
⑥ 沈德符：《野获编》。

国出现了许多有成就的科学家，如李时珍、朱载堉、徐光启、徐霞客、宋应星和方以智等人，但是他们的成就如果与同时期欧洲的科学家如哥白尼（Nicolaus Copernicus，1473—1543，波兰天文学家，提出太阳中心说）、麦卡托（Gerard Marcator，1512—1594，荷兰地图学家，用圆柱正形投影法绘制世界地图）、伽利略（Galileo Galilei，1564—1642，意大利天文和物理学家，发明天文望远镜和作自由落体的科学实验等）、开普勒（Johannes Kepler，1571—1630，德国天文学家，发现行星运动的三个定律）、笛卡儿（René Descartes，1596—1650，法国数学家，制定解析几何，把变量引进数学）、哈维（William Harvey，1578—1657，英国生物学家，发现血液循环）和牛顿（Isaac Newton，1642—1727，英国物理和数学家，提出万有引力定律）等人相比却是逊色的。可以说，我国的自然科学是从十六、十七世纪开始落后于西方的。落后的原因，主要是因为我国的资本主义萌芽未能像欧洲那样迅速发展，没有来自社会生产迅速发展对科学提出的迫切需求；同时腐朽的封建统治制定的文化教育政策严重阻碍了科学的发展。

# 第九章 西方科学技术的开始传入

(明清时期下 17世纪—1840)

## 一 没落中的封建社会

明朝末年，中国封建社会已面临着深刻的危机，阶级矛盾日趋激烈，终于爆发了明末的农民大起义，摧垮了明朝的统治。李自成的农民起义军进入北京后，各地地主武装力量仍很强大，并和清军联合起来对付农民军，加以起义军领袖没有采纳正确的政治主张，并腐化内讧，导致起义很快失败。清兵入关后，于1644年建立了清朝。

清朝的统治者入关前，其社会形态正处于由奴隶制向封建制转化的阶段。入关后，他们主要着力于建立和加强封建制度。清朝基本上沿袭了明代的各种制度，并把权力主要集中在以满族上层贵族为核心的统治集团手中，强化中央集权。封建制度的强化使明中叶以后中国出现的资本主义萌芽受到更为沉重的压制，尤其是清兵入关后对于商品经济较发达的东南沿海反清势力的残酷镇压，如对扬州、嘉定、江阴等城镇的屠杀与破坏，使资本主义萌芽受到严重地摧残。清朝建立初期，虽然采取了稳定封建经济的政策，使社会生产沿着封建经济的轨道得到恢复和发展，但限制很严，速度很慢。清政权建立以后大约用了一百年的时间，商品生产才赶上明中叶以后的水平。一些手工业部门，如纺织、采矿、瓷器等方面，生产虽有所发展，但一直停留在手工生产的阶段，因此，社会生产的发展速度，与西方同期资本主义生产发展的速度根本无法相比，被西方资本主义生产远远地抛在后面。科学技术的发展，也遭遇到同样的命运，而且随着时间的推移，差距越来越大。

清廷对待汉族中间阶层知识分子的错误政策，也在很大程度上影响了科学技术的发展。清代继续推行明代的八股取士制度，把大部分知识分子束缚在科举之中。更为严重的是，康熙、雍正、乾隆三朝，因感到汉族知识分子中反清情绪仍很强烈，多次兴起文字狱。不仅著书人及其亲属被处死刑，甚至连刻字、印刷，以及卖书的人也不能幸免。一次大案，被牵连到的人，或杀头，或充军流放，往往达数十人、数百人之多。乾嘉时期，我国的学术研究之所以走上了考证古典文献的道路，与大兴文字狱的高压政策有很大关系。在意识形态领域实行残酷镇压的政策，必然禁锢了一般知识分子的自由思考，导致学术研究严重脱离实际，从而也严重阻碍了自然科学的发展。

清初，东南沿海反清斗争的力量较强大。清统治者严行海禁，他们封锁海域，宣布汉人出洋是"自弃王化"，一律杀头；地方保甲也要处死、官吏治罪。同时，严禁外国商人和商品进入，西洋商船一般只准在附带若干条件的情况下在澳门进行交易，特许到广州通商的也只准和代表政府的买办机构"公行"往来贸易。康熙二十二年（1683年）清朝收复台湾后，海禁开放，但也只准小船出海，还得附加种种限制，到了康熙五十六年又重新加以严密封锁。这种海禁政策对于商品经济的发展当然是非常有害的。更有甚者，正当西方资产阶级进行政治革命和产业革命时期，清政权奉行的闭关自守的错误政策，特别是自1723到1840年的一百余年间几乎中止了接受西方科技知识的政策，这对于我国商品生产和科学技术发展的影响，远比海禁的损失为大。这一问题，我们在第十章还要论及。

上述种种，是中国在近三四百年中，包括科学技术在内，落后于西方资本主义世界的一些原因。

从16世纪末到18世纪初，即明万历至清康熙的一百多年间，是西方科技知识开始传入我国的时期，明清科技发展的情况，除在第八章中已经论述的之外，还有就是这时西方科技知识的传入及其所产生的影响。这是本章论述的重点内容。这时西方的社会制度和科学技术水平已比我国先进。15世纪末，我国和西欧的商品经济虽然都在发展，而西欧采取的"重商主义"却比我国的"抑商"政策优越得多。由于欧洲商品经济的较快发展和对扩大国外市场要求的增长，引起了西欧各国对海外航路的探寻。哥伦布横渡大西洋到达美洲；达·伽马找到了通过非洲南端的好望角到达印度的新航路。1522年，葡萄牙人麦哲伦（Ferdinand Magellan，1480—1521）完成了环绕地球的航行。随着到达美洲和印度的新航路的开辟，西欧国家开始了殖民主义的侵略。十六、十七世纪，西班牙、葡萄牙、荷兰、英国、法国等先后侵入美洲和东方。他们用掠夺的手段，积蓄了巨额财富，这是资本的原始积累，为资本主义的大生产开辟了道路。在西欧的一些国家里，由于资本主义经济的发展，先是在16世纪下半叶，在尼德兰地区北部取得了资产阶级革命的胜利；17世纪英国的资产阶级革命又取得胜利，资本主义制度先后在欧洲一些国家确立起来了。

伴随欧洲资本主义生产的发展，科学技术也迅速地发展起来。十六、十七世纪是伟大的科学革命时期，在天文学、数学、物理、化学、医学等方面都有长足的发展。自然科学进入了近代的阶段。

16世纪波兰的天文学家哥白尼（Nicolaus Copernicus，1473—1543）提出与教会宣扬的地球中心说相对立的太阳中心说，科学地论证了地球每天自转一周，每年绕太阳运行一周的客观规律。1543年他的不朽著作《天体运行论》出版，"从此自然科学便开始从神学中解放出来……大踏步地前进"[①]。

近代力学的建立是由意大利人伽利略（Galileo Galilei，1564—1642）开始的。他做了多次自由落体的科学实验，发现落体的加速度与质量无关，推翻了被人们信奉了1700年的亚里士多德关于落体加速度与质量成正比的臆说。他还发现单摆周期与振幅无关，首创以单摆周期作为时间量度的单位，后来又发明空气温度计并亲自制作了一架放大率为32倍的望远镜，于1609—1610年用之于观测天象，取得了一系列重要的发现。

在解剖学方面的成就包括1543年布鲁塞尔人韦萨利（Andreas，Vesalius，1514—1564）《人体构造》一书的出版和1555年法国人贝朗（Pierre，Belon，1517—1564）开创的比较解剖学。

17世纪前半叶，法国人笛卡儿（René Descartes，1596—1650）的解析几何，把变量引进数学，成为数学发展的转折点。英国人耐普尔（John Napier，1550—1617）建立

---

① 恩格斯．自然辩证法·导言//马克思，恩格斯．马克思恩格斯选集第3卷．人民出版社．1966：494

了对数。与耐普尔同一国籍的牛顿（Isaac Newton，1642—1727）和德国人莱布尼茨（G. Wilhelm Leibniz，1646—1716）差不多同时建立了微积分。

1666年，牛顿从开普勒（Johannes Kepler，1571—1630）的行星运动三定律推出万有引力定律，创立了科学的天文学；1687年，他发表《自然哲学的数学原理》，第一次阐述牛顿力学三定律，奠定了经典力学的基础。与牛顿同一国籍的波义耳（Robert Boyle，1627—1691）于1661年发表《怀疑派的化学家》，明确提出元素的定义，并开始进行化学分析。此外，英国人哈维（William Harvey，1578—1657）于1628年发表《论心脏与血液的运动》一书，最早论述了血液循环的规律。英国人胡克（Robert Hooke，1635—1703）在1665年首次提出细胞的概念，不久荷兰人列文虎克（Antony Van Leeuwenhock，1632—1723）用显微镜第一次看到了细菌。

世界最早的科学组织是在十六、十七世纪成立的，也与商业发展有关。首先是1560年在意大利那波利（即那不勒斯）建立了自然科学院。英国伦敦的皇家学会，创立于1660年，学会干事胡克曾说："商界人士在学会成立时有过很大的贡献。"① 斯普拉特在他的《皇家学会史》中也说："商人……在促进科学发展和成立皇家学会上作出了不少贡献。"② 法国巴黎科学院是1666年成立的。院士是由国王发给薪俸的专业科学家，研究皇室交给他们的任务。18世纪在德国的柏林和俄国的彼得堡也成立了科学院。英国和法国又有地方性科学中心的建立。

由上可见，欧洲在中世纪的漫长黑夜之后，近代科学的兴起是与资本主义生产的迅速发展紧密联系在一起的。在这时近代科学虽通过各种不同的渠道传到中国，而已经腐朽没落的封建统治阶级，为了维护封建制度，基本上是取排斥态度的。在沉重的封建牢笼中，除少数被采用外，大多或被禁锢，或被搁置，没能起多大的作用，也没能引起广泛的反响。虽然如此，这时期也曾出现了像王锡阐、梅文鼎、吴其濬等在科学上有所作为的人物，他们在学习西方传入的科学知识的过程中，或者在继承中国传统的科学的基础上，在天文、数学与生物学等领域内作出了一定的成绩，表明中国在这时也并不乏有才智的人物。

## 二 耶稣会传教士来华及其影响

### 传教士来华的政治背景

16世纪是基督教发展史上的一个重要时期。这时，罗马教会的腐败已经达到使多数人无法容忍的程度。在新兴市民阶级的发动下，掀起了反对教皇权威的伟大运动，从而引起西欧基督教会的大分裂，产生了新教。这就是著名的宗教改革运动。它反映了德国广大农民、城市平民和新兴市民阶级对罗马教廷神权统治的强烈不满，因此得到了普遍的拥

---

① 梅森. 自然科学史. 上海：上海人民出版社，1977：241.
② 梅森. 自然科学史. 上海：上海人民出版社，1977：241.

护。基督教开始分裂成新教和旧教。新教徒虽然否定了教皇和教会在解释教义方面的神圣权威，但值得注意的是，当时新教徒"在迫害自然科学的自由研究上超过了天主教徒"[①]。

与新教在北欧取得优势地位的同时，旧教——天主教教会在南欧国家如意大利、法国、西班牙、葡萄牙和奥地利都进行了"革新"。"革新"的实质是把它改造成为资产阶级服务的政治工具。天主教教会内部"革新"依靠的主要力量之一是耶稣会。耶稣会于1534年创立，其成员称耶稣会士，它的宗旨是重振罗马教会。耶稣会一方面打入宫廷和上层社会，以更利于加强罗马教皇的政治力量；另一方面通过多办学校和学院，以利用知识扩大其影响。它在罗马设有专门训练会士的机构，主要吸收十几岁的青年入会，给予若干年的宗教灌输和文化教育后派遣到各地活动。宗教改革运动之后，罗马教皇统治的地盘缩小了，于是加紧派遣布道团四出活动。派出的布道团中有圣芳济会修士、多明峨会修士和耶稣会士等，其中以耶稣会士最为活跃。耶稣会士除在北欧如波兰、比利时、英国等国家尽力帮助恢复天主教势力外，更重要的是他们在亚洲和美洲的活动。可以说天主教教会在北欧失去的一切，由于在印度、中国、北美和南美的布道团活动而得到了补偿。布道团四出活动，绝不仅仅是传教的问题，而是与欧洲资本主义的殖民扩张结合在一起的。从罗马耶稣会对墨西哥会士下达的指示"我们要把奴隶变为忠诚的基督徒，你们就将因此得到很好的工人"[②]一语来看，教会传教的用心是很清楚的。

16世纪至18世纪罗马教皇派遣到中国来的传教士主要是耶稣会士。他们来华的政治背景，就是配合资本主义殖民扩张的需要而来的。

### 传入的西方科学技术知识

耶稣会士来华是从16世纪下半叶即明中叶以后开始的。他们知道在一个文化悠久，经济力量也还不弱的东方大国，要达到通过宗教以左右中国的目的，不能不用近代的科学技术作为敲门砖。这在耶稣会士写的各种传教记述中就有很明确的自白。其中说到他们传入近代科技，"以此为饵，中国颇多落入教会网中者"，如果不是这样做，"欲使彼等师事外人，殆虚望而已"。[③]当时在我国传教比较著名并掌握有一定科学知识的耶稣会士有利玛窦（Matthoeus Ricci，1552—1610，意大利人，1582年来华，任会长）、汤若望（Jean Adam Schall von Bell，1591—1666，德国人，1622年来华）、南怀仁（Ferdinandus Verbiest，1623—1688，比利时人，1659年来华）、艾儒略（Julius Aleni，1582—1649，意大利人，1613年来华）等。他们都与在朝做官的士大夫如徐光启、李之藻等人来往，也颇得自万历至乾隆时一些皇帝的赏识。他们在实现传教目的的过程中，传入的科技知识主要有天文、数学、地学、物理、火器等。

在天文学方面，首先是利玛窦介绍了有关日月蚀的原理、七曜与地球体积的比较，西方所测知的恒星以及天文仪器的制造等，著有《浑盖通宪图说》、《经天该》和《乾坤体义》等（多为李之藻笔述）。1605年，利玛窦在对我国情况有所了解之后曾向罗马教会献

---

[①] 恩格斯．自然辩证法·导言//马克思，恩格斯．马克思恩格斯选集第3卷．人民出版社．1966：494

[②] 杨真．基督教史纲上册．三联书店，1979：497.

[③] 参见金尼阁《入华传教记》和利玛窦《入华记录》。

策，请派天文学者来中国从事历法改革这件大事，以便进一步开展他们的传教工作。此后来中国的果然有不少是懂天文的耶稣会士。如阳玛诺（Emmanuel Diaz，1574—1659，葡萄牙人，1610 年来华），所著《天问略》用问答形式解说了天象原理，并有附图；熊三拔（Sabbathinus de Ursis，1575—1620，意大利人，1606 年来华），著有《简平仪》和《表度说》，详细说明了简平仪的用法并根据天文学原理说明立表测日影以定时的简捷方法，等等。

明代历法，一直使用大统历（实即元代的授时历）和回回历，因时间已久，误差加大。万历三十八年十一月（1610 年 12 月）的一次日蚀，钦天监又未测准，于是有人提出组织翻译，介绍西法。当时虽然已有改历要求，但未实现。崇祯二年五月（1629 年 6 月），钦天监所报日食再一次失验，而徐光启用西法预测日食却相当准确。这时徐光启才被委任主持修改历法的工作，徐光启聘请龙华民（Nicolaus Longobardi，1559—1654，意大利人，1597 年来华）等耶稣会士编译天文学书籍，其工作成果体现在《崇祯历书》的完成。《崇祯历书》完成后，新历法由于守旧派的反对和明室的衰亡，实际上并没有实行。

清初，汤若望将新历法献给顺治皇帝，因为新法预测的日蚀比旧法精确，遂即颁行，称为时宪历。钦天监的职务即委派汤若望担任。汤若望于是著《新法表异》详细陈述新法的优点；又重新制作已经损坏了的天文仪器，如浑天星球仪、地平日晷仪和望远镜等。康熙时，南怀仁任钦天监，他革新了 6 种仪器——黄道经纬仪、赤道经纬仪、纪限仪、象限仪、地平仪和地平纬仪，写成《灵台仪象志》，绘图说明它们的制法、用法和使用这些仪器测得的各种记录。乾隆时期传教士戴进贤（Ignatius Kögler，1680—1746，德国人，1716 年来华）在钦天监做官，传入 17 世纪德国天文学家开普勒发现的行星运转轨道为椭圆以及牛顿计算地球与日、月距离的方法。在戴进贤主持纂修的《历象考成后编》中写道，"日月五星之本天（即轨道）旧说以为平圆，今以为椭圆"，"地球与日、月距离之计算，采奈端（即牛顿）之术"。但对哥白尼的日心说和牛顿的万有引力定律都尚未论及。此书在天文仪器和天文观测方面又较《灵台仪象志》前进了一步。直到 18 世纪中叶耶稣会士蒋友仁（Michael Benoist，1715—1774，法国人，1744 年来华）在他的《坤舆全图说》中才介绍了哥白尼的日心说，论述了地球运动的原理。这时距《天体运行论》的发表已经两百多年了。

西方数学的传入主要有欧几里得几何学、算术笔算法、对数和三角学等。前一章中已经谈到了利玛窦口译、徐光启笔述的《几何原本》，这是传教士来中国翻译的第一部科学著作。底本用的是利玛窦的老师德国数学家克拉维斯（Clavius）的注解本。全书共 15 卷。利玛窦译完前 6 卷时，认为已达到他们用数学来笼络人心的目的[①]，因此没有答应徐光启希望全部译完的要求。关于耶稣会士讲授科学的用意，这里又一次作了很好的回答。虽然如此，《几何原本》传入后，对我国数学界产生了一定的影响。介绍西方笔算的著作《同文算指》，是由利玛窦和李之藻合作编译的，对我国算术的发展有较大影响，清代学者很重视并加以改进，笔算的应用遂即日渐普遍起来。此外，还有《圆容较义》和《测量法义》等，前者是一部比较图形关系的几何学，后者是关于陆地测量方面的著作。

---

① 《利玛窦通讯集》第 2 卷，1911 年玛塞来塔印本，第 275 - 276 页。

作为近代数学前驱之一的对数,是传教士穆尼阁(Nicolas Smogolenski,1611—1656,波兰人,1646年来华)于清初在南京传教时传授的。不久穆尼阁去世,从他学习的薛凤祚把他传授的科学知识编成一部包括天文、数学、医学、物理学等内容相当庞杂的《历学会通》,其中数学部分主要有《比例对数表》、《比例四线新表》和《三角算法》各1卷。《比例对数表》是从1到2万的常用对数表;《比例四线新表》是正弦、余弦、正切、余切的四线对数表;二表的对数都有小数六位。对数法传入后,即在历法计算上得到了应用。《三角算法》中讲的平面三角法和球面三角法都比《崇祯历书》的更为完备。

至于计算工具传入我国的主要有耐普尔的算筹和伽利略的比例规。

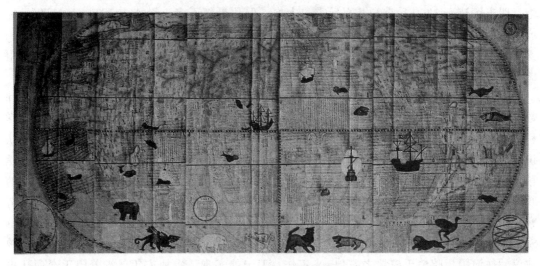

图9-1 坤舆万国全图

世界地图是利玛窦进入我国传教时传入的。他从澳门到肇庆后,就根据绘有五大洲的西文世界地图制成一幅较原图为大,用汉文注释的世界地图,由岭南西按察司副使王泮刊印,赠送要人。以后在南昌、南京和北京又重绘和修订过多次,经刻版或上石的至少有8种,形状或为一椭圆形图或分东西两半球图。其中以1602年刊行的《坤舆万国全图》最为完善。为了迎合中国人的心理,在这幅椭圆形的世界地图中,利玛窦特意把南北美洲绘在亚洲的东面,这样中国的位置就在地图的中部了。利玛窦精于数理,在我国已注意各地经纬度的测量。他测得的北京、南京、杭州、广州、西安等地的经纬度相当精确,因此能顺利地编制新图。在他改绘的世界地图中,把西方的经纬度制图法、有关五大洲(亚细亚、欧罗巴、利未亚——即非洲、南北亚墨利加、墨瓦蜡尼加——指南极地方)的知识、地球说和五带(热带、南北温带、南北寒带)的划分等传入中国,在士大夫阶层中引起了很大的震动,但完全能接受的人不多。图中译名如亚洲、欧洲、大西洋、地中海、罗马、古巴、加拿大以及地球、南北极、南北极圈和赤道等一直沿用至今。利玛窦以后传教士绘制的世界地图还有庞迪我(Didaco de Pantoja,1571—1618,西班牙人,1599年来华)的《海外舆图全说》、艾儒略的《万国全图》、南怀仁的《坤舆全图》和蒋友仁的《坤舆全图》等。南怀仁的图中已增绘澳大利亚洲。

西方光学知识的传入是从汤若望《远镜说》开始的。书中介绍了望远镜的用法、制法和原理。对于光在水中的折射现象、光经凸透镜以放大物象等都有解释。

在力学方面有邓玉函（Joannes Terrenz，1576—1630，瑞士人，1621年来华）口授、王徵笔译的《远西奇器图说》。书中讲到重心、比重、杠杆、滑车、轮轴、斜面等的原理，以及应用这些原理以起重、提重等的器械。各种器械和用法都有图说。熊三拔和徐光启合译的《泰西水法》主要介绍了取水、蓄水等方法和器具。《远西奇器图说》中提到有《自鸣钟说》一书，今已失传。

关于西方制造火器的技术，当时有一部带有保密性的书叫做《火攻奇器图说》，此书来历已不清楚了。明末清初，由于军事上的需要，汤若望和南怀仁都奉命设计铸造过铳炮。明末铸造有1200斤重和几百斤重的火炮，但数量都不多。崇祯十六年（1643年）完成的著作有汤若望口授、焦勖笔录的《火攻挈要》，内容包括各式火炮的铸造法、运用法、安置以及子弹和地雷的制造等。清初南怀仁编译《神武图说》，叙述了铳炮的原理并有附图。此后我国没有在这方面进行认真的研究和提高。

火器传入后的情况是这样，西方科技知识传入后总的特点也是这样。其中只有天文和数学发展的情况与此不同，这在下面第五节论王锡阐和梅文鼎的成就时不难看出，其他学科取得的进展就很少。究其原因主要是由于明朝政权很快衰亡，封建统治者对科技作用认识的局限，社会生产发展缓慢，不具备科学技术大踏步前进所需要的条件。具体到各学科，当然还有自己的问题。例如地学在当时明清战争的政治环境和闭关自守、抑制工商的政策下，地理视野很难开阔，地学的实践极少积累，地学知识离开了广泛与深入的实地考察与研究，是难以得到发展的。以采矿为例来看，崇祯初年，传教士毕方济（Franciscus Sambiasi，1582—1649，意大利人，1613年来华）从"辨矿脉以裕军需"的考虑出发，曾建议"往澳门招聘精于矿学之儒"① 来工作，但未能实现。崇祯末年，汤若望正奉命从事采矿工作的时候，适逢清兵入关，因此搁置下来，以后就不复再议了。再从地学本身来看，因受天朝大国居地之中等思想的影响，对新观点又不能像推算日食那样容易鉴别，因此多持怀疑否定态度，如有人就指责五大洲说是"语涉诞诳"②。至于技术学科的发展问题，更以生产发展与否为转移了。

耶稣会传教士来华，一方面传入了西方的科学与文化，另一方面也把中国的科学文化介绍到西方。传教士写回去的报告、书信、专著以及他们带回的许多中国典籍，对西方社会和科学的发展起了一定的推动作用。我国的哲学思想对于18世纪法国和德国的资产阶级革命起过作用。在科学技术方面，例如我国的园林建筑技术，于18世纪中叶传到欧洲后，对英、法、德、荷兰等国的园林建筑都发生了一定的影响。研究中国园林的专著有英国的园艺专家钱伯斯（William Chambers）的《东方园林论》（Dissertation Oriental Gardening）和德国人翁则尔（Ludwig Unzer）的《中国园林论》（über die Chinesischen Gärten）。又如我国天文学中的宣夜说传入欧洲，促进了西方水晶球说的崩溃，等等。

---

① 《清朝全史》上册三，第162页。
② 《清史通考》289卷。

# 三 对待西方科学技术知识传入的政策和态度

对西方科学技术知识传入的政策

科学技术在我国长期的封建社会中，大都被认为是"奇技淫巧"，一般得不到封建统治者的重视。但在明末清初，情况却稍有不同。

明万历二十八年（1600年）利玛窦第二次来北京，同庞迪我等8人携带了很多贡品，谒见皇帝。贡品中一些是中国前所未见的如世界地图，自鸣钟和西洋琴等，得到万历皇帝的赞许，待他们以上宾之礼，同意在京师居住。一时朝中重臣如徐光启、李之藻等很是推崇西学，亲自向利玛窦请教。西方科技知识首先在士大夫阶层中传播起来。

崇祯年间，由于修改历法的需要，成立了历局。当时聘用耶稣会士龙华民、邓玉函、罗雅谷（Jacobus Rho，1593—1638，意大利人，1624年来华）、汤若望等参加历局的工作，翻译西书，编制天文计算用表，并制日晷、星晷和望远镜等仪器观测天象，培养了一些通晓西方历算的人才。崇祯末年，与清兵交战，曾命汤若望督造洋炮，并令将制造方法传授给"兵杖局"。

清政权稳定后，顺治皇帝对汤若望非常器重，命他掌管钦天监印信，任钦天监监正，监员也由汤若望选荐。这样，钦天监就掌握在汤若望手中，监员中的传教士也渐增多，成为耶稣会活动的一个据点。顺治去世后，汤若望等遭到朝廷反对派的强烈攻击，被捕下狱，几乎丧命。

过了几年，历狱问题彻底解决后，西法才得恢复。这时汤若望已病死，任命南怀仁为钦天监监副。康熙十三年（1674年）升为监正，奉命监造观象仪器多种。后因吴三桂之乱，再奉谕督制西洋大炮，试验有效，大受嘉奖。康熙二十一年（1682年）升工部右侍郎，并准携带天文仪器随侍皇帝到盛京（今沈阳）进行观测。

南怀仁去世后，法王路易十四为了对抗葡萄牙，需要加强在中国的影响，特意挑选数名学识渊博的耶稣会士到中国来。这批来华的传教士中留在京师工作的有张诚（Joan Franciscus Gerbillon，1654—1707，法国人，1687年来华）和白晋（Joach，Bouvet，1656—1730，法国人，1687年来华）二人。康熙二十八年（1689年）我国与俄国谈判时，曾命张诚等随使臣前往担任翻译工作。康熙三十六年（1697年）命白晋回国聘请一些有学问的传教士来华。不久，又有10名传教士来到中国，其中如雷孝思（Joan‐Bapt Régis，1663—1738，法国人，1698年来华）长期测绘制图，巴多明（Dominicus Parrenin，1665—1741，法国人，1698年来华）着重于解剖学的介绍，并把一些西方名著译成了满文。更为重要的是康熙四十七年至五十七年（1708—1718）任用传教士共同完成了全国地图的测绘。

雍正元年（1723年）以后，情况就完全不同了。雍正皇帝对耶稣会士极为不满，除任职钦天监的传教士外，一律被驱至澳门看管，各省天主教堂也被拆除殆尽。乾隆年间，虽然有所改变，但已不如康熙时代。乾隆对于个别有专长的耶稣会士也能重用。如蒋友仁擅长天文、历法、制图和建筑技术，很得赏识。他主持编绘的《内府舆图》制成铜版104幅，印刷成册。乾隆命印100册，赐给群臣。蒋友仁逝世前一年（1773年），因罗马教皇解散了耶稣会，西方科技知识的传入完全中止了。1785年耶稣会虽然由罗马教廷宣布恢复，但西方科学技术的传入却没有再得到恢复。

从明万历到清康熙大约一百余年间，封建朝廷对西方科技知识传入的政策，既能对先进的科学技术（虽然只是部分的）给予重视，利用传教士之所长，也能把科学活动与传教活动加以区别。那时我国的封建皇帝，如顺治和康熙，尽管他们非常尊重传教士，也未被说服拜倒在罗马教皇的脚下。但是我国封建社会的统治者并没有认识到发展科学和技术与国家富强之间的关系，同时中华大帝国的至尊思想也妨碍了他们更好地向"四夷"学习。从科学方面看，在天文、数学和大地测量方面收到的成效比较大；从时代方面看，要以康熙亲政的大约半个世纪中西方科技知识的传入最为活跃。这与封建统治颁布历法和扩大版图的需要，历局等机构的设置，以及封建最高统治者的个人等因素都有很大的关系。

### 对待传入的西方科学技术知识的三种不同态度

以上谈的是封建朝廷，特别是封建皇帝对有一定学识的耶稣会士和他们传入的科技知识采取的方针和政策。至于士大夫则大致有三种不同的态度。

一种是不分精华与糟粕，一概否定，极力反对。如明末的冷守中、魏文魁和清初的杨光先等。他们都是宋儒理学的维护者，认为天主教的教义与儒家的理论不合，对传教士在民间的传教活动尤其不满。他们在反对天主教的同时，也反对传教士引进的西方科技知识。冷守中和魏文魁甚至还主张用宋代理学家邵雍论先天象数的《皇极经世》来制历。影响比较大的是杨光先，他专门写了《不得已》、《选择议》上疏朝廷弹劾汤若望等私传邪教，阴谋不轨。杨光先本不通历法，只知抱残守缺，沿用旧历。他对新法妄加指摘，并痛哭流涕地向朝廷述说："宁可使中夏无好历法，不可使中夏有西洋人。"① 当时康熙虽然已经即位，因为年幼，大权掌握在辅臣鳌拜一派人手中，鳌拜与传教士有矛盾，于是判处汤若望等死刑，后又赦免，只处决了钦天监中从事者李祖白等5人。杨光先被任命为钦天监监正。康熙亲政后，命大学士图海等在观象台测验新旧历法，结果证明西法确实比较优越，又改用以西法为基础的时宪历。杨光先因年老免刑，去职还乡，途中暴死。对于杨光先，也有应该肯定的一面，就是他指出了耶稣会士来华有"不轨"目的这一事实，引起了清廷对耶稣会的警惕。以后除对传教活动有所限制外，在钦天监中又增了一名满人做监正。

另一种态度以徐光启、李之藻和清初的江永等人为代表。他们对西方传入的东西，缺乏分析的精神，全部接受下来，对耶稣会士极为信赖，对西方科技知识过分推崇。他们努力学习西学，从事翻译和研究，在推进我国科学研究方面起了良好的作用，特别对我国天文学和数学的发展贡献较大。在改历工作中他们同冷守中、魏文魁等守旧的人进行了争辩，这在当时封建理学占统治地位的条件下，也是值得称赞的。不过，他们由于历史的局限性，容易被传教士的手法所蒙蔽。例如徐光启不仅没有怀疑传教士来华的目的，而且还

---

① 见《不得已》。

妄想依靠天主教以"补益王化"(《辨学章疏》),结果当然是此路不通。他对我国古代天文学和数学的成就以及西方科学的评价都过于偏激,错误地认为我国古代数学"所立诸法芜陋不堪读"(《勾股义绪言》),片面地认为我国历法不讲"故",说西洋历法"至为详备……可为二三百年不易之法"(《历书总目表》)。其实耶稣会士传入的第谷(Brahe Tycho,1546—1601)体系,当时在欧洲已经落后几十年了。由于我国没有自己的翻译人才,以至哥白尼等人的著作已经传到了北京,却因传教士的忌讳,没有予以介绍,这对我国科学的发展,不能不说是一个损失。

再一种是取其精华,弃其糟粕,能批判地吸收外来文化。例如王锡阐和梅文鼎等人在深入研究中外科学知识的基础上,有批判地去伪存真,因此能够青出于蓝,取得超过前人的成就。

王锡阐和梅文鼎都是清初著名的天文学家和数学家。他们本着不带成见,实事求是的态度从事科学研究。所以当在朝的士大夫在改历问题上议论纷纷的时候,他们的看法是:旧历固然应当改变,但西方也不是没有缺点,不能一味盲从。后来,当王锡阐写成他的天文学名著《晓庵新法》时,梅文鼎为这部书作序,称赞作者"能深入西法之堂奥而规其缺漏"。可是,他们都是些在野的知识分子,只能在他们力所能及的范围内作出一些贡献,不能在社会上起较大的影响。

## 四 康熙帝和清初全国地图的测绘

### 康熙帝和自然科学

清圣祖爱新觉罗·玄烨(1654—1722),即康熙帝是清朝入主中原之后的第二个皇帝。他8岁即帝位,15岁亲政,直到去世,在位61年,是我国历史上在位时间最长的皇帝。

康熙爱好自然科学,《清史稿·圣祖本纪》称赞他"几暇格物……为古今所未觏"。这虽然不免有夸大之处,但在封建帝王中确实是很难得的。他的兴趣比较广,对中国历史、文学有相当鉴赏能力,又喜欢美术,推崇程朱理学,在天文、历算方面也有比较好的基础。因此当他接触西方科学的时候,态度是积极的,而且自己也渴望学习这些知识。他早年从南怀仁学欧几里得的几何学,每天听讲,孜孜不倦;后来又学测量、天文、物理和医学。康熙还在宫中设置了研究化学和药学的实验室。南怀仁去世后,他又请耶稣会士白晋和张诚在内廷讲学。在讲授之前,先令他们学好满文和汉文,而康熙自己却不学外文。传教士讲授的学科有测量、数学、天文、解剖学和哲学等。张诚在到北京的第三年(1690年)即将几何、三角和天文方面的书籍译成汉文和满文印出,作为教科书和供皇帝阅读之用。这时康熙已经三十多岁了,但学习的劲头依旧很高。

由于努力学习,康熙的自然科学知识,特别在数学、天文学和测量学方面了解较多。例如他能评论著名数学家梅文鼎的著作,曾召见梅文鼎畅谈历象算法;能计算"河道闸口流水,昼夜多寡";能用"测日晷表,画示正午日影至处,验之不差";在他58岁的那年,巡视大运河时,决定在筐儿港建筑一座拦水坝,随后就在河西务(今河北省武清县东北、运河西岸,当时是漕运要冲)"登岸步行二里许,亲置仪器,定方向,钉椿木,以纪丈量之处"①。

图9-2 康熙皇帝玄烨像

在康熙的直接领导下,利用耶稣会士在科技方面的长处与我国学者合作完成的工作,除下面准备介绍的全国地图的测绘外,还有《康熙永年历》的颁行,《数理精蕴》与《历象考成》的编著等,都对我国的科学事业作出了一定贡献。

但是,由于社会条件和康熙本人思想方法的局限,他对自然科学的兴趣,只能产生有限的积极效果,作为一个封建国家的最高统治者来说,他维护的是封建制度,所采取的政策不可能超越封建社会的需要。因而他亲政之后,对于妨碍科学发展的八股取士制度等,不是废除,而是沿用;对大兴文字之狱的残暴作法,不是制止,而是依旧。有一次康熙在对京畿地区亲自考察之后,看到"民生差胜于前",但"诵读者少",他的办法只是:"令穷僻乡壤广设义学,劝令读书。"至于应该广设什么样的义学,读什么书,读了之后又该怎么办?对于这些问题没有采取根本的改革措施,当然不会有新的局面出现。康熙时代正值清兵入关不久,清朝的统治者千方百计在防范汉族起而抗清。有档案材料可以说明,清政府忌讳汉人和西洋人接触。这种情况持续了相当长的时期。因此,科学技术的传入,当然要受到一定影响。

① 《清史稿·圣祖本纪》。

## 清初全国地图的测绘

康熙帝亲自领导完成的中国全图的测绘,不仅在我国也是世界测绘学史上前所未有的创举。这项工作,康熙自己说是花费了"三十余年之心力,始克告成"。原来,中俄缔结了尼布楚条约之后,康熙见到一幅亚洲地图,图中关于我国满洲地区的地理知识相当缺乏,就有开展测绘工作的打算。后来他从广州购入仪器,每到东北和江南各地巡视的时候,就命随行的传教士测定经纬度。在条件成熟之后,他命耶稣会士先测京师附近地图,由他亲自校勘,认为远胜旧图,才下令由中、西双方人员组成测绘队进行全国地图的测绘。

全国地图的正式测绘是从康熙四十七年(1708年)开始的,由法国教士白晋、雷孝思和杜德美(Petrus Jartoux,1668—1720,1701年来华)等人率领。先从长城测起,然后测北直隶(今河北省),再测满洲地区。为了加快速度,1711年康熙命增添人员,分两队进行。因此关内十余省,包括西南(广西、四川、云南)、西北(至新疆哈密)广大地区,约用5年时间先后竣事。西藏地区是康熙特派2名曾在钦天监学习过数学和测量的藏传佛教僧人前去测绘的。由于当时西藏受到策妄的侵扰,二人只从拉萨测量到恒河发源处,即不再前进,匆促回返,图中所载,多来自传闻。康熙五十七年(1718年)一份具有相当水平的《皇舆全图》终于绘成了。这是一件了不起的大事。当时欧洲各国的大地测量,有的尚未开始,有的虽已开始,也未完成,而我国在18世纪初期完成了全国性的三角测量,走在世界各国的前列。

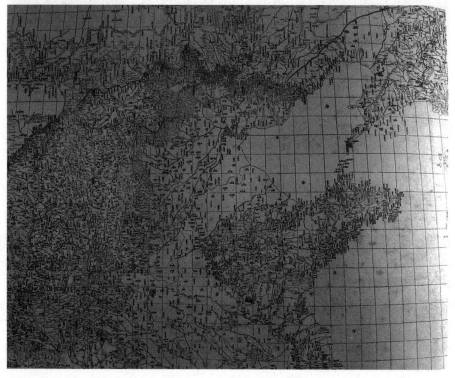

图 9-3 康熙内府舆图

新疆哈密以西的地图是乾隆二十一年（1756年）命刘统勋、何国宗等人前往考察采访、测量绘制的。何国宗负责经纬度测量，刘统勋担任地理调查。当何国宗在天山以北测量时，明安图正在测天山以南、并且远至中亚一带。传教士中担任测绘的有亚洛沙（F.L'Arrocha）等。乾隆二十六年（1761年）完成的《西域图志》，在很长时期内都是一切新疆地图之所本。乾隆又令法国传教士蒋友仁在康熙《皇舆全图》的基础上进行改制增订，并利用了传教士宋君荣（Antonius Goubil, 1689—1759）搜集的有关亚洲的地理资料。全图完成后，曾制成铜版104块，这就是十三排的《乾隆内府舆图》。《乾隆内府舆图》的范围比康熙朝绘制的全图为大，北至北冰洋，南至印度洋，西达红海、地中海和波罗的海，可以说是一幅亚洲大陆的地图了。不过最精详的部分还是康熙时所测的满、蒙与关内各省和乾隆时所测的西域各地。

图9-4 乾隆内府舆图

康熙四十七年（1708年）开始的测图工作，主要进行的是大规模的三角测量，测定全国三角网，然后把各地已有的详图和考察了解的情况附著上去。而经纬度测量，由于当时天文测量的方法和仪器的限制，不易多测，也不易测得精确，特别是经度测量更是如此。尽管这样，当时所测的经纬点共有630处之多。从地图的精密程度来看，图上各地点相对关系的准确性超过了绝对位置，因为测得各地的经纬度误差较大。根据1921年后看到的康熙和乾隆朝绘制的全国舆图，都是采用梯形投影法，以经过北京的经线为本初子午线，经纬线都成直线。这种投影在中经线附近的地区，形状比例还相当准确，但离中经线越远，形状比例与实际相差越大。

康熙年间的测绘，还有两件事在测绘史上是非常有意义的。第一，是尺度的规定。康熙为了统一在测量中使用的长度单位，规定以 200 里合地球经线 1 度，每里 1800 尺，因此每尺的长度就等于经线的百分之一秒。这种以地球的形体来定尺度的方法是世界最早的，法国在 18 世纪末才以赤道之长来定米制的长度。第二，是发现经线一度的长距不等。康熙四十一年（1702 年）实测过中经线上由霸州到交河的直线长度，以后在康熙四十九年（1710 年）又在满洲地区实测北纬 41°到 47°间每度的直线距离。这些测量都可以得出纬度越高，每度经线的直线距离越长的结论，如北纬 47°比 41°处测得的每度经线的长度大 258 尺。这是过去的测量中从未得到的结果。当时雷孝思等人虽然深信他们的测量数据是准确的，但可能是由于当时的法国科学院卡西尼（G. D. Cassini，1625—1712）等人所持观点的影响，他们还不敢骤然下判断，把这些结果作为地球扁圆说的证明，只是期望以后的人再研究解决。18 世纪初，正是牛顿的地球扁圆说与卡西尼的长圆说彼此对立，尚无定论的时候，而牛顿的扁圆说实际上已为我国大地测量的数据所证实，这在世界科学史上也是一件值得纪念的大事，所取得的成就，在当时世界上可以说是第一流的。

清初测绘全国地图的情况和资料，被传教士携带而去的很多，在一定程度上也满足了他们来华的目的。1735 年巴黎出版有杜赫德（Du Halde）著《中国地理历史政治及地文全志》一书，其中所有材料，都来自从我国回去的传教士的文稿。此书的附图是法国人唐维尔（J. B. D'Anville）根据康熙年间实测的地图，再增加一些其他材料编制成的。图中的山川地名等都较准确可靠，颇得欧洲名家学者的赞扬。因此清初舆图还在我国作为密件收藏于内府的时候，欧洲各国已经广为流传了。而在我国，凡是没有进入内府资格的人都看不到。另外，关于地图的测绘方法等也缺少文字说明，因此未能对我国地图学的发展及时发挥应有的作用。直到同治二年（1863 年）刊印的《清一统舆图》（胡翼林、严树森等编制），依据的是内府所藏《皇舆全览图》，才把清初测绘的成果间接传播开来。

## 五　西方天文、数学知识传入后取得的成就

### 《崇祯历书》和《数理精蕴》的编纂

明末清初，在耶稣会士的参与下，我国学者编译了一批介绍西方天文、数学知识的著作，《崇祯历书》和《数理精蕴》就是这时期先后编纂的天文学和数学的代表作。

崇祯二年（1629 年）至七年，在徐光启、李天经先后领导下的历局，聘请龙华民、邓玉函、汤若望、罗雅谷等耶稣会士参加，编译了《崇祯历书》137 卷。这是一部比较系统地介绍欧洲天文学知识的卷帙浩繁的著作。《崇祯历书》在清兵入关之后，传教士又略作整理进呈清帝，书名改为《西洋历法新书》（100 卷）印行，对我国天文学的发展产生了较大的影响。

《崇祯历书》分节次六目和基本五目。前者是将历法分成日躔、恒星、月离、日月交会、五纬星和五星凌犯六个部分。后者是指法原（天文学理论）、法数（天文用表）、法算（天文学计算中必备的数学知识，主要是三角学和几何学）、法器（测量仪器和计算工具）和会通（中西各种度量单位的换算表）。其中，法原计有四十余卷，构成全书的核心。它

不但论述了历法本身，而且着重讨论了作为历法基础的天文学理论和计算方法等问题。

《崇祯历书》采用了丹麦天文学家第谷的宇宙体系，这是个介于哥白尼的日心体系和托勒密的地心体系之间的折中体系，认为地球是宇宙的中心，月亮、太阳和恒星绕地球旋转，而五大行星则绕太阳运行。在解释日、月、五星视运动的种种现象时，它介绍了本轮、均轮等一整套小轮系统。我们知道，哥白尼学说于16世纪中叶就已问世，而在17世纪初，德国天文学家开普勒发现的行星运动三大定律，已经证明行星运动的轨道是椭圆而小轮系统只是主观的虚构。所以《崇祯历书》所介绍的天文学理论是当时欧洲已经落后的理论。由于哥白尼学说这时在欧洲正经历着艰苦的斗争，耶稣会士隐瞒了这一动摇神学基础的革命学说是不难理解的。

《崇祯历书》介绍了哥白尼、第谷、伽利略、开普勒等人的天文数据和科学成果。如它大量引用了《天体运行论》中的材料，基本上译出了其中的8章，译用了哥白尼发表的27项观测记录中的17项；介绍了伽利略关于太阳黑子在日面上运行的现象；译出了开普勒《论火星的运动》一书的几段材料等等。在推算日、月、五星的视位置等问题时，引进了周日视差和蒙气差的数值改正。在计算方法上，介绍了球面和平面三角学的准确公式，既简化了计算手续，提高了计算精度，又扩充了解题的范围。在坐标系方面，介绍了严格的黄道坐标系，采用了从赤道起算的90°纬度制和十二次系统的经度制。它还引入了明确的地球概念，引进了经、纬度及其有关的测定和计算方法，等等。

由于当时中国学者均不能直接阅读外国资料，对于耶稣会士的隐瞒或歪曲无能为力，大大妨碍了人们对欧洲天文学最新成果的了解，这是《崇祯历书》的重大缺欠。但它采用了较好的天文数据和计算方法，保证了历法推算的较高精度，还介绍了不少欧洲天文学成果和概念，对于我国学者来说是十分新颖的知识。这些使我国当时濒于枯萎的天文学重新获得生机，从这个意义上说，《崇祯历书》的编纂在我国天文学发展史上是一个十分重要的事件。

在康熙皇帝的大力支持下，1690—1721年编成了《数理精蕴》这部介绍西方数学知识的百科全书。它是在法国传教士张诚、白晋等人译稿的基础上，由梅毂成等人汇编而成的。它的主要内容是介绍从17世纪初年以来传入的西方数学，包括几何学、三角学、代数以及算术的知识。

《数理精蕴》上编5卷"立纲明体"，下编40卷"分条致用"，表4种8卷，共53卷。

上编包括有《几何原本》，其内容虽与欧几里得《几何原本》大致相同，但著述体例差别较大。《算法原本》，讨论了自然数的性质，包括自然数的相乘积、公约数、公倍数、比例、等差级数、等比级数等的性质，是小学算术的理论基础。

下编包括实用算术，度量衡制度、记数法、整数四则运算、分数运算、比例及其应用，联立一次方程，开平方以及开带从平方，开立方以及开带从立方，解决有关直角三角形三边的二次方程应用问题，已知三边长求三角形面积，内切圆径及内接正方形边长的公式，由内接、外切多边形求圆周率的方法，求三角函数值方法，三角形边长、角度相求——直角三角形和斜三角形的解法，直线形、圆、弓形、椭圆的面积，各正多边形的面积，与外切圆径、内接圆径的关系，柱体、棱锥体、棱台体的体积，圆柱体、圆锥球、截球体、椭球体的体积，各种等面体的体积与各种等面体的边长和外接球径、内切球径的关系等等；代数学知识，主要是方程的数值解法；"对数比例"，它是在耶稣会士波兰人穆尼阁传入对数及其用表之后，更详细地介绍了英国数学家耐普尔在1614年发明的对数法，并介绍了对数表制作的三种方法，使人们对对数有更明晰、更深入的了解。

各种数学用表：包括素因数表，这是一份1至10万间各数的分解成素因数相乘的数学用表，其中不能分解为因数的素数又分别列于每万的数字之后构成一份素数表；对数表，比穆尼阁传入的更为精密，它的真数是1至10万、假数的小数位是10位，三角函数表，每隔10秒，给出正弦、正切、正割、余弦、余切和余割的函数值，准确到小数7位；三角函数对数表，准确到小数10位。同时，它还介绍了西洋计算尺，这是我国最早关于计算尺的介绍。

《数理精蕴》出版后得到了广泛的流传，成为人们学习和研究西方数学知识的重要书籍，对后一时期数学的发展产生了重大的影响。

### 王锡阐和梅文鼎的成就

清初一些学者接受了从西方传来的科学知识，积极展开了天文学和数学的研究工作，王锡阐（1628—1682）和梅文鼎（1633—1721）便是他们之中的成绩卓著者。

王锡阐，字寅旭，号晓庵，江苏吴江人；梅文鼎，字定九，号勿庵，安徽宣城人。他们两人对中西之学均采取去伪存真的科学态度，他们主张"去中西之见"，"务集众长以观其会通，毋拘名目而取其精粹"，指出"数者所以合理也，历者所以顺天也。法有可采，何论东西，理所当明，何分新旧"。[①] 他们反对对西法的盲目推崇，"以西法为有验于今，可也，如谓不易之法，务事求进，不可也"[②]。于是，"考正古法之误，而存其是，择取西说之长，而去其短"[③] 则成了他们的研究工作的重要特色。"王氏精而核，梅氏博而大，各造其极"[④]，对我国的天文学和数学的发展作出了贡献。

梅文鼎对王锡阐的天文工作有过中肯的评介，他指出"近世历家以吴江（指王锡阐）为最"，其"从《（崇祯）历书》悟入，得于精思"，是"能知西法复自成家者"。

王锡阐深入钻研西法，在《历说》中，他指出了西法的若干缺点和错误。如西法以为月亮在近地点时，视直径大，故月食食分小；月在远地点时，视直径小，故食分大。王锡阐则正确地指出："视径大小，仅从人目，食分大小；当据实径。太阳实径，不因高卑有殊。地影实径，实因远近损益，最卑（月亮在近地点）之地影大，月入影深，食分不得反小；最高（月亮在远地点）之地影小，月入影浅，食分不得反大。"又如，王锡阐指出，按小轮系统算月亮运动时，除了定朔、定望外，其他时刻都应加改正数，但西法却不用这一改正数，好像日、月食一定发生在定朔、定望，然而事实上只有月食甚才是在定望。王锡阐更以交食的实测事实，证明西法并不完全准确。即他从实践和理论上都证明西法并非是完善的。

---

① 梅文鼎：《堑堵测量》。
② 王锡阐：《晓庵新法序》。
③ 《畴人传·王锡阐》传后"论曰"。
④ 《畴人传·王锡阐》传后"论曰"。

正是在对中西方法都作了透彻研究的基础上，王锡阐著《晓庵新法》6卷，吸取了两者的优点，有所发明和创造。他提出了日月食初亏和复圆方位角计算的新方法，依次计算公元1681年9月12日发生的日食，较其他方法都准确。他独立地发明了计算金星、水星凌日的方法，还提出了细致地计算月掩行星和五星凌犯的初、终时刻的方法，都比前人方法有所进步。

注重实践，是王锡阐天文工作的又一特点。从青少年时代起，夜晚遇天色晴朗，他就登上屋顶，仰观天象，竟夕不寐。"每遇交会，必以新步所测，课校疏密，疾病寒暑无间，于兹三十年矣"①，王锡阐继承和发扬了我国古代天文工作者"验天求合"的实践与理论相结合的优良传统。他在天文学上取得成就是与此密切相关的。

梅文鼎以毕生的精力从事天文学和数学的研究。他的天文学著作有四十余种，有对我国古代历法的评述与研究；有对《崇祯历书》的评论，"或正其误，或补其阙"②；有对近人著述的介绍，并能正其讹阙，指其得失；有对他自己创制的天文仪器的说明，涉及面很广。这些研究使得他能够综论中西历法的异同得失，对中西历法的融合贯通，做了大量的工作。他的更为重要的工作是在数学方面，仅据《梅氏丛书辑要》所收的数学著作就有13种共40卷，内容涉及初等数学各个分支，有算术、代数学、几何学、平面三角学和球面三角学等等。

这些数学著作，并不是对西方传入的数学知识囫囵吞枣式的抄袭，而是通过作者咀嚼消化以后的心得之作。如对球面三角学，梅文鼎著《弧三角举要》一书，据他自己所说这是"盖积数十年之探索，而后能会通简易"而写成的。也正如《畴人传》指出的，"其论算之文务在显明，不辞劳拙，往往以平易之语解极难之法，浅近之理言达至深之理，使读其书者不待详求而又可晓然"。梅文鼎在其数学著作中还多有创见。他利用我国古代传统的勾股算术证明了《几何原本》卷2、卷3、卷4、卷6中的很多命题；他用几何图形证明了余弦定理和4个正弦、余弦积化和差的公式；他还独立思考得出若干四等面体、八等面体、十二等面体、二十等面体的各种几何性质，如它们的内切球半径和体积，订正了罗雅谷等人书中的错误。

梅文鼎还十分重视我国传统数学的成就，认为"古法方程，亦非西法所有，则专著论，以明古人之精意，不可湮没"③，唤起了人们对明代几乎全部失传的宋元数学的光辉成就的注意，对此，梅文鼎也作出了自己的贡献。

总之，王锡阐和梅文鼎的工作，使明代以来传统数学和天文学重获生机，使新移植过来的西方数学和天文学在中国这块土地上长成了根干，结出了一些新果。他们对古今中外的有关知识采取了批判继承的正确态度，这种严谨的治学精神以及理论与实践相联系的工作方法，是他们在科学上取得成就的重要原因。

---

① 《王晓庵先生遗书补编》。
② 《畴人传·梅文鼎》。
③ 《畴人传》。

## 六　其他科技成就

### 明、清瓷器

明、清时期，是我国古代制瓷业高度发展的阶段，全国有近半数省份能烧制瓷器。江西景德镇则已成为全国的瓷业中心，仅官窑就有三百多座。制瓷技术，特别是官窑，因为资金充足，不惜成本，集中技术人才，成品质量更优，代表了当时制瓷工艺的最高水平。

从胎质来看，由于对瓷土的淘练加工技术不断改进而得到提高。清初，有的官窑采用"过箩、绢袋淘练法"，即把泥浆用细罗绢袋澄洗过，再用布紧包稠泥浆，挤出其中水分，然后反复踩练成瓷土。这样淘练出来的瓷土中的石英颗粒比以前更细小，而且分布均匀。瓷土的配方也有改进，如景德镇早期很可能只用一种原料——瓷石，后来发展为两种以上原料的配方。加上烧制的温度和时间控制合适，因而烧成的瓷胎、白度和透光性已达到现代硬质瓷的技术水平。明代永乐窑的"脱胎"瓷器，胎薄釉细，几乎只见釉而不见胎。"影青"瓷器则暗雕花纹，表里都可映见。清代雍正时候的彩盘胎白度超过了75度，烧成温度达到1310℃。

明、清时期制瓷工艺最大的成就是精致白釉的烧成。这种白釉由于所含氧化铝和二氧化硅特别高，熔剂（CaO）含量低，由以前的10%～18%，到此时已递减为4%左右。所以，釉色纯白如牛奶，而且晶莹透彻。白釉质量的提高，为一道釉瓷和彩瓷的发展创造了条件。

明、清时的一道釉瓷比起前代来可说是丰富多彩。明代已有鲜红、翠青、宝石红、娇黄、孔雀蓝、回青等色，其中鲜红、宝石红釉的成品格外优异。清代在一道釉方面烧制最好的有天蓝、翠青、苹果绿、娇黄、吹红、吹紫、吹绿、胭脂水、油绿、天青等。红釉中的鲜红、郎窑红和霁红、矾红、釉里红都是继承并发展了明代制瓷技术之后所取得的新成果。乾隆时候景德镇的"唐窑"仅岁例贡御用瓷色就有57种之多。此外，清代对历代名窑都能仿制，如仿汝、仿官、仿钧、仿龙泉古瓷器，配料准确，并能恰如其分地掌握好火候，使烧成的瓷器与所仿古瓷器真假难辨。明、清时候还能有把握地烧制"窑变"釉色。这种由铜红呈色的一道釉是从宋代钧窑"窑变"开始的。"窑变"的烧成起先是在胎上蘸涂不同釉色，然后入窑，任其变化而成的。到了明、清，特别是清代，既掌握了还原焰技术，又能把氧化铜转变成游离状态的铜，使它均匀地分布于釉药中，并把金属铜转化为胶体状态，而烧成色调别致的"窑变"釉色，"盖纯乎人工故意制成者也"[①]。从偶然的变化而使之成为有规律可循的技术，不能不说是明、清制瓷技术的重大进步。

---

[①] 许之衡：《饮流斋说瓷·说窑》。

图 9-5　乾隆粉彩镂空转心瓶

彩瓷一般又分为釉上彩和釉下彩两大类。先在胎胚上画好花纹图案，然后上釉入窑烧制的叫釉下彩；在上釉后入窑烧成了的瓷器上再彩绘，又经炉火烘烧而成的彩瓷，叫做釉上彩。著名的"青花"瓷器就是釉下彩的一种。所谓"青花"瓷，"系以浅深数种之青色，交绘成纹，而不杂以他彩"①。这种瓷器，名为青花，实际是蓝色，与"青瓷"的"青"完全不一样。青花瓷在宋代已有出现，元代渐趋成熟，浙江江山碗窑村曾发现有元代烧制青花瓷器的窑址。明、清时青花瓷器已很盛行。明"青花"最为有名，质地优美，畅销中外。其制作方法，先把青料在素胎上绘成各种花纹图案，然后上釉在1200℃以上的高温中一次烧成。明代宣德和嘉庆两窑用的青料是来自外国的上等颜料，所以它们的"青花"产品又最好。"青色"是由于釉料中含有氧化钴。这种青料的色调，随着火焰的性质和温度的高低而有很大变化，如果不能准确配制釉药和掌握好火焰性质与火候，都会使钴呈现不出美丽的蓝色，或者使青花大大减色。在这些方面，明代的制瓷工人已能很好掌握，这也是制瓷工艺成熟的一个标志。明代瓷器加彩的方法已多样化了，如有在烧成的青花瓷器上加红、黄、绿、紫等彩料，再经炉火烧炼而成的斗彩，还有包括红彩在内的多彩的五彩瓷器等。清代的素三彩、五彩和粉彩、珐琅彩名闻中外。粉彩和珐琅彩都属釉上彩，所谓"粉彩"，就是在色料中加铅粉，或在色料上面另外涂上铅粉制成的。粉彩主要利用控制温

---

① 寂园叟：《陶雅》卷上。

度的办法，使它在烧成的时候釉面呈现不同的色泽，由于浓淡协调，光泽柔和，能表现出明暗分明的立体感。珐琅彩的制法基本上和粉彩相同，在瓷胎上画珐琅。它和粉彩瓷器在胎质、形态、款式、图样、风格等方面都是精美无比的。

### 赵学敏和《本草纲目拾遗》

赵学敏字衣吉，号恕轩，浙江钱塘人。少时曾攻读《灵枢》、《素问》等医学典籍，并兼及天文、历法、医术等方技诸书，而尤擅长医术。他曾在素养园中设置药圃，种植药用植物。他又访求各地单方，选其中之屡验者，于1754年编成《医林集腋》16卷，《素养园传信方》6卷。又于1760年编成《升降秘要》2卷、《药性元解》4卷，这是制药方面的专著。此外，还有辨别药物别名、俗名、真伪、产地的著作，如《花药小名录》、《本草话》等，可惜均已失传。现尚存者仅《本草纲目拾遗》、《串雅》两种，而以《本草纲目拾遗》最为著名。

赵学敏治学态度极其认真严肃，花了38年的工夫编撰《本草纲目拾遗》。在编写过程中，他不仅广泛地搜集边防外纪诸书以及西方传教士所述，以至药房、药方、商号广告，而且还访问去过边远省份的亲友。他不仅询之于农夫、渔民，而且还验之以目，亲手栽植和观察。他不断地删补、修改手稿，至死犹无清稿本。因此，该书是清代在本草学上最有贡献的一部。

赵书专为拾《本草纲目》之遗而作，全书10卷，收载药物共921种。其中有些是《本草纲目》所没有收录进去的。在药物种类方面比《纲目》增加了716种；在药物分类方面增加了"藤"和"花"两部，删去"人"部，"金石"部分为"金"和"石"两部，共18部。在治法、形状等方面《纲目》没有描述清楚或是错误的，赵学敏就加以订正和补充。因此，《本草纲目拾遗》在效用上可说是《本草纲目》的续编。他在《拾遗》序中说："濒湖之书诚博矣，然物生既久，则种类愈繁……如石斛，一也。今产霍山者，则形小而味甘。白术，一也。今出于潜者，则根斑而力大。此皆近所变产。此而不书，过时罔识。"由此可见，赵学敏对生物界的演变和物种的变异，做过细致的观察，认识到植物与环境的统一性，具有一定的生物进化的观点。

### 王清任和《医林改错》

关于人体解剖的知识，在《黄帝内经》等早期医学典籍中已有论述，但还存在不少问题。清代医家王清任著《医林改错》2卷，补充并订正了前人研究中的一些缺点和错误，为祖国解剖学和医学思想的发展作出了一定的贡献。

王清任（1768—1831），字勋臣，河北玉田人。20岁左右开始学医，发现古代医书中有关人体结构和脏腑功能的记载有不少矛盾和错误的地方。他想"古人所以错论脏腑，皆由未尝亲见"。于是，决心通过自己的观察来解决这些问题。一次，他到了滦州（今河北滦县）稻地镇，那里正流行着传染病，义冢中多有被野狗扒出的儿童尸体。他不辞艰辛，不避污秽，甚至不顾可能被感染的危险，一连十天，每天去义冢仔细观察了三十多具较完整的尸体的内脏。此后，他又多次到刑场去观察，向亲眼见过人体内脏的人请教，并作了一些动物解剖实验。

王清任根据自己的观察,对于人体内脏的认识,确比前人提高很多。他正确地区分了胸腔和腹腔,指出在横隔膜之上只有心脏和肺脏,其余的内脏器官都在横隔膜之下。他记述了气管和由气管分至肺两叶的支气管和细支气管,纠正了前人所说肺有"行气之二十四孔"的错误。他根据对"脑髓"的研究,认为"灵机记性,不在心在脑",而"医书论病言灵机发于心",也是错误的。他还观察到了视神经,指出了那是发于脑髓如同线一样的物质与眼联系着,眼的视觉"归于脑"。他把自己观察到的人体内脏的情况绘成"亲见诸脏腑"图,并与"古人所绘脏腑"图,一并附于《医林改错》卷首,以便比较研究。

王清任医学思想的可贵之处,在于他十分强调了解人体内脏对于医生治病的重要性,即把医学上的问题与人体解剖生理联系起来。他说:"著书不明脏腑,岂不是痴人说梦?治病不明脏腑,何异于盲子夜行。"所以,他的医学理论是建立在人体解剖的基础上的。例如他对气血学说的认识,就是根据自己的观察,论述了血气在体内运行的情况。在《医林改错》中,他列举了20种气虚症和50种血瘀症,还创制方剂30个。其中有不少方剂,对某些病症,确有较好的疗效。[①]

**吴其濬和《植物名实图考》**

吴其濬编写的《植物名实图考》(1848年)是一部很有科学价值,开现代植物志先声的专书。德国人毕施奈德(Emic Bretschneider)在所著《中国植物学文献评论》一书(1870年)中对它作了较高的评价,认为其中附图"刻绘尤极精审","其精确者往往可以鉴定科和目"。日本和美国的一些学者对此书也相当推重。

吴其濬(1789—1847),字沦斋,别号雩娄农,河南固始人。他做过侍郎和湖北、江西、湖南、湖北、云南、贵州、福建、山西省的学政、巡按和总督等高级官员,所以陆应毂在序文中说他"宦迹半天下"。他的著作除《植物名实图考》外,还有《滇南矿厂图略》等。

《植物名实图考》综合了过去的研究成果并有发展和提高,所参考的文献资料包括经史子集,从古至今达八百多种。该书的编写体例系仿照传统的本草,分类方法也和《本草纲目》相似。全书共分38卷,12大类,共计植物1714种,比《本草纲目》增加了519种。对每种植物的描述,包括形态,颜色,性味,用途和产地,尤其着重植物的药用价值以及同物异名或同名异物的考订。凡前代本草及其他书籍已有记载的植物,都注出见于何书及其品第,对药用实物则分别说明它的治症和用法。《植物名实图考》中所述植物广及我国19个省,特别是对江西、湖南、云南、山西、河南、贵州等省的植物采集较多。

《植物名实图考》的科学价值首先在于,经吴其濬的细致认真观察,实验和考证分析,发现了过去有关植物学书中的不少问题,纠正了一些本草学家的错误。如李时珍在《本草

---

① 参见《医林改错》上卷。

纲目》中把五加科的通脱木与木通科的木通混为一物，同列于蔓草类。吴其濬纠正其误，把通脱木从蔓草类中除出而改列入山草类。此种例子在书中是很多的。

图 9-6 《植物名实图考》插图——蛇莓

该书所附的植物图，比以前任何本草书中的附图都要精确。这些图大部分是在植物新鲜状态时绘下的，非常逼真，而且其中很多是根、茎、叶、花全株绘下的，颇能反映出该植物的特征。国内外的植物学者对本书的附图都很重视，因为这些植物图对近代植物学的研究有较大的参考价值。

对我国植物分类学，《植物名实图考》也有重要意义。许多现代植物分类工作者在考虑植物中名时往往要参考它。除可以根据书中的附图鉴别出一些植物的科、属，乃至于种名外，不少植物的中名定名也是以之为依据的。目前我国植物分类研究中，以《植物名实图考》中的植物为正式中名的非常多。如八角枫科（Alangiaceae）、小二仙草科（Haloragidaceae）；还有马甲子属（Paliurus）、画眉草属（Eragrostis），等等。

《植物名实图考》也还存在一些缺点和糟粕。如受到时代条件的限制，吴其濬的思想也没有脱离封建士大夫阶层的范畴，反映于书中就是常常在分析植物形态、性味或用途时，往往夹杂大段甚至连篇累牍的陈腐议论，借题发挥他的政治见解和"修身处世"之道，与植物本身全不相干。他虽纠正了以前本草书中的不少错误，但他自己在许多地方也犯了错误，如莽草是木兰科植物，吴其濬却把卫矛科的雷公藤误认为莽草；又把油芷误认为狼尾草，等等。此外，有的地方考订也较潦草，无自己的见解，甚至是照抄其他书籍的，如卷 5、卷 12 中大部分是抄自《救荒本草》。不过，存在的这些问题与其取得的成就相比是瑕不掩瑜的。

图 9-7　《植物名实图考》插图——黄花独蒜

## 七　乾嘉学派对科学技术发展的影响

**古典文献的考证**

康熙以后,我国科学研究的特点又与西学传入时期不同,发生了很大变化。这种变化与当时整个学术思潮有密切关系。

晚明时候,一些讲求"经世致用",不满空谈理学的学者,在研究古典著作方面,非常认真,越研究越感到读懂古书不是一件容易的事。他们对于古代的名物、典章、制度以至文字声韵、训诂等都作了一番求实考证的工夫,并从此开创了考证学(又称朴学或汉学)这门学问,名家有顾炎武、黄宗羲等人。

由于清初屡兴文字狱,人们的思想和学术研究受到极大限制,迫使学者们多去选择考证古典文献这条比较保险的道路。加之为了控制和笼络一批士大夫,康熙年间,组织编纂了《古今图书集成》、《佩文韵府》等大型类书和工具书;乾隆、嘉庆年间开设四库全书馆,网罗各门学问的专家学者三百多人,把所著录的古籍一一加以校勘注释并作了提要。于是考证学就大为兴盛起来。乾嘉时期考证学派在学术界占绝对优势,所以又称乾嘉学派。

乾嘉学派在学术界的地位以及他们的研究方法对科技发展的影响,虽然有它积极的作出贡献的一面，但总的来说却是起着消极阻碍的作用。

乾嘉时期的考证学，可以说是清代学术研究的一大特色。乾嘉学派的研究精神和方法最值得称道的是严谨认真，实事求是。他们在具体研究中多用比较、分析、归纳的逻辑方法，因此在考证古典文献方面作出了出色的成绩。

我国古籍中，有些是专门的科技文献，如《周髀算经》、《内经》和《考工记》等。绝大部分虽然不是科技专著，但其中却包括有许多重要的科学知识，如《墨经》中的力学、光学和数学知识，《诗经》中的生物学、物候学、气象学和农学知识，《尚书》中的天文学、地理学知识等等。把它们考证清楚也非常需要。考证首先是从经书开始的，后来为了通经，又需博史，所以也考证史书和子书等。考证工作主要内容如下。

第一，校注。清代学者对于经书和经传差不多都逐字逐句地作了注疏，对前人的解释多有补充和改正。例如《易经》是一部比较难懂的书，自清初黄宗羲著《易学象数论》，胡渭著《易图明辨》之后，乾嘉学者焦循又著有《易章句》、《易通释》、《易图略》等，消除了笼罩着《易经》的神秘云雾，不能不说是清代考证学者的功劳。

由于研究经、史都要掌握一些数学、天文和地理知识，所以有关这方面的古书得到乾嘉学者的重视，进行校勘和注释的较多。

《四库全书》中的天文算法类书籍，由戴震、顾长发、陈际新等负责校勘和编写提要。其中的古算书如《九章算术》、《海岛算经》和《缉古算经》等都是比较难读又是非常重要的书，书中除错漏字外，还有许多术语与通行的完全不同，要使人能读懂这些典籍，必须通过认真地校勘和注释才行。注疏这三部算经的工作，是由李潢完成的。李潢撰《九章算术细草图说》2卷，《海岛算经细草图说》1卷，《缉古算经考注》2卷，把《九章算术》和《海岛算经》的各个问题，按照原术补图演草，基本上是正确的，对刘徽注中不易了解的文字也能解释清楚。不过三部书中还留下几处没有校注清楚。对于《四元玉鉴》的注疏，有沈钦裴的四元玉鉴细草和罗士琳的《四元玉鉴细草》两种。沈钦裴对朱世杰的四元消法和垛积术有精辟的见解，而罗士琳的《细草》也有独到之处。

有关古典天文学资料的整理，成就比较突出的是在历法方面。乾嘉时期的李锐受前辈名家梅文鼎的影响，曾想把从古六历到明大统历做一系统的研究，但是直到他去世时才完成了三统历、四分历、乾象历的注释和奉元历、占天历的部分注释。他不但解释了难懂的文字，并且对各历中因传抄、翻刻而产生的错误都进行了订正。如对四分历中的"求昏旦中星"，"求漏刻法"，乾象历中的"月行三道术"等，都为之补脱简、订误差，并且作了尽量详细的解释。这些校注对后人的研究有很大帮助。

我国的古典地理著作，也因成书较早，在长期流传抄刻中难免错字乱句，又因古人行文用字与近代有所不同，如不经校注，是不易理解的。乾嘉学者对我国古代地理名著如《山海经》、《禹贡》，"正史"中的《地理志》、《水经注》等的校注和对书中山川州郡的今释，给予后人不少理解和阅读上的便利。特别值得提及的是对《水经注》的注释，由于在传抄翻刻中产生的讹误，使经文与注文每多混淆，对研究《水经注》很是不利。经全祖望、赵一清和戴震等人的校注，解决了不少经、注混淆的问题，又补充和纠正了一些脱漏和错误的地方，并且否定了前人认为《水经》是汉代桑钦所著的说法，指出它是汉末三国时人的著作。戴震仔细阅读《水经注》后，发现经文与注文在行文用字上有明显不同的三种情况：(1) 经文首云某水所出，以下不更举水名，注则详及所纳群川；(2) 各水所经州县，经但云某县，注则常称某故城；(3) 经例云"过"，注则云"迳"，以此作为区别经与注的依据。可见，乾嘉学者在校注方面用功很深，因此取得的成绩也较大。

第二，辨伪。许多伪书或年代有误的书，经过考证，大半成为可以信赖的了。这项工作相当重要，因为所凭借的资料如果有伪，那么研究出来的结果自然也有问题了。我国古书，作伪的很多，所以辨伪在整理古代文献中是不容忽视的。

《四库全书》著录作伪的书，在提要中多指明全伪或部分作伪，认为：今本《竹书纪年》全伪，《管子》疑非管仲作，《黄帝素问》断为周秦间人作，《墨子》疑非墨翟作，《山海经》非夏禹伯夷所作，东方朔《海内十洲记》全伪等等。辨伪从清初就很盛行，如阎若璩著《古文尚书疏证》，把《古文尚书》和孔安国作的传定为伪书。乾隆中叶孙星衍著《尚书今古文注疏》则又辨清了许多问题。这些都为进一步的研究创造了条件。

第三，辑佚。在流传中亡佚了的书籍和史料，从一些类书和较早的著作中搜辑出来，是很有意义的。乾隆三十八年（1773年）开四库馆最初的动机就是想从《永乐大典》中辑佚书。已经失传了数百年的古典数学名著《九章算术》，刘徽的《海岛算经》，秦九韶的《数书九章》，李冶的《益古演段》等都是从《永乐大典》中辑出，用聚珍版刊印的，对推动数学研究起了很大作用。地理方面辑出的佚书有毕沅辑：土隐《晋书地道记》，张澍辑：阚骃《十三州志》和《凉州异物志》等也很宝贵。而马国翰《玉函山房辑佚书》中所辑的科学史料很多，尤其可贵。

### 脱离实际的学风阻碍科学技术发展

如上所述，乾嘉学者在古典文献的考证方面作出的成绩确实非常出色。有一部分人从事这方面的研究也是需要的。问题在于当时考证学派风靡一时，甚至整个清代的学术也以考证为主。这种倾向使得学术风气流于繁琐，脱离实际，脱离生产，脱离对自然规律的探讨研究，从而对科学技术的发展产生了很不利的影响。

近代学者梁启超在《清代学术概论》一书中，曾把清代的古典文献研究与欧洲文艺复兴相比，他说："清代思潮果何物耶？简单言之，则对于宋明理学之一大反动，而以复古为其职志者也，其动机及内容，皆与欧洲之文艺复兴绝相类，而欧洲当文艺复兴期经过以后所发生之新影响，则我国今日正见端焉。"这一对比，是可以说明一些问题的。两者有相似之处，也有很不相同的地方。

欧洲的文艺复兴，主要是指从15世纪下半叶开始的对古典文学艺术（即古希腊和拉丁的文学和艺术）的同情和强烈的爱好，并且表现为对中古文化的否定。从热衷于研究古典文献和作为其前一时期文化的对立面来看，文艺复兴的确与清代考证学的情况有类似之处。但是文艺复兴对古典文学的重新研究与教会道德相违背，产生了对宗教的怀疑，削弱了教会的影响，有一定的进步性；而清代考证学虽是宋、明理学的对立物，却为文化高压政策所造成，没有进步作用，这又是不同之处。

就文艺复兴而论，虽然重视的主要是文学和艺术，但却对自然科学的革命产生深刻的影响。文艺复兴之后，欧洲知识分子冲决了教会的桎梏，纷纷探索新问题，各种新思想、新学术骤然兴起，出现了一个生气勃勃的崭新局面，自然科学也得到了突飞猛进的发展。

而我国清代的考证学派尽管对古典科学著作的整理作出了一定贡献，但它是由于封建文化专制政策所造成的，知识分子的注意力被引入对于古籍的整理，对新事物的探索，或缺乏勇气，或不感兴趣，因而花费的心血虽令人赞叹，但却是造成学术文化以至科学与欧洲相比较越来越落后的原因之一。当时科学落后最根本的原因还在于社会经济发展程度的悬殊。欧洲在文艺复兴时期，对亚洲、非洲和美洲的探险，以及与此同时关于这些地区的科学知识的增加，主要是由于新兴的自由商人要求扩大商品贸易的因素在起作用。文艺复兴之后，科学技术能以梦想不到的速度向前发展，也要归功于生产的发展。我国乾嘉时期已是 18 世纪中叶到 19 世纪初期了，但社会经济还停留在以自给自足的封建农业和家庭手工业相结合为主的水平上，加以较长时期的闭关自守，科学技术发展的速度就必然是相对缓慢的了。

## 本 章 小 结

明清之际，西方科技知识的传入，是我国科学技术史上的一件大事，它的传入是在比较特殊的历史条件下发生的，就是说与一般的科学技术交流不同，它从西方传入是附有一定的政治目的和宗教目的的。传入时，又只在我国社会最上层的一些知识分子中传播。因此，在传入知识的本身和所产生的影响都有很大的局限性。这种局限性阻碍了西方最先进的科学理论和完整的科学作品的传入，同时在我国也缺少广泛的群众基础和来自生产发展上的迫切需要，因此西方科技知识传入之后，只在天文、数学和测绘地图等方面对我国科学发展产生了一定的影响，但也未能很好普及。

清中叶的资本主义萌芽虽然比明代更发展了一些，但在科学技术方面取得的成果却远不如明代后期那样丰硕。这主要是因为清代封建统治者不断推行文化专制主义政策和闭关自守政策造成的。上层建筑对科学技术发展的反作用，从乾嘉时期之所以是考证学占据统治地位的情况来看是非常明显的。加之不久以后又遭受到殖民主义者的武装入侵，不平等条约相继签订，我国沦为一个半殖民地半封建的国家，科学技术的发展与西方的差距就更大了。

# 第十章 近代的科学技术

(清末民初时期 1840—1919)

## 一 近代中国的社会

鸦片战争前后的中国社会和闭关自守政策的破产

1840年的鸦片战争,揭开了中国近代史的序幕。从这时起到1919年五四运动时止,中国社会发生了很大的变化。它从一个延续了两千多年的封建社会,逐步演变为半封建半殖民地的社会。中国人民面对西方列强的疯狂侵略和封建统治的残酷压迫,奋起进行了英勇的斗争。这一阶段的中国科学技术的发展,也有着与历史上各个阶段全然不同的显著特点。

中国历史上最后一个王朝——清朝,到了19世纪中叶,已经十分腐朽衰败。

在社会经济方面,封建经济基础依然根深蒂固,资本主义萌芽得不到进一步的发展。加之大量输入鸦片,白银外流,黄河泛滥,人口激增,皇室贵族的奢侈浪费等等,致使财力枯竭。在乾隆初年尚属充盈的国家财政,到了嘉庆年间已经是入不敷出,年年亏空。农村的土地兼并现象严重,占有土地达数千亩以上的大地主很多,而一些高官显宦的土地竟有多至十万亩至数十万亩以上者。由于官府、地主、高利贷层层盘剥,广大的农民生活处于水深火热之中,阶级矛盾日趋激化。接连不断的农民起义运动,沉重地打击了清朝的封建统治。

当时的吏治也很坏,官僚制度腐败到了极点。机构庞杂重叠,候补闲员满天飞,贪官污吏从朝廷到地方比比皆是。嘉庆四年(1799年),大官僚和珅被揭发,抄出私财竟达8万万两,是当时国库每年收入的20倍,以致在民间有"和珅跌倒,嘉庆吃饱"的议论。兵制更坏,八旗兵生而受禄,京师卫戍部队的官兵,竟然手提鸟笼雀架,终日闲游,甚至相聚赌博。这是清朝腐败的又一个侧面。

在思想统治方面,清朝一直实行高压禁锢政策。

穷途末路的封建经济,腐败透顶的官僚制度,罗织严密的思想牢笼,毫无疑问,都是科学技术发展极为不利的因素。此外,还有一个对科学技术的发展极为重要的不利因素,那就是自从雍正时起到鸦片战争时止,清朝顽固地推行了闭关自守政策,使西方科学技术的传入几乎完全停顿,前后达一百几十年之久。而正是在这一百数十年之间,西方社会却有了迅速的进步,科学技术有了很大地发展。英国在17世纪便完成了资本主义革命,18世纪中叶更开始了产业革命。在工业生产中,开始大量使用机器,因而使生产得到迅速的发展。法国虽然稍后于英国,但到了鸦片战争前后也有了很大的发展。更晚一些时候,美国、德国、沙皇俄国都陆续演变成了资本主义的强国。

但是，清朝对西方资本主义社会和科学技术如此迅速的进步，却采取了掩耳不闻、闭目不视的态度，以天朝上国自居。乾隆五十八年（1793年）英国派马戛尔尼（Lord Macartney）来华，要求通商和互派使节，被清朝以"与天朝体制不合，断不可行"而回绝，并认为"天朝物产丰盈，无所不有，原不借外夷货物以通有无"，对增加贸易的要求也以"于定例之外多有陈乞，大乖仰体天朝加惠远人，抚育四夷之道"① 等理由，加以拒绝。嘉庆二十一年（1816年）英国再度要求通商贸易，也被拒绝，理由依然是"天朝不宝远物，凡尔国奇巧之器，亦不视为珍异"，"嗣后毋庸遣使远来，徒烦跋涉，但能倾心效顺，不必岁时来朝始称向化"②。顽固的闭关政策，可笑的妄自尊大，实在令人啼笑皆非。但这时距离鸦片战争仅有25年了。

马戛尔尼在出使中国之后写道："（余）于袋中取小盒自来火，擦而燃之，彼见身内藏火，毫无伤害，大为惊异，余因知中国人民于机械学中未始无所优良，而于医学之外，科学及科学知识，则甚劣于他国。"他又说："欲凌驾诸国之上，而对实际所见不远，不知利用之方。惟防止人智之进步，此终无益于事也。"最后他得出结论说："军队既未受军事教育，而所用军器，又不过刀枪矛矢之属，一旦不幸，洋兵长驱而来，此辈能抵挡否？"③

"资本主义如果不经常扩大其统治范围，如果不开发新的地方并把非资本主义的古老国家卷入世界经济的漩涡之中，它就不能存在与发展。"④ 当罪恶的鸦片贸易受到清朝政府以林则徐为首的禁烟派的阻止之后，英国的"洋兵"真的"长驱而来"了。他们的洋枪大炮轰开了闭关自守的中国大门。

鸦片战争的失败和一系列不平等条约的签订，使中国社会开始发生重大的变化。"帝国主义列强侵略中国，在一方面促使中国封建社会解体，促使中国发生了资本主义因素，把一个封建社会变成了一个半封建的社会；但是在另一个方面，它们又残酷地统治了中国，把一个独立的中国变成了一个半殖民地和殖民地的中国。"⑤

从鸦片战争之后到1919年五四运动，除鸦片战争外，世界列强对中国发动比较大规模的侵略战争还有：英法联军之役（1856—1860），中法战争（1883—1885），中日战争（1894—1895），八国联军之役（1900）等等。如果再加上帝国主义之间在我国领土上进行的日俄战争（1904—1905），大的战争就有六次。在这期间，中国人民为了反对帝国主义和封建主义，进行了不屈不挠的英勇斗争，规模比较大的群众性运动就有四次：太平天国运动（1850—1864），义和团运动（1900年），辛亥革命（1911年）和五四运动（1919年）。1911年终于推翻了清朝，再经过五四运动，中国便走上了新民主主义革命的新时期。中国科学技术史也进入了现代史的另一个新的阶段。

---

① 《乾隆敕谕》。
② 《嘉庆敕谕》。
③ 马戛尔尼：《中国游记》。
④ 列宁．列宁全集第3卷．人民出版社．1984：547
⑤ 毛泽东．中国革命和中国共产党．人民出版社．1975：13

18 世纪和 19 世纪前半叶西方科学技术的进步

1723 年，雍正皇帝下令把西方传教士赶出中国，从此西方各种科学技术知识的传入陷于停顿。这种状况延续了一百余年。在这以前，当明末清初之际，西方由于牛顿力学体系的建立和重要数学方法（解析几何、对数、微积分）的发明，而使他们在天文学、物理学、数学等基础理论研究领域内处于领先地位。如果说那时候中国的科学和技术从总的看来还不能算是全面落后的话，那么经过整个 18 世纪和 19 世纪上半叶的发展，在资本主义道路上迅跑的西方，在科学技术的大部分领域，已经把还在封建主义道路上蹒跚而行的老大中华帝国，远远地抛到了后面。

数学方面，这时期的西方数学在微积分的基础上，又有了级数展开式、变分学、椭圆函数论等新的领域的开拓。对微积分的基础也进行了多方面的探求，这表现在欧拉①（分别于 1748、1755、1774 年），特别是表现在柯西②（1823 年）所写的著名教本之中。在概率论、几何学（画法几何、射影几何，最重要的则是 19 世纪 30 年代建立起来的非欧几何等等）、方程式论（包括群论初步）、最小二乘法等方面，也都有显著成就。数学的发展，为其他科学和技术的发展提供了有力的数学工具。

物理学在温度的测定、比热的定义等热学问题方面，在 18 世纪有了很大的进展。电学从伏特③发明了著名的伏特电池（1800 年），特别是经过法拉第④的研究（19 世纪三四十年代）获得很大进展。这种进展为 19 世纪下半叶新能源——电能的利用，开辟了广阔的前景。但是 19 世纪上半叶物理学的最新成就，还要举出由于热功当量的推算从而导致能量守恒定律的发现。

化学的发展稍显得迟缓些。18 世纪 70 年代才开始发现氢（1766 年）、氮（1772 年）、氧（1772 年舍勒⑤，1774 年普里斯特列⑥）等等。但是自从拉瓦锡⑦（1777、1778 年）彻底摧垮了陈旧的燃素说，特别是自从道尔顿⑧原子学说的建立（1803 年）之后，化学有了惊人的发展。18 世纪末叶已经开始了制碱、制酸、漂白粉等化工生产。1828 年实现了人工合成尿素（维勒⑨），特别是由于有机化合物分析方法的确立（李比希⑩等人），使有机化学的研究有了发展。

---

① Leonard Euler，瑞士，1707—1783。
② Augustin Cauchy，法，1789—1857。
③ Alessandro Volta，意，1745—1827。
④ Michael Farady，英，1791—1867。
⑤ Karl Wilhelm Scheele，瑞典，1742—1786。
⑥ Joseph Priestley，英，1733—1804。
⑦ Antoine Laurent Lavoisier，法，1743—1794。
⑧ John Dalton，英，1766—1844。
⑨ Friedrieh Wöhler，德，1800—1882。
⑩ Justus Freiherr von Liebig，德，1803—1873。

天文学方面，康德①（1755年）和拉普拉斯②（1796年）的天体演化学说打破了旧的机械唯物论的宇宙观。在近代数学和牛顿力学发展的基础上，天体力学得到了很快地发展，从而使日月食的计算和各种星表的推算都更加精确。哈雷彗星轨道的计算（1705年）和赫歇尔③发现天王星（1781年）。特别是1846年根据事先计算好的位置上找到海王星的重大成果，都充分显示出18世纪以来西方天文学的进步。前段时期所提出的航海天文学的各种问题，在本时期内也都得到了较好的解决。

为了更多地开发矿藏，西方的地质学在18世纪有了很大进步。特别是1790年到1830年这段时期，被人们称之为"地质学的英雄时代"。1815年史密斯④出版了著名的《英国地质图》，1825年居维叶⑤发表了《地表变革论》。特别是莱伊尔⑥出版了他的《地质学原理》（1830年），这部著作"第一次把理性带进地质学中"，他正确地解释了"地球的缓慢的变化这样一种渐近作用"，从而"代替了由于造物主的一时兴发所引起的突然革命"⑦。

在生物学研究的领域中，由于17世纪中叶以来进行的科学旅行和科学探险，加上古生物学、解剖学和生理学的不断进步和广泛地应用显微镜，尤其是19世纪20年代制成了可以消除色差的显微镜之后，使观察有机细胞的详细情况成为可能。于是施莱登⑧（1838年）和施旺⑨（1839年）分别创立了植物和动物细胞学说，微耳和⑩在运用细胞学说于病理学方面，作出了很大的贡献（1858年）。当然19世纪生物学的最大成就还应该说是"进化论"的建立。这一理论自从18世纪沃尔弗⑪对物种不变提出怀疑（1759年）时起，在大约百余年的时间里，经过拉马克⑫等人不断研究，最后由达尔文⑬完成并在1859年发表。"达尔文推翻了那种把动植物种看作彼此毫无联系的、偶然的、'神造的'、不变的东西的观点……第一次把生物学放在完全科学的基础之上"⑭。

能量守恒定律，细胞学说和生物进化论的建立，被恩格斯称之为19世纪前半叶科学三项重大发现。

但是，使西方社会迅速前进并把封建的中国远远地抛在后面的，还在于由蒸汽机的广泛采用而引起的技术革命。

---

① Immanuel Kant，德，1724—1804。
② Pierre Simom Laplace，法，1749—1827。
③ Frederich William Herschel，英，1738—1882。
④ William Smith，英，1769—1839。
⑤ Georges Cuvier，法，1769—1832。
⑥ Charles Lyell，英，1797—1875。
⑦ 恩格斯．自然辩证法//马克思，恩格斯．马克思恩格斯选集第3卷．人民出版社，1966：499
⑧ Matthias Jakob Schleiden，德，1804—1881。
⑨ Theodor Schwann，德，1810—1882。
⑩ Rudolf Virchow，德，1821—1902。
⑪ Caspar Friedrich Wolff，德，1738—1794。
⑫ Jean Baptiste Lamarck，法，1744—1829。
⑬ Charles Robert Darwin，英，1809—1882。
⑭ 列宁．什么是人民之友以及他们如何攻击社会主义者//列宁．列宁选集第1卷．人民出版社．1995：10

这次技术革命最初是在英国，是由一种工具机——纺织机械的改革开始的。凯伊[①]首先发明了飞梭织机（1733年），哈格里沃斯[②]发明了多绽纺纱机（1764年）。随后，阿克莱[③]（1769年）和卡莱特[④]（1785年）分别把水力用于纺和织，使工作效率有几十倍甚至上百倍的提高。

工具机的改革促进原动机的改革，蒸汽代替了人力、畜力和水力，这种改革引起了人类文明史上自从火的利用以来又一次的重大技术革命。虽然1690年法国人巴邦[⑤]就设想了最早的活塞式蒸汽机，1705年英国的纽可门[⑥]制造了以他自己的名字命名的纽可门汽机，但由于工作原理和机械制造工艺水平所限，工作的效率仍然很低。英国人瓦特[⑦]于公元1865年对纽可门汽机进行了重大改革，特别是当1781年瓦特又发明了利用蒸汽的膨胀力，使蒸汽由汽缸两面依次进入缸体从而推进活塞不断往复运动的新型汽机，而且利用曲拐把直线往复运动变成可以做旋转运动的所谓"万能汽机"之后，蒸汽机的用途就不像从前那样仅限于矿坑的抽水，而是可以用于工业生产的各个领域。蒸汽机成了当时最好的原动机。

1807年美国的富尔顿[⑧]造出了比较实用的以蒸汽机为动力的轮船。1814年英国的斯蒂芬逊[⑨]也造了比较好的蒸汽机车。1819年轮船首次横渡大西洋。1825年英国建造了世界上第一条铁路，其后，铁路在西方许多国家迅速兴建发展（美国1830年，法国1833年，德国1835年，俄国1837年）。蒸汽动力的应用，使交通运输发生了根本性的变化，极大地促进了整个社会生产力的急速发展。

冶金工业也迅速地发展。1784年科特[⑩]发明了搅拌法，从而使熔炉容积增大，使铁的廉价大量生产成为可能。1828年尼尔逊[⑪]开始使用热风炼铁。到了19世纪中叶英国的贝塞麦[⑫]发明了转炉炼钢（1860年），德国的西门子[⑬]发明了煤气发生炉并用之于冶炼（1864年），特别是法国人马丁[⑭]发明了平炉炼钢法之后（1865年），人类历史上的钢铁时代便真正到来了。

---

① John Kay，英，1704—1764。
② James Hargreaves，英，1720—1778。
③ Richard Arkwright，英，1732—1792。
④ Edmund Cartwright，英，1743—1823。
⑤ Denis Papin，法，1647—1712。
⑥ Thomas Newcommen，英，1663—1729。
⑦ James Watt，英，1736—1819。
⑧ Robert Fulton，美，1765—1815。
⑨ George Stephenson，英，1781—1848。
⑩ Henry Cort，英，1740—1800。
⑪ Boaumont James Neilson，英，1792—1865。
⑫ Henry Bessemer，英，1813—1898。
⑬ Karl William Siemens，德，1823—1883。
⑭ Pierre Emile Martin，法，1824—1915。

在信息的传递方面，1833 年发明了电报，1835 年美国人摩尔斯[①]使电报这种通信更加实用化。

总之，这是一场以蒸汽机的广泛利用为中心的技术革命。在西方各国，科学通过各种技术途径变成了直接的生产力，使社会的物质生产迅速发展。正如马克思和恩格斯在《共产党宣言》中所说的："资产阶级在它的不到一百年的阶级统治中所创造的生产力，比过去一切世代创造的全部生产力还要多，还要大。自然力的征服，机器的采用，化学在工业和农业中的应用，轮船的行驶，铁路的通行，电报的使用，整个整个大陆的开垦，河川的通航，仿佛用法术从地下呼唤出来的大量人口——过去哪一个世纪能够料想到有这样的生产力潜伏在社会劳动里呢？"

## 早期的改良主义思潮及其影响

在鸦片战争前后，面对西方资本主义社会的迅速发展和西方列强对中国虎视眈眈的侵略野心，腐败不堪的朝政，风起云涌的农民起义和当时知识界中死气沉沉的学术空气，在地主阶级内部，逐渐分化出一些具有进步思想的知识分子。龚自珍（1792—1841）、林则徐（1785—1850）、魏源（1794—1857）等人就是其中的代表人物。他们是我国近代较早的一批提出改良朝政和向西方学习的人物。

他们对禁烟、农政、河工、漕运、盐政、币制、广贤路、整戎政等许多有关政治和国计民生的重大问题，都提出了改革方案。

他们力图摆脱乾嘉以来在清朝文化高压政策下形成的脱离实际，烦琐考据的学术风尚，鼓吹在当时具有一定进步意义的"经世致用"的思想。他们敢于著文立说，抨击时弊。

他们对西方列强的侵略活动，主张坚决抵抗和斗争；同时，也主张对西方各国首先需要进行了解，而对西方先进的科学和技术则更需要进行学习。为此目的，他们编译了各种介绍西方各国政治、经济、地理、历史等情况的书籍。早在鸦片战争之前，林则徐便着手编译了《四洲志》，此后还有其他一些人编译的如：《红毛英吉利考略》（江文泰，1841年）、《海录》（杨炳，1842年）、《英吉利记》（萧令裕，1842年）等。其中最著名的要算是魏源所著的《海国图志》（1843年）和徐继畬的《瀛环志略》（1848年）。这些书籍所介绍的外国情况，使人们的耳目一新，唤起人们注意：为了"筹制夷之策"必须"知彼虚实"。这类书籍一时风行海内，还传到了日本。

魏源在《海国图志》序言中说："是书何以作？曰：为以夷攻夷而作，为以夷款夷而作，为师夷之长技以制夷而作。"这里，他提出了"师夷之长技以制夷"的主张，即学习西方所擅长的科学和技术来抵抗西方对中国的侵略。

在魏源看来，"夷之长技有三：一战舰，二火器，三养兵练兵之法"[②]。除了要向西方学习造船，造火器之外，他还主张在这些造船厂和枪炮厂中也造些民用船只和各种器物，

---

① Samuel Finley Breese Morse，美，1791—1872。
② 《海国图志·筹海篇》。

如"量天尺、千里镜、龙尾车（泵）、风锯、水锯、火轮机、火轮车、自来火、自转碓、千斤秤之属，凡有益民用者，皆可于此造之"①。而且只有自己设厂，才可以"我有制造之局，则一二载后，不必仰赖于外夷"②。同时他也认为"中国智慧，无所不有"③，学习西洋也并不困难。

《海国图志》一书，对先进的哥白尼日心学说也进行了一些介绍，还附有地球椭圆轨道绕日运行的附图，使人易于了解。

但是由于时代的局限性，魏源等人并没有提出从根本上改革封建社会制度的要求。同时，由于他们的社会地位所限，虽然他们的这些言论在思想界引起了不小的震动，而实际上许多建议却并没有得到实现。从学习西方先进的科学技术方面来看，也远不如后来的"洋务运动"时期所取得的成效。

和魏源等人几乎同时，太平天国农民起义领袖之一的洪仁玕（1822—1864）在1859年向天王洪秀全陈奏的《资政新篇》中，也有类似的思想。洪仁玕提出了发展近代交通运输和通讯，兴办银行，保护工商业，奖励科技发明，保护专利权，鼓励私人资本开矿，准许雇佣劳动等等。这些建议确实带有为资本主义发展开辟道路的性质，其立足点比魏源等人要高得多。但因起义不久失败，这些建议也没能实现。退一步讲，太平天国运动即使成功，从起义的性质来看，它也不是为科技发展创造根本条件的资产阶级革命。

## 二 洋务运动和西方科学技术知识的大量传入

### 洋务运动

从19世纪60年代到90年代的35年左右，历史学界经常把它称为"洋务运动"时期。这时，清朝上层统治集团在国内外政策方面有一个较大的变化，掀起了一阵兴办洋务的热潮。所谓"洋务"，除了对外交涉的内容之外，主要还包括练新军，购置洋枪洋炮和兵船战舰等武器，兴办工厂和矿山、修铁路、办电报、办学堂等等。洋务派的重要首领是和西太后勾结密切的恭亲王奕䜣和曾国藩、李鸿章等镇压太平天国农民起义运动的湘军和淮军的头目。

第二次鸦片战争结束之后，清政府认为战争失败的主要原因是在于洋人的船坚炮利，特别是为了尽快扑灭太平天国运动，清政府迅速和帝国主义勾结起来，"借师助剿"。在这场反革命的大屠杀中，清朝朝廷和曾国藩、李鸿章等人进一步认识到洋枪洋炮"足以摧坚破垒，所向克捷，大江以南逐次廓清，功效之速，无有过于是"④。例如李鸿章与英国侵略者相勾结设立苏州炮局，结果使他们的淮军比曾国藩的湘军有更多的枪炮，从而使他的

---

① 《海国图志·筹海篇》。
② 《海国图志·筹海篇》。
③ 《海国图志·筹海篇》。
④ 《筹办夷务始末》同治朝第25卷。

地位不断地得到提高。这就促使清政府的各级官员都竞相仿效，大办起洋务来了。他们认为"目前资夷力以助剿济运，得纾一时之忧，将来师夷智以造炮制船，尤可期永远之利"[1]。"助剿"和"永利"正是洋务派兴办洋务的短期目标和长远打算，也正是19世纪60年代产生洋务运动的时代背景。

洋务派是从封建统治阶级内部分化出来的一个派别。为了镇压人民日益高涨的不满和挽救封建制度的覆亡，他们一反过去采取的政策而主张向西方先进的科学技术学习。同时由于他们所处的掌权者的地位，使他们有可能把兴办洋务作为国家的一项基本政策向全国推行，因而所起的作用当然也和前阶段魏源等人所提倡的改良主义，从效果上讲是不能相比拟的。从明末清初起到这时为止，近三百年来，中华老大帝国的封建统治者承认自己也需要向"番邦""四夷"学习，这还是头一次。遗憾的是已经为时过晚了。

正是在这种兴办洋务的阵阵热潮当中，西方的科学技术，从新式织布机到作为原动机械的蒸汽机，从各种工作母机到新式的转炉和平炉的炼钢方法、电报、轮船和火车等近代交通通讯工具都相继传入我国。同时还在各处设立了译书馆等机构，翻译出版了不少西方近代科学技术书籍。这一切都使洋务运动时期成为我国近代科学技术史上的一个重要时期。

这些传入的西方科学技术知识，连同一些西方社会科学知识一道，被称为"西学"，以此和中国传统的"中学"相区别。

在"中学"和"西学"的关系方面，用张之洞的话来归纳就是"中学为体，西学为用"八个字。"中学"也就是中国封建社会传统的儒学，而这对维护封建的法统和体制来说是不可少，也是不可改变的。西方的君主立宪制当然不可用，民主共和制更不能接受，能向西方学习的只有船坚炮利的技术。张之洞在《劝学篇》中主张"中学为内学，西学为外学，中学治身心，西学应世事"，"中国学术精微、纲常名教以及经世大法无不具备，但取西人制造之长补我不逮足矣"。

在清朝统治集团中也还另有一部分人，他们千方百计地反对搞洋务运动。这些人有醇亲王奕譞，还有大学士倭仁和协办大学士李鸿藻，在政府的各级机构、地方士绅和守旧书生当中也不乏其人。他们构成了一个洋务运动的反对派。和洋务派相对照，也可以把他们称为顽固派。这些顽固派反对搞洋务运动的理由，和明末清初的杨光先等人所主张的"宁可使华夏无好历法，不可使华夏有洋人"之类的理由差不多。倭仁在上奏的奏折中说"立国之道尚礼义不尚权谋，根本之图在人心不在技艺"，"古今来未闻有恃术数而能起衰振弱者"，又说"如以天文算学必须讲习，博采旁求，必有精其术者，何必夷人，何必师事夷人？"[2] 在设立学校、开发矿产、修筑铁路等各个方面，顽固派总都要出面反对一气，甚至"一闻造铁路、电报、痛心疾首、群起阻难，至有以见洋人机器为公愤者"[3]。

其实，顽固派和洋务派同是属于封建统治阶级内部的两个派别。他们之间虽然存在争

---

[1] 《曾文正公全集》奏稿第15卷。
[2] 《筹办夷务始末》同治朝第47卷。
[3] 郭嵩焘："致李鸿章书"，载《养知书屋遗集》。

权夺利的斗争，但在维护封建专制统治方面，他们是一致的。他们都主张封建的体制不能改动，即对"中学为体"双方的认识是一致的；只不过洋务派赞成"西学为用"，而顽固派则认为用西学也是一种罪过罢了。

兴办洋务显而易见是符合帝国主义列强对华侵略的利益的。1865年至1866年，当中外反动派联合镇压太平天国起义运动之后，掌握了税务司大权的英国人赫德（Robert Hart, 1835—1911）和英国使馆参赞威妥玛（Thomas Wade, 1818—1895）便分别提出了《局外旁观论》和《新议略论》，建议清政府"借法自强"，则"外国所有之方便，民均可学而得；中国原有之好处，可留而遵"。他们所谓的"外国之方便"也就是"水陆舟车，工织器具，寄信电机，银钱式样，军火民法等"，他们所谓的"中国的好处"指的正就是孔孟之道的"圣教文化"。可见他们所想的和洋务派的"中学为体，西学为用"正是一个东西。在他们看来，中国保持封建的落后体制不变才最符合他们的利益。

但是，三十余年的洋务运动却使中国的社会发生了很大的变化，在中国历史上首次出现了产业工人和资产阶级（包括买办资产阶级和民族资产阶级）这样两个对立的新生阶级，引进了先进的科学和技术，兴办了封建的手工业作坊无可与之相比的近代工厂和矿山，形成了前所未有的新的生产力。与此同时，却也养肥了清朝大大小小的贪官污吏并使洋老板赚足了钱，使中国人民背负起沉重的经济负担。这样，就进一步把中国社会拖上半封建半殖民地的道路。

**近代工厂矿山的建立**

在清政府推行洋务运动期间，不仅由政府官办了一些工厂，而且也出现不少由外国资本家和本国的民族资本家所兴办的各种工厂。

外国资本在中国兴办工厂，早在19世纪40年代和50年代便开始了。开始时还只限在上海、广州等沿海地区，以后随着列强对我国侵略活动的加剧而逐渐深入内地。外国资本在我国开设工厂，最早是船舶修造业和缫丝业。其后渐次对制茶，制糖、皮革、食品加工、制药、印刷、卷烟等行业都开设了专厂。此外，对城市公用企业，如电灯厂、水厂、煤气厂等等外国资本也投资设厂。在上述各种行业的工厂里，大都引进了西方当时的新技术。

清朝官府所兴办的工厂，开始时大都是由洋务派倡议兴办的兵工厂，时间是从19世纪60年代初期开始的。曾国藩开设的安庆军械所（1861年）要算其中最早的。之后又有江南制造局（1865年）、金陵制造局（1865年）、福州船政局（1866年）、天津机器局（1867年）、湖北枪炮厂（1890年）等较大工厂的设置以及全国各地一批中小规模兵工厂的设立[①]。在这些工厂里大都引进了西方的机器，不少机器按当时的技术水平来说，还是比较先进的。对我国近代技术的发展，各类人员的训练培养，都起了一定的作用。因此可以说：这批工厂对我国近代技术史来讲是十分重要的。但由于任事官僚营私舞弊，管理无

---

① 除上述各厂以外，还有：福州（1869年）、兰州（1872年）、云南（1872年）、广州（1874年）、山东（1875年）、四川（1877年）、吉林（1881年）、北京（1883年）、台湾（1885年）。

能,这些工厂的开办和常年维持,都耗费了大量的经费,动辄需白银千百万两。例如江南制造局创办经费为 54 万两,1867—1873 年仅 6 年间就支出了 290 万两。

从 19 世纪 70 年代开始,清政府除了继续在各地兴办兵工厂之外,也举办了一些民用的工矿企业,包括采矿、冶金、交通、纺织等方面的企业。在官办之外还采取了"官督商办"的形式。其中比较大的有:轮船招商局(1872 年)、基隆煤矿(1875 年)、开平矿务局(1878 年)、天津电报局(1880 年)漠河金矿(1887 年)、上海织布局(1878 年)、汉阳铁厂(1890)等等,共有二十多个。从 1880 唐山胥各庄间 11 千米长的铁路开始,虽然比西方的第一条铁路晚了半个世纪,但总算在中国交通史上也有了第一条铁路。煤、铁两项近代矿冶技术的采用,也是从 19 世纪 70 年代开始的。到了 19 世纪 90 年代,建起了湖北炼铁厂,同时还兴办了大冶矿厂和马鞍山煤矿等等。虽然耗资五百数十万两,但总算也办起了我国早期的钢铁联合企业。

从 19 世纪 60 年代开始,清政府就想用新式兵舰建设海军,到 1884 年南洋舰队(有 17 艘舰船)、北洋舰队(15 艘)和粤洋舰队(11 艘)等三支海军队伍初具规模。但在中法战争中粤洋舰队全军覆没,南洋舰队受到重创。1895 年中日甲午海战,北洋舰队也遭到全军覆没的命运。北洋舰队甲午海战前已有船 22 艘,其中 17 艘是以巨款购自外国的。最大的铁甲战舰"定远"、"镇远"两船都是 19 世纪 80 年代新造的 7000 吨级的战舰,马力 6000 匹,炮位 22,乘员 330 名,这在当时已经可以算是比较先进的军事装备。此外在旅顺口和威海还建立了相应的船坞和修船厂。

作为封建官僚权贵,洋务派自己大都不懂得军事技术,西方的军火商人乘机哄骗谋利。在引进比较先进的技术之后洋务派又不善于管理和维修,一切都听从洋教习和洋匠人的摆布,对本国的技术力量的培养则极不重视。加之,清政府统治集团内部各派系之间互相倾轧,这一切都使得海军的建设和军事技术的引进,成为洋务运动中耗钱最多、成效最差的项目。最后甲午战败,海军覆没,从而也导致了整个洋务运动的彻底破产。西太后为祝寿占用海军经费,修建颐和园,造石舫,这正是对清政府建海军、搞洋务的一个绝好讽刺。

除外资和封建政府官办的工厂之外,从 19 世纪 60 年代末开始到 1895 年,中国的民族资本也有了一定的发展。他们陆续开办了大小企业共百余家,其中包括机器制造、缫丝、纺织、面粉、火柴、造纸、印刷等各个行业。此外也开办了一些自来水公司和电灯公司等公用事业企业。这些民资兴办的工矿企业大都规模较小,技术相对落后,设备简陋,产品也很难和进口的洋货竞争。

伴随着近代工业在中国的出现,产业工人的数量不断增加。他们在 19 世纪 70 年代大约有一万人,19 世纪 80 年代增至四万五千多人,据 1894 年的统计已达到九万多人,到辛亥革命时期已猛增至五六十万人。

### 科学技术书籍的编译

科学技术书籍的编译出版工作,显而易见是非常重要的一种向西方学习先进科学技术的手段。在鸦片战争前后,特别是在 60 年代之后,翻译介绍西方科学技术书籍的工作陆续进行。

1862年，清朝政府决定设立同文馆，开始只设有外语课程。① 1866年又"因制造机器必须讲求天文算学，议于同文馆内添设一馆"，即"天文算学馆"，聘请著名数学家李善兰为总教习。同时还派人去西方聘请了外籍的化学、天文学和生理学等方面的教师。在外地，1863年上海仿京师同文馆也设立了"广方言馆"。1864年广州设立了"广方言馆"。1868年设翻译馆。这些机构都陆续翻译出版了一些科技书籍。和洋务派兴办工厂一样，这些机构大都由外国人主持。例如同文馆即由美国传教士丁韪良（William A. P. Martin，1827—1916）主持，而上海江南制造局译书馆则是由英国人傅兰雅（John Fryer，1839—1928）主持。

比官办的同文馆等机构稍早一些时候，英国人伟烈亚力（Alexander Wylie，1815—1887）于1846年来到上海，参加了麦都斯（Walter Henry Medhurst，英）所经营的"墨海书馆"，和艾约瑟（Joseph Edkins，英，1823—1905）等人计划翻译科技书籍。但他们的中文表达能力都很差，于是他们同著名数学家李善兰共同合作，进行编译工作。他们译出的书籍，大都有较高的水平，不少是当时西方的名著。例如：《几何原本》，后9卷，古希腊数学名著（前6卷明末已译出）；《谈天》，18卷，是英国著名天文学家赫歇尔所著；《代数学》，13卷；《代微积拾级》，18卷，内容为解析几何和微积分；《重学》，20卷，即力学，包括刚体力学和流体力学；《植物学》，8卷；等等。书的内容，如天文学和代数学的一部分内容，解析几何、微积分、力学、植物学等都是西方知识的第一次传入我国。

江南制造局翻译馆也出版了不少科学技术译著。这些书籍大部分是由著名的化学家徐寿（1818—1884）和数学家华蘅芳（1833—1902）与傅兰雅等人合作，于1871年之后陆续刊出的。江南制造局翻译馆所出版的各种译著，比上述墨海书馆所译的书刊数量多，包含的学科更加广泛，其中比较著名的有《地学浅释》（即著名地质学家莱伊尔所著的《地质学原理》）、《决疑数学》（关于概率论方面的著作）；等等。关于采矿、蒸汽机、化学、造船等方面的知识也都是首次被介绍来我国的。到1880年止，江南制造局所译科技书籍，按学科门类分，各类图书的翻译出版情况示于381页的表中。

其中，已刊出者为77种，译好但尚未刊出者为26种。

北京同文馆，虽以高薪聘了不少外籍教师，但翻译出版的书籍却很少。到1888年止所译科学书籍仅有10种（其中天文5种，数学1种，物理、化学各2种）。

从19世纪60年代开始，一些传教士在中国各地陆续开办了一些学校。他们也编译了一些科学书籍，作为教学用的教科书。由于可以充作教科书，所以发行量很大，影响颇广，风行一时。例如《笔算数学》（美国人狄考文［C. W. Mateer］和中国人邹立文所编）在1892—1902十年之间就重印了32次。此外还有《代数备旨》（1891年），《形学备旨》

---

① 朝廷设立培养外语人才的机构。最早是明初（1638年）设立的"四夷馆"，入清之后改为"四译馆"，乾隆年间又增设"俄罗斯馆"，均在同文馆之前。但所收实效很差，在馆的人员大都是空领俸禄的闲散官员，例如俄罗斯馆曾进行一次测验，讲习（教师）中通俄文的只有一人，学生中竟一个通晓的也没有。这些机构后来都并入了同文馆。

即几何学（1885年）、《八线备旨》即平面三角（1894年）、《代形合参》即解析几何学（1893年）等书也都非常流行。

| 门　类 | 已　刊　成 | 已　译　出 |
|---|---|---|
| 算学测量 | 22 | 2 |
| 汽机 | 7 | 3 |
| 化学 | 5 | 1 |
| 地理 | 8 |  |
| 地质 | 5 |  |
| 天文航海 | 9 | 3 |
| 博物 | 6 | 4 |
| 医 | 2 | 1 |
| 工艺 | 13 | 9 |
| 造船 |  | 3 |

此外，当时还出版有《六合丛刊》（1857年墨海书馆出版）、《格致汇编》（1876—1892年，格致书院出版）等等，也可以把这看成是科学杂志（综合性）在我国的最早出现。

有人进行过统计，[①] 自咸丰三年（1853年）到宣统三年（1911年）近60年间，共有468部西方科学著作被翻译成中文出版了。这些出版物可分为六大类：

总论及杂著：44部

天文气象：12部

数学：164部

理化：98部

博物：92部

地理：58部

以上所叙述的就是从19世纪中叶开始，以后一直持续下来了的科学技术书籍的编译工作。这些书籍的翻译和出版，对我国近代科学史讲来是十分重要的。由此而导致各种科学技术知识的传播，例如日心说、进化论等的传播，还为我国早期资产阶级改良主义者进行变法革新提供了思想武器。同时也正是这些科技书籍，培养了我国近代早期的一代甚至两代的科技工作者。经过翻译工作，还确定了不少学科的科技名词。其中有很多名词翻译非常恰当，一直被沿用到今天。有些还传入了日本（到了19世纪末叶，日本的科学名词又转过来对中国的科技名词产生了影响）。

---

① 见周昌寿《译刊科学书籍考略》。

当然，这些翻译工作也存在很大的缺欠。很多书籍是由外国人口授，而由中国的学者笔录成文。这种自明末清初就形成的译书方法，始终没有改变。一直到 20 世纪初大批留学生回国之后，才陆续有一些由通晓外语的中国学者自己翻译的书籍出版。此外，由于各方面条件的限制，对西方科学技术最新成果的介绍，一般来讲，也不太及时。

## 三　各种自然科学知识的传入

### 著名数学家李善兰和近代数学知识的传入

中国古代数学，正如本书以前各章所述，曾经取得过不少杰出成果。到了近代，西方数学由于对数、解析几何学和微积分的产生，中国数学已显得落后许多。但是在中国近代，仍然有一些数学家取得了某些成果。这些成果虽然比西方先进的数学水平低得多，时间也晚得多，但这些成果却大都是他们自己独立地取得的。在这些数学家中，较著名的有项名达（1789—1850）、戴煦（1805—1860）、李善兰（1811—1882）等人。

项名达著有数学著作多种，比较著名的是《象数一原》。项名达曾对三角函数的幂级数展开式（应用明安图和董祐诚所开创的"连比例"方法）方面深有研究，但《象数一原》却因他病老未能完成，此书是由戴煦补写完成的。项名达和戴煦的研究工作，改进了董祐诚（1791—1823）的结果，并且得出了两个计算正弦值和正矢值的公式。项名达还著有《椭圆求周术》，附刊于《象数一原》之后，他求得了关于椭圆周长的正确公式。

项名达死后，戴煦曾为这部《椭圆求周术》补了《图解》（1857 年），他用求 $n$ 分之一分弧之长，之后逐渐令 $n$ 无限增大的方法来证明椭圆周长的公式。显而易见这是同样受到了明安图、董祐诚工作的影响的。

戴煦除了续成项名达的《象数一原》之外，对于对数，特别是通过幂级数展开式的方法探求编造对数表方面，也取得很好的结果。戴煦的这些成果，发表在他所写的《对数简法》、《续对数简法》、《外切密率》、《假数测圆》之中，这四部书后来合刊为《求表捷法》。戴煦的成果中，包括著名的二项定理展开式和对数函数的幂级数展开式。这两个公式虽然早在 17 世纪就已经被西方数学家得出，但戴煦的结果却是他独立的研究所得。戴煦还曾得出了一些三角函数的幂级数展开式。

这一时期最著名的数学家是李善兰。李善兰，字壬叔，号秋纫，浙江海宁人。从小喜爱数学，"方年十龄，读书家塾，架上有古九章，窃取阅之，以为可不学而能，从此遂好算"，"三十后，所造渐深"。[①] 1852 年到上海参加西方数学、天文学等科学著作的翻译工作，8 年间译书八十多卷。1860 年以后在徐有壬、曾国藩手下充任幕僚。1868 年到北京任同文馆天文学算馆总教习，直至病故。李善兰的数学研究成果集中地体现在他自己编辑刊刻的《则古昔斋算学》之中，里面包括有他的数学著作 13 种。其中《方圆阐幽》、《弧矢启秘》、《对数探源》3 种，是关于幂级数展开式方面的研究。李善兰创造了一种"尖锥

---

① 参见《则古昔斋算学·自序》。

术",即用尖锥的面积来表示 $x^n$,用求诸尖锥之和的方法来解决各种数学问题。虽然他在创造"尖锥术"的时候还没有接触微积分,但他已经实际上得出了有关定积分公式。李善兰还曾把"尖锥术"用于对数函数的幂级数展开。

图 10-1 李善兰像

李善兰上述的工作说明,即使没有西方传入的微积分,中国数学也将会通过自己特殊的途径,运用独特的思想方式达到微积分,从而完成由初等数学到高等数学的转变。实际上在西方,牛顿和莱布尼茨也是通过各自不同的途径,几乎同时达到微积分的思想的。

《垛积比类》则是李善兰的另一部独具特色的著作,它的内容是高阶等差级数求和方面的问题。李善兰的工作把由宋代沈括开始,元末朱世杰已经作出很好结果的"垛积问题"——高阶等差级数求和问题,发展推广到几个方面。李善兰利用了和"开方作法本源图"相类似的数表,列出一系列的高阶等差级数求和的公式。遗憾的是《垛积比类》的记述过于简单,一般只列出了一个个的等式,缺乏严格的证明。因此从 20 世纪 30 年代开始,有个别的数学家开始用现代的方法来证明这些等式。这就是国际数学界感兴趣的"李善兰恒等式"问题。

李善兰在数论方面还证明了著名的费尔玛定理。这一结果发表在《考数根法》(数根即指素数,考数根法即判定素数的方法)之中,这是他在北京同文馆时期作出的工作。

对于戴煦、李善兰等人的数学研究工作,当时在中国进行科技书籍翻译出版工作的伟烈亚力评价说："……微分积分为中土算书所未有，然观当代天算家如董方立氏（即董祐诚）、项梅侣氏（项名达）、徐君青氏（徐有壬）、戴鄂士氏（戴煦）、顾尚之氏（顾观光）及李君秋纫（李善兰）所著各书，其理有甚近微分者……"① 有的人对戴煦的工作"大叹服，转译之，寄入彼国算学工会中"②。这大概是中国近代数学家的工作被介绍到国外的最早的记载。这些数学家的研究成果虽然水平已远不如当时西方数学家，但是在已远远落后的中国科学各学科之中，数学，相对讲来还算是有些成绩的。

鸦片战争之后的中国近代数学的另一个方面，也可以说主要的方面，乃是进一步介绍西方先进的数学知识来中国。

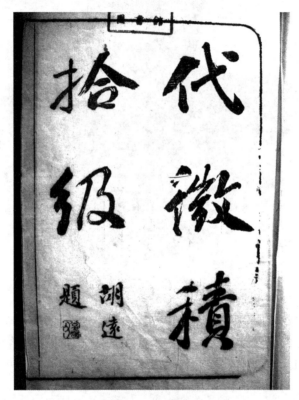

图 10-2  《代微积拾级》书影

从 19 世纪 50 年代开始，李善兰与伟烈亚力合作所翻译的《几何原本》后 9 卷、《代数学》③、《代微积拾级》④ 等书，使明末清初传入我国前 6 卷的古希腊数学名著《几何原本》有了较为完整的中文译文，并且使西方近代的符号代数学以及解析几何和微积分第一

---

① 《代微积拾级》序。
② 《畴人传》三编卷 7 "艾约瑟"条。
③ 原著者是英国数学家棣么甘（Augustus De Morgan, 1806—1871），原书名为：*Elements of Algebra*，1835 年。
④ 原著者是美国罗密士（Elias Loomis, 1811—1899）。原书名为：*Elements of Analytical Geometry and of Differential and Integral Calculus*，1850 年。

次传入我国。

李善兰翻译这些书籍是花费了很多心血的。在其译《几何原本》时，因原英译本"校勘未精，语讹字误，毫釐千里所失非轻"，李善兰"删芜正讹，反复详审，使其无有疵病"，作出了很多贡献。另两本书的内容也都是中国过去所没有的。

李善兰还创造了不少的数学名词和术语，例如"代数"、"微分"、"积分"等等都一直被沿用到今天，而且也传到日本被沿用到现在。他还直接引用了西方的不少数学符号，例如＝、＋、（）、√、＞、＜等。但是仍未采用世界通用的阿拉伯数码而是用了一、二、三、四……〇，并用传统的天干（甲、乙、丙……）地支（子、丑、寅……）外加天地人物 4 个字来表示 26 个英文字母，用"微"的偏旁"彳"来表示微分，用"禾"字表示积分。总之，这些译文和今天通用的数学符号还相差较远。

在李善兰之后，到了 19 世纪 60 年代末，江南制造局设立翻译馆，又出版了一批数学书籍。另一位数学家华蘅芳为这批书籍的翻译出版作出了贡献。

华蘅芳字若汀，江苏金匮（今无锡）人。他和英国人傅兰雅等合作翻译了：《代数术》（1872 年）、《三角数理》（1878 年）、《微积溯源》（1874 年）、《代数难题解法》（1879 年）、《决疑数学》（1880 年）、《合数术》（1887 年）等。① 其中《合数术》是关于对数表造法，《决疑数学》则介绍了新的数学分支概率论。华蘅芳所译各书，内容比李善兰等人所译丰富，译文也通畅易懂，影响比较大。

这时，出国留学专攻数学的人也逐渐多了起来，到了五四运动前后，中国数学家已经在现代数学研究的一些方面开始作出成绩。

**近代物理学知识的传入**

总的讲来，在整个 19 世纪下半叶，近代物理学知识传入我国的情况是比较差的。

在力学方面，李善兰和英国人艾约瑟合译的《重学》② 还算是稍有一些水平的著作。全书共 20 卷，前 7 卷介绍静力学，中间 7 卷是动力学，最后 3 卷是流体力学。早在明末清初，西方的力学知识就有所传入。那时，王徵根据传教士邓玉函口授而编译的《远西奇器图说》中就有"力艺"、"重学"的名称，并对重心、杠杆、滑车、斜面等有所介绍。李善兰所译《重学》，原文书共分三部分，译出的只有中间的一部分，但译出的部分还算是比较详细地介绍了力学的一般知识，将牛顿力学三大定律第一次介绍来中国。此外，北京同文馆也出版了一本《力学测算》（丁韪良编著），用微积分来叙述落体，求重心等各种力

---

① 《代数术》原书为 Wallace（华里士）所著之 *Algebra*（载于《大英百科全书》第 8 版）；

《三角数理》为 Hymers（海麻士）所著之 *A Treatise on Plane and Spherical Trigonometry*，1863 年。

《微积溯源》为 Wallace 所著之 *Fluxions*（载于《大英百科全书》第 8 版）。

《代数难题解法》为 Lund（伦德）所著之 *A Companion to Wood's Algebra*，1878 年。

《决疑数学》译自 Galloway（伽罗威）所写之 *Probability* 载《大英百科全书（第 8 版）》，并用下述文献进行了补充，即 Anderson（安德生）所写的 *Probabilities; Chances or The Theory of Averages*，载 Chambers's 百科全书。

② 原书是 Whewell（胡威立）所著的 *Mechanics*。

学问题，可补李译《重学》之不足。据说李善兰还翻译过牛顿的名著《自然哲学的数学原理》(*Philosophiae Natuealis Principia Mathematica*)，但没有译完，也没有出版。也有人希望能将拉普拉斯天体力学方面的著作译成中文，但也没有成功。

电学方面，所介绍的几种书大都是属于电工学，而且多是属于对普通电器设备（包括电报、电话）的一般介绍，以致当时就有人评价这些书籍是"西人电学日精，此皆十年前旧说，然中土无新译者、姑读之"或是"书虽新出，而于近年讲求之新理未能采译"。

声学、光学和热学方面也都有一些书籍翻译出版，情况和上述电学书籍差不多。声学对"音浪"（声波）稍有讨论；光学所介绍的大都是几何光学方面的知识，对光的微粒、波动学说以及光媒以太学说也略有介绍；热学也被称为"火学"，对三态物体受热后的情形有详细地叙述。

一般地说，这一时期对当时最先进的物理成就的介绍都不是很及时的。但是，关于 x 射线和镭的发现的介绍可以算作是例外。德国科学家伦琴（Röntgen）于 1895 年发现的 x 光射线，两年后就被介绍来我国，当时把它译为"通物电光"，以后又译为"然根光"、"照骨之法"、"葛格斯光镜"等。关于镭的发现是由 1900 年出版的《亚泉杂志》介绍来我国的。鲁迅的《说钼（镭）》一文发表于 1903 年 10 月，其中对居里夫人 1898 年发现镭，1902 年居里夫妇提取纯镭成功等均作了介绍。

在上述这些书籍的翻译过程中，也选用了一批物理学名词，其中有一些一直沿用到现在。

这一时期中国科学家自己的研究虽然已远远落后于西方，但仍然可以举出邹伯奇和郑复光两人在光学方面的研究。邹伯奇（1819—1869），广东南海人，他也通数学和天文学，从事过地图的测绘，并造过可以演示太阳系各行星运行的仪器。他曾著《格术补》一书，用数学的方法叙述了平面镜、透镜、透镜组等等成像的规律；对眼镜、望远镜、显微镜等光学仪器的工作原理也有所解释。邹伯奇还对"照像术"（即摄影技术）进行过研究，水平较高。郑复光，安徽歙县人，1846 年写成《镜镜詅痴》一书，系统而详细地叙述了各种透镜的制造和它们成像的情况，是当时的一部比较完整的几何光学方面的著作。

进入 20 世纪以后，陆续有新的国外物理学著作被翻译介绍来我国。

### 近代化学知识的传入和著名化学家徐寿

在明末清初之际，由于近代化学尚未建立，当然还谈不上会有什么近代化学知识的传入，有的只仅仅是如《火攻挈要》等有关火器的书籍中的火药配方（黑色火药，而火药的发明中国早已有之），以及有关西方矿物学知识书籍中对某些矿物性质的说明等。有资料证明，强酸（当时称为"强水"）在这时已传入我国。

到了 19 世纪 40 年代，由于贸易的不断发展，接触增多，加之修造船舶时工艺上的需要，各种无机酸实际上已经传入和使用。第一本对西方近代化学知识进行介绍的书，根据现在已知的材料来看，要以英国医生合信（Benjamin Hobson）所编著的《博物新编》（1855 年出版）为最早。

《博物新编》共 3 集，内容比较庞杂。它包括了天文、气象、物理、动物等各方面内容。化学知识是《博物新编》第一集中的内容，其中谈到"天下之物，元质（即化学元素）五十有六，万类皆由之而生"，说化学元素有 56 种，这大约反映了西方 19 世纪初期的水平。书中没有引入西方的化学符号，内容比较浅陋，没有系统。书中介绍了氧（书中用"养气"或"生气"）、氢（"轻气"或"水母气"）、氮（"淡气"）、一氧化碳（"炭气"）以及硫酸（"磺强水"或"火磺油"）、硝酸（"硝强水"或名"水硝油"）、盐酸（"盐强水"）等的性质和制造方法。

除《博物新编》之外，1868 年京师同文馆出版的《格致入门》中也有一些关于化学知识的介绍。

根据现有的资料来看，首先对西方近代化学知识进行较系统介绍的著作，要以何了然等所译《化学初阶》（1870 年）以及徐寿等所译《化学鉴原》（1872 年）为最早。

徐寿（1818—1884），江苏无锡人，是比较系统地介绍西方近代化学知识来我国的一位学者。在当时学习和介绍西方近代科学技术的学者中间，他和李善兰、华蘅芳等人齐名。

图 10-3 徐寿像

1855 年前后，徐寿从合信所编的《博物新编》书中学到了一些化学知识，并且作了一些实验。1861 年由于他"能晓制造与格致"而被吸收到曾国藩手下做幕僚。徐寿和华蘅芳等人曾在安庆制造过一艘轮船，长五十余尺，"制器置机，皆出寿手制，不假西人"，历时数年而成，时速四十余里。这可能是中国人制造的第一艘汽船。1867年徐寿转入上海江南制造局工作。当时这个厂刚刚开创，徐寿对"船炮枪弹多所发明，自制强水，棉花（即硝棉），药汞（雷汞），爆药"① 等等。但是徐寿对近代中国科技发展的贡献，还在于译书方面。他在江南制造局参加西方科技书籍的编译工作，前后达17年之久。

徐寿编译的书籍共有13种②，其中大多数是化学方面的著作。《化学鉴原》③ 是其中比较重要而且影响较广的一部，它的出版时间是1871年。《化学鉴原》包括了一般化学教科书的内容，它概略地论述了一些基本理论和各种重要元素的性质。在相当长的时间内，此书声名卓著，风行一时，它对西方近代化学知识在我国的传播，起了一定的作用。

徐寿在翻译《化学鉴原》过程中，毫无疑问，首先需要一套中西化学翻译名词对照表。在江南制造局出版的书籍中，另有《化学材料中西名目表》和《西药大成中西名目表》，但无著者姓名，可以肯定，其中必定有徐寿的工作。

《化学鉴原》中述及的元素已有64个。在翻译这些元素的名称时，一定要首先确定一个统一的中文命名原则。徐寿在这里提出了一个取西文名字第一音节造新字命名的原则。有很多元素的名称，例如钠、锰、镍、钴、锌、钙、镁等等，就都是根据这个原则，从《化学鉴原》一书开始使用的。徐寿首创的以西文第一音节造字的原则，也被后来的中国化学界所接受，一直沿用下来了。

比徐寿的《化学鉴原》略晚，1882年，北京同文馆也出版了一本讲述普通化学的书籍《化学阐原》（法国毕利干［A. A. Billequin］口译，承霖、王钟祥笔述）。书中采用了另外一套造字的原则，即按元素的性质造字的原则，例如钙记为锹，镁记为镏等等。有的新字造得异常繁杂，很不方便，因此没有被后人所采用。

徐寿对分子式和许多有机物的命名，虽然没有直接采用当时国际上通用的符号或是找到合适的命名方法，但是这些知识总算是也传入了我国。

徐寿还译有其他化学著作，如：《化学鉴原续编》，内容是有机化学方面的知识；还有化学鉴原补编》④，这是专论无机化合物的书，其中已经论述到1875年发现的新元素镓（Ga）；《化学考质》⑤ 是译自德国化学家富里西尼乌司的著作，内容是定性分析；《化学求数》⑥ 是一部关于定量分析方面的书；《物体遇热改易记》则是物理化学初步知识的著作。再加上徐寿的儿子徐建寅所译的《化学分原》⑦ （定性分析方面的著作）和汪振声译的

---

① 《清史稿·徐寿传》。
② 据《清史稿．徐寿传》，这些书籍是：《汽机发轫》（9卷），《化学鉴原》（6卷），《化学鉴原续编》（24卷），《化学鉴原补编》（7卷）、《化学考质》（8卷），《化学求数》（8卷），《物体遇热改易记》（4卷），《西艺新知》（6册），《西艺新知续刻》（9册），《宝藏兴焉》（16卷），《营阵发轫》（卷册不明），《测地绘图》（4册），《法律医学》（26卷），共13种近120卷。
③ 原书是 D. A. Wells 所著 *Wells's Principles and Applications of Chemistry*（1858年版）。
④ 《续编》《补编》二书系译自 C. L. Bloxam 所著的 *Chemistry, Inorganic and Organic, with Experiments and a Comparison of Equivalent and Molecular Formulae*。
⑤ K. R. Fresenius: *Manual of Qualitatiye Chemical Analysis*（1875年版）。
⑥ A. Vacher 英译的第6版 K. R. Fresenius 著 *Quantitative Chemical Analysis*（1876年版）。
⑦ 译自 J. E. Bowman: *An Introduction to Practical Chemistry Including Analysis*（1866年版）。

《化学工艺》①（制酸、制碱等化工方面著作），江南制造局前后共出了8种化学书籍，这都是徐寿自己作的或是直接领导的。这些书，可以说比较系统地介绍了当时西方化学知识的各个方面。

在哲学思想上，尽管徐寿在翻译科技书籍过程中和传教士接触比较多，但他却能坚持无神论的观点。别人称颂他"无谈星命风水，无谈巫觋谶纬。其见诸行事也，婚嫁丧葬概不用阴阳择日之法……居恒与人谈议，所有五行生克之说，理气肤浅之言绝口不道；总以实事实证引进后学"。这种"以实事实证引进后学"的态度，在当时的思想界也是很难得的。徐寿以及数学家李善兰的相类似的一些思想，代表了当时自然科学家的朴素的唯物主义思想倾向。

除译书之外，徐寿还和一些人发起创立了"格致书院"（1876年前后）。在这里举办一些讲座或科学讨论会，也向听讲的人作示范的化学试验。这在我国也可以算成是化学知识普及教育的最初尝试。

徐寿的儿子徐建寅也是一位科学家，翻译过多种科学书籍。1901年他在武汉试验无烟火药时，不幸爆炸身亡，为科学研究献出了自己的生命。

### 近代天文学知识的传入

西方的近代天文学知识，自明末清初以来，已有一部分传入。乾隆年间，哥白尼的日心说也开始传入，但其影响不大。

在我国，经过雍正到道光一百余年的闭关自守，加之乾嘉学派训诂考据风气的盛行，当时的一些学者除了对明末清初传入的天文学知识进行研究之外，还对中国古代的天文、历法进行了整理。在这方面作出成绩的有李锐（1769—1817）、焦循（11763—1820）、汪曰桢（1813—1881）和李善兰等人。这些研究使他们重新"发现"中国编制历法时所采用的计算方法，特别是高次内插法的采用是可以使实际的计算十分精确的。另外，乾嘉学派提倡国故思想的泛滥，也使得一些人错误地轻易否定西方科学的成果，甚至妄自尊大地认为西方的一些新的成就，不是中国古已有之就是由于中国方法的西传而引起的。例如当时的一代名家阮元（1764—1849）就认为"西人亦未始不暗袭我中土之成说成法，而改易其名色"②，而且他认为西方近代天文学理论变化太多，"地谷至今才百余年，而其法屡变"，而这种"屡变"不好。他又说"天道渊微，非人力所能窥测，故但言其所当然而不复强求其所以然，此古人立言之慎也"③。在这里，阮元对中国古代天文学作了"但言其当然而不复强求其所以然"之类的理解，当然是非常错误的，而他竟然用这种的谬论去嘲笑西方天文学的发展与进步，这或者可以使我们看清中国近代科学技术落后的一部分原因。

阮元对哥白尼学说还进行了更猛烈地攻击，他说："至于上下易位，动静倒置，则离

---

① 译自 G. Lunge：*A Theoretical and Practical Treatise on the Manufacture of Sulphuric Acid and Alkali，with the Collateral Branches*（1879—1880）。
② 阮元：《畴人传》序。
③ 阮元：《畴人传》卷46《蒋友仁传》后"论曰"。

经叛道，不可为训，固未有若是甚焉者。"① 对哥白尼学说进行攻击的还有一些封建文人，例如戴熙等。

到了鸦片战争之后，哥白尼学说在我国才得到进一步的传播。除魏源在《海国图志》中略有介绍之外，对包括哥白尼学说在内的西方近代天文知识进行较全面介绍的，当推李善兰和伟烈亚力合译的《谈天》一书。

《谈天》，原名《天文学纲要》（*The Outlines of Astronomy*）是英国著名天文学家约翰·赫歇尔所写的名著。此书在西方曾风行一时，流传甚广。《谈天》是据原书 1851 年新版译出，1859 年在上海出版的。15 年之后，徐建寅又把到 1871 年止的最新天文学成果补充进去，增订版《谈天》出版于 1874 年。

《谈天》一书对太阳系的结构和行星运动有比较详细的叙述，此外如万有引力定律、光行差、太阳黑子理论、行星摄动的理论（包括其轨道根数摄动的几何解等）、彗星轨道理论等方面也都有所叙述。对恒星系，如变星、双星、星团、星云等等也有一定篇幅的介绍。这样，包括到 19 世纪 60 年代为止的西方近代天文学知识便大部分传入了我国。

李善兰还为《谈天》一书写了一篇序言。在序言中他据理驳斥了阮元对哥白尼学说的荒谬看法，批判了阮元等人认为地动学说是"违经叛道不可信也"，"设其象为椭圆面积，其实不过假以推步，非真有此象也"等等谬论。李善兰借用孟子"苟求其故"一句话来反对阮元所提倡的"但言其当然而不言其所以然者……终古无弊"。李善兰说，"古今谈天者，莫善于子舆氏'苟求其故'之一语，西土盖善求其故者也"，并且举出具体的例子，"哥白尼求其故，则知地球五星也绕日"，"刻白尔（开普勒）求其故，则知五星与月之道皆为椭圆"，"奈端（牛顿）求其故，则以为皆重学之理也"。李善兰用哥白尼、开普勒、牛顿等人进行研究"求其故"，从而使人类由"知其当然"进而"知其所以然"。他利用西方天文学发展的历史事实说明科学的发展正是来自科学家不断探索真理，不断"苟求其故"的结果。李善兰用恒星光行差和地道半径视差等来证明地球绕日运动，用矿井坠石证明地球自转，用彗星轨道、双星相绕运动等证明行星轨道确为椭圆等等，从而进一步说明西方天文学成果不容怀疑，是"定论如山，不可疑矣"。

由于李善兰等的努力，从哥白尼开始至牛顿完成的建立在牛顿古典力学体系上的西方近代天文学知识便比较系统地传入了我国。后来的一些著名的改良主义者康有为、严复、谭嗣同等人都曾利用哥白尼日心说和康德、拉普拉斯的天体演化学说等等，作为批判封建主义的思想武器，为革新变法制造舆论。

从 19 世纪 70 年代开始，近代的天文台也开始在中国出现。它们都是外国人设立的。公元 1873 年，法国在上海建立了徐家汇天文台，由传教士控制，除授时外还搜集沿海地区的气象资料。中法战争中，法国军队曾利用徐家汇天文台的资料。1897 年德国强占胶州湾，随后设立青岛观象台，除天象观测外，也作搜集华北地区的气象、地磁、地震等方面资料，为德军舰艇的活动服务。

我国近代天文台站的创建，也带有浓厚的半殖民地、半封建社会的烙印。

---

① 阮元：《畴人传》卷 46《蒋友仁传》后"论曰"。

# 1840年以来的地学

这一时期的地学具有十分鲜明的时代特点,主要表现如下。

第一,注意对外国和边疆地理的研究。

鸦片战争之后,不少具有爱国主义思想的人,已注意对外国和边疆地理的研究。他们介绍外国地理知识是为了知己知彼,研究边疆地理的目的是为巩固祖国边疆,防止帝国主义的入侵。这些研究工作都是很有意义的。

介绍外国情况的地理著作,主要有魏源的《海国图志》、徐继畬的《瀛环志略》和何秋涛的《朔方备乘》等。《海国图志》主要是根据林则徐的《四洲志》和魏源自己搜集的历代史志中有关外国的资料汇集而成,全书有附图73幅,可以说是一本世界地图集。《瀛环志略》是以地图为纲,每幅图后附有文字说明。《朔方备乘》中对于帝俄的介绍主要是参考图理琛所著的《异域录》。这些著作对于当时急需多了解一些外国情况起了很大作用。

在边疆地理研究方面,特别对西藏、蒙古和东北给予更多的重视。加强对西藏的研究是为了防范英帝国主义的侵扰,加强对北方和东北的认识是为了戒备帝俄。当时在西南地区做官的黄沛翘就认为加强边疆的防守是十分必要的。在他编的《西藏图考》中指出:"今英吉利占据五印度,兼并廓尔喀、哲孟雄诸部,铁路已开至独吉岭……是则南界之防,尤今日之急务也。"又曹廷杰所著《东北边防辑要》一书重点也在于介绍山川险要以利防守。他在书中还指出,何秋涛之所著《朔方备乘》与"俄人乘隙窥我东北"有直接关系。何秋涛自己也说他写该书是"备国家缓急之用"的。这些边疆地理著作的内容仍有很大一部分是属于历史的范畴。各书中多数都附有较好的地图,如曹廷杰所绘东三省地图,就是当时通行地图中最好的一种。

第二,为殖民主义服务的地质地理考察及其影响。

鸦片战争之后,我国的门户洞开,资本主义国家的地质地理工作者来我国进行考察的在100人次以上。他们都直接或间接地为殖民主义侵略服务。其中来华最早的是一个普鲁士考察团,于1860年来到我国。考察团成员中有著名的地质地理学家李希霍芬[①]。当时正值太平天国革命时期,没有进入内地,他们只在上海、广州等地考察一下就回去了。

1862年至1865年间,当太平天国革命即将被残酷镇压下去时,美国地质学家庞培烈(Raphael Pumpelly,1837—1923)来到中国,考察了华北和长江下游一带,并专门调查了北京西山的煤矿,著有《中国蒙古及日本之地质研究》一书,提出中国的主要地质构成线是东北——西南走向,命名为"震旦上升系统"。后来论述我国地质构造时经常使用的震旦方向就是从这里开始的。19世纪下半叶深入我国内地考察而且影响最大的是德国的李希霍芬。

李希霍芬第二次来中国是1868年。他受英国商人的委托,用了4年时间,考察了我国14个省区。东北到达辽宁,西南越过秦岭进入四川,南自广东北上经湖南到武汉,特别对山东、河北、山西等省的考察最为详细。这次他考察的方面很广,凡化石、岩石、山

---

[①] Ferdinand von Richthofen(1833—1905),曾任柏林大学校长,国际地理学会会长。

脉、河流、地形、土壤、森林、农作物、村镇市街以及当地居民的生活习惯等都被尽量详细地记录下来，并不断向在上海的英国方面汇报。回国后又向德皇写了详细的书面报告。著有《中国》五大卷，并附中国的地质和地理图两幅。五卷中第一、二两卷是作者自己写的，其余三卷，分别由他的学生和朋友根据他的考察资料编辑而成。李希霍芬提出的中国黄土风成说和有关我国主要地层和地质构造的论述都有较高学术价值。但他写的《山东与其门户胶州湾》，是为 1897 年德国殖民主义者强占胶州湾以及修筑胶济铁路张本。

正当李希霍芬在我国考察结束的时候（1873 年），英国地质学家莱伊尔的名著《地质学原理》(Charles Lyell: *Principles of Geology*) 被译成中文，书名《地学浅释》。

20 世纪初，殖民主义国家派遣来我国边疆和内地进行地质地理考察的人员更多，例如英国对于西藏，法国对于云南，俄国对于新疆，日本对于东北，美国对于内地各省考察后都写有专著和论文。这些著作多为具有近代科学训练的地质地理学家的考察成果，反映了一些客观规律。他们调查研究的科学方法值得学习，但是对于他们来华的政治背景和为殖民主义侵略服务的一面，当时我国的地质地理工作者不是都认识得很清楚，盲目崇拜的现象也有所表现，这是应该引以为戒的。

第三，章鸿钊和地质研究所的创建。

由我国科学家自己进行的地质学方面的研究工作，在这一时期也已经开始。这项工作曾得到著名的地质学家章鸿钊、丁文江、翁文灏等人的提倡，其中以章鸿钊的提倡最为有力。

章鸿钊（1877—1951），字演群，浙江吴兴人，早年曾留学日本专攻地质学，著有《石雅》等，是我国地质事业的创始人。出于爱国之心，他极力提倡由中国自己进行地质勘探，并十分重视本国地质专门人材的培养工作。1913 年章鸿钊筹建了我国第一个地质研究所。这也是在中国出现的第一个现代科学的研究所。1916 年，这个研究所培养出第一批地质专业人员（22 人），其中不少人是后来我国地质部门的骨干，如叶良辅、谢家荣、王竹泉、谭锡畴、李学清、朱庭祜、李捷等人。这个研究所绘有河北、河南、山东、山西、江苏等省的地质图，同时还开展了一系列的地质调查工作。所有这些，都使得地质学成为在我国近代开展较早，也是取得成绩较大的一个学科。

第四，张相文和中国地学会。

我国的地学教育和地学刊物都是清末开始创办的，而最早献身于这项事业并对地理学的发展做出卓越贡献的是张相文。

张相文（1866—1933），字沌谷，江苏桃源县（今泗阳县）人。他是一位著名的地理和地理教育学家，著有《南园丛稿》等。

清朝末年，随着学校的设置，地理已被列为正式课程之一。光绪二十五年（1899 年）张相文在上海南洋公学任地理教师。1901 年和 1902 年，先后编著《初等地理教科书》和《中等本国地理教科书》两种，深受欢迎，是我国地理教科书的嚆矢。1905 年又根据日本教材和西方学者的著作编写《地文学》和《最新地质学教科书》等，比较系统地传播了近代地学知识。其中尤以《地文学》一书最为重要，它是我国最早的自然地理教科书之一，也是张相文的精心得意之作。书中虽然也有错误的论点如地理环境决定论等，但是有关自然环境的科学的系统论述毕竟是主要的。这主要的部分比我国封建社会时期地学著作的水平确实前进了一大步。宣统年间，他曾到山东、河北、河南、内蒙等地旅行考察，所写《齐鲁旅行记》、《冀北游览记》、《豫游小识》、《塞北纪行》等后来都发表在地学杂志刊物上。

《地学杂志》是中国地学会的学术刊物。中国地学会是宣统元年（1909年）在天津由张相文约集白毓崑、陶懋立、韩怀礼和张伯苓等人创立的。张相文被推选为会长，这是我国最早成立的一个学会；1910年出版的《地学杂志》，也是我国较早出版的科学期刊。当时学会基金，主要靠募捐得来。凡在学会工作和担任编辑的人员都只尽义务，不取报酬。在学会创立之前，有人对张相文说："邹代钧曾为翻印地图，倾家破产，炊烟几绝。办地学会，谈何容易；君家财力，何如邹代钧？"但张相文并未因此动摇。最初刊物能月出一期，后因经费困难，改为双月刊，再变成季刊，又削减成半年刊，到了1923年后，竟不得不一再停刊，直至1928年才得恢复，定为季刊。为了经费，张相文时常四处奔走，托人说项，甚至有时"夜间为之不寐"。这种为发展科学而不辞劳苦的精神是可贵的。

中国地学会的创立和《地学杂志》的出刊对我国地学的发展起了一定的促进作用，同时也是在旧民主主义时期知识分子崇尚"西学"的一种反映。他们大都不甘落后，想以致力于地学知识的开阔和发展来制止帝国主义的侵略。这种爱国的精神很值得赞扬，不过对于我国贫困落后的根源的分析是片面的，也可以说没有找到症结之所在。由于我国地学考察研究水平的局限，杂志发表的知识性文章较多，地学理论和专题研究显得比较薄弱，当时刊登的译著中，大部分是比较好的，但也传进了不少为帝国主义列强侵略服务的地理学说。

第五，气象台站和测绘机构的设置。

在我国首先出现的近代气象台站是外国人设置的，这是由于半殖民地半封建的社会原因造成的。1873年天主教会在上海设立了徐家汇观象台，以后又在沿海设立了许多气象站，构成了一个独立的气象网，徐家汇台为了帝国主义国家船舰的安全进行了台风预报等的研究。1914年法国在上海租界建立无线电台，开始用无线电通报天气。后来美国利用中国气象资料，编写有关我国气候方面的著述。日本帝国主义设立东亚研究所，整理我国气象记录编成《东亚气象资料》。这些都是为帝国主义侵略目的服务的。辛亥革命之后，我国自己也设立了中央观象台，但比较重要的科研成果的取得以及气象学会的成立和气象杂志的发行等都是20世纪20年代的事。

我国测绘机构的建立是从清朝末年开始的。光绪二十九年（1903年）北京练兵处首先设立了测绘科。后又另设京师陆军测地局，各省也都设立了测量机构。辛亥革命后，南京政府参谋本部设立陆地测量总局，各省设陆地测量局。清末时期的工作主要是测绘了京兆尹（北京附近24县）和保定府的二万五千分之一地形图。民国初年，各省测量局也测有二万五千分之一地形图。1916年开始改编五万分之一图，并定五万分之一图为基本地形图。至1928年完成的有山东、山西、江苏和浙江四省五万分之一图。

## 进化论等生物学知识的传入

早在康熙时代，就有西方的生理解剖书籍被译成满文，但因不合中国风俗习惯，清帝禁止这类书籍公开出版。在我国公开刊出的第一部介绍西方生理解剖学方面的著作,是在鸦片战争之后,由合信和陈修堂共同编译,于1851年出版的《全体新论》。生理解剖学在当时被称为"全体学"。合信是1839年来华的英国医生,曾在广州(后又到上海)开设医院。除《全体新论》之外,他还翻译出版了《妇婴新说》、《西医略论》(1857年)等医学书籍和《博物新编》、(1855年)等自然科学书籍,这些书可以说是鸦片战争之后最早的一批翻译科技著作。在以后一段时期内,关于生理解剖学方面较好一些的译著尚有:《全体通考》18卷附图2卷,北京同文馆出版,英国德贞(Dudgeon)著,这本书论述较为详密,但译笔枯涩难读;《全体阐微》6卷(有附图),1881年在福州出版,本书特别对大脑和神经系统有较详细的介绍。在当时翻译的许多医学书籍中,也大都有各种人体器官构造的附图。

关于动物学和植物学也有一些书籍被翻译出版,其内容大致不超过当时西方一般学校教科书的范围。对于鸟类、昆虫、兽类的介绍也有少量书籍出版。在和农学有关的方面,还有关于蚕、害虫、谷物选种、林、茶、棉、果树和养牛、养羊、养蜂、养鱼等各种专书出版。

在《格致汇编》中还曾译载过一篇讲演记录"人与微生物争战论",说疾病大半由"极细微之生物所成"。这表明细菌和微生物学也开始传入我国。

但是在生物学知识传入过程中,最重要的当然还是进化论的传入。

达尔文的生物进化论是19世纪最重要的科学成果之一。1859年他的《物种起源》(书的全名是:《论通过自然选择或生存斗争中保存良种的物种起源》)在英国发表之后,震动了整个西方世界。达尔文确实是做了一次"至今还从来没有过这样大规模的证明自然界的历史发展的尝试,而且还做得这样成功"①。但是,达尔文的进化论却迟迟没能传入中国。原因也十分简单,当时翻译介绍西方知识的工作实际上操纵在传教士手中,而宗教势力一直都是反对进化论的最顽固势力。

值得指出的是,在达尔文的伟大著作中,引用了不少中国的材料,如金鱼、牛、羊、蚕、桑、橘、桃、菊花等动植物材料达百余处。

1873年由华蘅芳等翻译出版的英国著名地质学家莱伊尔的《地学浅释》,1883年丁韪良编译的《西学考略》,1891年格致书院所编的《格致汇编》(博物新闻栏)等著作中,都对达尔文学说做了介绍。但是在介绍达尔文学说来中国的过程中,最重要的人物乃是严复。

1894年甲午战争之后,帝国主义列强对中国瓜分豆剖的形势迫在眼前,当时的一些先进人物都在探索着起衰救亡、富民强国的办法,向西方学习,维新变法已成为强大的思想潮流。正是在这样的时代背景之下,严复开始把达尔文的进化论介绍来中国。不假外国人之手,由中国人自己来介绍西方先进的科学知识,这要算是第一次。

---

① 恩格斯1859年12月给马克思的信. 马克思,恩格斯. 马克思恩格斯全集第29卷.1972:503

图 10-4 《天演论》封面

严复早年在英国留学时，正是达尔文进化论在西方广泛传播的时候，他自己深受影响。严复在介绍达尔文主义最早的一篇文章《原强》（1895 年）中写道："达尔文者，英之讲动植之学者也。承其家学，少之时周游寰瀛，凡殊品诡质之草木禽鱼，裒集甚富，穷精眇虑，垂数十年而著一书曰：《物种探原》。自其书出，欧美二洲几于家有其书，而泰西之学术政教，一时斐变。论者谓达氏之学，其一新耳目，更革心思，甚于奈端氏（即牛顿）之格致天算，殆非虚言。"严复在介绍达尔文《物种起源》时着重地介绍了其中的两章："其书之二篇为尤著，西洋缀闻之士皆能言之，谈理之家撮为口实。其一篇曰：物竞；又其一曰：天择。物竞者，物争自存也；天择者，存其宜种也。"

1895 年开始，严复还着手翻译英国科学家、达尔文进化论的热情支持者赫胥黎所写的《进化论和伦理学》① 一书。严复取该书的前半部分译为《天演论》，实际上也就是"进化论"。《天演论》最早是在严复自己创办的天津《国闻报》上分期刊登（1898 年）的，后来又正式出版，很受欢迎，短期内就有木刻、石印、铅印等各种版本。

进化论在中国传播的意义，其重要的方面还不在于传播了一些先进的生物学知识，而

---

① 赫胥黎（Thomas Henry Huxley，英，1825—1895）所著《进化论和伦理学》一书的原名是 *Evolution and Ethics*，1894 年初版。

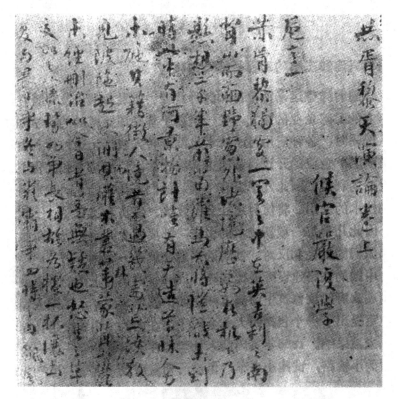

图 10-5　严复译《天演论》手稿

是为变法维新提供了思想上的武器,"物竞天择,适者生存"、"优胜劣败,弱肉强食"成了当时人们进行反对帝国主义,反对封建主义,为争取生存而斗争的深入人心的鼓动口号。这种情况,一直持续到五四运动期间。

## 四　各种技术知识的传入

### 铁路的兴建和杰出的工程师詹天佑

伴随着洋务运动的推行和各种官营、官私合营以及外资在中国创立的工矿企业的建立,在一些属于基础理论范畴的科学知识传入的同时,各种应用科学技术也陆续传入我国。这种传入由于涉及工矿企业的开设等帝国主义在政治上、经济上和文化上对华侵略的利益,因此几乎没有一项是他们不插手的。同时也因为新的技术的采用,将使封建社会的政治、经济和文化进一步解体,因此几乎每一项新技术的引进,都要遭受到封建统治阶级的顽固派们的阻挠和反对。铁路的兴建,就是一个例子。

中国的铁路建设开展比较晚。1863 年英美在上海的侨商就曾向清朝政府建议修筑上海到苏州之间的铁路,翌年,英国人司蒂文生更提出了一个包括四大条全国干线在内的《中国铁路计划》,但都未被采纳。1865 年英国商人杜兰德在北京修建了一段 1 千米左右的小铁路,试跑小火车,但被清朝官府以"观者骇惊"为理由限期拆除。

实际上在中国修造的第一条铁路,乃是 1876 年(即世界上第一条铁路建成的半个世纪之后)由英商在上海和吴淞口之间修造的轻便铁路(窄轨)。这条短途小铁路,全长 20 千米,行车时速 24 千米(最高时速 40 千米),沿途有小型桥梁 15 座。但是由于中国官方的坚决反对,最后竟以 28 万两的价银买下拆除,车辆路轨等器材被弃置在上海滩头。中国第一次的铁路工程,最后以它在上海一端的车站原址修建了一座"天妃宫"(庙宇)而滑稽地宣告失败。

以后,又有许多次兴建铁路的计划,但是由于顽固派官员的反对都没能够实现。当时中国交通情况本已十分落后,陆路交通,从北京到武昌要 27 天,到广州需要 56 天,到云南 59 天,到西藏、新疆等地都要百日以上。但是修建铁路的计划还是受到了很大的阻碍。由翁同龢、孙家鼐和醇亲王奕譞等达官显贵组成了顽固的反对派。他们反对修建铁路的理由大都是非常愚蠢而又非常可笑的,例如他们认为铁路"自办则库空如洗,借债则利息太重,少造无益,多造耗费",还认为兴办铁路会使车户船户"水手、车夫、负贩,将均成饿莩","物价以流通而益贵,生活以便利而愈难",并且"用庐坟墓系祖宗所遗,谁肯轻于迁徙","穿凿山川,必遭神谴,变更祖制,大祸将临"。总之在他们看来,造铁路在中国是有百害而无一利。凡此种种奇谈怪论,都可以使我们认识到腐朽的封建统治实在是科学技术发展的极大障碍。

1878 年开滦煤矿开掘了第一口竖井,为了运输煤炭,清政府不得不同意修建唐山到胥各庄间长 10 千米左右的铁路。这条铁路于 1880 年兴建,第二年通车,轨距 1.435 米(国际标准轨距)。同时还造了一辆车头,在当年 6 月投入运行。这台机车虽然用了进口的卷扬机上所用的锅炉,车轮和车身钢材也都是进口的,但它仍可说是近代技术史上在中国制造的第一辆机车。它的牵引力约为 100 吨。尽管有些官员以"震动东陵"、"烟伤禾稼"为理由极力反对,但由于运输煤炭的紧急需要,这条短短的线路还是得以保存下来继续运行。以后,它逐渐向两端扩建成为通往我国东北地区的干线——京沈线(全线断续施工直至 1911 年方才全线通车)。

自从唐胥铁路通车以来,又有很多兴建铁路的计划。1885 年中法战争之后,将上海原沪淞铁路的器材运到台湾,1887 年在台北兴工,1891 年通车基隆,1893 年又由台北修通到新竹,全长 96.5 千米。

中日战争之后,列强为掠夺和控制资源,操纵日益在中国各地兴起的军阀势力,从而达到瓜分中国,变中国为殖民地的目的,疯狂地抢夺在中国修筑铁路的特权;少数的是合办权,更多的是借款权、建筑权,或者二者兼有的借款管理经营权。在列强中,以沙皇俄国最为贪婪,他除了要求个别路线之外,还要求北京以北广大地区的筑路借款优先权。从甲午战争后到清朝覆亡,平均每年兴建铁路五百多千米,但绝大多数都掌握在帝国主义手中。帝国主义列强相互争夺又相互勾结,他们利用各种借口进行侵略战争,用战争来扩大他们经济侵略的各项利益;反过来又用经济侵略去巩固和扩充通过战争攫取到手的各项利益。铁路确实是西方近代先进的一项技术,但这种先进技术的引入却是伴随着帝国主义列强的侵略进行的。因而这一引进过程本身,对中国人民说来,也确实是一个屈辱和痛苦的过程，到 1911 年前后，全国已建成的铁路有九千六百余千米，其中由中国自己控制的不超过 7%。到 1919 年止，全国已建成的主要干线可参见下表。

| 线 路 名 称 | 施 工 时 间 | 险 要 工 程 |
|---|---|---|
| 京沈线（北京——沈阳） | 1881—1911 年 | 滦河大桥 305 米 |
| 京汉路（北京——汉口） | 1896—1906 年 | 黄河大桥 3031 米<br>鸡公山山洞 340 米 |
| 津浦路（天津——南京） | 1908—1911 年 | 黄河大桥 1245.3 米<br>淮河大桥 375 米 |
| 沪宁路（上海——南京） | 1905—1908 年 | 镇江炮台山山洞 306 米 |
| 京绥路、京张段<br>（北京——张家口）<br>1919 年展至呼市 | 1905—1909 年 | 居庸关山洞 367 米<br>八达岭山洞 1091 米 |
| 东清铁路<br>（满洲里——绥芬河） | 1897—1901 年 | 松花江二铁桥<br>2090 米、690 米 |
| 哈大线<br>（哈尔滨——大连） | 1898—1901 年 | |

除开这些干线外，还兴建了一些分支线路。与此同时在各干线的沿线也都相应的建起车辆、桥梁以及其他铁路零配机件的工厂。比较著名的有京沈线上的唐山制造厂和山海关桥梁厂，京汉路上的长辛店，郑州和汉口江岸工厂，京张线上的南口车辆厂，还有在天津、上海、大连和哈尔滨等地的工厂。其中的绝大部分一直连续开办到今天，是我国铁路车辆、器材和桥梁等方面建厂最早的一批工厂。西方近代铁路工程的各方面技术，就是在这些工厂和各条线路的修建过程中，陆续被引进我国的。当然，所用的材料和关键设备，大都由国外进口。根据列强在中国的势力范围所及，各条铁路线上执行的乃是各自不同的管理制度。统一的 1.435 米的轨距，是几经斗争方才争取到的。所有这一切都深刻地反映了在列强的侵略奴役之下，我国铁路工程技术的发展也带有着浓厚的半封建半殖民地科学技术发展的一些特点。

当回顾我国铁路工程技术发展初期的历史时，人们永远也不会忘记杰出的工程师詹天佑的名字。

詹天佑（1861—1919）原籍安徽，本人出生在广东省南海。十二岁时，他考取容闳倡议的"留美幼童预备班"去美国留学。1878 年詹天佑进入耶鲁大学土木工程系学习铁路工程专业。在学期间他刻苦攻读，成绩优良。1881 年回国后，虽然中国当时非常需要铁路方面的工程技术人才，但詹天佑却长期间用非所学，开始时，要他在福建水师学堂再学驾驶，后来被派到兵船上驾驶船只，并参加了 1884 年中法海军在闽江口外的交战。其后又充当过水师学堂的英文教员，作过地图测绘工作。直到 1888 年他被调到唐津铁路工地以后，才能够以他留学时所学的专业为祖国铁路建设事业工作。

图 10-6　詹天佑像

　　詹天佑在京沈线上的工作，以建造滦河大桥的工程最为出色。由于桥基地质情况复杂，涨水时流速太大，因此打桩工程十分困难。总工程师英国人金达（C. W. Kinder）曾轮流聘请过英国、日本和德国的工程师进行工作，他们采用了各种洋办法，均遭失败。最后请来了詹天佑。詹天佑首先仔细勘察地质情况，改选了另外的桥址。打桩时，他总结了外国工程师失败的教训，分析了已经采用过的各种方法，最后选用了中国传统的方法。用人潜入水下工作，再配合以必要的机器，最后，他终于胜利地打好了桥基，完成了滦河大桥的全部工程。滦河大桥是由中国工程师主持下修建起来的我国第一座近代铁桥。整个桥长是 305 米。

　　1894 年，由于詹天佑在铁路工程中的出色成就，英国工程师学会选举他为该会会员。在中国当时科学技术都十分落后的情况下，詹天佑确实为中国人，为我国工程技术界争了一口气。

　　但是，更使中国人民和工程技术界引为光荣的，乃是詹天佑主持并胜利建成了连结北京和张家口的京张铁路。这是一条完全由中国自己筹资，不用一个洋工匠，完全由中国自己的工程技术力量，自行勘测、设计和施工建造的铁路。中国自办京张铁路的消息传出之后，一些外国人都把它当为笑谈，有的还讽刺说建造这条铁路的中国工程师恐怕还未出世。詹天佑担当了京张铁路的总工程师，他勉励参加勘测选线的工程人员说："全世界的眼睛都在望着我们，必须成功"，"不论成功或失败，绝不是我们自己的成功和失败，而是我们的国家！"

京张铁路全长两百多千米,"中隔高山峻岭,石工最多,桥梁又有七千余尺,路险工艰为他处所未有",特别是"居庸关、八达岭,层峦叠嶂,石峭湾多,遍考各行省已修之路,以此为最难,即泰西诸书,亦视此等工程至为艰巨","由南口至八达岭,高低相距一百八十丈,每四十尺即须垫高一尺"①。

在勘测路线过程中,詹天佑不辞劳苦带领他的学生和其他工程人员,往返数次,勘测三条路线。最后选定了经过南口、居庸关、八达岭的现行路线。

在设计最艰难的关沟路段时,詹天佑经过仔细测量,使隧道长度比原来英国工程师金达设计的方案减少了2千米。为了减少线路的坡度和山洞长度,他在青龙桥东沟采取了"人"字形爬坡路线,并且用两台大马力机车调头互相推挽的方法,解决了坡度大机车牵引力不足的问题。这些都是他在设计过程中的一些独创性的成果。关沟路段包括有居庸关、八达岭、五挂头、石佛寺等四个隧道工程,总长度1645米。最长的是八达岭隧道,长1091米,居庸关第二,长367米。

在隧道的施工过程中,曾遇到渗水、塌方、通风等困难,外国人常常在报刊上进行讽刺和干扰。他们认为"中国不能担负开凿山洞工程,因为中国没有通风机和抽水机,势必雇用外国包商"②。但詹天佑以身作则地带头挑桶排水,和工人吃住在一起,并且采取了各种土洋结合的措施,解决了定向、出水、塌方、通风等问题。两条隧道分别于1908年4月和5月接连凿通。

在施工中詹天佑还因地制宜,就地取材,用自造的水泥和当地的石料建成了一些石桥以代替铁桥,使线路的成本大为降低。

京张铁路1905年9月动工,1909年8月建成,比预计工程提前了2年,经费结余了白银28万余两,总费用只有外国承包商人过去索取价银的五分之一。詹天佑当初提出的"花钱少,质量好,完工快"三个要求都做到了。外国人在事实面前也不能不折服,正如当时验收官员在正式报告中所说的:"鸠工之初,外人每疑华员勿克胜利。迩来欧美士夫远来看视,啧啧称道,金谓青龙桥、鹞儿梁,九里寨三处省去洞工,实为绝技。"

京张铁路建成后,詹天佑还在汉粤川铁路上,为京广线的建设,为中原地区和四川地区的铁路建设贡献了自己的力量,直到逝世为止。

詹天佑对我国技术力量的培养工作十分重视,在他的培养教育下,我国最早的火车司机张美后来成为工程师。他还教育出不少学生。对青年工程技术人员,他寄予了殷切的希望,他说:"勿屈己以徇人,勿沽名而钓誉,以诚接物,毋挟褊私,圭璧束身,以为范则,不因权势而操同室之戈,不因小忿而萌倾轧之念,视公事如家事,以己心谅人心,皆我青年工学家所必守之道德也","行远自迩,登高自卑,一蹴而就,非可永久,工程事业,必学术经验相辅而行,徒恃空谈,断难任事。"③詹天佑为我们留下了宝贵的经验和教训。

### 近代冶金技术的传入

在冶金工业中开始采用西方近代的新技术,其情况和上述铁路工程技术在中国的传播

---

① 詹天佑:《京张路详图说明》。
② 詹天佑日记。
③ 詹天佑:《告青年工学家》。

情况极相类似。西方冶金技术的传入，最早也是由洋务派所提倡，并且是在他们所兴办的各种工厂中引进的。

江南机器制造总局在1890年开始设立炼钢厂，建立了15吨酸性平炉一座，每日可出钢3吨。这可能是我国最早的一座炼钢平炉。

1893年湖北建成汉阳铁厂，厂中建有100吨高炉两座，8吨平炉（酸性）一座，我国第一座近代化高炉于1894年5月在汉阳铁厂开炉生产。

1908年2月，汉阳铁厂、大冶铁矿（1890年建厂，是我国第一座用机器开采的露天铁矿），萍乡煤矿合并为"汉冶萍煤铁厂矿公司"。各厂、矿分别进行了改建扩建，设备有100吨高炉二座，250吨高炉一座，50吨平炉六座，各种轧机四套以及机械化矿山等等，初步形成了一个钢铁联合企业。

就技术水平而言，在冶铁技术方面，汉阳铁厂在20世纪初有高炉四座，第一、二号老炉为容积248立方米，第三、四号新炉容积为477.5立方米。这都是从国外引进的设备，其技术指标如下。

|  | 老 炉 | 新 炉 |
| --- | --- | --- |
| 容积 | 240立方米 | 477.5立方米 |
| 高 | 18.125米 | 20.450米 |
| 风口数 | 4 | 8 |
| 日产 | 夏90吨，冬100吨 | 夏230吨，冬250吨 |
| 热风温度 | 600—680℃ | 700℃ |
| 每日出铁次数 | 6 | 8 |
| 每吨生铁耗料 | | |
| 铁矿石 | 1.7吨 | 1.7吨 |
| 锰矿石 | 0.88吨 | 0.8吨 |
| 石灰石 | 0.46吨 | 0.46吨 |
| 焦炭 | 1.1吨 | 1.0吨 |

这种技术水平，在当时世界上是相当先进的。

在炼钢技术方面，据1913年的调查，汉冶萍公司的钢厂有煤气发生炉18座，平炉配有50吨吊车两台，30吨吊车一台，平炉每炉装铁水20吨，废铁10吨，每八小时出钢一炉。上述设备大都从西方名厂引进，技术水平在当时也是比较先进的。

但是，这种先进的技术水平并没能充分发挥，引进的设备非但不能推广，这些设备本身也发挥不了它们的经济效益。其原因并不在于这些设备和技术，而在于当时中国的封建统治和帝国主义列强的侵略。以汉阳铁厂为例，这个厂当初本拟建于广州，在煤、铁矿均无着落时便订购了进口的各种设备。后因张之洞调来两湖，又移来湖北。厂址不放在大冶铁矿而设在武汉，也仅仅是出于张之洞个人的所谓方便，"大冶照料不便，若建厂武汉，则吾犹及见铁厂之烟突"，无形中增加了运矿石的成本。更有甚者，开炉之后才发现已装好的酸性炉不适于大冶铁矿，又拆建为碱性炉。此外，开炉之时，也未找到合适的煤矿，不得已从德国购入焦炭数千吨。厂里有外国工程人员 40 名，中国的管理官员一直由张之洞节制调配，而且贪官污吏挥霍浪费，层层盘剥，致使产品成本高得惊人。自 1890 年开办到 1896 年改为官督商办之前已用去白银 1120 余万两（当时清政府每年的总收入也不过 7000 万两左右）。于是，开始借大量的外债（主要是日本），条件十分苛刻，规定 40 年内，一共必须向日本提供头等铁矿 1500 万吨，生铁 800 万吨；并且，没有日本的同意，厂矿均不得收归国有。实际上，控制大权已落入外人手中。因此，在当时就有人评论说，"其所以陷于困难或甚至失败之原因，实不由于自然不可抗之阻力，而多由于人谋之不臧"，"汉冶萍创立之初，计划即未尽善，例如未知煤铁矿之所在而先建厂。虽以幸运，竟得冶萍二矿，而原料运集为费已钜"，"创建以后，更受官场及社会办事习惯之影响……其最困难者，厥为因对日本债务所生之结果"。像这样工厂的产品，就是在中国之内，和外商倾销的"洋铁"也没有任何的竞争能力。

除汉冶萍之外，在 1919 年之前我国近代冶铁炼钢厂矿的设置还有：1915 年本溪湖铁厂开始出铁，1916 年开办石景山钢铁厂，1919 年鞍山新建高炉出铁。本溪和鞍山的铁厂都有日本资本插手其中，这两个厂即是今日鞍钢的前身。

在第一次世界大战期间，由于帝国主义列强无暇多顾，中国的钢铁业一度发展，战后再度萧条，致有多数高炉停产。自 1899 年到 1919 年 20 年间，我国钢铁产量概貌大致如下。

| 年 | 生铁（吨） | 钢（吨） |
| --- | --- | --- |
| 1900 | 25 890 | — |
| 1905 | 32 313 | — |
| 1910 | 119 396 | 50 113 |
| 1915 | 336 649 | 48 367 |
| 1919 | 407 743 | 34 851 |

也有人估计 1919 年前后，中国国内销用钢铁总数约为 55 万到 60 万吨，以当时人口为 4 亿计，每人每年平均用铁量约为 1.4 千克。当时其他国家人均年用铁量为美国 250 千克，英、德 130 千克，瑞典 85 千克，俄国 30 千克，世界平均 40 千克。这种情况表明，虽然引进了先进的技术，但是中国的生产能力依然十分落后。

除黑色冶金之外，有色金属，如铜、银、锡、铅、锑、钨等等，也都在 19 世纪末或 20 世纪初转为用近代方法生产。

### 传入的其他各种工业技术

机械制造、造船、化工、轻工业、农产品加工、民用工业等方面的许多技术，也都在洋务运动时期先后输入了我国，简单情况如下。

机械制造：1865 年设厂的江南制造局，从美国引进机器，除有锅炉、蒸汽机作为原动机械之外，还有打眼、绞螺丝、镟木、铸弹、制造枪炮等等的工作机械，并设有汽锤车间。1866 年上海民营发昌机器厂开办，这个厂 1869 年开始使用近代车床。

造船：1865 年徐寿等在安庆制造了我国第一艘汽船，1868 年江南造船厂第一艘惠吉号下水。从 1869 年福州造船厂也开始制造新船。1872 年上海英国领事在参观了一艘新造的兵船后报告说："这兵轮的各部分，除螺轮、曲拐之外，都是局（江南制造局）中自己所造。"但一般认为造船技术虽然传入，但各厂所造船舰的关键机件，如汽机、推进器等大都选用西方的成品进行装配。

化工：1853 年上海老德记药房（英）可以制配西药。在 19 世纪 60 年代开办的上海江苏药水厂可以制造酸、碱，19 世纪 70 年代开始可以造肥皂（上海，美查肥皂厂，英）。黑色火药传入很早，1895 年江南制造局试制无烟火药。1876 年台湾淡水、1878 年开滦煤矿开始西法机器采煤。1878 年在台湾淡水开始用西法钻探石油。

纺织：机器缫丝 1861 年已经开始（上海，英），1872 年侨商陈启源在广东南海设继昌隆机器缫丝厂。西方棉织技术的引入以 1889 年开机织布的上海织布局为最早，1892 年开机织布的湖北织布局的规模也不小。

印刷：用西方印刷术印制中文书籍，最早要算是 1819 年在马来亚印制的中文圣经（有中国印工参加）。1815 年有人在澳门铸制中文铅字，之后美、法等国传教士都有在国外制造的中文铅字传入我国。纸型制铅版的方法在光绪年中叶传入我国（上海，修文印书局，日）。1872 年上海申报馆引进手摇轮转机。1906 年电动的华府台单筒机传入我国，新式的米利式机（双回轮转机）是 1919 年引进并开始使用的。石印技术是 1876 年传入我国的，珂罗版技术大约传入于光绪初年。

其他轻工业：机制纸技术传入于 1881 年（上海，华章纸厂，美），皮革制造为 1882 年（上海熟皮公司，英），1880 年上海燧昌自来火局开始生产火柴，机器卷烟开始于 1891 年（天津，老晋隆洋行，英）。

农产品加工：1863 年上海开始有机器磨面和碾米，19 世纪 70 年代还有榨油、酿酒、蛋粉、机制糖等技术传入。

民用事业：上海的煤气厂创办于 1864 年，自来水厂为 1881 年，电灯厂为 1882 年。1880 年开办了天津电报局，但在此以前电报已传入我国，丁韪良和丹麦使馆都曾为清政府的高级官僚表演过电报技术。

## 五　西方医学知识的传入

西方近代医学知识的早期传入，可追溯至明末清初。当时，除有关人体解剖方面的知识之外（传教士罗雅谷、龙华民、邓玉函三人译有《人体图说》1 卷，传教士巴多明还用满文译有人体解剖学，以上两种只有抄本。当时有刊本的只有邓玉函所编译，由毕拱辰整理出版的《泰西人身说概》2 卷），对西医、医院概况、医学教育等也略有介绍（见《西方要纪》利类思、安文思、南怀仁等著；《职方外纪》艾儒略著，卷 2；《泰西水法》熊三拔著，卷 4）。康熙年间传教士石铎琭（Petrus Pinuela）著《本草补》1 卷，这是最早介绍西药来我国的专著，赵学敏《本草纲目拾遗》曾引用此书。康熙本人曾接受西医的治疗，治愈疟疾、心悸、唇瘤等症。有一些传教士在传教的同时也为人们治病。但总的讲来，此时西医的影响还不是很大。这一方面是因为西医的思想和中国传统的中医思想格格不入，很难为人所接受，另外从疗效方面讲，当时的西医也并不具有显著的功效，而后一方面很可能是造成西医影响不大的更主要的原因。

19世纪前后，由于西方科学技术的日益进步，西方的医学也有了很大的发展，特别是外科、产科、眼科等手术疗法已有明显的疗效。到了鸦片战争前后，这些新的西医、西药知识便进一步传入我国。这些医药知识大都是伴随着贸易活动和传教活动传入的。

1805年英国船医皮尔逊（Alexander Pearson）传种痘法来我国，并写了《种痘奇方详悉》一书。1820年英国传教士玛礼逊（R. Morrison，1782—1834）、东印度公司医生李文斯敦（T. Livingstone）在澳门开设诊所。1827年东印度公司医生郭雷枢（T. R. Colledge）在澳门设一眼科医院，翌年又设一医院于广州，聘白拉福（J. A. Bradford）和柯克斯（Cox）共任医职。1835年美国医生伯驾（Peter Parker）也在广州开设一所医院。这些就是西医医院在我国开始出现时的情况。到1876年全国教会医院已有16处，诊所26处，1905年医院增至166处、诊所241处，1919年全国的教会医院已达250处。

教会在开设医院的同时，也都在医院附设有学校。例如合信在香港就曾设医学校招收少量学生培养为助手。1854年美国嘉约翰（John Glasgow Kerr）夫妇在广州设立博济医局，附设医学校，一般把它视为近代西医学校在我国的开始。这类学校在19世纪末20世纪初设立的最多，比较著名的有广州夏葛医学校（1901年），上海震旦医学院（1903年），北京协和医学校（1906年），上海同济德文医学堂（1908年），四川华西协和大学医学院（1910年），沈阳南满医学堂（1911年），等等。

1840年以后传入的西方医学书籍，是从合信所编译的《全体新论》等书开始的，它们大都出版于19世纪50年代。其后嘉约翰在1859—1886年编译出版了西医、西药方面的书籍有二十余种，如《西医略释》、《裹扎新法》、《皮肤新编》、《内科阐微》、《眼科摘要》、《割症全书》、《炎症略论》、《内科全书》等。稍后，傅兰雅在江南制造局编印介绍西医西药的有关书籍，如《儒门医学》、《西药大成》等书。同时，德贞在北京同文馆也编译了若干种有关著作，如《全体通考》、《全体功用》、《西医举隅》、《英国医药方》等。

介绍西医的刊物，如1880年嘉约翰在广州出版《西医新报》和1888年在上海出版的《博医汇报》等，都是比较早的医学刊物。其中以《博医汇报》影响较大，它就是后来的《中华医学杂志外文版》的前身。外国人在中国开设西药厂是从上海老德记药房（1853年）开始的，其后陆续有科发药厂（1866年，德）、屈臣氏药房（1871年，英）等。

必须指出的是：以上这些活动虽然在客观上是传入了西医西药方面的各种知识，为我国医学的发展注入了不少新的内容，但从西方列强的主观动机来看，这一切都是它们施行文化侵略的一个重要方面。这些活动"传教，办医院，办学校，办报纸和吸引留学生等，就是这个侵略政策的实施。其目的，在于造就服从它们的知识干部和愚弄广大的中国人民"[①]。

我国自办西医方面的教育事业，开始于1865年同文馆中设立医学科，但每班只有几个人，而且不能实习，没有临床经验。1881年天津设立医学馆，1891年改名北洋医学堂。

---

① 毛泽东. 中国革命和中国共产党. 人民出版社. 1975：12

1902年天津创办北洋军医学堂，1903年京师大学堂设立医学馆，1906年改为京师专门医学堂。辛亥革命后北京、杭州、江苏、江西、湖北、河北、山西等地也都设立了医学专门学校，西医教育逐渐推广。在鸦片战争之后最早的留学生是学医的，到19世纪末20世纪初留学生中学医的逐渐增加。这些留学生回国之后，大都成了医学院校的教职人员，成为进一步发展我国现代医学的重要力量。

由于西医的影响日益扩大，对传统的中医学以及整个中国医学界的思想，都产生了很大的影响。到了20世纪20年代，在一些大城市已形成中西医同时并存的局面，在广大的乡镇和农村，中医仍占绝大比例。

在对待中西医的问题上，当时存在着三种不同的态度。一些人迷信国故，尊经崇古，顽固地拒绝与否认西医的科学成就。另一些人则只看到西医以近代科学为基础的一面，而把中医一概斥之为不科学，或者主张"废医存药"。1914年北洋政府的教育总长汪大燮还公然提出废止和取缔中医的主张，但因各省中医组织请愿反对而未能实行。当时也还有一些人试图吸取西方解剖学和西药等方面知识。如唐宗海著《中西汇通医经精义》（1892年），他主张"不存疆域异同之见，但求折中归于一是"；张锡纯著《医学衷中参西录》（1909年），则曾用中药、西药配合治疗；恽铁樵（1878—1935）还试图对中西医的特点进行对比的论述。但是由于他们对西医缺乏系统的了解和研究，因而他们的努力成效不大，甚至有些地方是牵强附会的。关于中西医结合开创中国医学新的途径的问题，经过各种曲折和反复，在中华人民共和国成立后才逐渐走上健康发展的道路。

在这一阶段，比较有影响的中医学方面的著作还有：王孟英的《温热经纬》（1852年），唐宗海的《血证论》（1884年），俞根初的《通俗伤寒论》（1916年），恽铁樵的《药庵丛书》，等等。

## 六　20世纪初期的中国科学和技术

### 洋务运动的失败

自从19世纪60年代清政府以"求强"，"求富"为招牌推行洋务运动以来，在三十多年的时间里，中国开始出现了数以百计的大小工厂和矿山，西方近代的科学技术知识，大量的传入我国。从日心说到进化论，从造船、造炮直到机器碾米和磨面，数量之多，范围之广，都是过去任何一个历史时期所不能与之相比的。

但是，洋务运动作为清政府自上而下推行的向西方科学技术学习的运动，却没有获得成功。尽管花费了国家无数资财，然而"求富"、"求强"均未能实现。特别在1894年甲午战争中，北洋海军丧师辱国、毁于一旦，至此洋务运动可以说是完全破产了。正如洋务运动的领导人物，在中法战争后被撤换掉的奕䜣所不能不承认的："人人有自强之心，亦人人有自强之言，而迄仍并无自强之实。"[①] 洋务派遭到朝野上下几乎一致的抨击："国家

---

[①] 《同治始末》，卷98。

费百万之帑项，聚数千人之精力，竭数十载之经营，不得谓谋之不深，虑之不远。乃一旦与倭人相对，将不知兵，士不用命，师徒挠败，陵寝震惊，失地丧师，枪炮轮船全为敌有。所谓洋务出身者，或逃避伏法，或战败降倭，或潜亡内地，前功尽弃，莫可挽回，中国遂不得不力主和议，是役也，办理洋务之员实有难逃之罪责。"①

与中国三十多年洋务运动以失败告终的同时，日本却在向西方学习先进科技方面取得很大的效果。

在16世纪西方资本主义原始积累阶段，中国和日本同样都受到西方的侵略。1514年葡萄牙海盗船第一次闯到广东近海并于1557年强租了澳门，几乎同时1543年葡萄牙船第一次来到日本的种子岛，使日本第一次领略到西方的火炮。传教士利玛窦1582年来到中国活动，传教士沙勿略则早在1549年就到了日本，据说他后来也要来中国，但病死途中才改派了利玛窦。他们给两国都带来了地图、钟表等。在接触西方近代科学技术方面，两国几乎是同时的。

中国在雍正之后鸦片战争之前（1723—1840）实行了闭关自守政策。日本在1638—1720年也同样实行过封建锁国政策。从时间上讲，都有一百多年的时间。

1840年英国的大炮轰开了中国的门户。1853年美国人培里也率舰队威逼日本开口通商，俄国派普查金入使长崎。1863年美舰炮轰下关，英舰炮轰鹿儿岛，1864年英、法、美、荷舰队联合炮轰下关，日本又被迫和列强签订了一系列不平等条约。

就当时两国国内的政治情况而言，中国是腐朽透顶的清朝，日本当时封建统治集团德川幕府也是摇摇欲坠。两国都处在封建社会末期，情况很多类似。

从人口、幅员上讲，中国还算是个大国，不论人力和财力，相对地讲，都比日本大得多。每年的岁收，中国大约是日本的七八倍。就文化传统而言，从隋唐时代开始，日本曾经长期受到中国文化的影响。对西方近代科技知识的介绍，在初期，日本借助于汉译西书之处也还不少。

但是明治维新以来，"二十年间，遂能变法大备，尽摄欧洲之文学艺术而熔之于国民，岁养数十万之兵，与其十数之舰，而胜吾大国，以蕞尔三岛之地，治定功成，豹变龙腾，化为强国"②。日本明治维新的成功和中国洋务运动的失败，在近代亚洲历史上形成了鲜明的对照。虽然有很多偶然的因素，但从各个方面进行分析，这种成功和失败都绝非偶然，而是存在着许多必然性的历史因素的。从向西方先进的科技知识学习来看，就存在着明显的差别。

就中国而言，由于封建社会的长期发展，在人们头脑中顽固地形成了一种"天朝大国"思想。从明末清初杨光先等人直到洋务运动时期的顽固派，以及阮元一类妄自尊大的人物的思想可为其代表。这一类的思想，还可以举出许多例子，如当有人在同文馆表演电报收发时，一批清朝官员观望着，既不了解，又无兴致的样子。其中有一位是个翰林，竟轻蔑地说道："中国四千年来没有过电报，固仍泱泱大国也。"③ 有这种"泱泱大国"故步

---

① 陈耀卿：《富国当求本源论》，见《皇朝经世文三编》卷4。
② 康有为：《进呈日本明治政变考》序。
③ 据傅任敢辑译的丁韪良所写的回忆录，辑译题名为《同文馆记》。

自封的思想，又谈何学习先进的科技知识呢！

日本则不然，他们过去除了保持自己的古老传统之外，还长期向外国学习（主要是向中国学，也学朝鲜）。他们并不存在什么"大国"的包袱。1868年，也就是实行明治维新的当年，由天皇颁布了《五条誓文》，其中有一条就是"求知于全世界"。维新伊始，就把它作为基本的国策定了下来。当他们了解到西方的科技知识比较先进的时候，便马上由学习中国转向学习西方。兰学（传入之初荷兰书较多，故当时日本称西学为兰学）就很快在日本传播开来，虽然也有些曲折，但比起中国，阻力却要小得多。

在学习西方科技知识方面，中国当时还存在着一个最根本的弱点。从明朝末年时起，在向西方学习的知识分子中间，从徐光启到李善兰，本身都不通晓外语，都需要经过传教士"口授"才能"笔录"。而且由于科举考试，尊孔读经，一般知识分子头脑里有不少"泱泱大国"的思想，当时的社会风气仍是"耻言西学，有读者，诋为汉奸，不齿士类"①。

日本情况则与此不同，从一开始他们就注意学习外语。由杉田玄白翻译出版的第一部介绍西方人体解剖学的著作《解体新书》（1774年）开始，翻译工作大都是日本人自己进行的。从人数上讲，日本也比当时的中国为多。18世纪末19世纪初"兰学"更为兴旺，1862年福泽谕吉（著名的兰学塾"庆应义塾"的创始人）在英国遇到一位中国人，彼此问及两国可以直接阅读并教授西文书籍的人数时，中国仅有11人，而日本已多达五百余人，至于有志学习兰学的日本人，数目当然就更多了。这些人，在日本各地传播先进的西方科技知识和推进社会变革，实际上也就是后来明治维新运动的骨干。

教育制度的改革也是明治维新取得成功的最重要因素之一。新学制保证为国家培养和输送各种人才，对科学技术的发展当然也起着非常重要的作用。1872年（即宣布实行维新之后的4年）日本颁布了统一的新学制，推行义务教育，开始是四年制，1907年改为每个国民有义务受6年教育，使用统一的教材。这时，中国还是采用科举考试的老办法。虽然设立了同文馆，内部也腐败得很，学生的年纪有的很大，甚至是有了孙子的老祖父，其中很多人不过是拿薪水，当闲差。一直到1905年清政府才决定废止科举考试，制定了学堂章程。这比日本已晚了三十多年。当初李善兰等人所译的科学著作，对日本学术界还产生过一定的影响，而三十年之后，当中国决定改革学制，各级学堂需要教科书的时候，则有很多是取自日本了。三十年之间完全调换了位置，说明日本的教育和科学确实都有了很大的进步。

此外，日本在培养自己的专家方面也比中国做得要好。1877年日本东京大学理学部开创时期，16名教授中只有4名日本人，其余都是聘请的外籍专家。但仅仅过了9年，到1886年改称理科大学时，外籍教师只剩下2人，其余13名全部是日本人担任。中国则不同，以同文馆为例，到1884年止，聘用西人教习28人，中国人教习4人（其中3名是中文教习，担当科学教习的只有李善兰1人），这种情况一直没有改变，而且洋教习越请越多。

在以上各种因素相互影响之下，日本的科学技术有了很大的发展，从19世纪70年代

---

① 梁启超：《戊戌政变记》。

开始各大学、研究机构、学术团体、学会、杂志等相继创立。1879年创帝国学士院，开始设博士等学位。到了19世纪90年代，日本已经在科学研究的若干领域里作出了成绩。例如长冈半太郎在磁学方面的研究（1889年），志贺洁所发现的志贺赤痢菌（1891年）等都已具有当时的世界水平。在技术方面已经可以制造1300匹马力的蒸汽机（1894年）和建造300千伏安的水电站（1899年）。日本的科学和技术已经把中国抛到了后面。

当然，明治维新的成功和洋务运动的失败也还有社会经济、军事等方面的原因，而以政治上的原因最为重要。

日本的明治维新推翻了德川幕府，"奉还大政"于天皇，国体实际上进行了改变，实行了带有日本特点的君主立宪制。明治前日本各地方的割据势力有三百多个大大小小的"藩"。在推翻幕府的过程中，各"藩"和工商业者互相联合，有些本身也转变成为资产阶级参与了政治。许多大臣，在明治天皇周围形成了一个坚定的革新集团，同心同德，推进维新运动。中国的情况则与此完全相反。以西太后为首的封建统治集团，死守"中学为体"的信条，顽固地维护封建的旧法统、旧制度，不肯作半点改变。他们以为只有这样才能维持住那摇摇欲坠的皇帝宝座。封建主义正像当时中国人的辫子，死死缠住人们的头脑。朝廷内部又互相倾轧，洋务派和顽固派，洋务派和洋务派之间矛盾重重，尔虞我诈，而西太后又正是利用群臣间的矛盾来控制他们，到了戊戌政变前后更有帝党、后党之争，日甚一日。清政府到了晚期，完全奉行"宁赠友邦，勿予家奴"的卖国主义路线，实际上清政府已经变成了帝国主义的代理人。

但是也应该看到日本明治维新的反封建也是很不彻底的，封建主义也拖了一个不小的尾巴。这条封建主义的尾巴，使日本很快变成了一个封建色彩很浓厚的军国主义国家，这在第二次世界大战中使日本人民付出了极大的代价，也给亚洲各国人民带来了深重的灾难。因此也可以说，日本近代科学技术的发展，也走过一段不小的弯路。

### 从戊戌变法到辛亥革命

19世纪70年代前后，伴随着民族资本的一些工矿企业的逐步发展，在19世纪70年代后期产生和发展早期的资产阶级改良主义思潮，其代表人物有王韬、薛福成、郑观应等。他们反对洋务派对帝国主义投降的政策，要求抵制列强的种种侵略活动。他们对束缚资本主义发展的封建势力进行猛烈的抨击，反对封建官僚买办的垄断。他们主张"恃商为本"（王韬），认为"商握四民之纲"（薛福成），为抵制外国和使中国富强，必须发展资本主义。实际上他们代表的是民族资产阶级的利益。他们认为只是"师夷之长技"已很不够，向西方学习，更重要的是学习西方的政治，要求变法自强，实行政治改革。

这批早期的资产阶级改良主义的代表人物，和当时的封建统治势力以及帝国主义势力也都有着一定的联系。他们中的大多数人都参与过洋务运动，有些人还到过一些西方国家。

在中国近代史上规模最大的一次资产阶级改良主义运动，乃是康有为、梁启超等人所发起的戊戌变法。

康有为（1858—1927）早年受中国传统经学教育，22岁时开始接触西学。1888年到北京应试，他上书给光绪皇帝建议革新变法，没有成功。1895年中日马关条约签订时，康有为又一次在京应试，这次他联合各省赴考的举人再次上万言书（即轰动一时的"公车上书"），其后他又不断上书，前后共7次。

康有为要求变法的主要观点是：国家"变法而强，守旧则亡"，"能变则全，不变则亡，全变则强，小变则亡"。他抨击所谓的洋务运动是"徒糜巨款，无救危败"，其原因就在于"根本不净，百事皆非"。在政治上康有为要求实现君主立宪制，经济上要求"富强为先"，"以商立国"，并主张开矿藏、筑铁路、造船、造币、开银行等。他主张对科学技术上的发明创造进行奖励，这在中国也是首次创议。在文化教育方面，康有为主张废八股，兴学校和派遣留学生。

梁启超（1873—1929）在维新人物中与康有为齐名，是康有为的学生和得力的助手。

康梁等人还成立了各种组织。成立各种学会，是当时的一种风气，根据1895—1897年的统计，全国各地兴办的学堂、学会、报馆、书局等共61处，其中学会33种，学堂17所，报馆9所，书局2处。这类学会大都以宣传变法、崇尚西学为主要目的，但间而有"算艺学堂"（湖南），"测量会"（南京），"农学会"（上海）等等的设立以及"格致新报""算学报"等刊物的出版，实际上这也是中国近代学会和科技刊物的肇始。

在戊戌变法前，除康梁等人之外，严复也是积极主张变法维新的一位颇有影响的人物。

严复（1853—1921），福建闽侯人。早年曾在马尾船厂附设的海军学堂学习，后曾留学英国，学习海军。留英期间，他经常与人"论析中西学术政制之不同"，努力寻找以西学可以救中国的真理。回国后，严复长期在天津北洋水师学堂任教，虽然他和百日维新并无组织上的联系，但他却积极参与了维新变法的鼓动宣传工作。1895年，严复在天津《直报》上发表了"论世变之亟"、"原强"、"救亡决论"、"辟韩"等一系列政论性文章。1897年他还创办了《国闻报》，不断宣传变法，抨击时弊。他还大力宣传达尔文进化论学说，向全国敲起了如不自强将亡国灭种的警钟。他所译《天演论》成为变法维新乃至后来人们进行旧民主主义时期革命运动的重要思想武器。严复还把以培根（Francis Bacon，英，1561—1626）为代表的西方近代科学方法论的思想介绍来我国，并加以大力提倡。

在改良主义思潮影响下，清朝廷内部也分裂为以光绪为首支持变法的"帝党"和以西太后为首反对新政的"后党"。像维新变法这样的运动，理所当然地引起了帝国主义列强的注意，沙皇俄国支持后党，而日、英、美则支持帝党。

1897年11月法国强占了胶州湾，民族危机更加严重，列强瓜分中国的危险迫在眉睫。1898年6月11日光绪下"明定国是诏"，宣布决心变法，到9月21日西太后发动反动政变重掌朝政为止，前后103天，就是中国近代史上短暂的"百日维新"。

新政时间很短，发布的命令和采取的措施大都未能实现。总的来说，这些措施在经济方面的目标是为在中国发展资本主义创造条件，在政治上的目的是为资产阶级参与政权创造条件，并希图整顿吏治，巩固光绪的地位，打击后党。比较起来，"百日维新"在文化教育方面采取的措施要多些，主要有以下几点：

1. 开办京师大学堂（新政第一天就下令筹办，8月9日正式成立），令各省兴办中、小学堂，以及各种实业（农、茶、丝）学堂；

2. 成立译书馆、局（6月8日命梁启超于上海主持，8月16日正式成立译书局）；

3. 奖励发明创造，保护专利权（7月5日决定奖赏士民著作新书及创作新法，制成新器，准其专利售卖；8月2日重申奖励创新），由政府明令保护发明专利，这在中国还是首次。

但这些"新政"很快被西太后发动的政变所打断。变法失败后，这些"新政"统统被宣布作废，只有兴学校一条，迫于形势，不得不保留下来。

洋务运动失败了，变法维新也失败了，改良主义的道路是行不通的。中国的出路只有进行革命。从1895年广州起义开始，在全国各地多次举行武装起义，终于在1911年爆发了辛亥革命，推翻了清朝268年的统治，结束了延续两千多年的帝制，建立起民主共和国。

### 学制的改革，留学生的派遣和学会的创立

从洋务运动时期起，就不断有废科举、兴学校的建议，但直到1905年清政府才明令取消科举考试制度，正式建立了新的学制。在新学制尚未建立之前，从19世纪90年代开始陆续有些新式学校开始创办。当然，中国近代以吸收西方知识为目的的学校，如前所述，最早还可以推到1862年京师同文馆的建立。从1866年起同文馆添设天文算学科，之后又逐步开设物理、化学、生理等各种课程，但直到1898年戊戌变法之前，它本身的变化不大，对社会的影响也不大。同类的学校还有上海广方言馆、广州同文馆等。另外，洋务运动期间也开办了一些军事学校，如福建马尾船政学堂（1866年）、北洋水师学堂（1880年）、天津武备学堂（1885年）等。这类学校以后还曾在广州、武汉、南京各地开设过。这类学堂也讲授一定的科学和技术课程。

1897年上海开办的南洋公学外院，是我国创办公立小学校的开始，中学校的兴办大致上也在19世纪90年代末期，1895年天津西学学堂分头等、二等，其中二等学堂的程度就和中学相当。1898年，在原京师同文馆的基础上，作为戊戌变法的重要措施之一成立了京师大学堂，这是中国近代国立大学的开始。戊戌变法期间还正式成立了相当于教育部的"学部"。1902年、1903年颁布了"学堂章程"之后，全国大、中、小学有较大发展，1905年宣布废除科举制度，至此，学制改革才算完成。到1911年，全国有小学86 318所，中学832所，大学122所（其中绝大多数为专门学校）。

此外，作为帝国主义文化侵略的一个重要方面，他们也在中国各地办了不少学校。最早的一所是1839年在澳门设立的。教会把学校看成"它不单在尽量招收个别信徒，乃在征服整个中国，使之服从基督"①，他们认为学校"常起着尖兵的作用，是布置轰炸敌人堡垒的工兵和弹药手"②，因此这类学校发展得也很快。到1905年，仅在基督教会严密控

---

① 见《在华新传教士一八七七年大会记录》第173页。
② 见《在华新传教士一八九〇年大会记录》第445页。

制下的学校总数就多达 2585 所，学生人数为 57 600 余人。1907 年这个数字又猛增，仅美国所办的学校就多达 1195 所。比较著名的教会大学有：燕京、齐鲁、圣约翰、东吴、震旦、沪江、之江、岭南、协和等。

由于废科举，兴学校，因而包括科学技术各门类的教科书的编辑工作，也随即开展起来了。19 世纪 90 年代之后，特别是 1898 年戊戌变法前后，教科书的需求大量增加。1897 年创办的商务印书馆，最初，它的宗旨就是以出版教科书为主的。几乎同时，还有文明书局、广智书局等出版商社也出版各级学校用的教科书。在 19 世纪末到 20 世纪初的一段时间里，译自日本的各种科技书籍曾经风行一时。1911 年创立的中华书局也编印了大量的教学用书。

关于留学生的派遣情况，最早从康熙时起，就有传教士从中国带走一些学生去西方学习。虽然有人学了一些科学技术方面的知识，但大多数仍是以学神学为主的。回国后，在科学技术发展方面几乎毫无影响。鸦片战争以后出国的留学生，据现在所知，当以容闳、黄宽等人为最早（1847 年）。黄宽在美国学习两年之后又去英国爱丁堡大学学习医学，1857 年以第二名的优异成绩学成回国，后在广州行医，同时参与西医的教学工作。他确实是我国近代留学西方学习科学技术学成回国的第一个人。

容闳 1850 年入学于美国耶鲁大学，1854 年毕业回国。他在国内有志于推动留学生事业，但不受重视。1860 年还到过南京见过太平天国的洪仁玕，建议若干改造中国的意见。1863 年入曾国藩幕中，帮助推行洋务运动。直至 1870 年清政府才接受了他的关于留学生的建议。这就是近代留学生史上著名的"幼童赴美留学预备班"。

这些学生（12～16 岁）每年 30 人，自 1872 年开始，四年共 120 人。学生先在美国人家中散住学习外语，之后升入小学、中学，最后升入大学。这个计划没有实行到底。1881 年，由于顽固派的反对，主要是以怕学生沾染西方风气，数典忘祖，轻蔑礼教和经书，接受西方过激思潮影响等理由，撤回国内。学生中只有 2 人毕业，其中之一就是詹天佑。还有 10 名学生留在美国没有回来，其中有一人叫郑兰生，是学工程的，后来在纽约很有名气。这大概是较早的一批美籍华裔的科技人员。

从 19 世纪 70 年代初，清政府还从福建，天津派人出国去英、法、德等国学习军工、造船、驾驶等技术。

戊戌变法失败之后，兴学堂派留学生事，迫于形势，仍得发展。1899 年清政府派往东西各国留学生共 64 人，学习时间也延长至 6 年。1900 年八国联军侵入北京激起朝野上下的自强决心，留学生数量很快增加。特别是到日本的留学生增加得更为迅速，1900—1906 年达最高潮，前后共有万人以上。单是 1906 年滞日留学生就达 7 千人之多。留学西方国家的人数也不少，以庚子赔款兴办的清华留美学生，1909—1924 年就有 689 人。

留学生学习的科目，在当时，理工科曾占绝大多数。1899 年总理衙门为改变过去学语言人多的现象，曾命令"嗣后出洋学生应分入各国农工商各学堂，专门肄业，以便回华后传授"。1908 年更规定，官费留学必须是理工科。庚款留美生也限定十分之八学理、工、农、商各科。辛亥革命后仍是如此。据 1916 年统计，官费学生中学理工者占 82%。

在派遣留学生方面存在的严重问题是：学生回国后用非所学。以有统计数字的清华留美学生为例，1909—1922年：学工程者58人，回国后能从事工程方面工作的只有29人；学采矿的25人，在矿上工作的只有2人，学农的10人，回国后从事农业方面工作的只有1人。

虽然如此，留学生的派遣和自费留学人员的增加，不论对我国近代科学技术的发展，还是推进整个社会前进，都起了很大的作用。在中国现代科学研究和科学教育战线上工作的很多老一辈的科学家、教授，有很多就是这一时期出国学习的留学生。而在留日和赴法勤工俭学的学生中间出现了不少的杰出革命家，这更是人所尽知的。

最早的科学技术学会的建立，可以追溯到19世纪70年代，它们的建立和洋务运动以及后来的维新变法运动有关。著名化学家徐寿等人在上海建立的"格致书院"即可视作学会的雏形。1895年在维新变法的强烈呼声中，革新派在北京组织了"强学会"，从此，全国各地陆续开办了许多学会。梁启超还在《时务报》上写了一篇"论学会"的文章。他说："西人之为学也，有一学即有一会……会中有书，以便翻阅，有器以便试验，有报以便布新知，有师友以便讲求疑义。故学无不成，术无不成，新法日出，以为民用。"他还说："……遵此行之，一年而豪杰集，三年而诸学备，九年而风气成。欲兴农学，则农学会之才不可胜用也。欲兴矿利，则矿学会之才不可胜用也。……欲制新器，广新法，则天、算、声、光、化、电等学会之才不可胜用也。以雪仇耻，何耻不雪，以修庶政，何政不成。"全国各地的其他学会在它们成立时，也都有一个关于宗旨的声明，内容和上述梁启超的论文相似。严格地说，这些学会和西方科学技术的各专门学会还不完全相同，它们大都是维新派用来宣传变法的一种组织形式。只有少数的学会是由有志于科技业务的人员组成的。例如南京的"测量会"（备有各种仪器）、上海农学会（创办了农学报）等，也还有人兴办医学会。但这种专门学会数量甚少，存在时间不长，参加的人数也有限。1907年留法学生曾组织了一个"中国化学会欧洲支部"，但这个团体存在时间也很短。

如前已述，张相文等人于1909年创立"地学会"并出版了《地学杂志》。由于这是一个由专业人员创立，而且刊物一直持续近30年，所以有人把中国地学会的创立，作为我国近代各种学会建立的开始。

在工程技术方面，1913年成立了"中华工程师学会"，以詹天佑为会长，并出版了《中华工程师学会会报》等。

1914年夏，当时还在美国各大学留学的中国学生任鸿隽、赵元任等人发起成立了"中国科学社"。中国科学社还开办了一个图书馆和一个科学仪器公司。作为一个学术组织和学术团体，中国科学社一直存在到1949年中华人民共和国成立之后。现代中国科学技术界的许多知名的科学家和工程师，有很多人都曾经是中国科学社的社员。在相当长的一段时期内，特别是中国科学社创立的初期，当时的中国除在1916年成立的地质调查所和一些教会办的大学之外，科学研究的机构很少。因此中国科学社在中国近、现代科技史上都起了一定的作用。

辛亥革命以后，政治局面仍然很混乱，但清末以来的反对列强瓜分中国的群众运动和推翻清朝的革命斗争日益高涨。在许多留学生以及国内青年知识分子中间，尤其是在学习自然科学和技术科学的知识分子中间逐渐形成了一种思潮，他们以为：科学可以救中国。

科学救国、实业救国等思潮的产生和日益高涨，正是中国科学社产生的时代背景。

1915年1月，中国科学社创办的《科学》杂志正式出版。这个刊物到1950年12月，共出版了32卷。1915年10月制定了会员新章程，当时共有70名会员分属农林、生物、化学、机械、电气、土木、采矿冶金、物理数学等门类。1918年中国科学社总部由美国迁回国内。按1919年第四次年会报告，共有会员604人，其中：农林44人，生物17人，化学36人，化工37人，土木65人，机械69人，电工60人，矿冶79人，医药32人，物理数学42人，经济48人，其他75人，从中可看出各专业之间人数的比例。这在一定程度上也反映了当时我国科学发展趋势的一个侧面。

## 五四运动和中国近代科学技术

1911年的辛亥革命虽然推翻了清朝，但政权却落到袁世凯之流的北洋军阀手里，反帝反封建的任务实际上并没有完成。"民国"不过只是徒具虚名，辛亥革命仅仅赶走了一个皇帝，而权力都落在封建军阀手里，实际上是失败了。

但是，中国的社会却在不断地前进。从19世纪90年代末期开始到五四运动时止，在这二十多年期间里，不论经济、政治和社会思想等各个方面，我国社会都发生了重大变化。

经济方面，在20世纪的最早10年里就有了较大的发展。特别是在1914—1918年第一次世界大战期间，帝国主义之间忙于相互残杀和争夺，由于战争而引起的经济危机，使得除日本、美国以外的英、德、法、俄等国一时顾不上中国，它们对华商品的输出量下降很多，从而使中国的民族资本获得一个暂时的发展机会。从1912年到1919年，在中国新建的工矿企业就多达四百七十多个，其发展的速度超过洋务运动以来的任何一个时期。与此同时，日美两国利用欧洲正在进行大战的机会，加速在华投资设厂，扩大对中国的侵略和掠夺。

由于新的工厂不断增加，中国工人阶级的队伍也迅速壮大起来。辛亥革命前中国产业工人的人数仅有五六十万人，到五四运动前夕，已猛增到二百万人，工人运动也日益高涨。

这一时期的社会思想非常活跃，斗争也十分激烈。从前名噪一时的改良主义者康有为、梁启超等人都变成了顽固的保皇党，严复也积极参加了为袁世凯复辟称帝鼓噪蛙鸣的行列。反对倒退复辟，继续摧毁封建的旧法制、旧道德、旧伦理等的任务依然十分艰巨。

正是在这样的情况下，1915年9月，在中国近代史上非常有名的杂志——《青年杂志》在上海创刊。从第二卷起它改名为《新青年》，编辑部也迁到北京。以《新青年》杂志为主要阵地，一些继续追求救国救民真理的革命的民主主义者，掀起了一场比戊戌变法、辛亥革命时期更为猛烈，影响也更为广泛和深刻的思想解放运动。这就是中国近代史上有名的新文化运动。这一运动一直持续到五四运动时期。李大钊（1889—1927）、鲁迅（1881—1936）等人是《新青年》杂志的编辑和主要撰稿人。李大钊和鲁迅实际上代表着新文化运动的主流。1917年11月7日俄国发生了伟大的十月社会主义革命，马克思列宁主义开始传入中国，这使得正在轰轰烈烈进行着的新文化运动发生了质的变化，中国的无产阶级开始登上政治舞台。到这时，新文化运动已经变成为具有彻底反对封建主义和帝国主义意义的新民主主义文化运动。

民主和科学是五四时期新文化运动的两面大旗，也是推动新文化运动前进的两个重要的口号。

针对当时封建军阀篡夺辛亥革命果实妄图复辟帝制和提倡尊孔读经的逆流，新文化运动明确提出打倒孔家店，反对君主，要求民主的战斗口号，向代表封建文化的旧礼教、旧道德进行猛烈的冲击。

为了彻底地反对封建主义，就必须提倡科学精神，破除迷信，反对盲从和武断。新文化运动利用自然科学知识，批判迷信鬼神的思想，用人类社会发展的历史反对"君权神授"、"祸福天定"的种种谬论。

中国科学社和《科学》杂志，在传播科学知识，鼓励科学精神，提倡科学方法等方面，积极配合了蓬勃开展的新文化运动。《新青年》也曾多次对《科学》杂志进行介绍。有不少科学家积极地参加了当时的新文化运动。

五四时期的历史证明：民主精神只有和科学精神结合起来，才有可能彻底摧毁封建主义和帝国主义；同时也证明了如果民主革命在中国不取得胜利，如果不彻底摧毁封建主义并把帝国主义势力赶出中国，而想使中国的科学和技术获得迅速的发展，也将是不可能的。

这样，五四时期所提倡的科学精神和民主精神，不仅打开了中国现代史的大门，而且也为中国近代史，为中国近代科学技术发展的历史作了总结，找到中国长期落后和中国近代科学技术长期停滞不前的根本原因。

## 本 章 小 结

鸦片战争以来，西方列强用武力打开了中国闭关自守的大门，对中国进行了疯狂的侵略，使中国逐渐沦为半封建半殖民地社会。这个时期中国科学技术的发展，便深刻地带着这样的时代特色。

面对列强的侵略和国家民族的危亡，中国社会的各个阶层出现了一批要求向西方学习的人士。西方近代的科学和技术，也比较迅速地传入到中国，其规模之大，数量之多，影响之广，都是前所未有的。

在19世纪60年代至90年代开展的洋务运动，可以说是中国第一次大规模由政府推行的近代化的一次尝试，但这次尝试是以失败告终了。失败的主要原因是清政府所采取的"中学为体，西学为用"的总政策，即妄图借用西方先进的科学技术来延续其反动落后的封建统治。另外，教育改革的迟延、留学生政策的失败、企业厂矿的官僚管理、专业人才培养和使用的不当、对发明创造的鼓励缺乏制度等方面都给人们留下了不少值得借鉴的教训。

事实证明在当时的中国，"科学救国"、"实业救国"都是行不通的，出路只能是进行社会革命。但是，从戊戌变法、辛亥革命直到伟大的五四运动也证明了：科学技术不仅可以创造新的生产力，而且也是变革社会的不可缺少的一个重要的方面。

五四运动前后，中国科学已逐渐融合到世界科学发展的洪流中去。数学（珠算除外）、天文学等学科已不再有中国古代传统的特色；但是很多技术门类，如建筑、纺织等仍保留着传统的某些特点，而中医学和中药学虽然不断遭受否定和非难，但依然保持着生命力。

中国历史上的许多伟大发明和创造，和世界上的其他民族、其他国家和地区历史上的各种发明创造一样，永远都是全人类的共同财富。

中国科学技术史在伟大的五四运动前后逐渐地走上了一个新的时期，掀开了中国现代科学技术史的新的一页。

# 结　语

正如我们在本书"前言"中已经说过的，编写一部综合性的中国科学技术史，这还仅仅是第一次尝试。因此，对中国科学技术史中带全局性和规律性的问题，还不可能提出更为成熟的意见。但在行将结束本书的时候，我们认为就以下几个问题加以讨论是有必要的：

（一）科学技术是在历史上起推动作用的革命力量；
（二）科学技术发展的社会条件；
（三）关于中国古代科学技术体系的问题；
（四）中国科学技术在近代落后的原因。

我们自知能力有限，一些看法难免十分粗浅，甚至可能有不少错误。但是我们仍然愿意把它写出来，奉献给各位读者。我们希望这将有助于对中国科学技术发展历史的了解，同时可以引起更多的重视和兴趣，以便于大家共同来探讨中国科学技术发展的历史经验，为未来的历史进程提供有益的借鉴。

## 一　科学技术是在历史上起推动作用的革命力量

科学技术是在历史上起推动作用的革命力量，首先就在于它同社会生产力之间存在着不可分割的关系，它为生产力的发展不断提供新的生产工具，开辟新的生产资料领域，并给劳动者以新知识和新技能的武装。而且还在于它在变革生产关系中所表现的积极作用。某些重要的科学技术进展，被作为生产力发展和某一社会形态的重要标志，这绝不是由谁随意或偶然确定的，而正由于它反映了当时生产力发展的基本状况与时代的特征。

人类的历史是从制造工具开始的。制造工具就需要技术，因而科学技术的历史和人类文明的历史同样久远，也可以说从人类发展的最初阶段起，科学技术就对人类的生产活动和社会的进步起着重要的作用。

我国是世界古人类化石发现较多的地区之一。到目前为止，我国已发现的最早的人类化石是云南元谋人化石（距今约 170 万年）。元谋人已经知道选择质地较硬的石英岩打制石器。在其后一百多万年的时间内，石器一直是人类进行生产的主要工具，所以人们把这一漫长的历史年代统称为石器时代，是很有道理的。在北京人遗址（约四五十万年前）中发现了人类用火的确实证据。从灰烬的堆积层厚达 6 米的情况判断，当时可能还不会人工取火。大约又经过了二三十万年，我们的先民才逐渐进入了传说中"钻木取火"，即人工取火的时代。早期人工取火是人类取得的一项意义极其重大的技术进步，它对人类文明的推进作用是不可估量的。火的利用"第一次使人支配了一种自然力，从而最终把人同动物界分开"①。考古学家还在山西峙峪人（约两万八千年前）文化遗物中发现了石镞，说明这时可能已经出现了弓箭。它使狩猎生产得到很大发展，人类生活资源较前丰富了。正是由于这些技术上的进步，我们的先民才得以在距今约一万年前左右从旧石器时代发展到新石器时代。

新、旧石器时代的区别，仍是以技术上的进步为主要标志的。这时出现了更加合用并有锋利刃口的磨光石器。新石器时代的另一些技术上的重大进步是：由于可以在石器上钻孔而创造了绑扎得更好的带柄石器（斧、锄等），发明了陶器，以及弓箭的普遍使用，最初的纺织、建筑和医药等。当然，最重要的则是逐渐学会了栽培植物和驯养动物，即出现了原始的农业和畜牧业。到新石器时代晚期，甚至已经开始酿酒。

这时，科学还只是孕育在原始的技术中，但技术的这些进步推动了生产的发展，引起生产关系的改变，为阶级社会的到来准备了条件。

距今约四千多年前，我们的先民从原始社会发展到奴隶制社会。奴隶制社会科学技术的成就，首先是青铜冶铸技术的发展。我国在原始社会的末期，就已经开始出现铜器，进入奴隶制社会后，青铜冶铸技术逐渐成熟。因此，奴隶制社会常常恰当地被称作是"青铜时代"。在这里，技术发展的水平，再一次构成社会发展阶段的主要标志。青铜冶铸技术到商代中、晚期和周代，已经达到高度成熟阶段。青铜工具的使用和大规模的奴隶劳动、劳动分工的进一步实现等，促进了农业和手工业生产的发展。

科学开始从技术中逐渐分化出来，出现了萌芽状态的科学，这是奴隶制社会科学技术发展的又一重要特征，其意义十分深远。这时较重要的科学进步，首先就是确立了较为准确的初步合用的历法，这对早期农业的发展有着重大的意义。再就是已经确立了完备的十进位值制记数法（至晚在奴隶制社会的后期），当时的人们已经具有以十进位值制为基础、以算筹为计算工具的初步的计算能力。这就为生产中提出的数学问题提供了初步的计算手段。十进位值制的创立，不仅对中国古代科学技术的发展，而且对整个人类文明的发展，都作出了巨大的贡献，"如果没有这种十进位制，就几乎不可能出现我们现在这个统一化的世界"②。另外，数学的发展对其他科学以及技术发展的作用，也是显而易见的。

科学，尽管是萌芽状态的科学，它一经产生，一经从技术中分化出来以独立的形态出现，便返回头来对技术、对社会生产以至对整个社会的进步，起着明显的推进作用。而且时间越是往后，科学越是向前发展，这种作用也就变得越来越大。

春秋战国时期是我国历史上从奴隶制社会向封建制社会过渡的社会大变革时期。生产力的发展，为奴隶制社会的瓦解和封建制社会的建立创造了物质基础。生产力得以迅速发展的原因，首先是由于铁工具的使用和铸铁技术的出现。

我国是铸铁技术出现最早的国家，至迟春秋时期已经出现。已出土的文物表明，在春秋战国之际已有了生铁冶铸，块炼铁渗碳钢、生铁经热处理得到柔化等先进技术，为铁器的普及铺平了道路。战国中、晚期，铁器的使用推广到生产和生活的各方面。铁器的使用，使生产工具发生了重大变革，从而使农业和手工业可以较快地发展，使大规模水利工

---

① 恩格斯. 反杜林论//马克思，恩格斯. 马克思恩格斯选集第3卷. 人民出版社. 1966：229

② 李约瑟：《中国科学技术史》中译本第3卷333页。

程的兴修成为可能，大量荒地得以开辟，"私田"，大量增加，使一家一户为单位、以个体劳动为特色的小农经济有了成为社会基础的可能。于是井田制逐渐瓦解，新兴的地主阶级在经济上，后来在政治上逐渐取得胜利，中国历史上封建社会的帷幕揭开了。

对铁的认识和使用，我国比其他文明古国要晚，但冶铁技术由于奴隶制时期高度发达的青铜冶铸技术等条件的促进，生铁冶铸和柔化等技术很快得以发展，使我国在钢铁的产量和质量方面，都远远地超过仅仅掌握块炼铁冶炼技术的其他文明古国，这大概是我国奴隶制社会先于其他文明古国进入封建社会的重要原因之一。

科学技术是历史上起推动作用的革命力量，不仅表现在封建制度开始确立的时期，而且也表现在封建制度进一步巩固和发展的时期。

在秦汉时期，我国古代主要的炼铁技术已基本齐备，冶铁技术更加成熟，生产工具和兵器都完成了铁器化的进程。铁器的使用更加广泛并已开始推广到一些边远地区和少数民族地区。农业上轮作制、作物栽培的基本原理和精耕细作提高单位面积产量的措施已得到确立。天文学的进步已经解决了为农业生产提供了准确的天时的问题，并为其自身的发展开拓了新的道路。数学的进步已为社会生产和封建统治的需要提供了有效的计算方法。随着利用植物纤维造纸方法的发明，引起了书写材料的大变革，这对推进中国文化乃至后来对世界文化的发展都有着重要的意义。船舶制造技术的进步，促进了国内航运和海外贸易的发展。长城、驰道、栈道以及水利工程的兴修，有利于社会经济多方面的发展。总之，科学技术的发展对封建制度的巩固，起了很大的作用。

先进的中国科学技术（在当时世界上确实是先进的），推动着生产力，推动着中国社会不断向前发展，从而在世界的东方，早在公元前3世纪就造就了一个封建的大帝国。这个封建的大帝国，虽然在它的内部不断地改朝换代，但它在世界上的领先地位，却在十多个世纪的长时期内，历汉、唐、宋、元各个朝代而不衰。科学技术取得的一系列成就是它国力强盛的重要基础。先进的养蚕和丝织技术，长时期内使中国成为世界丝绸的主要产地；中国还是瓷器的故乡，在中世纪世界很多地方中国瓷器比黄金还要贵重；钢铁制品也为世所宝，其产量和质量一直遥遥领先；农业科学技术的成果使农业为基础的社会结构得以稳固；我国一直人口繁衍昌盛，这一方面是由于农学的进步，另一方面也要归功于医药学的发达；数学和天文学的进展，都很好地解决了社会各方面的需求，并远远走到了生产的前面，在许多方面取得了领先于西方数百年，甚至千年以上的光辉成就；指南针、火药、印刷术三大发明更是对人类的重大贡献。

科学技术对社会的促进作用不仅表现在生产力的不断提高和促进生产关系的转变等方面，而且也表现在意识形态方面，即科学技术不但为新兴的阶级提供推翻旧制度的物质力量，而且伴随科学的发展兴起的新思想，又是为新制度开辟道路的精神武器。科学技术的发展是思想解放的先声，是我国古代朴素的唯物主义和辩证法思想产生和发展的基础。

例如春秋战国时期，随着科学技术的大发展，在思想领域里有力地展开了反对"天命观"和各种鬼神迷信的斗争。更有意义的是荀况认为自然界没有意志，是客观存在的实际。他还进一步提出"制天命而用之"，即认识并掌握自然规律为我所用的思想。又如东汉前期科学技术的进步，为王充唯物主义思想的建立提供了许多有力的证据，对人们从谶纬迷信和"天人感应"的思想牢笼中解放出来起了一定的作用。

由于中国古代科学技术所取得的辉煌成就，所以中国古代朴素唯物主义和辩证法思想的发展就远较同时代的西方为优。中国五行说中的"金"，是古希腊四元素中所没有的，这应是中国古代的冶金技术远为发达的反映。元气学说得到了较充分的发展，它不但被用来说明宇宙理论的种种问题，而且成为唯物地给许多自然现象以思辨性说明的基本理论。另外关于阴阳转化，五行生克，"有穷"、"无穷"、"有终"、"无终"等等宇宙、时空命题的讨论，以及"穷则变，变则通"等闪烁着朴素辩证法光辉的宝贵思想，皆是世界古代思想史上所仅见的。

综上所述，在中国历史上，不论是在一种社会形态下的相对稳定发展时期，还是在从一种社会形态到另一种社会形态的转化时期，科学技术发展和社会发展的情况都证明了一条真理：科学技术是在历史上起推动作用的革命力量。

## 二　科学技术发展的社会条件

科学技术促进生产的发展和社会的进步，但同时必须承认，科学技术的发展也不可能脱离开一定的社会条件，换句话说，它受到社会的经济、政治、思想、教育、统治阶级施行的政策等各种条件的制约。通过科学技术发展的历史，正确理解科学技术发展与社会条件的关系，毫无疑问，对于我们自觉地促进科学技术的发展是十分重要的。

首先，科学技术的发展在很大程度上取决于社会生产发展的状况。社会生产对科学技术提出什么样的要求，能够提供的经验和手段，这对科学技术的发展是至关重要的，在漫长的中国封建社会中，小农经济是社会生产的基础，它所提供的经验，往往是片断、零星而不系统的，科学的抽象也只能是经验性的，社会生产所能提供的用于实验与观测的设备又是十分贫乏与简陋的，所以人们对于自然现象的观测受到很大限制，于是对其本质的揭露只能停留在描述的阶段。这里说的是古代科学在当时社会生产水平下具有的经验性与描述性的特征。这丝毫也没有贬低古代人们经过世代努力而取得的科学技术巨大成就及其对社会的推动作用。应该说，没有古代科学技术的积累也就没有近现代的科学技术。

在各个不同的历史时期，科学技术发展的速度差异是很大的。占人类历史99.8%以上时间的原始社会，其技术的进展极其缓慢，要经过数万年以至数十万年的漫长时间才出现若干技术的较大进步，这主要是受生产力发展水平十分低下制约的。在进入阶级社会后，情况发生了很大的变化，尤其是越到后来，科学技术发展的步子越大。当然这期间的发展由于社会的各种条件综合作用的结果，是有快有慢，有起有伏，有时甚至有迂回曲折的情况出现。不过，科学技术发展的曲线与生产发展的状况基本上是同步的。

古代科学的发展并不完全取决于生产。如我国古代数学与天文学的发展就远远走在生产的前面，这与科学本身发展的固有规律有关。由于人类思维的发展，由于科学资料的积累和知识的丰富，也就不断地为科学本身的独立发展开拓道路。

在阶级社会里，科学技术的发展不能不与阶级斗争、政治制度以及统治阶级为维护本阶级利益而采取的各种政策发生关系。虽然科学技术本身并不带有阶级性，但在阶级社会里，它总是为一定的阶级所掌握，并为该阶级的利益服务，因此它的发展不能不受上述因素的制约。问题在于如何正确地认识。

当旧的生产关系严重阻碍着生产力的发展而需要将其打破以建立新的生产关系时，由于社会的进步需要经过斗争使一种社会形态转变成更为进点的另一种社会形态时，阶级斗争为了冲破旧有的生产关系，对社会进步讲来是必要的，对科学技术的发展讲来也是必要的。

距今约四千多年前，我们的先民从原始社会进入了奴隶制社会，这个新的社会制度使农业和手工业之间的更大规模的分工成为可能，而且随着社会财富的增加，使社会开始养得起一批从体力劳动中脱离出来的专门从事脑力劳动的人。只是到了这时，才有可能出现文字，使各种知识脱离"口传身授"的状态，有可能被记载下来，从而加速了积累和传播的过程，促成了科学从技术中独立出来。这些都为科学技术的较快发展创造了条件。"没有奴隶制，就没有希腊国家，就没有希腊的艺术和科学。"① 恩格斯的这一论断，同样适用于中国的奴隶社会。

春秋战国时期，是我国古代由奴隶制社会向封建制社会的转化时期。这时，新兴的地主阶级曾代表当时社会各阶层的利益同奴隶主阶级进行了长期的尖锐复杂的阶级斗争，对封建的诞生起了催生或"助产婆"的作用。新的社会制度一旦建立，促使社会生产力和科学技术得到较快的发展。这正如同欧洲文艺复兴时期以及资产阶级在资本主义上升时期对科学技术的大力促进一样。这些时期的历史都是人类文明史上的光辉篇章。在春秋战国时期和封建制度得到进一步巩固的封建主义的上升时期内，中国的科学技术发展迅速，成就卓然。由于铁器的普遍使用，对农业、手工业的发展起了很大作用。农业方面，以精耕细作为主要内容的中国传统农学已开始形成；医学开始形成了以《内经》等著作为主所构成的体系；天文学在天体观测和历法编制方面都取得了较显著的成就；数学方面出现了以《九章算术》为代表的专门著作；还有造纸术的发明，在建筑、纺织以及几乎在中国古代科学技术的所有门类内，都取得了较大的成就。

应当承认，中国奴隶制社会时期的科学技术，和奴隶制度下的巴比伦、埃及特别是和奴隶制度高度发达的古希腊相比是略逊一筹的。但是中国却较早地完成了向封建社会的过渡。尽管在封建社会初期，中国科学技术发展的起点并不高，但由于生产关系的变革，由于新的社会制度的优越性，科学技术得到迅速发展，并在其后较长时期内保持了这种领先的势头。这清楚地说明了，在先进的社会制度下的政治和经济为科学技术的发展提供了必要的条件。

众所周知，中国封建社会延续的时间比较长。在延续了两千余年的封建社会中，随着社会经济的发展或阶级矛盾激化时，地主阶级为了巩固自己的统治，对其封建社会内部的生产关系有时也作一些调整。这种调整对整个社会（包括科学技术在内）的发展有一定的影响。如比较大的一次调整，是从唐中叶开始直到北宋初年才完成的。经过这次的较大调整，废除了过去官僚贵族世袭的占田制度而确立了土地自由买卖的私有制；废除了劳役地租实行了实物地租或货币地租的剥削方式，劳动者获得了更大的人身自由。土地占有出现了"千年田，八百主"的局面。这种调整在一定程度上调动了社会各个阶级和阶层的生产

---

① 恩格斯.反杜林论//马克思，恩格斯.马克思恩格斯选集第3卷.人民出版社，1966：291

积极性，使北宋时期的生产有了较大的发展，而且持续到元代。指南针、火药、活字印刷术三大发明都出现于（或大规模使用于）北宋。整个宋元时期在天文、数学、农学、医学以及技术等各个方面都取得了巨大的成就，形成了中国古代科学技术发展的高峰，同时这也是整个中世纪世界科学技术发展上的高峰。

由此看来，调整社会生产关系以不断解放和提高社会生产力，是发展科学的重要条件。

在中国历史上，多次出现过世界上规模罕见的农民起义。每次大规模农民战争之后，迫使统治阶级不得不调整他们的政策和措施，"轻徭薄赋"、"休养生息"、"奖励耕织"、结束豪强的土地兼并等，这往往在一个新王朝建立后的一段时期内表现得较为明显。这为科学技术的发展提供了有利的条件，往往造成科学技术得到较快发展的局面。但总的说来农民战争对科学技术发展的影响是间接地表现出来的。具体地探讨黄巢起义或是太平天国起义等如何直接促进科学技术的发展，一般说来是没有意义的。当然也不能否认，因战争的需要而直接促使某些兵器、火器以及其他作战器械的发明或改进，或是因战乱伤亡而促进了医学的某些发展。

我国古代社会一直绵延不断，不曾发生像罗马帝国那样中断无继的历史悲剧。这使我国古代科学技术的发展世代相继，在不间断积累的基础上，一步步走向自己的高峰，也是我国古代科学技术取得一系列辉煌成就的原因之一。所谓绵延不断，并不等于说发展的道路是平坦的。例如，在中国历史上曾经长时期地出现过中央集权的统一大帝国，但也多次出现过南北分裂，几个政权同时并立的局面。而这种统一和分裂对科学技术发展的影响又如何呢？

自秦始皇统一全国，经过两汉、三国、魏晋南北朝、隋唐、五代十国、宋、辽、金、元、明、清，在中国历史上相对地来说，还是统一的局面较多。封建主义的中央集权国家，特别是在它的初期，对科学技术发展是起过促进作用的。例如秦始皇统一六国后，筑长城、开灵渠、修驰道、统一文字和度量衡，这对生产和科学技术的发展都产生了积极的影响。再如汉武帝时，汉初刘姓诸王割据的局面已告结束，国家实现了统一，中央集权得到加强。汉武帝北击匈奴，开发南方，开辟"丝绸之路"，促进了国内各民族间和中外之间的文化交流；他还兴水利、治黄河、推广先进的田器和耕作方法。这些措施使政治稳固，经济发展，因而文化和科学技术都有较大的发展。

但是，在中国历史上，在分裂为几个政权、群雄割据的时期内，科学技术也并不一定因分裂而停滞，甚至有较为发达的情况。例如春秋战国时期、南北朝时期以及宋辽金元时期就都是如此。当然，绝不能因此就得出分裂可以促进科技发展，甚至得出"乱世出科学"的错误结论。恰恰相反，即便是在群雄并立的情况下，就中国古代的具体历史情况而论，仍然是需要在相对稳定的情况下（有时这种稳定情况可能局限在一定的局部地区），科学技术才会得到发展，春秋战国和南北朝时期是如此，宋辽金元时期也是如此。分裂情况下科学技术仍然得到发展的原因，还要从另外的角度去分析，例如前已述及的生产关系的变革或调整。又如由于统一的中央集权的统治不复存在的情况下，可能使对人们的思想束缚得到一定程度的放松，从而可以比较自由地进行研究和讨论问题。以及各政权间的生存斗争，使得统治阶级不能不比较重视知识分子和科学技术的作用，等等。

一般说来，思想解放和有较多的自由研究、讨论的学术空气，对科学技术的发展来说，是至为重要的条件。例如春秋战国时期，伴随着封建社会的诞生，新兴地主阶级开展了历史上著名的思想解放运动，其规模之大、时间之长为中国历史上所仅见。在世界历史上，只有文艺复兴时期西方资产阶级为反对封建主义所发动的思想解放运动能够与之相媲美。春秋战国时期，诸子蜂起、百家争鸣的生动局面，对于科学技术的发展，无疑创造了很好的条件。

再如三国魏晋南北朝时期，正统的今文经学派和谶纬神学已随东汉王朝的灭亡而支离破碎。晋武帝曾下令禁止谶纬之学，正是这种状况的说明。各分裂的政权，长期政治上处于分裂状态，使封建统治阶级的文化专制受到了较大的削弱，因而这一时期的思想是相当活跃的。玄学和反玄学，反对佛教迷信等，"贵无"与"崇有"之间，"神灭"与"神不灭"之间展开了较为激烈的辩论。思想上的活跃，导致学术上的繁荣。这期间私人著书和修史之风较为盛行，出现了刘徽、裴秀、葛洪、何承天、祖冲之、郦道元、贾思勰、陶弘景等许多科学家，也出现了一系列的科学著作，如《九章算术注》、《大明历》、《水经注》、《齐民要术》、《本草经集注》等。此外还有记载各地风土史料的著作《华阳国志》、《洛阳伽蓝记》等书籍的出现。

在探讨宋元科学技术何以能有较大发展的原因时，我们认为，这一时期的学术思想也比较活跃，是一个不容忽视的事实。在宋代，以周敦颐、邵庸、程颢、程颐、朱熹等所主张的唯心主义的理学（即道学，实际上融合了儒、释、道三家学说）为一方，和以张载、王安石、陈亮、叶适等人所主张的唯物主义的反对理学的观点为另一方，不断相互辩难，进行争论。当时的宋儒理学，既不像汉代儒术那样被崇为一尊，更不像明代以后把朱熹思想定为不准逾越的官方哲学那样不可侵犯。在一定程度上参加讨论的各方，可以做到自由讨论，抒发己见。这种学术空气无疑对科学技术的发展是有利的。此外值得注意的一个情况是：当时，不仅具有唯物主义思想倾向的主张"天人相分"、"天变不足畏"，就是唯心主义的理学也不得不抛弃汉儒以来历代行之不衰的"天人感应"的陈词滥调，而提出以"太极"（客观唯心主义流派）或是"心"（主观唯心主义流派）为宇宙万物之本。就是最荒唐的象数学（数学神秘主义的一种流派），也是把数字间的某些联系看成是宇宙万物发生和发展变化的规律。这一切都是科学的发展迫使唯心主义也不得不采取的新的形式。当然这也不是说"天人感应"说就此绝迹，而只能说明它受到较大程度的削弱。有人根据宋儒理学的某些特点，迷惑于它所采取的新的形式，而认为它是构成了宋元科学技术发展的条件，这是不对的。但是"天人感应"学说影响的大大削弱，无疑为科学技术的发展创造了很有利的条件。

从以上的叙述中人们不难看出，一方面唯物主义和唯心主义之间的斗争，在中国古代，例如谶纬和反谶纬、玄学和反玄学、佛学和反佛学、理学和反理学等一直持续不断。在斗争中，双方都吸收了当时科学技术的新成果并不断采取新的形式。另一方面，这一斗争也起到了不断解放思想、活跃学术空气的作用，从而促进了科学本身的发展，成为科学发展的必不可少的社会条件。

在奴隶制或封建制社会，直接的生产者身受政治上的压迫和经济上的剥削，他们虽然有丰富的生产实践经验，但他们中的绝大多数没有文化，因此，对这些经验的总结与归纳，并使之提升到经验科学形态的工作，一般是由"巫"、"史"或"士"完成的。所以，整个社会的教育水平与知识分子的状况，对于科学技术的发展也有密切的关系。

前已叙及，在奴隶制社会出现了脑力劳动与体力劳动的分工，即已产生了知识分子。由于这时的教育完全局限于奴隶主阶级内部，教育面极其狭窄，知识分子的数量十分有限。虽然如此，他们对科学技术的发展仍然起了重要的作用。

春秋战国时期，出现了"士"这个十分活跃的社会阶层，这是奴隶制向封建制转变的社会变革的产物，同当时教育制度的重大改革也有关系。这时出现的私学，在整个封建社会经久不衰，是培养"士"的重要途径之一。从汉代开始，出现了封建社会正式的官学，并逐渐形成了从京师到郡、县、乡的教育网。隋唐时期创始了科举取士的制度，虽然这时门阀高低仍是取仕的重要条件，但这一制度为中小地主中一些人进入仕途提供了机会。到了宋代，门阀制度不复存在，科举考试成为入仕的主要途径。这给知识分子队伍的不断扩大以很大的刺激。当然这一教育网远非是普及的，但整个社会的教育面毕竟不断得到扩大；虽然"士"在全国人口中占的比例并不大，但其数量仍然是可观的。中世纪的欧洲，教育与文化完全由教会掌握，教育面限制在很小范围内，知识分子大多数为神职人员，甚至连封建庄园主、骑士也大都识字不多，官爵是由世袭或依军功授予的。同这种情况相比，中国士的数量和教育面都要大得多。这不能不是中国古代科学技术长期处于领先地位的一个原因。

封建教育的根本目的在于维护封建统治，这就决定了大多数的"士"以精通经籍为务，以统治术的研究为本，即他们的主要精力是放在这些方面。但不可否认的是兼通或旁通天文、地理一类，仍是一部分"士"所追求的目标。数学、天文、医学等科学技术专门教育时断时续地还为人们所重视，这些对于科学技术的发展也多少起着促进的作用。

"士"历来主要地依附于统治阶级，所以他在历史上的作用同统治阶级本身在历史上的地位与状况有关。当统治阶级能代表历史发展的趋势，在历史上多少起一些进步作用的时候，"士"为统治阶级所用，由于有这么一个大国家需要治理，那么多的人需要活下去，统治阶级的奢侈生活要求得到满足，就不能不关心生产的发展，不得不求助于科学技术的力量，以达到强国安民的目的。这大约就是我国古代科学技术大多为官办和"士"的务实思想的缘由。不少的著名科学家同时又是官吏臣僚，其原因也大概与之有关。长时期一直延续不断的天象记录，代代相传不绝的历法的编制，以及与之有关的大型天文仪器的制造，大规模的纬度、恒星测量等，一些大型药典的编修、水利工程的兴建和治水理论的探讨，还有地理志的编纂等，都是在"士"的积极参与并由统治者组织大量人力，物力的情况下完成的。技术的绝大多数精华也都掌握在官办手中。精美的丝绸，历代的官窑瓷器，郑和宝船的建造，从万里长城直到王宫寝殿的修筑，甚至从《考工记》到《武备志》、《营造法式》等技术著作，也都是在官办的情况下编纂的。这充分说明，在封建社会里科学技术是为统治阶级所掌握和利用的，而"士"在其中起着重要的作用。

另有一部分"士"，或由于仕途无望，或某种思想、政治的原因，过着隐退的生活。他们中的一些人不甘寂寞，或收徒授课，或着意于对自然现象的观察与研究，他们有较多的机会直接接触劳动生产者并了解其实践的经验，从而在一些科学技术领域内有所造诣，或成为劳动人民所创造的科学技术成就的记录者，对于科学技术的发展也起了积极的作用。

## 三 关于中国古代科学技术体系问题

由于近现代传递信息和国际间学术交流的发达，就现代科学技术而言，本不存在国别不同或是地区不同的科学体系。任何一个身心健康的人，大概总可以识别希特勒之流所鼓吹的"大日耳曼物理学"之类的货色的荒唐可笑。因为人类毕竟是生活在同一个地球上，面对着同一个大自然，而人类对自然的认识，对不同的国家、民族和地区说来，其间虽有先后高低之分，但不应有本质上的差别。对自然现象的解释虽然可能有各种不同的学派，但分成各自不同的体系则是不可想象的。

人们习惯地把古希腊的科学技术称作某种体系，其大意是指古希腊的科学技术系由十分丰富的内容所组成的一个整体，它曾经历过独特的发展道路，有它鲜明的特点和别具一格的处理和解决问题的方法等。它应是在古希腊特定的历史、地理等条件下的产物。就中国古代而论，在进入文明社会建立国家以来的几千年岁月中，随着时间的推移和朝代的更迭，我国的疆界虽曾有过变动，域内各民族之间虽有不断的斗争与融合，但基本上是稳定的。从地理环境来看，我国北面是寒冷的西伯利亚荒原，东临浩瀚的大海，西南高耸着喜马拉雅山，西部有阿尔泰山、喀喇昆仑山以及沙漠、戈壁的阻隔，因而虽然与其他地区和民族、国家不断地发生过接触和交流，但在这样的地理环境下，大规模的经济、思想、文化和科学技术的相互交流，几乎是不可能的。我们的祖先就连绵不断地繁衍生息在这样一个特定的地理环境之中，以农业生产和各种手工业生产为主要的生产活动，形成了独具一格的政治、经济、思想和文化传统，同时也形成了独具一格的、传统的科学和技术。中国古代的科学技术，毋庸置疑，是与古代印度、古代希腊以及中世纪阿拉伯国家的科学技术有着明显的不同的，不论是发展的道路，处理与解决问题的方法以至所包括的内容都是如此。所以从这个意义上可以说，中国古代科学技术有着自己的体系。

首先，中国古代科学技术的许多分支，各学科大都存在有独具一格的体系，这是比较明显的。

中国古代数学和西方古希腊的数学都很发达，而且形成了彼此不同各具特色的体系。中国古代数学体系，最早是以《九章算术》（集战国秦汉数学成就之大成）为代表，以解决社会（主要是封建社会）需要解决的各种实际问题（计算田亩面积、仓窖沟堤体积、交易、税收、编制历法等等）为主要内容，以算筹为主要的计算工具，以当时世界上最先进的十进位值制的记数系统来进行各种运算，形成了一个包括算术、代数、几何等各科数学知识的体系。而且以算术（分数四则运算、比例问题等）和代数（正负数，方程，一次方程组等）方面的成就最为突出。经过汉唐千余年的发展，又逐渐形成了《算经十书》（《九章算术》是其中的一种），内容更加丰富。到了宋元时期，这个以算筹为主要计算工具的体系达到了发展的高峰，在高次方程和高次方程组的数值解法、高阶等差级数求和、内插法、一次同余（依然大都属于算术和代数方面的内容）等方面都取得了比西方早出数百年以上的优异成果。到了明代中叶，伴随资本主义萌芽的产生和发展，商用数学比较发达，计算由筹算演变成为珠算，在当时和其后的数百年间，珠算盘是世界上最好的计算工具。

中国古代数学体系，始终是以计算见长，以解决实际问题见长的，而且以此为其显著特点。

中国古代天文学在历法、天文仪器、宇宙理论等方面都很有自己的特色，而且不断发展形成了自己的体系。其中以历法最为突出。从社会的需要方面讲，这是因为中国自古以来以农为本，编造历法，授民以时是历代王朝都必须做的头等大事；另一方面，长于计算的中国古代数学也为历法的编制提供了有力的数学工具。与此有关的是，中国古代天文学对天体运动轨迹的几何模式不甚关心，但对天体位置的计算却是十分高明的。由天体测量以及推算出来的各种天文数据和日、月、五星等运动的表格，一直是历代历法的重要内容，在此基础上再应用数学的方法推求日、月、五星的具体位置。这是与古希腊的几何方法大不相同的。中国古代历法一直采用了阴阳合历的形式，包括以气、朔、闰、晷漏、交食、五星等为中心的一整套内容。它不断以测算日月食、推朔、验气、推校五星行度等手段校验历法的准确程度，使历法处于不断改革、推陈出新的演变进程之中，从内容到形式都日臻完善与精确。历法的内容与沿革大都记载于历代正史之中而保存至今，延续时间之久为世界所仅见。此外，在星群划分上采用三垣二十八宿的划分法，观测和有关天文仪器采用赤道坐标系统和把一周天划为 $365\frac{1}{4}$ 度的分度方法，和古代巴比伦把一个圆周划分为360度不同。宇宙理论方面所取用的"盖天说"、"浑天说"、"宣夜说"等等，在世界古代天文史中都是独树一帜的。从以上各方面来看，中国古代天文学也是独具特色自成体系的。

中国古代地理学体系，可以《山海经》、《禹贡》为开端，以《汉书·地理志》为代表。《汉书·地理志》是封建大一统的中央集权政治要求下的产物，即这是一种为适合封建统治需要的疆域地理志或沿革地理志，并有附记的山川、道路、物产等等。其中既包括自然地理的内容，也包括了人文地理方面的内容。这一地理学体系在中国一直延续下来，历代正史中大都有《地理志》的内容。唐代以后，又有历代地理总志的编纂，宋代以后又大量出现了关于地方志的著作。这些历代总志和地方志，也都是属于《汉书·地理志》这一体系的。这一地理学体系，由于封建统治者的需要而不断发展，其延续时间之长，积累资料之丰富（其中包括很多域外地理知识），实堪称世界第一。此外，还有《水经注》、《徐霞客游记》等地理学著作出现。又有散见在各种中国古代文献中的各种地理学知识，使中国地理学知识更加丰富多彩。

中国古代地图学也自成一个独特体系并取得很大成就。它一直采取的是直交网格法，即将大地视作平面时绘制地图的投影方法，而较少考虑大地是一球面。

中国古代医药学体系，特色更为突出，而且延续两千余年，不断地得到充实和提高，至今依然保持着自己的体系，有条不紊。这个体系包括：以脏腑、经络、气血、津液为内容的生理病理学；以"四诊"（望、闻、问、切）进行诊断，以"八纲"（阴阳、表里、虚实、寒热）归纳治疗的一整套临床诊断、辨证施治的治疗学；以"四气"（寒、热、温、凉）"五味"（酸、甘、苦、辛、咸）来概括药物性能的药物学，和以"君臣佐使"、"七情和合"的配伍方剂学；以经络、腧穴为主要内容的针灸学；此外还有推拿术、气功、导引等治疗方法，内容极其丰富。

这个医药体系以中国古代盛行的阴阳五行学说来说明人体的生理现象和病理变化，阐明其间的关系，并将生理、病理、诊断、药物、治疗、预防等各方面串起来，不是简单的头痛医头、脚痛医脚，而是从各方面说都形成了一个统一的整体观念。

中国医药学体系，最早是以《内经》、《伤寒论》、《神农本草经》等著作为其代表。和其他学科一样，中国医药学体系也奠基形成于中国封建社会的初期。基础医学理论在金元时期有重大发展，而药物学则更是后来者居上，明清时代的《本草纲目》和《本草纲目拾遗》是集大成的著作。中国还是最早由政府颁发《药典》的国家，由政府编辑药方书籍也很常见。这是一个比较发达的封建大帝国的统治者维护其统治的一项措施。

中国农业发达较早，至少可以追溯到七八千年以前。在进入封建社会后，小农经济始终占绝对优势，直至近代一直如此。这就决定了中国古代农业生产和农学的特点。中国传统农业的特点是：其组成上农牧并举而偏重于农作物的生产；耕作制度上走的是连作复种、高度节约的生产道路；耕种技术的要点是想方设法从选种、耕翻土地、播种、中耕除草、灌溉施肥，防治病虫害到最后收获，给予农作物以最好的生长条件，来达到丰收的目的，也就是人们通常说的精耕细作。这些在中国农学上都得到充分的体现。

中国古代农学体系以《吕氏春秋》"上农"等4篇农学论文为发端，《齐民要术》则是继往开来的农学著作，从理论上和技术上均很好地概括了中国传统农业的特色，奠定了中国古代农学体系的基础。中国古代农学著作之丰富，实为世界第一，约有五六百种之多。这些农书中有综合性的，它以农业通论、谷物栽培、园艺、畜牧、蚕桑为基本内容，又以谷物栽培为重点。这类农书构成了中国古代农学的主干。它们大都是政府组织人撰修的，或是由地方官、掌管农业的大臣亲自动手编写的，篇幅较大，适用的地区较广。宋以后，特别是明、清时期，出现了大量民间私人编写的小型地方性农书和农作物、畜牧、园艺、蚕桑等专业性农书，它们大多具有鲜明的地方特点和较高的科学水平，给古代农学体系增添了不少色彩。

关于技术各门类，如造纸、丝织、瓷器制造、印刷术、火药制造方面，本为中国所首创。钢铁的冶铸方面，也有自己的特点。它是在生铁较早出现的基础上，产生了铸铁术、铁范铸造、铸铁柔化术、高强度铸铁等技术，使中国古代的钢铁生产走在世界的前列。其他如建筑，则根据材料的使用不同而形成了中国特有的以木结构为核心的砖木建筑体系。庄重对称的宫殿建筑和精巧的园林技术都是中国古代建筑特有的精品。再如造船技术方面也形成了自己的特色，在船的结构方面，不论横向或纵向上都有独特的布置，并在航海针法、船尾舵、使帆等方面都具有自己的特点，而且在水密隔舱等方面更有杰出的创造。

但是总的讲来，中国古代技术体系的绝大部分内容，仍然是为了满足封建社会的各方面需要而形成的。成书于战国时代的我国最古老的一部技术方面的专著《考工记》，最足以代表中国古代技术体系的特点。实际上，这是记录官办手工业各种技术程序以及各种指标的官定规范。历代封建王朝，大都设有专门的官员来监管这些规范的实施。

到了封建社会的晚期，资本主义萌芽在纺织行业中表现得已比较突出。多锭纺车甚至水力纺车早已出现，按中国当时已有的技术水平，活塞、曲拐、传动齿轮等机器部件的工作原理，都已在各种机械上体现出来了；但是最初的蒸汽机并不是首先在中国出现的，产业革命更没有在中国发生。中国古代的科学技术虽然先进，但它们都是在封建社会中产生，受封建社会生产发展的水平所局限，并且是为满足封建社会的需要而存在的。这或许正是中国传统技术的一个特点。

这一特点不仅可以适用于对中国古代技术的考察，而且也适用于对中国古代科学技术体系进行总的探讨。中国古代科学技术的各个门类虽然都有各自不同的体系和特点，但总的讲起来，它们都是伴随着封建社会的产生而产生，在春秋战国时期奠下初基，到秦汉时期形成体系，并伴随着中国封建社会的发展而发展，大都到宋元时代出现了发展的高峰。到明清以后，又随着封建社会的衰败，科学技术的若干门类日见停滞不前，尤其是在欧洲崛起的近代科学技术面前，逐渐相形见绌。总括一句话说，中国古代科学技术体系是中国封建社会的产物，它的发生、发展以至衰落，是同封建社会的总进程休戚相关的。

和中国自己有独特的地理环境和历史条件一样，古希腊也有自己特殊的地理环境和历史条件。所谓的古代西方文明中心的古希腊，实际上包括了希腊本土、爱琴海的一些岛屿、小亚细亚沿岸，后来还包括埃及、北非以及其他一些地中海沿岸地区，比较分散。海上交通发达，古希腊人以经商为主，并依靠海上袭击，占领地中海沿岸城市，建立殖民的奴隶制的城邦国家。古希腊吸收了巴比伦和古埃及的文化，在公元前5世纪至公元前3世纪达到了高峰，古希腊的文化中心后来转移到埃及的亚历山大城，其发展的趋势又持续到公元3世纪才逐渐停滞。这恰好是中国的春秋战国秦汉时期，在世界的东方和西方同时存在着两个文化中心，并驾齐驱，交相辉映，是人类文化史上的一大奇观。

亚里士多德的著作、普林尼的《博物志》、托勒密的天文学和希波克拉底以及盖仑的医学和生物学等，反映了古希腊科学体系的丰富内容和高深造诣，而欧几里得的《几何原本》严密的逻辑体系则达到了古希腊科学的高峰，同时也是世界古代科学的高峰。

和中国科学技术体系偏重解决实际问题的传统不同，古希腊对于理论问题的探讨予以较大的重视。这可能是因为古希腊科学发展是在奴隶制相对巩固时期，他们着重探讨的核心问题是如何巩固奴隶主的统治。一方面，奴隶制的相对发达，给知识分子以较好的物质条件和较充裕的时间去从事同物质生产关系不那么直接的理论问题的研究。另一方面，知识分子把这种研究同论证奴隶制的合法性、合理性的问题结合起来。最初，在古希腊人看来，天地间的一切（从音乐直到奴隶社会的秩序）若能成比例地显示为简单的整数比才能保持稳定与和谐。因此当他们发现还有不能化为简单整数比的不可公约量（如$\sqrt{2}$）存在时，曾引起了很大的惊慌，直到这问题被用几何方法作出解释为止。这些应该是古希腊几何学发达的一部分原因。在古希腊人看来，几何学严密推导的演绎逻辑体系，正如同他们所相信奴隶制也永远不会被推翻一样。

而中国的情形则不然。中国古代科学技术体系形成于封建社会创建的初期，中国人热衷于新的封建秩序的建立和巩固，科学技术便带有更多的解决实际问题的特色了。其实，科学技术的任何进展，没有一定的理论思维都是不可想象的，只是这里理论在大多数情况下寓于实际（有形的、有数的东西）之中，没能被抽象出来，形成独立的或系统的理论。当然，我们也看到，就在春秋战国时期以及其后的历史时期，关于理论问题的探索，也并非无人问津，墨家的物理学与数学所具有的理论特征，刘徽等人关于极限的概念，包含着很深的理论思维在其中。可是这些探索被强大的"务实"的传统所影响，因而未能得到发展。古希腊偏重理论的传统也没有持续多久，到古罗马时代便不复存在了。维护奴隶制度还是制定法律最为有效,而发展技术则可以为人们的生活带来显而易见的好处。古罗马正是以法学的昌盛和技术的发达(雄伟的古水道、大竞技场、浴场等)著称于世的。

中国古代科学技术体系与古希腊体系不同之处还在于:在中国,这个体系曾不断地得到发展(虽然有时显得十分缓慢),而古希腊的体系虽然在阿拉伯人那里得以保存下来并得到有限的发展,但总的说来,在漫长的中世纪它基本上陷于停顿。到 13 世纪以后,教会出于自己的需要,把亚里士多德、托勒密、盖仑等人的理论再次搬出来并奉为不可违越的教条,变成神学的附庸。直到文艺复兴和近代科学革命时止,前后停滞了约有一千余年的时间。

无论是古希腊的科学技术体系或是中国古代的体系,都没有脱离经验性或描述性的科学形态的总特点,只是后者比前者高过一筹。而在文艺复兴以后产生的近代科学体系,是适应于上升时期的资本主义社会的需要而产生的。在它所应用的方法、思想武器以及所达到的理性科学的高级形态,它所受到的社会需要的推动、发展的迅速,以及科学技术返回来对社会生活的各个方面所起的作用等,又都是中国古代科学技术体系望尘莫及,不能与之相比的。

关于中国古代科学技术体系中的某些弱点,我们在下文中还将讨论到。

## 四  中国科学技术在近代落后的原因

中国古代的科学技术成就是极其光辉灿烂的,在一个相当长的历史时期中居于世界领先的地位。不论是从科学或者是从技术方面来说,中国都对世界的文明发展史作出过杰出的贡献。如火药、指南针和印刷术的西传,对于近代欧洲的社会变革和科学的兴起以至整个人类社会的进步,所起的作用是人所皆知的。马克思把它们称作"预告资产阶级社会到来的三大发明"[①],弗朗西斯·培根也认为"这三种东西曾改变整个世界事物的面貌和状态",而且没有别的什么东西"能比这三种机械发明在人类的事业中产生更大的力量和影响"[②]。谁也无法否认,在欧洲文艺复兴之前,中国所具备的科学知识和技术水平,远较欧洲雄厚和先进。正如著名的英国科学史家李约瑟博士所指出的,"中国在 3 世纪到 13 世纪之间保持一个西方所望尘莫及的科学知识水平",而且中国的科学发明和发现"往往远远超过同时代的欧洲,特别是 15 世纪之前更是如此"[③]。但是,在近现代,中国的科学技术却落后了。而且随着时间的推移,距世界先进水平的差距越来越大。在有如此发达的科学技术的中国,为什么不能产生出近代科学技术?长期居于领先地位的中国,为什么从 16 世纪之后科学技术每况愈下、逐渐落后?这些耐人寻味的问题,长期以来一直受到中外学者的重视。有的人只是提出问题,有更多的人则从不同的角度提出自己的见解,有些看法是很有价值的。

---

① 马克思. 机器. 自然力和科学的应用. 人民出版社 .1978:67
② 转引自李约瑟:《中国科学技术史》中译本第 1 卷 43 页。
③ 李约瑟:《中国科学技术史》中译本第 1 卷 3 页。

例如中国现代科学界的老前辈、科学社创办人之一的任鸿隽先生，在《科学》创刊号（1915年）上，就发表过《论中国无科学之原因》的专题文章。他认为其原因是："秦汉以后，人心梏于时学，其察物也，取其当然而不知其所以然，其择术也，骛于空虚而引避实际"，"知识分子多钻研故纸，高谈性理，或者如王阳明之格物，独坐七月；颜习斋之讲学，专尚三物，即有所得，也和科学知识风马牛不相及"，"或搞些训诂，为古人作奴隶，书本外的新知识，永远不会发现。"此外，国内还有不少学者，基于希望改变中国长期落后受辱的局面，也从多方面探讨过这一原因。或者认为是教育落后，提倡"教育救国"；或者认为实业乃国力之基，提倡"实业救国"。如此等等，不一而足。

在外国的一些学者中间，例如美国著名中国问题专家费正清教授在他的名著《美国与中国》一书中，就有专门一节论及中国近现代"科学的不发达"的问题。他承认"答案当然是很复杂"的。他同任鸿隽一样主要也是从中国的学术传统与科学方法等方面展开讨论的。他认为："人类社会和个人关系继续是中国学问的中心，其中心点不是人对自然的征服。"同时他还认为"科学未能发展同中国没有订出一个更完善的逻辑系统有关"，而且"这个逻辑弱点的基本原因是汉文字形的性质"①。他又认为还存在着脑力劳动者与体力劳动者之间的脱节问题，"一旦穿上了长衫，他就抛弃体力劳作……用双手工作的都不是读书人……这种手与脑的分家与达·芬奇以后的早期欧洲科学先驱者们形成截然不同的对照"。

费正清还谈到"妨碍科学发展的经济的与社会的背景"，他说："国家垄断了大规模的经济组织和生产。因此每当个人企业由于应用机器和发明而可能成为大规模企业的时候，即为国家垄断所不容。"他还认为"人力的充足供应，不利于采用节省劳动的机械方法"，"官吏阶级的主宰地位……使任何革新计划，除非是在他们卵翼之下，都很难施行"，"中国规章制度——经济的、政治的、社会的、文化的——曾经在许多世纪之内发展了规模宏大的自给自足、平衡和稳定……连续性已形成了惰性，积重难返"。这些确已触及中国近代科学技术落后最本质的原因，可也还仅是初步的论述。

当然，在外国学者中最关心这一问题的当推李约瑟。探讨近现代科学何以不能在中国产生的原因，是其巨著《中国科学技术史》所要讨论的重点课题之一。对于这个问题的回答，还散见在他的各种著作中。他的许多观点与费正清的看法大致相同。更确切地说，应是费正清的上述不少观点大都来自李约瑟的论著。李约瑟曾经表示在其尚未完成的《中国科学技术史》的最后一卷（第7卷）中，将详细探讨经济、社会等因素是如何影响中国科学技术发展的，即是要解答如下的问题：为什么传统的中国科学技术比西方进步，但现代科学却不出自中国。② 可惜的是他的《中国科学技术史》第7卷尚未问世，人们尚难窥其全豹。毫无疑问，这个问题已不仅是中国科学技术史上的重大问题，因为近代科学为何未

---

① 认为落后的原因来自中国汉字的人并不少。如波德麦（F. Bodmer）认为："中国人不得不使用17世纪的语文来吸收现代科学的概念，他们不可能获得成功。甚至更有人，如斯图泰琬（E. H. Stutevant）提出：中国人只有放弃他们的表意文字，才能有希望在科学、技术和学术上与欧洲人竞争。"李约瑟也承认中国文字系统和科学技术发展有一定的关系。

② 李约瑟1979年10月在香港中文大学的学术讲演，题为："传统中国科学：一个比较观点"。

能在中国产生的问题与它又何以必然地在欧洲产生的问题,可以说是一个总问题的两个方面,所以正确阐述前一个问题,也是研究世界科学技术发展历史的重大课题。因此它理所当然地要引起全世界各国学者们的共同关注。在我们行将结束此书时,也不能不对这一问题试着作出回答。

很多人以为近代科学之所以未能在中国产生,是因为中国缺乏像古希腊哲学中的那种形式逻辑体系,如著名的欧几里得几何学那样的体系;还因为中国也缺乏文艺复兴以来所提倡的那种经过系统实验以找出自然现象得以发生的因果关系的精神。这个论断当然是有一定道理的,但却不很全面。因为它并不能解释更多的问题。例如,众所周知,欧几里得几何学在中世纪的阿拉伯国家很受重视,阿拉伯数学家曾作过不少研究和注释,包括欧氏几何在内的许多古希腊的各种著作,大多是经过阿拉伯国家再转入欧洲的。阿拉伯人也努力在天文学、化学等方面作过不少工作。即就方法论而言,阿拉伯人与欧洲有许多的共同点,但是为什么近代科学也并没有诞生在阿拉伯国家?又如,明末清初,欧几里得几何已部分译成中文,特别是到鸦片战争以后以及进入20世纪以来,不能说中国人仍然没有掌握这两种思想武器,但是中国科学却在落后了400年之后,仍然需要大力追赶。由此可见,这些方法论上的武器似乎只能是近代科学产生的必要条件,而不一定同时也是充分条件。

我们认为像这样涉及数百年之久,而且是在科学技术相当广的范围内发生的社会现象,有必要从社会整体,即从社会的经济、政治、文化、思想等各方面进行综合的考虑。在本书的一些章节中,我们已经反复阐述过我们的观点,即近代中国科学技术长期落后的根本原因是由中国长期的封建制度束缚所造成的,而近代科学之所以能在欧洲产生,其根本原因也是由于新兴的资本主义社会制度首先在欧洲兴起的结果。

正如马克思早已指出的那样,"资本主义生产第一次在相当大的程度上为自然科学创造了进行研究、观察、实验的物质手段",而且也只有在资本主义生产方式下"才第一次产生了只有用科学方法才能解决的实际问题。只有现在,实验和观察——以及生产过程本身的迫切需要——才第一次达到使科学的应用成为可能和必要的那样一种规模"。"因此,随着资本主义生产的扩展,科学因素第一次被有意识地和广泛地加以发展、应用,并体现在生活中,其规模是以往的时代根本想象不到的。"① 我们认为马克思的这几段话已经把近代科学何以只能产生在资本主义发展的欧洲这个问题,讲得十分清楚了。

同样,近代科学之所以不能在中国产生,不能单纯地从中国古代科学技术体系的内部原因去寻找。这个问题归根结底是和资本主义何以在中国始终得不到发展紧密联系在一起的。换言之,即不能不对中国的封建社会对中国科学技术发展的影响进行一定的分析。

如前所述,中国是世界上最早完成了由奴隶制度向封建制度转化的国家,而且又是在世界上封建社会经历时间最长的国家。在古代的中国社会,封建主义得到长足的发展,从经济基础到上层建筑,都逐渐具备了一整套使封建社会得以延续下去的种种功能,时至今日,我们仍可以感受到这种功能的顽固力量。这就对生产力的发展,对任何新的社会制

---

① 马克思. 机器. 自然力和科学的应用. 人民出版社. 1978:206-208

度,包括资本主义的产生,形成了严重的障碍;同时,对近代科学的产生,也形成了极大的障碍。

首先,以一家一户为单位的、农业和手工业相结合自给自足的小农经济,一直是中国封建社会的经济基础。商品经济虽有一定程度的发展(这在整个中世纪世界史上可能还是首屈一指的),但统治阶级为了巩固自己的统治,需要牢固地把农民固定在土地上而不希望像商人那样流动,再加上人口增加的压力越来越大等历史的和其他地理的原因,使中国的封建统治者一直采取了重农抑商的政策。到了明清时期,随着工农业生产和商品经济的发展,在我国出现了资本主义生产方式的萌芽。这时,封建统治阶级,比以前任何时候都更感觉到它足以促使封建社会经济基础的小农经济解体的危险性。于是传统的"重农抑商"、"重本抑末"的政策进一步得到加强。主要表现在对商业、手工业的掠夺、摧残和压制,其后果是严重地限制了商业资本的发展和手工业进一步向工场手工业的转化,使萌芽的资本主义不能成长到足以冲破封建主义的重压,新的资本主义的生产方式一再被扼杀在摇篮之中。社会生产就无由得到发展,对科学技术发展也提不出迫切的要求,近代科学技术的发展也就得不到适于生长的土壤。这就是说,近代科学技术的发展失去了最根本的推动力,它只能在日趋腐朽没落的封建制的旧轨道上蹒跚而行。

其次,封建专制的思想统治,对科学技术的发展一直是阻碍的因素,秦始皇的焚书坑儒,汉武帝的"罢黜百家、独尊儒术",汉光武帝颁图谶于天下,等等,对于人们的思想都起着禁锢的作用。这种思想的严厉统治到封建制社会的晚期愈演愈烈。明初,把程、朱理学奉为不可侵犯的正统哲学,而且对于知识分子的摧残和迫害,达到了令人发指的地步。一方面,统治阶级以功名利禄为诱饵,把大批知识分子引入了钻研儒家经典的死胡同,这固然是整个封建社会的通病,而到明清以后,按八股文取士,以朱熹所注的四书五经为辨别是非优劣的标准,更进一步取消了士人自由思考的余地,禁锢了知识分子的思想,不知埋没、摧残了多少有用之才。另一方面,统治者为使知识分子就范而采取的镇压措施,史不乏书。尤其到清代,屡兴文字狱,不知杀了多少无辜。清代乾嘉学派的兴起,正是这种高压政策的产物。

知识分子潜心古籍,埋头于注疏、考据,可以免却灭门之祸。同时把学术界引入脱离生产、脱离实际、脱离对自然界的观察研究和厚古薄今的歧途。这样对于科学技术问题的研究,就只有那些离经叛道者偶尔为之了。而这时的西方却是另一番景象,思想解放的浪潮方兴未艾,他们一方面如饥似渴地学习和吸收古代希腊、罗马、阿拉伯(其中包含有印度和中国的成就)的科技文化,一方面以高度的热忱去探索新的社会问题和自然界的奥秘。教育事业也已开始从教会的垄断中挣脱出来,得到很大的发展,特别是专门的科学技术教育和机构的出现与发展,对科学技术的进步更注入了新的活力。如果说中国封建社会的教育较中世纪的欧洲还多少高明一些的话,但到这时,中国封建教育依然如故,其劣根性甚至有增无已,当然不能同先进的西方教育同日而语了。而且真正的科学技术教育比西方要晚数百年,比日本也晚了半个世纪。两相对比,了了分明。反动、没落的封建制度造成的教育落后,以及知识分子备受摧残和思想僵化的状况,是近代科学技术未能在中国产生的重要原因之一。

又次,在封建社会的中国,像对盐、铁、铜、矿山、外贸等大都实行官办一样,中国历史上的科学和技术大多数也都是官办的。封建的官办事业，可以集中大规模的人力、物力，因此对科技发展有它有利的一面。但是，官办的科学技术也有很大的弊病。最主要的是，这种官办的科学技术是以满足封建统治者的需要为目的的，这就在很大程度上限制了科学技术成果对整个社会生产发展的促进作用。而且封建社会的官办科学技术事业中，领衔的多是大官僚，本身又多数不懂科学技术，却班门弄斧，或以此为例行公事，而科学技术人员（多数人同时也是封建官僚）也多是把工作视为敷衍官差。探索自然奥秘和发明新技术的职责被受禄任事的封建官僚体制所冲淡。如《盐铁论》就披露了铁官粗制滥造铁器的事实。又如沈括《梦溪笔谈》中所记载的司天监工作马虎，涂改或编造假的观测记录的事，在宋代就屡见不鲜。这种情况在封建末世更得到恶性发展，明清之际的司天监竟无人知晓"大统历"（实即"授时历"）的缘由，对交食的推算连连失误，束手无策。在清末洋务运动时期的许多官办厂矿中，可以看到不少这种例子。耗资巨万，不计成本，官僚式的管理，贪污成风。在这种情况下，近代科学技术又如何能够得以发展呢？！

再次，封建统治阶级由于他们的阶级局限性，使他们不可能像资产阶级那样把科学技术看成是反对封建主义的思想武器、谋取更大利润的手段以及巩固自己统治的工具。中国的封建统治者，即使是其中较为爱好科学和技术的人。例如清代的康熙，在这个问题上也没有能够站到普通资产阶级的高度。不用说和后来的拿破仑不能相比，就是和与康熙同时的法国路易十四、俄国沙皇彼得大帝等西方肯于提倡科学技术的帝王君主也不能相比。可以说，对科学技术推动社会的作用，中国历代的封建统治者始终没有认识。直到19世纪末的洋务运动时期，虽然已经认识到应该向先进的西方科学技术学习，但对科学技术在社会发展中的作用，却依然认识不足。反对学习的顽固派自不待言，他们一直认为"立国之道尚礼义不尚权谋，根本之图在人心不在技艺"；就是主张向西方科学技术学习的洋务派，提出的口号也不过是"中学为体，西学为用"，想用西方的科学技术来巩固封建主义的统治，而不是推动社会进步。因此在漫长的封建社会中，科学技术完全是为了满足封建统治者的需要。统治阶级除了用来制造供自己享乐用的玩物之外，在更多的情况下是把它看做是粉饰太平的点缀。如此，科学技术怎能不落后呢？！

最后，虽然在我国文化发展史上确实是在不断地吸取世界其他国家和地区的先进成就。但不可否认，延续两千余年的封建大国，也产生了一种天朝大国思想。认为向邻邦外国学习，似乎有损尊严，尤其是在封建社会的末期，当西方近代科学技术已经有较大进步之后，西方列强对东方大肆扩张的时候，这种故步自封、妄自尊大、以天朝大国自居的思想，显得尤为突出，形成了学习先进科学技术的严重的思想障碍。同时，它又是清代曾奉行的长达百余年的闭关自守政策的思想基础。这一政策使中西方科学技术的交流陷于中断，人们对欧洲科学技术的新进展，以及科学思想、科学方法的新潮流、新手段，茫然无知，完全堵塞了可能给中国近代科学技术的发展提供外部刺激的渠道。天朝大国的思想也好，闭关自守的政策也好，都是封建的保守性与反动性的表现。因此可以说，垂死的封建制度不但极大地消磨着中国近代科学技术产生的内在潜力，而且还力拒外部的积极因素于国门之外。既然内乏"粮草"，又外拒"援兵"，中国近代的科学技术又何由产生呢？！

这里还要指出，中国古代科学技术体系一经产生，就形成一个无形的壁垒，具有一定的独立性、保守性与排它性的问题。随着体系本身的充实与发展，这个问题也愈益突出，它使得与该体系相左的科学成果、科学思想的出现，成为很困难的事，即要突破原有体系的框框，是很不容易的。另一方面，它对外来的科学技术知识的吸收具有很大的选择性和局限性。如数学方面笔算的方法早随佛教而传入，但由于筹算法的高度发展，没有为人所重视；三角函数表早在唐代亦已传入，但由于代数法的高度发展，也被湮没在浩瀚的史籍中。这些对我国古代数学和天文学的进一步发展，不能不说是很大的憾事。当然，如果外来的东西不影响到体系本身，如农作物、药物的引入等，可以顺利地被接受，并融化在原有的体系之中，但其与原体系迥然异趣的理论，就难以吸收了。由于科学技术本身的这一特点，当明末清初传入的西方科学技术知识，在中国的知识界面前展示了与中国原有体系不同的新东西时，原体系的保守性与排它性就显然成为较快地吸收这些新知识的一种障碍了，这也许是近代科学技术在中国迟迟未能兴起的原因之一。但新知识的传入确实引起了当时知识界的极大震动，而且这时中国古代科学技术已从自己体系发展的高峰跌落下来，原有体系中的一些成就（如数学和天文学尤为突出），或被人遗忘，或正被当作新的知识在探求。所以，它并不是近代科学技术在中国未能产生的主要原因。

总之，上述种种原因，大都是与封建社会先天的缺陷有关的。其种种弊端，到封建社会的末世，愈演愈烈，积重难返；再加上帝国主义的外来侵略，成了科学技术向前发展的严重障碍，是近代科学技术未能在中国产生的根本原因。

科学技术发展的迅速和滞缓，从长远的时间和整个社会的范围来观察，起决定性作用的，依然是社会的经济基础和社会的政治制度。这是古往今来世界各国科学技术发展的历史所反复证明了的，中国科学技术发展的历史也充分证明了这一点。

中国的奴隶社会，从发展的规模和制度的完备等各方面说来，是远不如古希腊和古罗马的奴隶制国家的。但这却为中国得以及早完成向封建社会的过渡和迅速发展创造了条件，从而使中国封建社会的科技发展，在整个中世纪相当长的一段时期内，大放异彩。

欧洲的封建社会，虽然从各方面讲又都远不如中国，但封建势力的相对分散和软弱，却又为他们迅速过渡到资本主义创造了条件。这使得西方的科学和技术迅速发展，使他们在近四百年内一直处于领先的地位。

先进在一定条件下可以变成落后，落后在一定条件下又可以转变为先进。历史的辩证法正是如此。

# 人名索引

## 一 画

一 行（张遂） 148、150、201、203—205、228、258、295

## 二 画

丁文江 392
丁 度 233、295
丁津诺布 219
丁韪良 380、385、394、403、406
卜 偃 75

## 三 画

于 渊 257
于志宁 216
士弥牟 43
尸 佼 90
卫匡国 337
卫 朴 245
马 援 98
马一龙 313
马 丁 374
马可波罗 240、278、284
马 欢 303
马 志 267
马克思 4、6、22、291、375、394、413、416、420、428、430
马国翰 368
马定远 238、295
马 钧 154、169—171、176
马称德 243
马戛尔尼 371
子 韦 75
子 产 83、122

## 四 画

王士雄 326
王夫之 340—342
王仪贞 331
王永从 241
王 存 263
王执中 272
王廷相 340
王竹泉 392
王 充 93、118、119、133、135—137、172、197、226、418
王守仁 339、340
王安石 244、292、422
王安礼 257
王 观 252
王孝通 200、295
王希明 206
王 亨 232
王应麟 235
王 玠 207、208
王叔和 159、176、225
王 泮 349
王 建 188
王孟英 405
王钟祥 388
王彦恢 238
王 恂 246、256、261、295
王真儒 200
王致远 257、264
王 胲 31
王 祯 143、167、181、243、244、251、277、286、294
王 焘 214、217、218

王　逸　132
王惟一　271、272
王清任　363、364
王　隐　368
王　景　64、101、150
王景弘　299
王道纯　333
王道隆　297
王　弼　173、174
王　粲　167
王锡阐　346、350、353、359、360
王　韬　408
王　徵　350、385
王　履　326
井上清　220、221
开　明　62
开普勒　343、346、348、358、390
夫　差　29
元世祖（忽必烈）　233、253、261
元　载　179
元微之（稹）　208
韦　诞　207
韦行规　183
韦萨利　345
尤　拉　256
瓦　特　374
少　康　30
贝　朗　345
贝塞麦　374
牛　顿　256、343、346、348、357、372、
　　　　373、383、385、386、390、395
长冈半太郎　408
长孙无忌　216
公孙卿　105
公乘阳庆　119、120
乌春阿卜萨水　278
勾　践　29
文成公主　178、318

方　勺　249
方以智　305、340、341、343
计　成　317
尹　文　89、90
尹　皋　75
巴　邦　374
巴多明　351、403
巴斯加　254
巴斯喀拉　113
邓　平　105
邓　析　88
邓　牧　293
邓玉函　350、351、357、385、403
孔　丘　75、86
孔志约　216

五　画

甘　英　139
甘　德　75
艾约瑟　380、384、385
艾儒略　337、347、349、403
古公亶父　32
札马鲁丁　289
石　普　232
石归宋　232
石申（石申夫）　75—77
石铎琭　403
龙华民　348、351、357、403
龙受益　201
东方朔　368
卡瓦列里　153
卡西尼　357
卡莱特　374
叶　桂　326
叶廷珪　249
叶良辅　392
叶　适　292、422
史　伯　49
史　起　62

435

| | | |
|---|---|---|
| 史　禄 | 128 | |
| 史密斯 | 373 | |
| 仪　狄 | 30 | |
| 白　公 | 100 | |
| 白　圭 | 64 | |
| 白　英 | 310 | |
| 白　晋 | 351、353、355、358 | |
| 白拉福 | 404 | |
| 白居易 | 186、208 | |
| 白毓昆 | 393 | |
| 乐　隉 | 224 | |
| 乐　史 | 263、324 | |
| 玄奘（陈祎） | 194—196、207 | |
| 汉光武帝（刘秀） | 135、431 | |
| 汉武帝（刘彻） | 92、93、95、96、98—102、105、125、130、133—135、137—139、162、421、431 | |
| 汉昭帝（刘弗陵） | 93 | |
| 汉宣帝（刘询） | 122、134 | |
| 汉高祖（刘邦） | 113 | |
| 汉章帝（刘炟） | 104、135 | |
| 氾胜之 | 97 | |
| 冯　贽 | 207 | |
| 冯　道 | 209 | |
| 冯继升 | 232、294 | |
| 冯梦龙 | 297 | |
| 冯　湛 | 238、295 | |
| 司马可 | 105 | |
| 司马迁 | 75、105、117、134、135、139 | |
| 司马楚之 | 172 | |
| 司空图 | 185、207 | |
| 司蒂文生 | 396 | |
| 尼尔逊 | 374 | |
| 加藤四郎 | 291 | |
| 皮尔逊 | 404 | |
| 边　冈 | 205 | |

### 六　画

| | |
|---|---|
| 邢　昺 | 173 |
| 邢云路 | 259 |
| 巩　珍 | 303 |
| 亚里士多德 | 54、345、427、428 |
| 亚洛沙 | 356 |
| 西门子 | 374 |
| 西门豹 | 62 |
| 达·伽马 | 299、300、303、345 |
| 达　比 | 305 |
| 达尔文 | 333、373、394、395、409 |
| 列　宁 | 20、371、373、413 |
| 列文虎克 | 326、346 |
| 托勒密 | 94、289、358、427、428 |
| 扬　雄 | 93、108、135 |
| 尧 | 15 |
| 毕　升 | 231、241、242、244、245、291、294 |
| 毕　岚 | 169 |
| 毕　沅 | 368 |
| 毕方济 | 350 |
| 毕利干 | 388 |
| 毕拱辰 | 403 |
| 毕施奈德 | 364 |
| 吕　礼 | 224 |
| 吕祖谦 | 242 |
| 朱　橚 | 314 |
| 朱　彧 | 236 |
| 朱　清 | 237、238、295 |
| 朱　熹 | 196、242、247、292—294、298、339、422、431 |
| 朱世杰 | 246、252—256、289、294、367、383 |
| 朱国桢 | 297 |
| 朱思本 | 265、294 |
| 朱庭祜 | 392 |
| 朱奕梁 | 327 |
| 朱载堉 | 323、324、343 |

| | | | |
|---|---|---|---|
| 朱震亨 | 268、269、295 | 刘　翰 | 267 |
| 朱彝尊 | 208 | 刘　徽 | 111、112、150－154、176、200、367、368、422、427 |
| 伟烈亚力 | 380、384、390 | | |
| 伏　特 | 372 | 刘文泰 | 333 |
| 伏羲氏 | 13、19 | 刘孝孙 | 202 |
| 任　昉 | 155 | 刘完素 | 268、269、295 |
| 任鸿隽 | 412、429 | 刘　郁 | 263 |
| 伦　琴 | 386 | 刘禹锡 | 226－228、292 |
| 伦　德 | 385 | 刘统勋 | 356 |
| 华　坚 | 244 | 刘统勋 | 356 |
| 华　佗 | 121 | 刘景宣 | 251 |
| 华　燧 | 244 | 齐德之 | 272 |
| 华冈青州 | 273 | 亦思马因 | 278、295 |
| 华里士 | 385 | 米　芾 | 211 |
| 华蘅芳 | 380、385、387、394 | 江　本 | 62、201 |
| 伊　尹 | 47 | 江　永 | 352 |
| 伊本·马季得 | 303 | 江文泰 | 375 |
| 向　秀 | 173 | 汤　涛 | 233 |
| 全祖望 | 367 | 汤若望 | 347－352、357 |
| 合　信 | 386、387、394、404 | 宇文恺 | 188、191、197 |
| 危亦林 | 273、295 | 宇陀·元丹贡布 | 218 |
| 旭烈兀 | 289 | 安　国 | 244 |
| 庄　周 | 88、90 | 安　焘 | 239 |
| 庄季裕 | 249 | 安　敦 | 138 |
| 刘　安 | 134 | 安文思 | 403 |
| 刘　徇 | 249、252 | 安托尼兹 | 152 |
| 刘　美 | 278、295 | 安提丰 | 152 |
| 刘　洪 | 106、147、202 | 安德生 | 385 |
| 刘　泚 | 224 | 许　洞 | 234 |
| 刘　晏 | 199 | 许之衡 | 361 |
| 刘　晖 | 202 | 许　行 | 58 |
| 刘　益 | 255、294 | 许孝崇 | 216 |
| 刘　骏 | 154 | 许敬宗 | 196 |
| 刘　焯 | 148、200、202－205 | 阮　元 | 389、390、406 |
| 刘　裕 | 171 | 阳玛诺 | 348 |
| 刘　蒙 | 252 | 纥干皋 | 207 |
| 刘　歆 | 105、135、147、154 | 孙　凤 | 244 |
| 刘　熙 | 130 | 孙云球 | 330 |

孙廷铨 315
孙叔敖 61
孙星衍 12、368
孙思邈 211、214、215、217、218、223、225
孙家鼐 397

## 七　画

麦卡托 343
麦都斯 380
麦哲伦 345
玛礼逊 404
玛西亚努 214
志贺洁 408
严复 390、394、395、409、413
严如熤 304
克拉维斯 348
苏显 237
苏统 106
苏轼 249、278
苏颂 150、257、258、260、267、294
苏敬 216
苏易简 210
杜甫 166、186
杜佑 200、224、231
杜环 224
杜诗 103、251
杜绾 265、266
杜兰德 396
杜赫德 357
杜德美 355
杜德源 194
杉田玄白 407
巫咸 47、76、149
杨介 270
杨古 242
杨伟 148
杨岫 313
杨素 191

杨真 347
杨辉 246、252、253、255、256、289、294、320
杨光先 352、377、406
杨忠辅 261、294
杨泉 174
杨炳 375
李云 185
李白 186
李冰 62
李迅 272
李宏 234
李冶 252、253、294、368
李杲 268、269、295
李该 195
李春 193、194
李诫 279、295
李珣 225
李贽 340
李皋 171、240
李脩 158
李悝 52、79
李梵 106
李捷 392
李锐 367、389
李潢 367
李肇 211
李十娘 241
李大钊 413
李之藻 322、347、348、351、352
李天经 357
李比希 372
李文斯敦 404
李处人 237
李吉甫 194、195
李当之 121
李约瑟 43、79、214、222、307、337、417、428、429、435、437

| | | | |
|---|---|---|---|
|李志常|263|伯 益|9|

李志常 263
李时珍 61、160、267、268、298、331—333、343、364
李希霍芬 391、392
李邻德 237
李叔布 155
李学清 392
李建元 332
李柱国 119
李祖白 352
李聃（老子） 162、173、211
李鸿章 376、377
李鸿藻 377
李淳风 118、150、153、179、200—203、216、221
李善兰 380、382—387、389、390、407
李曾伯 233
甫 谧 47、159、160、176
医 和 17、18、46、47、83
吴 敬 320
吴 普 121
吴 璂 326
吴有性 326
吴其濬 346、364、365
吴德仁 169、295
别 朱 256
岑 参 186
利玛窦 334、337、347—349、351、406
利类思 403
邱处机 263
何 蓝 277
何 晏 173、174
何国宗 356
何承天 148、154、174、202、204、221、323、422
何秋涛 391
伯 夷 368
伯 驾 404

伯 益 9
伯阳甫 49
伯希和 208
伽利略 343、345、349、358
伽罗威 385
希利亚 142
希波克拉底 427
狄考文 381
邹 衍 89
邹代钧 393
邹伯奇 386
怀 丙 232
冷守中 352
汪大渊 263
汪大燮 405
汪曰桢 389
汪应蛟 311、312
汪振声 388
沙勿略 406
沃尔弗 373
沈 括 196、232、236、244—248、256、258、259、264、265、278、292、294、307、383、432
沈钦裴 367
沈 重 323
沈德符 342
宋 礼 310
宋 钘 89、90
宋 景 75、270
宋 慈 269、295
宋子安 252
宋太宗（赵太义） 249、288
宋太祖（赵匡胤） 230、267
宋应星 211、298、307、312、337—339、343
宋君荣 356
宋徽宗（赵佶） 251、268
张 衡 239

张　甲　277
张　协　167
张　华　158、210
张　苍　111
张　果　211、213
张　诚　351、353、358
张　贵　238
张　美　400
张　载　292、293、340、341、422
张　皋　212
张　宾　202
张　湛　175
张　瑄　237、295
张　骞　138、139
张　澍　368
张　衡　93、94、105、107－110、118、
　　　　154、203、294
张　璐　327
张　灌　251
张之洞　377、401、402
张子信　148、176、205
张中彦　239
张从正　268、269、295
张文谦　261
张仲景（机）　93、94、119－121、218
张伯苓　393
张择端　282
张相文　392、393、412
张胄玄　202、205
张思训　258
张锡纯　405
张霭生　310
陆　羽　183
陆　贾　13
陆　容　305
陆　游　252
陆　澄　155
陆　耀　314

陆九渊　292、339
陆龟蒙　180、181、183
陆应毂　364
阿尔·卡西　152
阿皮纳斯　254
阿克莱　374
阿基米德　152
阿维森纳　225
陈　卓　149、206
陈　亮　292、422
陈　椿　277
陈　潢　309、310、312
陈子龙　335
陈元靓　236
陈少微　211
陈从运　201
陈文中　269
陈世元　314
陈玄景　205
陈自明　272
陈际新　367
陈　规　233
陈和卿　291
陈实功　327、328
陈函辉　336
陈修堂　394
陈振龙　314
陈　旉　231、250、251、294
陈得一　148
陈藏器　217
陈耀卿　406
邵　庸　422
邵　雍　294、352
纳速剌丁　289
纽　康　205
纽可门　374

## 八　画

武则天　178、180、183、185、190

武隆阿　244
耶律楚材　263
茂　虔　142
范　缜　174、175、226
范成大　249、252、263
范　摅　207
茅元仪　302
林则徐　371、375、391
松赞干布　179、318
欧　拉　372
欧几里得　54、112、348、353、358、
　　　　　427、430
欧阳询　185
欧阳修　205、248、252
郑　宣　182、249
拉马克　373
拉瓦锡　372
拉普拉斯　372、386、390
歧　伯　88、159
昙　济　173
明太祖（朱元璋）　296
明成祖（朱棣）　298、299
明安图　356、382
易度侯　142
罗　含　266
罗士琳　253、367
罗洪先　265
罗密士　384
罗雅谷　351、357、360、403
凯　伊　373
图　海　352
图理琛　391
和凝、和㠓父子　269
彼得大帝　432
舍　勒　372
金　达　399、400
金尼阁　347
金俱咤　222

金富轼　221
郄　萌　108
周　公　23、46、49
周　琮　148、257
周去非　252、263
周达观　263
周师厚　252
周昌寿　381
周思茂　183
周　朗　162
周敦颐　422
忽泰必列　271
京　房　323
庞迪我　349、351
庞培烈　391
庖　牺　18
郑　克　269
郑　国　62
郑　鄤　336
郑　繁　177
郑　震　237
郑　樵　263
郑兰生　411
郑当时　99
郑兴裔　269
郑观应　408
郑和（马三保）　297－303、423
郑复光　386
单　谔　249
法　显　196
法拉第　372
波义耳　346
波德麦　429
宗　祁　252
宗　睿　208
居里夫妇　386
居维叶　373
屈大均　304、306

迦　叶　222
承　霖　388
孟　诜　211
孟　轲　86

## 九　画

封　演　197
项名达　382、384
项　绾　232、295
赵　欧　142、149
赵　爽　150、200
赵　翼　212
赵一清　367
赵元任　412
赵　过　93、95、96
赵汝适　263
赵学敏　363、403
赵彦卫　185、277
赵逸斋　269
荀　况　87、89、418
荀　勖　323
胡　克　346
胡　渭　367
胡正言　241
胡威立　385
胡翼林　357
南怀仁　347—351、353、403
南宫说　204、205
柯　西　372
柯克斯　404
相　土　30
柳　玭　208
柳宗元　226—228
郦道元　155、157、158、422
威妥玛　378
耐普尔　345、346、349、359
哈　维　343、346
哈格里沃斯　374
科　特　374

段公路　252
段成己　285
信都芳　176
皇居卿　148
禹　20、22、30、34、43、45、123
侯宜君　105
侯　景　142、171
俞正燮　327
俞茂鲲　327
俞思谦　197
俞根初　405
施　旺　373
施　宿　211
施莱登　373
奕　谭　377
奕　䜣　376、405
恽铁樵　405
闻人耆年　272
姜　岌　148
娄元礼　118
洪　皓　231
洪仁玕　376、411
扁　鹊　82、83、120、273
祖　颐　253
祖　暅　153、154、200
祖冲之　148—150、152—154、169、171、176、422
神农氏　7、19、21
费　信　303
费正清　429
姚　枢　242
姚　信　176
羿　20

## 十　画

秦　朗　169
秦九韶　117、201、252、253、255、256、294、368
秦世辅　238、295

| | | | |
|---|---|---|---|
| 秦可大 | 330 | 倭　仁 | 377 |
| 秦始皇（嬴政） | 75、77、92、98、124、125、127、128、133、135、162－164、193、316、421、431 | 徐　广 | 148 |
| | | 徐　寿 | 380、386－389、403、412 |
| | | 徐　伯 | 100 |
| | | 徐　昂 | 201、205、221、222 |
| 泰勒斯 | 54 | 徐　兢 | 236、239 |
| 班　固 | 116 | 徐一夔 | 296 |
| 袁　黄 | 312 | 徐有壬 | 382、384 |
| 都　实 | 265 | 徐贞明 | 312 |
| 壶　遂 | 105 | 徐光启 | 143、298、314、333－335、343、347、348、350－352、357、407 |
| 耿寿昌 | 107、108、111 | | |
| 莱布尼茨 | 346、383 | 徐志定 | 243 |
| 莱伊尔 | 373、380、392、394 | 徐建寅 | 388－390 |
| 桂万荣 | 269 | 徐继畬 | 375、391 |
| 桓　谭 | 93、96、135、137 | 徐霞客 | 298、335－337、343、425 |
| 哥白尼 | 343、345、348、353、358、376、389、390 | 殷明略 | 238、295 |
| | | 拿破仑 | 432 |
| 哥伦布 | 299、300、313、345 | 奚　仲 | 13 |
| 贾　宪 | 254、255、294 | 翁文灏 | 392 |
| 贾　耽 | 194、195 | 翁同龢 | 397 |
| 贾　逵 | 106、107、135 | 翁则尔 | 350 |
| 贾思勰 | 143、144、176、422 | 高　宣 | 232、238、295 |
| 烈山氏 | 8 | 高　超 | 125、166、178、188、232、245、280、295 |
| 顾长发 | 367 | | |
| 顾公燮 | 297 | 高　颎 | 188 |
| 顾观光 | 384 | 高堂隆 | 169 |
| 顾启期 | 155 | 高　斯 | 256 |
| 顾炎武 | 298、340、341、366 | 郭　象 | 173 |
| 挚　虞 | 155 | 郭　谘 | 232 |
| 晁　崇 | 150 | 郭延生 | 118 |
| 晏　婴 | 83 | 郭守敬 | 150、246、256、258－262、294、295 |
| 恩格斯 | 4、6、22、291、345、347、373、375、394、416、420 | | |
| | | 郭献之 | 205、221 |
| 钱　乙 | 269、295 | 郭雷枢 | 404 |
| 钱乐之 | 149、150、323 | 郭嵩焘 | 377 |
| 钱伯斯 | 350 | 唐　昧 | 75 |
| 钱陆灿 | 244 | 唐　都 | 105 |
| 俱摩罗 | 222 | 唐　福 | 232、294 |

唐太宗（李世民）　177、178、196、
　　　　　　　　224、225
唐玄宗（李隆基）　199、203、204、211
唐宗海　405
唐顺之　307
唐维尔　357
唐慎微　267、331
海麻士　385
容　闳　398、411
诸葛亮　171
诸葛颖　183
陶弘景　160、161、163－165、167、176、
　　　　216、223、422
陶宗仪　320、329
陶懋立　393
桑　钦　155、157、367

### 十一画

培　里　406
培　根　409、428
黄　磷　241
黄　帝　15、77、84、85、159、222、
　　　　254、363、368
黄　宽　411
黄　裳　247、257、264
黄　缭　87
黄沛翘　391
黄宗羲　340、341、366、367
菲德里　269
萧　何　113、155
萧子良　175
萧令裕　375
梅　彪　214
梅　森　346
梅文鼎　346、350、353、359、360、367
梅尔生　324
梅毂成　358
梓　慎　75

曹　操　141、171
曹廷杰　391
龚自珍　375
常　德　263
常　璩　277
鄂　图　152
鄂博台　278
崔　寔　96
崔灵恩　176
崔法珍　241
笛卡儿　343、345
第　谷　353、358
斛　兰　150
庾仲雍　155
康　骈　190
康　德　372、390
康有为　390、406、408、409、413
康成懿　335
章鸿钊　330、392
商　鞅　53
阎若璩　368
盖　伦　94
清世宗（胤禛）　351
清圣祖（玄烨）　353、354
清高宗（弘历）　351、356
淳于意　119、120
梁　述　200
梁令瓒　203
梁启超　368、407－410、412、413
梁武帝（萧衍）　175
寇宗奭　268
寂园叟　362
隋文帝（杨坚）　141、142、177、179、
　　　　　　　188、197、202
隋炀帝（杨广）　179、191、194、197
维　勒　372

维叶特 152
巢元方 215、216、225

## 十二画

琴 纳 327
塔阿里拜 224
斯坦因 206、208
斯图泰琬 429
斯蒂芬逊 374
斯普拉特 346
葛 洪 155、161、163—165、173、176、
196、223、327、422
葛 衡 150
董仲舒 93、118、133—136
董祐诚 382、384
蒋 辉 241
蒋友仁 348、349、352、356、389
落下闳 105、108
韩 延 201
韩 非 87
韩 鄂 183
韩 愈 226
韩 暨 167
韩公廉 150、260、294
韩世忠 235
韩怀礼 393
韩显符 257、278
韩彦直 252
棣么甘 384
惠 施 87、88、90
惠 确 207
提比乌斯 139
掌禹锡 267
最 澄 222
喻 皓 245、295
程 郑 56
程 颐 292、339、422
程 颢 292、294、422
程大位 321、322

程大昌 263
税安礼 263
策 妄 355
傅 安 107
傅仁均 202
傅兰雅 380、385、404
傅任敢 406
傅墨卿 239
焦 勗 350
焦 偓 232
焦 循 367、389
舒元舆 210、211
舒易简 257
舜 16、123、205、257、258、294
鲁 迅 386、413
鲁兰德 214
鲁明善 251
鲁斐尼 255
普里斯特列 372
普林尼 139、427
普罗米修斯 6
普查金 406
道 安 173
道尔顿 372
曾 参 88
曾之谨 251
曾公亮 233、234、236、295、324
曾国藩 376、378、382、387、411
滑 寿 271、272、295
富尔顿 374
富里西尼乌司 388
谢家荣 392
编 诉 106

## 十三画

蒲 元 170
蒙塔古夫人 327
靳 辅 310
楼 璹 286

楼 护　119
楼 钥　249
甄 鸾　150、200
雷 敩　160
雷孝思　351、355、357
虞 耸　176
虞 喜　147、148、175、176
虞 集　311
鉴 真　222
路允迪　239
路易十四　351、432
微耳和　373
詹天佑　396、398—400、411、412
詹希元　258
慎 到　88
窦 严　183
窦 材　273
窦叔蒙　197
裨 竈　75
福泽谕吉　407

### 十 四 画

静 闻　336
嘉约翰　404
赫 德　378
赫姆霍茨　324
赫胥黎　395
赫歇尔父子　373、380、390
綦母怀文　167
慕容廆　142
蔡 伦　122、123
蔡 泽　128
蔡 襄　252、282
裴 頠　173、174
裴 秀　155—157、176、195、422
裴耀卿　199
僧 肇　173
鲜于妄人　108
阚 驷　368

谭嗣同　390
谭锡畴　392
谯 周　155
嫘 祖　19
熊三拔　348、350、403

### 十 五 画

翟金生　242
慧 道　155
樊 阿　121
樊 淑　224
墨 翟　70、368
德 贞　394、404
德谟克利特　90
鲧　34
摩尔斯　375
颜真卿　196
羯那陀　50
潘次耕　336
潘季驯　309、310
潘曾沂　313
澄 空　185
燕 肃　169、258、295
薛 驼　277
薛凤祚　349
薛景石　285、286、295
薛福成　408
霍 纳　255
默 冬　77
穆尼阁　349、359
辩 机　196
羲 和　15、19
羲 仲　15
燧人氏　6、19、21

### 十 七 画

戴 煦　382—384
戴 震　367
戴进贤　348

戴法兴 154
魏　源 375—377、390、391
魏文魁 352
魏孝文帝（拓跋宏）　142、143、158
魏伯阳 163、164

## 十八画

鳌　拜 352
瞿昙悉达 222
瞿昙撰 205

# 书名索引

## 一画

一位算法　201
乙巳占　118

## 二画

二十二史劄记　212
十七史节要　244
十三州志　368
十四经发挥　271、272
十竹斋笺谱　241
十纸说　211
七宗论　173
七曜历书　202
七曜攘灾诀　222
八十一难（即《难经》）　120
八线备旨　381
人体构造　345
人体图说　403
人类的由来　333
入华记录　347
入华传教记　347
几何原本　112、334、348、358、360、
　　　　　380、384、385、427
九卷（即《灵枢》）　120
九经　209
九经字样　209
九经韵览　244
九章算术　80、110—113、140、150、
　　　　　152、153、200、202、
　　　　　367、368、
　　　　　420、424
九章算术注　150、151、422
九章算术细草图说　367

九章算法比类大全　320、321
力学测算　385

## 三画

三开　221
三十六水法　164
三五历记　19
三巴记　155
三角数理　385
三角算法　349
三国史记　221
三国志　141、170、171
三省边防备览　304
三洞琼纲　211
三消论　268
三辅黄图　98、118、193
三等数　199
大元一统志　263
大业杂志　194、198
大观经史证类备用本草　268
大学衍义　243
大宝律令　222
大洞炼真宝经九还金丹妙诀　211
大洞炼真宝经修伏灵砂妙诀　211
大唐西域记　196
大理府志　313
大慈恩寺三藏法师传　196
大戴礼记　88
大藏经　241
兀忽列的四擘算法段数　289
万国全图　349
上海县续志　329
山东与其门户胶州湾　392
山居琐言　314

山蚕说 315
山海经（山经） 19、20、46、47、80、81、155、157、328、367、368、425
千金要方或千金翼方 217
广志 145
广东新语 304、306
广西通志 313
尸子 90
弓式 235
小学 242
小儿卫生总微论方 269
小儿方 161
小儿药证直诀 269
小儿病源方论 269
小儿痘诊方论 269
马可波罗 240
马克思恩格斯全集 291、416
马克思恩格斯选集 4、6、22、420
马首农言 314

四画

王晓庵先生遗书补编 360
王祯农书 167、181、243、251、277、286
开天传信纪 177
开元广济方 215
开元天宝遗事 244
开元占经 75—77
开宝本草 267
天工开物 305—309、315、337—339
天文 75
天文星占 75
天文集 289
天问略 348
天体运行论 345、348、358
天彭牡丹记 252
天演论 395、409
元史 329

元丰九域志 116、263
元氏长庆集 208
元曲选 320
元次山集 180
元和郡县志 116、195、196
元祐法式 279
元海运志 238
云仙散录 207
云林石谱 265
云溪友议 207
云麓漫钞 185
艺文类聚 244
木经 231、245
五十二病方 83
五代会要 209
五经文字 209
五经算术 150
五星占 75
五曹算经 150、201
不得已 352
太平圣惠方（圣惠方） 272、289
太平御览 19
太平寰宇记 263
区宇图志 194
历书 134、202
历学会通 349
历学新说 323
历象考成 354
历象考成后编 348
比例四线新表 349
比例对数表 349
切韵 208
日本历史 220、221
日用算法 253
日知录 298、341
中论 134
中西汇通医经精义 405
中国 392

中国地理历史政治及地文全志　357
中国地震资料年表　330
中国园林论　350
中国科学技术史　43、79、214、222、337
中国铁路计划　396
中国植物学文献评论　364
中国游记　371
中国蒙古及日本之地质研究　391
中国新图志　337
中等本国地理教科书　392
内外伤辨惑论　269
内府舆图　352
内科全书　404
内科阐微　404
内恕录　269
见重差　150、152、200、367、368
升降秘要　363
长兴集　245、247、248、264
化学工艺　388
化学分原　388
化学考质　388
化学材料中西名目表　388
化学求数　388
化学阐原　388
化学鉴原　387、388
化学鉴原补编　388
化学鉴原续编　388
反杜林论　6、22、416、420
仓颉篇　12
风俗通义　19
丹房须知　213、214
丹砂诀　211
勾股义　334
六　章　221
六　韬　43、241
六合丛刊　381
文苑英华律赋选　244
文房四谱　210

文选备考　117
文集　294
方　言　132
方圆阐幽　382
火攻奇器图说　350
火攻挈要　350、386
巴郡图经　194
水　经　155、367
水　经　157、158
水经注　143、155、157、158、367、
　　　　422、425
水部式　182

　　　　　五　画

玉　海　215、235、257、263
玉　篇　208
玉函山房辑佚书　368
玉函方　161
正　蒙　292
正定县志　185
甘薯录　314
甘薯疏　313、314
世　本　16
世医得效方　273
古今图书集成　244、366
古今郡国县道四夷述　195
古文尚书　368
古文尚书疏证　368
古矿录　330
本草补　403
本草纲目　39、61、160、267、268、
　　　　331－333、363－365、426
本草纲目拾遗　363、403、426
本草话　363
本草拾遗　217
本草品汇精要　333
本草衍义　268
可斋续稿后集　233
石　雅　392

石氏星表　76、77
石药尔雅　214
龙江乡志　329
龙树菩萨药方　223
戊戌政变记　407
平凉县志　313
平冤录　269
东方园林论　350
东北边防辑要　391
东亚气象资料　393
东莱经史论说　242
东溪试茶录　252
北户录　252
北　史　179
北齐书　179
北堂书钞　156
旧唐书　171、179、182、183、194、195、
　　　　199、200、203、204、217
田亩比类乘除捷法　255
田家五行　118
史　记　15、43、45、62、75、83、92、
　　　　98、100、113、117、118、123、
　　　　125、128、134、139、164
四元玉鉴　253－256、367
四元玉鉴细草（沈钦裴）　367
四元玉鉴细草（罗士琳）　367
四民月令　99
四时纂要　183
四库全书　367、368
四库全书总目提要　196
四洲志　375、391
四部医典（居悉）　218、219
四海类聚方　217
代形合参　381
代微积拾级　380、384
代数术　385
代数备旨　381
代数学　380、384

代数难题解法　385
仙授理伤续断秘方　218
仪　礼　36
白虎通义　135
册府元龟　190、208
外切密率　382
外台秘要　214、217、218
外科大成　328
外科正宗　327、328
外科精义　272
外科精要　272
尔　雅　60、61
乐律全书　323
汉　书　52、53、58、75、92、95－98、
　　　　100、102、105、107、115－117、
　　　　119、123、133、134、138、140、
　　　　157、171、194、196、263、
　　　　328、425
氾胜之书　97－99
礼　记　39、70、269
议古根源　255
必效方　225
永乐大典　254、285、368
弘明集　175
皮肤新编　404
对数探源　382
对数简法　382

## 六　画

耒耜经　180、181、183
考工记　26、27、37、60、65－70、91、
　　　　338、367、423、426
考数根法　383
老　子　78、89
老子注　173
地　记　155
地文学　392
地志图　195
地表变革论　373

地学浅释（地质学原理） 373、380、
　　　　　　　　　　　392、394
地理书 155
地震记 330
地镜图 158
机器。自然力和科学的应用 428、430
西艺新知 388
西艺新知续刻 388
西方要纪 403
西医举隅 404
西医略论 394
西医略释 404
西使记 263
西域波罗仙人方 225
西药大成 404
西药大成中西名目表 388
西洋历法新书 357
西洋番国志 303
西域名医所集要方 225
西域图志 196、356
西域诸仙所说药方 225
西游记 263
西游录 263
西藏王统记 178
西藏图考 391
在华新传教士一八七七年大会记录 410
在华新传教士一八九〇年大会记录 410
存真图 270
列　子 175
列宁全集 20、371、373
扬州芍药谱 252
贞元集要广利方 215
贞观政要 241
曲洧旧闻 234
吕氏春秋 18、20、44、57、58、426
吕衡州集 183
同文算指 322、348
回回药方 290

则古昔斋算学 382
朱子全书 293、294
竹　谱 147
竹书纪年 35、368
传习录 339
伤寒杂病论（伤寒论和金匮要略） 93、
　　　　　　119—121、140
伤寒直格 268
华阳国志 62、143、277、328、422
自鸣钟说 350
自然科学史 346
自然哲学的数学原理 346、386
自然辩证法 345、347、373
伊儿汗历 289
血证论 405
后汉书 64、103、106、107、110、117、
　　　　118、121、123、129、135、139、
　　　　147、169、171、249
行兵攻具术 234
行兵攻具图 234
全体功用 404
全体通考 394、404
全体阐微 394
全体新论 394、404
全国地方志目录和物产提要 330
全唐文 197
全唐诗 166
合数术 385
兆人本业 183
庄子 6、87、88、90
庄子注 173
刘宏传 207
齐民要术 96、98、142—146、176、183、
　　　　　210、221、250、422、426
齐州记 155
齐鲁旅行记 393
兴化县志 313
江宁府志 331

江南通志　330
江源考　336
决疑数学　380、385
军器什物法制　235
许商算术　110
论　气　337
论火星的运动　358
论心脏与血液的运动　346
论语　9、241
论语正义　173
论　衡　93、118、119、133、135－137、235
农　说　313
农言著实　314
农政全书　143、314、333－335
农政全书证引文献探原　335
农桑衣食撮要　251
农桑辑要　143、251
农器谱　251
艮岳记　251
异域录　391
阴阳十一脉灸经　83
阴阳大论　120
妇婴新说　394
红毛英吉利考略　375
孙子兵法　89
孙子算经　150、201、256

## 七　画

形学备旨　381
进化论和伦理学　395
远西奇器图说　350、385
远镜说　349
攻愧集　249
花药小名录　363
苏色卢多　223
苏沈良方　245、248
杜忠算术　110
杨辉算法　253、289

李当之药录　121
甫里先生文集　181
两河经略疏　309
酉阳杂俎　158
医　典　225
医　通　327
医方精要　268
医林改错　363、364
医林集腋　363
医学衷中参西录　405
医宗金鉴　328
医经溯洄集　326
辰州府志　313
折狱龟鉴　269
求表捷法　382
步天歌　206
吴门水利书　182、249
吴中水利书　249
吴中水利通志　244
吴县志　297、330
吴郡志　263
吴越备史　224
吴普本草　121
园　冶　317
足臂十一脉灸经　83
串　雅　363
针灸资生经　272
利玛窦通讯集　348
我国近五百年旱涝史料　330
伯牙琴　293
佛国记　196
近思录　242
肘后备急方　161
岛夷志略　263
饮流斋说瓷　361
疗目方　161
疗耳眼方　161
庐山记　155

怀来县志　329
怀疑派的化学家　346
汽机发轫　388
沈氏农书　314
宋　书　142、154、162、202
宋　史　169、230—234、244—246、249、257、262、277
宋会要　235、258、288
补笔谈　245—247
初等地理教科书　392
罕里连窟允解算法段目　289
译刊科学书籍考略　381
灵　宪　108、109
灵台仪象志　348
灵台秘苑　257
局方发挥　269
局外旁观论　378
张子正蒙注　341、342
张邱建算经　150
张真人金石灵砂论　213
陈　书　179
陈旉农书　250
陀罗尼经　208、291
鸡肋篇　249

## 八　画

武　编　307
武英殿聚珍板丛书　243
武英殿聚珍板程式　243
武备志　302、423
武经总要　231、233、234、236、277、295、324
表度说　348
坤舆万国全图　337、349
坤舆全图（南怀仁）　349
坤舆全图（蒋友仁）　349
坤舆全图说　348
英吉利记　375
英国地质图　373

英国医药方　404
松漠纪闻　231
述征记　118
画音归正　337
事林广记　236
奇经八脉考　331
欧希范五脏图　270
抱朴子　163—165、173、212
虎钤兵经　234
尚　书　15、23、30、35、40、46、47、49、367
尚书今古文注疏　368
尚书引义　341
国　语　22、49
国史补　211
呵些必牙诸般算法　289
明史　303、311、312、329、330
明夷待访录　340、341
明治前日本天文学史　221
明堂孔穴针灸治要　159
明堂脉诀　222
易图明辨　367
易图略　367
易学象数论　367
易通释　367
易章句　367
岭外代答　252、263
岭表异录　249、252
图经本草　267
知本提纲　313、314
物体遇热改易记　388
物种起源　394、395
物种探原　395
物理小识　305、307、341
物理论　174
佩文韵府　366
金石簿五九数诀　214
金　史　233、284

金兰循经　271
金刚经　208、209
金刚经注　241
金刚般若波罗密经　208
金创疯癫方　120
周　书　10、179
周　礼　31－33、35、39、43、47、60、
　　　　111、157、328
周　易　256
周礼正义　31
周易外传　341、342
周易参同契　163、164
周易说略　243
周髀注　150
周髀算经　108、149、150、200、367
备急灸法　272
京张路详图说明　400
京房风角　118
炎症略论　404
法　言　135
法　经　79
法律医学　388
法象志　203
河议辩惑　309
河防述言　310
泊宅篇　249
泥板试印初编　242
治目方　224
宝坻劝农书　312、314
宝藏兴焉　388
诗　经　23、30、32、33、36、37、41、
　　　　44、45、47、48、60、68、367
诗　品　185
详解九章算法　253、320
弧三角举要　360
弧矢启秘　382
始丰稿　296
孟　子　9、57、58、86

绍兴校定经史证类备急本草　268
经义考　208
经天该　347
经史证类备急本草(证类本草)　267、
　　　　268、331
经学理窟　292

## 九　画

春秋（左传）　8、13、36、43、48、49、
　　　　54、77、83
春秋繁露　134
春渚记闻　277
封氏闻见录　178
政　论　96
赵州志　194
垛积比类　383
荆州记　147
茶　经　166、183
荀　子　57、58、87－89、158
荔枝谱　252
南　史　154、179
南方草木状　147
南齐书　142、154
南州异物志　147
南村辍耕录　320、329
南园丛稿　392
南部新书　178
药　论　119
药地炮庄　341
药性元解　363
药庵丛书　405
相马经　98
相六畜　98
柳氏家训　208
咸宁县志　330
战国策　53
临安志　263
星历考原　244
星象图释　331

星槎胜览　303
思怜诗　338
钧州志　313
选择议　352
种植法　183
种痘心法　327
种痘奇方详悉　404
重　学　380、385、386
重修政和经史证类备用本草　167、268
重差（海岛算经）　152
便民图纂　286
顺德县志　329
保生月录　183
皇极经世　352
皇家学会史　346
皇朝经世文三编　406
皇舆全图　355、356
禹　贡　80－82、115、155、157、328、
　　　　367、425
禹贡地域图　156、157
律　疏　207
律吕精义　323、324
律学新说　323、324
食疗本草　217
食性本草　217
脉　经　159、176、225
脉诀考证　331
胎胪药录　120
闻见记　197
养知书屋遗集　377
养性延命录　163
美国与中国　429
类聚三代格　222
娄地记　155
炼金术词典　214
炮　经　231、234
炮炙论　160
测地绘图　388

测圆海镜　253、255
测量异同　334
测量法义　334、348
洗冤录　269、270
洛阳牡丹记（欧阳修）　252
洛阳牡丹记（周师厚）　252
洛阳伽蓝记　143、422
浑天仪图注　108
浑盖通宪图说　347
宣明论方　268
宣和奉使高丽图经　236、239
宣府镇志　329
扁鹊心书　273
神灭论　174、175
神仙传　196
神仙得道灵药经　211
神　农　58
神农本草经　47、83、119、140、160、
　　　　164、426
神农本草经集注　160、163、176、216
神武图说　350
说文解字　18
癸巳存稿　327

## 十　画

泰西人身说概　403
泰西水法　334、350、403
素问玄机原病式　268
素问药证　268
素问病机气宜保命集　268
素养园传信方　363
盐铁论　432
都利聿书经　222
晋　书　75、108、141、142、147、149、
　　　　156、157、159、161、171、175、
　　　　176、179
晋书地道记　368
真　诰　163
真元妙道要略　213

真腊风土记 263
桂海虞衡志 252
格术补 386
格致汇编 381、394
格致余论 269
夏小正 33、37、40、43、44
夏侯阳算经 150、201
原　强 395
捕蝗汇编 314
捕蝗考 314
晓庵新法 353、359、360
晏子春秋 36
圆容较义 348
笔算数学 381
徐霞客游记 335、336、425
殷契佚存 41
殷墟书契后编 41
殷墟书契前编 41
殷墟甲骨文粹编 48
般若经 173
唐　律 177、182、215
唐　韵 208
唐大诏令集 180
唐六典 178、182、199
唐会要 185、196、212、220
唐县志 305
唐律疏议 182、215
唐语林 178
益古演段 253、255、368
益部方物略记 252
朔方备乘 391
资本论 4
资治通鉴 177、178、250
资政新篇 376
凉州异物志 368
消夏闲记 297
海　录 375
海内十洲记 368

海外舆图全说 349
海岛算经细草图说 367
海国图志 375、376、390、391
海录碎事 249
海药本草 217、225
海涛志（海峤志） 197
海潮辑说 197
浸铜要录 277
涌幢小品 297、330
家庭、私有制和国家的起源 4、6
容斋三笔 234
容斋五笔 244
诸州图经集 194
诸郡物产土俗记 194
诸病源候论 215、216、218、225
诸蕃志 263
谈天（天文学纲要） 380、390
谈天（宋应星） 337
剧谈录 190
陶　雅 362
通　志 263
通　典 178、180、200、224、225、231
通　雅 341
通俗伤寒论 405

十一画

琅环记 293
职方外纪 337、403
基督教史纲 347
黄帝九章算法细草 254
黄帝三部针灸甲乙经（针灸甲乙经、甲乙
　　经） 47、159、160、176、222
黄帝内经（素问和灵枢） 84、85、120、
　　159、222、268、363
菽园杂记 305
菊　谱 252
萍洲可谈 236
营阵发轫 388
营造法式 231、278、279、295、423

乾坤体义　347
乾隆内府舆图　356
菰城文献　297
梦溪笔谈　234—236、241、242、244—248、
　　　　　258、266、277、278、432
梅氏丛书辑要　360
梅因兹圣诗篇　241
检验格目　269
梓人遗制　231、285、286、295
授时通考　143、314
堑堵测量　359
救荒本草　314、365
野　议　337
野　老　58
野获编　342
野菜谱　314
眼科摘要　404
崇有论　174
崇祯历书　334、348、349、357、
　　　　　358、360
铜人腧穴针灸图经　271
假数测圆　382
得一算经　201
盘江考　336
象数一原　382
象数窥余　331
逸周书　44
旌德县志　243
商君书　53
清一统舆图　357
清史通考　350
清史稿　304、353、354、388
清代学术概论　368
清朝全史　350
淮南万毕术　165
淮南子　7、20、44、99、106、115、118、
　　　　134、138
婆罗门天文　222

婆罗门天文经　222
婆罗门阴阳算历　222
婆罗门药方　223
婆罗门诸仙药方　223
婆罗门算法　222
婆罗门算经　222
婆罗门竭伽仙人天文说　222
梁　书　160、171、175、179、249
隋　书　148、150、152、155、179、180、
　　　　188、191、194、197、202、223、
　　　　225、234
续文献通考　329
续对数简法　382
续笔谈　245
续道藏　211
骖鸾录　249
缀　术　150、154、199

十二画

越绝书　7、129、328
博物志（张华）　158、210
博物志（普林尼）　139、143、427
博物新编　386、387、394
葬书问对　341
韩非子　6、12、37、64、87、123、235
植物名实图考　364—366
植物学　380
椭圆求周术　382
辍耕录　288
雅　述　340
棠阴比事　269
最新地质学教科书　392
景祐乾象新书　257
畴人传　359、360、384、389
畴人传续编　253
程氏墨苑　241
集异记　185
集验背疽方　272
释　名　130

脾胃论　269
颍州志　313
痘科金镜赋集解　327
道藏　163、211、212
曾文正公全集　377
湘中记　266
湘州记　147、155
温疫论　326
温热论　326
温热经纬　326、405
温病条辨　326
割症全书　404
强弩备术　231、234
缉古算经　200、295、367
缉古算经考注　367

十三画

幕阜山记　155
蒲元别传　170
睡虎地秦墓竹简　117
蜀本草　267
筹办夷务始末　376、377
简平仪　348
微积溯源　385
解体新书　407
新论　96、135
新语　13
新仪象法要　257、258
新乐府　186
新法表异　348
新修本草　160、216、217、222、
　　　　228、267
新唐书　147、179、184－186、203、205、
　　　　215、224、225
新集备急灸经　208
慎子　88
数书九章　117、201、252、253、255、
　　　　256、368
数术记遗　150、199

数理精蕴　354、357－359
滇南本草　217
滇南矿厂图略　364
源州府志　313
塞北纪行　393

十四画

熬波图　277
嘉祐本草　267
嘉泰会稽志　211
嘉量算经　324
嘉靖实录　330
熙宁法式　235
算术之钥　152
算学启蒙　253、255、289
算学新说　323
算法　201
算法统宗　321、322
算法原本　358
算经十书　150、424
管子　30、52、53、56、57、59、60、
　　　64、80、82、87－89、113、
　　　323、368
舆服志　171
疑狱集　269
裹扎新法　404
铖位编　302

十五画

横渠易说　292
撒唯那罕答昔牙诸般算法段目并仪式　289
墨经　70－74、89－91、246、367
稽极　202
德安守御录　233
摩登伽经说星图　222
颜鲁公文集　196
潮水论　197
潘丰裕庄本书　313

豫游小识 393
畿服经 155

濒湖脉学 331
潞水客谈 312

十六画

橘录 252
醒世恒言 297
冀北游览记 393
镜史 330
镜镜詅痴 386
儒门医学 404
儒门事亲 268

十七画

魏书 142、150、158、159、172

十八画

簠室殷契征文 41

十九画

瀛环志略 375、391
瀛涯胜览 303

# 后 记

《中国科学技术史稿》是集体智慧的结晶。它之所以能在大约三年的时间内编写完稿，并与读者见面，正应归功于这一点。

《中国科学技术史稿》是采用分头执笔，集体讨论、修订和统纂的方式编写的，由杜石然负总责。其中第一、二章的执笔者是范楚玉，第三、四章——陈美东，第五、六章——金秋鹏，第七章——周世德，第八、九章——曹婉如，第十章和前言、结语由杜石然执笔。全书曾三易其稿，最后的统纂工作是杜石然、范楚玉、陈美东、金秋鹏四人完成的。

在编写过程中，曾得到中国科学院自然科学史研究所全体同志的大力支持。所领导仓孝和、段伯宇、严敦杰等同志多次审阅了书稿，并参加讨论，提出了许多修改意见。王奎克、华觉明、宋正海、张驭寰、李仲均、芶萃华、郑锡煌、周嘉华、赵承泽、席泽宗、唐锡仁、梅荣照、潘吉星、薄树人、戴念祖以及古代科技史研究室的其他同志，从各自不同的学科和角度，或提供了新资料，或提出了宝贵的修改意见，对提高本书的质量作出了贡献。

本书在编写过程中，还得到了有关单位和同志的大力协助。他们有：中医研究院医史文献研究室李经纬、蔡景峰、马堪温，北京农业大学杨直民，中国社会科学院历史研究所林甘泉、李学勤、宋家钰、陈智超、陈高华、曹贵林、黄烈、刘永成、刘重日、何龄修，考古研究所、近代史研究所有关同志。复旦大学历史系王庆余同志也对书稿提出了宝贵意见。

中国历史博物馆顾问王振铎先生，厦门大学韩国磐先生，上海古籍出版社胡道静先生，华南农学院梁家勉先生等老前辈，对本书多方关心并提出了宝贵意见。中国历史博物馆，中国图片社，南京博物院，陕西、河南、福建、四川、浙江、上海、天津、重庆、宝鸡、洛阳、镇江、苏州等省市博物馆，泉州海外交通史博物馆，自贡市盐业历史博物馆都给予了多方支持，谨在此一并致谢。

一九八四年

# 修订版后记

当此《中国科学技术史稿（修订版）》即将付梓之际，不由得令人想起三十余年前《中国科学技术史稿》最初立意、策划、写作时的一些情况。那基本上都是一些美好的回忆。但从写作的初衷来讲，《中国科学技术史稿》并不是单行的一部著作，而是一套大丛书中的一种。这套大丛书就是后来的多卷本《中国科学技术史》。

1954年英国学者李约瑟（Joseph Needham，1900—1995）开始出版他的多卷本大丛书：*Science and Civilization in China*（中译本使用了"中国科学技术史"作为书名）。此事自然会促使人们发出联想：我们中国人自己也应该写出一部多卷本的中国科学技术史。1959年的时候，本文作者和科学院自然科学史研究所当年的一些青年同人商议，可否先写一本通史类型小部头的书来尝试一下。为此，我们当时还真的写过一个提纲，但却没有动手写作即被叫停。其后又经过长年的思索酝酿，到了20世纪70年代末，由一部通史带头，外加若干部专史以及工具书组成的一个30卷本《中国科学技术史》大丛书的理念和规划，在自己的心中逐渐形成。

1977至1982的几年间，我和范楚玉、陈美东、金秋鹏、周世德、曹婉如五位同人一道，进行了《中国科学技术史稿》一书的写作。这部中国科学技术史通史既是筹办多卷本《中国科学技术史》的一项先行性工作，同时也填补了我国此类书籍的空白。

《中国科学技术史稿》仅提纲就曾经改写三次。初稿形成之后又大改了三次。每一次提纲的改写和对初稿的统稿、改稿，都是手写。对手稿进行誊写和油印之后广泛征求了研究所内外诸多专家的意见。特别是初稿形成以后的一稿、二稿、三稿，每一次都要对数十万字的手稿改写、誊写、油印。再加上几十次的研究讨论会，其中牵涉问题之多，方面之广，就我个人经历而言，可算是前所未有。其中的酸甜苦辣，可谓五味杂陈，一应俱全。但是我们的共识是，爱吾所爱，在最合适的时间，作了最想做的事情，而且酣畅淋漓，做得十分痛快。三十余年后的今天，回想起来，我们依然感觉良好，"无怨无悔"。特别值得一提的是，我们在对第三稿也就是最后一稿进行改稿和统稿时，不仅工作紧张，而且神经也高度紧张。由于"通史研究小组"（即后来的通史研究室）在当时没有固定办公地点，大家就在东直门总参招待所集中办公。时值盛夏，酷暑难耐。20世纪70年代末，空调十分稀罕，总参招待所每个单元都只有一个台扇和一个吊扇。酷暑如蒸，男同志都光着膀子上阵，头上和身后都吹着风扇。除了一手执笔，烟民还另手挟着香烟，真的是一幅绝无仅有的"秀才脱衣笔耕大秀图"。书中插图，需要晒出各种照片。招待所单元里的卫生间，就成了暗室。真的是有太多太多的回忆。特别是三十余年后的现在，人类已经进入了互联网和数码化的全新时代。一方面这不能不令人慨叹现代写作软硬件的精心巧思，另一方面回忆又像是在翻阅收藏年久、昏暗不清的黑白照片，每每使我们想起了当初的那些过于沉重的付出。

当我们策划、写作《中国科学技术史稿》的时候，不禁由衷地怀念那些曾经引领、教导、鼓励过我们的大师们：竺可桢、钱三强、卢嘉锡、李俨、钱宝琮、叶企孙、钱临照、袁翰青、张子高、陈遵妫、王应伟、王庸、侯仁之、夏纬瑛、辛树帜、万国鼎、石声汉、梁家勉、王毓瑚、刘先洲、王振铎、梁思成、刘敦桢、茅以升、胡道静、张秀民、李涛、陈邦贤、范行准等先生。《中国科学技术史稿》，就是在前圣今贤的长期积淀，在他们已有的大量工作基础上完成的。我们在不太长的时间内，查阅了数量惊人的各类文献。

《中国科学技术史稿》也是在详细调查了全国各地的各类博物馆、出土科技史文物基础上完成的。注意考古发掘和出土文物，已经成了我们的日常工作。当年，我们还发起了在郑州召开的全国第一届科学技术史考古的学术会议。

《中国科学技术史稿》还力图探讨中国古代科学技术发展与社会背景之间的关系，例如与政治史、经济史、文化史、思想史等之间的相互关系。在后来，我们还和上海师范大学、西北大学共同发起召开了全国首届科学思想史学术会议。

《中国科学技术史稿》是集体协作的产物。参加写作的同人之间，既有先秦、两汉之类断代的分工——每人一大段；同时还有数学、天文、地理之类的专史分工——每人至少一门。我们还广泛取得了研究所内外许多学科专业史，例如农学史、医学药学史、建筑学史、纺织学史、冶金学史等各行各业专家的支持和协助。在改稿过程中，则需要彼此磨合以及更多的相互包容。

《中国科学技术史稿》是科学院自然科学史研究所的重点项目。它得到了全所同仁的长年的、多方面的支持。

《中国科学技术史稿》的编写，也使我们对有关中国古代科学技术史的种种问题进行了全方位的思考。一部科技通史，绝不等于各门学科史的简单相加。通史是科学技术史的一个新的分支。通史有着它自己特殊关切的问题。在与同人们反复研讨、推敲和归纳之后，由我执笔，把这些问题写进了《中国科学技术史稿》的"结语"部分。

《中国科学技术史稿》于1982年由科学出版社出版。它受到国内外各界的一致好评。几年以后，《中国科学报》于1989年3月28日第1版，以"中国科学史书籍畅销不衰"为题，报道了《中国科学技术史稿》、《中国古代科技成就》等书在广大读者之间的反映。这篇报道说："时下，科技书籍出版难，销售更难。可是，由中科院自然科学史研究所研究人员编著的《中国科学技术史稿》和《中国古代科技成就》（中、英文版）却深得广大读者的青睐。自出版后虽多次翻印，仍供不应求。"与此同时，两本书分别获得"全国优秀科技图书二等奖"和"文化部优秀外文图书二等奖"，受到海内外科学界的好评。

《中国科学技术史稿》在申请奖项时，曾有幸获得各界名流的推介。这些老前辈，如今多已仙逝，谨录其要，以兹怀念。

当时任中国科学院副院长的钱三强院士说："它的出版，标志了我国科学技术史研究的新成就和新起点。它是一部我国自己编写的古代至近代科学技术史综合性著作，打开了对我国科学技术史进行综合性研究的新领域，引起了各方面的重视。""该书按时间先后，综合地论述了我国科学技术发展的历程，简明扼要地叙述了各个历史时期我国劳动人民和杰出科学家在与自然作斗争的过程中，观察自然解释自然的重要成就。引用的材料比较可靠，而且在叙述历史事实的同时，对于产生这些事实的原因，从经济、政治、文化以及社会等各方面进行分析。该书在最后结束语中，就中国科学技术发展中带有规律性的问题，如中国古代科学体系问题，中国近代科技落后的原因等，作了一些探讨。在约六十万字的篇幅中，综合了约五千年来我国科学技术发展的史料，是一件相当艰巨的工作，在国内还是难得的著作，值得向著者祝贺。"

贾兰坡院士说："（此书）开创了中国人自己编写全面系统研究中国古代科学技术史的新局面。过去提到这方面专书时，不是英国李约瑟博士，就是日本薮内清教授。从这个意义上说来，《中国科学技术史稿》的出版，也是一项为国争光的新成就！也填补了这一项目的空白。"

文博学家和科学史家王振铎先生说："此书之能出版成书，仍不失为一种拓荒者的编著，"在当时的出版物中，"此书如东岭孤松，秀立群芳，为科学文化界所瞩目。"

《中国科学技术史稿》，直到三十余年后的今天，仍然被许多高等学校（包括台湾和日本）用做教材，并被指定为招考硕士、博士研究生时的参考书。

《中国科学技术史稿》，已经被川原秀城等6位日本学者译成日文出版（东京大学出版会，1997），并于1999年获得日本的泛太平洋出版奖的金奖，书前有薮内清先生写的序言。为了纪念日译本出版，我还曾写过几句诗，并写过一些文字作为注解。附诗如下：

栉风沐雨连三载，自在花开不为尊，

春色西园关不住，华颜东国又繁萱，

书林方技添新史，笔底春秋铸古魂，

明月团栾花更好，豪香正气满乾坤。

《中国科学技术史稿》一书，与诸贤达合作共事，写作三年，出版则费时六载，备受苦辛，一言难尽。《中国科学技术史稿》畅销国内又繁萱东国，日译本得在东京大学出版会出版，总还算不辱于当初共事的众位贤达。日译本出版之时，正值四月，扶桑、樱花正好，遥想祖国，江南的茶花、洛阳的牡丹、北京的白玉兰……当更是百花绚丽。又逢三五月圆，"月圆花更好，正气满乾坤"。日译本的出版使我们这些原书作者十分高兴。

此次《中国科学技术史稿（修订版）》又得以在北京大学出版社出版，和日本东京大学出版会相对应，成就了一段书林佳话，这真是更加令人高兴的事。

杜石然

2011年10月